Von künstlicher Biologie zu künstlicher Intelligenz – und dann?

Axel Lange

Von künstlicher Biologie zu künstlicher Intelligenz – und dann?

Die Zukunft unserer Evolution

Axel Lange
Taufkirchen, Bayern, Deutschland

ISBN 978-3-662-63054-9   ISBN 978-3-662-63055-6   (eBook)
https://doi.org/10.1007/978-3-662-63055-6

Die Deutsche Nationalbibliothek verzeichnet diese Publikation in der Deutschen Nationalbibliografie; detaillierte bibliografische Daten sind im Internet über http://dnb.d-nb.de abrufbar.

Redaktion: Jorunn Wissmann, Binnen
Einbandabbildung: © peshkova/stock.adobe.com

Planung/Lektorat: Stefanie Wolf
Springer ist ein Imprint der eingetragenen Gesellschaft Springer-Verlag GmbH, DE und ist ein Teil von Springer Nature.
Die Anschrift der Gesellschaft ist: Heidelberger Platz 3, 14197 Berlin, Germany

Von Anfang an läuft etwas schief: Unsere Körper werden durch ein überholtes genetisches Programm aus lange vergangenen Zeiten gesteuert. Dieses genetische Erbe gilt es zu überwinden, und in ersten Ansätzen haben wir auch das Wissen dafür.

Ray Kurzweil, Erfinder und Futurologe

Eine intelligente, absichtsvolle Selektion ist offensichtlich millionenfach schneller als die natürliche Auslese. Indem wir über die natürliche Selektion hinausgehen, haben wir uns bereits als Zauberlehrlinge eingeschrieben.

James Lovelock, Futurologe

There is another sky above the sky.

Wang Jian, Gründer und CEO BGI Group

Für meine Enkel

Danksagung

Dieses Buch konnte nicht ohne die Hilfe befreundeter Fachleute entstehen. Dr. Ulrich Eberl las eine frühere Version des Manuskripts nicht nur kritisch in Bezug auf die Aussagen über künstliche Intelligenz; auch andere Zusammenhänge blieben nicht ohne sein gründliches Hinterfragen. Justus Pötzsch, Mainz, half als Philosoph bei der Überprüfung der einschlägigen Inhalte, besonders im Zusammenhang mit dem Trans- und Posthumanismus. Die Biologen Dr. Reinhard Piechocki, Insel Rügen, und Thomas Waschke, Herborn, halfen mir mit großer Geduld und genauem Hinsehen. Professor Gerd Müller, Wien, nahm als theoretischer Biologe die Überprüfung der evolutionstheoretischen Teile des Manuskripts in gewohnt gewissenhafter Weise vor. Auch seine Hilfe war mir überaus wertvoll. Brigitte Zwenger-Balink, München, las sorgfältig Teile von Kap. 5 und teilte ihre wertvollen Ideen auch zu anderen Fragen mit mir. Stefanie Wolf und Meike Barth bei Springer handhaben tausend Fragen des Projekts vom ersten bis zum letzten Schritt mit ihrer überzeugenden Ruhe und Professionalität, die ein Autor braucht. Jorunn Wissmann übernahm wie bei meinem letzten Buch freundlicherweise das Endlektorat; für ihr tiefes Eindringen in den Inhalt des Manuskripts und die unverzichtbare Hilfe mit ihrer virtuosen Beherrschung der deutschen Sprache schulde ich ihr großen Respekt. Die Verantwortung für jeden Satz, jeden Halbsatz und jedes Wort in diesem Buch verbleibt selbstverständlich allein bei mir.

Gerne erinnere ich mich an Weihnachten 2019 in Wien, als du, liebe Lemonia, mit dem kleinen Büchlein, das die Welt von heute auf einfache Weise erklären will, den Funken für dieses Buch in mir entzündet hast. Ganz so einfach ist die Aufgabe, die ich mir gestellt habe, dann aber doch nicht geworden.

Einführung

Bücher über unsere Zukunft sind gefragt. Es gibt unzählige. Warum dann noch eines? Dieses Buch verfolgt einen völlig neuen Ansatz. Es geht im Kern um nicht weniger als um Fragen zu unserer Zukunft als Spezies aus evolutionärer Sicht. Statistisch betrachtet sind mehr als 99 % der Arten auf der Erde irgendwann ausgestorben. Sind wir die nächsten? Vielleicht sind Sie überzeugt, dass wir als intelligente Wesen doch bessere Karten haben müssten, dauerhaft zu überleben. Aber können wir tatsächlich unsere eigene Art umbauen und optimieren? Gelingt uns das mit den atemberaubenden wissenschaftlichen und technischen Errungenschaften wie moderner Gentechnik, der synthetischen Biologie und Medizin? Rund 300.000 Jahre nach unserem Erscheinen als *Homo sapiens* stehen wir mit dieser Frage heute an einem evolutionären Wendepunkt. Noch nie bot uns die Zukunft solche Chancen wie heute, noch nie aber auch solche Risiken. Der zu erwartende Wandel stützt sich auf zunehmend intelligente Technik; künstliche Intelligenz betrifft alle Lebensbereiche des Menschen. Mit der Ausrichtung auf eine totale Verschmelzung von intelligenter Technik und unserer eigenen Biologie wird eine solche selbstgemachte evolutionäre Veränderung unser Selbstverständnis als Mensch von Grund auf verändern. Dies will ich Ihnen nahe bringen.

Wir verfolgen mit unserer zukünftigen Evolution eigene Ziele. Welche Ziele das sein können, darauf werde ich eingehen. Den Grundsatz der Evolution, dass sie unvorhersehbar ist, dass sie kein Ziel und keinen Plan und schon gar keinen Planer kennt, hebeln wir Menschen aus. Wir greifen mit Macht in unsere eigene Evolution und gleichzeitig in diejenige unzähliger anderer Lebewesen ein. Die sich inzwischen abzeichnenden Möglichkeiten gezielter genetischer Eingriffe machen eine Evolution durch den Menschen und des Menschen selbst zum möglichen Gegenstand der Zukunftsforschung. Sie, lieber Leser, sollen daher auch einen Einblick in die Grundlagen und Methoden der akademischen Zukunftsforschung erhalten, wie sie heute hauptsächlich in den USA betrieben wird.

Noch immer übersteigt es eigentlich unsere Vorstellungskraft, dass manche Zukunftsszenarien Wirklichkeit werden können. Die Zukunft kommt nicht einfach um die Ecke, etwa in Form von Menschen, die keine Krankheiten mehr bekommen oder die viel intelligenter als wir sind. Es wird keinen *Big bang* mit gentechnisch umgebauten Menschen geben. Aber auch wenn Veränderungen leise vor sich gehen, fällt uns die Vorstellung zukünftiger Umbauten schwer. Das hat verschiedene Ursachen. Erstens leben wir in unseren Gedanken hauptsächlich in der Gegenwart, zumindest nahe um das jeweilige Heute herum. Evolutionär war sehr weites Denken in die Zukunft nie vorrangig, kurzfristige, besonnene Umschau dagegen umso mehr. Wenn es an einem Ort keine Nahrung mehr gab, mussten sich Jäger und Sammler der Steinzeit nur kurz abstimmen, am nächsten Tag weiterzuziehen. Ich erinnere mich noch, als ich Student war und mein Vater eine Lebensversicherung für mich abschloss. Wozu sollte das gut sein? Ich hatte andere Gedanken.

Außerdem geschieht in unserem Leben tatsächlich selten etwas, das einen echten Quantensprung darstellt. Ein solcher seltener Quantensprung war die Auszahlung meiner Lebensversicherung im letzten Jahr! Meist vollziehen sich Entwicklungen in unseren Augen Schritt für Schritt. Nach einer Generation Internet sieht die Welt für uns heute zwar völlig anders aus als davor; im Alltag bekamen wir die Revolution des Internet aber kaum mit. Sie verlief unterhalb unserer Wahrnehmungsschwelle. Letztlich vergessen wir sogar einen echten Durchbruch schnell wieder, wenn es ihn denn tatsächlich einmal gibt. So herrschte jahrzehntelang Einigkeit darüber, dass es für einen Computer unmöglich sei, den Schachweltmeister zu besiegen. Als das 1997 dann tatsächlich geschah – *IBMs Deep Blue* schlug den Weltmeister Garri Kasparow – löste das ein Medienspektakel aus; nach einigen Wochen sprach aber niemand mehr darüber. Das Ereignis erschien dann im Rückblick als etwas, das zu erwarten gewesen war. Dass heutige Schachprogramme auf dem Smartphone dieselbe Aufgabe differenzierter und tausendmal raffinierter lösen, nimmt in der Öffentlichkeit schon niemand mehr wahr.

Ein epochaler Durchbruch war in der jüngeren Biologie die Entdeckung der Genschere CRISPR/Cas9 im Jahr 2012, die einen gebührenden Raum in diesem Buch einnimmt. Haben Sie diese Entdeckung verfolgt? Tatsächlich erkannte das bei uns fast nur der Wissenschaftszirkel, selbst nach dem Nobelpreis für die beiden Entdeckerinnen 2020. Die gentechnischen Möglichkeiten erscheinen vielen abstrakt. Entsprechend vollziehen sich die medizinischen Anwendungen mit CRISPR, einschließlich unseres bevorstehenden Umbaus, in der Wahrnehmung leise.

Wir haben es also aus mehreren Gründen mit verzerrter Wahrnehmung und mangelnder Übung zu tun, wenn wir über Zukunft nachdenken. Wenn Sie daher hier über fantastisch anmutende Zukunftsszenarien lesen, dann denken Sie daran, es hat mit der Evolution des Menschen zu tun, dass Sie manches nicht ohne weiteres glauben können. Das Hier und Jetzt ist in der Evolution wichtiger als das Morgen.

Es liegt mir fern, Science-Fiction-Eindrücke zu erwecken. Vielen Studien zufolge laufen aber zahlreiche Entwicklungen in genau solche geradezu fantastisch klingenden und oft schwer zu glaubenden Richtungen. Um Ihnen diese Entwicklungen näher zu bringen, analysiere ich zunächst den gegenwärtigen wissenschaftlichen Stand zu den einzelnen Themen. Von dort aus führe ich Sie an 12 teils alternative Szenarien heran, die unsere Zukunft bestimmen können. Eine knappe Zusammenfassung des jeweiligen bio- und gentechnischen Wissens steht daher im Mittelpunkt meiner Darstellung. Auf dieser Grundlage möchte ich Ihnen auch den Blick auf jene Vision unserer Zukunft eröffnen, die der Transhumanismus entwirft. Die Ideen der Transhumanisten bleiben hier aber nicht einfach stehen, ohne dass ich sie aus Sicht der Evolution kritisch beleuchte. Die Kernfrage, die mich bewegt, ist: Hat uns die Evolution als aufgeklärte, intelligente Menschen ausreichend dafür gerüstet, unsere Zukunft für ein würdiges Leben unserer Kinder und Enkel und für den Erhalt der Erde zu steuern? Oder hatte Friedrich Dürrenmatt etwa recht, als er sagte: „Die Welt verändert sich durch den Menschen, aber der Mensch verändert sich nicht und fällt der durch ihn veränderten Welt zum Opfer." Diese Frage wird uns beschäftigen.

Keineswegs stehe ich den Szenarien ohne eine eigene Meinung gegenüber. Doch das steht meist auf einem anderen Blatt. Sie sollen sich aus den jeweils hoffentlich objektiven Darstellungen eigene Überzeugungen bilden können. Übrigens sind die Kapitel in diesem Buch in sich abgeschlossen. Sie können sie auch in beliebiger Reihenfolge lesen.

Wen immer ich als „Leser", anspreche, als Biologe meine ich natürlich Sie als Mann oder Frau oder Person jedes anderen Genders. Das ist selbstverständlich. Ich wünsche Ihnen nun viel Freude beim Eintauchen in unsere lebendige und aufregende evolutionäre Zukunft.

Taufkirchen bei München   Axel Lange
Oktober 2021   axel-lange@web.de

Inhaltsverzeichnis

Teil I   Evolution und Zukunft – kein Widerspruch

1   Unsere evolutionäre Abkopplung von der natürlichen Selektion?   3
1.1   Natürliche Evolution des Menschen in historischer Zeit und in Zukunft   4
1.2   Die menschliche Evolution – immer stärker zielgerichtet   14
1.3   Zusammenfassung   21
Literatur   22

2   Theorien zur Evolution der Kultur   25
2.1   Moderne Sichten auf die Evolution der menschlichen Kultur   26
2.2   Der Markt ignoriert die evolutionäre Fitness   63
2.3   Kumulative kulturelle Evolution und kollektive Intelligenz bestimmen unsere Zukunft   68
2.4   Zusammenfassung   70
Literatur   71

3   Wie Wissenschaft mit der Zukunft umgeht   75
3.1   Zukunftselemente   76
3.2   Zukunftsforschung versus Planung   80
3.3   Grundsätze von Futures Studies   82
3.4   Methoden von Futures Studies   85

3.5   Verbreitete Fehler bei Zukunftsaussagen   90
3.6   Exponentieller technischer Fortschritt   92
3.7   Zusammenfassung   98
Literatur   99

Teil II   Biologie, Medizin und KI – gezielte epochale
           Umwälzungen

4   Molekulare Roboter und künstliche Proteine   103
     4.1   DNA-Roboter   105
     4.2   Neue Proteindesigns und neues genetisches
            Alphabet – jenseits natürlicher Evolution   109
     4.3   Visionen der Molekularmedizin   113
     4.4   Zusammenfassung   117
     Literatur   117

5   Medizintechnik, Chirurgie und Pandemiestrategien – an
     den Grenzen des Machbaren   121
     5.1   Roboterarme   121
     5.2   Regeneration von Gliedmaßen   122
     5.3   Gewebezüchtung und Xenotransplantation   125
     5.4   Organherstellung im 3D-Drucker   126
     5.5   Stammzellenverpflanzung   128
     5.6   Gehirn- Computer-Schnittstellen und Neuroprothesen   129
     5.7   Kopftransplantation – keine Tabus   132
     5.8   Strategien zur Vorbeugung und Bekämpfung von
            Pandemien   137
     5.9   Zusammenfassung   155
     Literatur   156

6   Genom-Editierung – Therapieren von Erbkrankheiten
     und noch viel mehr   161
     6.1   Die DNA ist kein privilegierter Bauplan des Lebens   162
     6.2   Somatische Genom-Editierung – Sieg über tödliche
            Erbkrankheiten?   163
     6.3   Genom-Editierung in der menschlichen
            Keimbahn – die Büchse der Pandora   171
     6.4   Zusammenfassung   176
     Literatur   177

7   Genoptimierung – vom Traum zur Wirklichkeit?   179
  7.1   Gentechnisch hergestellte Hochleistungssportler   183
  7.2   Schönere, intelligentere und glücklichere
       Menschen – eine Industrie hebt ab   186
  7.3   Evolutionärer Druck auf die Eltern   192
  7.4   Neue Menschenarten?   195
  7.5   Gene drive – Genveränderung mit Kettenreaktion   198
  7.6   Zusammenfassung   205
  Literatur   206

**8   Personalisierte Medizin – nur möglich mit
Big Data und KI**   211
  8.1   Unsere Medizin wird auf den Kopf gestellt   211
  8.2   Personalisierte Therapie der Zukunft – Beispiel
       Diabetes   227
  8.3   Krankheiten als Erbe der Evolution   236
  8.4   Zusammenfassung   239
  Literatur   239

**9   Immer älter – von Methusalem-Genen bis Verjüngung
und Unsterblichkeit**   243
  9.1   Altern – ein Buch mit sieben Siegeln   244
  9.2   Aus dem Gleichgewicht – alternde Zellen   250
  9.3   Die Anti-Aging-Industrie – immer jünger   259
  9.4   Einhundert plus   265
  9.5   Unsterblichkeit – Fantasie oder
       wissenschaftliches Ziel?   272
  9.6   Zusammenfassung   279
  Literatur   279

Teil III   Ferne Visionen und notwendige Transformationen

10   Die transhumanistische Bewegung   287
  10.1   Wovon der Mensch schon immer träumt –
        transhumanistische Ideen   288
  10.2   Evolution ohne uns – extreme Formen
        des Transhumanismus   299
  10.3   Kritik des Transhumanismus   316
  10.4   Zusammenfassung   333
  Literatur   334

**11 Technosphäre, Biosphäre und Gesellschaft – notwendige
Transformationen**   341
  11.1 Ist der Mensch evolutionär für globale
      Herausforderungen angepasst?   341
  11.2 Der evolutionäre Rahmen – verschiebbar,
      aber nicht wegzudenken   356
  11.3 Zusammenfassung   375
  Literatur   375

12 Porträts und Glossar   381
  12.1 40 visionäre Köpfe   381
  12.2 Glossar   397
  Literatur   411

Ein persönlicher, nicht wissenschaftlicher Epilog   415

Stichwortverzeichnis   419

Über den Autor

Axel Lange machte Abitur am Jesuitenkolleg St. Blasien im Schwarzwald. Danach studierte er Wirtschaftswissenschaften und Philosophie an der Universität Freiburg und schloss mit einem Diplom in Volkswirtschaftslehre ab. Beruflich arbeitete er im Vertriebs- und Marketingmanagement in der IT, bevor sein tiefes Interesse an der Evolutionstheorie ihn veranlasste, sich in der Biologie völlig neu zu orientieren. Langes 2012 erschienenes erstes Buch über Evo-Devo und die Erweiterung der synthetischen Evolutionstheorie lieferte die Grundlage dafür, dass die Universität Wien einen Dissertationsvertrag mit ihm abschloss. Am dortigen Department für Theoretische Biologie studierte Lange Biologie und forschte über die evolutionäre Extremitätenentwicklung der Wirbeltiere und – der evolutionäre Gesichtspunkt – über Polydaktylie, also die Ausbildung überzähliger Finger und Zehen bei Neugeborenen. Seine Veröffentlichung mit Gerd. B. Müller über das Wissen der Menschheit zu Polydaktylie in Entwicklung, Vererbung und

Evolution, vom Altertum bis heute, erschien im März 2017 im traditionsreichen amerikanischen Journal *The Quarterly Review of Biology*. Weitere Publikationen befassen sich mit der Selbstorganisationsfähigkeit der Extremität bei gleichzeitiger Variation der Fingerzahlen im Modell.

Der 2018 mit Auszeichnung zum PhD promovierte Biologe hält Vorträge über komplexe epigenetische Evo-Devo-Prozesse im In- und Ausland. Die (nicht-)biologische Zukunft menschlicher Evolution ist ein bevorzugtes Vortragsthema von ihm. Im Rahmen des Studiums der Erweiterten Synthese der Evolutionsbiologie lernte Lange international angesehene Forscher persönlich kennen. Er liebt die Berge, spielt leidenschaftlich gern romantische Klaviermusik und lebt als Autor und Wissenschaftspublizist im Süden von München. Lange hat drei erwachsene Kinder. Im Jahr 2020 erschien von ihm bei Springer das Buch *Evolutionstheorie im Wandel. Ist Darwin überholt?*

Abbildungsverzeichnis

Abb. 1.1 **Kultur.** Menschliche Kultur umfasst die ersten Faustkeile, die
Atombombe, Smart-City-Konzepte und die gezielte Veränderung
unserer eigenen Art. Kooperation und Zweckbestimmung
stehen dabei immer im Mittelpunkt. Ob Kultur aber immer
eine evolutionäre Anpassung darstellt, wird im Buch hinterfragt
(Smart City Konzept: Alamy) 16

Abb. 2.1 **Auslegerkanu** Eine traditionelle Version aus dem Jahr 1997
auf der hawaiianischen Hauptinsel Big Island. Variierende Bautechniken der polynesischen Kanus evolvierten in Abhängigkeit von natürlicher Selektion und trugen so maßgeblich zur
Besiedlung der pazifischen Inseln bei, die vor 3500 Jahren
begann (Auslegerkanu: A Lange) 28

Abb. 2.2 **Tiger im Wohnzimmer.** Menschen haben heute eigenartige
Vorlieben. Evolutionärer Fitness dienen die meisten von ihnen
nicht. Wenn das Beispiel im Bild auch offensichtlich ein
überzogenes Einzelverhalten zeigt, kann es doch einem Muster
entsprechen, wonach Konsumgüter immer öfter Verheißungen
erfüllen sollen (Tiger zuhause: Alamy) 66

Abb. 3.1 **Zukunftsmodell.** Die Zukunft kann einerseits als Spektrum
der Veränderungen und andererseits als Spektrum des Wissens
betrachtet werden (Zukunftsmodell nach Pillkahn: Wikimedia
commons) 76

Abb. 3.2 **Exponentielles und lineares Wachstum.** Die Erwartung
linearen Wachstums führt zu anfänglich starker Unterschätzung
einer Entwicklung. Wenn diese jedoch tatsächlich exponentiell
verläuft, übertrifft sie im späteren Verlauf die Erwartung deutlich. Ein solches Enttäuschungs- und Überraschungsszenario zeigt
sich bei der Entwicklung der künstlichen Intelligenz oder beim
Klimawandel (Exponentielles und lineares Wachstum: iStock,
bearb. AL) 94

Abb. 4.1   **Modell eines DNA-Nanobots.** Diese aus DNA hergestellte autonome Maschine kann schädliche Moleküle oder Zellen einfangen, ihre Ladung freisetzen, zum Beispiel Antibody-Körper (lila), und sich dann zusammenfalten. Solche Nanobots sollen in Zukunft eine Fülle medizinischer Aufgaben wahrnehmen (DNA-Nanorobot: Shwan Douglas, mit freundlicher Genehmigung)   106

Abb. 5.1   **Intelligente Armprothese** Es gibt schon heute zahlreiche Entwicklungen KI-gesteuerter Armprothesen, auch mit vielen Sensoren für Berührungs-, Tast- und Druckempfindlichkeit. Sie sind kabellos mit dem Nervensystem gekoppelt. Der Patient spürt Berührungen an einzelnen Fingergliedern und auch Schmerz. Er steuert die Prothese mit seinen Gedanken (Roboterhand: Alamy)   123

Abb. 5.2   **3D-Bioprint eines Herzens.** Kontraktionsfähiges Herz in der Größe eines Hasenherzens mit allen Zellgeweben. Ziel ist es, ein funktionsfähiges menschliches Herz im Bioprinter zu drucken (3D-Bioprint eines Herzens: Ilia Yefimovich (Erlaubnis angefragt))   127

Abb. 5.3   **Vorstudie zu einer Kopftransplantation.** Beagle nach unterzogener Rückenmarkdurchtrennung und -wiederherstellung. Das Tier erlangte drei Wochen nach der Operation annähernd volle sensomotorische Kontrolle zurück (Kopftransplantation(Hund): Surgical Neurolgy International (Erlaubnis angefragt))   133

Abb. 5.4   **Traditioneller Wildtiermarkt in Asien.** Hier werden Fledermäuse, Hunde, Schlangen und andere Tiere als Lebensmittel verkauft. Die Tiere sind oft nicht gehäutet und werden nicht gekühlt. Tausende Menschen kommen täglich vor allem beim Schlachten mit solchen Tieren in Kontakt. Fledermäuse sind Säugetiere und näher mit uns verwandt als etwa Schlangen. Das Übertragungsrisiko von Zoonosen ist bei ihnen daher höher (Traditioneller Wildtiermarkt in Asien: Shutterstock)   139

Abb. 5.5   **Zerstörung der Tropenwälder.** Das zerfranste Muster der Abholzung tropischer Wälder wird begleitet von immer neuen Straßen, Schienen, Gold- und Silberminen, Camps und Flugplätzen im Urwald und steigert die Kontakte zwischen Menschen und Wildtieren. Die Aufnahme aus dem Jahr 2019 zeigt Teile eines 960 Quadratkilometer großen verwüsteten Gebiets mit illegalen Goldminen im peruanischen Amazonasgebiet Madre de Dios. Böden und Flüsse werden beim Abbau durch Quecksilber vergiftet (Zerstörung der Tropenwälder: Olivier Donnars, Picture Alliance)   144

Abb. 5.6   **Wildtierhandel** Der menschliche Kontakt mit Wildtieren
beschränkt sich nicht auf Wildfleischmärkte in Afrika und Asien,
sondern umfasst auch einen weltweiten, oft illegalen Handel
mit exotischen Tieren. Hier eines von 101 Gürteltieren, die in
Indonesien vor illegalen Wildtierschmugglern gerettet werden
konnten (Schuppentier: Shutterstock)   145

Abb. 6.1   **CRISPR/Cas9**. Das Enzym Cas9 detektiert und entfernt einen
bestimmten Teil in der DNA (o.) und ersetzt ihn präzise durch
einen neuen (u.) (CRISPR/Cas9: Alamy)   165

Abb. 7.1   **In-vitro-Fertilisation (IVF)**. Künstliche Befruchtung erlaubt ein
erhebliches Maß künstlicher Selektion des Erbmaterials, jedoch
nicht dessen direkte Manipulation. Erst die Kombination von
IVF mit PID und CRISPR eröffnet unbegrenzte Möglichkeiten
der Optimierung und Vererbung von Eigenschaften aller Art
(vgl. Infobox 9) (In-vitro-Fertilisation (IVF): iStock)   191

Abb. 8.1   **Biosensoren in der Kontaktlinse.**Transparente Biosensoren
sollen bis zu 2000 unterschiedliche Messungen von Körperfunktionen wahrnehmen (Biosensoren in Kontaktlinse:
ScienceX (Erlaubnis angefragt))   216

Abb. 8.2   ***Wearables* der Zukunft** Tragbare, intelligente Systeme werden
im Post-Smartphone Zeitalter eine Vielzahl von Funktionen für
Gesundheitsüberwachung und -management aufweisen, stets
verbunden mit dem Internet (Wearables der Zukunft : Alamy)   217

Abb. 8.3   **Mikronadeltherapie bei Diabetes.** Bahnbrechende Methode,
um Insulin über ein Pflaster in genauen Dosierungen abzugeben
(Mikronadeltherapie bei Diabetes: Zhen Gu, mit freundlicher
Genehmigung.)   232

Abb. 9.1   **Verjüngung.** Die Zukunft wird die zelluläre Verjüngung von
Geweben und ganzen Organen mit sich bringen. Schließlich
wird der gesamte Organismus verjüngt werden. Ein
gigantischer Anti-Aging Markt entsteht (Verjüngung: Alamy)   266

Abb. 9.2   **Die Hundertjährigen.** Das durchschnittliche Sterbealter
verschiebt sich seit 1900 in Deutschland tendenziell hin zu
höherem Alter bis 100 Jahre und darüber. Gleichzeitig wird
die Abweichung vom Durchschnitt (Varianz) auf Grund des
Fortschritts in der Medizin geringer (Die Hundertjährigen:
Jean Pierre Fillard: Longevity in the 2.0 world. World Scientific
Publishing, Copyright 2020, mit freundlicher Genehmigung)   269

Abb. 10.1   **Gehirn im Tank.** Ein vom Körper getrenntes, lebendes Gehirn
soll in einem Gedankenspiel in einem Tank mit einem Computer
verbunden werden. Man will wissen, ob man dem Gehirn
elektronische Informationen derart vorspielen kann, dass es nicht
mehr zwischen einer echten und simulierten Welt unterscheiden
kann (Gehirn im Tank: Wikimedia commons)   301

Abb. 10.2 **KI-Ebenen nach Fähigkeiten**. Eine schwache KI ist spezialisiert
auf ein Gebiet. Die *AGI (Artificial General Intelligence)* kann
hingegen viele Aufgaben auf menschlichem Niveau erfüllen.
Eine Superintelligenz *(Artificial Super Intelligence)* ist eine dem
Menschen auf jedem Gebiet überlegene Intelligenz. Sie kann auch
eigene Ziele verfolgen und hat die Fähigkeit, diese Ziele eigenständig zu verändern. Eine starke KI besitzt als höchste denkbare Stufe zusätzlich Formen von Bewusstsein, Selbsterkenntnis,
Empfindungsvermögen, Emotionen und Moral (KI-Ebenen
nach Fähigkeiten: Springer)   304

Abb. 10.3 *Elenoide,* **moderner humanoider Roboter**. *Elenoide* wurde
in Japan entwickelt. Sie wiegt 45 kg, hat Konfektionsgröße 36
und kostete 2018 als Unikat rund eine halbe Million Euro. Sie
kann sprechen, zeigt menschliche Züge, kann Arme und Hände
bewegen, aber nicht laufen. Solche Systeme können etwa an
Rezeptionen eingesetzt werden. Die Technische Universität
Darmstadt nutzt diesen Roboter, um menschliche Reaktionen
auf Maschinen zu erforschen. Die Weiterentwicklung mit immer
neuen menschlichen Eigenschaften wird nicht auf sich warten
lassen. Doch bis ein Verhalten auf menschlichem Niveau erreicht
ist, sind noch große Hürden zu überwinden. Zu diesem Zweck
müssen Maschinen überdies nicht unbedingt menschenähnlich
aussehen (Elenoide: Picture Alliance)   306

Abb. 10.4 **Intelligenzexplosion**. Nick Bostrom nimmt das Wissen von
Maschinen, wenn diese die menschliche Kognitionsfähigkeit
übersteigen, in der *Takeoff*-Phase explosionsartig zu, da sie schnell
voneinander lernen. Haben sie das Level einer Superintelligenz
erreicht, ist unklar, welche Ziele sie haben und ob wir diese
Ziele und ihr Verhalten noch kontrollieren können (Intelligenzexplosion: Springer)   313

Abb. 11.1 **Überbevölkerung**. Sie kann als das zentrale Problem der
Menschheit gesehen werden Aus ihr lassen sich die meisten
anderen globalen Herausforderungen für unsere Zukunft ableiten.
Konrad Lorenz führte in seinem mahnenden Buch bereits vor
einem halben Jahrhundert die Überbevölkerung als erste der *Acht
Todsünden der zivilisierten Menschheit* an (Lorenz 1973). Er ver-
band mit dem Zusammenpferchen vieler Menschen auf engstem
Raum die Erschöpfung zwischenmenschlicher Beziehungen,
Erscheinungen der Entmenschlichung und aggressives
Verhalten. Niemand weiß genau, wie viele Menschen heute in
Städten wie Kairo, Dhaka oder Lagos leben und um wie viele
Hunderttausende die Einwohnerzahlen jährlich zunehmen
(Überbevölkerung: Shutterstock)   354

Abb. 11.2 **Biologischer und technischer Zyklus beim *Cradle to cradle*.**
Beim *C2C* gibt es keine Abfälle und keinen Ressourcenverbrauch
mehr. Alles auf der Welt, von der Schuhsohle bis zum Smart-
phone, wird „Nährstoff" für etwas Neues (Cradle to Cradle:
Wikimedia commons)   358
Abb. 11.3 **Vermüllung der Welt.** Strand auf Bali, Indonesien 2017
(Umweltvermüllung: Shutterstock)   364

Verzeichnis der Szenarien

Beispielszenario Abnehmende Rolle der Sexualität zur Erzeugung von Kindern

Szenario 1 Anwendungen, Wissensformen und Veränderungsarten bei Nanomedizin

Szenario 2 Künstliche und regenerative Extremitäten, Organe und Gehirnschnittstellen

Szenario 3 Somatische Genom-Editierung und erbbedingte Krankheiten

Szenario 4 Genom-Editierung in der menschlichen Keimbahn

Szenario 5 Genom-Editierung und Human Enhancement

Szenario 6 Genom-Editierung mit Gene drive in der Keimbahn des Menschen

Szenario 7 Personalisierte Medizin der Zukunft

Szenario 8 Die Verlängerung des Lebensalters und Unsterblichkeit

Szenario 9 Transhumanistisches Denken und die Evolution

Szenario 10 Intelligenzexplosion und Superintelligenz

Szenario 11 Ausgewählte kritische Sichten auf die Zukunft des Menschen

Szenario 12 Notwendige Transformationen in eine lebenswerte evolutionäre Zukunft

Verzeichnis der Infoboxen

Infobox 1   Evolutionäre kulturelle Fehlanpassungen

Infobox 2   Kumulative kulturelle Evolution

Infobox 3   Die Erweiterte Synthese der Evolutionstheorie

Infobox 4   15 globale Herausforderungen des State of the Future Index (SOFI)

Infobox 5   Exponentieller technischer Fortschritt

Infobox 6   Nano- und Mikrowelt in der Medizin

Infobox 7   Kleines ABC der Molekularbiologie

Infobox 8   Die CRISPR/Cas-Genschere

Infobox 9   In-vitro-Fertilisation und Präimplantationsdiagnostik

Infobox 10   Gene drive – Genantrieb

Infobox 11   Künstliche Intelligenz

Infobox 12   Telomere

Infobox 13   Die transhumanistische Deklaration

Infobox 14   Ausgewählte akademische Einrichtungen für Zukunftsforschung

Infobox 15   Postwachstum

Teil I

Evolution und Zukunft – kein Widerspruch

In diesem Buch stelle ich Ihnen zwölf Szenarien über unsere evolutionäre Zukunft vor. Die ersten acht werden rund um die evolutionäre Zukunft der synthetischen Biologie und der Medizin entwickelt. Ich hoffe, bereits diese Lektüre allein wird Sie fesseln. Aber ich möchte es bei diesen Szenarien nicht beruhen lassen, sondern werde diese als Evolutionsbiologe im Gesamtzusammenhang mit einigen Fragen diskutieren, die dem Buch seine besondere Note geben und Ihr besonderes Interesse wecken sollen: Wir wollen wissen, wie gezieltes kulturelles Verhalten des Menschen evolutionär einzuordnen ist. Gehört es überhaupt zur Evolution? Tatsächlich nehmen wir mit Techniken wie der Genetik und künstlichen Intelligenz unsere Evolution selbst in die Hand. Hier liegt demnach Planung vor, die Zukunftsüberlegungen mit einschließt. Damit stellt sich gleich die nächste Frage, wie wir die natürliche Selektion aufhalten oder ob wir uns gar von ihr lösen können. Zuletzt muss diskutiert werden, ob das kulturelle Verhalten des Menschen in der Technosphäre der Erhaltung unserer eigenen Art dient. Verhalten wir uns also im darwinschen Sinn angepasst? In den USA etwa besteht verbreitet die Neigung, jeglichen technischen Fortschritt als Verbesserung der menschlichen Verhältnisse zu werten. Das trifft aber aus Sicht der Evolution gar nicht zu. Handeln wir heute eher aus kurzfristigen Motiven, die auch zu evolutionären Fehlanpassungen der Menschheit führen können oder sogar müssen? Das wird uns im Folgenden beschäftigen. – Beginnen wir aber im ersten Kapitel mit dem Mann, der unser Denken über das Leben auf der Erde revolutioniert hat.

Evolution verstehe ich in diesem Buch gemäß der modernen Evolutionstheorie als die generationenübergreifende Veränderung in der Verteilung vererbbarer Merkmale einer Population. Dabei werden vererbbare Merkmale ausdrücklich nicht nur genetisch weitergegeben. Neben der genetischen gibt es auch epigenetische, physiologische und ökologische Vererbung, soziale Verhaltensübertragung sowie kulturelle Vererbung. Kulturelle Vererbung und Evolution werden uns hier besonders interessieren.

1

Unsere evolutionäre Abkopplung von der natürlichen Selektion?

Seit dem ersten Lebewesen auf unserer Erde, dem sogenannten *Last universal common ancestor* (kurz *LUCA*), unserem gemeinsamen ältesten Vorfahren vor 3,5–3,8 Mrd. Jahren, bestimmt die natürliche Selektion die Entwicklung des Lebens. Auch wenn sich das im Folgenden hier so anhören mag, ist sie natürlich keine aktive, sondern eher eine „blinde" Kraft, ein passiver Prozess der Beseitigung. Besser noch kann man sie als das Zusammenwirken zahlreicher Bedingungen sehen, infolgedessen sich die für die Fortpflanzung am besten geeigneten Individuen einer Art durchsetzen und vermehren. Es ist die großartige Leistung Charles Darwins (1809–1882), dass er den Mechanismus der natürlichen Selektion entdeckte und in seinem Hauptwerk *On the Origin of Species by Means of Natural Selection* (deutsch *Die Entstehung der Arten*) ausführlich beschrieb (Darwin 1859). Wenn auch die Idee der Veränderung von Arten nicht neu war, so haben Darwin und zeitgleich Alfred Russel Wallace, ein weiterer Engländer, in einer zusammenhängenden Theorie einen Mechanismus entworfen, mit dem die natürliche Entwicklung des Lebens auf der Erde erstmals schlüssig erklärt werden konnte.

A. Lange, *Von künstlicher Biologie zu künstlicher Intelligenz – und dann?*, https://doi.org/10.1007/978-3-662-63055-6_1

1.1   Natürliche Evolution des Menschen in historischer Zeit und in Zukunft

Evolvieren wir noch weiter, oder ist für uns ein Endpunkt erreicht? Man kann sich tatsächlich leicht vorstellen, dass natürliche Evolution bei uns nicht mehr stattfinde und wir in einen Zustand der Stasis eingetreten seien. Diese Anschauung wird auch wissenschaftlich intensiv behandelt (Powell 2012). Aus einer solchen Sicht ist die menschliche Evolution zum Stillstand gekommen. Als Grund dafür wird angegeben, dass aufgrund unserer Kultur und anderer Ursachen, die durch die Evolutionstheorie nicht adäquat erfasst werden, die Evolution gedämpft werde (Varki et al. 2008).

Paläontologen und anthropologische Evolutionsbiologen sind sich zwar beispielsweise einig darüber, dass *Homo sapiens* und der Schimpanse einen gemeinsamen Vorfahren haben. Doch ein Konsens darüber, ob unsere Spezies heute noch immer evoliert, besteht im weltweiten Wissenschaftszirkel nicht. Tatsächlich sagte ein so namhafter Evolutionsbiologe wie Ernst Mayr (1904–2005), man müsse den Schluss ziehen, dass die menschliche Evolution zu einem Halt gekommen sei (Mayr 2005). Nicht weniger deutlich brachte der berühmte Paläontologe Stephen Jay Gould (1941–2002) im Jahr 2000 zum Ausdruck, die natürliche Selektion sei für den Menschen nahezu irrelevant geworden. Auch so namhafte Wissenschaftler wie die Nobelpreisträger Konrad Lorenz (1903–1989) und Jacques Monod (1910–1976) waren überzeugt, dass auf Grund der Größe des Genpools der Menschheit, also wegen ihrer genetischen Vielfalt, ein evolutionärer Stillstand eingetreten sein müsse. Tatsächlich existierten in der Naturgeschichte der Dinosaurier einige Vertreter, die 80 Mio. Jahre ohne sichtbare Änderung über das Land stampften, das ist immerhin etwa 250-mal länger als es uns gibt. Und auch manche der heutigen Schildkröten, Haie oder Krokodile ähneln ihren Vorfahren frappierend. Aber wenn wir bei ihnen über eine Stasis von vielen Millionen Jahren sprechen, so sind es beim *Homo sapiens* gerade mal 300.000 Jahre, seit er scheinbar unverändert die Erde besiedelt. Das ist ein gravierender Unterschied.

Beispiele über Beispiele für die Evolution des Menschen in historischer Zeit

Nach wie vor gilt für uns wie für alle Lebewesen, dass wir in natürliche Evolutionsprozesse eingebunden sind. Wir evolvieren auch heute biologisch weiter (Mitteroecker 2019; Solomon 2016; Templeton 2016; Powell 2012; Cochran und Harpending 2009; Stock 2008). Der Wiener Evolutionstheoretiker Philipp Mitteroecker (2019) betont, dass die heutige Forschung zur Evolution des menschlichen Körpers im Licht fortlaufender soziokultureller Entwicklungen und Umweltveränderungen betrachtet einen Rückstand aufweist. Wenn sich auch die Erforschung der Evolution des modernen Menschen auf historische Beispiele beschränken muss, darf doch angenommen werden, das wir auch jetzt und in Zukunft biologisch evolvieren (Stock 2008). Der Mensch von morgen wird demnach nicht derselbe sein wie der von heute. Es wird sogar behauptet, die Evolution des Menschen habe sich in den vergangenen 10.000 Jahren beschleunigt und sei 100-mal schneller als im langfristigen Durchschnitt der letzten sechs Millionen Jahre (Cochran und Harpending 2009). Nachweislich ist in den vergangenen Jahrtausenden, also in historischer Zeit, eine Reihe evolutionärer Veränderungen beim Menschen aufgetreten, auf die ich kurz eingehen möchte. Die Milchverträglichkeit oder Lactosetoleranz ist wohl die kulturell bedeutendste von allen. Auf sie komme ich noch ausführlich zu sprechen (Abschn. 2.1). Daneben kam die Blutgruppe B hinzu, die 10.000 bis 15.000 Jahre vor der Zeitenwende erstmals in den Bergen des Himalaya auftrat. Die Sichelzellanämie – eine erbliche Erkrankung der roten Blutkörperchen – ist eine weitere junge Mutation. Sie schützt vor Malaria und findet sich in Afrika, wo die Mutation mindestens viermal unabhängig auftrat, häufiger als bei uns. Die Anti-Malaria-Anpassung durch die Sichelzellanämie konnte mit starken Selektionskräften aber erst geschehen, nachdem der Mensch in der Geschichte Ägyptens mit Anpflanzungen in feuchten Umgebungen großächig die kulturelle Umgebung geschaffen hatte, in der sich infektiöse Krankheiten überhaupt ausbreiten (Templeton 2016).

Beobachtet wird daneben nicht nur eine Reduzierung der Anzahl an Weisheitszähnen (haben Sie noch welche?), sondern seit vorhistorischer Zeit auch eine fortlaufende Verkleinerung der menschlichen Zähne. Intensives Kauen ist nicht mehr so wichtig wie früher, als sich unsere Vorfahren noch von rohem Fleisch ernährten. Der Selektionsdruck auf große Zähne verringerte sich zunehmend durch den Gebrauch des Feuers für das Kochen und Garen der Nahrung, also kulturell bedingt. Da unser Gehirn jedoch gleichzeitig in den letzten 1,5 Mio. Jahren stark an Größe zunahm, hatte unser Kiefer als Begleiteffekt des Gehirnwachstums das Nachsehen; er musste sich notgedrungen verkleinern. Der Kiefer wurde sogar schneller kleiner als die Zähne, so dass ein Engpass entstand, der die Weisheitszähne nicht mehr genug Platz finden lässt. Unsere Zähne und Kiefer evolvieren also anhaltend, und zwar „erzwungen" durch die zunehmende Gehirngröße. Aus dieser Sicht ist diese evolutionäre Entwicklung von Kiefer und Zähnen für sich allein gesehen keine eigentliche Anpassung im darwinschen Sinn (Ackermann und Cheverud 2004). Das Beispiel unserer Zähne belegt eindrucksvoll, dass sogar die nachlassende oder gänzlich ausbleibende Selektion zu Veränderungen führen kann. Darwin wäre verwirrt gewesen. Von einer evolutionären Stasis kann bei all den genannten Beispielen somit keine Rede sein.

Wie reagieren Bewohner in großen Höhen auf den niedrigen Sauerstoffgehalt? Im Himalaya müssen die Bewohner mit 40 % weniger Sauerstoff zurechtkommen. Bekanntlich haben die Tibetaner das Problem gelöst, und zwar evolutionär, und das in nur wenigen Tausend Jahren. Anders als bei Bergsteigern, die sich den Höhenstrapazen nur vorübergehend aussetzen und sich in wenigen Wochen individuell an die dünne Höhenluft gewöhnen, bedeutet evolutionäre Anpassung, dass sich günstige vererbbare Eigenschaften bei Ethnien im Gebirge ausprägen. Bei den Andenbewohnern in Peru etwa stellte man fest, dass ihr Hämoglobin mehr Sauerstoff transportieren kann. Hämoglobin ist ein großes Protein, das den Sauerstofftransport in den roten Blutkörperchen bis in alle Winkel des Körpers sicherstellt. Haben also die Tibeter das Problem in gleicher Weise mithilfe des Hämoglobins gelöst? So dachte man. Aber das ist nicht der Fall. Tibeter haben nämlich weniger Sauerstoff im Blut als Peruaner. Tatsächlich können sie sogar noch weniger Sauerstoff transportieren als Bewohner auf Meereshöhe. Das klingt unglaublich. Wie kann das sein? Eine wirklich irritierende Überraschung.

Wie können sie dann in der großen Höhe zurechtkommen? Erst nach vielen Jahren unermüdlicher Forschung fand ein Team aus den USA heraus, dass die Tibeter mehr Stickstoffmonoxid (NO) im Blut haben. Dieses Gas erweitert die Blutgefäße (wie es beispielsweise auch bei der männlichen Erektion geschieht). Erweiterte Gefäße erlauben einen stärkeren und schnelleren Blutdurchfluss. Auf diese Weise lässt sich die geringere Sauerstoffkonzentration im Blut kompensieren. Problem gelöst? Nicht ganz: Man fand noch dazu heraus, dass die Tibeter auch mehr Kapillaren, also feinste Blutgefäße, in ihren Muskeln besitzen. Erst beide Variationen zusammen, weitere Gefäße und erhöhte Anzahl an Kapillaren, stellen für die Tibeter eine ausreichende dauerhafte Anpassung an die harten Bedingungen in großer Höhe dar. Es sollte allerdings 50 Jahre dauern, bis dasselbe US-Team auch die genetischen Grundlagen aufschlüsseln konnte, die offenbar für die Anpassung der Tibeter verantwortlich sind. Dass die Amharen, Bewohner der Bergregionen Äthiopiens, das Problem des Sauerstoffmangels ihrerseits auf eine dritte Art lösten, überrascht nun nicht mehr (Solomon 2016). Das ist Evolution des Menschen live!

Nicht weniger spannende Beispiele jüngeren Evolutionsgeschehens beim Menschen sind das Alter der Frau beim ersten Kind und der Zeitpunkt der Menopause. Hier gibt es knifflige Zusammenhänge. Fachleute sprechen bei der Menopause sogar von einem evolutionären Puzzle. Zunächst belegten im 20. Jahrhundert mehrere Studien einen hohen Selektionsdruck dafür, dass Frauen ihr erstes Kind früher bekommen. Eine solche Entwicklung liegt nahe, denn die Selektion präferiert ja die Individuen mit der höchsten Produktivitätsrate, und das sind nun einmal Frauen mit einer langen Fruchtbarkeitsspanne. Das heißt, eine Frau, die früher ihr erstes Kind bekommt, hat erhöhte Chancen auf insgesamt mehr Kinder. Tatsache ist aber, dass wir heute in entwickelten Ländern kaum frühe Geburten beobachten, im Gegenteil: Das Alter der Frau bei der Geburt des ersten Kinds steigt kontinuierlich an. Diese Entwicklung ist mit mehreren kulturellen Faktoren verknüpft, darunter die Dauer der Ausbildung, die Involvierung am Arbeitsmarkt, die Vereinbarkeit von Beruf und Kind, der finanzielle Status, ein verändertes, komplexeres Beziehungsverhalten zwischen den Partnern und andere Gründe, so die französische Demografin Eva Beaujouan von der Wirtschaftsuniversität Wien in dem vom Wissenschaftsfonds (FWF) geförderten Projekt „Späte Fruchtbarkeit in Europa" (Beaujouan 2020). Wenn das erste Kind aber später kommt, wird die Chance auf mehrere Kinder naturgemäß geringer, manche Frauen oder Paare bekommen dann auch gar keine weiteren Kinder. Kann dies eine Anpassung sein?

Nun zur Menopause: Hier gibt es eine besondere Situation dadurch, dass beim Menschen nach der Menopause noch ein jahrzehntelanges Weiterleben möglich ist. Nur einige Walarten haben ebenfalls Wechseljahre. In der Regel aber sterben weibliche Tiere, nachdem die Fruchtbarkeit einen Höhepunkt erreicht, dann abnimmt und die Weibchen schließlich unfruchtbar werden. Allerdings können afrikanische (nicht jedoch asiatische) Elefantenkühe entgegen früherer Meinung sogar noch mit 70 Jahren ein Junges bekommen. Man kann also sagen: Wenn die Frau im Durchschnitt lange lebt, dann muss es einen guten Grund, einen evolutionären Druck geben, dass sie schon relativ früh unfruchtbar wird. Welches Interesse kann aber die natürliche Selektion daran haben? Wie kann das überhaupt selektiert werden? Schließlich gibt die Frau nach dem Eintreten der Unfruchtbarkeit ja keine Gene mehr weiter, die für das Weiterleben selektiert werden können. Das Ganze klingt daher bis hierher ziemlich unerklärlich.

Ein Grund ist darin zu sehen, dass das Geburtsrisiko für ältere Mütter steigt, also das Risiko, dass ihr Kind bei der Geburt stirbt. Hinzu kommt, dass die spontan entstehenden genetischen Schäden in den Eizellen älterer Frauen vom Zellreparatursystem nicht mehr so gut repariert werden wie bei jüngeren Frauen. Das Mutationsrisiko für das Baby steigt daher an. (Immerhin gilt das für Elefanten wohl nicht.) Beide Risiken zusammen bilden den Preis für eine späte Geburt. Aber gibt es auch Vorteile? Durchaus. Da Forscher in der Regel nichts unbeantwortet lassen, sind sie auf folgenden Zusammenhang gekommen: Wenn eine älter werdende Frau kein weiteres Kind bekommt, sondern für das Wohl ihrer schon vorhandenen Kinder sorgt, kann sie evolutionär mehr bewirken als durch ein weiteres Kind. Der Vorteil, für das Wohl, Wachstum, Gesundheit und sogar für eigene Kinder ihrer Kinder zu sorgen, wirkt sich evolutionär stärker aus. Das nennt man den „Oma-Effekt". Dieser Vorteil steht dem Nachteil bzw. Risiko gegenüber, selbst noch weitere Kinder zu bekommen, was zudem die Versorgung der älteren Kinder einschränken würde (Pavard et al. 2008). Es handelt sich also um eine nüchterne evolutionäre Kosten-Nutzen-Rechnung.

Der Zusammenhang wurde empirisch penibel untersucht, und tatsächlich fand man heraus, dass sich eine Mutter mit mehreren Kindern um die Versorgung ihrer älteren Kinder nicht so intensiv kümmern kann, wenn sie noch ein Baby hat. Am Ende führt es statistisch zu mehr und gesünderen Kindern, wenn eine Großmutterrolle im Spiel ist. Der evolutionäre „Schlussstrich" in Form einer frühen Menopause wäre aus dieser Sicht erklärbar. Was aber, wenn die Großmutter, wie in modernen Gesellschaften fast schon üblich, nicht mehr dort wohnt, wo die Enkel wohnen? Dann kann sie die wichtige Rolle nicht so gut wahrnehmen. Was ist außerdem, wenn Frauen zunehmend in jüngerem Alter ihre qualitativ guten Eizellen einfrieren lassen? Was bedeutet es, dass immer mehr Frauen über 40 den Wunsch für ein erstes Kind hegen? Was bewirkt die heute bessere medizinische Versorgung bei später Geburt? All das spielt eine Rolle. Das Zusammenspiel aller Faktoren für die Fruchtbarkeit im Leben der Frau ist also tatsächlich ein ziemliches Puzzle. Voraussagen darüber, wie sich das alles in den nächsten Jahrzehnten entwickeln wird, sind schwierig (Solomon 2016). Sie bekommen auch einen ersten Eindruck, dass natürliche Selektion (frühe Geburt) und Kultur (Einfrieren von Zellen und gute Medizinversorgung) hinsichtlich des Zeitpunkts der Erstgeburt gegenläufig operieren können.

Auch für die Männer spielt der Zeitpunkt der Vaterschaft eine Rolle. Ihre Spermien weisen mit zunehmendem Alter signifikant mehr Mutationen auf. Das Risiko für Erbkrankheiten wie Schizophrenie und Autismus steigt rapide. Andererseits bietet die höhere Mutationsrate wiederum neues Rohmaterial für die natürliche Selektion, mehr Anpassungschancen an die sich heute rasch verändernde Umwelt, mehr Grundlagen für unsere zukünftige Evolution (Solomon 2016). Auch bei den Männern ist die Situation also nicht unkompliziert.

Dass Evolution unser Leben auch heute in tausend Facetten bestimmt, hat wohl niemand umfassender beschrieben als die beiden Amerikaner Juan Enriquez und Steve Gullans (2016). Sie beschränken sich dabei nicht auf unsere DNA, sondern holen zu einem weit größeren Wurf aus. Neben unserem Genom ist die epigenetische Vererbung hier ebenso im Spiel wie unser Mikrobiom – Billionen verschiedener Bakterien und Pilze auf unserer Haut, in der Mundhöhle und vor allem im Darm – und nicht minder unser Virom, also die bis heute unergründete Vielzahl symbiotischer Viren in unserem Körper. Die beiden Autoren sprechen daher von vier verschiedenen Genomen, die unsere Evolution bestimmen. Im zurückliegenden Jahrzehnt rückten vor allem epigenetische Vererbungsformen verstärkt ins Interesse der Wissenschaft. Eltern, die im Zweiten Weltkrieg in Holland Hunger-Traumata ausgesetzt waren, vererbten die physiologischen Konsequenzen ihrer Schreckenserlebnisse epigenetisch an die Kinder, und diese vererbten sie ebenfalls epigenetisch weiter an ihre eigenen Kinder, obwohl diese Enkel selbst nie einer Hungersnot ausgesetzt waren wie ihre Großeltern. Gestresste Väter, so die Entdeckung, vererben in ihren Spermien epigenetische „Finger-abdrücke". So kann vor der Zeugung erlebter väterlicher Stress mit der Zeugung epigenetisch auf das Kind übertragen werden. Die Folgen können beim Kind vergrößerte Anfälligkeit für Fettleibigkeit (Adipositas) und Diabetes sein. Das sind Vorgänge, die noch vor wenigen Jahren ins Reich der Fantasie verwiesen wurden. Sie spiegeln menschliche Evolution in der modernen Gesellschaft wider.

Wie nie zuvor in der Evolutionsforschung wird heute deutlich, in welcher Form die Umwelt, die wir uns geschaffen haben und in der wir leben, unsere eigene Evolution beeinflusst und ausrichtet. Rekapitulieren wir: Unsere Vorfahren lebten sieben Millionen Jahre seit der Trennung von den gemeinsamen Vorfahren mit den Schimpansen und insgesamt noch viel länger in einer völlig natürlichen Umgebung. Sie stillten ihren Hunger mit natürlicher, unbearbeiteter Nahrung, bewegten sich in natürlicher Umgebung und handhaben natürliche Rohstoffe. Erst seit ein paar Hundert Jahren leben Menschen in industrialisierten Ländern in geschlossenen Häusern, heizen sie auf konstante Temperatur, übernachten niemals mehr draußen, tragen stets warme und wasserdichte Kleidung, schützen uns vor der Sonne und nehmen Nahrungsmittel zu uns, die seit Tausenden von Jahren immer wieder verändert wurden. Und seit nicht einmal 100 Jahren verbringt der überwiegende Teil von uns den ganzen Tag sitzend, mit viel weniger Bewegung und Kalorienbedarf als unsere Vorfahren, die noch auf dem Feld oder in der Fabrik arbeiteten.

Schon in wenigen Jahrzehnten wird der ganz überwiegende Teil der Menschheit wohl in Städten leben, die so riesig sind, dass sie unsere Großeltern sich unmöglich hätten vorstellen können. All diese Bilder überzeugen Sie hoffentlich spätestens jetzt davon, dass der rasante Totalumbruch unserer Lebensgewohnheiten auch evolutionäre Konsequenzen nach sich ziehen muss. Wir finden diese in Form gehäufter und verstärkter Allergien, zunehmender Fettleibigkeit (Adipositas) und Autoimmunkrankheiten, in Form von massiv zunehmenden Krebserkrankungen und anderen Resultaten. Solche evolutionären Konsequenzen können gar nicht ausbleiben. Und sie treten sogar viel schneller auf, als ein Genetiker sich das üblicherweise vorstellen kann. Denn die Evolution kennt Mechanismen neben denen des Genoms, die Anpassungen viel schneller herbeiführen können als die notwendigerweise träge darwinsche Mutation und Selektion der eigenen DNA. Zu diesen Mechanismen, die nicht zwingend in vorteilhaften Anpassungen münden müssen, gehören in erster Linie Formen epigenetischer Vererbung sowie die Variation unseres Mikrobioms. Auf beiden Ebenen können sehr effektive Reaktionen auf die von uns geschaffene Umwelt erfolgen Wir verändern uns folglich mit der Umwelt, die wir selbst verändern (Enriquez und Gullans 2016).

Wir evolvieren mit unserer Ernährung, mit unseren Lebensgewohnheiten, mit der Art, wie wir uns bewegen oder nicht bewegen. Wir evolvieren mit dem täglichen Stress im Verkehr, im Beruf, bei der Kindererziehung, in der Großstadt, wie wir Kinder zeugen und auf die Welt bringen. Wir evolvieren mit 16 h Licht und der Störung des natürlichen Tag-Nachtrhythmus in unserem Gehirn. Und schließlich evolvieren wir nicht weniger mit dem Abholzen von Wäldern und den neuen Krankheitserregern, die von dort zu uns gelangen, dem Bau immer neuer und größerer Megacities und der anhaltenden globalen Erwärmung. Sogar völlig unvermutete evolutionäre Zusammenhänge können bestehen, so etwa zwischen der (Un-)tätigkeit, viel Fernsehen und der Spermienzahl. Diese halbiert sich nämlich bei jungen Männern bei 20 h Fernsehkonsum pro Woche und der damit verbundenen geringeren körperlichen Bewegung (Gaskins et al. 2015). Das klingt unglaublich, aber es ist Evolution. Evolution durch Spermienkrise! Nicht immer ist diese komplexe Entwicklung allerdings so einfach empirisch zu begründen wie in diesem Beispiel.

Vielleicht sagen Sie, der Mensch sei aber doch noch immer derselbe Mensch wie vor 1000 oder 100.000 Jahren. Einer unserer Vorfahren könne doch theoretisch jederzeit mit dem modernen Menschen ein Kind zeugen.

Doch das ist nur die halbe Wahrheit. Angenommen, Sie würden mit einem Menschen von damals in einem McDonald's sitzen und ihn zu einem Big Mac und einer Cola einladen. Abgesehen davon, dass er aus der ihm unbekannten Umgebung Hals über Kopf flüchten würde, könnte er diesen Akt der Gastfreundschaft vielleicht nicht überleben. Weder sein Immunsystem noch sein Mikrobiom wären wohl hinreichend gut gerüstet. Tatsächlich haben wir uns massiv verändert. Vielleicht werden Sie jetzt noch einmal spontan insistieren: Die indianische Häuptlingstochter Pocahontas hatte ja auch mit einem Engländer ein Kind, und sie reiste sogar nach Großbritannien. Also gab es doch kein Problem! Aber bekanntlich ist sie dort auch schon nach kurzer Zeit im Jahr 1617 gestorben, und zwar wohl aus evolutionären Gründen. Seien wir aber vorsichtig: Wir können diese Überlegungen, sowohl die zu Steinzeitmenschen als auch die zur Indianerin, nur statistisch formulieren: Demnach kommen in einer veränderten Welt einige Individuen zurecht; sie überleben und können viele Kinder bekommen; anderen dagegen gelingt dies nicht, und sie haben keine oder weniger Nachkommen. Das ist Evolution.

Vertrackter Genfluss

Betrachtet man den *Homo sapiens* als eine einzige globale Population, hat man es mit einem riesigen Schmelztiegel von fast acht Milliarden Menschen zu tun. Man kann annehmen, dass durch den enormen Anstieg der Migrationsströme im zurückliegenden Jahrhundert und durch die dramatisch gestiegenen Bewegungsströme der Menschen auf dem gesamten Globus mit modernen Verkehrsmitteln sichergestellt ist, dass sich unsere Gene nach und nach vermischen und lokale genetische Besonderheiten innerhalb unserer Art verschwinden. Echte geografische Isolationen existieren so gesehen bereits heute nicht mehr, je nachdem wie hoch man die Kriterien dafür ansetzt. Der natürliche Genfluss, also der Austausch des Genmaterials, verläuft innerhalb unserer Art ziemlich ungehindert. An dieser Sicht ist nicht zu rütteln. Sie lässt kaum die Überlegung zu, dass sich der Mensch biologisch in Zukunft in eine andere Art wandeln könnte. Die Voraussetzungen dafür sind gemäß der gängigen Evolutionstheorie auf Grund der hohen Durchmischung der Individuen schlecht. Sie werden mich also wieder fragen: Warum dann das Buch? Nun, ich kann nur höflich um Ihre Geduld bitten.

Der Evolutionsbiologe kann zunächst statt der artübergreifenden Perspektive auch den Blick aufs Detail, auf einzelne Populationen innerhalb unserer Art wählen – und genau das möchte ich hier tun. Innerhalb einer Art kann die Isolation von Populationen zur Bildung neuer Arten führen. Der Biologe kann dabei herausfinden, wo in der Vergangenheit über längere Zeiträume solche Isolationen bestanden und wie diese den Genfluss unterbrochen und zu innerartlichen Veränderungen geführt haben, die heute und auch in Zukunft noch existieren.

Tatsächlich findet man derartige Variationen. Das Beispiel der Anpassung an Sauerstoffmangel bei unterschiedlichen Bergvölkern ist schon genannt. Auch ist die Milchverträglichkeit heute noch immer geografisch unterschiedlich ausgeprägt. Je weiter südlich man nach Europa blickt, desto weniger Milchverträglichkeit findet sich, denn im hohen Norden war der selektive Vorteil, im Winter über ein zusätzliches Nahrungsmittel zu verfügen, offensichtlich größer. In diesem Buch werden wir noch öfter den Blick auf Teilpopulationen innerhalb unserer Art richten. Wenn es aufgrund biotechnischer Entwicklungen – unser Hauptthema – zu Ansätzen von Änderungen innerhalb unserer Art kommt, können diese zunächst wohl nur in kleinen Parzellen unserer Population auftreten, etwa solchen, die sich gesellschaftlich abschotten. Solche neuen Isolationen sollten nicht von vornherein allein aufgrund der schieren Größe unserer Population ausgeschlossen werden. Wir werden im Folgenden noch genauer definieren, wie die heutigen Unterschiede innerhalb der Spezies Mensch zu werten sind.

Evolution verstärkt sich in großen Populationen. Die Menschheit erlebte in den vergangenen 10.000 Jahren ein super-exponentielles Wachstum. Die Größe unserer Population bedeutet, dass zufällige Mutationen viel häufiger auftreten als in kleinen Populationen. Seltene Mutationen treten in der Milliardenpopulation in jeder Generation mehrfach auf und erzeugen ein riesiges Reservoir mutationsbedingter Varianten. Unsere Art wird auf diese Weise potenziell angepasster für Umweltänderungen. In Zeiten des Klimawandels kann eine verbesserte Anpassungsfähigkeit für uns bedeutend werden. Hinzu kommt, dass zufällige Mutationen in einer stark wachsenden Population mit geringerer Wahrscheinlichkeit wieder ganz verschwinden. Das kann man mit der Populationsgenetik mathematisch belegen. Die zahlreichen Mutationen werden die Zukunft des Menschen mitbestimmen, selbst wenn das Bevölkerungswachstum zum Stillstand kommt. Die Population ist dann immer noch größer als die der meisten Vielzeller auf der Erde.

Andererseits gibt es den Standpunkt, dass die genetischen Unterschiede, etwa für die Anpassung an den geringen Sauerstoffgehalt der Bewohner im Himalaya oder in den Anden, in der Folge der Globalisierung und der tendenziell zunehmenden Vermischung aller Ethnien (Panmixie) langfristig immer geringer würden. Für die Zukunft würde diese Entwicklung eine geringere Anpassungsfähigkeit an lokale Umweltanforderungen bedeuten. Möglicherweise wird in Zukunft beides verstärkt sein: höhere und gleichzeitig geringere Anpassung (Templeton 2016). Nun sage noch einer, Evolution sei eine einfache Sache.

Es erfordert Jahrtausende, bis sich evolutionäre Änderungen jeweils so stark durchsetzen, dass man von innerartlichen Variationen sprechen kann. Evolution vollzieht sich also in der Regel langsam, und das hat seinen Grund, denn nur so kann ja eine gewisse Stabilität innerhalb von Arten und unter den Arten erhalten werden. Fachleute sprechen von stabilisierender Selektion (Powell 2012). Somit ist Evolution also immer ein Ausbalancieren zwischen zu schneller und zu langsamer Veränderung. Die Wissenschaft untersucht dieses Phänomen auch unter dem Stichwort Evolvierbarkeit und meint damit die Fähigkeit eines Organismus, sich evolutionär schneller oder langsamer anzupassen.

Am Ende dieses Abschnitts muss ich klarstellen, dass die menschliche Art heute biologisch nicht weiter unterteilt wird. Es werden keine Unterarten und keine Rassen beim Menschen gesehen. Der Begriff Rasse ist in der englischen Sprache weniger politisch belastet als in der deutschen. Im Englischen wird Rasse oft mit Unterart gleichgesetzt. In der Tier- und Pflanzenwelt existieren vielfach Unterarten, so auch bei unserem nächsten Verwandten, dem Schimpansen. Sie stellen ganz nach Darwin oft eine Vorstufe in der Bildung einer neuen Art dar. Im Deutschen wird der Rassebegriff ausschließlich bei Züchtungen verwendet, also etwa bei Hunde- oder Katzenrassen. Was den Menschen angeht, so haben wir oben gesehen, dass genetische Unterschiede bzw. unterschiedliche Häufigkeiten spezifischer Gene (Allele) durchaus existieren, so etwa für die Verträglichkeit der Höhenluft oder die Anpassung an Malaria. Auch würden wir unschwer einen Asiaten als solchen erkennen können oder einen Aborigine.

Die genetischen Unterschiede zwischen solchen Populationen oder Ethnien sind jedoch viel zu gering, als dass Biologen hier von eindeutig zuzuordnenden Unterschieden sprechen, die in den lokalen Populationen liegen. Zwei Populationen mit scharfen Grenzen werden nämlich erst dann als unterschiedliche Unterarten betrachtet, wenn nach einer gebräuchlichen Definition mindestens 25 % der genetischen Variabilität, die sie gemeinsam haben, zwischen den Populationen unterschiedlich ausgeprägt sind. Das ist beim Mensch jedoch nicht der Fall. Der Unterschied zwischen Populationen im Sinne von Ethnien beträgt bei uns gerade einmal durchschnittlich 4,3 %, während der Unterschied an genetischer Varianz innerhalb dieser Populationen 93,2 % beträgt. Die tatsächlichen Differenzen lassen sich also nach der hier verwendeten Definition nicht lokalen Unterschieden zuordnen, was die Voraussetzung dafür wäre, dass man von menschlichen Unterarten sprechen würde. Überraschenderweise fand man bei der genomweiten Sequenzierung von 929 Menschen aus allen Kontinenten im Rahmen des *Human Genome Diversity Projects* Millionen bisher unbekannte DNA-Mutationen, die es nur in bestimmten Kontinenten oder Regionen gibt. Darunter war aber keine einzige Variation, die zu 100 % regional vorkam und gleichzeitig in allen anderen Regionen nicht vorhanden war (Bergström et al. 2020). Das Fazit ist daher nach wie vor: Wir sind eine der genetisch homogensten Arten, die auf der Welt existieren (Templeton 2016a). Das muss freilich nicht heißen, dass es in Zukunft solche Unterschiede nicht geben kann, wenn wir in die Evolution eingreifen, doch dazu später mehr.

Wenn wir ein einzelnes Merkmal herausgreifen, etwa die Hautfarbe, dann sehen wir, wie schnell wir beim Urteilen in Probleme geraten können: Die dunkelste Hautfarbe haben Afrikaner aus den tropischen Gebieten und Melanesier, die weit entfernt von Afrika leben. Wegen der gleichen Hautfarbe würde man annehmen, dass die genetischen Unterschiede zwischen diesen Ethnien geringer sind als die zwischen Afrikanern und Europäern. Das ist aber nicht der Fall. Tatsächlich sind nämlich Europäer und Afrikaner genetisch näher verwandt. Der markante Unterschied ihrer Hautfarben ist die Folge der genetischen Anpassung an die unterschiedlich starke UV-Strahlung (Templeton 2016a). Die Hautfarbe erweist sich somit als das denkbar ungeeignetste Merkmal für die Rassendiskussion. Noch bis vor etwa 8.000 Jahren hatten alle Menschen eine ähnlich dunkle Hautfarbe. So schnell kann man sich täuschen, und so schnell entstehen unbegründete Vorurteile!

1.2 Die menschliche Evolution – immer stärker zielgerichtet

Evolution ist in der konventionellen Sicht prinzipiell nicht zielgerichtet. Sie ist „blind", ohne Plan und kann nicht vorausschauen (Mayr 2005). Das ist eine der Grundaussagen der Standard-Evolutionstheorie. Warum habe ich dann dieses Buch über die Zukunft der Evolution geschrieben? Nun, mit den Fortschritten in der Medizin und vor allem seit dem Siegeszug der molekularen Genetik haben sich im 20. Jahrhundert die evolutionären Spielregeln radikal verändert. Die Sicht auf die vermeintlich langfristige

Planlosigkeit der Evolution ändert sich zum ersten Mal grundlegend. Für den Menschen ist seine evolutionäre Situation eine andere als jemals zuvor. Er kann in der Technosphäre die Regie für seine Evolution selbst übernehmen. Er kann bestimmen, welche Phänotypen, das heißt welche körperlichen, psychischen und kognitiven Eigenschaften er haben möchte und welche nicht. Geld bestimmt hier das Vorgehen mit, und zwar im ganz großen Maßstab.

Die natürliche Selektion als der Hauptmechanismus der Evolution im Sinne Darwins spielt in vielerlei Hinsicht scheinbar nur noch eine untergeordnete Rolle. Oder spielt sie womöglich gar keine mehr? Der berühmte Evolutionsbiologe E. O. Wilson drückt es so aus: „*Homo sapiens* ist ‚die erste wirklich freie Spezies‘, denn er ist die Spezies, die die natürliche Selektion als die ‚Kraft, die uns geschaffen hat, außer Kraft setzt‘" (Wilson 1998). Wie Sie sehen werden, ziehen sich die Überlegungen hierzu als roter Faden durch dieses Buch.

In der zweiten Hälfte des 20. Jahrhunderts haben sich Philosophen eingehend mit den jeweiligen Eigenschaften und Wechselwirkungen von Natur, Umwelt und Kultur auseinandergesetzt, ebenso mit den Beziehungen zwischen natürlicher und kultureller Evolution. Die Erkenntnisse daraus können hier nur angerissen werden, sind aber für unser Thema von grundlegender Bedeutung. Viele Philosophen, Anthropologen und Biologen haben hierzu fruchtbar gearbeitet und tun es noch. Lassen Sie mich mit ein paar beispielhaften Fragen verdeutlichen, was gemeint ist. Zunächst versteht die australische Philosophin Elizabeth Grosz Kultur, wie allgemein üblich, primär als Artefakt, als ein ausgeklügeltes kollektives Produkt von Gemeinschaften und ihren Interessen (Grosz 2005). Ein Artefakt ist ein vom Menschen hergestelltes Produkt; es dient einem Zweck. In unserer frühen kulturellen Geschichte waren Artefakte einfache Werkzeuge, heute können sie weltumspannende Systeme der Energieerzeugung und -verteilung, Transport- und Finanzsysteme sein, kleine Firmen oder globale Konzerne, weltumspannende Kommunikationsnetzwerke wie das Internet und moderne Smart Cities (Lange 2020, Abb. 1.1).

Auf dieser und anderen Ideen aufbauend müssen plausible Antworten gefunden werden, auf welche Weise die Biologie die Voraussetzungen für das Entstehen kultureller, sozialer und historischer Kräfte schafft und wie zwischen den Potenzialen biologischer Existenz auf der einen und kulturellen, historischen und sozialen Kräften auf der anderen Seite ein Nebeneinander und sogar eine Transformation der biologischen Existenz entstehen kann (Grosz 2005). Auf welche Art, so fragt etwa Elizabeth Grosz

Abb. 1.1 Kultur. Menschliche Kultur umfasst die ersten Faustkeile, die Atombombe, Smart-City-Konzepte und die gezielte Veränderung unserer eigenen Art. Kooperation und Zweckbestimmung stehen dabei immer im Mittelpunkt. Ob Kultur aber immer eine evolutionäre Anpassung darstellt, wird im Buch hinterfragt (Smart City Konzept: Alamy)

weiter, regt die Natur Kultur an, selbst zu variieren, zu evolvieren, sich zu entwickeln und auf Wegen zu transformieren, die nicht vorhersehbar sind?

Eine kategorische Unterscheidung zwischen Natur und Kultur lässt sich in der vom Menschen geschaffenen Technosphäre immer schwerer treffen. Sie wird zu einem Trugbild vor dem Hintergrund immanenter Natur-Kultur-Wechselbeziehungen (Klingan und Rosol 2019). Wir werden uns damit in Form der Gen-Kultur-Koevolution beschäftigen (Abschn. 2.1). Bei dieser Entwicklung bestimmen beide Komponenten – Gene und Kultur – unsere evolutionäre Zukunft. Dies geschieht jedoch nicht mehr in Prozessen, die über viele Jahrtausende verlaufen. Vielmehr wird das Genom in der Gen-Kultur-Beziehung heute selbst zum kulturellen Objekt: Wir werden das menschliche Genom, Körperzellen und die Keimbahn manipulieren, und die erzielten Resultate daraus werden wiederum unsere Kultur verändern. Die Eingriffe in unsere eigene Natur mit Medizin- und Gentechnik, synthetischer Biologie, Nanotechnik, Robotik und künstlicher Intelligenz sind somit evolutionäre Ursache und Wirkung zugleich.

Ich bin nicht der erste Autor, der die Eingriffe des Menschen in die natürliche Selektion thematisiert. Das haben bereits andere vor mir getan, und sie haben auf die Tragweite dieser Entwicklungen hingewiesen (Lovelock und Appleyard 2020; Hendry et al. 2017; Powell 2012; Smocovitis 2012; Wilson 1998 u. a.). Schon im Jahr 1981 erregte eine Arbeit einiges Aufsehen, die sich mit dem Rückgang der Geburtenzahl italienischer Frauen beschäftigte. Die Wissenschaftler gingen der Frage nach, wie diese neuartige Entwicklung, die die natürliche Selektion ja nicht fördern kann, durch kulturelles Verhalten erzeugt wird, und zwar dann, wenn es sich aus einer kleinen Gruppe herausbildet (Cavalli-Sforza und Feldman 1981). Wir werden mit Fällen dieser Art zu tun haben. Biologen, die sich der kulturellen Evolution widmen, betonen, wie wichtig deren Analyse ist, um Voraussagen über unsere evolutionäre Zukunft und unser Ökosystem machen zu können (Creanza et al. 2017). Mir kommt es besonders darauf an, das gezielte kulturelle Handeln des Menschen heute und vor allem in Zukunft in den Zusammenhang mit einer modernen Sicht auf die Evolution zu stellen. In Kap. 2 werde ich deutlich machen, dass Strömungen der postdarwinistischen Theorie diese kulturellen Vorgänge besser erklären können als die bisherige synthetische Theorie der Evolution (Infobox 3, siehe dort).

Es ist also eine moderne Sicht, dass wir heute bei uns selbst in die Prozesse der natürlichen Selektion eingreifen, dass wir uns selbst gezielt selektieren, indem wir natürliche Vorgänge unterbrechen und verändern, und dies in kurzer Zeit und mit Konsequenzen, die noch vor wenigen Jahren unvorstellbar waren. In diesem Sinn können wir sagen: Die (natürliche) Evolution tritt bei der menschlichen Evolution in den Hintergrund, wenn wir sie mit dem vergleichen, was wir selbst evolutionär ins Spiel bringen. Wer hätte es vor 100 Jahren für möglich gehalten, dass wir die Cholera beherrschen, Diabetes behandeln und täglich Herzen verpflanzen können? Wer hätte noch im Jahr 2000 geglaubt, dass wir für wenige Hundert Euro innerhalb eines Tages in einem nahe liegenden Labor ein komplettes menschliches Genom mit drei Milliarden Basenpaaren sequenzieren können und dass ein Unfallopfer seine Armprothese mit all ihren Fingern allein mit seinem Gehirn steuern kann? Dabei ist das nur der Anfang von dem, was auf uns zukommt.

Die nächsten Jahrzehnte werden gerichtete Eingriffe in die Evolution von noch ganz anderer Größenordnung zeigen, wie wir noch erfahren werden. Waren medizinische Fortschritte in der Vergangenheit noch von der Art, dass eine erblich bedingte Krankheit mit Medikamenten in Schach gehalten und der Patient überleben kann, werden wir in Zukunft genetische Eingriffe in die Keimbahn sehen, also in eine befruchtete Eizelle oder Zygote. Erbliche Krankheiten werden auf diesem Weg vermieden und ihre Ursachen beseitigt werden. Zuerst werden einfache genetische Fehler bei sogenannten monogenen Krankheiten korrigiert werden, wie etwa Chorea Huntington, eine tödliche Erkrankung der Gehirnzellen, Duchenne-Muskeldystrophie (DMD), amyotrophe Lateralsklerose (ALS), die Sichelzellanämie oder Formen des Herzinfarkts. Rund 1.500 solcher monogen bedingter Krankheiten sind heute bekannt. Sie stehen im Fokus der modernen Gentechnik. Parallel dazu werden wir uns an die viel größere Zahl komplizierter, polygen bedingter Krankheitsursachen heranwagen, bei denen die DNA dann zu einem Bruchteil der Kosten von heute millionenfach gescreent und mithilfe künstlicher Intelligenz (Infobox 11) analysiert werden kann sowie DNA-Muster verglichen werden können. Mit wegweisender Gentechnik der Zukunft wird schädliche DNA schließlich korrigiert und verbessert werden, im Körper und in Keimzellen. Solche und andere Entwicklungen werde ich in diesem Buch vorstellen.

Sie erfahren, wie unsere Biologie und Technik verschmelzen. Biologische und technische Evolution greifen immer stärker ineinander. Am deutlichsten wird das bei genetischen Veränderungen der Fall sein. Aber auch unzählige Nanosensoren und Nanoroboter in unserem Körper sollen ebenso Wirklichkeit werden wie Cyborgs, also Mensch-Maschine-Hybriden. In der Form von Menschen mit Herzschrittmachern, ausgeklügelten, teilautomatisierten Insulinpumpen oder Gehirnimplantaten gibt es Cyborgs bereits heute. Doch all dies geschieht in zukünftigen Generationen zweifellos in einem noch viel größeren Maßstab. Was dabei Biologie und was Artefakt, was natürlich und was künstlich ist, wird in der Form von „Biofakten" nicht mehr erkennbar sein (Karafyllis 2003).

Allein mit der Vermeidung von Krankheiten mittels High-Tech kann noch nicht wirklich deutlich werden, dass wir uns selbst gezielt selektieren. Der Mensch tritt als Evolutionsplaner noch viel bestimmter dann auf, wenn Bioingenieure unser Genom so weit beherrschen wollen, dass sie selbst die Ursachen komplexer Merkmale wie Körpergröße, Hautfarbe, Intelligenz, Erinnerungsfähigkeit, sportliche Fitness, Schönheit, Lebenserwartung, Persönlichkeitsmerkmale und Gefühle molekular orten und schließlich auch manipulieren können. Der Fachbegriff dafür lautet *Enhancements* gemeint sind biologisch-künstliche Verbesserungen unserer Art. Die Bestimmung und Auswahl von Individuen, die den Kriterien aus einer solchen Liste entsprechen sollen, könnte dann ethisch und politisch gewollt sein oder verworfen werden. Die Industrie arbeitet in einigen Staaten jedenfalls ungeachtet gesellschaftlicher Vorbehalte mit Macht an der Umsetzung dieser Ziele und beeinflusst beispielsweise in den USA die Politik dahingehend auf allen Ebenen (Stevens und Newman 2019). Die Geschäftsfelder, die dahinterstecken, sind unermesslich groß, und die Zielrichtung ist ohne Zweifel die geplante „Verbesserung" der Spezies Mensch. Das

Spiel ist chancenreich und zugleich höchst gefährlich; viele unerwünschte Begleiterscheinungen und Fehler werden dabei auftreten. Unter Umständen werden sie erst Jahrzehnte später entdeckt. Wir werden später auf dieses spannende Thema zurückkommen (Kap. 7).

Ein Begleiteffekt dieser Entwicklungen ist langfristig, dass wir mit dem Erwerb ausdrücklich erwünschter Eigenschaften, also mit der Normierung des Genpools, diesen gleichzeitig verkleinern. Viele präferieren zum Beispiel „schöne" oder großgewachsene Menschen. Man hat von vielen Seiten darauf hingewiesen, dass dies eine außergewöhnliche Gefahr darstellt. Jürgen Brosius, Molekulargenetiker und Evolutionsbiologe, sprach hier schon früh vom Reizwort „gerichtete Evolution" (Brosius 2003). Wissenschaftler sehen in der natürlichen Vielfalt der Genvarianten einer Art ihren größten Schutz oder das größte Kapital für ihre evolutionäre Zukunft, denn die genetische Vielfalt schützt jede Art bei Umweltveränderungen. Jede Normierung auf bestimmte gewünschte genetische Eigenschaften bedeutet dagegen eine Einengung, deren evolutionäre Folgen und Gefahren nicht abschätzbar sind (Almeida und Diogo 2019; Powell et al. 2012). Diese Sorge wird Firmen jedoch nicht davon abhalten, dort weiterzumachen, woran sie schon lange forschen, nämlich an der gewünschten Verbesserung des Menschen (Doudna und Sternberg 2018; Stevens und Newman 2019).

Genetische *Enhancements* werden in ihren Konsequenzen für unsere Spezies von manchen aber auch differenzierter gesehen (Gyngell 2012). So könnten sie den Genpool prinzipiell nicht nur verkleinern, sondern auch vergrößern. Wenn Anpassungen an Umweltänderungen notwendig werden, zum Beispiel infolge der Klimaerwärmung, dann könnten gezielte spezifische Veränderungen der Genetik für unsere Atmung wahrscheinlich schneller vorteilhafte Anpassungen herbeiführen als langes Warten auf zufällige Mutationen, so ein Argument. Die Fähigkeit, in kurzer Zeit vorteilhafte Gene im Genpool auszubreiten, kann aus dieser Sicht die Anfälligkeit unserer Art für existenzielle Risiken mindern, die durch radikal schnelle Umweltveränderungen hervorgerufen werden. Der Bioethiker Christopher Gyngell weist zugleich darauf hin, dass genetische *Enhancements* zwar zu individuellen Verbesserungen führen, jedoch für die Art schädlich sein können. So kann ein bestimmter künstlich erzeugter Genotyp, der das Immunsystem (bestimmte weiße Blutkörperchen) abwehrbereit für das HI-Virus macht, gleichzeitig nachteilig für die Abwehr anderer Krankheiten sein – auch solche, die wir noch gar nicht kennen. Hier zeigt sich der schmale Grat, der mit dem genetischen *Enhancement* beschritten wird.

Noch beunruhigender wird es, wenn es um *Enhancements* bei kognitiven Eigenschaften von Menschen geht. Man könnte meinen, die genetische

Manipulation etwa von Intelligenz oder Extravertiertheit sei logischerweise für die gesamte Menschheit vorteilhaft. Dem ist aber nicht zwingend so. Sozialwissenschaftliche Forschungen haben nämlich gezeigt, dass kognitive Vielfalt für unsere kollektive Problemlösungskapazität wichtiger sein kann als individuelle Fähigkeiten. Kognitive Vielfalt meint, dass es Menschen mit mehr und andere mit weniger rationaler Intelligenz gibt, Menschen mit mehr Empathie und solche mit weniger, Menschen mit mehr oder weniger Teamfähigkeit. Kognitive Vielfalt verbessert die Fähigkeit von Gruppen, genaue Vorhersagen zu treffen, und wurde sogar mit verstärkter Innovation in Verbindung gebracht (Gyngell 2012). Solche Einzelergebnisse der Forschung können nur eine kleine Vorstellung davon geben, wie komplex sich das Gebiet der genetischen *Enhancements* gestaltet. Die Zahl unbekannter Zusammenhänge aus einander verstärkenden, entgegenwirkenden oder neutralisierenden genetischen Effekten auf den Phänotyp ist bei praktisch jedem einzelnen Thema gewaltig hoch.

Unbestreitbar ist, dass kranke Individuen, die die natürliche Selektion Jahrtausende lang „rücksichtslos" aus dem Spiel warf, heute dem Genpool erhalten bleiben; zukünftig wird dies sogar noch mehr der Fall sein. Es geht nicht mehr um die im Hinblick auf ihre Fortpflanzung von der Natur besser ausgestatteten Individuen und auch nicht um das *Survival of the Fittest*. Vielmehr gilt, dass die moderne, personalisierte Medizin (Kap. 8) im Sinn der Evolution jeden „fit" machen kann; sie erhält jeden im Kreislauf, oder doch zumindest viel mehr Menschen als früher. In diesem Zusammenhang fällt dann auch schon mal das Wort vom Anachronismus im Hinblick auf das *Survival of the Fittest* (Enriquez und Gullans 2016) oder gar ein Ausdruck wie *Survival of the Unfittest* (Powell 2012). Der Mensch selbst bestimmt mit Genom-Editierung (Kap. 7) und anderen Verfahren gezielt diejenigen Eigenschaften, die er nach heutigem Wissensstand verwirklicht und vererbt sehen möchte. Die natürliche Selektion wird mit unserem Handeln übergangen, partiell ausgeschaltet und in maßgeblichen Bereichen durch künstliche, technische, gezielte Selektion ersetzt. Kulturelle Vererbung erhält somit gegenüber genetischer Vererbung einen in der Evolution nie zuvor gekannten Stellenwert.

Begleitend zum Eingriff in seine eigene Evolution verändert der Mensch auch die Evolutionsdynamik unzähliger Arten, ja des gesamten Ökosystems. Das geschieht teilweise ebenfalls gezielt, etwa in der Landwirtschaft, der Nutztierzucht oder in der Medizin (pathogene Mikroorganismen), aber auch ungezielt, da oftmals unbeachtete unerwünschte Nebeneffekte und Rückkopplungen zwischen Pflanzen, Tieren und Mikroorganismen auftreten. Der Mensch wirkt auf seine Umwelt durch Domestizierung,

Landwirtschaft, Überdüngung, Urbanisierung, Fragmentierung und Degradierung natürlicher Habitate, Jagen und Fischen, Klimawandel, Verschmutzung und andere Aktivitäten massiv ein. In all diesen Aktivitätsfeldern stellen sich evolutionär vorteilhafte, meist aber nachteilige Effekte auf die Populationsgrößen anderer Arten, auf ihre genetische Reaktionsfähigkeit und die Diversifikation ein. Diese Effekte darf man sich nicht linear vorstellen; vielmehr können sie sich gegenseitig verstärken und wiederum (abgeschwächt oder auch kumulativ) auf die Evolution des Menschen zurückwirken. In diesem interaktiven, höchst komplexen Gesamtzusammenhang ist unsere heutige und zukünftige Evolution zu sehen (Hendry et al. 2017). Eine derart breite Perspektive führt die Erkenntnismöglichkeiten empirischer Wissenschaft an ihre Grenzen. Aber sie stellt sich dieser Herausforderung und strebt danach, interdisziplinär und in komplexen Modellen zu denken (Mesoudi und Thornton 2018).

Bei genauerer Betrachtung werden gegenüber unseren ehrgeizigen Zielen aber doch die unveränderlichen physikalischen Gesetze der Natur die Oberhand behalten, auch wenn wir sie uns im Cyberraum der Zukunft gern als überwunden ausmalen. Die Naturgesetze bedeuten die strengsten Rahmenbedingungen jeglicher natürlichen Selektion. Ihnen müssen sich jeder Mensch und jede Technik unterordnen. Das gilt auch dann, wenn wir Natur womöglich nicht mehr erkennen können, weil keinerlei ‚natürliche' Umwelt mehr existiert und der Planet als total artifizielle Lebenswelt auf menschliche Bedürfnisse hin transformiert ist – in einer Welt mit einer gänzlich artifiziellen Umwelt, die dann von uns gar nicht mehr als artifiziell, sondern wieder als „naturgegeben" wahrgenommen würde (Pötzsch 2021). – Damit müssen wir uns noch gründlich auseinandersetzen. Ich behalte mir das für das Ende des Buchs vor (Kap. 10).

1.3 Zusammenfassung

Die natürliche Selektion ist der Hauptmechanismus darwinscher Evolution und der heute gängigen Evolutionstheorie. Sie hat die Evolution des Menschen auch in historischer Zeit mitbestimmt, etwa durch die lokal unterschiedlich starke Ausprägung der Milchverträglichkeit oder durch unterschiedliche Anpassungen an Sauerstoffmangel bei Bergvölkern. Das Gewicht der natürlichen Selektion ändert sich jedoch mit dem modernen Menschen. *Homo sapiens* will sich in der Technosphäre von ihren Fesseln lösen, indem er zielgerichtet in seine eigene Evolution eingreift. Natürliche Selektion wird zunehmend von künstlicher Selektion überlagert. Damit ist

Evolution nicht mehr „blind", ungerichtet und ungeplant, wie sie Darwin und die Standardtheorie verstehen. Unsere evolutionäre Gegenwart und Zukunft verlaufen zunehmend als untrennbare Natur-Kultur-Koevolution. In dieser Koevolution macht der Mensch seine eigene Evolution planbar. In der zielgerichteten modernen Biologie und Medizin wird potenziell jeder fit gemacht. Das *Survival of the Fittest* und biologische Grenzen gelten dann nicht mehr, so die Vorstellung. Völlig ausschalten lassen sich die natürliche Selektion und Anpassung jedoch nicht.

Literatur

Ackermann R, Cheverud JM (2004) Detecting genetic drift versus selection in human evolution. PNAS USA 101:17947–17951

Almeida M, Diogo R (2019) Human enhancement. Genetic engineering and evolution. Evol Med Public Health 2019(1):183–189. https://doi.org/10.1093/emph/eoz026

Beaujouan E (2020) Latest-late fertility? Decline and resurgence of late parenthood across the low-fertility countries. Popul Dev Rev 46(2):219–247

Bergström A, McCarthy SA, Ruoyun H et al. (2020) Insights into human genetic variation and population history from 929 diverse genomes. Science 367(6484):eaay5012. https://doi.org/10.1126/science.aay5012

Brosius J (2003) From Eden to a hell of uniformity? Directed evolution in humans. BioEssays 25:815–821

Cavalli-Sforza L, Feldman M (1981) Cultural transmission and evolution: a quantitative approach. Princeton University Press, Princeton

Cochran G, Harpending H (2009) The 10.000 year explosion: how civilization accelerated human evolution. Basic Books, New York

Creanza N, Kolodny O, Feldman MW (2017) Cultural evolutionary theory: how culture evolves and why it matters. PNAS 114(30):7782–7789. https://www.pnas.org/cgi/doi/10.1073/pnas.1620732114

Darwin C (1859) On the origin of species by means of natural selection, or the preservation of favoured races in the struggle for life. John Murray, London. Dt. (1876) Über die Entstehung der Arten durch natürliche Zuchtwahl oder die Erhaltung der begünstigten Rassen im Kampfe um's Dasein. Stuttgart, E. Schweizerbart'sche Verlagsbuchhandlung

Doudna JA, Sternberg SH (2018) Eingriff in die Evolution. Die Macht der CRISPR-Technologie und die Frage, wie wir sie nutzen wollen. Springer, Berlin. Engl. (2017) A crack in creation. Gene editing and the unthinkable power to control evolution. Houghton Mifflin Harcourt Publishing, Boston

Enriquez J, Gullans S (2016) Evolving ourselves. Redesigning the future of humanity – one gene at a time. Penguin Random House, New York

Gaskins AJ, Mendiola J, Afeiche M, Jørgensen N, Swan SH, Chavarro JE (2015) Physical activity and television watching in relation to semen quality in young men. Br J Sports Med 49(4):265–270

Grosz E (2005) Time travels. Feminism, nature, power. Allen & Unwin Crows Nest, Australien

Gyngell C (2012) Enhancing the species: genetic engineering technologies and human persistence. Philos Technol 25(4):495–512

Hendry AP, Gotanda KM, Svensson EI (2017) Human influences on evolution, and the ecological and societal consequences. Phil Trans R Soc B 372:20160028. https://doi.org/10.1098/rstb.2016.0028

Karafyllis C (Hrsg) (2003) Biofakte. Versuch über den Menschen zwischen Artefakt und Lebewesen. Mentis, Paderborn

Klingan K, Rosol C (2019) Technische Allgegenwart – ein Projekt. In: Klingan K, Rosol C (Hrsg) Technosphäre. Matthes & Seitz, Berlin, S 12–25

Lange A (2020) Evolutionstheorie im Wandel. Ist Darwin überholt? Springer Nature, Heidelberg

Lovelock J, Appleyard B (2020) Novozän. Das kommende Zeitalter der Hyper-intelligenz. Beck, München. Engl. (2019) Novacene. The coming age of hyperintelligence. Allen Lane, Penguin Books, London

Mayr E (2005) Das ist evolution. 2. Aufl Goldmann, München. Engl. (2001) What evolution is. Basic Books, New York

Mesoudi A, Thornton A (2018) What is cumulative cultural evolution? Proc R Soc B 285:20180712. https://doi.org/10.1098/rspb.2018.0712

Mitteroecker P (2019) How human bodies are evolving in modern societies. Nat Ecol Evol 3(3):324–326

Pavard S, Metcalf C, Metcalf JE, Heyer E (2008) Senescence of reproduction may explain adaptive menopause in humans: a test of the „mother" hypothesis. Am J Phys Anthropol 136(2):194–203. https://doi.org/10.1002/ajpa.20794

Pötzsch J (2021) Be/coming Earth: das Anthropozän als Aufruf zur Resituierung des Menschen zwischen Trans- und Posthumanismus? (Diss. Universität Mainz)

Powell R (2012) The future of human evolution. Brit J Sci 63:145–175

Powell R, Kahane G, Savulescu J (2012) Evolution, genetic engineering, and human enhancement. Philos Technol 25:439–458

Smocovitis VB (2012) Humanizing evolution: anthropology, the evolutionary synthesis. And the prehistory of biological anthropology 1927–1962. Curr Anthropol 53:108–125

Solomon S (2016) Future humans. Inside the science of our continuing evolution. Yale University Press, New Haven

Stevens T, Newman S (2019) Biotech juggernaut. Hope, hype, and hidden agendas of entrepreneurial BioScience. Routledge, New York

Stock JT (2008) Are humans still evolving? EMBO Rep 9:551–551

Templeton, AR (2016) The future of human evolution. In: Losos JB, Lenski RE (Hrsg) How evolution shapes our lives: essays on biology and society. Princeton University Press, Princeton und Oxford, S 362–379

Templeton, AR (2016a) Evolution and notions of human race. In: Losos JB, Lenski RE (Hrsg) How evolution shapes our lives: essays on biology and society. Princeton University Press, Princeton und Oxford, S 347–361

Varki A, Geschwind DH, Eichler EE (2008) Explaining human uniqueness: genome interactions with environment, behaviour and culture. Nat Genet 9:749–763

Wilson EO, (1998) Consilience: The unity of knowledge (Dt. (1998) Die Einheit des Wissens. Siedler, München). New York

Tipps zum Weiterlesen und Weiterklicken

Enriquez J (2016) TED-Vortrag. What will humans look like in 100 years? (YouTube). In einem visionären Vortrag, der von der mittelalterlichen Prothetik bis zur heutigen Neurotechnik und Genetik reicht, geht Enriquez auf die Ethik ein, die mit der Entwicklung des Menschen verbunden ist, und stellt sich vor, wie wir unseren eigenen Körper umgestalten müssten, wenn wir andere Orte als die Erde erforschen und dort leben wollen. https://www.youtube.com/watch?v=w8lH8tNlAXc

Fineberg H (2013) TED-Vortrag. Are we ready for neo-evolution? (YouTube). Fineberg erläutert Wege, wie wir unsere eigene Evolution in die Hand nehmen können. https://www.youtube.com/watch?v=mdT01GAGECU

2

Theorien zur Evolution der Kultur

Die Standardtheorie der Evolution kann kumulative kulturelle Leistungen des Menschen nicht erklären. Dafür benötigt sie die Erweiterung um nicht-genetische, kumulative kulturelle Vererbung, die Nischenkonstruktions-theorie und kollektive Intelligenz. Die Theorie kultureller Evolution sucht Muster, die sich kulturell vererben und dabei variieren. Die erfolgreichen werden selektiert und führen zu adaptiver Kultur. Neben Anpassungen werden aber auch zunehmend kulturelle Fehlanpassungen erforscht. Sie sind zwingende und unvermeidbare Entwicklungen der kulturellen Evolution. Gene sind hier somit die einzigen Einheiten der Vererbung. Die von Jean-Baptiste de Lamarck (1744–1829) beschriebene Vererbung von Eigenschaften, die ein Individuum während der Lebenszeit erwirbt, wird einhellig abgelehnt. In dieser Hinsicht und aus noch weiteren Gründen wird der Evolutionstheorie heute noch immer strenger Reduktionismus nachgesagt (vgl. Lange 2020). Darwins selbst verfolgte eine viel offenere Sicht.

Dieses Kapitel behandelt die kulturelle Evolution. Kultur steht für „Informationen, die das Verhalten von Individuen beeinflussen können, welche sie von anderen Angehörigen ihrer Spezies durch Lehre, Nachahmung und andere Formen der sozialen Übertragung erwerben" (Richerson und Boyd 2005). Kulturelle Evolution ist die Änderung dieser Informationen im Verlauf der Zeit. Natürlich gibt es unzählige andere Definitionen von Kultur, aber wir beschränken uns hier auf die oben genannte.

© Der/die Autor(en), exklusiv lizenziert durch Springer-Verlag GmbH, DE, ein Teil von Springer Nature 2021
A. Lange, *Von künstlicher Biologie zu künstlicher Intelligenz – und dann?*,
https://doi.org/10.1007/978-3-662-63055-6_2

2.1 Moderne Sichten auf die Evolution der menschlichen Kultur

Makel der Evolutionstheorie

Wie in Kap. 1 erläutert, gilt als Hauptmechanismus der Evolution die natürliche Selektion; sie wirkt auf individuelle graduelle, also kleine vererbbare Unterschiede von Individuen. Diese können den Körper oder das Verhalten betreffen. Derselbe Mechanismus der natürlichen Selektion gilt danach sowohl für mikroevolutionäre, innerartliche Veränderungen als auch makroevolutionäre, artübergreifende Variationen einschließlich aller menschlichen Eigenschaften wie Bewusstsein, Geist und Kultur. Keine einzige größere Abhandlung der synthetischen Evolutionstheorie in den 1930er- und 1940er-Jahren beschäftigt sich jedoch mit der menschlichen Evolution. Auch gab es in diesem Zusammenhang in derselben Zeit keine signifikanten Erkenntnisse zu diesem Thema.

Das änderte sich langsam ab der Mitte des 20. Jahrhunderts. Bekannte Vertreter der Synthetischen Theorie, unter ihnen Theodosius Dobzhansky (1900–1975) und Julian Huxley (1887–1975), deckten unabhängig voneinander den Widerspruch auf zwischen mechanistischer, deterministischer natürlicher Selektion und den Genen auf der einen Seite und der Sonderstellung des Menschen auf der anderen Seite. Denn der Mensch kann mit seinem freien Willen die eigene Entwicklung steuern, moralisch, intellektuell, zweckbestimmt handeln und ist zu Kunst und Kreativität fähig (Smocovitis 2012). Er kann als Gipfelpunkt der Natur mittels seines Geistes der eigenen Natur entfliehen, schrieb Dobzhansky, während Huxley mit ähnlichen Worten zum Ausdruck brachte, dass der Mensch Subjekt der Selektion ist, aber eben auch seine evolutionäre Bestimmung mit dem bewusstem Einsatz seines Geistes überschreiben kann. Eingang in das enge, genzentrierte Theoriegebäude fanden solche Ideen jedoch nicht. Tatsächlich beschritten im 20. Jahrhundert die Evolutionsbiologie mit ihrem Vereinheitlichungsanspruch der deterministischen, genetischen Erklärung der Prinzipien des Lebens auf der Erde und die Anthropologie mit dem Menschen als Teil einer Gesellschaft und Träger von Kultur getrennte Wege. „Kulturelle Anthropologen wetterten gegen übermäßig starre, deterministische, ‚evolutionäre' Erklärungen für Kultur" (Smocovitis 2012). Wissenschaft bringt eben nicht linear wie beim Hinaufsteigen einer Treppe neues Wissen hervor. Oft geht es kreuz und quer, und nicht selten auch vor und zurück.

Kultur ist adaptiv – die eine Seite der Medaille

Eine verbreitete Sichtweise auf die menschliche Kultur kam von den Biologen in der Tradition der Evolutionstheorie. Danach ist auch Kultur evolutionär adaptiv (z. B. Richerson und Boyd 2005). Dies gilt im klassischen Sinn, wonach diejenigen Personen, die bestimmte kulturelle Merkmale erben oder erwerben, eine größere Wahrscheinlichkeit haben, zu überleben und sich fortzupflanzen, als diejenigen, die dies nicht tun; als Folge davon kommen diese kulturellen Merkmale immer häufiger vor. Allgemein gesagt wirken parallele Mechanismen für Vererbung, Mutation und Selektion auf die Kultur analog wie auf die Gene. Allerdings sind die Wege, über die Kultur vererbt wird, vielfältiger als die der Gene.

Die meisten Biologen, die sich mit kultureller Evolution beschäftigen, sind traditionell „Adaptionisten", das heißt sie befassen sich ähnlich wie ihre Kollegen der klassischen Evolution damit, welche evolutionären Anpassungsmechanismen existieren und wie sie funktionieren. Hier sind es Anpassungsmechanismen für menschliche Kultur. Bekannt wurde der Brite Richard Dawkins mit seiner Theorie der Meme, das sind kleinste Einheiten kultureller Vererbung (Dawkins 1978). Nach seiner Vorstellung kann das eine Idee, eine Überzeugung oder ein Verhaltensmuster sein. In der Tradition der biologischen Evolution und ganz dem reduktionistischen Denken der Evolutionstheorie verhaftet suchte Dawkins als Pendant zu den Genen kulturelle Replikatoren, kleinste kopierbare, vererbbare Einheiten. Meme werden dann in seiner Vorstellung analog zu „egoistischen Genen" kulturell vererbt und selektiert. Dawkins nannte sie „egoistisch", weil er jedes von ihnen in strengem Wettbewerb und Auswahlprozess sah. Meme durchlaufen gemäß Dawkins also ebenfalls Anpassungsprozesse. So dachte man damals. Aber man kann ja einmal versuchen, etwa die Technologie für Atomkraftwerke, die inzwischen in dritter Generation vererbt wurden, auf die kleinsten Mem-Nenner zu bringen. Das gelingt nicht. Heute verfolgt kaum mehr jemand Dawkins' Theorie der Meme, auch wenn sein Buch *Das egoistische Gen* bestimmt millionenfach verkauft wurde und noch immer in jeder großen Buchhandlung steht.

Dennoch bleibt die Frage offen, was eigentlich sich wiederholende Muster kultureller Vererbung sein könnten, vielleicht ähnlich beschaffen wie bei den Genen. Allgemeine menschliche Anschauungen und Verhalten sind hier für die Forschung nicht gut geeignet, da sie keinen voraussagenden Mustern genügen (Rogers und Ehrlich 2008). Wonach sucht man also? In unserer heutigen komplexen Welt, in der sich bestimmte Verhaltensformen nur schwer von anderen isolieren lassen, gleicht das einer schier unlösbaren Aufgabe. Aber Wissenschaftler sind oft kreativ. Zwei amerikanische Forscher der Stanford University in Palo Alto, Kalifornien, nahmen sich einfachere Verhältnisse vor und studierten polynesische Kanudesigns. Sie suchten nach evolvierten Unterschieden in der funktionalen Bauweise und parallel dazu nach Unterschieden darin, wie die Boote symbolisch bemalt oder mit Schnitzereien verziert waren.

Die Frage war, ob sich beide Techniken ähnlich schnell entwickelten – und die Antwort war ein klares Nein. Funktionale Designs der Kanus, die sich ja gegen die Umwelt bewähren müssen, evolvierten viel langsamer als die künstlerischen Symbole auf der Oberfläche der Boote. Ein funktionales Design ist zum Beispiel die spezifische Form der Ausleger der Kanus und die Art, wie diese mit Seilen festgebunden werden. Man kennt Ausleger bei Booten im Südpazifik auch heute noch (Abb. 2.1). Die speziellen Techniken für die Ausleger können Auswirkungen darauf haben, wie sich die Kanus bei Wellengang verhalten. Dass die Designs der Bootsfunktionen langsamer als die Verzierungen evolvierten, begründeten die Forscher damit, dass hier umweltbedingte natürliche Selektionsprozesse am Werk waren, die es bei

Abb. 2.1 Auslegerkanu Eine traditionelle Version aus dem Jahr 1997 auf der hawaiianischen Hauptinsel Big Island. Variierende Bautechniken der polynesischen Kanus evolvierten in Abhängigkeit von natürlicher Selektion und trugen so maßgeblich zur Besiedlung der pazifischen Inseln bei, die vor 3500 Jahren begann (Auslegerkanu: A Lange)

den Malereien oder Schnitzereien nicht gibt. Ein Kanu bewegt sich genauso gut durch die Wellen, ganz gleich, ob es schön oder weniger schön bemalt ist. Natürliche Selektion kann sich dagegen darauf auswirken, wie gut die Bootsführer mit den Kanus Tausende Kilometer lange Distanzen zurücklegen konnten, wenn sie ferne Inseln als neue Heimat suchten, wie effektiv sie mit den Booten fischen konnten, wie gut die Boote bei Gefahren in Riffumgebungen oder auf hoher See zurechtkamen oder wie gut sie sich für die Kriegsführung eigneten.

Wir haben es hier mit Menschen zu tun, die Tausende Jahre lang täglich auf dem Meer lebten und arbeiteten und für deren Fortkommen entscheidend war, wie gut sie diese widrige Welt beherrschen. Ihre Fähigkeiten und Techniken auf dem Meer bestimmten das Überleben der ganzen Gruppe. Als die Europäer sich noch kaum außer Sichtweite der Küste wagten, befuhren die Polynesier bereits den weltweit größten Ozean. Auf keinem Kontinent der Erde spielte dabei ein kulturelles Fortbewegungsmittel, das über mehrere Tausend Jahre weiterentwickelt wurde, eine solch ausgeprägte Rolle wie das Auslegerkanu der Polynesier. Das Auslegerkanu war die Grundlage zur Besiedlung der gesamten Südsee. Die kulturelle Evolution der Kanus der Polynesier verlief in hohem Maß als ein Anpassungsprozess.

Die vorteilhaften Bootsformen wurden kopiert, immer wieder verwendet und die Kenntnisse dazu kulturell vererbt. Da die beiden Evolutionslinien – funktionales Design und symbolisches Design – sich völlig unabhängig voneinander entwickelten und man diese Unterschiede methodisch analysieren konnte, gelang es den beiden Forschern erstmals, einen bahnbrechenden empirischen Nachweis dafür zu führen, dass kulturelle Entwicklungen natürlichen Selektionsprozessen unterliegen müssen und die Bauformen gelenkt durch die Regie der Selektion evolvierten (Rogers und Ehrlich 2008).

So wie die Evolution von Auslegerbooten vollzog sich im Prinzip auch die Evolution von Faustkeilen, Waffen samt ihren Anwendungstechniken, die Bauform der Iglus mit konstanter Innentemperatur bei den Inuit, ihre raffinierte mehrschichtige Kleidung und die Evolution Tausender anderer kultureller Leistungen bis hin zu den Produkten unserer Zeit. Wir können aufgrund der vielfach komplexen Ergebnisse sehen, dass es sich früher ebenso wie heute stets um kumulative kulturelle Evolution handelt. Die Technik zur Herstellung von Pfeil und Bogen bei den Feuerländern erforderte zum Beispiel sieben Werkzeuge und sechs verschiedene Materialien. Um mit ihnen den Bogen zu fabrizieren, benötigte man vierzehn Einzelschritte (Henrich 2017). Schon früh wurden hier und anderswo

Einzelgänger von denen übertroffen, die bereit waren, sozial zu lernen und ihr Wissen an andere weiterzugeben. Die natürliche Selektion war immer erforderlich, damit komplexe Anpassungen und funktionelle Designs generiert werden konnten, die den hohen Herausforderungen der Natur und der Organismen gewachsen waren.

Zu der Frage, was kulturelle Vererbungsmuster und Anpassungsmechanismen in modernen Gesellschaften sind, ist noch viel Forschungsarbeit zu leisten. Hier stehen wir erst ganz am Anfang. Tim Lewens von der Cambridge University erklärt, dass alles, vom Umgang mit Feuer über Lebensmittelverarbeitungstechniken wie Backen und Mahlen bis hin zu Jagdtechniken, religiösen Ritualen, Militärtechnologien und Geschlechterrollen, Produkte kultureller Evolution sind. Diese kulturellen Gadgets wurden über viele Generationen hinweg modifiziert und verfeinert, um Werkzeuge für den Erfolg in unserem natürlichen und sozialen Umfeld bereitzustellen (Mullins 2016). Menschliche Fähigkeiten, Artefakte, Ideen, Glaubenssysteme, wissenschaftliche Theorien erzeugen im Zuge ihrer kulturellen Vererbung Variationen, die selektiert werden. Heute geschehen Änderungen schneller als früher, oft sogar mehrfach innerhalb einer Generation.

So wertvoll Anpassungstheorien sind, sie versperren auch leicht den Blick auf nicht-adaptive Prozesse. Denn es drängen sich auch Fragen danach auf, warum wir Merkmale haben, die gar keine Anpassungen sein müssen (Gould und Lewontin 1979), und warum wir gerade nicht so handeln, dass es dem Wohl der Menschheit dient und der Anpassung förderlich ist. In den letzten Jahren erschienen daher auch vermehrt Beiträge zu kulturellen Fehlanpassungen. Mehr dazu im nächsten Abschnitt.

Auch die beiden Amerikaner Peter Richerson und Robert Boyd verfolgen die Idee der Anpassung in der Kultur, sind aber moderner und offener. In ihrem Klassiker *Not by Genes Alone. How Culture Transformed Human Evolution* (2005) stellen sie fest, dass Kultur schon allein deswegen adaptiv ist, weil das Verhalten von Individuen einen reichen Schatz an Informationen darüber bereitstellt, welche Verhaltensarten adaptiv sind und welche nicht. Richerson und Boyd haben scharf analysiert, zwischen welchen Formen des Lernens eine adaptive Auswahl erfolgen kann.

Auf der einen Seite gibt es soziales Lernen, beispielsweise in Form von Imitieren und Schule. Soziales Lernen findet in der Regel in Situationen statt, in denen gegengesteuert werden soll, dass Lernen relativ aufwändig und ist und Investitionen in Form von Zeit, Arbeit und auch Geld erfordert. So bringen Studenten sich ihren Lernstoff nicht selbst bei, sondern besuchen natürlich Vorlesungen und Seminare. Ein Kind lernt typischerweise tausend

Dinge schnell und effizient, wenn es den Eltern zusieht, wie sie etwas vormachen oder ihm zeigen, etwa wie man mit Messer und Gabel isst oder die Schuhe zubindet. Im Falle der Kultur ist soziales Lernen und hier vor allem das Imitieren ein wichtiger Vererbungsmechanismus: Menschen lernen von anderen, wie sie denken und handeln, und sie können das Erlernte akkumulieren; darauf kommen wir gleich zurück. Auf der anderen Seite gibt es das individuelle Lernen. Dieses kommt eher zum Zug, wenn Lernen nicht aufwändig und teuer ist. Ein Kind kann sich manches selbst beibringen. Es lernt schnell individuell. Daneben sorgen individuelle Geistesblitze immer wieder für kulturelle Innovationen.

Aber in der Evolution darf individuelles Lernen nicht überwertet werden. So kann ein Individuum nicht allein lernen, ein Kajak oder ein Iglu wie die Inuit zu bauen. Es gibt natürlich Abenteurer, die sich jahrelang allein durch die Wildnis schlagen können. Aber sie nutzen dabei die Jahrtausende alten kulturellen Erfahrungen der indigenen Bewohner. Bis ins 19. Jahrhundert empfanden sich weiße, europäische Forscher gegenüber Indigenen als „zivilisiert" und kulturell überlegen. Sie nahmen deshalb keinen Rat von de „Wilden" an, so etwa die Teilnehmer der berühmten Expedition von John Franklin (1786–1847) auf der Suche nach der Nordwestpassage. Schiffbrüchige der Franklin-Expedition trafen in größter Not auf Inuit, erkannten aber nicht, wie gut diese an die harten Bedingungen angepasst waren. Das Ergebnis war 1847 das klägliche Scheitern und der Tod aller Seeleute. Roald Amundsen (1872–1928), der Entdecker der Nordwestpassage, profitierte mehr aus dem Vorhaben, denn er wusste von den fehlgeschlagenen Versuchen seiner Vorgänger. Also lernte er auf seiner Fahrt (1903–1906) während seines Aufenthalts bei den Inuit in zwei arktischen Wintern von diesen, wie man dichte Kleidung herstellt, Seehunde jagt und Hundeschlitten führt. Beim Wettlauf zum Südpol im Jahr 1911 war das von Indigenen erworbene Wissen, besonders das Vertrauen in die grönländischen Schlittenhunde, die Garantie für seinen Sieg und für das Überleben seines Teams.

Beide Lerntypen, sowohl soziales als auch individuelles Lernen, haben sich beim Menschen durchgesetzt; zwischen beiden Formen wird jedoch andauernd situationsbezogen selektiert, und es erfolgen ständig Anpassungen. Die beiden Autoren bezeichnen dies als selektives Lernen. Selektives Lernen ist stets im Spiel, wenn auf zuvor Gelerntem aufbauend oder kumulativ dazugelernt wird und dabei diejenige Lernkombination aus beiden zustande kommt, die am effizientesten ist bzw. am wenigsten Aufwand erfordert. Imitieren als die wichtigste Komponente des sozialen Lernens bedeutet im Vergleich zu individuellem Lernen in der Regel einen geringeren Lernaufwand. Wenn daher Imitieren im Verhältnis zum individuellem Lernen auch nur um Weniges zunimmt, stellt dies bereits einen evolutionären Vorteil für die Gruppe dar. Lernen wird also erst zu einem adaptiven evolutionären Prozess, wenn das Imitieren zunimmt. Wenn jedoch alle immer nur andere nachahmen, kann sich die individuelle Fitness auch nicht verbessern. Imitieren allein ist somit noch keine Anpassung. Beides wird benötigt, Imitieren und individuelles Lernen. Diese Erkenntnisse führten auch zu dem Schluss, dass Anpassung durch kumulative kulturelle Evolution kein Nebenprodukt der Intelligenz und des sozialen Lebens ist (Richerson und Boyd 2005).

Diese großartigen Entdeckungen haben wir Richerson und Boyd zu verdanken. Ihre Tragweite wird deutlich, wenn wir bedenken, dass die hier geschilderten Prinzipen seit der Entwicklung des Faustkeils (allein sie hat Hunderte von Generationen bis zu einer hohen Perfektion gebraucht) bis zur Verbreitung des Internets und künstlicher Intelligenz gelten, und dass sie seit unserer Geburt an jedem Tag unseres Lebens relevant sind. All dies veranschaulicht die Bedeutung kumulierter kultureller Evolution und besonders der Evolution des Lernens.

Wir imitieren oder folgen in unserem Verhalten oft Menschen mit Prestige oder mit dominantem Auftreten. Damit beschäftigt sich ein eigenes Forschungsfeld. Fernsehwerbung mit Medienstars oder Spitzensportlern ist ein Beispiel dafür, dass Prestige imitiert werden soll. Warum aber soll ich das Shampoo kaufen, das ein Profifußballer verwendet? Weiß er mehr über Shampoos als andere, mehr als ich? Obwohl wir eigentlich keine Antwort auf diese Fragen erhalten, tun wir oft genug das, was die Werbung beabsichtigt. Was das Prestige einer Person steigert oder wer ein Idol ist, unterliegt einem starken Wandel. Mal verehren ganze Gesellschaften Spitzensportler oder Fernsehstars, mal Persönlichkeiten mit großer Altersweisheit. Immer werden diese jedoch nicht allein für das bewundert, was sie beruflich leisten, sondern schlechthin als Menschen.

Darüber hinaus lassen sich gemeinsame persönliche Charaktermerkmale finden. So neigen Personen mit hohem Ansehen dazu, sich selbst zurückzunehmen, stellen den Teamerfolg über den eigenen, zeigen Respekt vor ihren Mitmenschen, hören anderen zu und nehmen ihren Rat an, sind hilfsbereit, großzügig und eher humorvoll (Henrich 2017). Als solche Menschen mit hohem Ansehen und großer Anhängerschaft können wir Nelson Mandela, Mahatma Gandhi, Jesus, Hildegard von Bingen, Albert Einstein und auch Persönlichkeiten wie Jane Goodall oder Fritz Walter sehen. Demgegenüber sind Donald Trump, Adolf Hitler und andere Populisten oder Fanatiker Beispiele für dominante Menschen, denen gleichfalls Millionen folgen. Einige typische Merkmale dominanter Personen sind anmaßendes Handeln, oft maßloses Selbstlob, Arroganz, Ignoranz, Demütigung und Manipulation ihrer Mitmenschen (Henrich 2017). Evolutionsforscher können empirisch erforschen, aus welchen Gründen wir Menschen beider Gruppen folgen, und sie können erklären, warum die natürliche Selektion dafür sorgt, dass wir solche Menschen bewundern und sie imitieren.

Eine weitere Spielart der Nachahmung ist Konformismus: Nachgewiesen gut funktioniert das Imitieren nämlich, wenn Individuen gebräuchliche, verbreitete Handlungen aufgreifen, denn diese haben sich ja bereits bewährt. Wir sind daher in einem hohen Maß Konformisten. Das Vorgehen funktioniert in der Regel immer in Situationen gut, in denen Lernen aufwändig ist oder aber die Unsicherheit hoch und der Erfolg keineswegs sicher. Aber genau hier kann natürlich auch vieles unreflektiert schief laufen, und zwar vor allem dann, wenn sich die Umwelt anhaltend schnell ändert, wie das in der heutigen Gesellschaft der Fall ist. Dann verschafft es dem Kind keinen Vorteil mehr, wenn es seine Eltern imitiert – ihr Verhalten ist vielleicht längst unzeitgemäß. Tatsächlich nimmt aber Imitieren wegen des geringen Aufwands einen hohen Stellenwert bei menschlichem Lernen ein. Jeder Mensch, der sich auf individuelles Lernen beschränkt, müsste sozusagen das Rad selbst neu erfinden. Das ist undenkbar. Kumulative Kultur würde nicht stattfinden. Die Anpassung beim Lernen kann zusammengefasst theoretisch gut begründet werden, ein Meilenstein in dieser Wissenschaftsdisziplin. Da Lernen ein zentrales Element unserer Kultur ist und das Verhalten von Individuen einen reichen Informationsschatz darüber bietet, was der Anpassung dient und was nicht, ist Kultur adaptiv. So gesehen gilt die Erkenntnis: Kultur ist Teil der Biologie, und Kultur ist Evolution (Richerson und Boyd 2005).

Anpassungen sind immer Kompromisse. Pinguine sind sehr wendig im Wasser, aber schlecht zu Fuß. Der moderne Mensch ist anfällig für Krankheiten, leidet mit Rückenproblemen an seinem aufrechten Gang. Eine Schwalbe ist unübertroffen im Flug, aber gleichzeitig zart gebaut und zerbrechlich. Als Kompromiss wollen Richerson und Boyd auch kulturelle Anpassung verstanden wissen: Sie ist der Gegenpol zum menschlichen Genom, ist schnell, wo jenes langsam ist, erlaubt so die kurzfristige Anpassung an einen weiten Radius von Umweltbedingungen, schafft Lösungen, für die die Biologie viel zu träge wäre. Eine vorteilhafte genetische Mutation eines Individuums wird selektiert, vererbt sich weiter an die nächste Generation, tritt vielleicht wiederholt neu auf, vererbt sich auch dann weiter und benötigt im klassischen Fall darwinscher Evolution einige Hundert Generationen, bis sie bei den meisten Individuen einer

Population selektiert und die Art somit an die Veränderung angepasst ist. Der gesamte Vorgang läuft durch die Selektion kontrolliert ab.

Ganz anders bei der kulturellen Evolution. Das Tempo ist hier tausendfach höher. Ihre Flexibilität ist genau das, was als Ausgleich zur langsamen biologischen Evolution benötigt wird. Doch der Preis ist hoch, denn so manches erweist sich als Fehlausrichtung. Eine kulturelle Innovation, etwa der Dieselmotor, war gegenüber der Postkutsche vom Stand weg eine vorteilhafte Sache. Innerhalb weniger Jahrzehnte setzte er sich weltweit durch. Doch was für eine bestimmte Anzahl von Menschen gut ist, muss nicht auch für alle gut sein. Auf der Ebene der Population oder der Gesellschaft können erhebliche Nachteile auftreten, beim Dieselmotor in Form von schädlichen Emissionen oder kollabierenden Verkehrssystemen. Die Selektion kann aber kulturelle Fehlanpassungen gar nicht verhindern, ohne zugleich die Möglichkeit aufzugeben, schnell auf wechselnde Umweltsituationen zu reagieren. Mit anderen Worten: Kulturelle Verhaltensformen müssen ausprobiert werden und sich verbreiten, um überhaupt selektiert werden zu können. Ausprobieren heißt aber zwangsläufig, dass vieles auch falsch gemacht wird. Richerson und Boyd beschreiben, wie der Mensch in den vergangenen Jahrtausenden mit Formen des Lernens und kumulativer kultureller Evolution einen einmaligen Entwicklungs- und Anpassungsprozess erlebt hat. Sie verweisen aber auch darauf, dass gleichzeitig Fehlanpassungen ein zwangsläufiges Nebenprodukt kumulativer kultureller Evolution sind. Das gilt besonders in der heutigen Zeit mit ihrem schnellem kulturellen Wandel. Beide Entwicklungen, Anpassungen und Fehlanpassungen, sind mit kultureller Evolution vereinbar: Kultur ist adaptiv und auch nicht adaptiv.

Wir erhalten also hier erste Hinweise auf die Frage, warum Verhaltensweisen oder Technologien, die uns als Art schaden, nicht quasi „automatisch" evolutionär gefiltert und damit vermieden werden. Das bringt uns zu einer nächsten, zentralen Überlegung: Der Mensch von heute ist aufgeklärt, intelligent und, nun ja, vernünftig. Zumindest ist das im Zeitalter von Forschung und Wissenschaft eine kennzeichnende Eigenschaft. Kann er so ausgerüstet seine Zukunft im gewünschten Sinn steuern? Ist der Mensch intelligent genug, das zu tun, was für sein Wohlergehen aus evolutionärer Sicht gut ist? Wie wir erfahren haben, gilt: Nicht alles, was wir tun, mündet im Hinblick auf evolutionäre Folgen auch in vorteilhafte Anpassungen, nur weil wir glauben, intelligent und zweckorientiert zu handeln. Im Gegenteil: Wir machen uns nicht einmal Gedanken darüber, ob das, was wir kulturell tun, für unsere Art tatsächlich vorteilhaft ist. So hat sich wohl niemand vor 100 Jahren darüber den Kopf zerbrochen, welche negativen Konsequenzen fossile Energien für die Menschheit haben können. Selbst wenn heute

Tausende kluger Köpfe und Institutionen über Zukunftsfragen der Menschheit nachdenken und Vorschläge erarbeiten, weiß der Evolutionsbiologe ebenso wie der Anthropologe, dass Populationen anders funktionieren und anderen Regeln gehorchen als Individuen.

Kultur ist nicht adaptiv – Fehlanpassungen und die andere Seite der Medaille

Die Beschäftigung mit der Evolution von Anpassungen dominiert das Forschungsfeld. Eine andere Sache aber ist die Erforschung von Fehlanpassungen. Sie gehören ebenso zur Evolution wie Anpassungen und sind ein gängiges Ergebnis der Evolution, doch nur ein verschwindend geringer Anteil der Forschungsarbeiten ist ihnen gewidmet. Das Thema ist somit unterrepräsentiert (Brady et al. 2019). Das ist unverständlich und entspricht nicht der wirklichen Bedeutung der Fehlanpassungen – sieht man nämlich genauer hin, sind die meisten Merkmale bei den meisten Arten nur suboptimal, wenn nicht sogar in hohem Maße fehlerhaft angepasst (Nesse 2005). Schon lange ist bekannt, dass Evolution nicht zwingend in Anpassung mündet, wie es heute noch immer an Schulen und Universitäten gelehrt wird. Dennoch scheint in der Disziplin der kulturellen Evolution erst langsam ein Bewusstsein für das Thema Fehlanpassungen zu entstehen, während in der klassischen, biologischen Evolutionstheorie eine zu strenge Sicht auf Anpassungen seit mehr als 40 Jahren mit Nachdruck kritisiert und thematisiert wird (Lange 2020; Gould und Lewontin 1979). Fehlanpassungen in der Evolution des Menschen zu vernachlässigen, ist nicht weniger falsch als das Leugnen der Klimaerwärmung und führt zu einem verzerrten Bild mit gefährlichen Konsequenzen für unsere Zukunft.

Tatsächlich ist die Idee von Fehlanpassungen nicht ganz neu. Schon der österreichische Nobelpreisträger Konrad Lorenz befasste sich mit dem Thema in seinem damals viel beachteten Buch *Die Rückseite des Spiegels* (1973). Lorenz sprach nicht von evolutionären Fehlanpassungen, sondern von Unangepasstheit. Als Beispiele nannte er etwa exzessive Ernährung, bestimmte technische Entwicklungen – er war entschiedener Atomgegner – oder den harten und übersteigerten innerartlichen Wettbewerb in der Wirtschaft mit dem Wachstumsdogma als Problemlösung für alles. Auch das Kumulieren sämtlichen Wissens wie es für Geist- und Kulturmenschen konstitutiv ist, geht nach Lorenz mit Unangepasstheit einher. Dieses Wissen beruht auf dem Entstehen fester Strukturen. Solche Strukturen, dazu zählen auch alle großen oder globalen Organisationen, bezeichnete er als unnatürlich, da sie die Individualität und die Freiheit des Menschen beeinträchtigten.

Die genannten und andere Entwicklungen betrachtete Lorenz vor allem im Hinblick auf das Gesamtsystem des Lebens und auf das Ökosystem Erde als unangepasst. Gleichzeitig erkannte er, dass die Verhaltensweisen, die diese Entwicklungen fördern, in unserer Zeit noch verstärkt werden und in eine evolutionäre Sackgasse führen müssen. Auf der Grundlage solider theoretischer Begründungen forderte Lorenz, der Mensch müsse seine biologischen Grundlagen zuerst einmal erkennen, nämlich sowohl sein genetisch-emotionales als auch sein geistig-kulturelles Sein. Das genetische Sein wurde von Darwin erschlossen. In dem erst spät als evolutionär erkannten geistigen Sein können wir die Welt abstrahieren, die wir durch unsere Sinne wahrnehmen. Es kann sich ähnlich der genetischen Welt durch Probieren und Selektieren weiterentwickeln, aber natürlich viel schneller – manchmal in Sekundenschnelle –, während genetische Veränderung Generationen benötigt. Es gibt demnach biologische, nämlich genetische Evolutionsfaktoren und daneben auch eine soziokulturelle Evolution. Beide sind eng miteinander verwoben. Sie beeinflussen sich gegenseitig und sind voneinander abhängig.

Das Erkenntnisvermögen des Menschen (der „Spiegel") wird entsprechend durch beide Seiten beeinflusst. Somit müssen beide als natürliche Ergebnisse der Evolution von uns akzeptiert werden, so Lorenz. Der „Spiegel" ist die Abbildung der äußeren Welt durch unser Gehirn. Er wird als unser Erkenntnisvermögen durch die beiden Seiten beeinflusst. Im sozialen Verhalten des Menschen sind daher, genetisch verankert und damit bildlich auf der Rückseite des Spiegels, auch Instinkthaftes, Vorurteile und alle Emotionen vorhanden, die durch Kultur nicht verändert werden können. Da gibt es Ängste, Hass, Wut, Neid, Gier, Aggression, Mitleid, Empathie, Liebe und noch mehr. Schon bevor der Mensch auf der Bildfläche erschien, verfügten Tiere über Gefühle. Dieser elementare und evolutionär alte Teil unseres Seins kann helfend, bedrohlich oder verführerisch sein. Heute wissen wir, dass Gefühlszustände in lange anhaltenden Notsituationen auch epigenetisch vererbt werden können.

Nach Lorenzkönnen wir das Instinkthafte nicht beseitigen, sondern höchstens kulturell überformen. Unser Leben verlangt die permanente Auseinandersetzung damit. Mögliche Unangepasstheiten stehen dabei immer im Raum. Religionen und Gesetze dienen der Kontrolle von Fehlverhalten, doch seine Existenz findet eine natürliche Erklärung aus dem Konflikt der beiden Seinswelten, eines evolutionsgeschichtlich alten und eines neueren Systems. Erst durch die Erkenntnis der Dualität unserer Evolution kann man zu einer umfassenden Analyse unseres kulturellen Verhaltens gelangen. In dieser Dualität liegt die permanente Spannung einer Gen-Kultur-Koevolution, wie Lorenz sie erstmals benannte. Heute würde man eher von naheliegenden (proximaten) und fernliegenden oder langfristigen (ultimaten) Ursachen kultureller Evolution sprechen. Doch es bleibt dabei: Wir sind nicht nur rationale, aufgeklärte Wesen, wie das seit Immanuel Kant unumstößlich schien. Lorenz empfiehlt dringlich, die Unterschiede anzuerkennen und sich nicht in religiöse oder ähnliche Hintertüren zu flüchten. Denn nur auf dem wahren Eingeständnis unserer Natur kann eine wahre Kulturmenschheit errichtet werden (Lorenz 1973).

Infobox 1 liefert zunächst eine Definition und Erläuterung, was unter evolutionären kulturellen Fehlanpassungen zu verstehen ist und wie sie zustande kommen können.

Infobox 1 Evolutionäre kulturelle Fehlanpassungen

In jüngeren theoretischen Arbeiten werden unterschiedliche Arten von Fehlanpassungen beschrieben. Sie erfordern ein tieferes theoretisches Verständnis (Brady et al. 2019). Uns interessiert hier der Zusammenhang mit der kulturellen Evolution, insbesondere derjenigen des Menschen. Danach ist evolutionäre Fehlanpassung oder fehlerhafte Angepasstheit eine prinzipiell dauerhafte, evolvierte, also vererbte Abweichung eines Verhaltens einer Population von Anpassungen an die Umwelt. Anpassung oder Angepasstheit ist ein in der Population einer Art auftretendes Merkmal oder ein Verhalten, das für ihr Überleben oder ihre Fortpflanzung vorteilhaft ist. Bei einer Fehlanpassung, wie sie hier verstanden wird, liegen neben anderen eine oder mehrere der folgenden Situationen vor (vgl. Nesse 2005):

1. Die natürliche Selektion infolge der Nachteile wirkt langsam (Bsp. Klimaerwärmung, Vernichtung der Biodiversität, Rodung von Tropenwäldern, Übersäuerung der Meere).
2. Evolutionäre Nachteile werden durch Vorteile kompensiert (Bsp. Zivilisationskrankheiten kompensiert durch medizinische Erfolge, Verkehrstote kompensiert durch Mobilität).
3. Es besteht evolutionärer Wettbewerb (Bsp. antibiotikaresistente Erreger im Wettbewerb mit Krankheitsschutz).
4. Kulturelle Anpassungen sind nur langsam und eingeschränkt möglich. Ursachen können sein:

   a) komplexe technisch-wirtschaftliche Abhängigkeiten *(Constraints)* (Bsp. fossile Energieerzeugung)
   b) zu langsamer technischer Fortschritt (Bsp. Schutz vor Pandemien)
   c) fehlendes Wissen oder falsche Einschätzungen (Bsp. Mikroplastik, Vernichtung der Biodiversität)

d) Unfähigkeit zur Langfristperspektive, kurzfristiger Nutzen höher bewertet als langfristiger Schaden (Bsp. Klimaerwärmung, Umweltverschmutzung, Ressourcenraubbau)
e) politisch gegenläufige Zielsetzungen (Bsp. Priorität auf kurzfristigem Wirtschaftswachstum und Arbeitsplatzerhalt)
f) mangelnde politische Durchsetzbarkeit (Bsp. Klimaerwärmung, Urbanisierung)
g) religiös-ethische Gründe (Bsp. Bevölkerungswachstum, Rassismus)

Es kann zu einer Gefährdung der Art kommen, wenn bei den genannten Bedingungen der Selektionsdruck schnell zunimmt (z. B. anhaltende Klimaerwärmung, Umweltverschmutzung etc.) und Anpassungen nicht (mehr) ausreichend möglich sind.

Als aufmerksame Leser werden Sie zur Infobox 1 vielleicht einwenden, dass beim Menschen streng genommen ja keine Fehlanpassung vorliegen kann, solange die Weltbevölkerung noch immer zu- und nicht abnimmt. Was wir derzeit beobachten, eine positive oder sogar exponentielle Wachstumsrate der Population, ist tatsächlich in der Evolutionstheorie gleichbedeutend mit zunehmender absoluter Fitness. Noch verwirrender wird es, wenn wir uns vorstellen, dass die Weltbevölkerung tatsächlich abnimmt. Theoretisch würde dies eine abnehmende absolute Fitness unserer Art und damit eine Fehlanpassung bedeuten. Intuitiv empfinden wir aber sofort, dass weniger Menschen mit unserem Planeten besser verträglich sind. Unsere Intuition leitet uns hier richtig. Jüngst wurde nämlich klargestellt und an mehreren Beispielen aus der Tierwelt empirisch belegt, dass sich zunehmendes Wachstum der Population und Fehlanpassung nicht widersprechen müssen. Umgekehrt ist Anpassung auch mit abnehmender Population verträglich (Brady et. al. 2019a).

Ein einfaches Beispiel kann den vermeintlichen Widerspruch beseitigen: Es wird angenommen, dass Guppys an ein ölverschmutztes Gewässer genetisch fehlangepasst sind, obwohl sie sich stark vermehren. Werden die Tiere im Labor untersucht, kann man belegen, dass sie sich erwartungsgemäß genetisch nicht in wenigen Generationen an die Umweltbelastung anpassen können. Der Grund dafür, dass dennoch eine Fehlanpassung vorliegt, kann darin liegen, dass möglicherweise die Fressfeinde der Tiere oder ihre Parasiten mit der Ölverschmutzung weniger gut zurechtkommen als die Fische. Sie sind also noch weniger gut angepasst und sterben. Das macht es möglich, dass die Guppys sich trotz fehlender genetischer Anpassung und trotz des Öls munter weitervermehren. Das

Fehlen der Fressfeinde oder Parasiten überkompensiert die Ölbelastung (Brady et al. 2019a). Ähnliche Fälle sind auch beim Mensch vorstellbar, etwa wenn Umweltbelastungen medizinisch überkompensiert werden können. Bei Fehlanpassungen kann man zudem zwei Kategorien unterscheiden. Die erste Kategorie umfasst jene Fälle, bei denen eine Anpassung gar nicht erreicht wurde. In der kulturellen Evolution gehören kriegerische Konflikte zu dieser Kategorie. Ich muss aber darauf hinweisen, dass noch keine einvernehmliche Theorie zur Evolution von Kriegen existiert (Lopez 2016). Die Ursachen heutiger Politik und Kriege sind qualitativ unterschiedlich zu denen von früher. Da Jane Goodall nachweisen konnte, dass kriegerische Auseinandersetzungen mit Todesfolgen auch bei unseren nächsten Verwandten, den Schimpansen, vorkommen, könnte man annehmen, dass dieses Verhalten womöglich evolutionär älter ist als der Mensch. Demnach wäre noch nie eine Anpassung erfolgt, bei dem kriegerisches Verhalten selektiert wird. Tatsächlich konnten jedoch kriegerische Auseinandersetzungen beim Menschen erst im Neolithikum nachgewiesen werden, also in der Übergangszeit von Jäger-und-Sammler-Kulturen zu Hirten-und-Bauern-Kulturen vor ca. 8.000 Jahren. Auf psychologisch-biologischer Ebene wird allerdings gar keine Anpassung für möglich gehalten, da Kriege in der Evolution des Menschen zu selten vorkamen und zu wenige Individuen betrafen, um eine Selektion auszuüben (Lopez 2016). Somit bliebe die Entwicklung von Kriegen als Möglichkeit kultureller Fehlanpassung.

Die zweite Kategorie umfasst Fälle, bei denen eine Anpassung einmal vorhanden war, aber durch Umweltänderungen nicht mehr gegeben ist. Das zeigt sich heute bei vielen Tier- und Pflanzenarten in Folge des Klimawandels, und, wie hier thematisiert, ebenso beim Menschen. Hierzu gehört auch das Beispiel, dass der Mensch als Folge des Wechsels vom Jäger-und-Sammler-Dasein auf die landwirtschaftliche Lebensweise anfälliger für Seuchen wurde. Bei kleinen Jäger- und Sammlergruppen gab es keine Epidemien, da sie in dafür viel zu kleinen Gruppen lebten und auch noch keine Tiere domestiziert hatten, von denen viele Krankheitserreger ausgehen können (Abschn. 5.8). Ebenso sind Adipositas, Diabetes, Fettstoffwechselstörungen und Bluthochdruck Risikofaktoren, die insbesondere in Form von Herz-Kreislauf-Erkrankungen, eine Folge von Fehlanpassungen der zweiten Kategorie darstellen (Wilkin und Voss 2004). Diese zunehmenden Erkrankungen sind mit einer evolutionär schnellen Änderung der Lebensweise des Menschen in der zweiten Hälfte des 20. Jahrhunderts verbunden. Erhalten bleiben solche Fehlanpassungen aber dennoch, wenn der Selektionsdruck, sie zu beseitigen, nicht stark genug ist oder wenn ein anderer evolutionärer Vorteil, etwa der medizinische Fortschritt, die Nachteile überdeckt. Kulturelle Evolution ist somit eine Balance, man könnte auch sagen: ein Kompromiss aus Anpassungen und Fehlanpassungen.

Leider hat die empirische Wissenschaft mit Fehlanpassungen Schwierigkeiten, besonders mit kulturellen Fehlanpassungen in unserer komplexen Welt. Das ist so, weil die modernen Wissenschaften positivistische Wissenschaften sind. Sie untersuchen vorhandene (positive) Merkmale, nicht solche, die fehlen. Diese Sichtweise geht auf den Franzosen Auguste Comte in der zweiten Hälfte des 19. Jahrhunderts zurück. Er bestimmte, dass die Wissenschaft nach dem Vorhandenen, vor Augen Liegenden, Sicht- und Beobachtbaren und damit nicht nach dem fragt, was nicht vorhanden ist. So kann der Evolutionsbiologe etwa bestimmen, dass die Flügel der Vögel unter anderem die Funktion des Fliegens erfüllen, Flossen die Funktion des Schwimmens oder Hämoglobin physiologisch dem Sauerstofftransport im Blut dient. Wir haben es also hier mit positiven Merkmalen zu tun, über die wir versuchen, funktionale Aussagen zu machen.

Wie steht es aber mit Fehlanpassungen? Sie werden gemäß der Definition (Infobox 1) als solche Verhaltensweisen gesehen, die an gegebene Umweltbedingungen nicht oder nicht mehr angepasst sind. Für die Fälle, in denen eine Fehlanpassung nach der genannten ersten Kategorie beim Menschen auch früher nicht gegeben war, etwa bei kriegerischen Verhalten, haben wir kein Wissen darüber, was positiv vorhanden sein müsste, damit Anpassung gegeben wäre. Eine solche Anpassung in der schlichten Abwesenheit von Kriegen zu suchen, ist nicht zielführend. Zumindest in dieser Kategorie können wir das Phänomen der Fehlanpassung also nicht eigentlich positiv wissenschaftlich untersuchen. Wir können nur vermuten, was fehlt, aber wir können es nicht empirisch, statistisch und/oder kausal analysieren.

Das gilt auch bei der zweiten Kategorie von Fehlanpassungen, also in solchen Fällen, in denen eine Anpassung einmal vorhanden war, es aber jetzt nicht mehr ist. Wir können zwar sagen: „Wenn wir keine Kohlendioxid-Emission erzeugen würden, dann wäre alles gut". Früher gab es keine Emission, daher auch keine Klimaerwärmung. An diese Bedingungen waren wir folglich besser angepasst. Doch das entspricht nicht einer positivistischen Denkweise. Wir müssten nämlich wissen, was (im positiven Sinn) die Ursache unseres Fehlverhaltens ist, nämlich die kulturell-evolutionäre Ursache dafür, dass wir fossile Energieträger in dem Maß nutzen, wie wir es tun.

In der Evolutionstheorie stellt das kein Problem dar. Sie sieht die optimale Anpassung eines Merkmals mithilfe der Genhäufigkeit einer Population als die Spitze eines Berges in der sogenannten Fitnesslandschaft. Die Fitnesslandschaft ist eine Art Landkarte, mit Bergen und Tälern. Alles was sich rund um einen Gipfel auf der Karte befindet, sind Merkmals- bzw. Verhaltensausprägungen, die im Vergleich zu der Population auf der Bergspitze tiefer liegen und daher weniger gut angepasst sind. Fehlanpassungen liegen – um im Bild zu bleiben – in den Tälern. Aber wie gesagt: Das ist blanke Theorie – ein Modell.

In der wirklichen Welt sieht das anders aus. Nehmen wir das Beispiel Zigarettenrauchen als eine angenommene Fehlanpassung. Auf den Hinweis, dass Rauchen krank macht, äußerten viele Menschen in der Vergangenheit, dass der frühere Bundeskanzler Helmut Schmidt ja auch nicht krank war, sondern im Gegenteil sogar sehr alt wurde. Man könnte nun die Hypothese aufstellen, es fehle den Menschen, die diese Begründung verwenden, an Wissen über Statistik, denn statistische Analysen belegen, dass Menschen vom Zigarettenrauchen sterben können, tatsächlich aber eben nicht alle sterben müssen oder auch krank werden. Ohne Raucher statistisch auszubilden und damit positivistisch zu versuchen, die Fehlanpassung zu beseitigen, wissen wir nicht, ob sie nicht dennoch weiter am Rauchen festhalten würden. Wahrscheinlich würden sie sich – womöglich wegen der Nikotinabhängigkeit – eine neue Begründung dafür einfallen lassen, dass Rauchen gar nicht so schädlich ist, und würden weiter ihrem Laster frönen. In diesem Fall wäre die Hypothese, die Fehlanpassung sei dem Mangel an statistischem Wissen geschuldet ist, widerlegt. Wir müssten also weitere Hypothesen dafür testen, warum Menschen rauchen, obwohl es die Gesundheit gefährdet. Vielleicht fänden wir dann eine Antwort, vielleicht sogar mehrere, denn Fehlanpassungen müssen oft multiple kausale Ursachen unterstellt werden.

Dass Staaten und Politiker nicht oder nicht ausreichend schnell und umfangreich reagieren, um die in den Pariser Verträgen vereinbarten Klimaziele zu erreichen, bzw. dass das 1,5-Grad-Ziel gar nicht mehr erreicht werden kann (Franzen 2020), und dass wir laut dem sechsten Sachstandsbericht des Weltklimarats von 2021 (IPCC 2021) viel eher auf einen katastrophalen Anstieg von drei bis vier Grad oder noch mehr zumarschieren, hat viele Gründe. Sie können in der Angst der Politiker davor liegen, Arbeitsplätze zu verlieren oder notwendige Strukturänderungen nicht erfolgreich durchführen zu können, aber auch in Fehleinschätzungen der Gegenwart und der Zukunft. Die Verantwortlichen können auch Bedenken vor zu hohen Kosten haben, die die Bevölkerung nicht mittragen würde, oder andere Ziele einfach für wichtiger erachten als den Klimaschutz.

Neben den politischen kann es auch marktwirtschaftliche (Ott und Richter 2008) und nicht zuletzt auch evolutionäre Gründe geben (Kap. 10 und 11). Auch diese Gründe können wir schwer positiv analysieren. Wir kennen nämlich bisher keine Beispiele, bei denen die Fehlanpassung großer

Staaten an die Klimaerwärmung (etwa durch Erreichen von Emissionsneutralität) überwunden und damit das Problem in einer realen Wirtschaft gelöst wurde. Man kann den Sachverhalt auch nicht etwa in kleineren, abgeschlossenen Umgebungen unter „Laborbedingungen" testen, um Antworten zu finden. Weil wir diese positiven Daten also nicht besitzen, können wir über das, was in einem komplexen öko-sozio-kulturellen Umfeld die tatsächlich fehlenden Eigenschaften für eine Anpassung an die Klimaerwärmung oder für deren Vermeidung sind, nur Vermutungen anstellen.

Antworten könnten in unserer Unfähigkeit liegen, eine Langfristperspektive einzunehmen oder darin, dass der kurzfristige Nutzen den langfristigen Schaden überwiegt, zumal wenn dieser erst die nächsten Generationen betrifft (Kap. 11). Das macht die Analyse dieses Problems und ähnlich komplexer multikausaler Zusammenhänge mit kulturellen Fehlanpassungen wie die Bevölkerungsexplosion, die Abhängigkeit von Wirtschaftswachstum und die Umweltverschmutzung grundsätzlich schwierig. Das ist jedoch kein Hindernis dafür, an der kulturell-evolutionären Idee von Fehlanpassungen festzuhalten.

Ich hoffe, ich konnte bis hierher verdeutlichen, dass Fehlanpassungen aus evolutionärer Sicht nicht einfach zu analysieren sind, auch wenn uns der gesunde Menschenverstand sagt, dass mit der Menschheit heute offensichtlich in mehrerer Hinsicht etwas falsch läuft.

Klimaforscher gehen das Thema Erderwärmung anders an. Sie müssen Handlungsmaximen erstellen. Dabei ist die Klimaerwärmung von zahlreichen Dynamiken beeinflusst, darunter Wirtschaftswachstum, Rohstoffabbau, Waldrodung und andere. Die Klimaerwärmung ist so gesehen eine Konsequenz vieler anderer Vorgänge (Magnan et al. 2016). Dennoch will man nicht darauf verzichten, ja man ist sogar verpflichtet, diesbezüglich praktikable Handlungsempfehlungen zu erstellen. Vor diesem Hintergrund wird die Fehlanpassung bei Klimaerwärmung von diesen Wissenschaftlern anders definiert als oben. Hier gilt: „Fehlanpassung ist ein Prozess, der in erhöhter Vulnerabilität mündet und/oder der Kapazitäten oder Möglichkeiten für gegenwärtige oder zukünftige Anpassungen an Klimavariabilität oder -wandel unterläuft" (Magnan et al. 2016). Man betrachtet also Fälle, in denen bereits politisch gehandelt wurde und Anpassung angestrebt war, jedoch der Prozess nicht wunschgemäß verlief, d. h. der die Lage verschlimmert und/oder die Handlungsmöglichkeiten zukünftiger Generationen einschränkt.

Obwohl man es neuerdings dank systematischer, antizipatorischer Denkkonzepte in der Klimaforschung nicht für prinzipiell unmöglich hält, richtige Maßnahmen zu erkennen und entsprechend zu agieren, kann der Grat zwischen richtigem und falschem Handeln und damit zwischen Anpassung und Fehlanpassung schmal sein. Ein Grund dafür kann sein, dass die multiplen Antriebsfaktoren der Klimaerwärmung nicht richtig erkannt werden (Magnan et al. 2016). Aktuell werden Milliardenbeträge in die Entwicklung und Vermarktung von Elektroautos investiert. Die Marketingressorts der Hersteller werben damit, ihre Kunden würden mit einem solchen Fahrzeug einen Beitrag zum Klimaschutz leisten. Tatsächlich adressieren Elektroautos als neue Technologie keinen der Antriebsfaktoren der Klimaerwärmung, solange Länder nicht gleichzeitig die fossile Energieerzeugung zurückfahren.

Anthropologen kommen zu ähnlichen Ergebnissen bei der Erklärung kulturellen Handelns wie Biologen für kulturelle Evolution. Kulturanthropologen betonen unsere unterschiedlichen Handlungsnaturen. Da ist einmal die intuitive Natur des Menschen. Danach handeln wir oft richtig, ohne lange zu überlegen und zu verstehen warum. Solches Vorgehen hat uns in der langen Evolutionsgeschichte gesteuert. Dieses Handeln ist extrem gegenwartsorientiert und auf schnelle Belohnung bzw. Problemlösung ausgerichtet. Für die überwiegende Zeit unserer Evolution war solches Handeln vorrangig und eine Erfolgsgarantie (Glaubrecht 2019). Ob das heute noch gilt, ist äußerst fraglich.

Diese Kategorie enthält auch emotionsbehaftete Entscheidungen. Emotionen spielen bei unserem Handeln immer mit, meist unbemerkt. „Es gibt keine Emotion ohne Verstand und keinen Verstand ohne Emotion", so Claus Lamm, Professor für psychologische Grundlagenforschung an der Universität Wien (Krichmayr 2014). Wir sehen ferner deutlich, dass in politischen Situationen die Gefühle der Wähler immer wieder als massive Verstärker angesprochen werden, um Zustimmungen zu Vorhaben zu erlangen. Wir können das in vielen Fällen beobachten, sei es bei der jahrelangen Brexit-Diskussion oder bei jedem einzelnen Satz aus dem Mund von Donald Trump, aber auch in Diskussionen über Flüchtlingsfragen und bei vielen Spannungen während der COVID-19-Pandemie. In Russland genießt heute Stalin, ein Diktator, der Millionen Menschen ermorden und andere in Gulags foltern ließ, bei vielen höheres Ansehen als Gorbatschow, der seine eigene präsidiale Macht zugunsten des Parlaments einschränkte, den Kalten Krieg beendete und die Menschenrechte achtete, wofür er viel Hass und den Vorwurf des Verrats am Vaterland erntete – so viel zum Thema selektive, verzerrte, gefühlsbetonte Wahrnehmung. Emotionen hindern uns daran, Fehlanpassungen zu erkennen.

In den Wirtschaftswissenschaften zählten Gefühle 200 Jahre lang überhaupt nichts. Hier ging man fatalerweise lange vom rein rational denkenden Menschen aus *(Homo oeconomicus)*. Das ließ keinerlei Raum für Emotionen und erwies sich als eine der größten wissenschaftlichen Fehlkonzeptionen der Neuzeit mit einer großen Tragweite. Menschen handeln aber auch ökonomisch in hohem Maß emotional. Wenn es dazu eines Beweises bedarf, findet ihn der Leser massenhaft in der Werbung, die unsere Gefühle auf raffinierte Weise anspricht und benutzt. Heute erhalten Intuition und Emotion im Vergleich zu früher viel intensivere wissenschaftliche Aufmerksamkeit, wenn es um das Studium des menschlichen Verhaltens und vor allem des Entscheidens und damit um den engen Zusammenhang zwischen Emotionen und Kognition geht. Hier hat die Erforschung von Urteilen und Entscheidungen zahlreiche Anomalien aufgedeckt: Fälle, bei denen systematische Abweichungen existieren, d. h. wenn Urteile und Entscheidungen ungenau, inkonsistent oder anderweitig suboptimal sind (Kahneman 2016; Lerner et al. 2015). Gleichzeitig interessiert man sich auch stärker für die Evolution von Gefühlen. Die Literatur zu diesen Bereichen wächst sprunghaft an. Auch in den Wirtschaftswissenschaften sind also Emotionen ein Thema: Sie verhindern „richtige" Entscheidungen und fördern Fehlverhalten.

Der intuitiven, genetisch verankerten Natur stehen einerseits die in Gesellschaften verankerten Sitten, Gebräuche, ethischen und unzähligen sonstigen Normen einschließlich denen der (ebenfalls emotionsbelasteten) Religionen gegenüber, andererseits aber auch unser sogenanntes vernunftbasiertes Handeln mit den kumulierten Kulturergebnissen. Unsere beiden Naturen, Intuition/Gefühle und Vernunft, stehen oft in direkter Konkurrenz miteinander. Bei den anthropologischen Theorien bleibt indessen eher unerwähnt, dass wir selbst dann falsch handeln können, wenn wir nur aus unserer Vernunftnatur handeln. Unsere angebliche Vernunft führt zwangsläufig auch in „falsche", nicht angepasste Richtungen, nämlich in Form unvermeidbarer Fehlanpassungen. So kann der Beginn der Industrialisierung, basierend auf der Erfindung der Dampfmaschine, auf vernunftbasierte Überlegungen zurückgeführt werden, auch wenn unerwünschte Begleiteffekte, wie etwa lokale Armut, bereits auftraten. Mit der dritten Welle der Globalisierung ab 1980 kamen jedoch immer schwerer wiegende irrationale Elemente ins Spiel (Kap. 11). Die gute Seite von als unvermeidbar begründeten Fehlanpassungen ist, dass niemand daran schuld ist. Vorwürfe, wie sie in den Medien oft geäußert werden, sind an dieser Stelle nicht angebracht. Sie sind aber dann berechtigt, wenn Fehlentwicklungen geleugnet werden oder wenn bewusst politisch weniger entschieden korrigiert wird als notwendig, um bestimmte Interessengruppen zu befriedigen. Auch wenn ganze Branchen aus Gewinnsucht handeln und über unerwünschte bis gefährliche Effekte ihrer Produkte systematisch hinwegtäuschen, wie wir es täglich erleben, ist solches Handeln zu verurteilen.

Ich fasse das Gesagte zu Fehlanpassungen zusammen, wobei ich etwas über die reine evolutionstheoretische Betrachtung hinausgehen musste: Intelligenz und Vernunft schaffen keine Garantien, ja stellen nicht einmal eine ausreichend verlässliche Basis dafür bereit, dass wir im Hinblick auf unsere evolutionäre Zukunft das Richtige tun. Der Ruf, endlich auf die Erkenntnisse der Wissenschaft zu hören, und angesichts gefährlicher (geopolitischer) Entwicklungen doch bitte „einfach unser Gehirn zu verwenden", führt nicht automatisch zum Ziel einer besseren Anpassung. Dafür ist die Welt heute zu komplex, Interessen sind zu widerstreitend und Wahrnehmungen verzerrt; gleichzeitig dreht sich das Karussell viel zu schnell und beschleunigt sich weiter. Bevor Anpassungen überhaupt erfolgen können, ist die Lage bereits wieder anders. Vernunft und Wissenschaft sind folglich ein notwendiger, aber kein zuverlässig hinreichender Weg für adaptives Verhalten.

Festzuhalten ist, dass die kulturelle Anthropologie keinen Zugang zu den evolutionären Wurzeln heutiger Fehlentwicklungen findet. In der anthropologischen Perspektive der Vernunftnatur kommen Fehlanpassungen nicht vor. Hier handeln wir ja im Gegensatz zur intuitiven Natur explizit „vernünftig". Die Kulturanthropologie kann somit nicht begründen, dass und weshalb kulturelle Evolution nach Richerson und Boyd auch zu Fehlanpassungen als unvermeidbare Begleiteffekte unseres kulturellen Handelns führt. Um das zu erkennen, benötigen wir die kultur-evolutionäre Perspektive. Sie schärft unseren Blick dafür, warum Fehlanpassungen vorkommen. Kulturelle Evolution sollte jedoch zukünftig in Anlehnung an die Kulturanthropologie stärker berücksichtigen, dass auch Emotionen auf allen Ebenen menschlicher Interaktionen ein nicht zu vernachlässigendes Element für Entscheidungsprozesse darstellen. Ihre Evolution sollte verstanden werden.

Vernunft, Intuition, Psychologie und Gefühle, sie alle sind Ergebnisse der menschlichen Evolution. Mit Vernunft allein und ihrem abwägenden, differenzierenden Procedere könnten wir nicht überleben. Es brauchte daher schon früh als „evolutionären Stoßdämpfer" auch schnelle Mechanismen, etwa in Gefahrensituationen, aber nicht nur dort. Für lange Zeitstrecken der Evolution galt und gilt in vielen Situationen bis heute: „Besser falsch, dafür schnell und/oder eindeutig" (Urbaniok 2020). Die Vernunft ist nämlich nicht entstanden, damit wir die Welt richtig erkennen können. Vielmehr ist sie mit all ihren Mängeln und Verzerrungen im engen Zusammenspiel mit schnellem, intuitivem Denken (Kahneman 2016), mit unserer vielschichtigen Psychologie und den Gefühlen entstanden. Erst auf diesem Weg konnte unsere Fortpflanzungsrate gesichert und ermöglicht werden, dass wir in eben diesem mentalen Gefüge evolutionär gut angepasst. sind.

Vernunft allein ist also suboptimal im Hinblick auf unsere Erkenntnisfähigkeit, und sie muss das auch sein, denn Hundert Mal müssen wir täglich schnell entscheiden. Unsere Vorfahren interpretierten ein Rascheln im Busch spontan als potentiellen Löwen und nahmen Reißaus. Wenn es kein Löwe war, war das nicht weiter tragisch. Der Vernunftmensch würde das Rascheln dagegen genauer untersuchen und differenzieren, aber dann wäre er vielleicht in einem von zehn Fällen schon tot (Urbaniok 2020). Mit Fehlanpassungen, die aber ebenfalls aus der unvermeidbaren Mixtur eines nicht perfekten Verstands und unserer Psychologie hervorgehen, müssen wir jedoch heute und in Zukunft ebenfalls leben. In Kap. 11 werde ich sowohl die Einschränkungen der Vernunft als auch evolutionäre Fehlanpassungen noch einmal aufgreifen.

Plastizität des Verhaltens und die Rolle der Kooperation

Wissenschaftlich unbestritten ist, wie bereits dargelegt, dass natürliche Selektion auch auf kulturelle Eigenschaften wirken kann (Henrich 2017; Rogers und Ehrlich 2008; Mesoudi et al. 2006; Richerson und Boyd 2005). Tatsächlich musste man jedoch noch radikal umdenken, um kulturelle Vererbung und Evolution in das herrschende Gedankengebäude der Evolution zu integrieren. Eine Eins-zu-eins-Übertragung aus der biologischen Evolution, wie sie Dawkins vorschwebte, kam letztlich nicht in Frage. Zunächst einmal gehorchen kulturelle Vererbungsmechanismen nicht den mendelschen Gesetzen. Für eine genetische Vererbung braucht es auch immer zwei Eltern. Deren Erbgut wird dabei neu zusammengesetzt (rekombiniert). Etwas Vergleichbares kennt man in der kulturellen Vererbung nicht. Überhaupt kann Kultur auch über andere Personen als über die Eltern vererbt werden. Es müssen nicht einmal Verwandte sein. Das allein lässt eine erheblich größere Komplexität in der Vererbung zu (Creanza et al. 2017). Zweitens kann kulturelle Vererbung nicht nur zwischen Generationen (vertikal), sondern auch innerhalb einer Generation (horizontal) stattfinden. Wenn Sie und viele andere Leser aus meinem Buch etwas lernen, ist das ein kleines Beispiel für horizontale Vererbung. Wenn Sie das Buch auch noch Ihrem Sohn oder Ihrer Tochter empfehlen, kann der Inhalt kulturell sogar vertikal oder „schräg" vererbt werden. Dazu bemerkt der Biologiehistoriker und Biologiephilosoph Tim Lewens in

Cambridge, die horizontale Ausbreitung kultureller Verhaltensweisen könne auch bewirken, dass die Fitness der Träger dieser Verhaltensweisen abnimmt (Lewens 2018). Das gilt aber dann sicher auch für die vertikale Vererbung. kurzum, kulturelle Vererbung kann prinzipiell auch evolutionär nachteilig sein. Diese Hypothese wird uns noch sehr beschäftigen (Kap. 11).

Nicht unerwähnt möchte ich lassen, dass der Mensch Kultur nicht „erfunden" hat. Hier leisten unter anderem Ameisen Erstaunliches. Blattschneiderameisen betrieben schon lange vor uns aufwändige landwirtschaftliche Kultur. Ferner wird bei Schimpansen, Walen, Fischen, Vögeln und anderen Tieren Lernen als eine Voraussetzung für Kultur beobachtet. Doch nur für unsere Spezies gilt: Der Mensch ist fähig zu kumulativer Kultur, und zwar auf der Grundlage der Sprache und der Fähigkeit, symbolisch bzw. abstrakt zu denken. Damit fördern wir die eigene Evolution in einem Ausmaß und einer Geschwindigkeit, wie es bei anderen Arten niemals der Fall war. Kultur verändert zudem die Angriffspunkte und die Auswirkung der natürlichen Selektion auf die Individuen. Wir werden sehen, ob Darwins natürliche Auslese dabei tatsächlich ganz außer Kraft gesetzt wird.

Noch etwas ist in der menschlichen Evolution wichtig. Wir verfügen über eine außerordentliche phänotypische Plastizität. Dieser etwas sperrige Begriff beschreibt die Fähigkeit eines Genotyps, Elemente des Phänotyps, also des Erscheinungsbilds und der Verhaltensformen, auf vielfältige Art auszuprägen. Das gilt bei uns etwa für Körpergröße und -form. Weitaus bedeutender ist jedoch die Plastizität unserer möglichen Verhaltensformen. Phänotypische Plastizität ist höchst vorteilhaft, wenn es etwa darum geht, in warmen und kalten Klimazonen oder auch unterschiedlichen Gesellschaftsformen gleich gut zu überleben. Natürliche Selektion wäre zu langsam, um exakt abgestimmte Anpassungen an ökologische Umgebungen in so kurzer Zeit herbeizuführen (Powell 2012). Unser Verhalten hat dabei natürlich genetische Grundlagen, aber es wäre falsch zu behaupten, jedes spezifische Verhalten, etwa die Fähigkeit zur Herstellung warmer Bekleidung in der Steinzeit, sei genetisch determiniert. In noch stärkerem Maß gilt Plastizität für menschliche kognitive Leistungen. Die Flexibilität unseres Gehirns ist effektiv von der neuro-genetischen Untermauerung entkoppelt. So können wir uns „ein nahezu unbegrenztes Arsenal von Reaktionen auf ökologische Herausforderungen vorstellen" (Powell 2012).

Neil Armstrong sprach 1969 von einem großen Schritt für die Menschheit, als er als erster Mensch den Mond betrat. Aber es gab schon einmal mindestens ein gleichbedeutendes Ereignis. Der Übergang des Menschen vom Jäger und Sammler zu sesshaften, Ackerbau und Viehwirtschaft betreibenden Gruppen wird neben dem aufrechten Gang als die vielleicht einschneidendste Veränderung in unserer Evolution gesehen, eine bahnbrechende Innovation. Sie bestimmt das Leben des modernen Menschen heute grundlegend. Mit der Landwirtschaft vollzog der Mensch den Übergang zur Arbeitsteilung. Nicht alle Menschen waren Bauern. Zahlreiche neue Berufsgruppen kamen bereits in den frühen Zivilisationen im Zweistromland hinzu. Die Individuen mussten stärker als zuvor kooperieren, um das Funktionieren der ganzen Gruppe, ja bald großer Städte und Staatengemeinschaften, sicherzustellen. Kooperation ist ein Gegenpol zu der am Individuum ansetzenden natürlichen Selektion und somit ein weiterer wichtiger Faktor auf einer Gruppenebene, der in der modernen Evolutionstheorie hinzukommt. Tatsächlich setzte Kooperation bereits viel früher ein als mit der Landwirtschaft, nämlich schon vor Beginn der Menschwerdung vor mehr als drei Millionen Jahren (Henrich 2017). Die ersten Faustkeile des der Oldowan-Kultur und die noch älteren, die 2011 in Lomekwi am Turkana-See gefunden wurden, können bereits zu kooperativen Arbeitsprozessen gezählt werden; ein Individuum allein konnte solche unmöglich meistern.

Kooperation ist Hilfsbereitschaft. Ein überwältigend beeindruckendes Beispiel von Hilfsbereitschaft in der Evolution unserer nahen Verwandten demonstrierte ein Affe auf einem Bahnhof in Indien. Vor den Augen hunderter Menschen half er einem Artgenossen, der von einem Stromschlag der Oberleitung beinahe getötet wurde. Der helfende Affe schupste den Bewusstlosen, kniff ihn, biss ihn und ließ ihn unsanft ins Wasser plumpsen, bis er endlich wieder zu sich kam (YouTube 2014). Dieses Verhalten lässt sich als Empathie interpretieren, der Fähigkeit, sich mit anderen zu identifizieren, die Not leiden. Der bekannte Primatenforscher Frans de Waal spricht Empathiefähigkeit sogar allen Säugetieren zu (Waal 2018). Wir kommen auf Empathie noch einmal zurück.

Es gibt nicht nur den Kampf ums Überleben innerhalb der Arten; es gibt in hohem Umfang auch Kooperation, und zwar Kooperation von Genen (was Dawkins lange verkannte), von Zellverbänden in Organismen über zahlreiche symbiotische Lebensgemeinschaften bis hin zur Kooperation Zehntausender Menschen im modernen Wirtschaftsgeflecht. Entsprechend gibt es auch Selektion auf diesen Gruppenebenen. Und bei der Selektion gilt: Individuelle Selektion und Gruppenselektion auf allen biologischen Ebenen sind gleich wichtig (Wilson 2019). Heute spricht man von Multi-Level-Selektion. Es brauchte viele Jahrzehnte, bis Kooperation und Multi-Level Selektion in der Evolutionstheorie anerkannt wurden.

Kumulative kulturelle Evolution – der Wagenhebereffekt

Der Amerikaner Michael Tomasello war als Codirektor bis 2018 tätig am Max-Planck-Institut für evolutionäre Anthropologie in Leipzig. Er ist ein hoch ausgezeichneter Anthropologe und Verhaltensforscher. Tomasello beschreibt, wie das menschliche Denken in einer gruppenorientierten, kooperativen Kultur zur höchsten Form des „Wir" evolvierte und dabei unsere Fähigkeit entstand, Wissen und Können gemeinsam an die jeweils nächsten Generationen weiterzugeben und zu akkumulieren. Tomasello verwendet dabei das Bild eines Wagenhebers. Ich kenne nicht viele Fälle in der gesamten Wissenschaft mit einem so passenden Bild für das, was ein Forscher sagen will. Beim „Wagenhebereffekt" bleiben erfolgreiche kulturelle Anpassungen an lokale Bedingungen bewahrt, und das Wissen wird aus dem erreichten Status heraus immer weiter ausgebaut (das Bild des Wagenhebers oder einer Ratsche). Aus einem einfachen steinernen Wurfgeschoss für die Jagd wurde so eine Steinschleuder, ein Katapult, eine Kanone und schließlich nach zehntausenden von Jahren eine Interkontinentalrakete.

Beim modernen Menschen zeigt sich dabei ein stärkerer Wagenhebereffekt als bei den Frühmenschen. Wir verbreiten beispielsweise mit sozialem Lernen hilfreiche technische Informationen in hohem Umfang in derselben Generation und geben sie an die nächste Generation weiter (Tomasello 2014). Heute verdoppelt sich das gesamte Wissen der Menschheit mit dem Wagenhebereffekt innerhalb weniger Jahre. Solche Art des Umgangs mit Wissen wird, wie schon erwähnt, als kumulative kulturelle Evolution bezeichnet. Es kann als die wichtigste adaptive Eigenschaft der Kultur überhaupt angesehen werden, dass sie ein graduelles, kumulatives Zusammenfügen von Anpassungen erlaubt, Anpassungen, zu denen ein Individuum allein niemals in der Lage wäre (Richerson und Boyd 2005). Für die kumulative kulturelle Evolution wurden vier Kernkriterien definiert (Mesoudi und Thornton 2018). Hauptsächlich um diese Form der Evolution geht es in diesem Buch; sie bestimmt unsere Zukunft. Die vier Kriterien werden in Infobox 2 genannt.

Infobox 2 Kumulative kulturelle Evolution

Richerson und Boyd (2005) definieren kumulative kulturelle Evolution als Verhalten oder Artefakte, die über mehrere Generationen vererbt werden und zu immer höherer Komplexität des Verhaltens oder der Artefakte führen.

Folgende Kriterien müssen erfüllt sein, damit man von kumulativer kultureller Evolution sprechen kann (Mesoudi und Thornton 2018):

1. Eine Verhaltensänderung oder das Produkt einer Veränderung, etwa ein Artefakt, muss vorliegen. Beide Formen – Verhalten oder Produkt – können auf individuelle Anstrengungen oder Erfindungen zurückgehen und lange Testphasen erfordern.
2. Eine solche Änderung wird über soziales Lernen – viele lernen von vielen – an andere Individuen weitergegeben oder in ganzen Gruppen innerhalb der Population innerhalb der lebenden Generation verbreitet und vor allem auch an die nächsten Generationen vererbt.
3. Das erlernte Verhalten verursacht für die Anwender eine Leistungsverbesserung. Diese steht stellvertretend für eine genetisch und/oder kulturell basierte Fitnesssteigerung.
4. Die drei vorangegangenen Schritte werden derart wiederholt, dass über die Zeit eine sequenzielle Verbesserung generiert wird.

Vorteilhafte Variationen von Individuen – der dritte Punkt in der Infobox – werden ja bereits von Darwin als Ursache für Steigerungen der evolutionären Fitness gesehen. Sie setzen sich in der Population als vorteilhafte Anpassungen durch und erhöhen die durchschnittliche Fortpflanzungsfähigkeit bzw. Fitness der Population. Damit sind solche Variationen eines der Schlüsselelemente für Evolution. Verringern kann sich gemäß der konventionellen Vorstellung von Evolution die Fitness nicht, da sich unvorteilhafte Variationen ja nicht durchsetzen. Ausdrücklich wird bei kultureller Evolution eine genetisch basierte Fitnesssteigerung aber nicht zwingend gefordert; die Verbesserung kann auch rein kultureller Natur sein und über viele Generationen kulturell vererbt und akkumuliert werden (Henrich 2017). Ein interessanter Fall mit Fitnesserhöhung ist die Gen-Kultur-Koevolution (Mesoudi und Thornton 2018). Bei ihr mündet kulturelles Verhalten unter Umständen erst später in genetische Veränderung (West-Eberhard 2003). Solche Gen-Kultur-Koevolution werde ich noch genauer im Abschnitt zur Milchverträglichkeit darstellen.

Die ersten drei genannten Kriterien wiederholen sich typischerweise mehrfach, wobei sich die Fitnesswirkung kumulativ verstärkt (Mesoudi und Thornton 2018). Auch entfaltet eine bestimmte kulturelle Veränderung oft erst zusammen mit anderen ihre wirkliche Kraft. Das Humangenomprojekt zur Entschlüsselung der menschlichen DNA ist ein gutes Beispiel hierfür. Es standen zwei verschiedene Genomsequenzierungsverfahren zur Verfügung, doch waren es die immer leistungsfähigeren DNA-Sequenziermaschinen, die die Durchführung des Projekts im Rahmen des stürmischen Fortschritts der Halbleitertechnik erst möglich machten. Dabei markierte aber das Humangenomprojekt erst den eigentlichen Beginn der Erforschung des menschlichen Genoms und schließlich moderner gentechnischer Anwendungen.

Alle deren Maßnahmen führen zu unzähligen weiteren Erkenntnissen, die erst in der Summe unsere Evolution vorantreiben. Diese Art von Prozess ist mit kumulativer kultureller Evolution und mit dem Wagenhebereffekt gemeint.

Ein jüngeres Musterbeispiel für kumulative kulturelle Vererbung und Evolution aus diesem Buch ist die Entdeckung der Genschere CRISPR (Kap. 6). CRISPR erfüllt alle vier oben genannten Kriterien (Infobox 2): Das Verfahren wurde 2012 von Emmanuelle Charpentier und Jennifer Doudna entdeckt und verbreitete sich dann in kürzester Zeit über die Wissenschaftsmedien als hoch effiziente neue Methode der Gentechnik. Es mündete in vielen weiteren konkreten Entdeckungen in Form von Anwendungstechniken beim Menschen und vielen anderen Arten. In nicht ferner Zukunft wird es die Fitness unserer Spezies signifikant erhöhen, nämlich dadurch, dass Krankheiten geheilt werden oder ihnen vorgebeugt wird. Schließlich besteht mit CRISPR langfristig die Aussicht, dass wir unser genetisches Fundament dauerhaft vererbbar umbauen und menschliche Eigenschaften verbessern (Kap. 7). CRISPR ist also als eine wachsende, riesige Industrie, eine kulturelle Nische und ein beispielloser „Wagenheber".

Übrigens rehabilitiert kulturelle Vererbung den alten Lamarck. Wenn auch in einem anderen Zusammenhang, so können eben doch, entgegen der Auffassung der gängigen Evolutionstheorie, Eigenschaften vererbt werden. Im Zusammenhang mit kultureller Vererbung erlebt der verschmähte Franzose also heute eine Art Renaissance.

Infobox 3 Die Erweiterte Synthese der Evolutionstheorie (EES)

Seit den 1980er-Jahren machten Evolutionsbiologen deutlich, dass die **synthetische Evolutionstheorie**, die Standarderklärung der Evolution, aus verschiedenen Gründen evolutionäre Annahmen und Vorgänge nicht vollständig wiedergibt. Wissenschaftler aus unterschiedlichen Disziplinen schlugen daher vor, die Theorie in ihrer Grundstruktur, in ihren Grundannahmen sowie in ihren Voraussagemöglichkeiten zu aktualisieren (Laland et al. 2015; Lange 2020). So sagt die synthetische Theorie etwa aus, dass Vererbung nur auf genetischem Wege erfolgt. Andere Vererbungsformen kennt sie nicht (Genzentrismus). Die **Erweiterte Synthese der Evolutionstheorie** (EES) spricht hingegen von inklusiver Vererbung. Bei ihr werden auch nicht-genetische Vererbungsmuster gesehen und alle kausalen Mechanismen zusammengefasst, durch die Nachkommen in Form, Eigenschaften und Verhalten ihren Eltern ähneln. Dazu zählen neben den genetischen auch epigenetische Vererbungsformen und die kulturelle Vererbung von Informationen, etwa über Zeichen, Schrift oder Internet.

Die synthetische Theorie geht von einem einfachen **Verhältnis zwischen Genotyp und Phänotyp** aus. Vereinfacht gesagt sind für sie genetische Mutationen ausreichend, um phänotypische Veränderungen zu erklären, auch wenn man erkannt hat, dass in der Regel viele Gene an der Ausbildung eines Phänotypmerkmals beteiligt sind. Das sieht die EES anders. Sie will den Weg erklären, wie es etwa von einer genetischen Mutation zu einer komplexen Änderung des Phänotyps kommt. Sie fragt also beispielsweise, wie Veränderungen der Schnabelform bei einem Vogel (Phänotyp) entstehen, wie die Vogelfeder oder der Schildkrötenpanzer Schritt für Schritt entstanden oder unsere Hand. Es ist also nicht ausreichend für das neue Denken, den gesamten formbildenden Prozess allein dem Wechselspiel von Mutationen und der natürlichen Selektion zuzuschreiben, wobei die Selektion in vielen kleinen Einzelschritten Veränderungen des Organismus formt (Marginalismus) und die am besten geeigneten bevorzugt. Neben der ursprünglichen Frage Darwins nach dem *Survival of the Fittest* fragt man jetzt nach dem *Arrival of the Fittest,* also danach, wie der am besten angepasste Phänotyp entsteht.

Erklärungen liefert die frühe embryonale Entwicklung. Die Zusammenführung von Entwicklung und Evolution mündete in der neuen Forschungsdisziplin **evolutionäre Entwicklungsbiologie** oder kurz Evo-Devo (engl. *evolutionary developmental biology*). Immer mehr neue Evo-Devo-Mechanismen für die evolutionäre Entwicklung wurden gefunden und erweitern bis heute die Sicht auf die Evolution grundlegend. Das interagierende Zusammenspiel von Genen, Genexpressionen, Zellsignalen, Geweben und Umweltfaktoren rückt ins Blickfeld. Die Evolutionstheorie wandelt sich damit von einer ausschließlich genetisch orientierten zu einer mehr auf den Organismus ausgerichteten Theorie. Variation entsteht nicht außerhalb des Organismus primär durch Selektion, sondern vielmehr oft durch intrinsische Mechanismen, also Vorgänge innerhalb des Organismus. So können sich nach einer genetischen Mutation Entwicklungsprozesse verstärken oder abschwächen. Oft kommt es dabei zu keinem Chaos, sondern zu geordneter Entwicklung. Zum Beispiel können zusätzliche Finger beim Menschen und Vierfüßern entstehen. Neben der auf Darwin zurückgehenden Selektionstheorie führt somit die EES zusätzlich zu einer Theorie der Vererbung und einer Theorie der phänotypischen Variation.

Die **Umwelt** spielt in der EES eine neuartige kausale Rolle. Mittlerweile kennt die moderne Evolutionsforschung eine große Zahl empirischer Untersuchungen, wonach die Umwelt das vererbbare Entstehen von Variation und damit die Evolution ursächlich und aktive beeinflusst und nicht bloß als quasi passive Rahmenumgebung vorgegeben ist. So spielen etwa unsere heutige Ernährung und sitzende Tätigkeit ebenso eine Rolle für unsere weitere Evolution wie die von uns erzeugte Umweltverschmutzung und Klimaerwärmung. Auch das Beispiel der Kaiserschnittgeburten stellt einen exogenen Faktor dar, der das Immunsystem epigenetisch beeinflusst (mehr dazu in Abschn. 8.2). Mit diesen Erkenntnissen ist Evolution nicht mehr ein kausaler Vorgang von Mutation, Selektion und Anpassung, sondern wird mit weiteren Vererbungsformen, der evolutionären Entwicklung und der Umwelt zu einem multikausalen, komplexen Gebäude mit Rückkopplungsprozessen.

Das Gesagte lenkt zu einem weiteren wichtigen Bestandteil der EES, zur Theorie der **Nischenkonstruktion.** Sie erklärt, wie Lebewesen sich ihre eigene Umgebung schaffen und diese Umgebung ihrerseits die Evolution dieser

Lebewesen via Rückkopplungen ursächlich beeinflusst. Dies gilt etwa für die Ausbreitung von Algen auf der Erde und die damit verbundene Sauerstoffproduktion in der Atmosphäre und für zahlreiche weitere Beispiele von Nischenkonstruktionen, vom Biber über Termiten und Korallen bis hin zum Menschen, der Kultur schafft, in deren Umfeld sich seine eigene Evolution vollzieht.

Kulturelle Evolution war und ist in der synthetischen Theorie nicht erklärbar. Kulturelle Freiheitsgrade und ein freier Wille passen nicht in das deterministische Modell von Mutation, Selektion und Anpassung. Die Nischenkonstruktion wird neben der natürlichen Selektion als ein eigener Evolutionsfaktor gesehen. Neben der Nischenkonstruktionstheorie entwickelten sich weitere Erklärungen für kulturelle Evolution: Kooperation, soziales Lernen, Imitieren, kollektive Intelligenz. Alle diese Theorien beschreiben die grundlegenden Faktoren und Mechanismen für die modernen sozio-kulturellen Leistungen des Menschen, die sich auf kumulativem Weg zu immer komplexeren technischen, ökonomischen und sozialen Entwicklungen verdichten.

Kulturelle Nischenkonstruktion

Die postdarwinistische erweiterte Evolutionstheorie (Infobox 3) sieht kulturelle Entwicklungen aus einer weiteren, neuen Perspektive. Moderne Evolutionstheoretiker wie der Engländer John Odling-Smee sprechen von Nischenkonstruktionen (Odling-Smee et al. 2003). Solche Nischen sind in der Evolution des Menschen die Landwirtschaft, die kontrollierte Nutzung von Feuer, Urbanisierung und Megacities, Nutzung fossiler Energieträger mit den begleitenden Emissionen, die Rodung von Wäldern, Umweltverschmutzung, aber auch die bereits genannte kumulative kulturelle Evolution mit dem von Tomasello so genannten Wagenhebereffekt. Hier liegen jeweils bestimmte Maßnahmen, Organisationsformen, technische Erfindungen und Verhaltensweisen vor, die Menschen gemeinsam erstellt haben oder ausüben und die ihr Leben und das ihrer Nachkommen bestimmen und verändern.

Konzerne sind ebenso Nischen wie moderne Transportsysteme, weltumspannende Finanzdienstleister oder globale Kommunikationsnetzwerke, etwa das Internet. Der Mensch ist sozusagen der Champion unter den Nischenkonstrukteuren. Eine Nische ist (anders als der Begriff vielleicht vermuten lässt) nicht als eine seltene Umgebung zu verstehen, nicht als eine Ausnahme, eine kleine Ecke in der Evolution, mit der ein paar Spezialfälle beschrieben werden können. Tatsächlich leben viele biologische Arten und wie erwähnt auch wir in zahlreichen, sich in ihren evolutionären Einflüssen überschneidenden Nischen. Kulturelle Nischenkonstruktionen des

Menschen werden unsere zukünftige Evolution stärker beeinflussen als in der Vergangenheit (Ellis 2017). Das gilt vor allem deswegen, weil kulturelle Evolution viel schneller abläuft als genetische Anpassung (Creanza et al. 2017).

Als ich 2019 die Gelegenheit hatte, den 84-jährigen John Odling-Smee zu interviewen, fragte ich ihn, ob man es mit der Nischenkonstruktionstheorie in Verbindung bringen könne, dass sich der Mensch mit medizinisch-technologischer Entwicklung von der natürlichen Selektion entkoppelt. Mit großer Leidenschaft für sein Thema schilderte er mir, wie der Mensch das Feuer unter Kontrolle brachte und wie er Sprache, Musik und Mathematik als einzigartige menschliche Kommunikationsformen schuf. Sie und viele andere seien Beispiele für Gen-Kultur-Koevolution. Er sah keinen Grund, weshalb es nicht neben all diesen positiven Errungenschaften auch zu selbstgemachten Krisen kommen könne. Auch diese seien als Nischen-konstruktionen zu sehen: „Wenn Menschen über die positive Seite reden möchten, so gehört die Zerstörung ebenso dazu." Er versicherte, auch Krebszellen seien ein Beispiel von Kultur und Nischenkonstruktion, denn die Zunahme von Krebserkrankungen ist eng mit unserer Lebensweise und der Umweltverschmutzung verbunden. Krisen könnten ebenso in einen Artverlust münden wie in eine Form neuen, künstlichen Lebens. Zum Schluss bekräftigte er: „Menschen sind sich nicht im Geringsten dessen bewusst, was abläuft. Sie müssen lernen, ihre Beziehung zur Natur und den Prozess ihrer Evolution zu verstehen. Somit sind wir nicht sehr angepasst" (Lange 2020).

Spätestens als ein Hauptbestandteil der Erweiterten Synthese der Evolutionstheorie erhielt die Nischenkonstruktionstheorie internationale Aufmerksamkeit. Ich möchte Ihnen eine spezielle Nischenkonstruktion, die Milchviehwirtschaft, im nächsten Abschnitt genauer vorstellen, um die evolutionäre Relevanz und die besondere Funktionsweise solcher Konstruktionen zu verdeutlichen.

Lactosetoleranz– eine Nischenkonstruktion mit Gen-Kultur-Koevolution

Wählen wir ein bekanntes Beispiel aus der Evolution des Menschen, um die Theorie der Nischenkonstruktion zu veranschaulichen. Vielleicht hatten die sesshaft gewordenen Menschen wenige Tausend Jahre vor der Zeitenwende nur ein paar gezähmte, später domestizierte Ziegen oder Schafe um sich herum, und vielleicht hat ein Kind die Milch dieser Tiere auch vertragen, als es von seiner Mutter abgestillt war und größer wurde. Es litt nicht an Lactoseunverträglichkeit oder -intoleranz, wie wir heute sagen, konnte also den enthaltenen Milchzucker verdauen. Vielleicht nahmen die Menschen zuerst keine große Notiz davon. Irgendwann aber, in Zeiten knapper Nahrung, wurde ihnen bewusst, dass es für ein Kind, wenn es größer wird, überlebenswichtig sein kann, über ein vollwertiges, zusätzliches Nahrungsmittel zu verfügen – Milch.

Im Normalfall lehnt der Organismus bei allen Säugetieren die Muttermilch nach einer gewissen Zeit ab, damit das Junge unabhängig und die Mutter erneut paarungsbereit werden kann. Das ist ein natürliches Ergebnis der Evolution, eine notwendige Anpassung aller Säugetierarten. Doch anders hier: Die Menschen lernten, dass Milch ein wertvolles Naturprodukt ist und manche Kinder, ja sogar Erwachsene Milch von Tieren vertragen konnten. Warum sollte man diese Erkenntnis nicht besser nutzen? Wir machten sie uns zum Vorteil. Die Viehzucht mit Milcherzeugung begann zunächst in einfacher Form. Eine Familie besaß, wie gesagt, vielleicht eine oder zwei Ziegen, Schafe oder ein Rind. Dann aber, als sie bemerkt hatten, wie wertvoll Milch sein kann, entwickelten die Menschen kulturell umfangreichere Praktiken. Das Ergebnis sind nach ein paar Tausend Jahren die heutigen riesigen Milchfarmen. Mit der entstehenden Milchviehwirtschaft konnten nämlich immer mehr milchverträgliche Mutanten-Menschen am Leben bleiben. Sie vererbten ihr evolutionär vorteilhaftes, an verschiedenen Orten auf der Erde unabhängig entstandenes Merkmal, die Lactosetoleranz.

Ich selbst bin milchverträglich, bin also ein Mutant. Zunehmend viele Menschen wissen das von sich selbst nicht und sehen trotz Verträglichkeit den Milchkonsum als etwas Unnatürliches. Doch das Gegenteil ist richtig: Milch ist für die meisten Menschen ein natürliches, gesundes Nahrungsmittel. Wenn mich ein Milchverächter fragt: Hast du schon einmal ein erwachsenes Tier gesehen, das Milch trinkt, antworte ich: Hast du schon einmal ein erwachsenes Tier Bier trinken gesehen?

Sie sehen, so zu fragen, macht keinen Sinn, denn auch in der Säugetierwelt gibt es übrigens erwachsene Individuen, die Milch vertragen. Meine Maine-Coon-Katze kann nicht davon lassen. (Womit der Milchverweigerer Unrecht hätte) Ebenso gibt es erwachsene Affen, die sich ab und zu mal an vergärenden Früchten mit Alkohol betören. (Womit ich Unrecht hätte.) Aber Tatsache ist doch: Weder Katzen noch Affen haben eine Kultur aus ihren Vorlieben entwickelt, die ihnen evolutionär von Nutzen sind. (Beim Alkohol und uns Menschen bin ich mir da nicht so sicher, aber ich möchte es auch nicht ausschließen). Der Motor der Evolution ist hier also die kumulative Leistung, hier die Milchproduktion. Ich sage natürlich nicht, dass die Steigerung der durchschnittlichen jährlichen Milchleistung einer Kuh – 8.000 kg im Jahr 2019 gegenüber 2.500 kg im Jahr 1950 – eine kulturelle Leistung darstellt, zumindest nicht, dass sie ethisch vertretbar ist.

Für Lactosetoleranz bedarf es nur der Mutation eines einzigen Gens, des Lactase- oder *LCT*-Gens. Das Ergebnis ist, dass heute in nordeuropäischen Ländern annähernd 90 % der Menschen milchverträglich sind. In der erwachsenen Weltbevölkerung sind es etwa 70 %, während in Ost- und Südasien nur 10–20 % Kuhmilch vertragen. War also Milchverträglichkeit früher eine seltene Ausnahme, ist sie heute kulturbedingt eher der Normalfall. Die Spezies Mensch ist in großem Umfang milchverträglich. Sie schuf auf diesem Weg die kulturelle Nische „Milchviehwirtschaft". In dieser Nische veränderte sich beim Menschen, wie beschrieben, seine eigene Evolution. Aber erst mit seinem eigenen kulturellen Handeln bewirkte er über den Zeitraum von mehreren Tausend Jahren, dass sich seine Genetik und damit seine Biologie in der Gesamtpopulation im Zuge strenger natürlicher Selektion anpasste. Fachleute nennen einen solchen Prozess eine Gen-Kultur-Koevolution.

Die Theorie der Nischenkonstruktion will deutlich machen, dass nicht die natürliche Selektion allein ausschlaggebend ist etwa für den Vorgang der Milchverträglichkeit. Vielmehr ist es das kulturelle Vorgehen, die künstliche Bildung der Nische „Milchviehwirtschaft", das bzw. die die Umgebungsbedingungen für die menschliche Evolution nachhaltig verändert. Durch die Nische bzw. den kulturellen Beitrag auf der einen und die natürliche Selektion auf der anderen Seite nimmt die evolutionäre Veränderung in der gesamten Population erst Form an. Es braucht beides. Es wäre zu einfach zu behaupten, die Genveränderung und die natürliche Selektion hätten bewirkt, dass ursprünglich milchverträgliche Mutanten sich in der Population durchsetzen konnten oder dass Milchviehwirtschaft und andere Formen der Kultur entstanden. So weit reicht der Einfluss der Gene nicht, auch wenn einige Wissenschaftler das anders sehen möchten. Damit reicht auch die nur auf Mutation, Selektion und Anpassung basierende Evolutionstheorie nicht so weit, das zu erklären. Ohne Kultur hätte sich die Variation „Milchverträglichkeit" niemals in der gesamten Population in dem Umfang durchgesetzt, wie wir ihn heute sehen; ohne kulturelles Handeln wäre die evolutionäre Veränderung einfach nicht erfolgt. Entscheidend bei dieser Gen-Kultur-Koevolution ist also nicht, wie die erste Mutation für die Lactosetoleranz entstanden ist. Entscheidend ist vielmehr, unter welchen vom Menschen gemachten kulturellen Bedingungen sie sich ausbreiten konnte (Gerbault et al. 2011).

Diesem Beispiel liegt also eine fitnessfördernde Mutation zugrunde. Anders als bei nicht- genetischer, kultureller Vererbung ist die evolutionäre Fitnesssteigerung hier gegeben. Die gesamte kulturelle Entwicklung der Milchviehwirtschaft verläuft dann als eine fitnessfördernde evolutionäre Anpassung. Die Begründung liegt auf der Hand: Milch ist ein wertvolles Lebensmittel. Bei der Nutzung des Feuers liegen die Dinge etwas anders. Neben der Milch zählt der kontrollierte Gebrauch des Feuers zu den bedeutenden Nischenkonstruktionen des Menschen. Der Gebrauch des Feuers erfolgte aber zunächst als eine nicht genetisch basierte Anpassung. Erst im Zuge der kulturellen Vererbung und der Ausbreitung des Kochens und Garens von Speisen stellten sich populationsweite genetische Variationen und Anpassungen ein, etwa die Verringerung der Empfindlichkeit für bittere Gerüche giftiger Pflanzen, da durch das Kochen mikrobiologische Stoffe denaturiert werden und ihre Gefahr damit beseitigt wird. Der Selektionsdruck auf Gene, die mit bestimmten Sinneswahrnehmungen zusammenhängen, wurde abgeschwächt. Ebenso wirkte Selektionsdruck auf unseren Darm, nach dem Gehirn das am zweitstärksten Energie zehrende Organ des Menschen. Der Darmtrakt wurde durch die Externalisierung der Nahrungsaufbereitung erheblich entlastet und genetisch „umgebaut", einer von mehreren Wegen, um Energie für die Vergrößerung des Gehirns zu gewinnen. Der gesamte Prozess der kontrollierten Feuernutzung war extrem fitnessfördernd für den Menschen (Powell 2012).

Die Evolution des Menschen ist nicht vorstellbar ohne das wechselseitige Zusammenspiel von Genen und Kultur im Prozess der kumulativen kulturellen Evolution. Beide bedingten sich immer wieder gegenseitig. Milchverträglichkeit und Feuernutzung sind nicht die einzigen Beispiele. Niemand hat das wohl ausführlicher beschrieben als Joe Henrich in seinem faszinierenden Buch *The Secret of Our Success* (2017). Henrich spricht von einem Punkt in unserer Evolution, einem Schwellenwert oder Kipppunkt, an dem wir symbolisch den Rubikon überschritten. Das war aus seiner Sicht in einer Phase nach dem Entstehen der Gattung *Homo* vor rund zweieinhalb Millionen Jahren. Ab hier etwa veränderten sich die Dinge. Man kann begründet annehmen, dass irgendwann in dieser Zeit die Herstellung von Werkzeugen oder die Zubereitung von Nahrung derart komplex wurde, dass ein Individuum sich in Laufe seines Lebens nicht mehr ausreichend Wissen und Fähigkeiten dafür aneignen konnte. Mehr und mehr Wissen wurde in der Gruppe bewahrt, weitergegeben und vermehrt. Die Gruppe wurde zugleich immer unabhängiger vom Wissen Einzelner, das zuvor oft wieder verloren gegangen war und wiederholt neu erworben werden musste, etwa weil sich Gruppen teilten, isoliert wurden und neue Gruppen zu klein waren. Die kulturelle Evolution wurde jetzt zunehmend zum Hauptantriebsfaktor unserer genetischen Evolution.

Der gesamte Prozess wurde autokatalytisch; damit meint Henrich, dass ab einer bestimmten Periode in unserer Evolution sich kulturelle Informationen zu akkumulieren begannen (Wagenhebereffekt) und kulturelle Anpassungen generierten. Die kulturelle Evolution übernahm ab dann die Regie für unsere Evolution und wurde zu ihrem primären Antreiber. Auf der anderen Seite galt der größte Selektionsdruck auf die Gene nunmehr unseren psychologischen Fähigkeiten, sodass wir fortan in der Gruppe mit dem Erwerb, der Speicherung und dem Handling fitnesssteigernder Fähigkeiten und Praktiken immer besser umgehen konnten. Dieser Selbstläuferprozess erzeugte in der Folge also immer mehr und immer bessere kulturelle Anpassungen. Henrich führt eine lange Liste kultureller Errungenschaften an, die genetische Änderungen im Schlepptau hatten. Diese wiederum befeuerten erneut die kulturelle Evolution.

Sie alle dürfen auch als Nischenkonstruktionen gesehen werden. Die Liste nennt neben der genannten Milchverträglichkeit und Feuernutzung die Nahrungsmittelverarbeitung, die Ausdauerjagd, das wachsende Wissen über Pflanzen und Tiere, das Herstellen von Artefakten in Form immer komplexerer Werkzeuge und Waffen, die Ausbildung sozialer Normen, das Verständnis der Zugehörigkeit zu unterschiedlichen ethnischen Gruppen, die Fähigkeit, Gedanken und Absichten anderer zu erkennen, die Entwicklung der Sprache sowie verbesserte kommunikative und pädagogische Fähigkeiten. Sie alle und weitere hatten genetische Konsequenzen, hauptsächlich – aber nicht nur – im kognitiv-psychologischen Umgang mit den kulturellen Neuerungen. Sie alle sind auch, das sei nochmals betont, Beispiele für kumulative kulturelle Evolution, genauer: Beispiele für selektive kumulative kulturelle Evolution, denn die natürliche Selektion hat überall ihre Hand im Spiel, wenn es um die Auswahl und den Erhalt der geeignetsten Techniken und Fähigkeiten geht.

Man ist vielleicht geneigt, Henrich zu widersprechen und zu glauben, er unterschätze unsere individuelle Intelligenz, auf die wir doch so stolz sind. Jeder von uns ist bekanntlich intelligenter als der Durchschnitt, wie Erhebungen belegen. Nehmen wir etwa unsere allgemeine Fähigkeit, symbolisch abstrakt zu denken. Diese Fähigkeit wird in der Literatur immer wieder als eine der herausragenden kognitiven menschlichen Leistungen beschrieben. Beispielsweise können wir uns ein Bild davon machen, was mit der Kategorie Hund oder den Begriffen Liebe und Volkswirtschaft gemeint ist. Wir können in Hierarchien und Ordnungen denken (Riedl 1990). Und wir können den gedanklichen Inhalt eines Satzes verstehen, sind fähig, seine Teile mühelos korrekt zueinander in Beziehung zu setzen (vgl. das Beispiel mit der Katze in Infobox 11). Aber auch diese Fähigkeiten haben sich nach Henrich nicht Individuen allein angeeignet. Sie entstanden im steten Austausch der Menschen untereinander. Denken in Kategorien und Abstraktionsfähigkeit sind somit tragende Beispiele für die Evolution kollektiver Intelligenz.

Zurück zur Nischenkonstruktion. Die natürliche Selektion als der klassische Hauptmechanismus der Evolution wird also aus der neuen Sicht notwendig ergänzt durch die (kulturelle) Nischenbildung. Durch den Nischenbau verläuft die Evolution anders als ohne ihn. Beide Faktoren, natürliche Selektion und Nischenbildung, sind daher gleichwertig zu sehen, und beide wirken aufeinander ein: Die Kultur der Nische verändert die Bedingungen und damit die Angriffsflächen für die natürliche Selektion, und die natürliche Selektion wirkt in neuen Formen auf die kulturell tätige, ihre natürliche Umgebung verändernde Art. Die Wissenschaft spricht hier von reziproker Kausalität, von Rückkopplungsschleifen oder kausalen Wechselwirkungen. Solche Wechselwirkungen sind typisch für komplexe Systeme, mit denen wir es hier noch öfter zu tun haben werden. Es erübrigt sich beinahe zu erwähnen, dass sich bei Nischenkonstruktionen oft auch andere Arten evolutionär verändern (also nicht nur die der Nischenbauer), was weitere evolutionäre Rückwirkungen für alle beteiligten Arten mit sich bringen kann; nirgendwo erleben wir das so ausgeprägt wie beim gegenwärtigen Artensterben, verursacht durch uns, *Homo sapiens*. Diese vielseitigen Rückkopplungsprozesse vergrößern die Komplexität also noch erheblich.

Die Nischenkonstruktionstheorie ist ein modernes theoretisches Fundament für die Szenarien der zukünftigen Evolution des Menschen in diesem Buch. Der Philosoph Russell Powell bezeichnet daher auch die heraufziehende Revolution in der Biotechnologie als den Inbegriff der Gen-Kultur-Koevolution (Powell 2012). Ohne Nischenkonstruktionen und kollektive Intelligenz kann kulturelles menschliches Handeln nicht gut verstanden werden. Die Evolutionstheorie braucht diese Erweiterung, um die Evolution von Arten, besonders aber die Evolution des Menschen, adäquat erklären zu können.

Kollektive Intelligenz

Man könnte meinen, die in diesem Buch beschriebenen zukünftigen, hoch technologischen Entwicklungen bedürften einzelner sehr kluger Menschen, die solche Innovationen entdecken und erfinden. Vielleicht sind die großen gesellschaftlichen Herausforderungen unserer Zukunft überhaupt nur mit herausragenden Köpfen zu bewältigen. Wenn wir das Ganze jedoch mit den Augen eines Evolutionsbiologen betrachten, der sich mit kultureller Evolution beschäftigt, dann rückt neben der individuellen Intelligenz unerwartet ein anderes Thema in den Brennpunkt: die kollektive Intelligenz.

Evolutionär spielt es nämlich aus der Sicht von Joe Henrich, Professor für Evolutionsbiologie des Menschen an der Harvard University und Schüler von Robert Boyd, keine Rolle, ob in einem Jahrhundert ein paar Männer oder Frauen mehr oder weniger vom Format Albert Einsteins leben. Viel wichtiger ist es Henrich zu erkennen, dass wir die wahren Meister im Teilen von Wissen sind. Auf der Grundlage unserer Sprache, Literatur und des Internets sind wir richtiggehend erpicht darauf, von anderen zu lernen. Ohne Sprache würde sich unsere Kultur nur in einem engen, konservativen Rahmen bewegen. Wir haben die Dinge, die uns heute umgeben, nicht erschaffen, wir haben sie geerbt. Genauer gesagt, wir haben sie von anderen gelernt. Wir haben ganze Arsenale von Kulturpaketen unserer Vorfahren und der großen, kollektiven Intelligenz ihrer Gemeinschaften in Büchern und im Internet angesammelt; das ist jetzt unser kollektives Gehirn. Unsere großen Gehirne sind also in der Hauptsache deswegen evolutionär so wertvoll, weil sie in Gesellschaften mit sozialen Netzwerken existieren, die die Evolution der Kultur unterstützen (Henrich 2017).

Wie wir später noch erfahren werden, ist die individuelle Intelligenz natürlich nicht ohne Bedeutung für unseren Fortkommen. Das weiß auch Henrich. Die individuelle Intelligenz spielt selbstverständlich eine ganz entscheidende Rolle bei kulturellen Innovationen. Aber auch diese stehen wieder in engem Zusammenhang mit dem Wissen, das andere jeweils im Umfeld schon geschaffen haben, und oft war es hervorragende Teamarbeit. Das gilt für die Entdeckung der Kernspaltung ebenso wie für die der DNA. Bei aufeinanderfolgenden kleineren Innovationen wie im oben geschilderten Beispiel der Auslegerkanus mag ein noch stärkeres Zusammenspiel von individueller und kollektiver Intelligenz vorliegen.

Wir könnten hier anmerken, das Internet sei ja nur ein kollektives Gedächtnis, nicht eigentlich eine Intelligenz. Das wäre aber zu kurz gegriffen. Beim Beispiel Internet müssen wir erkennen, dass aus dem Wissen im Internet mithilfe des Wissens neuer kooperativer Teams immer weiteres neues Wissen erwächst, das wiederum das Wissen im Internet vergrößert. Die Zukunft wird sogar zunehmend dadurch geprägt sein, dass das Internet mithilfe künstlicher Intelligenz täglich neues Wissen selbst generiert. Wir werden in vielen Fällen nicht mehr feststellen können, an welcher Stelle, wann und von wem Wissen im Internet erzeugt wird. Die heutigen sozialen Medien geben eine Ahnung davon, wie genaues Wissen über das Verhalten und die Vorlieben von Millionen Menschen produziert und gezielt, das heißt gewinnbringend, verwendet wird.

Kollektive Intelligenz ist von der Populationsgröße und von der Vernetzung der Individuen in der Population abhängig. Eine kleine Gruppe kann sich im Vergleich zu einer großen nicht viel Wissen aneignen, und sie kann es auch kaum weitergeben. Ist die Gruppe hingegen größer und zudem gut vernetzt, kann Wissen geradezu explodieren, wie Henrich vorrechnet. Heute erleben wir das eben mit dem Internet, das geradezu eine Idealform der Wissensansammlung und -vernetzung darstellt.

Der gegenteilige Effekt, also der Verlust von Wissen, heißt Tasmanien-Effekt. Tasmanien wurde am Ende der letzten Eiszeit vor 12.000 Jahren mit dem Ansteigen des Meeres vom australischen Festland getrennt, die Bewohner isoliert. Hier beobachtete man empirisch, dass bei den indigenen Einwohnern der Insel zahlreiche Fähigkeiten und Gebräuche, die sich die Aborigines auf dem Festland über lange Zeiträume angeeignet hatten, vollständig verloren gegangen waren. So verwendeten die Tasmanier nur einfachste Werkzeuge, aßen keinen Fisch, obwohl dieser reichlich verfügbar war, und sie konnten auch kein Feuer machen. Wertvolles Wissen ging bei ihnen durch die verkleinerte Population und den nicht mehr existierenden Austausch mit anderen verloren (Henrich 2017). Um die Mitte des 19. Jahrhunderts waren die Tasmanier übrigens durch die britischen Kolonialherren gänzlich ausgerottet. Ihrer einfachen Kultur steht gegenüber, dass die Bewohner der Osterinseln sich erstaunliche Fähigkeiten aneigneten, die notwendig waren, um die kolossalen Steinstatuen, die Moai, zu bauen. Aber sie haben es damit ja bekanntlich auch übertrieben und überlebten ihren Kult nicht. Wie rasch Kenntnisse verloren gehen, ist in der Gegenwart auch zu beobachten. Handwerkliches Können etwa verschwindet rapide, weil externe Dienstleister alles (mehr schlecht als recht) übernehmen. Mit-der-Hand-Schreiben gehört vielleicht ebenfalls bald in diese Reihe.

Wir erkennen bis hierher, dass die Theorie der Nischenkonstruktion und die Idee der kollektiven Intelligenz verwandte Gedanken beinhalten. Es verwundert daher, dass Joe Henrich die ältere Theorie der Nischenkonstruktion in seinem Buch mit keinem Wort würdigt oder auch nur erwähnt. Henrich ist strenger Adaptionist. Für ihn sind Menschen adaptiv Lernende. Im Vergleich ist die Theorie der Nischenkonstruktion offener für Fehlanpassungen. Beide Ideen gehen von Wechselwirkungen aus: Kumulative kulturelle Evolution beflügelt die menschliche Evolution fortlaufend und umgekehrt die Evolution die Kultur. Das sieht die Theorie der Nischenkonstruktion genauso wie die Idee der kollektiven Intelligenz. Selektionsbedingungen verändern sich nicht nur in einer abstrakten Natur-umgebung, sondern durch das, was der Mensch selbst macht, zum Beispiel durch eine verbesserte Waffe, neue Formen der Nahrungszubereitung oder durch moderne Medizin. Das veränderte Selektionsumfeld (etwa wenn wir uns gegen Infektionen impfen) wirkt dann auf den Verlauf der kulturellen Evolution zurück. Auch werden die kulturellen Leistungen selbst selektiert. Der Mensch verändert sich, entweder kognitiv-psychologisch oder genetisch, oder beides oder auch nur kulturell. Im folgenden Abschnitt, der sich der Evolution unseres Gehirns widmet, lernen wir weitere derartige Rück-kopplungen kennen.

Die Theorie des Geistes und die Hypothese des sozialen Gehirns

Es war eine Schlüsselerkenntnis menschlicher Evolution, dass wir uns in die Gedanken anderer hineinversetzen können. Wir können kognitive Schluss-folgerungen über die Ziele, Vorlieben, Motivationen, Absichten, Über-zeugungen und Strategien ziehen, die andere im Kopf haben. Mit unserer Empathiefähigkeit können wir sogar fühlen, was andere fühlen.

Wenn ich beispielsweise dieses Buch schreibe, muss ich mir fortlaufend Gedanken darüber machen, ob ich mich für meine Leser verständlich aus-drücke und wie sie den Inhalt aufnehmen. Derartige Fähigkeiten wurden in der *Theory of Mind* (Theorie des Geistes) beschrieben (Gamble et al. 2016). Der evolutionäre Vorteil solcher Fähigkeiten liegt auf der Hand: Wer diese beherrscht, kann auch geschickt damit taktieren. Er kann sogar abwägen, was er macht, wenn er weiß, was ein anderer über seine Gedanken weiß.

Joachim Bauer, Neurobiologe und Psychotherapeut, geht sogar weiter und schreibt, dass nicht nur wir fühlen, was andere bewegt, auch „die Welt fühlt" (Bauer 2020). Bauer sieht die Resonanz fühlender, empathischer Menschen und der empathischen belebten/unbelebten Natur als ein evolutionäres Überlebensrezept für den Menschen und den Planeten. Diese Sicht verlässt zwar den wissenschaftlichen Boden, das weiß Bauer auch, aber sie kann uns vielleicht helfen, auf der Erde zu bestehen.

Kognitive und emotionale Empathiefähigkeit spielten eine entscheidende Rolle bei der Entwicklung des menschlichen Gehirns: Wer hier gut war, hatte Vorteile in der Gruppe, konnte sich in deren komplexem Gefüge besser bewegen und war mit seiner genetischen Ausstattung für noch größere Gruppen mit noch mehr sozialer Komplexität prädestiniert. Vereinfacht gesagt, befeuerte und begrenzte die Gruppengröße die Größe des Gehirns und die Größe des Gehirns die Gruppengröße. Größere Gruppen bewiesen jedoch vielfach bessere evolutionäre Überlebenschancen. Also verlief die Evolution der Vor- und Frühmenschen in diese Richtung. Im größeren sozialen Umfeld wurde alles komplizierter, komplexer, ausgefeilter und perfekter, und das meiste kam durch Lernen, das Lernen von anderen, zustande: kerzengerade Speere mit scharfen Spitzen, das Entfachen von Feuer inklusive seiner disziplinierten Kontrolle, ein profundes Wissen über heilende oder entgiftende Pflanzen und nicht zuletzt viele Formen differenzierter Nahrungszubereitung aus Pflanzen und Fleisch. Einer allein konnte sich nichts davon beibringen. In der Gruppe aber waren sich die Menschen in vielen Fällen nicht bewusst, warum sie etwas so machten, wie sie es machten. Noch weniger waren ihnen klar, dass sie irgendetwas taten, das im Sinn der Evolution adaptiv war. Erfolgreiche Techniken haben sich über Hunderte von Generationen kulturell bewährt und wurden daher immer wieder angewandt und verfeinert (Henrich 2017).

Der wechselseitige Kausalzusammenhang zwischen Gruppen- und Gehirngröße wurde berühmt als die Hypothese des sozialen Gehirns. Sie besagt, dass die Größe sozialer Gruppen bei Primaten durch die Größe des Gehirns, genauer: des Neocortex oder zumindest durch einen Aspekt dieser Größe begrenzt ist (Gamble et al. 2016). Erstmals erhielten Forscher Anhaltspunkte dafür, wie die biologische Evolution des Menschen und seiner Vorfahren und das Sozialleben zusammenspielen. Und erstmals erhielt man auf einem anderen Weg als über ausgegrabene Knochen Aussagen über die soziale Evolution. Dieser neue Forschungsansatz einer Paläoanthropologie ohne Knochen war eine Revolution und musste erst einmal um Anerkennung kämpfen. Im Übrigen erforschte jüngst ein Team um Kevin Laland an der schottischen Universität St. Andrews, dass bei Primaten die Gruppengröße nicht den einzigen Faktor für die Evolution der allgemeinen Intelligenz (anstelle Gehirngröße) darstellt, sondern dass es eine ganze Reihe evolutionärer Einflussgrößen gibt (Laland 2017, vgl. Lange 2020).

2.2 Der Markt ignoriert die evolutionäre Fitness

Die evolutionäre Fitnesssteigerung lässt sich bei kumulativer kultureller Evolution oft nicht leicht nachweisen. In der empirischen Forschung existieren dazu bislang leider nur wenige Untersuchungen. Fitness wird in der Evolution als der Reproduktionserfolg in Form der überlebenden Nachkommen einer Art gesehen. Diese Größe ist messbar. Oft beobachtet man jedoch stellvertretende Größen, die den Reproduktionserfolg dann direkt oder auch indirekt beeinflussen, wie etwa effizientere Nahrungserzeugungstechniken. Schwieriger gestaltet sich die Analyse von Entwicklungen unserer technischen Gesellschaft im Hinblick auf ihre evolutionäre Wirkung. Beeinflusst der Gebrauch von Smartphones die Fitness? (Sagen Sie bitte nicht spontan ja oder nein!) Werden Roboter und künstliche Intelligenz (Infobox 11), die uns in Zukunft immer mehr im täglichen Leben begleiten und mit uns koevolvieren, unsere Fitness und damit unsere Evolution tangieren? Solche Fragen können und sollten theoretisch und empirisch behandelt werden. An früherer Stelle habe ich gefordert, dass die Evolutionstheorie die Entwicklungen in der Technosphäre berücksichtigen und Erklärungen finden muss für das, was mit uns geschieht, bzw. wie wir unsere Umwelt gewollt und in den Konsequenzen auch weniger gewollt technisch selbst gestalten (Lange 2020). Antworten müssen dann aber auch in dem Zusammenhang betrachtet werden, dass Geburten- und Sterberaten in entwickelten Ländern beim Menschen heute generell abnehmen, also gegenläufig zu möglichen positiven Fitnesseffekten verlaufen (Mesoudi und Thornton 2018). Für die kumulative kulturelle Evolution eröffnen alle diese Themen ein breites Forschungsfeld.

Aber ist Fitnesssteigerung bei kumulativer kultureller Evolution überhaupt erforderlich? Zahlreiche Modelle kultureller Evolution beschäftigen sich nicht mit Fitnessfragen, sondern behandeln allein die Ausbreitung kultureller Eigenschaften (Creanza et al. 2017). Ich habe in Kap. 1 bereits gesagt, dass durch das Eingreifen des Menschen in die Selektion das Prinzip des *Survival of the Fittest* zumindest partiell und vorübergehend nicht mehr gegeben ist. Wenn der Mensch Organismen und Arten genetisch umbaut, am Ende auch die eigene Art, dann betrifft das die evolutionäre Fitness vielleicht gerade noch insoweit, als wir von der Überwindung vererbbarer und anderer Krankheiten reden. Eine gesündere Population ist „fitter" als eine kranke.

Bei den heutigen Zuchttieren oder -pflanzen spielt die Fitness im klassischen Sinn jedoch längst keine Rolle mehr. Die Fische in meinem Aquarium erfahren ohne Fressfeinde und eigene Nahrungssuche ebenso wenig noch eine klassische Fitnessanpassung wie die genveränderten Tomaten, deren Früchte im Supermarkt landen. Wichtig ist vor allem, dass die Fische so aussehen wie von uns gewünscht und die Tomaten das leisten, was sie leisten sollen. Sie werden auf ausgewählte Eigenschaften hin überwacht und künstlich angepasst. Man kann auch sagen, sie werden für künstliche Umgebungen fit gemacht. Das ist zielgerichtete, künstliche Selektion. Eben diese betreibt der Mensch heute auch mit sich selbst. Manche wollen das nicht als Evolution im darwinschen Sinn gelten lassen und messen evolutionären Erfolg einzig am Maßstab des Überlebens der am besten Angepassten (Askland 2011).

Und doch ist es Evolution! Es ist Evolution mit nicht-zufälliger Mutation (z. B. Gentechnik) und künstlicher, nicht-natürlicher Selektion, und damit ist es eine Anpassung an die von uns selbst erzeugten Nischen. Ähnlich Zuchttieren und Zuchtpflanzen durchläuft der Mensch heute in erster Linie keinen herkömmlichen, an der Fitness orientierten Anpassungsprozess mehr. Unsere Art wählt andere Wege als die natürliche Reproduktion, zufällige Mutation und natürliche Selektion, und dennoch verändert sie sich – in Zukunft noch stärker und schneller als je zuvor. Ob unser kulturelles, techno-wissenschaftlich basiertes Verhalten dem Überleben unserer veränderten Art langfristig tatsächlich dient, ob wir so handeln, dass es der Population Mensch langfristig evolutionär von Vorteil ist, lässt sich aber nicht beantworten, wenn die natürliche Selektion und natürliche Anpassungsprozesse gänzlich ignoriert werden.

Wir verfolgen Ziele mit evolutionären Konsequenzen, die weit über die Vermeidung von Krankheiten hinausgehen können. Aber Achtung: Solche Ziele müssen nicht wie in Aldous Huxleys *Schöne neue Welt* politisch autoritär diktiert sein. Moderne Euthanasie ist kein zwangsläufiger Weg. Menschen haben seit jeher ihre eigenen Wünsche und Ziele: Sie wollen schöner werden, größer und klüger und älter, und sie wollen dasselbe für ihre Kinder. Andere wollen die Gelassenheit Buddhas erlangen oder ihre Macht und die ihrer Kinder garantiert wissen. Und neben diesen haben Menschen noch Tausende anderer Wünsche und Gebräuche. So kann man heute in manchem Wohnzimmer (nicht nur) der Moskauer Geld-elite einen sibirischen Tiger oder andere Exoten als Statussymbol antreffen (Abb. 2.2). Das ist definitiv Instagram-tauglich, denn ein Porsche erfüllt diesen Anspruch schon längst nicht mehr. Somit kann dieses Verhalten auch Mustern genügen, womit es evolutionär relevant wäre. Natürlich sind nicht alle Wünsche und Ziele derart extrem und pervertiert, aber mit Fitness-steigerung haben die meisten unserer Wünsche dennoch nichts zu tun. In Indien etwa sind Mädchengeburten traditionell unerwünscht. Die Föten werden trotz gesetzlichen Verbots häufig abgetrieben. Viele andere werden nach der Geburt verkauft, ihre Zukunft heißt Betteln oder Prostitution. Hier wirkt Kultur stärker als biologische Elternliebe und Natur. Wenn 45 Millionen Frauen in Indien fehlen, ist das eine evolutionäre Fehlanpassung.

Abb. 2.2 Tiger im Wohnzimmer. Menschen haben heute eigenartige Vorlieben. Evolutionärer Fitness dienen die meisten von ihnen nicht. Wenn das Beispiel im Bild auch offensichtlich ein überzogenes Einzelverhalten zeigt, kann es doch einem Muster entsprechen, wonach Konsumgüter immer öfter Verheißungen erfüllen sollen (Tiger zuhause: Alamy)

Überbevölkerung ist ein anderes Problem, das mit diesem hier nicht vermischt werden sollte.

Es ist Evolution, wenn wir veränderte Eigenschaften, Verhaltensweisen, Technologien, Produkte und Gebräuche an die nächsten Generationen – kulturell, genetisch oder auf beide Arten – vererben, und es ist Evolution, wenn das im großen Stil global geschieht. Kulturleistungen können sich dabei in der Welt ausbreiten, ohne dass die natürliche Selektion allgegenwärtig und sichtbar wäre, wohl aber die künstliche Selektion. Menschen müssen die Veränderungen nur wollen. Markt, Internet, religiöse und rechtliche Normen und die Globalisierung sind die Katalysatoren. Dabei ändern sich Teile der Population zuerst langsam, dann womöglich schneller. Evolutionär angepasst sind in der Kultur der Technosphäre dann solche Organismen, die am flexibelsten und intelligentesten auf Umweltveränderungen reagieren können, in unserem Fall Änderungen, die wir selbst – ganz im Sinne der Theorie der Nischenkonstruktion – gewollt oder ungewollt verursachen. Umweltänderungen werden in diesem Bild als die kulturellen Produkt- und Leistungsangebote repräsentiert. Wenn Angebot und Nachfrage zueinander passen, breiten sie sich im Markt und damit in der Population aus. Der Dieselmotor brachte es in wenigen Jahrzehnten zu weltweitem Erfolg. Mit zukünftigen Technologien wird es viel schneller gehen. So geschieht kulturelle Anpassung.

Der Mensch selbst und nicht bloßer Selektionsdruck sorgt im großen Stil dafür, dass präferierte Veränderungen vererbt werden und sich ausbreiten, gleichgültig ob sie evolutionär vorteilhaft oder schädlich sind. Evolutionäre Irrwege unseres Handelns (Fehlanpassungen) sehen wir dabei oft nicht, oder wir schätzen unser Handeln diesbezüglich falsch ein. Wir beschäftigen uns mit unseren Zielen und Wünschen, solange die Ergebnisse subjektiv nützlich sind. Umsonst sind sie jedoch nicht zu haben. Genetische Enhancements, also „Verbesserungen", haben ebenso ihren Preis wie personalisierte Medizin oder Methoden der Verjüngung. Zum Kriterium der Verbreitung phänotypischer Veränderungen wird der jeweilige Markt für körperliche, psychische oder intellektuelle, kulturell und/oder genetisch vererbbare Veränderungen. Die natürliche Evolution des Menschen wird somit durch blanke Ökonomie ersetzt, und das mit allen Stärken, Schwächen, Schwankungen und Verzerrungen, die ungeregelten, auf kurzfristigen Erfolg ausgerichteten Märkten eigen sind. Evolution wird Markt. Aus Natur wird Kapital.

Der Evolutionsbiologe spricht von einem Bias oder einer Tendenz, wenn ein bestimmtes Verhalten vorhanden ist und für die Population bestimmend wird. Genau das liegt im Fall der Marktkräfte hier vor. Nicht individuelle Wünsche oder Ziele, sondern das Verhalten ganzer Gesellschaften bestimmt die Richtung. Sie kann adaptiv sein oder nicht und damit für eine bestimmte Zeit vorteilhaft sein oder nicht.

Kurzfristig zu denken und zu handeln steht dabei im Vordergrund. Weitsicht ist in unserer langen Evolutionsgeschichte nie wirklich von der Selektion begünstigt worden. Wir verdanken unseren Erfolg viel stärker unserem intuitiven als langfristig planerischem Handeln. Das erklärt auch, dass wir uns nehmen, was wir brauchen. Was heute belohnt wird, zählt viel mehr als eine vage Belohnung irgendwann in der Zukunft, und sei es die Belohnung dafür, dass wir das Wohl unserer Kinder und Enkel im Auge haben. Zukunft ist immer abstrakt, umso stärker, wenn sie mit der Gegenwart in Konkurrenz steht. Matthias Glaubrecht spricht hier von einer „evolutionären Fehlwahrnehmung" (Glaubrecht 2019).

Zwischen der Vorstellung, dass wir uns selbst „an die Wand fahren" und obsolet machen, und der Vision, dass uns mit Mensch-Maschinen-Intelligenz ein echter Sprung nach vorn gelingt oder wir als Vielzahl veränderter Wesen andere Planeten besiedeln werden (Enriquez und Gullas

2016), ist heute alles denkbar. Evolutionäre Fehlanpassungen sind grundsätzlich möglich. Eine Vermeidung von Fehlanpassungen wäre nur zu erreichen, wenn wir diese erstens richtig erkennen und sie zweitens aufhalten wollten und könnten. Das wird uns noch beschäftigen (Teil C). Wir werden also prüfen, ob und wie weit wir uns auf unsere Intelligenz, die uns von den anderen Tieren so abhebt, evolutionär verlassen können, wenn es um unsere Zukunft geht – und ob wir mit ihr die Zukunft ebenso gut oder gar besser gestalten können als das die Natur allein fast vier Milliarden Jahre bis heute vermochte. Fakt bis hierhin ist, dass unser technisches und biotechnisches Potenzial zur Veränderung unserer Art gewaltig und an nichts zu messen ist, was bisher war.

2.3 Kumulative kulturelle Evolution und kollektive Intelligenz bestimmen unsere Zukunft

Für evolutionäre Veränderung ist entgegen der bisher überwiegend vertretenen Lehrbuchmeinung genetische Variation keine zwingende Voraussetzung mehr. Schon seit langem können wir erlerntes Verhalten an die nächste Generation weitergeben; das kann entweder durch Sprache, Schrift oder Bilder und heute vorrangig über das Internet geschehen. Wenn wir – und darauf werde ich im Verlauf des Buches ausführlich eingehen – etwa eine Erbkrankheit durch ein Medikament, durch ein technisches Gerät oder durch einen Eingriff in das Genom therapieren, wenn ein Individuum auf diesem Weg dem Genpool erhalten bleibt, und seine Nachkommen, die dieselbe Krankheit erben, sich ebenfalls mit den Mitteln der modernen Medizin und Gentechnik behelfen können, dann sehen wir hier in allen Fällen Eingriffe in die Evolution. Technisches Wissen wird dabei nichtgenetisch weitergegeben, gleichwohl ist es ein Eingriff des Menschen in die natürliche Selektion; es ist Evolution durch künstliche Selektion. Solche Eingriffe bestimmen das Leben des Menschen im 21. Jahrhundert.

Menschen sind einzigartig darin, mit ihren sozialen Fähigkeiten voneinander zu lernen. Kumulative kulturelle Evolution, soziales Lernen und kollektive Intelligenz (Abschn. 2.1 und 2.3) haben herausragende Bedeutung für die Evolution des Menschen (Lewens 2018; Henrich 2017; Tomasello 2014; Richerson und Boyd 2005) und bringen ein kulturelles Erbe hervor, das sich im Laufe der Zeit auf der Ebene von Einzelpersonen, mehr aber auf Gruppen- und Gesellschaftsebene entwickelt und die Vielfalt sozialer Organisation, der Sprache und der Religion erklärt. Die Wissenschaft beginnt gerade erst zu verstehen, wie individuelles und soziales Lernen funktionieren. Erkenntnisse häufen sich, dass in Gesellschaften wie unserer Gruppen von Individuen leichter komplexe Innovationen bewerkstelligen können als isolierte Individuen (Henrich 2017; Derex und Boyd 2015). Nie hätte ein auf sich gestelltes Individuum lernen können, ein Kanu in der ausgefeilten Form herzustellen, wie es die Polynesier benutzten. Kooperation auf vielen Ebenen ist, wie schon betont, elementar für die Evolution des modernen Menschen und der Kultur (Tomasello 2014).

Heute formen wir unsere Umwelt massiv um. Dieser Umbau ist möglich, weil wir das genannte kulturelle Erbe besitzen. Wir können die menschliche Nische daher nicht mehr allein in einem Rahmen biophysikalischer Grenzen oder biologischer Möglichkeiten betrachten. Vielmehr sollte sie als ein „vielfältiges und sich entwickelndes soziokulturelles Konstrukt" verstanden werden (Ellis 2017). Das Wissen, über das wir heute verfügen, ist im kollektiven Gedächtnis der Cloud gespeichert. Es ist jederzeit abrufbar und nimmt exponentiell zu. Nicht nur das: Die Menge der wissenschaftlichen und technischen, organisatorischen und kulturellen Neuerungen pro Zeiteinheit wächst messbar. Wir haben es mit einer „temporalen Informationsverdichtung" zu tun (Pillkahn 2007). Mit diesen Entwicklungen dominieren wir die Welt. Die kumulative kulturelle Evolution dieser Art beschleunigt sich anhaltend und bestimmt unsere Zukunft. Ihr gegenüber scheint die biologische Evolution in Zeitlupe abzulaufen. Die Frage drängt sich auf: Kann der technische Fortschritt uns von unseren biologischen Fesseln befreien?

Vielleicht ist der Gedanke neu für Sie, in welcher Form und in welchem Ausmaß menschliche Kultur Teil unserer Evolution ist. Wenn ich in Teil B die Szenarien von Nanobot-Systemen (Kap. 4) und gentechnischen Manipulationen unserer Keimbahn (Kap. 8) darlege, wenn ich schließlich eine (nicht-) biologische, transhumane Zukunft in Cyborg- und Cyberwelten beschreibe (Teil C), wird deutlich, dass wir mit kultureller Evolution im Begriff sind, unsere biologische Evolution von Grund auf zu verändern – und dass wir womöglich unser Wesen als biologische Art aufgeben, um in der Technosphäre als (nicht-) biologische, geplante Konstruktionen in realen und virtuellen Räumen oder Nischen neu zu entstehen. Das alles ist Evolution. Darwin hat „nur" den ersten Satz dieser großen Sinfonie geschrieben, wenn ich mir das schöne Bild des englischen Evolutionsbiologen Kevin Laland (2017) hierfür ausleihen darf.

2.4 Zusammenfassung

Die Standardtheorie der Evolution kann kumulative kulturelle Leistungen des Menschen nicht erklären. Dafür benötigt sie die Erweiterung um nicht-genetische, kumulative kulturelle Vererbung, die Nischenkonstruktionstheorie und kollektive Intelligenz. Die Theorie kultureller Evolution sucht Muster, die sich kulturell vererben und dabei variieren. Die erfolgreichen werden selektiert und führen zu adaptiver Kultur. Neben Anpassungen werden aber auch zunehmend kulturelle Fehlanpassungen erforscht. Sie sind zwingende und unvermeidbare Entwicklungen der kulturellen Evolution.

Die Nischenkonstruktionstheorie thematisiert kulturelle Konstruktionen, zu denen in der modernen Gesellschaft neben vielen anderen Entwicklungen synthetische Biologie, Gentechnik, Nanotechnik, Roboterisierung und künstliche Intelligenz gehören. Solche gebauten Nischen besitzen ihre eigenen selektiven Prozesse mit Rückkopplungs-effekten auf die menschliche Evolution. Kumulative kulturelle Evolution verläuft demnach in der Nische anders als allein mit natürlicher Selektion. Die weltweite Entwicklung der Milchviehwirtschaft ist ein Beispiel für eine Nischenkonstruktion des Menschen und eine kooperative Gen-Kultur-Koevolution.

Nischenkonstruktionen des Menschen werden unsere Evolution zukünftig stärker beeinflussen als in der Vergangenheit. Der Mensch hat unzählige Möglichkeiten, seine Umwelt konstruktiv zu manipulieren und zu kontrollieren, aber auch zu gefährden oder zu zerstören. Er nimmt auf diese Art in der Technosphäre extrem gerichteten bzw. gezielten Einfluss auf die Entwicklung allen Lebens auf dem Planeten und natürlich auf seine eigene Evolution. Evolutionäre Fitnesssteigerungen stehen dabei für die von uns gerichteten evolutionären Veränderungen nicht im Vordergrund. Mensch-liches Handeln richtet sich an eigenen, kurzfristigen Motiven und vor allem am Markt aus.

Kollektive Intelligenz ist für die menschliche Evolution wichtiger als individuelle Intelligenz. Alle kulturellen Schritte der Menschwerdung können nur verstanden werden als Entwicklungen, bei denen Menschen von anderen Menschen in der Gruppe sozial lernen und ihr Wissen mit Sprache in Büchern und im Internet anhäufen. Die kollektive Intelligenz des Inter-nets bestimmt unsere heutige Kultur, den Fortschritt und unsere Evolution.

Literatur

Askland A (2011) The misnomer of transhumanism as directed evolution. Int J Emerg Technol Learn 9(1):71–78. https://web.archive.org/web/20150227044619/https://www.law.asu.edu/Portals/31/Askland_transhumanism_IJETS.pdf

Bauer J (2020) Fühlen, was die Welt fühlt. Die Bedeutung der Empathie für das Überleben von Mensch und Natur. Blessing, München

Brady SP, Bolnick DI, Angert AL, Gonzalez A, Barrett RDH, Crispo E, Derry AM, Eckert CG, Fraser DJ, Fussmann GF, Guichard F, Lamy T, McAdam AG, Newman AEM, Paccard A, Rolshausen G, Simons AM, Hendry AP (2019) Causes of maladaptation. Evol Appl 12(7): 1229–1242. https://doi.org/10.1111/eva.12844, https://www.researchgate.net/publication/334641919_Causes_of_maladaptation

Brady SP, Bolnick DI, Barrett RDH, Chapman L, Crispo E, Derry AM, Eckert CG, Fraser DJ, Fussmann GF, Gonzalez A, Guichard F, Lamy T, Lane J, McAdam AG, Newman AEM, Paccard A, Robertson B, Rolshausen G, Schulte PM, Simons AM, Vellend M, Hendry A (2019a) Understanding maladaptation by uniting ecological and evolutionary perspectives. Am Nat 194:495–515. https://doi.org/10.1086/705020

Creanza N, Kolodny O, Feldman MW (2017) Cultural evolutionary theory: how culture evolves and why it matters. PNAS 114 (30):7782–7789. https://www.pnas.org/cgi/doi/10.1073/pnas.1620732114

Dawkins R (1978) Das egoistische Gen. Spektrum Akademischer Verlag, Heidelberg. Engl. (1976) The selfish gene. Oxford University Press, Oxford

Derex M, Boyd R (2015) The foundation of the human cultural niche. Nat Commun 6:8398. https://doi.org/10.1038/ncomms9398

Ellis EC (2017) Why is human niche construction reshaping planet Earth? https://extendedevolutionarysynthesis.com/why-is-human-niche-construction-reshaping-planet-earth/

Enriquez J, Gullans S (2016) Evolving Ourselves. Redesigning the Future of Humanity – One Gene at a Time. Penguin Random House, New York

Franzen J (2020) Wann hören wir auf, uns etwas vorzumachen? Gestehen wir uns ein, dass wir die Klimakatastrophe nicht verhindern können. Rowohlt, Hamburg

Gamble C, Gawlett J, Dunbar R (2016) Evolution, Denken, Kultur: Das soziale Gehirn und die Entstehung des Menschen. Springer Spektrum, Heidelberg. Engl. (2015) Thinking big – how the evolution of social life shaped the human mind. Thames and Hudson, London

Gerbault P, Liebert A, Itan Y, Powell A, Currat M, Burger J, Swallo DM, Thomas MG (2011) Evolution of lactase persistence: an example of human niche construction. Philos T Roy Soc B 366:863–877

Glaubrecht M (2019) Das Ende der evolution: Der Mensch und die Vernichtung der Arten. C. Bertelsmann, München

Gould S, Lewontin R (1979) The spandrels of San Marco and the Panglossian paradigm: a critique of the adaptionist programme. P Roy Soc Bio B 205(1161):581–598

Henrich J (2017) The secret of our success. How culture is driving human evolution, domesticating our species, and making us smarter. Princeton University Press, Princeton

IPCC (2021) Sixth Assessment Report. https://www.ipcc.ch/report/ar6/wg1/. Dt. (2021) Sechster IPCC-Sachstandsbericht – AR6 https://www.de-ipcc.de/250.php

Kahneman D (2016) Schnelles Denken, langsames Denken. Pantheon, München. Engl. (1990) Thinking, Fast and Slow. Farrar, Straus and Giroux, New York

Krichmayr K (2014) Evolution der emotion: Große Gefühle, kleine Unterschiede. Der Standard, Wien (15.10.). https://www.derstandard.at/story/2000006833260/grosse-gefuehle-kleine-unterschiede

Laland KN (2017) Darwin's unfinished symphony – how culture made the human mind. Princeton University Press, Princeton

Laland KN, Uller T, Feldman M, Sterelny K, Müller GB, Moczek A, Jablonka E, Odling-Smee J (2015) The extended evolutionary synthesis: its structure, assumptions and predictions. Proceedings of the Royal Society B 282:1019

Lange A (2020) Evolutionstheorie im Wandel. Ist Darwin überholt? Springer Nature, Heidelberg

Lerner JS, Li Y, Valdesolo P, Kassam KS (2015) Emotion and decision making. Annu Rev Psychol 66:799–823. https://doi.org/10.1146/annurev-psych-010213-115043

Lewens T (2018) Cultural evolution. In: Stanford encyclopedia of philosophy. https://plato.stanford.edu/entries/evolution-cultural/

Lopez AC (2016) The evolution of war: theory and controversy. Int Theory 8(1):97–139. https://doi.org/10.1017/S1752971915000184 https://www.researchgate.net/publication/284068227_The_evolution_of_war_theory_and_controversy

Lorenz K (1973) Die Rückseite des Spiegels: Versuch einer Naturgeschichte menschlichen Erkennens. Piper, München

Magnan A, Hipper L, Burkett M, Bharwani S, Burton I, Hallstrom Erikson S, Gemenne F, Schar J, Ziervogel G (2016) Addessing the risk of maladaptation to climate change. Wires Clim Change. https://doi.org/10.1002/wcc.409

Mesoudi A, Thornton A (2018) What is cumulative cultural evolution? Proc R Soc B 285:20180712. https://doi.org/10.1098/rspb.2018.0712

Mesoudi A, Whiten A, Laland KN (2006) Towards a unified science of cultural evolution. Behave Brain Sci 29(4):329–347. https://doi.org/10.1017/S0140525X06009083

Mullins D (2016) Forge memes, You should be studying cultural evolution. http://seshatdatabank.info/why-study-cultural-evolution/

Nesse RM (2005) Maladaptation and natural selection. Q Rev Biol 80(1):62–71. https://doi.org/10.1086/431026

Odling-Smee FJ, Laland KN, Feldman MW (2003) Niche construction: the neglected process in evolution. Princeton University Press, Princeton

Ott HE, Richter C (2008) Anpassungen an den Klimawandel – Risiken und Chancen für deutsche Unternehmen. Kurzanalyse für das Bundeministerium für Umwelt, Naturschutz und Reaktorsicherheit im Rahmen des Projekts „Wirtschaftliche Chancen der internationalen Klimapolitik" (FKZ 90511504) Nr. 171. Wuppertaler Institut für Klima, Umwelt und Energie. https://epub.wupperinst.org/frontdoor/deliver/index/docId/2903/file/WP171.pdf

Pillkahn U (2007) Trends und Szenarien als Werkzeuge zur Strategieentwicklung (Wie Sie die unternehmerische und gesellschaftliche Zukunft planen und gestalten). Publicis Corporate Publishing, Erlangen

Powell R (2012) The future of human evolution. Brit J Sci 63:145–175

Richerson PJ, Boyd R (2005) Not by genes alone. How culture transformed human evolution. The University of Chicago Press, London

Riedl R (1990) Die Ordnung des Lebendigen. Systembedingungen der Evolution. Piper, München

Rogers DS, Ehrlich PR (2008) Natural selection and cultural rates of change. PNAS 105(9):3416–3420. https://doi.org/10.1073/pnas.0711802105

Smocovitis VB (2012) Humanizing evolution: anthropolgy, the evolutionary synthesis, and the prehistory of biological anthropology 1927–1962. Curr Anthropol 53:108–125

Tomasello M (2014) Eine Naturgeschichte des menschlichen Denkens. Suhrkamp, Berlin. Engl. (2014) A natural history of human thinking. Harvard University Press, Cambridge MA

Urbaniok F (2020) Darwin schlägt Kant. Über die Schwächen der menschlichen Vernunft und ihre fatalen Folgen. Orell Füssli, Zürich

de Waal F (2018) Die Wurzeln der Kooperation. Spektrum Der Wissenschaft 2(2018):70–73

West-Eberhard MJ (2003) Developmental plasticity and evolution. Oxford University Press, Oxford

Wilkin TJ, Voss LD (2004) Metabolic syndrome: maladaptation to a modern world. J R Soc Med 97(11):511–520. https://doi.org/10.1258/jrsm.97.11.511. https://www.ncbi.nlm.nih.gov/pmc/articles/PMC1079643/

Wilson DS (2019) This view of life. Completing the Darwinian revolution. Pantheon Books, New York

YouTube (2014) Nach Stromschlag: Affe belebt Artgenossen wieder. https://www.youtube.com/watch?v=Q9Hr0SG897w

Tipps zum Weiterlesen und Weiterklicken

Bezüglich der Grundlagen für die Erweiterung der Evolutionstheorie verweise ich auf mein Buch Lange A (2020) Evolutionstheorie im Wandel. Ist Darwin überholt? Springer Nature, Heidelberg, Kap. 5 Die Theorie der Nischenkonstruktion, Im Gespräch mit John Odling-Smee und Kap. 7 Theorien zur Evolution des Denkens.

Lewens T (2008) Cultural evolution. In: Stanford encyclopedia of philosophy. Überblick über die Entwicklungen dieser Wissenschaftsdisziplin. https://plato.stanford.edu/entries/evolution-cultural/

Mullins D (2016) Forge memes, You should be studying cultural evolution. Workshop zu kultureller Evolution an der London School of Economics mit einigen der führenden Biologen aus dem Bereich kultureller Evolution (Seshat, the Global History Database). http://seshatdatabank.info/why-study-cultural-evolution/

Richerson PJ, Christiansen MH (Hrsg) (2013) Cultural evolution. Society, technology, language, and religion. The MIT Press, Cambridge, Mass.

Für eine kritische Sicht auf die Theorie Tomasellos vgl. Stix, G, (2018) Gute Zusammenarbeit. Spektrum Der Wissenschaft 2(2018):74–81

Tattersall I (2021) Gewinner der Evolutionslotterie. In: Die Ursprünge der Menschheit – Im Labyrinth unserer Evolution. Spektrum der Wissenschaft. Highlights Biologie, Medizin, Hirnforschung 2/18, 64–69. Der Paläoanthropologe Ian Tattersall liefert eine kritische Sicht auf die These, die Gen-Kultur-Koevolution sei allein für die Beschleunigung der Evolution der Homininen bis zum modernen Menschen verantwortlich

Urbaniok F (2020) Darwin schlägt Kant: Über die Schwächen menschlicher Vernunft und ihre fatalen Folgen. Orell Füssli, Zürich. In den menschlichen Verstand wurden viele Mechanismen eingebaut, die sich in der Evolution über Millionen von Jahren als sehr erfolgreich erwiesen: stereotype Automatismen und emotionale Kurzschlüsse, sogenannte evolutionäre Stoßdämpfer, die oft zu verzerrten Beurteilungen führen. Diese Mechanismen stehen im Widerspruch zu den Ideen der Aufklärung und des Humanismus und werden bis heute in Diskussionen stark vernachlässigt. Frank Urbaniok analysiert differenziert, welche fatalen Folgen daraus für das Individuum und die Gesellschaft resultieren können

3

Wie Wissenschaft mit der Zukunft umgeht

Ich habe bis hierhin dargestellt, wie die menschliche Evolution mehr und mehr zielgerichtet nach menschlichen Vorstellungen verläuft, dass unser kulturelles Verhalten nur eingeschränkt auf biologische Fitnesssteigerung ausgerichtet ist und dass diese Entwicklung mit der modernen, erweiterten Evolutionstheorie konform ist. Im Folgenden möchte ich mich nun damit befassen, wie die moderne Zukunftsforschung Szenarien für unsere evolutionäre Zukunft behandeln kann. Dazu werfe ich einen kurzen Blick auf diese wissenschaftliche Forschungsdisziplin.

Das vorliegende Buch enthält keine Vorhersagen, sondern stellt ausgewählte Szenarien vor. Diese können alternativ sein und sich auch widersprechen. Sie beziehen sich auf zukünftig mögliche Entwicklungen, die in typischen Fällen 10 bis 20, in manchen 50 und mehr Jahre in der Zukunft liegen. Je weiter von heute entfernt ein Szenario angesiedelt ist, desto mehr nimmt die Unsicherheit zu und desto geringer wird die Vorbestimmbarkeit von Ereignissen. Zukunftsszenarien kann man unter anderem danach beurteilen, an welchem Punkt Gewissheit in Ungewissheit übergeht. Bei Prognosen überwiegt die Gewissheit, bei Ausblicken in die ferne Zukunft die Ungewissheit (Pillkahn 2007). Je weiter und je gewagter der Blick in die Zukunft ist, desto mehr können oder müssen *Tipping points* oder Kipppunkte mit Trendbrüchen hinzukommen, also radikale, mehr oder weniger plötzliche Abweichungen von anfänglich kontinuierlichen Trends.

A. Lange, *Von künstlicher Biologie zu künstlicher Intelligenz – und dann?*, https://doi.org/10.1007/978-3-662-63055-6_3

Die tiefe Analyse dafür, wie menschliche Kultur, menschliche Ökologie und menschliche Umwelt koevolvieren, ist notwendig für das Verständnis unserer historischen und gegenwärtigen Dynamiken und für die Möglichkeit, die Zukunft vorauszusagen. Das weltweite Wohl der Menschheit hängt von unserer Fähigkeit ab, solche Voraussagen zu treffen und entsprechend zu handeln (Creanza et al. 2017).

3.1   Zukunftselemente

Ulf Pillkahn beschreibt die Zukunftselemente (Abb. 3.1): Auf der einen Seite sehen wir das Wissensspektrum, mit dem Aussagen über die genannten Veränderungsarten gemacht werden können. Sie reichen vom Stand wissenschaftlicher Erkenntnis und Fakten (Wir wissen heute, dass …) über fundierte Meinungen (vieles spricht dafür, dass …) bis hin zu Vermutungen (Kombinationen von Indizien und Annahmen) und Spekulationen (Hoffnung, Glaube, Wünsche, Ängste). Dem Wissensspektrum steht die Bandbreite der Veränderungstypen selbst gegenüber. Sie reicht von Konstanz über gerichtete (Trends) und ungerichtete Veränderungen (Unsicherheiten

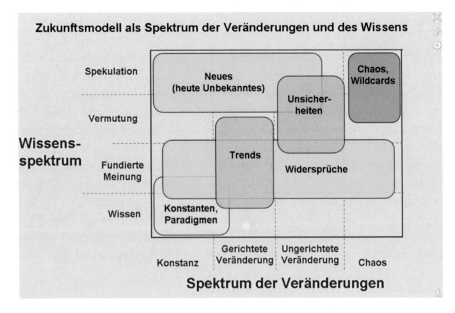

Abb. 3.1   Zukunftsmodell. Die Zukunft kann einerseits *f* als Spektrum der Veränderungen und andererseits als Spektrum des Wissens betrachtet werden (Zukunftsmodell nach Pillkahn: Wikimedia commons)

mit Widersprüchen) bis hin zum Chaos (Unkalkulierbarkeit, Spekulation) (Pillkahn 2007). Spekulation ist hier so zu verstehen, dass nicht der Eintritt eines Szenarios selbst spekulativ oder unrealistisch ist, sondern dass die Veränderungskette, die ablaufen muss, bis das Ereignis eintritt, nicht einem Trend oder einer ungerichteten Linie folgt, sondern einen nicht beschreibbaren bis chaotischen Verlauf aufweist. Es kann also in diesem Fall wenig darüber gesagt werden, *wie* die Veränderungen erfolgen.

Visionäre Szenarien in diesem Buch enthalten technische und andere Herausforderungen, die bewältigt werden müssen. Von ihnen wissen wir in manchen Fällen heute nicht, wie und ob sie überhaupt realisiert werden können. Das heißt, wir haben es dann im Extremfall mit blankem Nichtwissen zu tun. Wahrscheinlichkeiten dafür zu benennen, dass solche Probleme gelöst werden, oder sich unbegründet auf einen anhaltenden oder gar immerwährenden technischen Fortschritt zu berufen, ergibt keinen Sinn (Pillkahn 2007).

Sehen wir uns folgendes Zukunftsszenario als Beispiel an. Die Aussage lautet: Sexualität wird zur Erzeugung von Kindern in hochentwickelten Ländern nicht mehr vorherrschend sein, da künstliche Befruchtung (In-vitro-Fertilisation oder IVF, Infobox 9) auf der Grundlage von Körperzellen (Somazellen), die in Keimzellen (Spermien und Eizellen) umgewandelt werden, im Vergleich zum heutigen IVF-Verfahren einfacher und daher in größeren Teilen der Bevölkerung vieler Länder angewandt wird. Das Verfahren wird preislich attraktiv und ein Massenprodukt. In jedem Einzelfall können mit dem Verfahren viele Embryonen bereitgestellt werden. Damit kann bei den Embryonen eine begleitende Präimplantationsdiagnostik (PID, Infobox 9) der DNA zur Vermeidung von Erbkrankheiten und auch zur Selektion gewünschter Phänotypmerkmale angewandt werden. PID wird dann zunehmend zum Standard (Knoepfler 2016). Schon vor längerem wurde prognostiziert, Sex werde zur reinen Freizeitbeschäftigung und die Reproduktion eine rein klinische Angelegenheit (Baker 1999).

Dieses Szenario (Beispielszenario) enthält wie die nachfolgenden mehrere Einzelaussagen oder Phasen mit Unterschieden sowohl im Wissensspektrum (Spalte 2) als auch in den Veränderungsarten (Spalte 3). In der Tabelle sind fünf gesonderte Phasen dazu aufgeführt. Diese Phasen sind nicht immer zwingend kausal aufeinanderfolgend, obwohl das in Einzelfällen erforderlich sein kann. Sie können sich zeitlich überlappen, gegenseitig beeinflussen und verstärken.

Beispielszenario

Abnehmende Rolle der Sexualität zur Erzeugung von Kindern in hochentwickelten Ländern (vgl. Greeley 2016)
   Schritte, Wissensformen und Veränderungsarten am Beispiel eines Zukunftsszenarios. Die Tabelle ist ein Muster für die Darstellung der Szenarien im Buch.

	1	2	3
	Phasen (auch zeitlich parallel, nicht kausal aufeinanderfolgend)	Wissen (heute)	Veränderungen (technisch)
1	künstliche Befruchtung (IVF) mit Somazellen	technisch in naher Zukunft möglich, fundierte Meinung	gerichtete Veränderung
2	signifikante Kostenreduzierung für genomweite Sequenzierung (WGS) und IVF	Fakten	gerichtete Veränderung
3	PID zur Vermeidung von Erbkrankheiten wird Standard	heute teilweise möglich	gerichtete Veränderung
4	DNA-Screenings für gewünschte Phänotyp-Merkmale werden Standard	heute in Ansätzen mit KI technisch möglich, fundierte Annahme	gerichtete / ungerichtete Veränderung
5	mittelfristig: Sexualität nicht mehr vorherrschend zur menschlichen Fortpflanzung	möglich, Vermutung	gerichtete / ungerichtete Veränderung

Zunächst zum Wissensspektrum: Die Forschungsanstrengungen, künstliche Befruchtung beim Menschen aus Somazellen zu ermöglichen (Zeile 1), zum Beispiel aus Haut- oder Blutzellen, sind enorm, so dass hier von fundierten Annahmen gesprochen werden kann. Man kann davon ausgehen, dass man diesem Ziel in den nächsten Jahren von der Wissensseite schrittweise näherkommt (Zeile 1, Spalte 2). Auch starke Kostensenkungen können hier begründet angenommen werden (Zeile 2). Ebenfalls gut vorstellbar, da im Blickfeld vieler Forschungsanstrengungen, sind neue Erkenntnisse, um mithilfe von PID und DNA-Screenings Erbkrankheiten vorzubeugen (Zeilen 3 und 4). Das Wissen über solche Screenings wird in Verbindung mit künstlicher Intelligenz (KI) (Infobox 11) gewonnen und auch immer mehr für die Selektion wünschenswerter Merkmale herangezogen (Zeile 4, Spalte 2). Realisierungen sind hier insgesamt längerfristig zu sehen. Dennoch gibt es unter allen aufgeführten Phasen keine, die Wissen voraussetzt, welches aus heutiger Sicht so schwierig zu erwerben wäre, dass es unvorstellbar ist oder man es als Spekulation einordnen müsste. Unser Szenario kann daher insgesamt aus heutiger Sicht mit gerichtetem und ungerichtetem Wissen erreicht werden (Zeile 5, Spalte 2), ohne dass neue Kipppunkte und disruptive Innovationen in der Wissensentwicklung erforderlich sind. Eine solche disruptive Entwicklung war zum Beispiel die Entdeckung von CRISPR/Cas9. Diese Genschere revolutioniert zusammen mit verwandten Methoden seit 2012 die Gentechnik und schafft ungeahnte Möglichkeiten, unser Genom und das vieler anderer Arten zu manipulieren (Kap. 7).

Was die Veränderungsarten im Szenario angeht (Spalte 3), wird an den technischen Realisierungen (Zeilen 1, 3 und 4) global geforscht, sodass man hier in Verbindung mit stetig fallenden Preisen (Zeile 2) annehmen darf, dass kontinuierliche Fortschritte und damit schrittweise erfolgende, gerichtete Veränderungen auftreten werden. Die genetische Basis gewünschter Phänotypmerkmale (Zeile 4) kann zum Teil leichter, zum Teil schwerer bestimmt werden, etwa bei der Intelligenz. Hier werden Veränderungen daher nicht geradlinig, sondern auch ungerichtet verlaufen (Zeile 4, Spalte 3).

Die politischen Umsetzungen können dagegen einen ganz anderen Veränderungstyp darstellen. Das Vorgehen in China, bei der Auswahl von Hochleistungssportlern das genetische Material der Bewerber heranzuziehen und DNA-Vergleiche vorzunehmen (Metzl 2020), stellt aber bereits den Beginn eines politisch zielgerichteten Pfades dar, von dem angenommen werden kann und muss, dass er in Zukunft verstärkt verfolgt wird (Kap. 7). In anderen Ländern mit anderen Kulturen können ethische und politische Veränderungen dagegen eher ungerichtet bis unkalkulierbar sein.

Obwohl uns also für die beschriebene somatechnische IVF-Form und mehr noch über die genauen Ursachen komplexer Merkmale im Genom – etwa Intelligenz – das Wissen und die technische Umsetzbarkeit heute noch nicht gegeben sind, zeigt das Beispiel ein Szenario, das insgesamt (technisches Wissens- und Veränderungsspektrum) als nicht sehr spekulativ gewertet werden kann. Dem gegenüber stehen visionäre Szenarien. Für sie gilt: Eine Aussage kann zwar spekulativ sein, etwa „technologische Singularität (Abschn. 10.2) ist möglich und wird es geben". Ebenso spekulativ ist jedoch auch die Gegenaussage „technologische Singularität ist nicht möglich und wird es deshalb auch nie geben." Unabhängig davon, ob ein visionäres Szenario sich einmal als richtig erweisen wird oder nicht: Schon wenn Menschen darüber nachdenken, kann das die Zukunft bereits beeinflussen.

Mögliche wirtschaftliche, gesellschaftliche und politische Veränderungen sowie ethische Fragenkomplexe werde ich in Teil B nicht oder nur am Rande behandeln. Das mögliche Spektrum für diese Diskussionen ist breit und würde allein schon ganze Bücher füllen. In manchen Szenarien kann die Zukunft in einem Kulturkreis große gesellschaftliche Auseinandersetzungen mit sich bringen, in einem anderen nicht. Bei anderen Themen wiederum werden Wissenschaft, Forschung und kommerzielle Interessengeber auf leisen Sohlen Fakten schaffen, oder zukunftsbestimmende Forschungen werden kaum als solche wahrgenommen, weil sie zu komplex sind (Glenn et al. 2017). Die Szenarien in Teil C dieses Buches sind somit auch keine sozio-ökonomischen Gesamtbilder, sondern beschreiben primär mögliche biotechnische Teilaspekte, die sich zudem sowohl gegenseitig als auch mit noch weiteren Szenarien überlagern. Meine Ausschnitte sind in viel umfassendere globale Herausforderungen eingebettet, wie sie das *Millenium Project* behandelt (http://www.millennium-project.org) und in einem Gesamtszenario für das Jahr 2050 abbildet. Darauf werde ich in den beiden letzten Kapiteln kurz eingehen. Dass solche Meta-Dimension existieren, sollten wir stets im Hinterkopf haben: Unsere Welt und unsere Zukunft werden jeden Tag komplexer.

3.2 Zukunftsforschung versus Planung

Die Zukunftsforschung entwickelte sich im 20. Jahrhundert, vor allem nach dem Zweiten Weltkrieg, auf getrennten Wegen in Europa und den USA. Sie umfasst heute mehrere methodische Disziplinen. Ein grundlegender Unterschied des US-amerikanischen Ansatzes zum europäischem besteht darin, dass in den USA nicht von *einer* Zukunft, sondern stets von mehreren gesprochen wird. Zukunftsforschung nennt sich in den USA daher *Futures Studies*. Gemeint ist die wissenschaftliche, systematische Erforschung möglicher und präferierter Zukünfte einschließlich Weltanschauungen und Mythen, die ebenfalls jeder Zukunft unterliegen. Die Disziplin *Futures Studies* hat sich in den vergangenen Jahrzehnten von Vorhersagen abgewandt und auf die Abbildung und Gestaltung gewünschter Zukünfte ausgerichtet, und zwar auf kollektiven und individuellen Ebenen (Inayatullah 2013).

Zukunftsforschung ist von Planung und Forecast (Vorhersage) zu unterscheiden. Diese gehen von einer eher deterministischen Welt aus, in der man die Zukunft kennen kann. Je mehr Daten vorliegen, desto besser kann man in diesen Umgebungen Prognosen über die Zukunft anstellen. In Astronomie und Raumfahrt können zum Beispiel sehr genaue Vorhersagen gemacht werden. Sie machen es etwa möglich, dass eine Raumsonde nach einem mehrjährigen, viele Millionen Kilometer weiten Flug punktgenau auf einem kleinen Kometen landet. Nur wenige Gesetze, Annahmen und Parameter sind erforderlich, um eine solche Flugbahn zu berechnen. Das Programm zur Berechnung des Mondflugs von Apollo 11 würde heute locker auf jedes Handy passen. Diese Möglichkeiten der exakten Vorausplanung haben wir jedoch in der Wirtschaft viel weniger – und noch weniger in der gesellschaftlichen bzw. sozio-ökonomischen Wirklichkeit. Hier haben wir es mit einer unüberschaubaren Zahl von Einflussfaktoren zu tun, die zudem gegenseitig auf sich wirken und so außerordentliche Komplexität erzeugen.

Die Komplexität verstärkt sich in der Technosphäre, in der wir leben, sogar rasant. Eine so komplexe Welt kann nicht mit einfachen Mitteln erfasst und Vorhersagen können deshalb nicht auf einfache Weise erstellt werden. Diese Komplexität wird vielfach unterschätzt. Die Annahmen, die bei einer bestimmten Untersuchung gemacht werden, können also, wie schon gesagt, immer nur einen begrenzten Ausschnitt aus der wirklichen Welt darstellen; und sie können natürlich richtig sein oder daneben liegen. Die Wirklichkeit wird dabei stets dramatisch reduziert. Wegen der unvollständigen Annahmen ist also von Anfang an klar, dass eine Prognose prinzipiell gar nicht exakt sein kann. Von den Annahmen hängt aber das Ergebnis jedes Modells oder jeder Prognose essenziell ab. Unternehmen setzen dennoch gewisse Gesetzmäßigkeiten in der Vergangenheit voraus, stellen sie als Zeitreihen dar und gehen davon aus, dass sie verwendet werden können, um sie mit bestimmten Methoden auf die Zukunft zu übertragen. Firmen erstellen auf dieser Grundlage immerhin Trendanalysen mit Eintrittswahrscheinlichkeiten, etwa für ihre kurzfristige Umsatzplanung. Bei Wahlprognosen erstellt man aus Stichproben mittels mathematischer Extrapolationen Hochrechnungen. Zudem werden prognostizierte Ereignisse in beiden Fällen zeitlich so exakt wie möglich terminiert.

Eine wesentliche Begründung, weshalb *Futures Studies* nicht ein dezidiertes, sondern eine ganze Reihe möglicher alternativer Zukunftsbilder entwickeln, bleibt die Unsicherheit bezüglich konkreter Vorhersagen. Zukunft ist immer Unsicherheit. Authentische Alternativen können und sollen sich daher unterscheiden. Bewusst wird empirisches Material nicht ausschließlich auf wissenschaftlicher Grundlage erhoben, sondern man nimmt Hoffnungen, Mythen, Kulturen sowie die Sprache der Gegenwart mit hinzu. Sie sind ebenso wichtig wie Mathematik. Bei der Einschätzung der Gegenwart werden grundlegende Annahmen kritisch in Frage gestellt. Man erhält Einsichten in menschliche Verfassungen und Bedingungen, die sich auch widersprechen können. In diesem breiten Rahmen ist die Zukunftsforschung nicht nur technisch-mathematisch, sondern will auch interpretativ sein. Erst eine so gestaltete Forschung kann neue Wege finden, die Zukunft für Alternativen öffnen und auf sie vorbereiten. Unterschiedliche Szenarien machen auf die Gegenwart bewusst kritisch aufmerksam und lenken den Blick auf mögliche wünschenswerte Alternativen (Inayatullah 2013). Alternativen fließen in diesem Buch daher ebenfalls mit ein. So werden etwa Entwicklungen beim Proteindesign (Abschn. 4.2), von künstlichen Herzen bzw. Extremitäten (Abschn. 5.1 und 5.4) oder die zukünftige Therapie des Typ-1-Diabetes (Abschn. 8.2) alternativ beschrieben. Ebenso stelle ich in Kap. 11 sowohl kritische als auch konstruktive Sichten auf zukünftige sozio-ökonomische Transformationen nebeneinander. Solche Alternativen können miteinander im Wettbewerb stehen und auch gleichzeitig realisiert werden.

Mit der Problematisierung der Ausgangsannahmen werden bei *Futures Studies* zudem unterschiedliche Interessenvertreter berücksichtigt, etwa Machtinhaber, Verbände oder Sponsoren, aber auch unterschiedliche Geschlechter, Altersgruppen, Ethnien oder Einkommensklassen. Die Forschung wird damit partizipatorisch. In einer Welt, die zunehmend risikoreicher ist oder die wir zumindest so wahrnehmen, wird die beschriebene Zukunftsforschung von Führungsteams in Unternehmen, Planungsabteilungen in Organisationen, Institutionen und Nationen weltweit eingesetzt. *Futures Studies* fügen sich auf diese Weise in deren Bemühungen ein, das Unbekannte in ihre Entscheidungsbildung einzubauen (Inayatullah 2013).

3.3 Grundsätze von Futures Studies

Einen Einblick, welche Grundlagen sich in der Disziplin *Futures Studies* an US-Universitäten bis heute etabliert haben, liefert David N. Bengston (2018). Er nennt zehn Grundsätze für das Denken über Zukunft. Sie finden sich in ähnlicher Form bei anderen Wissenschaftlern wieder. Ich will sie hier in knappen Zügen wiedergeben, um einen Eindruck zu vermitteln, wie von wissenschaftlicher Seite an die Szenarien in diesem Buch und anderen Veröffentlichungen herangegangen werden kann.

Der erste Grundsatz (1) heißt: Die Zukunft ist in der englischsprachigen Zukunftsforschung im Plural, sie hat zahllose mögliche Alternativen. Ziel

der Zukunftsforschung ist es, für eine Reihe plausibel möglicher Zukunfts-
alternativen Vorbereitungen zu treffen. Ein zweiter Grundsatz (2) besagt:
Die Zukunft ist möglich, plausibel, wahrscheinlich und präferiert. Plausible
Zukünfte sind ein kleiner Teil der möglichen Zukunftsalternativen, aber
immer noch viele. Wahrscheinliche Zukünfte sind ein Teil der plausiblen
Zukunftsalternativen und können in einem Kontinuum gegenwärtiger
Trends nach vernünftiger Überlegung wahrscheinlich eintreten. Die Fort-
schreibung von Gegenwartstrends ist allerdings kritisch zu sehen. Präferierte
Zukünfte enthalten Wertvorstellungen, die sich verändern können. Die
Zukunft ist ferner offen (3). Sie kann ständig beeinflusst werden. Der Zweck
von *Futures Studies* ist, die Zukunft bzw. Zukunftsszenarien für alle Alter-
nativen offen zu halten.

Im Weiteren ist die Zukunft unscharf (4), da das Wissen über sie unvollständig und stark eingeschränkt ist. Es gibt keine Fakten über die Zukunft.
Fakten sind Produkte der Vergangenheit. Die Systeme, die die Zukunft
beeinflussen, sind komplex oder chaotisch. Die menschliche Wahrnehmung
unterliegt dabei vielerlei Einflüssen und ist daher gerichtet. Bereits die
reguläre Verwendung von Zukunft im Singular in der deutschen Sprache
drückt eine Gerichtetheit im Denken über die Zukunft aus. Dennoch kann
unvollkommene Information über die Zukunft besser sein als gar keine
Information.

Auf Grund des unvollständigen Wissens ist die Zukunft für uns überraschend (5). Diese Unsicherheit wird von Menschen oft unterschätzt.
Überraschungen treten besonders bei diskontinuierlichem Wandel auf,
etwa bei außergewöhnlichen Naturereignissen oder wenn Entwicklungen
zuvor unabsehbare Kipppunkte erreichen, ab denen Prozesse plötzlich dis-
ruptiv beschleunigt oder verlangsamt verlaufen oder aber durch neue ersetzt
werden. Oft kommen Technologien oder Herstellungsverfahren an Grenzen,
eben jene Kipppunkte, ab denen auf herkömmlichem Weg kaum mehr ein
Fortschritt erzielt werden kann. Mit neuen Erfindungen und Technologien
erfolgt dann überraschend eine plötzliche Beschleunigung. Dann werden
nicht nur technisch veraltete Produkte durch neue abgelöst. Vielmehr
können, wie im Fall *Uber* mit Taxis oder im Fall *Airbnb* mit Hotels, ganze
Traditionsbranchen in kurzer Zeit gefährdet und durch neue mit vollständig
neuen Geschäftsmodellen und Vertriebswegen ersetzt werden. Aber auch
Entwicklungen nach politischen Entscheidungen können Brüche darstellen.
So musste man bei der weltweiten Ausbreitung der COVID-19-Pandemie
im Jahr 2020 vor der Entscheidung, ganze Staaten nach außen abzusperren
und Lockdowns zu beschließen, gewissenhaft abwägen, welche Folgen das

für die Wirtschaft hat. Tatsächlich kam es zu gewaltigen Wachstumsein-
brüchen.

Die Zukunft kann in vieler Hinsicht auch nicht-überraschend sein (6).
Selbst bei dramatischen Transformationen können bestimmte Abläufe
unverändert stabil bleiben wie zuvor.

Die Zukunft tritt siebtens schnell ein (7), Akzelerationen
(Beschleunigungen) werden beobachtet. Die Entwicklung nach dem
Zweiten Weltkrieg wird im angloamerikanischen Raum auch *The Great
Acceleration* genannt, da der Fortschritt viel schneller war als in den Jahrzehnten davor. Andererseits kommt die Zukunft vergleichsweise auch
langsam oder graduell (8), etwa der Klimawandel und der Rückgang der
Geburten- oder Wachstumsraten in den westlichen Industrieländern. Oft
entzieht sich langsamer Wandel der unmittelbaren Wahrnehmung und
damit der Einsicht in die Notwendigkeit für politisches Handeln. Auch bei
einem gemächlichen Wandel können jedoch die bereits genannten Kipppunkte auftreten, Startpunkte für eine Richtungsänderung. Ein Beispiel
hierfür ist die Minderheiten-Regel *(minority rule)*. Ihr zufolge werden,
wenn nur 10 % der Bevölkerung einen unerschütterlichen Glauben
in einer Angelegenheit haben, deren Ansichten von der Mehrheit der
Menschen übernommen (Xie et al. 2011). Diese Regel gilt allerdings
nur unter bestimmten Voraussetzungen, sonst hätte wir schon viel mehr
Unerwünschtes erlebt.

Da man Zukunft nicht direkt beobachten und analysieren kann, ist man
gezwungen, sich Bilder oder Vorstellungen von ihr zu machen. Diese lassen
sich in vier Kategorien archetypischer Zukunft einteilen (9): Die Zukunft
kann erstens die Gegenwart trendmäßig fortsetzen, was in Modellen oft
angenommen wird. Die Verhältnisse können zweitens durch externe Einflüsse, etwa eine Pandemie, Erdbeben oder Krieg, kollabieren; drittens kann
die Zukunft einen Disziplin- und viertens einen Transformationscharakter
zeigen. Disziplincharakter meint, dass etwa spirituelle, religiöse oder
politische Bedingungen – zum Beispiel eine Diktatur mit starr vorgegebenen
Regeln – eine Gesellschaft bestimmen. Wenn hier Änderungen unvermeidbar sind, können in solchen Fällen Nachhaltigkeit und neue Stabilität nur
durch dramatische Umwälzungen herbeigeführt werden.

Den Archetyp der Transformation findet man typischerweise in einer
Hightech-Gesellschaft mit Formen von ausgeprägtem Werte- und Kultur-
wandel. Disruptionen, etwa durch exponentiell wachsendes Aufkommen
künstlicher Intelligenz, Robotik, Nanotechnologie, Gentechnik oder
synthetischer Biologie – Themen aus diesem Buch –, können hier zur Norm
werden und eine für viele Menschen der heutigen Generation unvorstell-

bare Welt schaffen. Ein letzter Grundsatz (10) besagt, dass Veränderungen einerseits uns betreffen, das heißt, die Zukunft wirkt von außen auf uns *(inbound)*. Andererseits gestalten wir aber mit der Art, wie wir die Zukunft sehen, auch selbst Veränderungen, die sich wiederum auf die Zukunft auswirken *(outbound)*. Der Mensch ist Treiber von Veränderungen, sowohl emotional als auch rational. Das hat zur Konsequenz, dass die Zukunftsforschung auch zukunftsgestaltend sein kann und will.

Ich möchte den Typ disruptiver Innovationen noch etwas näher betrachten. Das *World Ecomomic Forum* (WEF) sieht eine drastische Zunahme von *Tipping points* in vielen Technologien und Lebensbereichen in der nahen Zukunft. An der Studie des WEF im Jahr 2015 beteiligten sich 800 Wissenschaftler (Schwab 2016). Disruptive Innovationen dürfen nicht als Ereignisse verstanden werden, die nur mit viel Glück und selten eintreten oder eventuell sogar ausbleiben. Die Industriegeschichte der letzten 200 Jahre ist gespickt mit solchen Innovationen, auch mit kleineren, die vergessen sind. Allein die Verbesserung der Raketentechnologie von Robert Goddard über Wernher von Braun und Sergej Koroljow bis hin zu Elon Musk kennt unzählige solcher grundlegenden Innovationen. Disruptive Innovationen in der Folge von *Tipping points* sind elementare, unvermeidbare Bestandteile des technischen Fortschritts.

3.4 Methoden von Futures Studies

Auf den genannten Grundsätzen bauen ein kohärenter theoretischer Rahmen und zahlreiche Methoden auf, mit denen *Futures Studies* operieren. Die Methoden gehen, wie erwähnt, weit über die für Unternehmensplanungen üblichen Trendanalysen hinaus. Sie widmen sich folgenden Themen (Inayatullah 2013):

Zunächst bedarf es einer „Bestandsaufnahme" *(mapping)* von Gegenwart und Zukunft. Es ist zu klären, welche Hauptentwicklungen zur Gegenwart geführt haben und ob diese kontinuierlich oder diskontinuierlich sind. Von diesem Rahmen aus können auf einer Mikroebene (z. B. Unternehmen), einer Mesoebene (z. B. Gentechnik als Technologiebereich) oder einer Makroebene (z. B. Nation) Bilder in die Zukunft projiziert werden. Jede Ebene besitzt unterschiedliche Bilder der Zukunft; sie können evolutionär fortschreitend, kollabierend oder fantastisch positiv sein. Kulturelle Dogmen sind eher Barrieren und können Showstopper für Entwicklungen darstellen. Die Zukunftsbilder geben der Gegenwart eine Richtung.

Zweitens erstellt man eine Antizipation mit der Analyse auftretender Probleme, die erwartet werden. Das ist die Hauptmethode. Ein solches Problem kann etwa sein, dass Roboter unerwünschte Verhaltensweisen im Umgang mit Menschen zeigen oder dass gentechnische Veränderungen an menschlichen Embryonen durchgeführt werden.

Als drittes Thema folgt das Timing der Zukunft. Welche Muster hat die Zukunft im Zeitverlauf? Das Veränderungsspektrum wurde bereits in Abschn. 3.1 behandelt. Die Muster einzelner Veränderungen können linear sein. In diesem Fall läuft regelmäßiger Fortschritt mit ähnlich großen Veränderungsschritten ab. Sind die Muster dagegen zyklisch, gibt es Fortschritte und Rückschläge. Nationen und Organisationen bewegen sich in diesem Fall zwischen Extremen wie Zentralisierung und Dezentralisierung, Modernität und Religion oder zivilen und militärischen Regeln. Veränderungen können ferner, wie schon gesehen, gerichtet, ungerichtet oder chaotisch sein. Letztlich können auch hier Brüche auftreten.

Ein vierter, sich anschließender Bereich umfasst die tiefer gehende, methodische Auseinandersetzung mit der Zukunft. Man entwirft Bilder auf Tagesbasis, die „alltägliche" Zukunft (erste Ebene); daneben entsteht eine Darstellung der systemischen Zukunft mit den sozialen, ökonomischen und politischen Einflussfaktoren (zweite Ebene) sowie eine kulturelle oder gar weltweite Sicht (dritte Ebene). Schließlich werden auch Mythen und Metaphern in dieser Phase nicht übergangen (vierte Ebene). Der pakistanisch-australische Futurist Sohail Inayatullah verdeutlicht diese Ebenen am Beispiel medizinischer Fehler, die zu gesundheitlichen Schäden oder zum Tod von Patienten führen können. Die erste Ebene betrachtete hier zum Beispiel die Ausbildung oder die Arbeitszeit der Ärzte. Die zweite Ebene untersucht die Ursache möglicher Fehler: mangelnde Kommunikation, unzureichende technische Ausstattung der Krankenhäuser etc. Auf einer dritten, kulturell-globalen Ebene wird als Beispiel der Umstand angeführt, dass die westliche Medizin ihre Wirkungsketten auf Pharmazie und Technik reduziert, während der Patient selbst im Gesundungsprozess (zu) wenig berücksichtigt wird. Auf der letzten, vierten Ebene der Mythen und Vergleiche kann es eine Rolle spielen, dass die Patienten ihre eigene Meinung gegenüber dem Arzt als Spezialisten aufgeben, weil sie seine Fachsprache oder die Bürokratie im Umfeld seiner Entscheidungen nicht verstehen. Methodisch werden alle vier Verständnisebenen miteinander integriert. Eine Methode des Entpackens und Vertiefens nennt sich *Causal layer analysis (CLA)*; sie spielt eine zentrale Rolle bei *Futures Studies*.

Der fünfte Bereich strebt methodisch die Generierung von Zukunftsalternativen an. Hier wird unterschiedlich vorgegangen. Ein Verfahren legt bestimmte Archetypen für Szenarien zugrunde, in die die Alternativen einzubetten sind. Diese Archetypen können sein: kontinuierliches Wachstum, Kollaps, Stabilität oder Transformation. Eine andere, ebenfalls einfache Strukturierungsmethode unterteilt die zukünftige Welt in die Kategorien (a) präferiert, (b) wünschenswert, (c) zu verleugnen und (d) abzulehnen bzw. negierbar. Neben diesen beiden einfachen gibt es weitere komplizierte Vorgehensweisen.

Der sechste und letzte Bereich ist die Transformation, also der zu gestaltende Übergang aus der Gegenwart in die angestrebte Zukunft. Auch hier existieren wieder unterschiedliche Methoden, von denen zwei genannt werden sollen, das *Visioning* (entsprechend etwa einem Vorausblicken) und das *Backcasting* (entsprechend etwa einem Zurückblicken). Beim *Visioning* werden bestimmten Grundsätzen folgend Visionen entworfen und einander gegenübergestellt. Beim *Backcasting* werden Individuen in die präferierte Zukunft oder andere Szenarien hineinversetzt; das kann auch der *Worst Case* sein. Sie werden dann befragt, wie es aus ihrer Sichtweise zu dem angenommenen Zustand kommen konnte, was auf dem Weg dahin geschehen ist usw. Das *Backcasting* kann helfen, ein *Worst-Case*-Szenario zu vermeiden und Strategien dagegen zu entwickeln.

Zu betonen ist, dass die in diesem Buch genannten Szenarien mit einer methodischen Zukunftsforschung, wie ich sie hier nur angerissen habe, erstellt werden können. Tatsächlich wird aber in der Literatur oft noch nicht nach solchen Schemata vorgegangen. Als eindrucksvolles Beispiel für Zukunftsforschung kann jedoch das *Millenium Project* (http://www.millennium-project.org) dienen. Dieses Projekt, das aus der Universität der Vereinten Nationen (UN) und dem *American Council for the UN* hervorging, wird heute von einer unabhängigen internationalen Institution weitergeführt. Mitglieder des deutschen Knotens sind unter anderem die Bertelsmann Stiftung und das Fraunhofer-Institut für System- und Innovationsforschung.

Seit 1997 liefert das Projekt den *State of the Future Report* (Glenn et al. 2017). Hier werden seit 1996 die größten globalen Herausforderungen für das jeweils kommende Jahrzehnt definiert. Mehrere Hundert Futuristen werden nach den wichtigsten Entwicklungen gefragt. Die große Zahl erfasster Entwicklungen komprimiert man in 28 Themen. Beispiele sind Bevölkerungswachstum, Bruttoinlandseinkommen, Wasserressourcen, Armut, die Anzahl an Einschulungen, terroristische Anschläge, Ärzte, Gesundheitsausgaben, Lebenserwartung und Unterbeschäftigung. Daraus wurden 15 globale Herausforderungen identifiziert (http://www.mill-ennium-project.org/projects/challenges/). Diese sind transnational; sie können nicht von einer einzelnen Regierung angegangen werden, sondern erfordern kooperatives Handeln. Zur Messung des Fort- oder Rückschritts der einzelnen Herausforderungen werden zahlreiche statistisch messbare Indikatoren verwendet. Aus diesen Indikatoren ermittelt man für die kommenden zehn Jahre jeweils eine pessimistische und eine optimistische Entwicklung für einzelne Felder, zum Beispiel Bevölkerungswachstum, Lebenserwartung, Gesundheitsausgaben pro Kopf, Arztdichte und Frischwasserversorgung. Aus diesen Feldern entsteht ein Gesamtindex, eben der *State of the Future Index (SOFI)*. Dieser im Jahr 2017 zuletzt aktualisierte Index verwendet mittlerweile Daten aus einen Zeitraum von 20 Jahren. Der *SOFI*-Index repräsentiert einen Trend (keine Vorhersage) der Gesamtentwicklung der Menschheit für die genannten Herausforderungen. Er zeigt die Bereiche, in denen die Menschheit gewinnt, und solche, in denen sie verliert, daneben andere, in denen keine Änderung stattfindet. Die 15 Herausforderungen (Infobox 4) sind nicht gewichtet, sondern von gleicher Relevanz. Diese Liste der ausgearbeiteten Anforderungen, die zu erfüllen sind, um die menschlichen Lebensbedingungen (nicht den Wohlstand) zu verbessern, enthält auch die Forderung, die Fortschritte in der Biotechnologie zu erhöhen.

Infobox 4 15 globale Herausforderungen des State of the Future Index (SOFI)

1. Wie kann eine nachhaltige Entwicklung für alle erreicht und gleichzeitig der globale Klimawandel bekämpft werden?
2. Wie können alle Menschen ohne Konflikte ausreichend sauberes Wasser haben?
3. Wie können Bevölkerungswachstum und Ressourcen in ein Gleichgewicht gebracht werden?
4. Wie kann aus autoritären Regimen echte Demokratie entstehen?
5. Wie kann die Entscheidungsfindung durch die Integration verbesserter globaler Voraussicht angesichts eines beispiellos beschleunigten Wandels verbessert werden?
6. Wie kann die globale Konvergenz der Informations- und Kommunikationstechnologien für alle funktionieren?
7. Wie können ethische Marktwirtschaften gefördert werden, um so die Kluft zwischen Arm und Reich zu verringern?
8. Wie kann die Bedrohung durch neue und wiederauftretende Krankheiten und resistente Mikroorganismen verringert werden?
9. Wie kann die Menschheit durch Bildung intelligenter, sachkundiger und weiser werden, um ihre globalen Herausforderungen meistern zu können?

10. Wie können gemeinsame Werte und neue Sicherheitsstrategien ethnische Konflikte, Terrorismus und den Einsatz von Massenvernichtungswaffen reduzieren?
11. Wie kann der sich verändernde Status der Frauen dazu beitragen, die Lage der Menschheit zu verbessern?
12. Wie kann verhindert werden, dass transnationale Netzwerke der organisierten Kriminalität zu immer mächtigeren und raffinierteren globalen Unternehmen werden?
13. Wie kann der wachsende Energiebedarf sicher und effizient gedeckt werden?
14. Wie können wissenschaftliche und technologische Durchbrüche beschleunigt werden, um die Lage der Menschheit zu verbessern?
15. Wie können ethische Erwägungen routinemäßiger in globale Entscheidungen einbezogen werden?

http://www.millennium-project.org/projects/challenges/

Im Jahr 2020 existierten weltweit 19 Peer-Review-Journals zu *Futures Studies* (https://wfsf.org/resources/futures-publications-journals). Ihre Ausrichtung liegt stärker auf sozio-kulturellen und politischen Entwicklungen als etwa auf Szenarien der Biotechnologie, Gentechnik, künstlichen Intelligenz und Robotik. Ich berücksichtige Veröffentlichungen aus diesen Journalen, aber auch zahlreiche andere wissenschaftliche Arbeiten. Bei *SpringerLink*, der Online-Datenbank sämtlicher Inhalte der ca. 2.900 *SpringerNature*-Journale, lässt sich einsehen, in welchem Umfang Zukunftsthemen in diesem Buch wissenschaftlich behandelt werden. Man kann in *SpringerLink* zum Beispiel die wissenschaftlichen Publikationen mit den kombinierten Suchbegriffen *Genome editing + future* suchen. Im März 2020 lieferte das Verzeichnis mehr als 15.000 Artikel, die seit 2012 allein zu diesem Themenkreis veröffentlicht wurden. Das entsprechende Online-Verzeichnis des anderen großen Wissenschaftsverlags Elsevier mit weiteren ca. 3.500 wissenschaftlichen Fachzeitschriften heißt *ScienceDirect*. Elsevier bot zu derselben kombinierten Anfrage mehr als 17.000 Publikationen an. Dies vermittelt einen groben Eindruck davon, wie relevant die Themen aus Teil B in der Primärliteratur sind.

3.5   Verbreitete Fehler bei Zukunftsaussagen

Bei der Beschäftigung mit der Zukunft werden einige grundlegende Fehler gemacht, die laut einer Analyse von Adam Dorr erschreckend oft wiederholt werden, auch in professionellen Studien (Dorr 2017). Planer, unter ihnen auch regelmäßig politische Institutionen, sind nach Dorr regelrecht blind gegenüber enormen Veränderungen, die nur wenige Jahrzehnte entfernt sind. Ich stelle diese Trugschlüsse, wie er sie bezeichnet, daher hier kurz vor.

Den ersten Fehler bezeichnet Dorr als Trugschluss der linearen Projektion. Er ist allgegenwärtig und meint, dass oft angenommen wird, die gegenwärtige Rate von Veränderungen würde sich unendlich in die Zukunft fortsetzen. Dabei ist diese Rate durch eine gemächliche Aufeinanderfolge kleiner Schritte ohne Kipppunkte und Brüche gekennzeichnet. Das schließt somit auch exponentielles Wachstum aus. Eine Sicht stetiger oder gradueller Veränderungen lässt ferner verstärkende Feedbackeffekte unberücksichtigt. Tatsächlich treten solche Effekte überall auf, wenn die Einführung einer neuen Technik am Markt Synergien bei bereits bestehenden anderen Techniken oder Produkten erzeugt. Sie kurbelt deren Wachstum an, und dieses wirkt auf wieder andere. Am Beispiel Gentechnik lässt sich das veranschaulichen. Sie trat 30 Jahre lang mehr oder weniger auf der Stelle, bis die Entdeckung von CRISPR/Cas im Jahr 2012 als universell einsetzbare Genschere nicht nur die Gentechnik, sondern die gesamte Biologie umkrempelte und versprach, großen Einfluss auf die Medizin der kommenden Jahrzehnte auszuüben (Kap. 6 und 7). Ähnlich verhält es sich mit *Deep Learning*, das die künstliche Intelligenz, die um das Jahr 2013 aus ihrem 30 Jahre andauernden Winterschlaf zu erwachen begann, erst wirklich revolutionierte. Auslöser hierfür waren das zeitliche Zusammentreffen verschiedener Techniken neuronaler Netze, schnellerer Computer und der Verfügbarkeit massenhafter Trainingsdaten.

In der linearen Sichtweise bleiben hingegen jegliche Feedbacks und disruptiven Innovationen unberücksichtigt. Ein typisches Beispiel für das „einfache" Fortschreiben von Daten aus der Vergangenheit sind statistische Berechnungen der Lebenserwartung. Hier fließen grundsätzlich weder zukünftige Kriege oder Pandemien noch der medizinisch zu erwartende Fortschritt ein, sondern ausschließlich die Sterbedaten von Menschen, die bis zu einem betrachteten Jahrgang lebten und starben. Für 1945 und später Geborene wurde sogar das Ereignis des Zweiten Weltkriegs jahrzehntelang in der Berechnung ihrer Lebenserwartung mitgeschleppt, obwohl dieses Sonderereignis ganz sicher für ihr eigenes Leben nicht in der gleichen Form erwartet werden konnte. Es wird oft nicht darauf hingewiesen, dass es solche Verzerrungen in Form einmaliger Sonderereignisse sehr schwierig machen, Lebenserwartungskurven zu vergleichen. Im folgenden Kapitel und in Infobox 5 gehe ich ausführlicher darauf ein, wie uns die lineare Sichtweise daran hindert, exponentiellen Fortschritt zu erkennen.

Den zweiten Fehler nennt Dorr den *Ceteris-paribus*-Trugschluss. Die *Ceteris-paribus*-Methode wird in vielen Wissenschaften, zum Beispiel der Ökonomie, verwendet, um Variablen, etwa die Arbeitslosigkeit, in Vorhersagen oder Modellen zu prognostizieren bzw. ihre Abhängigkeit von den anderen Größen festzustellen. Der Trick besteht darin, dass alle Größen, die in der Realität in ständiger Bewegung sind, im Modell bis auf eine als fix gesetzt werden und man dadurch erkennen möchte, wie sich die verbliebene variable Größe verändert. Das Vorgehen lässt sich dann mit verschiedenen Variablen durchspielen. So korrekt dieses Verfahren methodisch auch ist, die Isolation einer Variablen lässt die schon zuvor genannten Feedback-Prozesse anderer Größen auf die untersuchte völlig außer Acht. Je weiter in der Zukunft ein Szenario liegt, desto unrealistischer werden daher *Ceteris-paribus*-Annahmen; Aussagen werden dann annähernd unbrauchbar.

Natürlich kann man statt einer Größe auch mehrere gleichzeitig analysieren, lässt aber dabei immer noch die meisten außer acht. Es würde nichts daran ändern, dass sozio-technische Zusammenhänge zu komplex sind und die Realität aus Hunderten oder Tausenden interagierender Einflussfaktoren besteht. Sie alle zu berücksichtigen, ist jedoch unmöglich, das vergisst Dorr zu erwähnen. Wegen dieser Unmöglichkeit müssen auch für die Szenarien in diesem Buch große Schnitte gemacht werden. Wenn Sie so möchten, ist das Vorgehen hier auch eine Art *Ceteris paribus*. Alle Szenarien sind nämlich Bestandteile größerer Szenarien. Ich lasse die ethische Gesellschaftsdiskussion ebenso unberücksichtigt wie mögliche politische Veränderungen, etwa durch neue Gesetze. Ich kann nur darauf hinweisen, dass diese Bereiche ebenfalls wichtig und in unterschiedlichen Kulturkreisen nicht identisch sind. Unsere Zukunft ist ferner dem Einfluss der globalen Klimaveränderung sowie möglichen Naturkatastrophen oder verstärkt Pandemien ausgesetzt und spielt sich in einem interaktiven sozio-ökologischen Szenario ab (Hendry et al. 2017). Die Szenarien in Teil B beschränken sich dagegen zunächst auf technologische Entwicklungen. In Teil C versuche ich, das Bewusstsein dafür zu schärfen, dass die Technosphäre in den Kulturwissenschaften zunehmend als ein selbst organisierendes Netzwerk gesehen wird, dessen Komplexität und Eigendynamik so groß ist, dass das Gesamtsystem durch die von Menschen gesetzten Ziele bestenfalls noch eingeschränkt erkennbar und steuerbar ist. (Haff und Renn 2019).

Als dritten Trugschluss führt Dorr schließlich an, dass Aussagen über die Zukunft fast immer das Bild einer statischen Momentaufnahme vermitteln. Wir fragen etwa: Wie werden Keimbahneingriffe mit CRISPR aussehen? Aber was geschieht zehn Jahre nach dem Szenario, oder hundert Jahre danach? Solche Aussagen deuten also auf „eingefrorene" Entwicklungen oder Ereignisse, und damit eine Zukunft mit einer finalen Ankunft. Tatsächlich aber kann ein Zustand unter Umständen auch nur sehr kurzfristig existieren, und die Welt bleibt typischerweise weiterhin in Bewegung.

Ich möchte auf einen weiteren Fehler aufmerksam machen. Er wurde von dem Psychologen und Nobelpreisträger für Wirtschaft, David Kahneman, beschrieben (Kahneman 2016). Kahneman nennt ihn den Konjunktionsfehlschluss und betont, dass sich dieser logische Fehler in unzähligen Zukunftsanalysen findet. Es handelt sich dabei wie bei den vorigen um einen Trugschluss. Gemeint ist, dass Zukunftsentwicklungen dadurch glaubwürdiger und wahrscheinlicher erscheinen sollen, dass einzelne Schritte auf dem Weg dahin genauer ausgeführt und als ursächlich notwendig kohärent miteinander verknüpft werden. So begründet Nick Bostrom die Entwicklung bis zu einer Intelligenzexplosion der künstlichen Intelligenz auf mehreren Seiten detailliert mit Einzelschritten, die er kausal implizit miteinander verknüpft (Bostrom 2016). Genau hier weist aber Kahneman darauf hin, dass sich bei einer solchen Ursachenkette mit genannten oder nicht genannten, in der Tat schwer zu fassenden abhängigen Eintrittswahrscheinlichkeiten die Wahrscheinlichkeit der Endaussage logisch verringert und nicht – wie man intuitiv annimmt – zunehmend erhöht. Oft empfiehlt sich also: Weniger ist mehr!

Die Szenarien im Buch sollen daher entsprechend der Warnung von Kahneman nicht so verstanden werden, dass die Einzelereignisse schrittweise, einander bedingend eintreten. Manches in einem Szenario wird kommen, manches nicht, manches früher, anderes später, wieder anderes nebeneinander.

3.6   Exponentieller technischer Fortschritt

Wann immer exponentieller technischer Fortschritt in Zukunftsbetrachtungen über die nächsten Jahrzehnte unterstellt wird (Infobox 5), muss eine solche Annahme stichhaltig begründet werden. Weder kann man per se von technischem Fortschritt ausgehen, noch ist er etwas Eigenständiges außerhalb kulturellen menschlichen Handelns. Technischer Fortschritt kann auch nicht als unvermeidbar angesehen werden und ist nicht deterministisch fix. Wir leben nicht in einem geschlossenen Modell, in dem der in mathematischen Gleichungen festgelegte Fortschritt unantastbar ist. Unvorhersehbar veränderte geopolitische Verwerfungen, wie etwa Kriege, können ihn zum Beispiel dauerhaft stören. Und nicht zuletzt ist er weder zwangsläufig nützlich und gut noch schädlich und schlecht. Die Ansicht, dass technischer Fortschritt der primäre Treiber der sozio-ökonomischen Entwicklung ist und nicht umgekehrt, weicht zunehmend einer Sicht, nach der wir es im globalen, vernetzten Mensch-Natur-System mit einer Vielzahl interdependenter Einflussgrößen zu tun haben, von denen die Technologie nur eine ist (Dorr 2017).

Infobox 5 Exponentieller technischer Fortschritt

Technischer Fortschritt kann als die Gesamtheit der technischen Errungenschaften einer Kultur verstanden werden. Die Menge an Gütern und Dienstleistungen kann jedes Jahr mit prozentual weniger Einsatz an Arbeit und Produktionsmitteln hergestellt werden. So definierter exponentieller Fortschritt ist abstrakt und nur schwer zu begreifen. Im täglichen Leben erkennen wir ihn nie. Vielmehr sehen wir die Welt linear, vermuten den Verlauf von Entwicklungen in der Zeit in graduellen Schritten oder gar nicht. Die Evolution hat unseren Blick auf Linearität geschärft, nicht jedoch auf die Wahrnehmung kumulativer Veränderungen im Verlauf einer Dekade oder zwei. Der Grund dafür ist, dass sich kurzfristiges, lineares Denken in unserer langen Evolutionsgeschichte in vielen Situationen am besten bewährt hat. Bei längeren Verläufen unterschätzen wir daher die Geschwindigkeit von exponentiellem Wachstum. Das führt anfangs zu Enttäuschung („es müsste doch eigentlich schneller gehen") und im späteren Verlauf zu Überraschung („unglaublich, wie schnell das auf einmal geht") (Abb. 3.2).

Technologien benötigen immer weniger Zeit, um sich global auszubreiten. Beim Telefon waren noch 75 Jahre nötig, bis die ersten 50 Mio. Menschen es nutzten, beim Fernsehen nur 13 Jahre, Facebook schaffte es in nur 3,5 Jahren, und manche App kann sich schon in wenigen Monaten rund um die Welt ausbreiten. Die Verdoppelungszeit von mit dem Coronavirus SARS-CoV-2 infizierten Menschen (Reproduktionsfaktor) lag in einigen Ländern anfangs bei weniger als drei Tagen. Das ist relativ unkritisch, solange man es nur mit ein paar Hundert Infizierten zu tun hat, jedoch nicht mehr, wenn es ein, zwei oder100 Millionen Menschen im selben Zeitabstand betrifft. Spätestens dann versteht jeder, welche Ausbreitungsmacht exponentielles Wachstum haben kann.

In einer Zeit-Funktion mit exponentieller Veränderung erfolgt die Variation einer Größe je Zeiteinheit (in Darstellungen oft ein Jahr), mit einem bestimmten Prozentsatz im Vergleich zur jeweils vorangegangenen Periode. Der jeweils folgende Wert steigt oder sinkt, also z. B. um 10 %. In absoluten Zahlen wird ein Anstieg damit immer größer, eine Verringerung dagegen immer kleiner. Bei einer linearen Funktion, die geradlinig ansteigt, ist dagegen

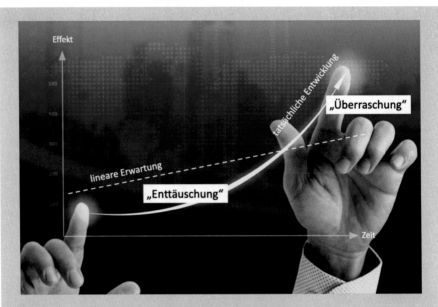

Abb. 3.2 Exponentielles und lineares Wachstum. Die Erwartung linearen Wachstums führt zu anfänglich starker Unterschätzung einer Entwicklung. Wenn diese jedoch tatsächlich exponentiell verläuft, übertrifft sie im späteren Verlauf die Erwartung deutlich. Ein solches Enttäuschungs- und Überraschungs-szenario zeigt sich bei der Entwicklung der künstlichen Intelligenz oder beim Klimawandel (Exponentielles und lineares Wachstum: iStock, bearb. AL)

die absolute Veränderung immer gleich, ihr prozentualer Wert wird damit immer geringer. Jede exponentiell ansteigende Kurve übersteigt eine auch noch so steile lineare Linie, wenn man ihr nur genug Zeit lässt. Das gilt auch für ein geringes Wachstum, etwa von nur 0,1 %. Exponentialität führt damit theoretisch irgendwann ins Unendliche oder verwischt im umgekehrten Fall mit der Nulllinie. Exponentielle Kurven kennen wir etwa beim Bevölkerungs-wachstum, bei ungebremsten Pandemien oder dem Mooreschen Gesetz, dort für die Verdoppelung der Leistung von Computern alle zwei Jahre. In der ent-gegengesetzten Richtung sind die abnehmenden Kosten für Speicherplatz oder für DNA-Analysen aktuelle Beispiele.

Welche Schwierigkeiten selbst Wissenschaftler und Politiker mit exponentiellen Entwicklungen haben, hat kaum jemand besser verdeut-licht als der amerikanische Futurologe Ray Kurzweil. Das Humangenom-projekt zur Entschlüsselung der menschlichen DNA war auf zehn Jahre ausgelegt. Sieben Jahre nach dem Start im Jahr 1990 hatte man erst 1 % der DNA entschlüsselt, noch nicht einmal ein vollständiges Chromosom. Geldgeber wollten sich bereits aus dem Projekt herausziehen. Kurzweil beharrte hingegen darauf, man sei voll im Plan. Es würden nicht mehr als weitere sieben exponentielle Runden benötigt. Tatsächlich verkündete US-Präsident Clinton im Jahr 2001 dann die fast vollständige Entschlüsselung der drei Milliarden Basenpaare. Möglich machten das exponentiell steigende Computerleistung und immer schnellere Sequenziermaschinen (Kurzweil 2014). In meiner Kindheit kannte man noch kein Mooresches Gesetz (Infobox 5). Mein Vater erklärte mir exponentielles Wachstum daher mit dem Josephspfennig, der in einem Gedankenspiel zur Zeit der Geburt Jesu auf einem Konto angelegt wurde. Er wuchs mit 5 % Zins und Zinseszins auf unvorstellbare 150 Mio. Erden aus reinem Gold. Das hatte ein britischer Geistlicher im Jahr 1772 errechnet. Mein Vater hatte mir ein Bild davon vermittelt, dass exponentielle Effekte wirklich enorm sein können.

Versetzen wir uns einmal 30 Jahre zurück und lassen wir an uns vorbeiziehen, was in diesem Zeitraum – innerhalb einer einzigen Generation – technisch möglich geworden ist. Damals gab es kein globales Internet, keine Handys, kein *YouTube* oder *Spotify*, kein GPS und keine *Google*-Suchmaschine. Niemand von uns brächte es fertig, mit dem Wissen von vor einer Generation ein Bild der gewaltigen Transformationen zu zeichnen, die heute unser Leben bestimmen. Ebenso wenig sind wir als „normale Erdenbürger" in der Lage, uns heute ein Bild von der Zukunft in 20 oder 30 Jahren zu machen. Unser Denken ist träge und wehrt sich dagegen, futuristische Bilder als real möglich zu akzeptieren. So mag es sich als unsinnig lesen, dass etwa aus meinem Genom, das ich zu den Kosten einer Blutprobe im Labor vollständig auslesen lasse, einmal verlässlich ersichtlich sein wird, wie intelligent, ehrgeizig oder gefühlvoll ich bin. Noch skurriler und dennoch ernst zu nehmen ist die Vorstellung von einer technologischen Singularität, bei der Maschinen die Kontrolle über unser Schicksal übernehmen (Abschn. 10.2).

Den Weg in die Zukunft stellen wir uns in kleinen Schritten vor. In unserer Wahrnehmung sind wir gänzlich auf Linearität ausgerichtet; den exponentiellen technischen Fortschritt, der uns seit der industriellen Revolution begleitet, erkennen wir nicht als solchen. Kumulative Entwicklung entzieht sich unserer Intuition und ist uns fremd. Aber sie existiert auf breiter Front, und es gibt eine Fülle berechtigter Überlegungen, die in ihrer Gesamtsicht den Schluss erzwingen, dass exponentieller technischer Fortschritt unsere Zukunft dominieren wird (Brockman 2017; Bostrom 2016; Dorr 2017; Tegmark 2017; Walsh 2019 u. v. a.). Diese Sicht gilt vor allem für die Informationstechnologie und Ingenieurswissenschaften, bei denen es um Effizienzsteigerungen geht, die laufend durch bessere technisch-physikalische Methoden ermöglicht werden. Aus größerer

Distanz, auf einer Jahrhundertskala, ist die Technosphäre durch gewaltige technologische Entwicklungsinnovationen geprägt. Sie sind ein inhärentes Merkmal des exponentiellen technischen Fortschritts: Ihre Zahl wird zunehmen (Schwab 2016). Dazu gehören die anhaltenden Leistungssteigerungen bei Computern zu noch günstigeren Preisen, das Internet, 3D-Druck, immersive virtuelle Realität, die das Bewusstsein für die tatsächliche Realität verdrängt, präzise Herstellungsverfahren im Mikro- und Nanobereich, künstliche Intelligenz, der Aufbruch der synthetischen Biologie, dort im Besonderen der Gentechnik, sowie eine Medizin, die sich als personalisierte Medizin gerade von Grund auf neu erfindet. All diese Technologien drängen – soweit noch nicht geschehen – heute gleichzeitig in Massenmärkte. Wo ihnen das gelingt, treten neue Beschleunigungseffekte auf.

Die genannten Entwicklungen werden durch bahnbrechende Entdeckungen in der Grundlagenforschung ermöglicht und angetrieben. Hier können durchaus Jahrzehnte bis zu einem neuen Durchbruch vergehen. Unvorhersehbare Jahrhundert-Entdeckungen der jüngeren Zeit, die Durchbrüche ermöglichten, waren etwa die Entdeckung des Impfprinzips und damit der ersten präventiven Medizin im Jahr 1885, die Erfindung des Dieselmotors 1893, die Entdeckung der Röntgenstrahlung 1895, des Penicillins im Jahr 1928, der Kernspaltung 1938, die Erfindung des Computers in den 1940er-Jahren und die Entdeckung der DNA 1953, ihre Entschlüsselung durch das Humangenomprojekt im Jahr 2001, die Erfindung des Internet um 1989 und die Entdeckung der Genom-Editierung, der Genschere, im Jahr 2012. Die menschliche Evolution wird vor diesem umwälzenden Hintergrund ineinander greifender, sich verstärkender moderner Wissensbereiche in Zukunft gänzlich anders verlaufen, als sie es Millionen Jahre lang tat.

Heute gibt es viel mehr Wissenschaftler als vor 30 Jahren und tausendmal mehr als vor 100 Jahren. Von China wird berichtet, dass dort noch vor wenigen Jahren jede Woche eine neue Universität gegründet wurde (Schleicher 2016). Weltweit entstanden Hunderte neuer wissenschaftlicher Fachgebiete und Forschungsprogramme. Ihre Zahl nimmt weiter zu. Kaum irgendwo ist zu lesen, dass allein die quantitative Entwicklung des Wissenschafts- und Forschungsapparats an den weltweiten Universitäten und in den Entwicklungszentren großer Unternehmen Multiplikatorpotenzial besitzt und eine von vielen Begründungen für die Fortsetzung des exponentiellen Fortschritts in den nächsten Jahrzehnten darstellt. Hinzu kommt der immer stärkere und sich beschleunigende globale Informationsaustausch über neue wissenschaftliche Erkenntnisse mittels des Internets.

Wissenschaftsdisziplinen profitieren zunehmend voneinander und verstärken ihre Fortschritte durch Rückkopplungen. Manchmal geschieht das mit längeren Phasen des Stillstandes, wie bei der künstlichen Intelligenz. In ihrem Fall lagen Konzepte seit den 1950er-Jahren vor, mussten aber 50 Jahre lang auf ihre Umsetzung warten; erst dann war die erforderliche Leistungsfähigkeit der Computer vorhanden. Ein Beispiel für eine hochgradig interdisziplinäre Forschung ist die Nanotechnologie: Hier sollen biotechnische, mikroskopisch kleine Maschinen in unserer Blutbahn zirkulieren, um kranke Zellen zu reparieren und Krebszellen zu vernichten. Das wird nicht möglich sein ohne eine engmaschige Verknüpfung von Wissen aus Gentechnik, Informationstechnologie, nanotechnischen Herstellungsverfahren, künstlicher Intelligenz und weiteren Disziplinen. Wir werden die beschleunigte systematische Verschmelzung von Technologien erleben, die die Grenzen zwischen der physischen, der digitalen und der biologischen Welt immer stärker aufweicht.

Insgesamt besitzen wir heute ein gutes theoretisches und empirisches Verständnis, wenn auch keine Garantie dafür, dass sich der technologische Fortschritt im allgemeinen und Computerleistung im speziellen in den kommenden Jahrzehnten weiterhin beschleunigen bzw. erhöhen werden. Das gilt selbst im Fall von Rezessionen, wie etwa in der durch COVID-19 ausgelösten Krise. Dabei können Rezessionen auch über Jahre andauern oder wiederholt auftreten. Rückschläge hat es schon immer gegeben, denken wir an die verheerenden Weltkriege oder die Spanische Grippe. Sollten Pandemien in Zukunft zunehmen, wovon Wissenschaftler ausgehen, darf man annehmen, dass Märkte und Nationen weltweit reagieren, indem verstärkt Kapital in die Forschung fließt und Anstrengungen beschleunigt werden, um Infektionen vorzubeugen bzw. Epidemien möglichst schnell und effektiv zu bekämpfen.

Natürlich gibt es auch immer mehr und lauter werdende Stimmen gegen den Glauben an ständigen Fortschritt und vor allem gegen die Vorstellung von unendlichem Wachstum. Diese warnenden Stimmen sind ernst zu nehmen. Eine von ihnen ist der britische Ökonom für nachhaltige Wirtschaftsentwicklung Tim Jackson, der nach *Wohlstand ohne Wachstum* fragt und Lösungen hierzu erarbeitet hat. Er weist darauf hin, dass das weltweite Wachstum der Arbeitsproduktivität seit 1950 kontinuierlich sinkt, von damals 4 % pro Jahr auf noch 0,5 %. Hier gibt es nur wenig Möglichkeiten für Verbesserungen (Jackson 2017) (Abschn. 11.2). Das Verständnis für exponentiellen technischen Fortschritt macht uns jedoch zumindest fähig, die materielle Welt zu verstehen und zu manipulieren. Nach dem Mooreschen Gesetz werden sich zwar in den 2020er-Jahren die

Beschleunigungsraten verringern, aber die Zunahme der Computerleistung wird immer noch um mehrere Zehnerpotenzen möglich und weiterhin exponentiell sein (Dorr 1017, Eberl 2016). Parallel zu diesen Entwicklungen verlaufen die Anstrengungen für einen Einsatz von Quantencomputern. Sie werden einen Durchbruch in neue Leistungsdimensionen der Informationstechnologie ermöglichen. Im Rahmen der Initiative *Quantum Flagship*, dem größten Forschungsprojekt zum Quantencomputing in Europa, entsteht im Forschungszentrum Jülich im Jahr 2021 der erste frei programmierbare europäische Quantencomputer (ZEIT 2021).

Ich behandle in Teil B mittelfristige Szenarien, deren mögliche Umsetzung in einem Zeitraum von 5 bis 30 Jahren zu sehen ist. Der Hinweis „mittelfristig" in den Tabellen meint daher in der Regel diese Größenordnung. In einer knappen Darstellung der Bewegung des Transhumanismus einschließlich seiner extremen Formen von Superintelligenz, Intelligenzexplosion und Singularität werfe ich in Teil C schließlich einen Blick auf mittel- und langfristige Szenarien, die von manchen in einigen Jahrzehnten, von anderen im nächsten Jahrhundert angesiedelt werden. Dort ergeben sich Fragen nach den Bedingungen für ein Überleben unserer Spezies in der Technosphäre.

3.7   Zusammenfassung

Mit den Entwicklungen der synthetischen Biologie und künstlichen Intelligenz wird in der Technosphäre verstärkt zielgerichtet in die menschliche Evolution eingegriffen. Damit wird diese auch zu einem möglichen Gegenstand der Zukunftsforschung. Die in den USA entstandene Wissenschaftsdisziplin *Futures Studies* arbeitet mit Grundprinzipien und professionellen Methoden, um alternative Zukunftsszenarien menschlicher Evolution zu erstellen. *Futures Studies* erstellen keine statistisch berechneten Prognosen wie Unternehmen und Politik, sondern alternative Szenarien, meist Wunschszenarien, die verglichen werden und auch gleichzeitig eintreten können. Auf methodische Fehler, die sich bei Zukunftsaussagen einschleichen, wird hingewiesen; der wichtigste ist die fälschliche Annahme linearer Entwicklung. Anhaltender exponentieller technischer Fortschritt in den nächsten Jahrzehnten stellt eine gut begründete Annahme für alle Szenarien in diesem Buch dar. Technischer Fortschritt ist eine der wesentlichen Grundbedingungen und Säulen unseres wettbewerbs- und leistungsorientierten Systems.

Literatur

Baker R (1999) Sex in the future. Ancient urges meet future technology. Macmillan, London

Bengston DN (2018) Principles for thinking about the future and foresight education. World Futures Rev 10(3):193–202. https://www.fs.fed.us/nrs/pubs/jrnl/2018/nrs_2018_bengston_003.pdf

Bostrom N (2016) Superintelligenz. Szenarien einer kommenden Revolution. Suhrkamp, Berlin. Engl. (2014) Superintelligence. Paths, dangers, strategies. Oxford University Press, Oxford

Brockman J (Hg) (2017) Was sollen wir von künstlicher Intelligenz halten? Die führenden Wissenschaftler unserer Zeit über intelligente Maschinen. Fischer, Frankfurt. Engl. (2015) What to think about machines that think? Today's leading thinkers on the age of machine intelligence. Harper Collins, New York

Creanza N, Kolodny O, Feldman MW (2017) Cultural evolutionary theory: how culture evolves and why it matters. PNAS 114 (30):7782–7789. www.pnas.org/cgi/doi/10.1073/pnas.1620732114

Dorr A (2017) Common errors in reasoning about the future: three informal fallacies. Technol Forecast Soc Chang 116:322–330

Eberl U (2016) Smarte Maschinen: Wie Künstliche Intelligenz unser Leben verändert. Hanser, München

Glenn JC, Florescu E, The Millennium Project Team (2017) State of the future version 19.1

Greeley HT (2016) The end of sex and the future of human reproduction. Harvard University Press, Cambridge MA

Haff PK, Renn J (2019) Peter K. Haff im Gespräch mit Jürgen Renn. In: Klingan K, Rosol C (2019) Technosphäre. Matthes & Seitz, Berlin, 26–46

Hendry AP, Gotanda KM, Svensson EI (2017) Human influences on evolution, and the ecological and societal consequences. Phil Trans R Soc B 372:20160028. https://doi.org/10.1098/rstb.2016.0028

Inayathulla S (2013) Futures studies: theories and methods. In: TF editores (2012) There's a future. Visions for a better world. BBVA, Madrid, 37–65. https://www.bbvaopenmind.com/wp-content/uploads/2013/01/BBVA-OpenMind-Book-There-is-a-Future_Visions-for-a-Better-World-1.pdf

Jackson T (2017) Wohlstand ohne Wachstum. Grundlagen für eine zukunftsfähige Wirtschaft. Oekom, München. Engl. (2016) Prosperity without growth – foundations for the economy of tomorrow, 2. Aufl. Routledge, Abingdon-on-Thames

Kahneman D (2016) Schnelles Denken, langsames Denken. Pantheon, München. Engl. (1990) Thinking, fast and slow. Farrar, Straus and Giroux, New York

Knoepfler P (2016) GMO sapiens. The life-changing science of designer babies. World Scientific Publishing, Singapore

Kurzweil R (2014) Menschheit 2.0 – Die Singularität naht. 2. durchges. Aufl. Lola Books, Berlin. Engl. (2005) The Singularity is near: when humans transcend biology. Viking Press, New York

Metzl J (2020) Der designte Mensch. Wie die Gentechnik Darwin überlistet. Edition Körber, Hamburg. Engl. (2019) Hacking Darwin. Sourcebooks, Naperville, Genetic engineering and the future of humanity

Pillkahn U (2007) Trends und Szenarien als Werkzeuge zur Strategieentwicklung. Publicis Corporate Publishing, Erlangen, Wie Sie die unternehmerische und gesellschaftliche Zukunft planen und gestalten

Schleicher A (2016) China opens a new university every week. BBC News 16(3):2016

Schwab K (2016) Die vierte industrielle Revolution. Pantheon, München

Tegmark M (2017) Leben 3.0 – Menschsein im Zeitalter Künstlicher Intelligenz. Ullstein, Berlin. Engl. (2017) Life 3.0 Alfred A. Knopf, New York. Engl. (2017) Life 3.0: being human in the age of artificial intelligence. Allen Lane, London

Walsh T (2019) 2062 – Das Jahr, in dem die künstliche Intelligenz uns ebenbürtig sein wird. Riva Verlag München. Engl. (2018) 2062 – The world that AI made. La Trobe University Press, Carlton

Xie J, Sreenivasan S, Korniss G, Zhang W, Lim W, and Szymanski BK (2011) Social consensus through the influence of committed minorities. Phys Rev E 84, 011130. https://doi.org/10.1103/PhysRevE.84.011130

ZEIT (2021) 75 Zukunftsorte der Wissenschaft. ZEIT Campus, Anzeige (Wissenschaftsinstitutionen) 25. 2. 2021

Tipps zum Weiterlesen und Weiterklicken

Zukunftsforscher Janszky. So leben und arbeiten wir 2030 (YouTube, 2019). https://www.youtube.com/watch?v=10POJbRDidQ

Thelen F und Schönhorn M (2020) 10xDNA. Das Mindset der Zukunft. Frank Thelen Media, Bonn. Ein spannend und visionär geschriebenes Buch von einem erfolgreichen Unternehmer, allerdings zumindest bei den biologischen Themen wie CRISPR oberflächlich und ohne Quellennachweise. So leicht, wie es die Autoren darstellen, ist der genetische Code im Labor nicht von 64 auf 512 mögliche Kombinationen erweiterbar.

Teil II

Biologie, Medizin und KI – gezielte epochale Umwälzungen

Dieser Teil des Buches handelt von künstlicher Biologie. Anwendung findet sie in Form biologischer und kultureller Einflüsse auf unsere Evolution. „Künstliche Biologie" ist kein Fachbegriff. Mit der Wortwahl möchte ich auf die semantische Nähe zu künstlicher Intelligenz hinweisen. Biologen werden zu Ingenieuren der molekularen und biotechnischen Welt, die nach unseren Vorstellungen umgebaut wird. Ihre Spielfelder sind die Nanotechnologie, Genom-Editierung mit CRISPR-Werkzeugen, die Beherrschung des Alterungsprozesses und immer mehr künstliche Intelligenz in allen genannten Gebieten. Ich kann hier nicht alle zukunftsträchtigen Forschungsgebiete darstellen; auf die nicht weniger spannenden Themen wie etwa Immuntherapie, Stammzelltherapie oder Klonen gehe ich nicht explizit ein. Ausführungen zur Kryonik finden Sie in Abschn. 10.1. Die getroffene Auswahl der Themen steht jedoch beispielhaft für kumulative kulturelle Evolution und Nischenkonstruktionen, die unsere Zukunft als Art bestimmen (Abschn. 2.3). Die vorgestellten Therapien und Techniken sind in diesem postdarwinistischen, evolutionstheoretischen Zusammenhang zu sehen (Infobox 3).

Die Biologie macht eine Entwicklung durch, die man mit der der Chemie vergleichen kann. Die Chemie war bis zum Ende des 19. Jahrhunderts noch weitgehend analytisch ausgerichtet und fokussiert auf das Verstehen der Eigenschaften der chemischen Elemente und ihrer natürlichen Verbindungen. Danach verschob sich der Schwerpunkt immer mehr auf die synthetische Chemie, das Erkunden und Herstellen synthetischer, also künstlicher Stoffe und Materialien für tausend verschiedene Zwecke unseres täglichen Lebens. In eine solche synthetische Phase ist auch die Biologie eingetreten. Die synthetische Biologie fahndet nach biologischen Komponenten, die in der Natur nicht vorkommen und die für bestimmte Aufgaben besser geeignet sind als alles, was die Evolution in knapp vier Milliarden Jahren hervorgebracht hat. Andere Forscher in der Gentechnik wollen das, was genetisch schief läuft, also Vererbungsfehler, ebenfalls durch künstliche Eingriffe stabil regenerieren oder gleich so richten, dass es in Zukunft nicht mehr aus dem Ruder läuft. Darüber hinaus sind den Vorstellungen hinsichtlich menschlicher Verbesserungen keine Grenzen gesetzt.

4

Molekulare Roboter und künstliche Proteine

Wenn die Rede auf biologische Maschinen kommt, Miniroboter, die in unserem Körper Reparaturen und Überwachungen durchführen, neigen wir dazu, in unserem Gehirn auf Science-Fiction umzuschalten. Doch das wäre falsch. Tatsächlich ist Nanotechnologie bereits in der Realität angekommen (Infobox 6), wenn auch die wirklich großen Herausforderungen noch bevorstehen. Die Forschung verspricht mit Nanobots ein Weiterkommen der Medizin in großen Schritten. Nicht nur sollen hier kleinste biologische Bausteine gekonnt zusammengesetzt werden; Ingenieure haben auch die Vision von synthetisch-biologischen Konstruktionen, wie sie die Evolution in 3,8 Mrd. Jahren nicht erzeugen konnte. Synthetische Nanostrukturen sollen mit lebenden Zellen im Körper so kommunizieren, als seien sie natürliche Bestandteile. Neue Medikamente kündigen sich mit Wirkungsweisen an, wie sie seit Jahrzehnten ersehnt werden, und wir könnten über synthetische Konstrukte staunen, die uns Eigenschaften verleihen können, die wir nie besaßen, die uns aber großen Nutzen versprechen. Die Optimierung unseres Organismus hat gerade erst begonnen. Wir befinden uns quasi in der ersten Szene des ersten Aktes. Was am Ende Biologie ist und was künstlich ist, wird um die Mitte dieses Jahrhunderts niemand mehr unterscheiden können (Tiwari 2012).

© Der/die Autor(en), exklusiv lizenziert durch Springer-Verlag GmbH, DE, ein Teil von Springer Nature 2021
A. Lange, *Von künstlicher Biologie zu künstlicher Intelligenz – und dann?*,
https://doi.org/10.1007/978-3-662-63055-6_4

Infobox 6 Nano- und Mikrowelt in der Medizin

In der Nanowelt sind wir nicht zu Hause. Wir haben kein Gefühl für die Größenverhältnisse von Atomen, Molekülen, Chromosomen oder Zellen. Hier wird daher kurz dargestellt, von welchen Größen in diesem Kapitel die Rede ist.

Ein Nanometer ist der milliardste Teil eines Meters. Vergrößert man ein Objekt von der Größe eines Nanometers, etwa ein Zuckermolekül, auf die Größe eines Tennisballs, nimmt dieser – im selben Maßstab vergrößert – die Größe der Erdkugel an. Die Übersicht unten zeigt einige relevante Größen. Zellen haben bereits eine tausendfach größere Dimension im Vergleich zu Molekülen und werden in Mikrometer angegeben. In jeder einzelnen tierischen Zelle finden sich Millionen Proteine, Zehntausende MicroRNAs und mehr als 1000 Mitochondrien (Zellkraftwerke).

Die Nanotechnologie ist sehr breit gefächert. Sie kann viele neue Materialien und Geräte mit einem breiten Spektrum von Anwendungen hervorbringen, z. B. in der Nanomedizin, der Nanoelektronik, der Halbleiterphysik, der Energieerzeugung aus Biomaterialien und in Konsumgütern. Die Nanomedizin reicht von medizinischen Anwendungen von Nanomaterialien und biologischen Geräten über nanoelektronische Biosensoren bis hin zu möglichen zukünftigen Anwendungen wie autonomen biologischen Maschinen.

Tab. 4.1 Nanowelten (Für eine Säugetierzelle in der Größe einer 1-Euro-Münze hätte ein typisches Virus etwa die Größe des Punktes am Ende eines Satzes in diesem Text.)

Objekt	Größe (nm)
Atom	0,1
Zuckermolekül	1
Menschl. DNA (Durchmesser/Länge)	2 nm/2 m
kleines Protein (Insulin)	3
MicroRNA	8
Nanobot	5–100
SARS-CoV-2-Virus	120
großes Protein (Cas9-Enzym)	300–500
E.-coli-Bakterium	500
Zelle	10.000–30.000 nm = 10–30 Mikrometer (μm)
Sandkorn	500.000 nm = 500 μm = 0,5 mm

Nanotechnologien wurden bereits vor Jahrzehnten in Literatur und Film thematisiert. Die Idee, dass Objekte in atomar kleinen Welten unser Leben bestimmen und verändern können, übt bis heute eine magische Kraft aus. Beim Begriff des Nanoroboters oder Nanobots erwarten wir intuitiv Mechanik, Metall, Kunststoff und Siliziumchips. Doch Nanobots bestehen in der Regel aus reiner Biologie. Sie sind menschengemachte, autonome biologische Systeme oder Roboter, klein genug, um in die Biologie lebender

Organismen einzudringen. Auch wenn seit Jahren von Nanobots gesprochen wird, liegt ein solcher eigentlich erst vor, wenn alle nachstehenden Eigenschaften zutreffen: ein eigener Antrieb, eigenständige zielgerichtete Bewegung, das Erfüllen einer Funktion (etwa Transport und Platzieren eines Medikaments) und im Optimalfall der biologische Abbau nach getaner Arbeit. In vielen Fällen kommen in der Nanomedizin Nanopartikel, etwa Silber oder Gold, zum Einsatz, die gleichfalls medizinisch nützlich sein können. Sie können zum Beispiel starke anti-mikrobielle Wirkung zeigen (Contera 2019). Aber Nanotechnologie dieser Art sollte nicht mit echten Nanobots verwechselt werden.

4.1 DNA-Roboter

Man kann Nanobots aus DNA bauen oder aus Proteinen. Betrachten wir zuerst DNA-Nanobots. Welche Bestandteile müssen sie haben, damit sie funktionieren? Zunächst das Material selbst: Die DNA ist ein sehr robustes Riesenmolekül (Infobox 7). Man bezeichnet sie auch als Polynukleotid, weil sie aus Millionen oder Milliarden einzelner Nukleotide zusammengesetzt ist. Die Nukleotide sind die sich wiederholenden Buchstaben der DNA (A, C, G, T) inklusive der Komponenten für die beiden Rückgratstränge der DNA, die sie zu einer Doppelhelix formen.

Bereits 1999 wurde das erste als DNA-Nanobot bezeichnete System gebaut, und zwar vom niederländischen Chemiker Bernard Feringa (Feringa et al. 1999). Es hatte noch nicht alle oben genannten Funktionen und war ein reiner Motor. Für seinen lichtgetriebenen, molekularen Motor erhielt Feringa 2016 zusammen mit zwei weiteren Nano-Forschern den Chemie-Nobelpreis. Heute werden solche Systeme am Computer entworfen und aus Modulen, sogenannten *Building blocks*, räumlich zu Origamiformen zusammengesetzt. Der Entwickler arbeitet mit einer allgemein zugänglichen (*Open source-*)Software. Im Prinzip kann das jeder machen, aber die Zulassungsprozesse erfordern Zeit. Die Komponenten werden, wenn sie einmal auf dem Markt sind, immer preisgünstiger werden. Praktische Einsatzfelder mit Nanoarzneimitteln sollen Infektionskrankheiten, Schmerzbehandlung, Krankheitsdiagnosen, Impfstoffe, Autoimmunerkrankungen und Immunsuppression bei Organtransplantaten sein.

Viren-DNA eignet sich gut dafür, im Labor mehrere ihrer Stränge zu verketten, um damit bestimmte 3D-Formen herzustellen, zum Beispiel eine Röhre mit Klappen an den Enden, eine Schachtel oder ähnliches (Abb. 4.1). (Manche Viren besitzen tatsächlich DNA, die meisten allerdings RNA.)

Abb. 4.1 Modell eines DNA-Nanobots. Diese aus DNA hergestellte autonome Maschine kann schädliche Moleküle oder Zellen einfangen, ihre Ladung freisetzen, zum Beispiel Antibody-Körper (lila), und sich dann zusammenfalten. Solche Nanobots sollen in Zukunft eine Fülle medizinischer Aufgaben wahrnehmen (DNA-Nanorobot: Shwan Douglas, mit freundlicher Genehmigung)

Damit erhält man die erste Komponente eines Nanobots, nämlich das Behältnis, die Hülle oder den Träger. Soll sich ein Nanobot selbstständig bewegen, benötigt er allerdings Energie und einen Bewegungsapparat. Für die Bewegung können etwa propeller-, geißel- oder sogar radähnliche Komponenten dienen. Eine der schwierigsten Aufgaben ist es, den Nanobot an ganz bestimmte Ziele im Körper zu manövrieren, um ihn dort z. B. auf einen Krankheitsherd auszurichten. In Blutgefäßen, durch die sich Nanobots hindurchbewegen, tummeln sich nämlich Zigtausende verschiedener kleiner und größerer Moleküle; ein chaotisches Treiben, das es einem Nanobot enorm erschweren wird, sein Ziel anzusteuern. Leber und Nieren stoppen die meisten Nanobots in der Blutbahn; diese Organe sind ja dazu da, alles Unbekannte herauszufiltern. Es wird also oft wenig Sinn ergeben, Nanobots in der gesamten Blutbahn herumschwimmen zu lassen, wenn der Patient etwa einen Gehirntumor oder Prostatakrebs hat. Exakt an diesen Orten sollen ja dann zum Beispiel Nanobots ihre Arbeit leisten, also müssen sie auch gezielt dort ankommen und verbleiben. Die Kontrolle des Transports, also der Antrieb, bleibt daher eines der größten Probleme bei der Behandlung von Krebs mit Nanotechnologie (Contera 2019).

Um überhaupt eine medizinische Funktion auszuüben, muss unser Nanobot-Transportsystem eine Medizin, ebenfalls in Nanogröße, im Schlepptau haben. Das Transportsystem kann man dann als eine Art trojanisches Pferd sehen. Die Medizin wird in seinen Behälter verpackt. Der Nanobot muss nun in der Lage sein, dieses Medikament exakt am Zielort freizusetzen, wo es auf zellulärer Ebene wirkt. Dazu müssen Nanobots zum Beispiel mit Biosensoren ausgestattet sein, die den Zielort anhand chemischer Parameter sicher erkennen. Erst dann kann und darf dort eine biochemische Reaktion ausgelöst werden, etwa die viel zitierte Zerstörung einer Tumorzelle. Gelingt das, hat der Nanobot seine eigentliche Aufgabe erfüllt. Nun muss er sich noch selbst zerstören und aus dem Kreislauf entfernt werden, eine weitere Herausforderung.

Soweit der Traum der Bioingenieure. Alle diese Aufgaben gleichzeitig in der geforderten Miniaturgröße zu realisieren, erweist sich als ungemein schwierig. Ein Nanobot gerät nämlich schnell zu groß. Somit ist man gezwungen, sich auf eine Auswahl an Funktionen zu beschränken. Einen bemerkenswerten DNA-Nanobot-Prototypen haben Wissenschaftler um den bekannten US-amerikanischen Harvard-Genetiker George Church konstruiert und beschrieben (Douglas et al. 2012). Er hat die Form eines aufklappbaren Containers (Abb. 4.1). Innen kann der medizinische Wirkstoff untergebracht sein. Die Klappen öffnen sich, wenn sich den biochemischen Sensoren bestimmte Moleküle an den erkrankten Zellen präsentieren, die gesunde Zellen nicht besitzen. Arme an den Enden greifen den Inhalt und docken ihn an der Krebszelle an. Die Wissenschaftler beschreiben, dass das System mit verschiedenen Wirkstoffen befüllt werden und auch unterschiedliche Zelltypen erkennen kann. Was sich hier schlüssig liest, lässt allerdings noch viele Fragen offen. Völlig unklar ist bis heute etwa, wie solche aufwändigen Nanobots wie der hier abgebildete in Milliarden-Stückzahlen automatisiert hergestellt werden sollen.

Es ist keineswegs so, dass Forscher das Ziel der gesteuerten Bewegung von Nanobots aufgegeben hätten. Im Jahr 2018 wurde berichtet, es sei gelungen, eine Nanomaschine (in diesem Fall nicht aus DNA) im Inneren des Glaskörpers eines Auges gezielt zu bewegen. Nanobot-Schwärme, 200-

mal dünner als ein Haar, werden in einem Versuch minimalinvasiv mitten ins Auge injiziert. Von dort bohren sie sich mit einer Propellerkomponente durch den gallertigen Glaskörper. Genauer gesagt trägt man auf die Nanobots eine Antihaftbeschichtung auf, die ihnen ermöglicht, durch den Glaskörper zu schlüpfen, ohne das umgebende Gewebe im geringsten zu verletzten. Das wurde an einem echten Schweineauge demonstriert. Für manche Erkrankungen der Netzhaut müssen Medikamente unmittelbar dort positioniert werden, damit sie ihre Wirkung entfalten (Wu et al. 2018). Ein anderer Nanobot, ebenfalls nicht aus DNA, wurde mit einem Ring von Kohlenstoffatomen konstruiert; der Nanobot hat Paddelform und dreht sich drei Millionen mal je Sekunde. Einen eigenen Motor hat er allerdings nicht, so dass als Energielieferant UV-Licht dient (Dai et al. 2018). Dieser Licht-Stimulus muss allerdings das Gewebe von außen, also durch die Haut, durchdringen können, um die kleinen Maschinen an ihren Zielort zu lenken. Ähnlich funktioniert ein Magnetfeld, das von außerhalb des Körpers um magnetisierte Nanobots herum erzeugt wird und sie steuert. Hier kommen also physikalische Bedingungen ins Spiel. Nanomedizin ist daher immer eine Verbindung von Chemie und Physik. Die unbeantworteten Kernfragen zu DNA-Nanobots betreffen deren biologischen Abbau nach erfolgreichem Einsatz sowie die Reaktion des Immunsystems auf körperfremde DNA (Contera 2019).

Einem amerikanisch-chinesischen Team gelang im Jahr 2018 ein genialer Erfolg auf dem Weg zur Tumorbekämpfung. Auf einen scheibenförmigen, 60 mal 90 nm großen DNA-Nanobot wurde das Enzym Thrombin positioniert. Es fördert die Blutgerinnung. In diesem Fall kommen die durch die Blutbahn auf den Weg gebrachten Nanobots beim Tumor an, und das Enzym erkennt chemisch die kranken Zellen am Ziel. Es wird dort freigesetzt und blockiert mit der erhöhten Blutgerinnung die Blutversorgung der Tumorzellen. Der Tumor stirbt ab. Das Experiment wurde erfolgreich an Mäusen durchgeführt, also *in vivo* und nicht in der Petrischale. Den Mäusen waren zuvor menschliche Tumorzellen injiziert worden, die zu Krebsgewebe anwuchsen (Li et al. 2018). Das ist ein Erfolg mit großem Potenzial.

Nicht nur in der Therapie, auch in der Diagnostik und Prävention eröffnen sich mit der Nanotechnologie noch nie dagewesene Möglichkeiten. In der Größenordnung von Nanometern sind Krankheiten in den Zellen früh erkennbar. Zellen senden andere Signale, wenn der Organismus erkrankt. Nanosysteme sollen diese Signale als spezifische Biomarker frühzeitig erkennen und die Informationen nach außen senden, zum Beispiel an Diagnoseinstrumente. Solche Instrumente werden – so der Plan – in Zukunft Tausende verschiedener Biomarker für ebenso viele Krankheiten in einer einzigen Blut- oder Atemluftanalyse prüfen können. Menschen sollen Patches (vergleichbar Aufnähern) als Echtzeitdiagnoseinstrumente standardmäßig am Körper tragen. Über diese sollen zu jedem Zeitpunkt Echtzeitdiagnosen durchgeführt werden können.

Auf diese Weise würde die Medizin ein präzises Bild des Patienten generieren, basierend auf seiner individuellen zellulären und molekularen Umgebung. Die heutigen Blutanalysen zur Krebsdiagnose erscheinen dagegen wie ein Fischen im Trüben, erzeugen sie doch beispielsweise von einer Tumoraktivität ein viel weniger differenziertes Bild als das, welches man mit Nanosystemen am lebenden Gewebe eines Tumors gewinnen möchte. Durch die Früherkennung entfallen invasive Eingriffe mit Nebenwirkungen. Insgesamt kommen relevante Informationen über eine mögliche oder tatsächliche Krankheit nicht nur eher, sondern auch viel präziser ans Licht. Die Nanomedizin ist daher ein gerader Weg in die personalisierte Medizin der Zukunft (Kap. 8) (Schürle-Finke 2019). Mittel- bis längerfristig können bei Gesunden Tausende von Nanosensoren zur Überwachung des Istzustands Wirklichkeit werden. Abweichungen vom Soll werden in dieser Vorstellung auf der Stelle registriert – eine Totalüberwachung für den guten Zweck. Eine auf Nanotechnologie basierende Medizin der geschilderten Art würde in zwei bis drei Jahrzehnten nur noch wenig mit der Art der heutigen Medizin zu tun haben.

4.2 Neue Proteindesigns und neues genetisches Alphabet – jenseits natürlicher Evolution

Nanostrukturen können außer aus DNA auch aus Proteinen hergestellt werden (Infobox 7). Hier eröffnen sich völlig neuartige Möglichkeiten gegenüber DNA. Proteine sind die Bausteine des Lebens. Sie bestimmen die Form und Struktur der Zellen. Alles Lebendige besteht aus Proteinen, Blut, Knochen und Muskeln ebenso wie Enzyme und Hormone. Um ihre Funktion korrekt ausüben zu können, müssen sich Proteine in extrem komplizierten, mehrstufigen Prozessen exakt zu dreidimensionalen Objekten falten. Manche von ihnen bilden hochkomplexe Superstrukturen aus, deren Reaktionen und Verhalten noch immer wenig erforscht ist. Unser Körper besteht aus etwa 100.000 unterschiedlichen Proteinen.

Der Wunsch, die Logik der Proteinfaltung zu verstehen, motiviert Forscher zu Höchstleistungen. Bei der astronomischen Zahl möglicher

Proteinstrukturen erstaunt es nicht, dass für die Komposition künstlicher Proteine längst Computeranwendungen eingesetzt werden. Im Internet existiert das Netzwerk *Rosetta@home*. Ganze 60.000 Computer arbeiten hier in einem Verbund. Er hat eine Gesamtrechenleistung von 1,7 Petaflops, das sind 1,7 Billiarden (15 Nullen) Fließkomma-Operationen pro Sekunde. Mehr als 1000 wissenschaftliche Veröffentlichungen zu Proteindesigns mit *Rosetta* lagen im Jahr 2020 vor. Zehntausende ehrgeiziger Forscher erkunden mit *Rosetta,* wie man neue Proteine konstruiert, die 3,5 Mrd. Jahre Evolution nicht hervorgebracht haben. Deren Komplexität ist für Menschen nicht mehr begreifbar. *Rosetta* liefert automatisierte Voraussagen für die Struktur von Proteinen, simuliert immer wieder neue Genmutationen, wählt die vorteilhaftesten von ihnen aus, verwirft die ungeeigneten und lässt in diesen maschinell-darwinistischen Blitzprozessen die Architektur von Wunschproteinen entstehen. Noch höhere Rechenleistung liefert das Netzwerk *folding@home,* das im Jahr 2020 11,4 Mio. Prozessorkerne für Proteinfaltungen zusammenschalten kann, womit die Rechengeschwindigkeit in den Bereich von 2,4 Exaflops vordringt, das ist nochmal um den Faktor 1000 größer als Rosetta. Ein Ende ist nicht abzusehen. Die Proteindesigner sprechen daher in beiden Fällen von einem *de novo*-Design für post-evolutionäre Proteine (Contera 2019). Die Tür in die Welt des künstlichen Lebens ist weit geöffnet.

Infobox 7 Kleines ABC der Molekularbiologie

Aminosäuren chemische Verbindungen, die nach genetischen Vorgaben erstellt werden. Aminosäuren werden in Ketten zu Proteinen verknüpft

Basenpaar die Verbindung von Nukleinbasen auf der doppelsträngigen DNA, und zwar immer Adenin mit Thymin (A–T) oder Cytosin mit Guanin (C–G). Die DNA des Menschen besteht aus ca. 3 Mrd. Basenpaaren

Chromosom langer, kontinuierlicher Strang aus Desoxyribonuklein-säure (DNA), der als Doppelhelix um eine Vielzahl von Histonen (Kern-proteinen) herumgewickelt und mehrfach zu einer kompakten Form spiralisiert zusammen mit anderen Chromosomen (beim Menschen 23 Paare) während der Kernteilung einer eukaryotischen Zelle sichtbar wird

DNA (Abk. für engl. *deoxyribonucleic acid,* dt. Desoxyribonukleinsäure, DNS) großes doppelsträngiges Molekül ein- und mehrzelliger Lebewesen, das beim Menschen aus ca. 3 Mrd. Basenpaaren besteht und ca. 20.000–25.000 Gene enthält. Die DNA liegt nicht an einem Stück im Zellkern jeder Zelle vor, sondern ist dort auf Chromosomenpaare aufgeteilt. Die DNA ist nicht das einzige Medium, mit dem biologische Eigenschaften vererbt werden, aber das am intensivsten erforschte

Gen Erbeinheit in Form einer Basenfolge auf der DNA, die Informationen zur Bildung (Synthese) von Proteinen enthält, was in mehreren Schritten erfolgt. Gene umfassen in der Regel einige Hundert bis einige Tausend Basen.

Damit die genetische Information zur Synthese eines Proteins führen kann, muss ein Gen exprimiert werden

genetischer Code für alle Lebewesen nahezu identisches Prinzip, mit dem Nukleotid-Triplett-Sequenzen in Aminosäure-Sequenzen von Proteinen übersetzt werden. Es gibt 20 unterschiedliche natürliche Basentripletts. (Kombinatorisch sind 64 möglich)

Genexpression Vorgang, wie die Information eines Gens zum Ausdruck kommt; im engeren Sinn die Synthese von Proteinen

Genom der Satz von Genen einer spezifischen Art. Das Genom ist nicht identisch mit dem DNA-Inhalt. Nur etwa 2 % der menschlichen DNA besteht aus Genen. Auch die nicht-genetischen Abschnitte der DNA erfüllen biologische Aufgaben

Nukleinbasen Bausteine der DNA, die nach strenger Regel Basenpaare bilden (s. o.). Diese Basenpaare bilden mit weiteren verbindenden Elementen den gesamten DNA-Doppelstrang

Proteine (Eiweiße) Aminosäureketten (i. d. R. 100–300, max. bis 30.000 Aminosäuren), die auf der Basis genetischer Informationen erstellt werden. Der menschliche Körper besitzt mehrere Zehntausend verschiedene Proteine. Sie sind Bausteine für alle Gewebe im Körper für Muskeln, Herz, Haut etc., aber auch für die Enzyme, alle Hormone, für Neurotransmitter im Gehirn und andere Funktionen

Ribosom makromolekulare „Maschine", die zu Tausenden in jeder Zelle vorkommt und der Synthese von Proteinen mithilfe des genetischen Codes dient

Schon viele Proteine wurden mit *Rosetta* erzeugt. Im Jahr 2003 war TOP7 das erste. Selbstverständlich wird der DNA-Code dafür gleich mitgeliefert; so lässt sich prüfen, ob die Proteinfaltung nicht nur im Computer, sondern auch real funktioniert. Meist ist das der Fall. Dann kann man ein solches Protein etwa in ein Bakterium einbauen und beobachten, wie es sich dort verhält. Mittlerweile hat man Proteine erzeugt, die noch bei einer Temperatur von 95 Grad Celsius stabil bleiben. Auch gelang es mit *Rosetta,* die Hülle (Capsid) eines Virus zu erzeugen, die das Virus einpackt. Einige Zeit nachdem man das Virus samt dem neuen Capsid in ein *E.-coli-*Bakterium eingepflanzt hatte, war das Capsid selbst evolviert und nahm neue, verbesserte Eigenschaften an. Das ist ein verblüffender Vorgang; noch vor wenigen Jahren hätte man so etwas als blanke Phantasie abgetan. Doch es ist Fakt, und was mit Virenhüllen funktioniert, funktioniert prinzipiell auch mit anderen Proteinen.

Tausend Fragen tauchen beim Proteindesign auf. Etwa physikalische Fragen: Bei welchen Temperaturen ist das Protein stabil? Warum bindet es mit dem einen, aber mit dem anderen Protein nicht? Warum unterbricht es einen bestimmten Zellmetabolismus? In Computern können solche Problemkreise simuliert und Antworten gefunden werden. Entscheidend ist dabei, dass der Computer gegenüber den mühseligen früheren Laborversuchen „um Lichtjahre" schneller und günstiger ist. Am Ende werden wir voraussichtlich neue Klassen von Proteinen sehen, die Meilensteine bei der Therapie von *AIDS*, Alzheimer, Krebs und Malaria darstellen können. Darüber hinaus hat man schon länger Virusinfektionen im Visier. Gegen sie entwickelt man am Computer neue Proteine. Diese sollen das Immunsystem veranlassen, spezifische Antikörper gegen Viren zu produzieren (Sesterhenn et al. 2020), oder es Viren unmöglich machen, an menschliche Zellen zu binden. Bei der Virusgrippe funktionierte das unerwartet gut: Impfen mit Nanotechnologie.

Die Frage drängt sich auf: Warum ändert man nicht gleich die Produktionsmaschinerie in Organismen selbst, den Ort, an dem die Proteine auf natürliche Weise hergestellt Warden (Schmied et al. 2018)? Diese Maschinen sind die Ribosomen. Ein Ribosom ist eine riesige makromolekulare Maschine; sie besteht vielleicht aus einer halben Million Atomen, eine Superkomposition aus mehr als 50 Proteinen und drei RNA-Molekülen. Jede Zelle braucht Tausende Ribosomen, denn jede Zelle stellt Proteine her. Das strenge, kanonische Verfahren, mit dem sie das seit Milliarden Jahren mehr oder weniger mit immer demselben Schema macht, und zwar bei allen Lebewesen, ist der sogenannte genetische Code (Infobox 7). Es ist keine Überraschung, dass es Forschern keine Ruhe lässt, diesen genetischen Code, den „Code des Lebens", den manche für sehr restriktiv halten, zu erweitern. Immerhin hat dieser natürliche Code aber alle Millionen Arten hervorgebracht, die es bis heute auf der Erde gab und gibt!) Tatsächlich arbeiten Genetiker daran, ihn noch mehr zu zu auszubauen. Mehrere Verfahren wurden bis heute dazu vorgestellt.

Therapeutika, molekulare Maschinen und unzählige Sensoren sollen in unserem Körper in ferner Zukunft mit der halb natürlichen, halb künstlichen Biosynthese auf völlig neue Weise wirken. Dafür wird es schließlich unvermeidlich sein, dass die genetische Vorschrift für neue Ribosomen mithilfe von CRISPR (Kap. 7) in die menschliche DNA eingebaut wird. An Ideen, was als nächstes kommen wird und aus ihrer Sicht kommen muss, mangelt es den Forscherinnen und Forschern in den Laboren und an den Computern der Welt dabei wahrhaftig nicht.

Wenn man von einem Eingriff in die Fortentwicklung des Lebens sprechen kann, von einem Umbau des Lebendigen, dann bei der Erweiterung des genetischen Codes. Man darf sich hier nicht einfach vorstellen, unsere eigenen Zellen ließen sich auf diese Weise in Kürze reihenweise umbauen. Das ist noch weit außer Sicht. Aber niemand mag mehr behaupten, das sei unmöglich. Heute kann schon die molekulare Bauweise eines *E.-coli*-Bakteriums verändert werden. Den zwei Basenpaaren der DNA (Infobox 7), A-T und C-G, aus denen alles Leben auf der Erde besteht, seit es Leben überhaupt gibt, wurden zwei weitere künstliche Paare hinzugefügt. Nicht nur das, vielmehr konnte der genetische Code mit dem Umbau operieren und das neu geschaffene Lebens-Alphabet mit den neuen Basenpaaren in die Zellen einbauen (Malyshev et al. 2014). Angesichts solcher Entwicklungen, kann die Phantasie von Forschern schon einmal heiß laufen: Sie ersinnen völlig neue Bedingungen für das Leben, wie Leben ohne Wasser, Leben in extremen Temperaturen oder Leben, das allen Viren-angriffen trotzt; sie malen sich das Entstehen neuer Lebensbäume aus, die mit denen seit Beginn des Lebens nicht mehr kompatibel sind. Leben muss dann nicht mehr aus DNA bestehen, und sie wird auch nicht mehr als die beste Basis für neues Leben gesehen.

Nur 20 Aminosäuren werden bei der Synthese von Proteinen in der Natur verwendet. Diese Zahl wird auf dem geschilderten Weg drastisch aus-geweitet. Die Konsequenz ist eine riesige Zahl möglicher neuer Proteine. Atome wie Fluor, Chlor, Brom, Selen, Silizium oder interessante chemische Gruppen könnten mit einem erweiterten genetischen Code als neue Bestandteile hinzugefügt werden, denn der natürliche genetische Code kennt diese und noch weitere nicht. Er kam bisher ohne sie aus. Aber das heißt nicht, dass die Natur einen optimalen Weg für alle Anforderungen darstellt, denn so bewundernswürdige Leistungen die Evolution auch hervorbringt, sie führt zu keinem Optimum, sondern unter den gegebenen Umständen immer „nur" zum besten Kompromiss. Wissenschaftler wie die hier beschriebenen aber suchen optimierte Formen des Lebens für neue Welten – Welten mit selbst replizierenden Organismen unter heute nicht tolerierbaren fremden Bedingungen. Der Mensch möchte die Kontrolle darüber haben, was lebt – und wo und wann (Enriquez und Gullans 2016).

4.3   Visionen der Molekularmedizin

Auch mit *Rosetta* und neuen Ribosomen ist das Ende der Forschung noch nicht erreicht. Irgendwann wird eine menschliche Zelle mit ihren 100.000 Proteinen, 1000 Zellkraftwerken und noch mehr Zellkreisläufen voll-ständig simuliert werden. Diese virtuelle Zelle wird tausendfach mit Nach-barzellen kommunizieren. Vielleicht hat nur das gesamte Internet die Kapazität für ein solches Modell. Das Mammutprojekt einer synthetischen Zelle wird alles übertreffen, was man bisher im Internet simulieren wollte, wenn wir einmal von der Simulation unseres Gehirns absehen. Das Ziel liegt auf der Hand: Es gilt, den natürlichen Reproduktionszyklus am Computer tausendfach zu verkürzen, um schnelle, aber gleichzeitig zuverlässige Ergebnisse zu produzieren: 100 Zellteilungszyklen oder 100 Mäusegenerationen in einer Minute. Das wird unter anderem unabkömmlich, wenn Medikamente in signifikant beschleunigten Verfahren entwickelt, getestet und auf den Markt gebracht werden sollen; man denke nur an die Entwicklung der Impfstoffe für Covid-19. Dafür steht ferner die Aufgabe an, neue virtuelle Lebensformen hervorzubringen, die die Biologie verbessern. Zuerst werden es kleine Formen sein, verbesserte Bakterien, Viren mit Sonderaufgaben oder effizientere Enzyme. Parallel dazu werden die Anstrengungen vorangetrieben, durch Forschung an lebenden Zellen – ebenfalls mit Computerhilfe – deren Mechanismen besser zu verstehen. Das geschieht mit gentechnisch erzeugten, am Computer zuvor tausendfach durchgespielten und selektierten Mutationen, aber daneben auch mit ultrakompakten Sensoren in echten Zellen, auf Chips gebannten Mikrolaboren. Sie sollen die molekularen Poren der Zellen erkunden, den Ionenfluss und ihre Energieerzeugung exakt messen. Das so gewonnene Wissen wird wieder in Simulationen einfließen, die auf diese Art weiter verbessert werden (Szenario 1).

Beide Welten, die reale und die virtuelle, greifen ineinander. Es existieren bereits einfache Zellsimulationen eukaryotischer Zellen (Ghaffarizadeh et al. 2018). Mit einem System kann man etwa nachbilden, wie bis zu eine Million Zellen sich bewegen, wachsen, sich teilen und kommunizieren. In diesem Modell ist die einzelne eukaryotische Zelle aber nur ein primitives digitales Abbild ihres lebenden Pendants. Die Einzelzelle simuliert hingegen wieder ein anderes Modell besser, aber immer noch sehr rudimentär (Lykov et al. 2017). Diese Modellzelle kann die subzellulären Prozesse besser abbilden, dafür aber die so wichtige Kommunikation mit den Nachbarzellen wieder nicht. Erst nach und nach wird neben der echten eine parallele, quasi-lebende Welt entstehen, eine Evolutionsmaschine, wie Sandip Tiwari sie bezeichnet. Sie wird die Natur bis ins Kleinste imitieren und gleichzeitig neue Naturformen schaffen. Die Frage wird uns dann anhaltend beschäftigen, wo das Ende der Natur und wo der Beginn des Künstlichen ist. „Die nächsten fünfzig Jahre werden uns verwirren, wenn wir diese Frage als normative Frage abschaffen. Es wird einfach nicht möglich sein, zwischen vom Menschen geschaffenen und von der Natur entwickelten Formen zu unterscheiden" (Tiwari 2012). Diese Evolution unserer Spezies und unserer gesamten Umwelt hat dann mit Darwin fast nichts mehr zu tun. Oder doch?

Szenario 1

Anwendungen, Wissensformen und Veränderungsarten bei Nanomedizin

Phasen (auch zeitlich parallel, nicht kausal aufeinanderfolgend)	Wissen (heute)	Veränderungen (technisch)
Frühdiagnostik multipler Krankheits-anzeichen in einer einzigen Blut- und Atemanalyse (Molekulardiagnostik)	schon vielfache Anwendungen mit Blutproben in US-Kliniken	kurz- bis mittelfristig; gerichtete Veränderung
metallische Nanopartikel gegen Antibiotikaresistenz	Erprobungen (Dai et al. 2016)	kurz- bis mittelfristig; gerichtete Veränderung
DNA-Nanobots gegen virale Infektionen	bereits realisierte Versuche, auch beim Menschen? (Singh et al. 2017)	kurz- und mittelfristig; gerichtete Veränderung
DNA-Nanobots mit gezielter Verabreichung giftiger chemotherapeutischer Moleküle an bestimmte Tumorzellen, ohne die gesunden Zellen anzugreifen	Fakten, fundierte Meinungen, erste Ergebnisse bei Krebserkrankungen, Herz- und Gefäßerkrankungen beim Menschen stehen an (Li et al. 2018; Shi et al. 2017 u. a)	mittelfristig; gerichtete Veränderung
synthetische Nanoimpfstoffe erzeugen Immunreaktionen gegen Grippe, Autoimmunerkrankungen und Krebs	möglich, Fakten, fundierte Meinungen, erste Ergebnisse (Lung et al. 2020)	mittelfristig; gerichtete Veränderung
Biosensoren in Zellen	möglich, Fakten, fundierte Meinungen (Ahmed et al. 2014)	mittelfristig; gerichtete Veränderung;
künstliche Proteine beim Menschen als Katalysatoren für neuartige chemische Reaktionen im Körper, z. B. mit Metallionen als Kontrastmittel für medizinische Diagnostik	möglich, Fakten, fundierte Meinungen (Mocny und Pecoraro 2015 u. a.)	kurz- bis mittelfristig; gerichtete Veränderung

Phasen (auch zeitlich parallel, nicht kausal aufeinanderfolgend)	Wissen (heute)	Veränderungen (technisch)
synthetische Proteine mit neuen Aminosäuren zur physiologischen Erweiterung von Zellen und als medizinische Wirkstoffe im lebenden menschlichen Organismus (in vivo)	möglich, Fakten, fundierte Meinungen; erste Laborergebnisse (Kaç et al. 2019 u. a.)	mittel- bis längerfristig; gerichtete und ungerichtete Veränderung
Änderungen und Erweiterung des genetischen Codes beim Menschen	Realisierungen bei *E. coli* (Hoesl und Budisa 2012 u. a.)	mittel- bis langfristig (nur somatisch)
künstlich hergestelltes Gewebe bzw. durch Nanopartikel angeregte Gewebebildung aus Zellen (*Tissue Engineering*, Gewebe-Regeneration)	erste Echtanwendungen z. B. Harnblase (Serrano-Aroca et al. 2018), Blutgefäße, Knochen (Chen et al. 2020), Haut, Zahnschmelz; erfolgreiche Tierversuche mit Neuronenregeneration u. a	kurz- und mittelfristig; gerichtete Veränderung
3D-Bioprinting von Geweben, Knochen, Organen (Abschn. 5.4)	möglich, Fakten, fundierte Meinungen; erste Anwendungen an Herz (Noor et al. 2019), Niere (Wragg et el. 2019) u. a	gerichtete Veränderung; größte Herausforderung sind kleinste Blutkapillare
bio-hybride Roboter-Lebewesen	möglich, Fakten, fundierte Meinungen; erste Anwendungen (Heinrich et al. 2019; Ricotti et al. 2017)	mittel- und längerfristig; gerichtete und ungerichtete Veränderung
selbst replizierende Nanobots	Vermutungen/Spekulation (Fries 2018; Kim et al. 2015)	unkalkulierbar/ Spekulationen
vollständige Simulation menschlicher Zellen im Verband	Vermutungen/große Spekulation; innovative, sprunghafte Wissenserweiterung erforderlich (Tiwari 2012)	unkalkulierbar/ Spekulationen; längerfristig; Kipppunkte mit technischen Umbrüchen und Trendbeschleunigungen erforderlich

4.4 Zusammenfassung

Die Nanomedizin wird zu einer tragenden Säule der Zukunftsmedizin. Künstliche, autonome DNA-Bots in Molekulargröße können Medikamente im Gefäßsystem und anderen Geweben transportieren und gezielt an Krankheitsherden absetzen, wo sie dann ihre Wirkung entfalten. Ein Schwerpunkt-Einsatz wird die Krebsbekämpfung sein. Aber auch Diagnosen sollen in der entstehenden Molekulardiagnostik zunehmend exakt auf das Individuum zugeschnitten werden. Softwareunterstütztes Design neuer, in der Natur nicht vorkommender Proteine nimmt Fahrt auf. Künstliche Proteine mit neuen chemischen und physikalischen Eigenschaften entstehen. Langfristig können sie zu Bestandteilen unserer Biologie werden und unsere Evolution verändern. Die Unterscheidbarkeit von künstlich und natürlich wird dabei vollkommen verschwimmen. Am Horizont zeichnet sich bereits die vollständige Simulation unserer Biologie und ihr Umbau mit der Hilfe künstlicher Intelligenz und globaler Netze ab. Immer exaktere Simulationen bis auf die molekulare Ebene können zu einem Rückgrat medizinischer Strategien werden.

Literatur

Ahmed A, Rushworth JV, Hirst NA, Millner PA (2014) Biosensors for whole-cell bacterial detection. Clin Microbiol Rev 27(3):631–646. https://doi.org/10.1128/CMR.00120-13

Chen CH, Hsu EL, Stupp SI (2020) Supramolecular self-assembling peptides to deliver bone morphogenetic proteins for skeletal regeneration. Bone 141. https://doi.org/10.1016/j.bone.2020.115565

Contera S (2019) Nano comes to life. How nanotechnology is transforming medicine and the future of biology. Princeton University Press, Princeton

Dai B, Wang J, Xiong Z, Zhan X, Dai W, Li C-C, Feng A-H, Tang J (2018) Programmable artificial phototactic microswimmer. Nat Nanotechnol. https://doi.org/10.1038/nnano.2016.187

Dai X, Guo Q, Zhao Y, Zhang P, Zhang T, Zhang X, Li X (2016) Functional silver nanoparticle as a benign antimicrobial agent that eradicates antibiotic-resistant bacteria and promotes wound healing. ACS Appl Mater Interfaces 8:25798–25807. https://doi.org/10.1021/acsami.6b09267

Douglas SM, Bachelet I, Church GM (2012) A logic-gated nanorobot for targeted transport of molecular payloads. Science 335(6070):831–834. https://doi.org/10.1126/science.1214081

Enriquez J, Gullans S (2016) Evolving ourselves. Redesigning the future of humanity – one gene at a time. Penguin Random House, New York

Feringa BL, Koumura N, Zijlstra RWJ, van Delden RA, Harada N (1999) Light-driven monodirectional molecular rotor. Nature 401(6749):152–155. https://doi.org/10.1038/43646

Fries MH (2018) Nanotechnology and the gray goo scenario: narratives of doom? Les nanotechnologies aux prises avec le scénario de la glue grise: des récits de malheur? ILCEA 31:1–17. https://journals.openedition.org/ilcea/4687

Ghaffarizadeh A, Heiland R, Friedman SH, Mumenthaler SM, Macklin P (2018) PhysiCell: an open source physics-based cell simulator for 3-D multicellular systems. PLoS Comput Biol. https://doi.org/10.1371/journal.pcbi.1005991

Heinrich MK, Mammen S von, Hofstadler DN, Wahby M, Zahadat P, Skrzypczak T, Soorati MD et. al. (2019) Constructing living buildings: a review of relevant technologies for a novel application of biohybrid robotics. J R Soc Interface 16(156). doi: https://doi.org/10.1098/rsif.2019.0238

Hoesl MG, Budisa N (2012) Recent advances in genetic code engineering in Eschricia coli. Curr Opin Biol (23)5:751–757. http://doi.org/10/j.copbio.2011.12.027

Kaç B, Feron L, Richardson SCW (2019) The delivery of personalised, precision medicines via synthetic proteins. Drug Deliv Lett 9(9):1–10

Kim J, Lee J, Hamada S. et al. (2015) Self-replication of DNA rings. Nature Nanotech (10):528–533. https://doi.org/10.1038/nnano.2015.87

Li, S, Jiang, Q, Liu S et al.   (2018) A DNA nanorobot functions as a cancer therapeutic in response to a molecular trigger in vivo. Nat Biotechnol 36:258–264. https://doi.org/10.1038/nbt.4071

Lung P, Yang J, Li Q (2020) Nanoparticle formulated vaccines: opportunities and challenges. Nanoscale 12:5746–5763. https://doi.org/10.1039/C9NR08958F

Lykov K, Nematbakhsh Y, Shang M, Lim CT, Pivkin IV (2017) Probing eukaryotic cell mechanics via mesoscopic simulations. PLOS Comput Biol 13(9): e1005726. https://doi.org/10.1371/journal.pcbi.1005726

Malyshev DA, Dhami K, Lavergne T, Chen T, Dai N, Foster JM, Corrêa Jr IR, Romesberg FE (2014) A semi-synthetic organism with an expanded genetic alphabet.   Nature   15;509(7500):385–8.   doi: https://doi.org/10.1038/nature13314

Mocny CS, Pecoraro VL (2015) De Novo protein design as a methodology for synthetic bioinorganic chemistry. Chem Res 48(8):2388–2396. https://doi.org/10.1021/acs.accounts.5b00175

Ricotti L, Trimmer B, Feinberg AW, Raman R, Parker KK, Bashir R, Sitti M, Martel S, Dario P, Menciassi A (2017) Biohybrid actuators for robotics: a review of devices actuated by living cells. Sci Robot 2, eaaq0495. doi: https://doi.org/10.1126/scirobotics.aaq0495

Schmied WH, Tnimov Z, Uttamapinant C, Rae CD, Fried SD, Chin JW (2018) Controlling orthogonal ribosome subunit interactions enables evolution of new function.   Nature   564(7736):444–448.   https://doi.org/10.1038/s41586-018-0773-z

Schürle-Finke S (2019) Nanosystem für die personalisierte Medizin. In: Böttinger E und Putlitz J zu (2019) Die Zukunft der Medizin. Medizinisch Wissenschaft-liche Verlagsgesellschaft, Berlin, S 95–101

Serrano-Aroca Á, Vera-Donoso CD, Moreno-Manzano V (2018) Bioengineering approaches for bladder regeneration. Int J Mol Sci 19(6):1796. https://doi.org/10.3390/ijms19061796

Sesterhenn F, Yang C, Bonet J et al. (2020) De novo protein design enables the precise induction of RSV-neutralizing antibodies. Science 368(6492). doi: https://doi.org/10.1126/science.aay5051

Shi J, Kantoff PW, Wooster R, Farokhzad OC (2017) Cancer nanomedicine: progress, challenges and opportunities. Nat Rev Cancer 17(1):20

Singh L, Kruger HG, Maguire GEM, Govender T, Parboosing R (2017) The role of nanotechnology in the treatment of viral infections. Ther Adv Infect Dis 4(4):105–131. https://doi.org/10.1177/2049936117713593

Tiwari S (2012) Paradise lost? Paradise regained? Nanotechnology, man and machine. In: TF editores (2012) There's a future. visions for a better world. BBVA, Madrid, S 153–174. https://www.bbvaopenmind.com/wp-content/uploads/2013/01/BBVA-OpenMind-Book-There-is-a-Future_Visions-for-a-Better-World-1.pdf

Wragg NM, Burke L, Wilson SL (2019) A critical review of current progress in 3D kidney biomanufacturing: advances, challenges, and recommendations. Ren Replace Ther 5:18. https://doi.org/10.1186/s41100-019-0218-7

Wu Z, Troll J, Jeong H-H, Wie Q, Stang M, Ziemssen Z, Wang Z, Dong M, Schnichels S, Qiu T,Fischer P (2018) A swarm of slippery micropropellers penetrates the vitreous body of the eye. Sci Adv 4:11, eaat4388. doi: https://doi.org/10.1126/sciadv.aat4388

Tipps zum Weiterlesen und Weiterklicken

Die unsichtbare Revolution – Nanomedizin (2016) (*YouTube*). Diese Folge unter-sucht die Anwendungen der Nanotechnologie auf dem Gebiet der Medizin. Thematisiert werden die nanomolekulare Diagnose von Krankheiten, Alters-bekämpfung, die Regeneration von Geweben und Prothesen mit künstlich erzeugtem Empfinden. https://www.youtube.com/watch?v=oSf-vrIy95c

5

Medizintechnik, Chirurgie und Pandemiestrategien – an den Grenzen des Machbaren

Mit zu den ehrgeizigsten Forschungsfeldern der Medizintechnik gehört der adäquate Ersatz fehlender oder funktionslos gewordener Körperteile, also Formen der Mensch-Maschine-Kombination. Bereits heute existieren wir in gewissen Formen als Cyborgs. Das gilt für Menschen mit Herzschrittmachern ebenso wie für solche mit Insulinpumpen, Retina-, Cochlea- oder Gehirnimplantaten. Im September 2018 berichtete die Mayo Clinic in Rochester, dass ein Querschnittsgelähmter mithilfe implantierter Elektroden zur Rückenmarkstimulation 100 m weit mit Unterstützung gehen konnte. Die unterbrochenen Nervenbahnen vom Rückenmark zu den Beinen wurden mit den Implantaten überbrückt.

5.1 Roboterarme

In der Armprothesenchirurgie laufen beeindruckende Forschungen. In *YouTube* kann man einem Mann mit einer Roboter-Armprothese dabei zusehen, wie er eine Orange schält. Die Technik dafür ist heute bereits wieder überholt, denn die Steuerung der Prothese – so elegant sie auch aussieht – erfolgt hier noch über die Restmuskulatur des Oberarms. Der Patient muss erst lernen, mit seinen verbliebenen Muskeln Signale an die Prothese auszulösen, um die gewünschten Handbewegungen mit ihr ausführen zu können. Das ist schwierig und verlangt viel Übung. Neue Prothesen, etwa von der Art des *Modular prosthetic limb* (Johannes et al. 2020), einem Prototyp der Johns Hopkins University (ebenfalls im Internet zu sehen),

A. Lange, *Von künstlicher Biologie zu künstlicher Intelligenz – und dann?*, https://doi.org/10.1007/978-3-662-63055-6_5

sind bis in die Fingerspitzen mit dem Nervensystem verbunden *(mind control)*. Eine solche Prothese kann dabei sogar vom Körper losgelöst sein und frei an einem Ständer hängen. Sie kommuniziert dann kabellos mit einer Manschette am Oberarm des Patienten. Diese ist über die Nerven des Oberarms mit dem Nervensystem und damit dem Gehirn gekoppelt. Die Prothese selbst besitzt 100 Sensoren, die Feldern auf den Fingerspitzen und auf dem Handrücken entsprechen. Berührt der Arzt die losgelöste Prothese etwa am kleinen Finger, spürt der Patient das an entsprechender, gedachter Stelle. Drückt der Arzt fest auf einen Finger der Prothese, schmerzt es den Patienten. Die Prothese „fühlt". Eine ähnliche Prothese ist in Abb. 5.1 zu sehen. Man mag einwenden, ein Roboter werde nie die Empfindlichkeit eines Fingers haben. Nun, am Georgia Institute of Technology hat man bereits eine hochauflösende Roboterhaut mit vielen Tausend Einzelsensoren pro Quadratzentimeter entwickelt, mehr als auf einer Fingerspitze (Wade et al. 2017). (Unser gesamter Körper verfügt über rund 900 Mio. tastsensible Rezeptoren.) Die künstliche Haut ist dehnbar, tast-, druck- und temperatursensibel. Mit so viel Feingefühl hätte eine künstliche Hand gute Chancen, ein gekochtes Ei zu pellen.

Moderne Prothesen (Abb. 5.1) haben ein KI-gesteuertes „Gehirn". Künstliche Intelligenz (Infobox 11) wacht darüber, was der gehende Patient mit einer Beinprothese im Bruchteil der nächsten Sekunde wohl als nächstes tun wird; sie wacht über kleinste Muskelkontraktionen, Gleichgewicht und berechnet in Realzeit die optimale Reaktion (Frost 2019). Dabei soll auch die Bewegung des Roboterarms in Signalform an das Gehirn zurückgemeldet werden, so dass es zum Beispiel die Information bekommt, wie stark sich die Hand geschlossen hat. Die Komplexität eines solchen Systems ist schwer unvorstellbar.

5.2   Regeneration von Gliedmaßen

Der Ersatz verlorener Gliedmaßen kann aber auch ganz andere Formen annehmen, wenn es gelänge, dass sich beispielsweise eine abgetrennte Hand biologisch regeneriert. Schließlich beherrscht die Evolution diesen Prozess, aber eben nur bei wenigen Wirbeltieren. Beim erwachsenen Axolotl, einem mexikanischen Schwanzlurch, wachsen abgetrennte Beine und Füße in circa 90 Tagen vollständig nach. Das haben wir evolutionär „verlernt". Bestenfalls bildet sich bei einem Kleinkind eine abgetrennte Fingerkuppe neu. Hier ist klar, dass Biologen verstehen wollen, was beim Tier abläuft, und sich fragen, wie man unserer Spezies diese Fähigkeit wieder „beibringen" kann.

Abb. 5.1 Intelligente Armprothese Es gibt schon heute zahlreiche Entwicklungen KI-gesteuerter Armprothesen, auch mit vielen Sensoren für Berührungs-, Tast- und Druckempfindlichkeit. Sie sind kabellos mit dem Nervensystem gekoppelt. Der Patient spürt Berührungen an einzelnen Fingergliedern und auch Schmerz. Er steuert die Prothese mit seinen Gedanken (Roboterhand: Alamy)

Keine einfache Aufgabe, so viel lässt sich schon vorab dazu sagen. Warum können wir unsere Zähne nicht zweimal oder noch öfter regenerieren? Die Mechanismen für den Ersatz der Milchzähne sind doch vorhanden, die Zellen haben die Information dafür, warum nicht ein weiteres Mal wie bei den Haien und Krokodilen? Das wäre doch ein Segen (außer natürlich für die Zahnärzte). Die Stammzelltherapie wird das möglich machen, und das in nicht allzu ferner Zukunft. Im Labor ist es jedenfalls schon gelungen (Mozaffari et al. 2019). Von Vorteil dafür sind hier nicht embryonale, sondern adulte Stammzellen, also solche von Erwachsenen. Diese werden in verschiedenen Geweben im lebenden Organismus immer wieder neu gebildet, vor allem im Knochenmark und in der Haut. Kürzlich gelang es sogar, auch Stammzellen aus Zähnen zu gewinnen. Alle adulten Stammzellen öffnen die Tür für eine regenerative Zahnmedizin, zunächst einmal für Kariesfälle. In diesem Zusammenhang will man auch molekulare Signalmechanismen verstärken, um Wachstumsprozesse für die Regeneration von Zähnen zu stimulieren. Am Horizont dieser Forschungen steht der kundenspezifische, regenerierte Zahn, die personalisierte Zahnmedizin.

Eine menschliche Armanlage beginnt sich etwa ab der sechsten Woche nach der Befruchtung auszubilden und wächst aus der Schulterregion seitlich als Knospe heraus. Die Arme entwickeln sich etwas früher als die Beine. Innerhalb einer einzigen Woche entstehen Oberarme, Unterarme und Fingerknochen, parallel Blutgefäße, versetzt dazu Sehnen, Muskeln, Nerven und viel später erst alle Hautschichten und die Nägel. Der gesamte Embryo ist bei Beginn der Extremitätenentwicklung gerade einmal 8 bis 11 mm lang, die Handplatte anfangs folglich nur den Bruchteil eines Millimeters groß. Im winzigen, weniger als einen Stecknadelkopf großen Raum der Handknospe laufen im noch durchsichtigen mesenchymalen Gewebe biochemische Prozesse ab, die zu einer selbstorganisierenden Musterbildung der Finger- und Zehenknochen führen. Selbstorganisierend heißt, dass Knochenpositionen der Finger und Zwischenräume nicht an jeder einzelnen Stelle genetisch determiniert werden. Das wäre viel zu aufwändig. Mit anderen Worten: Gene allein können die Entwicklung der Handstruktur nicht erklären (Lange et al. 2018). Vielmehr spielen diffundierende Zellsignale, sogenannte Morphogene, für die Formbildung eine entscheidende Rolle. Diese Stoffe haben eine Signal-Reichweite von ein paar Hundert Zellen, beeinflussen sich gegenseitig und bilden vereinfacht ausgedrückt epigenetisch Wellen, was nach und nach zu dem sich wiederholenden Muster der Finger führt.

Der berühmte britische Mathematiker Alan Turing (1912–1954) beschrieb 1952 als Erster, dass Musterbildung in der Biologie biochemisch möglich ist, weshalb man auch von Turing-Prozessen spricht (Turing 1952). Der Vorgang kann jedoch etwa bei einer neuen Hand, die sich nach einem Unfall eines Erwachsenen in kurzer Zeit bis zur alten Größe neu ausbilden soll, auf keinen Fall auf dieselbe Art ablaufen wie im Embryo. Man kann nicht etwa in den Stumpf eines Erwachsenen entsprechend vorbereitete Stammzellen implantieren. Das Verfahren der Regeneration muss daher völlig anderer Art sein. Ich habe mich in meiner Dissertation acht Jahre damit beschäftigt, wie sich die Hand entwickelt und wie zusätzliche Finger entstehen, aber meines Wissens hat noch niemand beschrieben, wie eine Regeneration einer Hand oder eines ganzen Arms beim Mensch aussehen könnte. Auch hat noch niemand beschrieben, wie die neue Extremität des Axolotls ihr exaktes adultes Muster wieder regeneriert. Aber Regeneration funktioniert nun einmal im Tierreich. Die Forschung ist also hier gefordert, um genau das auch beim Menschen hinzubekommen.

5.3 Gewebezüchtung und Xenotransplantation

Viel weiter ist man heute mit der Züchtung von Geweben, dem so genannten *Tissue Engineering*. Hier ist die Regeneration von Knochen- oder Knorpelgewebe schon zum Greifen nah. Da die Verwendung embryonaler Stammzellen in Deutschland verboten ist, sind bei uns und in anderen Ländern große Forschungsanstrengungen im Gange, adulte somatische Zellen, also Körperzellen, im Labor in den Entwicklungsstand pluripotenter Stammzellen zurückzuversetzen. Solche Zellen können sich in bestimmte Richtungen weiterentwickeln, aber nicht in alle. Hat man dies erreicht, können sich die Zellen zu einem gewünschten neuen Gewebe ausbilden, wenn dieses aus einem homogenen Zelltyp besteht. Vollständige Organe wird man auf diesem Weg allerdings kaum gewinnen, da diese aus zahlreichen unterschiedlichen Zellgeweben bestehen, darunter Muskel-, Blutgefäß-, Nervenzellen und vielen anderen.

Bevor man die Regeneration ganzer Organe beherrscht, wird das Feld voraussichtlich durch Xenotransplantationen bestimmt werden. Damit ist die Verpflanzung tierischer Organe in Menschen gemeint. Experimente dazu mit Tier-zu-Tier-Transplantationen sind in vollem Gange. So wurden etwa Schweinelungen und Schweineherzen in Paviane verpflanzt. Ein Pavian mit eingepflanztem Schweineherz konnte bereits zweieinhalb Jahre überleben. Längst werden Herzklappen von Schweinen beim Menschen verwendet. Aber man will natürlich mehr: Herzen, Lebern und Lungen sind gefragt. Bei ihnen allen gibt es weltweit zu wenige menschliche Spenderorgane. Die Züchter stehen in den Startlöchern, jedoch ist die Hürde der Immunabwehr riesig und unser Immunsystem immer noch unübersehbar komplex. Zudem können Dutzende verschiedener Krankheitserreger übertragen werden. All das ließ Pharmakonzerne in der Vergangenheit schier verzweifeln. Dabei verhält es sich nämlich nicht etwa so, dass das Immunsystem das fremde Organ als einheitliches Gesamtobjekt wahrnimmt und quasi digital per ja/nein entscheidet, ob dieses eigen oder fremd ist. Vielmehr reagieren viele Antigene unzähliger Zellen des eigenen Immunsystems mit Millionen Zellen, genauer Zelloberflächen des fremden Organs, die ihnen präsentiert werden. Bei der Lunge sind das besonders viele Zellen, da Spender und Empfänger bis in die kleinsten Blutgefäße miteinander verbunden werden.

Dennoch will man die Schwierigkeiten überwinden, zumal das Thema bereits verstärkt auch mit CRISPR angegangen wird (Abschn. 6.2). Erste Erfolge in dieser Richtung sind erzielt (Deuse et al. 2019). Es wird viel getan werden, um das Problem der unerwünschten Abwehr in den Griff zu bekommen. Schon in den nächsten Jahren werden wir hier zweifellos Erfolge sehen (Reardon 2015). Wenn sich die erwünschten Fortschritte einstellen, eröffnen sich damit gigantische Märkte für regenerative neue Medizinfelder.

5.4   Organherstellung im 3D-Drucker

Ein Herz aus dem Drucker ist eine noch ganz andere Kategorie von Komplexität. Unser Herz besteht aus Dutzenden verschiedener Zelltypen, darunter allerfeinste Muskelfasern und Blutkapillaren. In den meisten Fällen arbeitet es als absolut zuverlässiger Motor, der im Laufe eines 80-jährigen Lebens rund drei Milliarden Mal schlägt und seine Leistung sekundenschnell an jede kleinste körperliche oder geistige Veränderung anpasst, ganz zu schweigen von der Reaktion auf große Anstrengungen. Solch ein System soll ein 3D-Drucker liefern – kein Kunststoffherz, sondern ein schlagendes Organ, bestehend aus lebenden Zellen. Das künstlich hergestellte Produkt soll in allen Zellen mit Blut, Sauerstoff und Nährstoffen versorgt werden und exakt die Originalgröße und Form des alten Organs seines Empfängers haben. Die bedrückende Situation mit zu wenigen Spenderherzen soll endlich für immer der Vergangenheit angehören.

Eigentlich gehört dieses Thema in das vorige Kapitel zur Nanotechnik. Dann müsste ich genauer darauf eingehen, wie der 3D-Bioprinter seine Druckgenauigkeit mindestens auf Zellposition, also Mikroebene beherrscht, müsste beschreiben, wie er statt mit der Tinte eines Tintenstrahldruckers mit biologischer „Tinte", der Bio-Ink, und mit einem Laserstrahl jede einzelne der aus eigenen Stammzellen des Empfängers gezüchteten, unterschiedlichen Zellen genau an ihre vorgesehene Position setzt, wie er Proteine (Biopolymere), etwa das wichtige Strukturprotein Kollagen und andere Substanzen, zwischen die Zellen einfügt, so dass das gedruckte Hydrogel dann biologisch fusionieren und das Organ nach der Fertigstellung auch wachsen kann. Aber das Thema passt hier ebenso gut, schließlich geht es hier darum, ein großes Organ biosynthetisch herzustellen.

Ein solcher Bioprinter erledigt seine Aufgabe, wie Sie bestimmt schon an industriellen Beispielen in *YouTube* gesehen haben, in vielen Tausend dünnen Einzelschichten. Die Vorlage, ein 3D-Modell vom Herz, bekommt der Drucker aus dem Computer. Sie muss sehr präzise sein. Beim Druck eines Organs erscheinen in den Schichten dann ganz unterschiedliche Gewebe, wie kreuz und quer verlaufende Kapillare oder jene spezialisierten Herzmuskelzellen, die elektrische Impulse und damit die Herzaktion auslösen. Allein die Anzahl der Muskelzellen für die linke Herzkammer, die die Hauptpumpleistung erbringt, wird bei einem jungen Menschen auf sechs Milliarden geschätzt. Die Anbindung an das vegetative Nervensystem ist genauso abzubilden wie weitere biologische Funktionen. Die Präzision, die hier von einem Bioprinter gefordert ist, übersteigt unser Vorstellungsvermögen bei weitem.

Die laufenden technischen Erneuerungen sind enorm, und angesichts der derzeitigen Auflösung von bereits 20 bis 100 µm ist kein Ende abzusehen. Tatsächlich gelang es 2019 einem Team in Tel Aviv, ein Herz mit menschlichem Zellmaterial in der Größe eines Hasenherzens bzw. einer Kirsche zu drucken (Abb. 5.2). Es besitzt alle Zelltypen und ist zu Kontraktion in der Lage. Aber es kann sich nicht wieder rhythmisch erweitern, also regelmäßig pulsieren – noch nicht (Noor et al. 2019).

3D-gedruckte Organe sind bislang für die Transplantation beim Menschen heute nicht ausgereift, da sie noch zu schwach und instabil sind. Zudem bereitet die Größe noch Probleme. Letztlich müssen die Organe oder Organteile über längere Zeiträume als in den derzeitigen Versuchen überwacht und gekühlt werden, um sicherzustellen, dass sie sich nicht

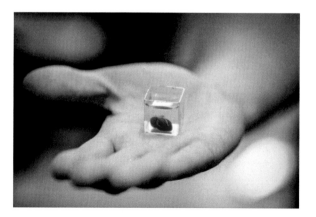

Abb. 5.2 3D-Bioprint eines Herzens. Kontraktionsfähiges Herz in der Größe eines Hasenherzens mit allen Zellgeweben. Ziel ist es, ein funktionsfähiges menschliches Herz im Bioprinter zu drucken (3D-Bioprint eines Herzens: Ilia Yefimovich (Erlaubnis angefragt))

beim Produktionsprozess gleich wieder zersetzen, sondern im menschlichen Körper einwandfrei funktionieren. Die Abbildung der kleinsten Blutgefäße stellt ebenfalls noch eine große Herausforderung dar. Die Bewältigung aller dieser Herausforderungen erfordert die Integration von Wissen aus Zellbiologie, Medizin, Nanotechnologie, Physik, Materialwissenschaft und Ingenieurwesen. Bis das gelingt, müssen wir uns sicher noch mindestens zehn Jahre lang mit den Bioprints von Ohren, Augenhornhaut, Zähnen, Kiefern und einzelnen Geweben begnügen. Aber bereits diese Entwicklungen sind so zukunftsweisend wie kaum andere in unserer Zeit. In einigen Jahrzehnten könnten Hunderttausende Menschen Organe in sich tragen, die mit Bioprintern gedruckt oder mit immunkompatibler körpereigener Stammzelltherapie in sterilen Apparaten (Bioreaktoren) gezüchtet sind, Mägen, Bauchspeicheldrüsen, Lebern, Nieren und auch Herzen – Organe, mit denen diese Menschen nicht auf die Welt gekommen sind.

Mit Bioprinting arbeiten heute Tausende Firmen weltweit. Bereits 2020 war das Geschäft ein Milliardenmarkt. Bisherige medizinische Anwendungen umfassen unterschiedliche menschliche Gewebearten, etwa Luftröhrengewebe oder Blasengewebe. Aber vielleicht sind nicht-medizinische Märkte noch größer. So kooperiert der französische Kosmetik-konzern *L'Oreal* seit 2015 mit dem US-Bioprint-Unternehmen *Organovo*. Produziert wird mit 3D-Bioprinting menschliche Haut, um die Sicherheit und Wirksamkeit kosmetischer Produkte zu testen. Ferner lässt *L'Oreal* künstliche menschliche Haut (Epidermis und Dermis) mit dem Namen *Episkin* im 3D-Bioprint-Verfahren rekonstruieren (https://www.episkin.com). Für zahllose Labortests werden hier industriell Hunderttausende standardisierter kleiner *Episkin*-Plättchen hergestellt. Mit dieser Technologie will *L'Oreal* unter Vermeidung von Tierversuchen mittelfristig die Voraussetzungen schaffen, um Kosmetikprodukte gezielt für die Hauttypen unterschiedlicher Ethnien auf den Markt zu bringen. In den stark wachsenden Schwellenländern möchte man Milliarden neuer Kunden gewinnen.

5.5 Stammzellenverpflanzung

Gleichzeitig werden große Anstrengungen vorangetrieben, pluripotente menschliche Stammzellen, die Vorläuferzellen bestimmter Organe, in Tiere zu implantieren, um dort menschliche Organe zu gewinnen. Das ist vornehmlich in Embryonen von Schweinen oder Rindern geplant Im April

2021 wurde erstmals berichtet, dass auf diesem Weg ein embryonales Affe-Mensch-Mischwesen im Labor gezüchtet wurde (Tan et al. 2021). Ein Organ könnte zukünftig in der Nähe des entsprechend eigenen Organs des Tiers parallel zu der gewünschten Größe anwachsen, bevor es in einen Patienten zurückverpflanzt wird (Izpisúa Belmonte 2017). Das auf diesem Weg gezüchtete Organ mit seinen unterschiedlichen Zelltypen für Gewebe, Nerven, Muskeln und Blutgefäße soll also vollständig aus menschlichen Zellen bestehen. Hier reagieren die Medien aufgeregt und sprechen von Chimären, echten Wesen aus zwei verschiedenen Spezies. Sogleich wurden Hypothesen verbreitet, dass sich die Chimären untereinander oder mit Menschen fortpflanzen könnten. Nun, bedenklicher ist jedoch die Möglichkeit, dass dabei zusammen mit dem im fremden Organismus herangewachsenen und in den menschlichen Körper zurückgeführten Organ Pathogene, also Krankheitserreger, vom Tier auf den Menschen übertragen werden. Der in den Medien diskutierte Gedanke, dass sich die verpflanzten Zellen in Keimzellen umwandeln und dass die Chimäre dann als solche vererbt wird, ist dagegen weit hergeholt. In der Regel werden die Tiere nach der Entnahme der gezüchteten Organe ohnehin getötet. Für Gesetzgeber in Ländern, in denen artfremde genetische Keimbahnveränderungen vielleicht zugelassen werden, stellt sich allerdings eine Aufgabe: Sie müssen entscheiden, wann eine Chimäre vorliegt. Ist das bei einem einzigen Gen schon der Fall? Oder bei zehn oder erst bei hundert? Wie muss der Phänotyp beeinflusst werden, damit man von einem Mischwesen spricht? Wann darf es weiterleben?

Tatsächlich hat die japanische Regierung als erste weltweit im Jahr 2019 derartige Versuche genehmigt. Mensch-Tier-Mischwesen darf man seitdem in Japan versuchsweise im Labor bis zur Geburt heranreifen lassen. Die einzige Möglichkeit zu erfahren, ob und wie solche Transplantationen funktionieren und wie gut die Immunabwehr überwunden werden kann, sind Geduld und viele Versuche. Es besteht durchaus die Chance, dass die Idee der Menschheit eine Erleichterung verschaffen kann.

5.6 Gehirn- Computer-Schnittstellen und Neuroprothesen

Ein anderes Thema ist die Übertragung von Nervensignalen zwischen Mensch und Maschine und zwischen Mensch und Mensch. Kevin Warwick, Kybernetiker an der Coventry University, konnte in seinen Arm eingesetzte

Mikrochips mit dem Internet verbinden. Nervensignale seiner Hand wurden über das Internet an eine Roboterhand an einem anderen Ort übertragen, und die Roboterhand machte, was Warwick machte. Man ging dabei wie folgt vor: Das Experiment umfasste eine neuronale Schnittstelle. Dieses Gerät bestand aus einem BrainGate-Sensor, einem etwa 3 mm breiten Siliziumquadrat, das mit einem externen „Handschuh" verbunden war, in dem die unterstützende Elektronik untergebracht war. Man implantierte es Warwick, so dass es über den Medianusnerv in seinem linken Handgelenk direkt mit seinem Nervensystem verbunden wurde. Das eingeführte Mikroelektrodenarray enthielt 100 Elektroden von der Breite eines menschlichen Haares, von denen jeweils 25 gleichzeitig zugänglich waren, während der überwachte Nerv ein Vielfaches dieser Anzahl von Signalen überträgt. Das Experiment erwies sich als erfolgreich, und die Ausgangssignale waren detailliert genug, um einen Roboterarm die Aktionen von Warwicks Arm nachahmen zu lassen (Warwick et al. 2003).

In einem anderen Aufsehen erregenden Experiment verband Warwick aufbauend auf der zuvor genannten Technologie sein Nervensystem mit dem seiner Frau (Warwick et al. 2004). Seine Handbewegungen (Nervenimpulse) lösten bei ihr dieselben Handbewegungen aus und umgekehrt. Dieses Experiment führte zur ersten direkten und rein elektronischen Kommunikation zwischen den Nervensystemen zweier Menschen. Ziel dieser Experimente ist es, eines Tages eine Form der Telepathie oder Empathie zu schaffen, bei der das Internet genutzt wird, um solche Signale über riesige Entfernungen zu übertragen.

Gehirn-Computer-Schnittstellen oder *Brain-Computer-Interfaces* für unterschiedliche Zwecke sind ebenfalls in Sichtweite. Elon Musk verkündete 2019 erste Details zu seiner jungen Firma *Neuralink*. Im Sommer 2020 gelang es bereits, mit einem Nähmaschinen-Operationsroboter Chips über winzige Löcher in der Schädeldecke direkt ins Gehirn eines Schweins zu implantieren (Wiggers 2020). High-Tech-Elektroden, die dünner sind als ein Haar, werden mithilfe von Operationsrobotern direkt in Areale von Gehirnzellen platziert. Die Chips sind über ein Empfangsgerät hinter dem Ohr per Bluetooth mit dem Smartphone verbunden. In einer ersten Phase sollen schwere Erkrankungen oder Verletzungen von Hirn und Rückenmark, etwa Querschnittslähmung, Sehstörungen, aber auch Depressionen besser behandelt werden können. Aber Musk ist bekanntlich ein Visionär. Er denkt an elementare Verbesserungen des menschlichen Körpers mit dieser Technik: die Steuerung von Roboterarmen, die Bewegungsabläufe von Kampfsportarten, das Hochladen von Sprachkenntnissen und damit einfache Erlernen einer neuen Sprache oder das Speichern von Stadtplänen. Neue Fähigkeiten sollen dann wie Software-Updates ins Gehirn geladen und dort ausgelesen werden. Doch das sind weit entfernte Visionen, vor denen sich noch unzählige offene Fragen auftürmen. Tausende oder Zehntausende künstlicher Elektroden müssen bei derart komplizierten Aufgaben präzise ins Gehirn geführt werden. Doch bereits im September 2018 berichtete die Mayo Clinic in Rochester, USA, dass ein Querschnittsgelähmter mithilfe implantierter Elektroden zur Rückenmarkstimulation 100 m weit mit Unterstützung gehen konnte. Mit den Implantaten wurden die unterbrochenen Nervenbahnen vom Rückenmark zu den Beinen überbrückt.

Vorgehen und Pläne der Firma *Neuralink* bleiben nicht ohne Kritik. Die Technologie wird so interpretiert, dass mit der Verbindung eines Gehirns und der Cloud individuelle Gedanken für jeden verfügbar gemacht werden könnten. Das Ergebnis sei ein nahezu unbegrenzter Zugriff auf das Innerste der individuellen Persönlichkeit (Meckel 2018).

Gedankenlesen durch Maschinen klingt nach Science-Fiction. Wo stehen wir damit heute? Der Frankfurter Neurophysiologe Pascal Fries macht klar, dass unser Organismus zu einem guten Teil elektrisch aktiv ist, und zwar primär im Zentralnervensystem, im peripheren Nervensystem und in den Muskeln. Daher kann man mit diesen Partien auch elektrisch interagieren (Fries 2020). Die Grundlagenforschung dazu erfolgt in der Bioelektronik. Tatsächlich ist es heute bereits möglich, dass Querschnittsgelähmte den Cursor am Computerbildschirm mit Gedanken steuern. Wenn man weiß, dass ein Proband gleich seinen Arm bewegen will, könnte man auch vorhersagen, ob er ihn nach rechts oder links, nach oben oder unten führen will, so Fries. Ganz anders dagegen, wenn beispielsweise erkannt werden soll, an was Sie sich erinnern, nachdem Sie diesen Abschnitt gelesen haben, oder wenn Sie das Erinnerte per Gedanken in den Computer übertragen sollen. Das sind viel schwierigere Aufgabenstellungen. Fries betont aber, dass es auf der Basis dessen, was wir heute wissen, sehr plausibel und grundsätzlich möglich ist, auch komplexere Gedanken zu erfassen. Mit genügend implantierten Elektroden im Gehirn wäre es sicher möglich, eine flüssigen Satz zu tippen, ohne die Finger zu bewegen.

Das viel diskutierte Uploading des gesamten Gehirns auf eine Maschine unter Wahrung der Identität der betreffenden Person ist dagegen ein ungleich schwierigeres Projekt, von dem die heutige Technik noch Lichtjahre entfernt ist (Abschn. 10.2). Es müssten nicht nur alle rund 100

Milliarden Neurone in der Maschine abgebildet werden, sondern auch sämtliche Synapsen-Verbindungen, und das sind bis zu 10.000-mal so viele. Darüber hinaus gibt es auch noch „extrasynaptische Interaktionen" im Gehirn. Manche Forscher gehen daher so weit zu behaupten, jedes Atom des Gehirns müsste in der Maschine dargestellt sein, wenn die Kopie des Konnektoms, also der Gesamtheit aller Verknüpfungen im Gehirn, funktionieren soll (Seung 2013). Das aber ist weit außerhalb der Reichweite jeder Computerkapazität. Abgesehen davon wissen wir noch immer nicht, was unsere persönliche Identität, unser Bewusstsein, tatsächlich ausmacht. Kann es überhaupt außerhalb und ohne unseren Körper existieren? Unser Bauchgefühl spricht dagegen. Aber manche sehen das anders.

5.7   Kopftransplantation – keine Tabus

Wie weit Mediziner gehen wollen, wird am Beispiel der Kopftransplantation deutlich. Vielleicht können wir uns in der Medizin nichts vorstellen, was einen utopischeren, ja vielleicht auch für Sie erschreckenderen Eindruck macht. Der italienische Neurochirurg Sergio Canavero hat seit vielen Jahren einen Plan hierzu ausgearbeitet, und er will ihn allen Hindernissen zum Trotz verwirklichen. Canavero plant eine cephalo-somatische Transplantation, also die Montage des Kopfes eines Menschen auf den Körper eines anderen (Canavero 2013). Die Situation muss man sich so vorstellen, dass der Patient beispielsweise durch unheilbaren Muskelschwund am gesamten Körper mit Ausnahme des Kopfs geschädigt ist. Sein Körper ist für ihn nur noch eine unbrauchbare Last. Ein anderer Mensch mit einem gesunden Körper wird benötigt, der zum Beispiel durch eine Kopfverletzung ums Leben kommt. Dessen Körper kann man für das Vorhaben bereitstellen. Genau das hat Canavero im Auge. Er hatte bereits die Zustimmung eines Mannes, der jahrelang auf den großen Tag wartete, seinen Kopf auf einem neuen, gesunden Körper zu sehen. Schließlich zog dieser Kandidat aber sein Einvernehmen wieder zurück. Auch China, das Land, in dem das Vorhaben verwirklicht werden sollte, bremste Canaveros Plan zunächst aus. Das hindert diesen jedoch nicht, seine Vision weiterzuverfolgen, und er wird sie, so wie es aussieht, verwirklichen.

Tatsächlich konnte Canavero 2017 zusammen mit seinem chinesischen Kollegen Ren Xiaoping den Kopf eines Toten erfolgreich transplantieren, ein Schritt, von dem kaum Notiz genommen wurde. Zuvor waren bereits seit den 1950er-Jahren Transplantationen an lebenden Tieren, zuerst mit Hundeköpfen und im Jahr 1970 mit einem Affenkopf, später wiederholt auch mit Mäusen und Ratten praktiziert worden. Die Tiere überlebten zwischen sechs Stunden und zwei Tagen. Im Jahr 2016 gelang Canavero und Xiaoping bei einem Hund eine Kopfverpflanzung. Das Tier sei danach fähig gewesen zu gehen. In Südkorea wurde im Jahr 2016 einem Beagle operativ das Rückenmark zwischen dem fünften und sechsten Halswirbel durchtrennt. Danach wurde das Tier einer Behandlung mit Polyethylenglykol unterzogen, einem Fusogen, das die Fähigkeit hat, die Integrität durchtrennter Zellmembranen wiederherzustellen. Der Beagle erreichte drei Wochen postoperativ die annähernd volle sensomotorische Kontrolle zurück (Abb. 5.3); er konnte also Gliedmaßen, Kopf und Schwanz wieder fast normal bewegen und hatte wieder Sinneswahrnehmungen (Kim et al. 2016). Ungeachtet der Historie und des vorgelegten Plans Canaveros werden weltweit Zweifel geäußert, ob das Vorhaben einer Kopftransplantation mit dem heutigen medizinischen Wissen beim Mensch tatsächlich machbar ist.

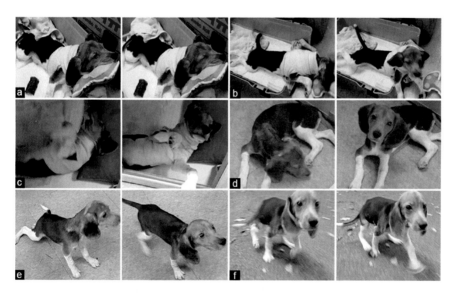

Abb. 5.3 Vorstudie zu einer Kopftransplantation. Beagle nach unterzogener Rückenmarkdurchtrennung und -wiederherstellung. Das Tier erlangte drei Wochen nach der Operation annähernd volle sensomotorische Kontrolle zurück (Kopftransplantation(Hund): Surgical Neurolgy International (Erlaubnis angefragt))

Diese OP ist ein Mammutprojekt. 18 h OP-Dauer sind in einem Protokoll präzise auf die Minute festgelegt. Zwei separate OP-Teams müssen in einem Raum an zwei OP-Tischen bereitstehen, wo sie simultan agieren und gemanagt werden. Auf einem Tisch liegt der verunfallte Spender des gesunden Körpers, der den Kopf des Patienten erhält. Dieser liegt auf dem Tisch direkt daneben. Es braucht Knochenchirurgen, Endovaskularchirurgen, besonders aber Neurochirurgen und zahlreiche weitere Spezialisten in beiden Teams bis hin zu Spezialärzten in der Post-OP-Phase. Darunter muss auch ein Psychotherapeut sein, um dem Patienten bei Bedarf zu erklären, wer oder was seine wahre (neue) Identität am Ende ist.

Ich erspare Ihnen hier eine genauere Darstellung des düsteren Ablaufs. Daher nur ein paar grobe Züge: Der Körper des Patienten muss auf 2–15 Grad Celsius heruntergekühlt werden. Durch die verlangsamten Zellprozesse wird Zeit gewonnen, um den Kopf an den Blutkreislauf des fremden Körpers anzuschließen. Ein Sauerstoffmangel des Gehirns ist unter allen Umständen zu vermeiden. Dafür muss zunächst der Blutkreislauf des Spenders den Kopf des Patienten versorgen. Die eigentliche Herausforderung ist jedoch die Verbindung der Nervenbahnen von zwei Menschen. Das erfordert zwei blitzsaubere, gerade Schnitte durch die beiden Rückenmarke. Auch Haut, Knochen, Muskeln, Sehnen, Blutgefäße, Lymphkanäle und Nerven werden von einer Präzisionsklinge, deren Schärfe alles bisher Bekannte übertrifft, mit einem einzigen Cut durchtrennt. Ein Zurück gibt es danach nicht mehr.

Das Rückenmark ist Teil des zentralen Nervensystems und führt mit vielen Nervenbündeln, die nur der Neurochirurg im Detail kennt, vom Gehirn in die Wirbelsäule. Von dort durchziehen die Nerven mit ihren Hauptsträngen und verästelten Nebenbahnen alle Winkel des Körpers. Quer durch das Rückenmark hindurch und durch alle Nerven muss also der Schnitt bei beiden Menschen erfolgen. Nerven wachsen im Gegensatz zu Blutgefäßen nicht wieder zusammen. Canavero war daher gezwungen, eine neue Technik zu entwickeln. Eine chemische Verbindung mit dem Namen Polyethylenglykol soll sicherstellen, was der Organismus allein nicht schafft: dass die zahlreichen Nervenbahnen wieder dauerhaft zusammenwachsen (Ksadaris und Birbilis 2019).

In einem medizinischen Fachartikel, der den Ablauf der Prozedur beschreibt und medizinische, ethische sowie rechtliche Probleme anspricht, heißt es 2019, früher oder später stehe das Verfahren bevor: „Die wissenschaftliche Gemeinschaft sollte dieses Verfahren nicht mehr als ein Produkt der Phantasie betrachten, sondern als ein aktuelles Thema, das Bedenken aufwirft und analysiert werden muss" (Ksadaris und Birbilis 2019). Plötzlich sind Jahrtausende alte, ungelöste philosophische Fragen, die bei diesem Vorhaben tangiert werden, wieder offen: Wo sitzt eigentlich das Wesen des Menschen? Braucht mein Bewusstsein meinen Körper oder nicht? Was macht mein Wesen aus?

Das hier vorgestellte Exempel mag für Sie keine evolutionäre Bewandtnis in dem Sinne haben, wie Sie und ich Evolution verstehen, nämlich als vererbbare Veränderung einer Eigenschaft in der Population. Das Beispiel macht aber zunächst wie kein anderes klar, dass Menschen beinahe jede nur denkbare (medizinische) Möglichkeit verfolgen. Die hier vorgestellten Techniken könnten Wirklichkeit werden. Die Konsequenzen dieses Handelns sind jedenfalls am Tag, als ich dies hier schreibe, für die Weiterentwicklung der Medizin ebenso schwer vorstellbar wie für die Gesellschaft und die Ethik. Im Gesamtzusammenhang des medizintechnischen Fortschritts können die Erfahrungen von Kopftransplantationen neues Wissen für andere neuro-medizinische Eingriffe generieren. Dieses Wissen wird kulturell vererbt und akkumuliert. So wird es eine von unzähligen Komponenten veränderter vererbter Eigenschaften in der Population des Menschen oder in Teilen von ihr darstellen.

Die erste Kopftransplantation wird uns wohl in schon wenigen Jahren aufschrecken. Der erste Patient wird die Prozedur vielleicht nicht lange überleben. Auch kann niemand voraussagen, was er fühlt, wenn er wach wird. In einigen Jahrzehnten werden wir aber vielleicht aus dem Blickwinkel der zu Standards gewordenen Kopftransplantationen auf Sergio Canavero zurückschauen wie auf Christiaan Barnard: Es sind Männer, die alles versuchen und ihren Traum verwirklichen, an dem sie Jahrzehnte unermüdlich arbeiten und für den allein sie leben. An einem solchen fernen Tag kann die Transplantation des Kopfs eines Mannes oder einer Frau mit lebendem Gehirn und Geist ein wichtiger Mosaikstein der kulturellen Evolution des Menschen sein. Eher Philosophen als Evolutionsbiologen mögen dann beantworten, wonach sich die Identität des neuen Wesens richtet, nach dem Fingerabdruck oder nach dem Gehirn. Und wer ist Vater oder Mutter der Kinder, die dieser neue Mensch vielleicht einmal haben wird. Fragen über Fragen.

Das Szenario 2 zeigt einen Überblick über die möglichen zukünftigen Entwicklungen der Themen, die in Kap. 5 behandelt werden.

Szenario 2

Medizintechnik, Chirurgie, Gehirnschnittstellen, Epidemiestrategien
Auf allen hier gezeigten Feldern wird intensiv geforscht. Mehrere Durchbrüche sind in den nächsten Jahren zu erwarten.

Phasen (auch zeitlich parallel, nicht kausal aufeinanderfolgend)	Wissen (heute)	Veränderungen (technisch)
künstliche Hände mit der Beweglichkeit und Tast-/Druck-Temperatur-Sensorik echter Hände	möglich, Fakten, fundierte Meinungen; erste Prototypen	kurz- und mittelfristig; gerichtete Veränderung
3D-Bioprint großer Organe	möglich, Fakten, fundierte Meinungen; erste Miniatur-Prototypen (Herz: Noor et al. 2019, Leber: Goulart et al. 2019, Lunge: Grigoryan et al. 2019)	mittelfristig; gerichtete Veränderung
Xenotransplantationen: tierische Spenderorgane für Menschen	möglich, Fakten, fundierte Meinungen; erste Versuche von Tier zu Tier (Reardon 2015)	mittelfristig; gerichtete Veränderung
menschliche Stammzellen, die in Tieren zu Organen anwachsen und anschließend transplantiert werden	möglich, Fakten, fundierte Meinungen (Garakani und Saidi 2017);	mittelfristig; gerichtete Veränderung
aus Stammzellen künstlich hergestellte Organoide (Organvorstufen) mit aus Stammzellen gewonnenem Zellgewebe	möglich, Fakten, fundierte Meinungen; erste Laborergebnisse (Gehirn: Mansour et al. 2018; Cakir et al. 2019; Nieren: Nishinakamura 2019; Darm: Rahmani et al. 2019; Lunge: Barkauskas et al. 2017)	mittelfristig; gerichtete Veränderung
Brain-Computer-Interfaces zur Therapie von Gehirnkrankheiten	möglich, Fakten, fundierte Meinungen; erste Tierversuche (Wiggers 2020)	langfristig, unkalkulierbar; gerichtete/ ungerichtete Veränderung
Brain-Computer-Interfaces für Spracherlernen, Speicherung von Stadtplänen u. a	Vermutungen (https:// neuralink.com)	mittelfristig; gerichtete Veränderung

Phasen (auch zeitlich parallel, nicht kausal aufeinanderfolgend)	Wissen (heute)	Veränderungen (technisch)
vollständiger Gehirn-Upload mit allen Synapsen	Vermutungen/ Spekulationen (Kurzweil 2014)	unkalkulierbar/ Spekulationen; längerfristig; Kipppunkte mit technischen Umbrüchen und Trendbeschleunigungen erforderlich Möglicherweise nicht realisierbar (Miller 2015; Seung 2013)
Kopftransplantation	möglich, Fakten, fundierte Meinungen; erfolgreiche Tierversuche (Lamba et al. 2016)	kurz- und mittelfristig; gerichtete Veränderung
Entwicklung und Durchsetzung von Strategien zur Eindämmung und Vermeidung von Epidemierisiken	möglich, Fakten, fundierte Meinungen (Auffray et al. 2020; Dobson et al. 2020; Ross et al. 2015)	kurz- und mittelfristig; gerichtete Veränderung

5.8 Strategien zur Vorbeugung und Bekämpfung von Pandemien

Die COVID-19-Krise hat die Welt im Jahr 2020 kalt erwischt. In unserer Wahrnehmung von 2020 droht die Pandemie Deutschland, Europa und die ganze Erde zu erschüttern (Fangerau und Labisch 2020). Regierungen, die Vereinten Nationen, die Weltgesundheitsorganisation (WHO), die Europäische Union und Unternehmen hätten weltweit nicht schlechter vorbereitet sein können. Die Politik taumelte in vielen Ländern von einem 4-Wochen-Maßnahmenkatalog zum nächsten, alles mit großer Unsicherheit. Dabei war durch die Fälle von SARS (2003), Vogelgrippe (2007), Schweinegrippe (2009) und Ebolafieber (2014–2016 und seit 2018) bekannt, dass sich Epidemien häufen. Zwischen 1940 und 2004 wurden insgesamt 335 sich ausbreitende Infektionskrankheiten *(Emerging Infection Diseases, EIDs)* registriert, also Krankheiten, deren Vorkommen in den letzten Jahrzehnten gestiegen ist oder die in naher Zukunft wahrscheinlich epidemisch auftreten werden (Ross et al. 2015). Niemand zweifelte daran, dass ihre Frequenz in Zukunft weiter zunehmen wird. Bereits lange vor der COVID-19-Pandemie wurde gefordert, die Gesundheitssysteme zu stärken und mithilfe der Weltbank das zukünftige Vorgehen gegen Pandemien global zu finanzieren. Mit der Absicht, eine bevorstehende nächste Krise der Menschheit zu vermeiden, wurde dringend vorgeschlagen, dass sich die weltweiten Gesundheitsorganisationen neu organisieren und vereint vorgehen (Ross et al. 2015). Leider wurde ebenso lange ein mögliches Pandemie-Szenario von Seiten der Politik ignoriert. Werden also die COVID-19-Wellen von der nächsten, neuen Pandemie abgelöst? Sind wir Virenangriffen in Zukunft machtlos ausgeliefert?

Viren und Bakterien begleiten uns seit Millionen Jahren. Sie sind fester Bestandteil unserer Evolution (Abschn. 1.1). In unserer evolutionären Geschichte nahmen bereits unsere Affenvorfahren Viren von Stechinsekten und von den Tieren auf, die sie jagten. Sie verfügten so über ein reiches mikrobielles Repertoire. Doch die Jäger- und Sammlergruppen waren damals klein. Für die potenziellen Erreger stellte die kleine Größe der Gruppen einen evolutionären Flaschenhals dar, der wieder zum Verlust einiger von ihnen führte. Die Mikroben töteten entweder ihre Wirte oder die Überlebenden wurden immun, so dass niemand mehr infiziert werden konnte. Das Aufkommen des Kochens reduzierte das Erregerrepertoire weiter. Schließlich domestizierte der Mensch Tiere und führte die Landwirtschaft ein, wodurch sich das Aufkommen vergrößerte, da die Menschen mit dem Sesshaftwerden in größeren Gemeinschaften zur Zielscheibe für neue Erregerquellen wurden. Doch erst die heutige hoch vernetzte, dicht besiedelte, urbanisierte Welt erhöht die Voraussetzungen für Pandemien signifikant: Wir erleben weltweite Ausbrüche von Krankheiten, die von Tieren auf Menschen springen (auch umgekehrt) und sich dann von Mensch zu Mensch übertragen (Zoonosen). Etwa 200 solcher Krankheiten sind heute bekannt.

Die meisten wichtigen Infektionskrankheiten des Menschen stammen ursprünglich von Tieren (Wolfe et al. 2007). Die Pathogene können Viren, Bakterien, Pilze und andere Formen sein. Ihre Wirte sind Tiere, die in vielen Ländern in unserer Mitte leben, wie Hühner, Schweine und Rinder, aber auch andere, die mancherorts auf dem Speiseplan stehen, wie Wild, Affen, Fledermäuse, Reptilien und andere (Abb. 5.4). Dabei ist die Wahrscheinlichkeit, dass ein Pathogen auf den Menschen übertragen wird, bei Arten, die mit uns nahe verwandt sind, wie Affen und generell Säugetiere, größer als etwa bei Reptilien (Wolfe 2011). So sind Primaten für knapp 20 % der wichtigen Infektionskrankheiten verantwortlich, obwohl ihr Anteil nur ca. 0,5 % der 6.400 Säugetierarten darstellt. Fledertiere sind schon deswegen eine für die

Abb. 5.4 Traditioneller Wildtiermarkt in Asien. Hier werden Fledermäuse, Hunde, Schlangen und andere Tiere als Lebensmittel verkauft. Die Tiere sind oft nicht gehäutet und werden nicht gekühlt. Tausende Menschen kommen täglich vor allem beim Schlachten mit solchen Tieren in Kontakt. Fledermäuse sind Säugetiere und näher mit uns verwandt als etwa Schlangen. Das Übertragungsrisiko von Zoonosen ist bei ihnen daher höher (Traditioneller Wildtiermarkt in Asien: Shutterstock)

Infektionsforschung bevorzugte Ordnung, weil ihre 1.100 Arten annähernd 20 % aller Säugetierarten ausmachen. Sie werden als die ursprünglichen Wirte für mehrere Zoonosen verantwortlich gemacht, darunter Ebola und wahrscheinlich auch COVID-19. Allein Flughunde tragen schätzungsweise mehr als 3.000 verschiedene Varianten der Familie der Coronaviren und noch weitere anderer Virenfamilien. Etliche von ihnen können uns Menschen potenziell gefährlich werden. Influenzaviren (Grippeviren) gehen hingegen ursprünglich auf Vögel zurück. Ein Hinweis: Wenn Sie gerne ihren Hund oder ihre Katze küssen, ist das weniger gefährlich, da wir mit diesen seit Jahrtausenden domestizierten Tieren ein mikrobielles Gleichgewicht aufgebaut haben, das uns in vielen Fällen vor Übertragungen von Erregern schützt.

Im Jahr 2007 entwickelte der US-Virologe Nathan Wolfe zusammen mit dem bekannten amerikanischen Biologen und Geografen Jared Diamond erstmals eine Klassifizierung in Form von fünf Stufen, die tierische Pathogene durchlaufen müssen, um Infektionen auszulösen, die nur beim Menschen vorkommen (Wolfe et al. 2007). Die Autoren definieren gleichlautend mit der WHO, dass eine Pandemie vorliegt, wenn sich ein Erreger auf sämtlichen Kontinenten mit Ausnahme der Antarktis ausgebreitet hat. Solange das nicht (oder noch nicht) der Fall ist, spricht man von einer Epidemie. Die fünf Stufen, die uns ein gutes Verständnis für die Ausbreitungswege von Erregern vermitteln, umfassen auf der untersten Stufe 1 solche Erreger, die ausschließlich bei Tieren vorkommen, auf der Stufe 2 solche, die nur von Tieren auf Menschen, aber nicht zwischen Menschen übertragen werden, wie etwa die Tollwut, im weiteren solche, die in wenigen (Stufe 3, z. B. Ebola) bis vielen Infektionszyklen (Stufe 4, z. B. Denguefieber) von Tieren oder Menschen übertragen werden, bis zur höchsten Stufe 5, bei der die Infektionskette von Mensch zu Mensch verläuft (z. B. Pocken, AIDS, COVID-19). Für ein Virus ist es alles andere als leicht, von einer Art auf eine andere überzuspringen. Damit Viren auf den Menschen übergehen und diesen auch noch infizieren können, muss zudem noch eine Reihe von Zufällen zusammenkommen.

Diese Klassifizierung sagt allerdings noch nichts über die Mortalitätsrate von Infektionskrankheiten aus und auch nicht über die Geschwindigkeit oder die Effizienz ihrer Ausbreitung. Ein Erreger muss mindestens ein neues Individuum infizieren, damit er erhalten bleibt, denn das erste befallene Opfer stirbt entweder oder wird immun und wieder gesund. Wolfe stellt den Zusammenhang so dar, dass die Erreger wirklich tödlicher Infektionskrankheiten einen Balanceakt leisten müssen. Auf der einen Seite steht die Wahrscheinlichkeit, ihren Wirt nach der Infektion umzubringen, auf der anderen Seite die Effizienz, mit der das Opfer die Krankheit weiter überträgt. Der Erreger kann nicht beide „Ziele" gleichzeitig maximieren, aber er kann mit unterschiedlichen „Strategien" vorgehen. So kann er etwa einen infizierten Menschen jahrelang am Leben halten, während dieser neue Opfer infiziert (z. B. HIV oder humane Papillomviren), oder er kann sich innerhalb eines Tages schnell auf Dutzende neue Personen ausbreiten. Im letzteren Fall kann er die Infizierten auch innerhalb weniger Tagen massenhaft töten, wie das bei Pocken, der jahrhundertelangen Geißel der Menschheit, der Fall war (Wolfe 2011). Pocken töteten im 19. Jahrhundert allein in Europa geschätzte 400.000 Menschen pro Jahr. Tötet ein Erreger allerdings mehr und schneller, als infiziert werden, bedeutet das das Ende für den Erreger.

Ein eigenes, spannendes Kapitel, das ich hier nur anschneiden kann, sind die Strategien, mit denen sich Viren an ihre Umgebung anpassen können. Bloße „Zufallsmutationen", wie sie etwa das Coronavirus SARS-CoV-2 mit der aggressiven, aus Indien stammenden Delta-Variante und mit weiteren Mutanten bis in das Jahr 2021 ausgebildet hat, sind dabei der simpelste Fall. Immerhin liegt bei der Delta-Variante schon eine ungewöhnlich große Zahl genetischer Veränderungen vor, die dem Virus einen selektiven Vorteil verschaffen. Viren können jedoch viel mehr als nur Kopierfehler vorweisen; sie evolvieren zum Beispiel, indem sie ganze Gene austauschen. Der Fachmann spricht hier von Rekombination. Corona-, HI- und Influenzaviren sind Beispiele solcher rekombinanten Viren bzw. Mosaikviren. Sie sind aus unterschiedlichen Vorgängern bei ihren tierischen Wirtsvorfahren zusammengesetzt. Doch damit nicht genug – Viren können auch dasselbe genetische RNA-Ausgangsmaterial unterschiedlich ablesen und daraus alternative Proteine erzeugen (alternatives Spleißen). Auf diesen Wegen variieren sie höchst „einfallsreich".

Beispiele für Zoonosen, die immer wieder Schlagzeilen machen, sind HIV, Ebolafieber, Affenpocken, Schweinegrippe, Vogelgrippe, Gelbfiebervirus, Maul-und-Klauenseuche-Virus, Tollwut, West-Nil-Virus und zuletzt das Coronavirus. In den vergangenen 100 Jahren sprangen durchschnittlich zwei Viren pro Jahr von ihren natürlichen tierischen Wirten auf Menschen über (Dobson et al. 2020). Die jüngste COVID-19-Pandemie ist also prinzipiell kein seltenes und schon gar kein unerwartetes Ereignis.

Bis Ende des Jahres 2020 waren in Verbindung mit COVID-19 weltweit rund 1,8 Mio. Menschen gestorben, in Deutschland fast 34.000. Dabei ist SARS-CoV-2 bei weitem nicht das tödlichste Virus. Das SARS-Virus (SARS-CoV-1) etwa tötete 2003 prozentual viel mehr Menschen, die infiziert waren. Die Charakteristik des neuen Coronavirus liegt darin, dass es zu einer relativ geringen Todesrate bei seinem menschlichen Wirt führt. Bedrohlich ist jedoch, dass es töten *kann* – jeden und in jedem Alter. Hinzu kommen mögliche gefährliche Folgekrankheiten an unterschiedlichen Organen wie Nieren, Herz oder Gehirn. Diese Gefahr macht seinen sozialen Sprengstoff aus. Bemerkenswert ist, dass Politik und Gesellschaft auf diese Gefahr in einer Weise reagierten, wie das nie zuvor der Fall war: Die Schwachen sollten mitgenommen werden. Jedes einzelne Leben wurde wichtig. Triagen, ärztliche Zwangsentscheidungen, wer zu retten ist und wer nicht, sollten mit allen Mitteln vermieden werden. Dafür nahm die Gesellschaft gravierende Konsequenzen von Lockdowns in Kauf. Das Recht des Einzelnen, zu überleben, rückte in unseren sonst oft so gleichgültigen und kapitalistisch geprägten Gesellschaften zum ersten Mal in den Mittelpunkt.

Die Zahl der Virenarten, die die Möglichkeit besitzen, Menschen zu infizieren, wird bei den genannten Tieren von Virologen auf ca. 750.000 geschätzt. Das hört sich nach einer Zahl an, von der man annehmen muss, es sei unmöglich, so viele Viren genetisch zu analysieren. Gemessen an den anderen Aufgaben, die sich der Weltgemeinschaft beim Thema Pandemievermeidung stellen und die ich gleich erläutern werde, ist die Gensequenzierung aber womöglich das geringste Problem. Epidemien werden vor diesem erschreckenden Hintergrund auch in Zukunft als ein natürliches Umfeld gesehen, in dem der technologische und physiologische Schutzschild, mit dem wir unser Genom verteidigen, durchbrochen werden kann. Die Organisation unserer Ökonomie und unseres sozialen Lebens ist als wichtigste Wurzel der Ausbreitung von Pandemien zu sehen (Auffray et al. 2020). Diese moderne Lebensweise mit internationalen Wertschöpfungs- und Lieferketten, deren Routen die Menschen folgen, sind auch die Routen, auf denen Erreger zu Wasser, zu Land und in der Luft unterwegs sind. Das bedeutet, dass wir die Krankheiten nicht nur verbreiten, sondern sie selbst produzieren (Fangeraus und Labisch 2020). Epidemien werden somit als Antwort der Evolution auf unsere Lebensweise interpretiert (Abschn. 8.3). Halten wir an der Vernetzung der Welt und an unserem gesellschaftlichen Zusammenleben notgedrungen fest – letzteres ist unser Lebenselixier – könnten Epidemien in Zukunft verstärkt Selektionsdruck auf unsere Art ausüben (Stock 2008). Das gilt umso mehr, als wir die Voraussetzungen für das Entstehen von Epidemien durch das anhaltende Bevölkerungswachstum und die forcierte Zunahme der Verkehrsströme noch verbessern.

Forscher aus vielen Disziplinen befassen sich sowohl mit den Ursachenfeldern, die heute und in Zukunft eine zunehmende Bedrohung durch Infektionen ermöglichen als auch mit Strategien zur Vermeidung zukünftiger pandemischer Katastrophen. Beides will ich im Folgenden etwas näher ausführen.

Ein Mitte 2020 erschienener Bericht der Institution für Umweltprogramme der Vereinten Nationen (UNEP) rückt eine Reihe von Faktoren als verantwortliche Treiber für das Auftreten von Zoonosen in den Blickpunkt (UNEP 2020). Der Report nennt dafür:

1. steigende menschliche Nachfrage nach tierischem Protein
2. nicht nachhaltige landwirtschaftliche Intensivierung
3. verstärkte Nutzung und Ausbeutung von Wildtieren
4. nicht nachhaltige Nutzung natürlicher Ressourcen, die durch Verstädterung, Landnutzungsänderungen und Rohstoffindustrie beschleunigt wird
5. vermehrtes Reisen und Transportwesen
6. Veränderungen in der Nahrungsmittelversorgung
7. Klimawandel

Auf dieser Grundlage kann ein erstes Verständnis dafür entstehen, dass es nicht weniger schwierig ist, das Zusammenspiel dieser Faktoren zu verstehen, als die geeigneten politischen Lösungswege zu finden und umzusetzen. Eine Beschränkung der Ursachensuche auf den Verkauf von

Wildfleisch auf Märkten in Afrika und Asien (Abb. 5.4), worüber die Medien wochenlang berichteten, ist also längst nicht ausreichend. Massentierhaltung, die Fragmentierung und Zerstörung der Ökosysteme gehören dazu, und die moderne Lebensweise in entwickelten Ländern ist ein ebenso relevantes Ursachenfeld.

Eine US-amerikanische Studie, die im Sommer 2020 im Magazin *Science* veröffentlicht wurde, erstellt eine ökologisch-ökonomische Analyse, eine Art Kosten-Nutzen-Rechnung für die Reduzierung von Pandemien (Dobson et al. 2020). Die Studie von 18 Autoren unterschiedlicher Disziplinen mehrerer Universitäten fokussiert sich dabei auf nur zwei große Zusammenhänge, die an vorderster Stelle der Ursachen für eine erhöhte Pandemiebedrohung durch Zoonosen gesehen werden: die Abholzung von Tropenwäldern und die Ausbreitung des Wildtierhandels. Man stockt zunächst, warum Abholzungen eine Rolle spielen sollen. Doch die Autoren weisen das empirisch nach.

Ansiedlungen an den Rändern tropischer Wälder, von denen bereits mehr als 25 % des ursprünglichen Bestands abgeholzt wurde, sind bevorzugte Quellen für die Virenübertragung von Tieren auf Menschen. Die Übertragung von Pathogenen hängt ab von der Kontaktrate zwischen Mensch und Tier, der Zahl anfälliger Menschen und Nutztiere und der Menge infizierter Wildtierwirte. Die Kontaktrate vergrößert sich auffällig dadurch, dass die Abholzungen für die Erschließung landwirtschaftlicher Flächen schachbrettartig und bei der Anlage von Minen zerfranst verlaufen (Abb. 5.5). Straßen werden durch die Wälder gebaut und fördern immer weitere Abholzungen. Habitate von Wildtieren werden fragmentiert, Minen und Camps in den Wäldern angelegt. Der tägliche Kontakt mit den Wildtieren nimmt zu, bis schließlich nur noch ein Bruchteil der Artenvielfalt übrigbleibt, die zuvor existierte. Nebenbei sei vermerkt: Je höher der Goldpreis auf den internationalen Märkten, desto größer der Anreiz für neue, illegale Goldminen im Urwald und damit für weitere neue Abholzungen, wie das etwa in Peru und Brasilien der Fall ist. Einmal eingeschmolzen, ist illegales Gold von legalem nicht mehr unterscheidbar. Nur wenigen Anlegern, die in Gold investieren, ist bewusst, welchen Beitrag sie zur Zerstörung der Tropenwälder leisten. Investitionen in Höhe von 10 Mrd. Dollar jährlich könnten, so die *Science*-Forschergruppe, in Risikogebieten eine Reduzierung der Abholzung und damit eine Minderung der Virenübertragung von Tieren auf Menschen um 40 %bewirken.

Der zweite entscheidende Faktor bezüglich Virenübertragungen von Tieren auf Menschen ist aus der Sicht der *Science*-Autoren der expandierende weltweite Handel mit Wildtieren. Dieser nimmt immer bizarrere Formen

Abb. 5.5 Zerstörung der Tropenwälder. Das zerfranste Muster der Abholzung tropischer Wälder wird begleitet von immer neuen Straßen, Schienen, Gold- und Silberminen, Camps und Flugplätzen im Urwald und steigert die Kontakte zwischen Menschen und Wildtieren. Die Aufnahme aus dem Jahr 2019 zeigt Teile eines 960 Quadratkilometer großen verwüsteten Gebiets mit illegalen Goldminen im peruanischen Amazonasgebiet Madre de Dios. Böden und Flüsse werden beim Abbau durch Quecksilber vergiftet (Zerstörung der Tropenwälder: Olivier Donnars, Picture Alliance)

an (Abb. 2.2 und Abb. 5.6). Das Geschehen spielt sich nicht nur auf Märkten in Drittweltländern und in Südostasien ab. So ist allgemein nicht bekannt, dass die USA der weltweit größte Importeur von Wildtieren sind, einschließlich einer großen Industrie für exotische „Haustiere". Daneben beläuft sich zum Beispiel der Markt auf Wildtierfarmen in China auf rund 20 Mrd. Dollar und gibt etwa 15 Mio. Menschen Beschäftigung. Alle Anstrengungen müssen unternommen werden, den Wildtierhandel zu verringern. Die Autoren nennen mehrere umfassende Strategien hierfür, die bei der Bewusstmachung und Schulung hinsichtlich der Gefahren in den betreffenden Ländern beginnen, die Einrichtung von weltweiten Instituten zur Überwachung des weltweiten Tierhandels vorsehen und bei nationalen und internationalen Verboten für Wildtierhandel enden.

Die *Science*-Studie summiert den gesamten Investitionsaufwand für alle Strategien und Maßnahmen gegen die Pandemiebedrohung auf ca. 20–30 Mrd. US-Dollar jährlich. Ihnen steht ein errechnetes mittleres

Abb. 5.6 Wildtierhandel Der menschliche Kontakt mit Wildtieren beschränkt sich nicht auf Wildfleischmärkte in Afrika und Asien, sondern umfasst auch einen weltweiten, oft illegalen Handel mit exotischen Tieren. Hier eines von 101 Gürteltieren, die in Indonesien vor illegalen Wildtierschmugglern gerettet werden konnten (Schuppentier: Shutterstock)

Schadensrisiko durch weltweite Pandemien in Höhe von 11,5 Billionen (11,5 Tausend Milliarden) Dollar gegenüber. Die Schäden betreffen Menschenleben, Arbeitsplatzverluste, unterbrochene Lieferketten für Lebensmittel und andere Güter, Grenzschließungen, eingeschränkte Mobilität, Restriktionen im Tourismus, Einschränkungen im Bildungssektor, Firmenzusammenbrüche, massive Störungen im Gesundheits- inklusive klinischen Bereich und weitere Beeinträchtigungen. Die Frage nach einer Abwägung, zu handeln oder nicht zu handeln, sollte sich bei dem genannten Kosten-Nutzen-Verhältnis nicht stellen. Ich bin mir sicher, dass die Autoren sich ein Bild davon machen, wie schwierig es ist, die geforderten Strategien politisch durchzusetzen, sowohl was eine Reduzierung der Abholzung von Regenwäldern als auch ein weltweites Verbot des Wildtierhandels bzw. dessen Reduzierung betrifft. Adressiert wird der politische Problemkomplex von den Autoren allerdings nicht.

Kehren wir noch einmal zu den Krankheitserregern zurück. Bereits in der Zeit vor der COVID-19-Pandemie wurden Anstrengungen unternommen, das Erregerfeld systematisch zu analysieren. Entsprechende Pläne und Organisationen existieren, gefehlt hat es bislang vor allem am Geld. Ein geschätzter Betrag von 1,2 Mrd. US-Dollar zur Sequenzierung der 750.000 Virengenome – bereits der Schaden durch die Ebola-Epidemien war um ein Vielfaches größer als dieser Betrag – erwies sich als nicht finanzierbar. Das erscheint heute angesichts des Billionenschadens, der schon jetzt durch die COVID-19-Pandemie verursacht wurde, grotesk. Die Erfahrungen der Corona-Krise sollten Warnung genug sein, das Problem neu zu sehen und zu ändern.

Im Jahr 2016 wurde das *Global Virome Project (GVP)* (http://www. globalviromeproject.org) ins Leben gerufen. Auf der Internetseite heißt es: „Wir, die Teilnehmer, erkennen an, dass wir in einer vernetzten Welt leben, in der ein einzelner tödlicher Mikroorganismus plötzlich auftauchen und sich schnell in jedem Haushalt und jeder Gemeinde ausbreiten könnte, ohne Rücksicht auf nationale Grenzen oder auf die soziale und wirtschaftliche Stellung." Das *Global Virome Project* entwirft eine Vision, nach der der rasante Fortschritt in der Wissenschaft und eine entsprechende Revolution in den Technologien den Anfang vom Ende der Pandemien markieren. Zwei Hauptziele werden für ein Zehnjahres-Zeitfenster verfolgt: erstens die genetische Sequenzierung aller in Frage kommenden Viren und zweitens das Ermitteln der geografischen Ausdehnung dieser Viren in Entwicklungsländern einschließlich der Identifizierung ihrer Wirte. Viel schwieriger noch ist es vielleicht, zum einen ein globales Überwachungsnetzwerk über Organisations- und Nationengrenzen hinweg zu schaffen und zum anderen einen rechtlichen und ethischen Rahmen für den Austausch von Proben und Informationen zu setzen. Auf diese Weise sollte es, so glaubt man, innerhalb von zehn Jahren gelingen, vor möglichen Ausbrüchen früher zu warnen und besser auf sie zu reagieren, um mögliche Pandemien zu vermeiden.

Dem *Global Virome Project* soll aus der Sicht der Organisation eine vergleichbare Bedeutung zukommen wie dem Humangenomprojekt. Das Problem: Mittel wurden zwar investiert, aber zu unentschlossen und unzureichend. Das Projekt schlummert leise vor sich hin und ist im weltweiten Verbund internationaler Institutionen nicht ausreichend eingebunden, um die hochgesteckten Ziele umzusetzen. Ähnlich erging es anderen Vorschlägen, die internationalen Gesundheitsregeln zu standardisieren, das globale Gesundheitssystem zu stärken und eine globale Pandemiefinanzierung auf die Beine zu stellen. Besonders der WHO wird vorgeworfen, sie habe es versäumt, die Regie für das drängende Pandemiethema zu übernehmen (Ross et al. 2015). Doch fehlen der WHO dafür derzeit die Kompetenzen und auch die finanziellen Mittel.

Mit einiger Wahrscheinlichkeit können wir jedoch davon ausgehen, dass angesichts der aktuellen Corona-Katastrophe Strategien erneuert und entschlossener in Angriff genommen werden. Ausgestattet mit den genetischen Daten der 750.000 Viren wird die Menschheit dann in der Lage sein, Virusbibliotheken zu erstellen, bevor neue Epidemien auftreten. Die Zeit für die Entwicklung neuer Impfstoffe wird dramatisch verkürzt werden. Bereits die enorm schnelle Entwicklung mehrerer Corona-Impfstoffe in weniger als 12 Monaten im Jahr 2020 übertraf alles, was davor bekannt war. So dauerte es fast 40 Jahre, bis 2014 endlich ein Impfstoff für Ebola auf den

Markt kam. Das Beispiel zeigt, dass das Gesundheitssystem überaus schnell reagieren kann, wenn die Not und der wirtschaftliche Druck bzw. die Verdienstaussichten groß sind. Doch manchmal braucht es offensichtlich eine echte Katastrophe, damit gehandelt wird.

Ein Mann, der die Szenarien zukünftiger Pandemiestrategien durchleuchtet hat, ist Nathan Wolfe, Virologe an der Stanford University. Das Magazin *Time* führte ihn 2011 in der Liste der 100 einflussreichsten Menschen der Welt. Sein Buch *The Viral Storm: The Dawn of a New Pandemic Age* (2011) machte den Wissenschaftler bekannt. Bereits damals entwarf Wolfe ein Szenario, warum zukünftige Pandemien das größte Gesundheits- und somit Wirtschaftsrisiko für die Menschheit darstellen. Er prophezeite, Pandemien könnten die Wirtschaft ganzer Regionen zerstören und gefährlicher sein als Vulkanausbrüche, Stürme oder Erdbeben. Tatsächlich trat das, was er vorhersagte, 2019 bei COVID-19 mit voller Gewalt ein. Wolfe machte auf der Grundlage jahrelanger Studienaufenthalte in Afrika Vorschläge und erarbeitete Lösungen, was getan werden muss, um die Risiken einzudämmen. Er gründete 2007 die unabhängige Organisation *Global Viral Forecasting (GVF)* und 2019 die größere Organisation *Metabiota* (https://metabiota.com) mit Hauptsitz in San Francisco.

Die Vision Wolfes ist, mit diesen Organisationen ein „globales Immunsystem" gegen Pandemien zu schaffen, das Regierungs- und Nichtregierungsorganisationen vereint und die modernsten technischen Neuerungen nutzt (Wolfe 2011). Dafür gab er seine Festanstellung als Professor an der Stanford University auf. Ihm und seinem Team geht es darum, möglichst früh belastbare Daten über Trends und Bewegungen von Infektionskrankheiten in menschlichen und tierischen Populationen zu gewinnen. Zu diesem Zweck wird das Vorkommen von Mikroorganismen (also nicht nur Viren) in Menschen- und Tierpopulationen so genau wie möglich kartiert. Diese Arbeit verlangt einen hohen Aufwand, etwa die Dokumentation in allen Krankenhäusern z. B. in afrikanischen Risikogebieten. Verlässliche und schnelle Kommunikationsformen zwischen diesen Häusern müssen in einem hierarchischen System aufgebaut werden. Gleichzeitig sollen Hochrisikogruppen, wie Jäger im Urwald, bis auf individuelle Ebene erfasst werden. Diese Gruppen kommen als Indikatoren oder Wachtposten in Frage, weil sie aufgrund ihres Wohnorts oder ihres Verhaltens zu den ersten gehören können, die infiziert werden. Ähnliches gilt für Menschen, die etwa regelmäßig Bluttransfusionen erhalten und sich ebenfalls früh infizieren können. Auch Organtransplantationen sind in bestimmten Regionen Risikofaktoren. Will man die gewaltige Aufgabe der Kartierung von Infektionen ernst nehmen, dürfen auch Tierpopulationen auf dem Radarschirm nicht fehlen. So könnten sich etwa an verendeten waldbewohnenden Affen die Bewohner waldnaher Siedlungen mit einem tödlichen Virus infizieren.

Das Ziel der genauen Kartierung von Infektionen mündet in das noch höher gesteckte Ziel ihrer Vorbeugung. Hier ging Wolfes Organisation in Afrika frühzeitig der Frage nach, wie Verhaltensänderungen geschaffen werden können, um den engen Kontakt von Menschen und Wildtieren zu verringern. Das eigentliche Problem dabei ist jedoch die Armut in den betroffenen Ländern. Die Jagd nach Wildtieren ist Subsistenzjagd und dient oft noch immer dem bloßen Überleben der Menschen. Man kann leicht erkennen, dass Lösungsansätze hier einen viel breiteren Rahmen erfordern.

Wolfe (2011) bemängelt in seinem Buch das Fehlen eines gesundheitspolitischen Denkens im Hinblick auf Pandemiestrategien. Das Ergebnis sind riesige, aber ineffiziente Systeme. Wenn sich eine Infektion anbahnt, wird alles stehen und liegen gelassen, und man konzentriert sich auf diese spezifische Krankheit, um zukünftige Risiken nach Möglichkeit zu mindern. Genau das erlebten wir weltweit im Jahr 2020 mit COVID-19. Nur mühsam, so schreibt Wolfe weiter, entwickelt sich ein Paradigmenwechsel von der Reaktion hin zu Prävention. Ein Teil der Lösung ist dabei das riesige Feld, die breite Öffentlichkeit in den entsprechenden Ländern über mögliche Pandemiegefahren zu informieren und das Gefahrenbewusstsein mit der Informationspolitik latent aufrecht zu erhalten.

Bis 2020 konnte Wolfes Unternehmen *Metabiota* laut eigenen Angaben 474 Ausbrüche menschlicher Infektionskrankheiten identifizieren. Beim Ausbruch einer neuen Infektion ist die Organisation mit modernsten, KI-gestützten Instrumenten und Hunderten unterschiedlicher Datenpools in der Lage, für ihre Auftraggeber Risikoanalysen auszuarbeiten und diese in einem demografischen, geografischen und epidemischen Szenario darzustellen. An die 150 verschiedene Pathogene werden an 230 Orten in Afrika und Asien mithilfe von *Ground-Zero*-Feldlaboren beobachtet; 18 Mio. realistische Szenarien über das Entstehen und die Ausbreitung von Infektionen wurden bisher erstellt und flossen in Zehntausende Simulationen ein (https://metabiota.com).

Wolfe macht angesichts der COVID-19-Pandemie in einem Interview klar, er sei überzeugt, dass die Welt in der Folge von COVID-19 endlich proaktiv handeln werde (Wolfe 2020). Beispiele aus der Vergangenheit, bei denen Vorsorge getroffen wurde, seien die Resilienz-Pläne und Versicherungen von Firmen für Katastrophenereignisse wie Stürme, Erdbeben, Hochwasser, Terroranschläge und Cyberangriffe. Nur für eines gibt es bislang keine Risikovorsorge: für Pandemien. In naher Zukunft jedoch, so

Wolfe, werden Unternehmen maßgeschneiderte Pläne zur Risikominderung von Pandemien entwickeln. Sie werden unabhängige Zertifizierungen für die Seuchenvorsorge erhalten. Es wird den neuen Beruf eines leitenden Beauftragten für Seuchensicherheit geben, der sich mit unternehmensspezifischen Risikobewertungen befasst. Schließlich werden Unternehmen auch Versicherungen gegen Pandemierisiken abschließen.

Es wird eine Realität nach COVID-19 geben. Wolfe sagt für die USA voraus, dass Menschen ein Immunitätskennzeichen auf ihrer Gesundheitskarte haben werden, das erkenntlich macht, wogegen sie geimpft sind. In manchen Ländern ist vorstellbar, dass bestimmte Leistungen wie Flug- und Schiffreisen oder Konzert- und Theaterbesuche an einen Impfnachweis gebunden werden. Das kommt einer Impfpflicht gleich und kann aus dieser Sicht auch abgelehnt werden. Regierungen werden die Voraussetzungen schaffen, dass Versicherungen entsprechende Leistungen zum Schutz vor Pandemierisiken anbieten können. Vergleichbares geschah auch nach dem 11. September 2001, als Kreditgeber von Bauträgern für Hochhäuser forderten, eine Versicherung gegen Terrorismus abzuschließen. Märkte reagieren in solchen Fällen schnell. Versicherte Unternehmen schützen sich besser vor Entlassungen. Es ist vorstellbar, dass Regierungen solche Versicherungen gesetzlich vorschreiben.

Als Reaktion auf COVID-19 bildete sich im Sommer 2020 ein internationales Team aus 69 Biologen und Medizinern, die insgesamt 72 wissenschaftlichen Institutionen angehören. Die selbstorganisierte Initiative ruft in einem empathischen Weckruf zu Schutz- und Abhilfemaßnahmen in Form einer systemischen Reaktion auf und möchte eine fortschrittliche kollektive Intelligenz als Antwort auf die COVID-19-Krise entwickeln (Auffray et al. 2020). Weitere Gruppen aus anderen Wissenschaftsbereichen und Ländern sollen sich dem Plan anschließen. Ihre Integration werden „Olympiaden der Solidarität und Gesundheit" bilden, so bezeichnen es die Autoren.

Das umfassende Wissen, das man anstrebt, um eine systemische Antwort auf COVID-19 zu optimieren, könnte als ein Modell dienen, das eine „globale Metamorphose unserer Gesellschaften" auslöst. Ein solches Modell würde beispielhaft für den Umgang des modernen Menschen mit schwierigen Lebensbedingungen sein und hätte weitreichende Konsequenzen für die Herausforderungen der Menschheit in diesem Jahrhundert. Den Initiatoren dieser „planetarischen Bewegung der Solidarität" schwebt die Vision vor, einen Datenpool auf globaler, regionaler, lokaler und Mikroebene zu schaffen, der sämtliche Informationen möglichst aller Patienten rund um die COVID-19-Pandemie enthält, und zwar in allen individuellen Krankheitsphasen, in allen Stadien der Epidemie, an allen Orten und zu jedem Zeitpunkt. Medizinische und computergestützte Technologien generieren die Daten, die benötigt werden. Sie setzen sich aus medizinischer Bildgebung, genomischen und funktionalen Studien sowie *Big-Data*-Datenströmen zusammen, die vernetzte Geräte über menschliche Aktivitäten und Gesundheitszustände in Echtzeit aufzeichnen. Das generierte Wissen soll allen Wissenschaftlern und Bürgern schnell und offen zugänglich sein. Dieser systemische Denkansatz ist eine Jahrhundertherausforderung. Er hat das Potenzial, die Medizin und Gesundheit des 21. Jahrhunderts zu transformieren. Das Vorhaben wird von den Autoren daher auch mit den Anstrengungen und dem Datenaufwand für Wettervorhersagen gleichgesetzt. Eine Alternative dazu gibt es in ihren Augen nicht (Auffray et al. 2020). Allerdings gibt es bei der Erhebung persönlicher Daten weitaus mehr (und berechtigte) Bedenken als bei der Erhebung von Wetterdaten.

Was die Autoren anstreben, beinhaltet ein effektives und schnelles Management der Kontaktverfolgung. Deutschland bewies als in der Technologie „führendes" Land in der Corona-Krise, wie altertümlich es hierbei operiert. Wir besitzen keine einheitliche Softwarelösung, die den Datenaustausch mit Laboren und Ordnungsämtern sicherstellt. In einer Zeit, da die künstliche Intelligenz die Schlagzeilen beherrscht, wird bei uns noch immer händisch übertragen, telefoniert, gefaxt und auf dem Postweg verschickt. Bei der Übermittlung von Kontakten verlässt man sich auf das Gedächtnis der Betroffenen (Balmer 2020). Was wir jedoch brauchen, ist ein vollautomatisierter Prozess. Diesen hatte man mit einer App versprochen, doch war diese nicht zielführend; sie schützte unsere Daten, aber uns nicht vor dem Virus. Die Vorteile eines effektiven Trackings werden geringer gesehen als die Angst vor der Überwachung des Staates. Gleichzeitig lassen Millionen Menschen Dutzende von Apps auf ihren Handys auf ihre Standortdaten zugreifen – Apps, die genau wissen, wann wir wo sind und mit wem wir kommunizieren (Balmer 2020). Als Fazit können wir festhalten, dass Deutschland, gemessen an den technischen Möglichkeiten, das dritte Jahrzehnt dieses Jahrhunderts im Gesundheitssektor in hohem Maß unterdigitalisiert beschreitet, und das gilt nicht nur im Zusammenhang mit der Bekämpfung von Pandemien.

Dabei ist der oben von medizinisch-biologischer Seite geschilderte Forscheransatz erst ein Teil dessen, was tatsächlich gemacht werden muss. Die Politik ist gezwungen, das Thema in einem noch größeren nationalen und internationalen, ja globalen Rahmen anzugehen. Sie muss es schaffen, von der reaktiven, von lokalen Interessen gefärbten Gefahrenabwehr vollständig wegzukommen. In der hoch vernetzten Datenwelt sollte die Vision ernsthaft angepackt werden, epidemische Bedrohungen im Keim zu ersticken.

Die Institution für Umweltprogramme der Vereinten Nationen (UNEP) stellt in ihrem Programm zur Pandemiebekämpfung einen strategischen Ansatz in den Mittelpunkt, der die zukünftigen Maßnahmen für eine effektive präventive Kontrolle sowie das Management von Zoonosen stark bestimmen wird: Gemeint ist die Idee der *One Health* (UNEP 2020). *One Health* steht dabei für ein einheitliches, integriertes Gesundheitskonzept für Menschen, Tiere und Umwelt. Hier beginnt man zu erkennen, wie eine multidisziplinäre Kollaboration für holistische Interventionen aussehen kann, die nicht nur an die menschliche Gesundheit adressiert ist, sondern gleichzeitig an die von Tieren und der Umwelt. Das eine lässt sich ohne das andere nicht realisieren. Entsprechend müssen auf globaler Ebene die bereits existierenden Organisationen, das sind die Weltgesundheitsorganisation (WHO), die Weltorganisation für Tiergesundheit (OIE) und die Ernährungs- und Landwirtschaftsorganisation der Vereinten Nationen (FAO), viel stärker und mit neuen Ideen sektorenübergreifend unter Einbeziehung der Weltbank und weiterer Institutionen zusammenarbeiten. Der *One-Health*-Ansatz wird von vielen Seiten begrüßt, doch die Akzeptanz und institutionelle Unterstützung sind uneinheitlich. Höhere Investitionen und mehr Unterstützung sind erforderlich, damit die Pläne routinemäßig umgesetzt werden können. Darüber hinaus müsste ein Standardsatz von Metriken zur Messung der Effektivität von *One-Health*-Maßnahmen implementiert werden, der dazu beitragen kann, die Akzeptanz des Vorhabens zu erhöhen.

Die UNEP entwarf im genannten Programm eine Liste politischer Empfehlungen. Diese gründen hauptsächlich auf dem *One-Health*-Ansatz. Auch wenn diese Auflistung vieler Maßnahmen abstrakt ist und sich trocken liest, möchte ich sie hier vorstellen, um zu verdeutlichen, dass die spezifische Aufgabe, der sich die Menschheit hier stellen muss – die Verringerung des Pandemierisikos –, keine Angelegenheit ist, die sich in einem, zwei oder zehn Jahren von wenigen dafür ernannten und beauftragen Spezialisten umsetzen lässt. Die Realität ist viel komplexer und berührt zahlreiche Lebens- und Arbeitsbereiche in biologischen, sozialen, ökonomischen und menschlichen Zusammenhängen. Beinahe jeder einzelne Satz und Halbsatz in dem folgenden Zehn-Punkte-Empfehlungskatalog zieht nationale und internationale Maßnahmenbündel nach sich, die nur mit Tausenden Spezialisten und noch mehr betroffenen Bauern, Händlern und Viehzüchtern, Lebensmittelproduzenten, Gesundheitseinrichtungen und anderen Beteiligten und Organisationen weltweit mühsam erarbeitet und umgesetzt werden müssen.

Sie dürfen sich beim Lesen dieser Empfehlungen selbst fragen, wie stark Sie zu der Überzeugung tendieren, dass wir als Menschen die evolutionären Voraussetzungen mitbringen, solche Herausforderungen in einer Kooperation unzähliger Beteiligter und verwobener Zielkonflikte zu meistern. Ich lasse mögliche Antworten hier offen und komme im Teil C des Buches, unter anderem im Zusammenhang mit der viel größeren Aufgabe der Klimaerwärmung, darauf zurück.

Die UNEP liefert folgende wissenschaftlich fundierten politischen Empfehlungen für Regierungen, Unternehmen und andere Akteure. Sie dienen als Hilfestellung, nicht nur für das Reagieren auf zukünftige Krankheitsausbrüche, sondern auch dafür, die Aufgaben proaktiv anzugehen und das Risiko des Auftretens zoonotischer Infektionskrankheiten zu verringern (UNEP 2020):

1. **Bewusstsein:** Das Verständnis für die Risiken von Zoonosen und neu auftretenden Krankheiten und deren Prävention soll auf allen gesellschaftlichen Ebenen sensibilisiert und verstärkt werden, um eine breite Unterstützung für Strategien zur Risikominderung zu schaffen.

2. **Steuerung:** Investitionen in interdisziplinäre Ansätze einschließlich der *One-Health*-Perspektive sollen erhöht werden; Umweltaspekte müssen in der WHO, OIE und FAO integriert und gestärkt werden.

3. **Wissenschaft:** Wissenschaftliche Forschung zu den komplexen sozialen, wirtschaftlichen und ökologischen Dimensionen auftauchender Krankheiten, einschließlich Zoonosen, soll ausgeweitet werden, um die Risiken zu bewerten und Interventionen an der Schnittstelle von Umwelt, Tiergesundheit und menschlicher Gesundheit zu entwickeln.

4. **Finanzen:** Die Kosten-Nutzen-Analysen von Präventionsmaßnahmen gegen neu auftretende Krankheiten sollen verbessert werden, um Investitionen zu optimieren und Zielkonflikte zu reduzieren. Eine Vollkostenrechnung der gesellschaftlichen Auswirkungen der Krankheit (einschließlich der Kosten für unbeabsichtigte Folgen von Interventionen) soll erstellt werden.

5. **Überwachung und Regulierung:** Wirksame Mittel zur Überwachung und Regulierung von Praktiken im Zusammenhang mit Zoonosen sollen entwickelt werden, einschließlich der Lebensmittelsysteme vom Bauernhof bis auf den Tisch und einschließlich von Hygienemaßnahmen. Das Vorgehen hierzu soll den ernährungswissenschaftlichen, kulturellen und sozio-ökonomischen Nutzen dieser Lebensmittelsysteme berücksichtigen. (Anm. des Autors: Ein Lebensmittelsystem umfasst alle Prozesse und Infrastrukturen, die an der Ernährung einer Bevölkerung beteiligt sind:

Anbau, Ernte, Verarbeitung, Verpackung, Transport, Vermarktung, Verzehr und Entsorgung von Lebensmitteln und lebensmittelbezogenen Artikeln.)

6. **Anreize:** Gesundheitsaspekte sollen in Anreize für Nahrungssysteme, einschließlich der Lebensmittel von Wildtieren, einbezogen werden. Anreize sollen geschaffen und erweitert werden, mit denen die Kontrolle nicht-nachhaltiger landwirtschaftlicher Praktiken von Wildtierkonsum und -handel, einschließlich illegaler Aktivitäten, durchgeführt werden kann. Ziel ist es, Alternativen zu entwickeln, die der Ernährungssicherheit und dem Lebensunterhalt dienen. Diese Alternativen sollen nicht auf der Zerstörung und nicht-nachhaltigen Ausbeutung von Lebensräumen und biologischer Vielfalt beruhen.

7. **Biosicherheit und Bekämpfung:** Die Haupttreiber von neu auftretenden Krankheiten in der Tierhaltung sollen identifiziert werden, und zwar sowohl in der industrialisierten Landwirtschaft (Intensivtierhaltung) als auch in der kleinbäuerlichen Produktion. Biosicherheitsmaßnahmen in der Tierhaltung sollen berücksichtigt und kostenmäßig erfasst werden. Für industrielle und benachteiligte Kleinbauern und Viehzüchter sollen Biosicherheitsmaßnahmen sowie Anreize für bewährtes und unzureichend genutztes Management in der Tierhaltung ermöglicht werden, z. B. durch den Abbau von Subventionen und pervertierten Anreizen der industrialisierten Landwirtschaft.

8. **Landwirtschaft und Wildtierhabitate:** Ein integriertes Management von Landschaften und Meereslandschaften soll unterstützt werden. Es dient dem Ziel, die nachhaltige Koexistenz von Landwirtschaft und Wildtieren zu fördern. Die Verantwortlichen sollen sich dabei unter anderem für Investitionen in agro-ökologische Methoden der Nahrungsmittelproduktion einsetzen, die Abfall, Verschmutzung und gleichzeitig das Risiko der Krankheitsübertragung reduzieren. Die weitere Zerstörung und Fragmentierung des Lebensraums von Wildtieren soll dadurch verringert werden, dass die bestehenden Verpflichtungen zur Erhaltung und Wiederherstellung von Lebensräumen, zur Erhaltung des ökologischen Verbunds und die Einbeziehung von Biodiversitätswerten in staatliche und private Entscheidungsprozesse und Planungsprozessen umgesetzt werden.

9. **Aufbau von Kapazitäten:** Bestehende Kapazitäten bei den Gesundheitsakteuren in allen Ländern sollen gestärkt und neue Kapazitäten aufgebaut werden, um die Ergebnisse zu verbessern und um den Akteuren zu helfen, die gesundheitlichen Aspekte von Zoonosen zu verstehen.

10. **Operationalisierung des *One-Health*-Ansatzes:** Der *One-Health-*Ansatz soll angemessen verfolgt und umgesetzt werden.

Der Katalog von Forderungen zur Pandemieprävention, der hier skizziert ist, tangiert in vielen Punkten unterschiedliche nationale Wertvorstellungen und Gesetze. Mit diesem Programm eine gemeinsame globale Linie zu erreichen und umzusetzen, hebt das Vorhaben in eine politische Dimension, die mit der Klimapolitik vergleichbar ist. Erinnern wir uns an die völlig unterschiedlichen Bewertungen der COVID-19-Bedrohung allein in demokratisch regierten Ländern, etwa das Vorgehen der USA im Jahr 2020. Die unterschiedlichen Einschätzungen hierzu lassen die Schwierigkeiten erahnen, sich hier auf eine globale Strategie zu einigen, die mehr ist und bleibt als ein Grundkonsens. Autoritär regierte Staaten erschweren die Aufgabe zusätzlich. Tatsächlich sind die Überlegungen der UNEP, obwohl sie eine integrierte Strategie befürwortet, nur am Rand in weitere globalen Entwicklungen eingebettet, die das Weltbild heute bestimmen, wie etwa das anhaltende Bevölkerungswachstum, das schnelle Wachstum von Megacities mit hoher Umweltverschmutzung, die erhebliche Zunahme des Luft- Landverkehrs und schließlich der Klimawandel. Auch Maßnahmen für eine sachliche und transparente Kommunikation frei von Eigeninteressen, insbesondere eine Risiko-Kommunikation (Fangerau und Labisch 2020), werden nicht angesprochen. Alle diese zusätzlichen Faktoren erhöhen die Komplexität und die Realisierung der Maßnahmen noch erheblich.

Die COVID-19-Pandemie „zwingt uns, unser Verhältnis zu unserer Umwelt, ob in freier Natur oder im Siedlungsbreich, zur Bildung, zur Gesundheit und zum Tod zu verändern. Sie stellt unsere Arbeitsgewohnheiten und unsere Lebensweise in Frage, unser Verständnis von lebenden Organismen und ihren Beziehungen zur Umwelt sowie die Art, wie wir politisch, sozial, wirtschaftlich, produktions- und gesundheitsseitig organisiert sind" (Auffray et al. 2020).

Dieses Kapitel stimmt Sie, liebe Leser, vielleicht nachdenklich. Sie werden sich fragen, wie es in einem evolutionären Zusammenhang gesehen werden kann. Abgesehen davon, dass Überbevölkerung und Infektionskrankheiten Ausdruck unserer Evolution sind (Abschn. 8.3), wollte ich hier vor allem verdeutlichen, dass der Bezug zur Evolution sich auch dann aufdrängt, wenn wir *nicht* fähig sind, neue Infektionsbedrohungen in Zukunft wirksam zu bekämpfen. In einem solchen Szenario wäre die Folge der erwähnte verstärkte Selektionsdruck. Nur ein kleiner Prozentsatz der Menschheit ist gegen neue Infektionskrankheiten immun. Die Menschheit müsste mit enormen gesellschaftlichen Verwerfungen und Rückschlägen zurechtkommen, die Pandemien nach sich ziehen, wenn wir uns ihnen nicht mit unserem techno-kulturellem Wissen und politisch vereint entgegenstellen. Die Besonderheit dieses Kapitels liegt also darin, dass die menschliche biologische Evolution dann betroffen ist, wenn wir die Aufgabe zukünftiger Pandemiebedrohungen nicht bewältigen, während die anderen Kapitel im umgekehrten Sinn zeigen, wie evolutionäre Entwicklungen durch unser techno-kulturelles Handeln initiiert werden können. Vielleicht wird es in Zukunft auch Eingriffe in unser Genom und Umbauten geben, die uns vor Virenangriffen umfassend schützen. Doch diese Aussichten liegen weit jenseits des gegenwärtigen Horizonts. Ich komme in Abschn. 7.5 darauf zurück, wenn wir uns näher mit den modernen Errungenschaften der Gentechnik beschäftigt haben.

5.9 Zusammenfassung

Die Chirurgie hat damit begonnen, künstliche, sehr bewegliche, sensitive Gliedmaßen herzustellen, die vom Gehirn gesteuert werden. Diese Prothesen werden immer natürlicher aussehen, bis in die Fingerspitzen funktionieren und sensorische Empfindungen vermitteln. Die Forschung zum 3D-Printing menschlicher Organe macht erhebliche Fortschritte und wird immer mehr Realität werden. Parallel dazu wird es Xenotransplantationen geben; hier werden tierische Spenderorgane bei Menschen eingesetzt. Noch interessanter ist das Heranwachsen menschlicher Organe aus präparierten menschlichen Stammzellen in Tierembryonen, die dort wachsen und später organkranken Empfängern implantiert werden können. Computer-Gehirnschnittstellen nehmen verschiedene Formen an. Es ist jedoch spekulativ, Gehirnsignale in Form von Gedanken zu übertragen. Ein Upload des gesamten Gehirns und damit sein Backup im Internet scheint in weiter Ferne zu sein. Kopftransplantationen könnten hingegen eher zu einem Standard ähnlich heutiger Herztransplantationen werden. Sie werfen jedoch extrem schwierige ethische Fragen auf. Die Reduzierung von Pandemiebedrohungen durch Präventionspläne und deren politische Umsetzung umfassen viele Lebens- und Arbeitsbereiche und entwickeln sich aktuell zu einer der größten Herausforderungen, vor der der moderne Mensch bisher stand.

Literatur

Auffray C, Balling R, Blomberg N et al. (2020) COVID-19 and beyond: a call for action and audacious solidarity to all the citizens and nations, it is humanity's fight [version 1; peer review: 2 approved with reservations] F1000Research 9:1130. https://doi.org/10.12688/f1000research.26098.1

Balmer B (2020) Weniger Bedenken, mehr Taiwan. Wie wir Technologie nutzen müssen, um Corona-Infektionen wirklich nachverfolgen zu können. DIE ZEIT, 30. 12 . 2020

Cakir B, Xiang Y, Tanaka Y et al (2019) Engineering of human brain organoids with a functional vascular-like system. Nat Methods 16:1169–1175. https://doi.org/10.1038/s41592-019-0586-5

Canavero S (2013) HEAVEN: the head anastomosis venture Project outline for the first human head transplantation with spinal linkage (GEMINI). Surg Neurol Int 4(1):335–342. https://doi.org/10.4103/21527806.113444

Deuse T, Hu X, Gravina A et al (2019) Hypoimmunogenic derivatives of induced pluripotent stem cells evade immune rejection in fully immunocompetent allogeneic recipients. Nat Biotechnol 37:252–258. https://doi.org/10.1038/s41587-019-0016-3

Dobson AP, Pimm SL, Hannah L et al (2020) Ecology and economics for pandemic prevention. Science 369(6502):379–381. https://doi.org/10.1126/science.abc3189. https://science.sciencemag.org/content/369/6502/379

Fangerau H, Labisch A (2020) Pest und Corona. Pandemien in Geschichte, Gegenwart und Zukunft. Herder, Freiburg

Fries P (2020) Der Weg von der Technologie zur Anwendung ist weit (Interview). Der Neurophysiologe Pascal Fries erforscht die Grundlagen für Gehirn-Computer-Schnittstellen. Handelsblatt Topic Nr. 226, Gesundheit: Medizin der Zukunft. 20.11.2020

Frost N (2019) An artificially intelligent, open-source bionic leg could change the future of prosthetics. https://qz.com/1636413/an-open-source-ai-bionic-leg-is-the-future-of-prosthetics/

Garakani R, Saidi RF (2017) Recent progress in cell therapy in solid organ transplantation. Int J Organ Transplant Med. 8(3):125–131

Goulart E, Luiz de Caires-Junior LC, Telles-Silva KA, Araujo BHS, Aparecida S, Sforca RM, de Sousa IL, Kobayashi GS, Musso CM, Faria (2019) A 3D bioprinting of liver spheroids derived from human induced pluripotent stem cells sustain liver function and viability in vitro. Biofabrication 12(1). doi: https://doi.org/10.1088/1758-5090/ab4a30

Grigoryan B, Paulsen SJ, SJ, Corbett DC, Sazer DW, Fortin CL (2019) Multivascular networks and functional intravascular topologies within biocompatible hydrogels. Science 364(6439):458–464. https://doi.org/10.1126/science.aav9750

Izpisúa Belmonte JC (2017) Transplantationsmedizin – Spenderorgane aus Tieren. In: Spektrum der Wissenschaft Spezial 3/2017: Die Zukunft der Menschheit. Wie wollen wir morgen leben? Spektrum der Wissenschaft, Heidelberg, 12–17

Johannes MS, Faulring EL, Katyal KD et al. (2020) Modular Prostethic Limb. In: Rosen J und Ferguson PW (2020) (Hrsg) Wearable robotics: systems and applications. Elsevier, 393–444. https://doi.org/10.1016/B978-0-12-814659-0.00021-7

Kim C, Hwang I, Kim H, Jang S, Kim HS, Lee W (2016) Accelerated recovery of sensorimotor function in a dog submitted to quasi-total transection of the cervical spinal cord and treated with PEG. Surg Neurol Int 13-Sep-2016;7(Suppl 24):S637–640

Ksadaris G, Birbilis T (2019) First human head transplantation: surgically challenging, ethically controversial and historically tempting – an experimental endeavor or a scientific landmark? Maedica (buchar) 14(1):5–11. https://doi.org/10.26574/maedica.2019.14.1.5

Kurzweil R (2014) Menschheit 2.0 – Die Singularität naht. 2. durchges. Aufl. Lola Books, Berlin. Engl. (2005) The Singularity is near: When humans transcend biology. Viking Press, New York

Lamba N, Holsgrove D, Broekman MAL (2016) The history of head transplantation: a review. Acta Neurochir (wien) 158(12):2239–2247. https://doi.org/10.1007/s00701-016-2984-0

Lange A, Nemeschkal HL, Müller GB (2018) A threshold model for polydactyly. Prog Biophys Mol Biol 137:1–11. https://doi.org/10.1016/j.pbiomolbio.2018.04.007

Mansour Abed AlF, Gonçalves JT, Bloyd CW, Li H, Fernandes S, Quang D, Johnston S, Parylak SL, Jin X (2018) An in vivo model of functional and vascularized human brain organoids. Nature Biotechnology 36(5):432–441. https://doi.org/10.1038/nbt.4127

Meckel M (2018) Der Spion in meinem Kopf. Technik-Konzerne wollen in unser Gehirn vordringen. Gelingt ihnen das, steht die Freiheit unserer Gedanken auf dem Spiel. In: Die Zeit, 12. April 2018, 36. https://www.zeit.de/2018/16/brainhacking-gehirn-kopf-konzerne-miriam-meckel

Miller KD (2015) Will it ever be possible to upload your brain? The New York Times 10. Okt. 2015. https://www.nytimes.com/2015/10/11/opinion/sunday/will-you-ever-be-able-to-upload-your-brain.html?_r=2

Mozaffari MS, Emami G, Khodadadi H, Baban B (2019) Stem cells and tooth regeneration: prospects for personalized dentistry. EPMA J 10(1):31–42. https://doi.org/10.1007/s13167-018-0156-4

Nishinakamura R (2019) Human kidney organoids: progress and remaining challenges. Nat Rev Nephrol 15:613–624. https://doi.org/10.1038/s41581-019-0176-x

Noor N, Shapira A, Edri R, Gal I, Wertheim L, Dvir T (2019) 3D printing of personalized thick and perfusable cardiac patches and hearts. Adv Sci 6(11):1v10. doi: https://doi.org/10.1002/advs.201900344

Rahmani S, Breyner NM, Ming-Su H, Verdu EF, Didar TF (2019) Intestinal organoids: a new paradigm for engineering intestinal epithelium *in vitro*. Biomaterials 194:195–214. https://doi.org/10.1016/j.biomaterials.2018.12.006

Reardon S (2015) New Life for Pig Organs. Gene-editing technologies have breathed life into the languishing field of xenotransplantation. Nature 527:152–154

Ross A, Crowe SM, Tyndall MW (2015) Planning for the next global pandemic. Int J Infect Dis 1(38):89–94. doi: https://doi.org/10.1016/j.ijid.2015.07.016

Seung S (2013) Das Konnektom. Erklärt der Schaltplan unseres Gehirns unser Ich? Springer Spektrum, Heidelberg

Stock JT (2008) Are Humans still evolving = EMBO reports 9:551–551

Tan T, Wu J, Si C et al (2021) Chimeric contribution of human extended pluripotent stem cells to monkey embryos ex vivo. Cell 184(8):2020–2032. https://doi.org/10.1016/j.cell.2021.03.020

Turing A (1952) The chemical basis of morphogenesis. Phil Trans R Soc London B 237:37–72

UNEP (2020) United Nations Environment Programme and International Livestock Research Institute (2020). Preventing the Next Pandemic – Zoonotic diseases and how to break the chain of transmission. Nairobi, Kenya. https://www.unenvironment.org/resources/report/preventing-future-zoonotic-disease-outbreaks-protecting-environment-animals-and

Wade J, Bhattarcharjee T, Williams RD, Kemp CC (2017) A force and thermal sensing skin for robots in human environments. Robot Auton Syst 96:1–14. https://doi.org/10.1016/j.robot.2017.06.008

Warwick K, Gasson M, Hutt B, Goodhew I, Kyberd P, Schulzrinne H, Wu X (2004) Thought Communication and Control: A first Step using Radiotelegraphy. IEEE Proceedings – Communications 151(3):185–189. doi:https://doi.org/10.1049/ip-com:20040409.

Warwick K, Gasson M, Hutt B, Goodhew I, Kyberd P, Andrews B, Teddy P, Shad A (2003) The Application of Implant Technology for Cybernetic Systems. Arch Neurol 60(10):1369–1373. https://doi.org/10.1001/archneur.60.10.1369

Wiggers K (2020) Neuralink demonstrates its next-generation brain-machine interface. Venture Beat. https://venturebeat.com/2020/08/28/neuralink-demonstrates-its-next-generation-brain-machine-interface/

Wolfe N (2020) COVID-19 won't be the last pandemic. Here's what we can do to protect ourselves. TIME 15.4. 2020. https://time.com/5820607/nathan-wolfe-coronavirus-future-pandemic/

Wolfe N (2011) The viral storm: the dawn of a new pandemic age. Times Book. Dt. (2020) Virus. Die Wiederkehr der Seuchen. Rowohlt, Hamburg

Wolfe N, Dunavan C, Diamond J (2007) Origins of major human infectious diseases. Nature 447(7142):279–283. https://doi.org/10.1038/nature05775

Tipps zum Weiterlesen und Weiterklicken

Bionische Handprothesen, die funktionieren (YouTube, 2015). Nervengesteuerte Handprothesen werden bei Menschen eingesetzt, deren Hand extra amputiert wurde, um eine Prothese anbringen zu können. https://www.youtube.com/watch?v=fsyOdi-qGW4

Doctor Frankenstein. Neurosurgeon plans world's first head transplant, Sunday Night (YouTube, 2018) Sergio Canavero erklärt sein Vorhaben einer Kopftransplantation und stellt sich kritischen Fragen. https://www.youtube.com/watch?v=ZCxnbXTuXXc

Herz aus dem 3D-Drucker (YouTube, 2019). Forscher in Israel haben nach eigenen Angaben den Prototyp eines Herzens aus menschlichem Gewebe im 3D-Drucker hergestellt. https://www.youtube.com/watch?v=N6uwkuoHVWs

6

Genom-Editierung – Therapieren von Erbkrankheiten und noch viel mehr

Gezielte Genmodifikation oder Gentargeting gibt es schon lange. Bereits 1973 wurde der erste transgene Organismus erzeugt, also ein Lebewesen mit einem künstlich verändertem Genom. Damals wurde ein Gen, das Antibiotikaresistenz bewirkt, in ein *E.-coli*-Bakterium eingefügt. Schon ein Jahr später gab es das erste gentechnisch veränderte Tier, eine Maus. Das Verfahren funktionierte überraschend präzise. Man nutzte dafür die bei sexueller Fortpflanzung auf natürliche Weise erfolgende Neuzusammenstellung der DNA vor der Befruchtung der Eizelle. Dabei werden zwischen dem väterlichen und mütterlichen Genom Abschnitte ausgetauscht, was man als Rekombination bezeichnet. Rekombination ist ein natürlicher und wichtiger Prozess zur Erhöhung der genetischen Variabilität in einer Population. Dabei kommt es zu neuen Genkombinationen und damit auch zu neuen Merkmalskombinationen bei den Nachkommen, ein fundamentaler Evolutionsmechanismus.

Forscher haben also diese natürliche Rekombination im Labor dafür genutzt, um künstlich Gene zu entfernen oder die Etablierung bestimmter Genmutationen anzustreben. Tatsächlich waren die frühen Bemühungen aber ein komplizierter Prozess und erstaunlich ineffizient. Man benötigte dafür embryonale Stammzellen, doch die Stammzellenforschung steckte in den 1970er Jahren noch in den Kinderschuhen. So kam man über Versuche bei der Maus lange nicht hinaus. Auf andere Säugetiere war das Gentargeting nicht anwendbar (Carroll 2017). Die Landwirtschaft zeigt

A. Lange, *Von künstlicher Biologie zu künstlicher Intelligenz – und dann?*, https://doi.org/10.1007/978-3-662-63055-6_6

ein anderes Bild: In den USA lag der Flächenanteil von Anpflanzungen mit genetisch veränderten Produkten bei Baumwolle, Sojabohnen und Mais im Jahr 2014 bereits bei 80 bis über 90 % (Knoepfler 2016).

Vieles hat sich inzwischen grundlegend geändert. Man spricht heute allgemein von Genom-Editierung, englisch *Genome editing*. Unter diesem Begriff werden alle molekularbiologischen Techniken zusammengefasst, mit denen sich die DNA von Tieren, Pflanzen, Bakterien, kurz: aller biologischen Linien, gezielt an vorher definierten Stellen verändern lassen. Das kann mit Körperzellen (Somazellen) oder mit Keimzellen (Spermien und Eizellen) geschehen. Sehen wir uns das genauer an.

6.1 Die DNA ist kein privilegierter Bauplan des Lebens

Die Überlegungen der Akteure in diesem Kapitel folgen dem gängigen Bild, das die meisten Menschen heute von der Funktion der Gene haben. Nach gängier Vorstellung ist das Genom eine „Blaupause" des Lebens. Als solche ist es ursächlich für unsere physischen und psychischen Eigenschaften verantwortlich, für die Form unseres Körpers, seine Größe, unseren Blutdruck, unsere Augenfarbe ebenso wie unsere Intelligenz, Ungeduld, die Fähigkeit zu lieben oder zu hassen. In dieser Vorstellung enthält die DNA den Code oder das Programm für die Konstruktion des Phänotyps. Sie ist der „Bauplan des Lebens".

In der modernen Biologie beginnt sich dieses Bild erst langsam zu wandeln. Auch in der modernen, erweiterten Evolutionstheorie (Infobox 3) gilt eine solche genzentristische Sicht heute zunehmend als überholt (vgl. Lange 2020). Auch wenn es sich in der Gesellschaft noch nicht verbreitet hat, wissen wir heute, dass das Genom von Tieren und Pflanzen und damit natürlich auch von uns Menschen, *nur eine* ursächliche Instanz von vielen ist, die für den Bau des Phänotyps und seine Eigenschaften verantwortlich sind. Neben der DNA existieren zum Beispiel Genregulationen, das sind Mechanismen und Netzwerke, die über das An- und Abschalten von Genen wachen, ferner allgegenwärtige Zell-Zell-Signale, ebenso zahllose Umweltfaktoren und viele weitere komplexe Interaktionen. All diese Prozesse wirken auf die Entwicklung eines Organismus ein. Dabei ist das Zusammenspiel dieser Instanzen in der embryonalen Entwicklung derart komplex, dass es aus moderner Sicht unsinnig erscheinen muss, der DNA hier die alleinige Rolle zuzuschreiben (Contera 2019; Laland et al. 2015; Noble 2006; Riedl 1990).

Man kann sagen, das heute vorherrschende genzentristische Bild ist eine Falle, in die die Wissenschaft hineingeraten ist. Der Grund dafür liegt im komplex kombinierten Inhalt der DNA selbst und den damit verbundenen, nicht endenden Forschungsthemen, die aus ihr abgeleitet werden können und die damit schlicht übergewichtet sind. Ich schicke das bewusst voraus, denn Sie als Leser sollen die Ankündigungen der gentechnischen Forschung und Industrie auf diese Weise kritischer bewerten können. Es kann wegen der voreingenommenen Sicht, die Gentechniker auf das Genom haben, vieles schief laufen. Genom-Editierung muss sich die Pflicht auferlegen, die Perspektive auf die gesamte Entwicklung des Organismus auszuweiten. Alle Variablen, die die Entfaltung eines Organismus in die Richtung eines gewünschten Ergebnisses ursächlich beeinflussen, müssen Gegenstand der Genom-Editierungs-Forschung sein: genetische und epigenetische Variablen sowie besonders die jeweilige Umwelt (Powell et al. 2012). Das ist bis heute kaum sichergestellt.

In Abschn. 6.2 geht es zunächst um die somatische Genom-Editierung bei einem einzelnen Individuum, also in dessen Körper. Bei der zweiten Form, den besonders interessanten Modifikationen der Keimzellen, wird die DNA zum Beispiel in Zellen des frühen Embryos gezielt verändert oder editiert; die Veränderungen vererben sich an die Folgegenerationen. Man hat kaum mehr eine Kontrolle darüber, wer dann in Zukunft alles über die Editierung verfügt; in der Praxis kann sie somit kaum mehr rückgängig gemacht werden, sobald sie einmal in der Keimbahn ist (Abschn. 6.3 und Kap. 7). Die Effekte lassen sich im Weiteren mit *Gene drive* noch dramatisch beschleunigen, wenn die Fähigkeit, die DNA umzuprogrammieren, selbst in sie eingebaut wird (Abschn. 7.5).

6.2 Somatische Genom-Editierung – Sieg über tödliche Erbkrankheiten?

Grundsätzlich sind Genom-Editierungsverfahren anwendbar, um die Genfehler in einem Individuum mit Genen aus eigenen Stammzellen zu korrigieren oder eigene durch fremde Gene zu ersetzen, also solche eines anderen Individuums oder sogar einer anderen Art. Die Technik kann ferner sowohl für die Manipulation eines einzelnen Gens bei monogenen Krankheiten als auch für die mehrerer Gene gleichzeitig bei polygenen Krankheiten verwendet werden *(Multiplex Genome editing)*. Monogene Krankheiten sind zum Beispiel Mukoviszidose, eine schwere Stoffwechselerkrankung, bei der es zu einem Ungleichgewicht des Wasser- und Salzgleichgewichts der Zellen kommt, die Gehirnkrankheit Chorea Huntington mit einer tödlichen Erkrankung der Gehirnzellen oder die Duchenne-Muskeldystrophie (DMD). Bei DMD-Patienten machen sich ab etwa dem vierten Lebensjahr immer stärkere Muskelverkrümmungen bemerkbar. Betroffene sind schon als Kinder an einen Rollstuhl gefesselt. Der Tod ist unaufhaltbar, wenn mit etwa 25 Jahren der Herzmuskel oder die Atmung versagt. Auch die amyotrophe Lateralsklerose (ALS) ist eine monogene Krankheit, an der beispielsweise Stephen Hawking litt. Bei ALS erkranken die Nervenenden, was zu Muskelschwund führt. Viel häufiger tritt die Sichelzellanämie auf, eine erbliche monogene Krankheit der roten Blutkörperchen.

Den monogenen Krankheiten stehen die polygenen gegenüber. Sie bilden die Mehrzahl aller erblich bedingten Krankheiten. Bei ihnen kommen zusätzlich noch Umweltfaktoren als weitere Ursachen ins Spiel, dann spricht man von multifaktoriellen Krankheiten. Das Risiko, zum Beispiel an Diabetes vom Typ 2 zu erkranken, wird einerseits durch zahlreiche, nur zum Teil bekannte genetisch bedingte Varianten für den Zuckerstoffwechsel, andererseits auch durch Ernährung und körperliche Aktivität beeinflusst. Alle genannten Erbkrankheiten kommen für Therapien mit Genom-Editierung in Frage. Dabei müssen wir uns allerdings darüber klar sein, dass wir beim heutigen Stand über die meisten multifaktoriellen Krankheiten nichts Genaues wissen. Das gilt noch immer für Krebserkrankungen, Bluthochdruck, Diabetes, Adipositas, Schizophrenie und Depression. Findet man ein paar genetische Korrelationen, gelten sie oft nur für einen kleinen Prozentsatz der Betroffenen, und die externen Bedingungen für die Krankheit bleiben unscharf (Enriquez und Gullans 2016).

Eines der *Gene-editing*-Verfahren wird in der Öffentlichkeit immer mehr bekannt, denn es hat die Biologie mit dem sperrigen Namen *Clustered regularly interspaced short palindromic repeats* (Abb. 6.1, Infobox 8), kurz CRISPR, revolutioniert. CRISPR ist auf dem Weg, zum Allzweckwerkzeug der Biotechnik zu werden. Der bestimmende Prozess ist dabei das bakterielle Enzym Cas9, das man bei allen Lebensformen dafür verwenden kann, eine spezifische DNA-Sequenz an einer bestimmten Stelle präzise zu schneiden. Man spricht deshalb auch von einer molekularen Genschere. Uns interessiert, welche Vorteile in der Forschung und Medizin daraus gezogen, und was man in der Gentechnik und Medizin alles damit erreichen kann.

CRISPR

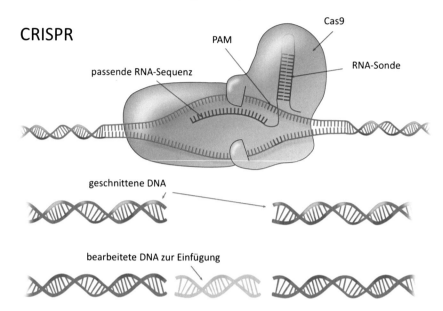

Cas9

PAM

passende RNA-Sequenz

RNA-Sonde

geschnittene DNA

bearbeitete DNA zur Einfügung

Abb. 6.1 CRISPR/Cas9. Das Enzym Cas9 detektiert und entfernt einen bestimmten Teil in der DNA (o.) und ersetzt ihn präzise durch einen neuen (u.) (CRISPR/Cas9: Alamy)

Die beiden Mikrobiologinnen und Biochemikerinnen Emmanuelle Charpentier aus Frankreich und Jennifer Doudna aus Kanada hatten die geniale Idee und Weitsicht, dass der CRISPR-Cas-Mechanismus, mit dem Bakterien Virenangriffe abwehren, ideal dazu geeignet ist, bei höheren Lebensformen gezielte genetische Änderungen vorzunehmen. Für die Entdeckung dieses gentechnischen Verfahrens erhielten sie den Nobelpreis für Chemie 2020. Man könne also – so die beiden Wissenschaftlerinnen im Jahr 2012 – Gene mit schadhaften Mutationen entfernen und gleichzeitig durch neue ersetzen, um nur ein Anwendungsbeispiel zu nennen. Die Idee wurde im Wissenschaftszirkel weltweit aufgegriffen, weil die weitreichenden Möglichkeiten sofort erkennbar waren. Bis heute erscheinen jährlich mehrere Tausend Publikationen in biologischen und medizinischen Fachmagazinen rund um dieses Thema. Die Methode ist im Vergleich zu den früheren leicht anzuwenden und wurde unzählige Male in experimentellen und auch praktischen Methoden eingesetzt. Diese umfassen alle Zelllinien, Labortiere, Pflanzen und auch den Menschen in klinischen Versuchen.

Infobox 8 Die CRISPR/Cas-Genschere

Genom-Editierung ist eine Methode zum Entfernen, Einfügen und Verändern der DNA.

Bakterien haben kein Immunsystem. In drei Milliarden Jahren haben sie einen eigenen, eingebauten komplexen Abwehrmechanismus gegen Virenbefall entwickelt, den sich die Gentechnik zu Nutze macht. Viren, die Bakterien attackieren, werden Bakteriophagen genannt; sie sind die größte Gefahr für Bakterien. Man kann sich ihre Abwehr vereinfacht so vorstellen, dass ein Bakterium durch Zerschneiden der Angreifer-DNA einen molekularen „Fingerabdruck" eines eindringenden Virustyps anfertigt, dann diesen fremden „Fingerabdruck" in ihrer eigenen DNA abspeichert und bei einem wiederholten Angriff desselben Viren-Angreifer-Typs diesen wieder erkennt und erneut durch Zerschneiden ausschaltet.

Ein wenig genauer mithilfe der wichtigsten beiden Fachbegriffe liest sich das so: Das Bakterium erzeugt mit einem speziellen Enzym mit dem Namen **Cas9** bei einem eindringenden Bakteriophagen präzise Schnitte, so dass bei ihm ein DNA-Doppelstrangbruch entsteht. Der Begriff **Genschere** für CRISPR/Cas ist von dieser Schneidefunktion abzuleiten. Cas9 entfernt das Stück zwischen den Schnittstellen und speichert es in einem bestimmten Bereich des bakterieneigenen Genoms ab. Dieses Archiv für virale DNA-Abschnitte heißt **CRISPR**. Das sind die beiden Komponenten des Begriffs CRISPR/Cas9. Wieder mithilfe des Enzyms Cas9 ist das Bakterium bei einem erneuten Befall durch dieselben Phagen geschützt, da es jetzt in seinem eigenen DNA-Archiv ablesen kann, ob der Phage bereits bekannt ist. Ist das der Fall, macht Cas9 den Angreifer unschädlich.

Wie soll es möglich sein, das Werkzeug von Bakterien beim Menschen einzusetzen? In der CRISPR-Therapie ist die punktgenaue Präzision der Schnittstelle der Kern des gesamten Prozesses. Das Trennen geschieht hauptsächlich mithilfe eines kleinen, aber wichtigen **RNA**-Moleküls; es ist Bestandteil des Enzyms Cas9 und hat die Aufgabe eines Navis für das Enzym. Diese RNA-Sonde ist nur ca. 20 Basenpaare lang und zeigt dem Enzym die exakte Stelle, an der die DNA in einer lebenden Zelle geschnitten werden soll. Dafür wird das RNA-Fragment der Sonde im Labor mit genau der komplementären Sequenz zu dem Ziel-DNA-Abschnitt ausgestattet, an dem therapiert werden soll. Auf diese Weise kann man mithilfe der künstlichen RNA-Sonde die Orte von Mutationen finden. Die RNA-Sonde muss dazu für jede einzelne Anwendung im Labor künstlich hergestellt werden. Sie ist also austauschbar. RNA ist zudem billig. Sie kann ohne weiteres in kurzer Zeit in variabler Form hergestellt werden. So kann fast jedes Labor der Welt mit CRISPR arbeiten.

Das ist die eine Seite des Prozesses. Die andere Seite ist, dass nach der DNA-Durchtrennung zelleigene Reparaturmechanismen aktiv werden. Sie reparieren die Schnittstelle. Diese Reparatur lässt sich in jede gewünschte Richtung lenken. So können einzelne DNA-Elemente ausgetauscht, größere Teile eines Gens entfernt oder neue Sequenzen eingefügt werden. Das Erbgut lässt sich also fast nach Belieben verändern. Schneidet Cas9 jedoch fälschlich ein oder ein paar Basenpaare neben der beabsichtigten Stelle im Genom, hat die Empfängerzelle ein Problem. Ein solcher Fehler bedeutet eine neue, unbeabsichtigte Mutation mit unabsehbaren Folgen. Tatsächlich ist die anfängliche mediale Begeisterung über die Exaktheit des CRISPR/Cas-Verfahrens auch wieder etwas geschwunden, nachdem immer mehr Fälle bekannt wurden, bei denen nicht zielgenau geschnitten wurde. Man nennt diese unerwünschten Nebenerscheinungen *Off-target*-Effekte. Ihre Minimierung und die Vermeidung weiterer Editierungsfehler sind gegenwärtig Hauptziele der CRISPR-Forschung.

Neben künstlich herbeigeführten, unerwünschten Mutationen existieren auch Immunreaktionen. Der Empfänger bildet dann Cas9-reaktive Antikörper, die das wichtige Enzym wieder abbauen und damit unwirksam machen. Das Problem kann auftreten, wenn die genetische Veränderung etwa bei der Therapie eines Hautkarzinoms somatisch durchgeführt wird. Man darf jedoch davon ausgehen, dass bei den gewaltigen Forschungsanstrengungen, die hier weltweit unternommen werden, weitere Fortschritte gemacht und Schwierigkeiten zunehmend besser beherrscht werden.

Jüngste Techniken gehen dahin, **Anti-CRISPR-Proteine** zu entwickeln. Solche Proteine wurden bei Bakterien entdeckt. Sie werden bei ihnen von Viren eingeschleust, womit die Genschere der Bakterien unwirksam wird; das kann als natürliche Abwehr des Abwehrmechanismus interpretiert werden. In der Biomedizin will man mit Anti-CRISPR-Proteinen die CRISPR-Schere genauer einsetzen und *Off-target*-Effekte reduzieren. Im Jahr 2020 waren bereits 50 solcher Proteine beschrieben.

Neben Cas9 können auch **ZFN** oder **TALEN** die gleiche Aufgabe in ähnlicher Form wahrnehmen. Sie sind beide künstlich hergestellte Enzyme. ZFN ist ein sehr kleines Molekül; es ist gut geeignet für viralen Transport zu den Zielzellen, muss aber für jede Anwendung vollständig neu im Labor hergestellt werden. TALEN ist im Vergleich ein sehr präzises Werkzeug, es schneidet zuverlässig. Auf diesem Weg konnten zum Beispiel Rinder ohne Hörner gezüchtet werden. Alle Werkzeuge haben einen ähnlichen Aufbau und bestehen prinzipiell aus zwei Komponenten: einem Erkennungsteil und einem Schneideteil.

Heutige und zukünftige Anwendungsfelder für CRISPR und verwandte Verfahren umfassen in der Medizin ein großes Spektrum von Leiden, derer man Herr werden will. Neben den bereits zuvor genannten gehören dazu Lungenkrankheiten, Krankheiten des Verdauungstraktes, Blutkrankheiten, Immunkrankheiten, viral bedingte Krankheiten, Autoimmunerkrankungen, molekulare Mechanismen von Entzündungen und Krebserkrankungen. Zu jedem dieser Krankheitsfelder wurden bereits zahlreiche Studien veröffentlicht, um die Leiden mit CRISPR-Therapien zu behandeln (Rodriguez-Rodriguez 2019). Neben der Bekämpfung solcher Erbkrankheiten und Erreger sei nur erwähnt, dass mit der CRISPR-Technologie auch Tiere und Pflanzen mit gänzlich neuen Merkmalen ausgestattet werden können. In den USA ist dies erlaubt, der europäische Gerichtshof hat hier hingegen 2018 einen Riegel vorgeschoben und stufte Genom-Editierung jeder Art bei Getreide, Obst, Gemüse oder Futtermittel als gentechnische Behandlung ein. Damit müssen solche Produkte als genetisch verändert gekennzeichnet sein. Den weltweiten CRISPR-Boom hält das jedenfalls nicht auf. Das Problem ist, dass mit CRISPR bearbeitete Pflanzen meist gar nicht als solche erkennbar und Kontrollen vielfach chancenlos sind. Bei gentechnisch veränderten Tieren verhält sich das kaum anders.

Einen Durchbruch schaffte 2019 ein Team in San Francisco (Deuse et al. 2019). Erstmals gelang es, mit CRISPR zu verhindern, dass fremde Stammzellen, die in einen menschlichen Organismus implantiert wurden, vom Immunsystem abgestoßen werden. Um genau das zu vermeiden, wurden die Stammzellen im Labor präpariert und drei Gene von ihnen deaktiviert. Die veränderten Stammzellen waren jetzt für das Immunsystem des Empfängers „unsichtbar". Das bedeutet einen Riesenschritt dahin, die bei Organtransplantationen und der Stammzelltherapie gefürchtete Abstoßungsreaktion durch das Immunsystem (Immunogenität) beim Empfänger zu unterbinden. Trotz der Bearbeitung behielten die pluripotenten Stammzellen ihre volle Differenzierungsfähigkeit und konnten zum Beispiel Herzmuskelzellen ausbilden. Auch diese wurden vom Immunsystem nicht als fremd erkannt. Damit bestehen gute Aussichten, dass Patienten zumindest bei der Stammzelltherapie in Zukunft einmal keine Medikamente mehr für die Immunsuppression benötigen.

Die Anfälligkeit für andere Krankheiten würde auf diesem Weg reduziert. Hier haben wir ein herausragendes Beispiel dafür, dass bereits somatisches CRISPR im Vergleich zum viel häufiger diskutierten Einsatz von CRISPR in der Keimbahn zur elementaren Regenerationsfunktion im Organismus beitragen kann. Gleichzeitig wurde eine Lösung für ein Problem gefunden, das jahrzehntelang als praktisch unlösbar galt. Auf diesem Weg kommt man auch dem Vorhaben, Stammzellen zwischen Mensch und Tier zu übertragen, einen großen Schritt näher. Das Fernziel hierbei ist es, menschliche Stammzellen in tierische Embryonen zu injizieren, und den Embryo von einer Leihmutter austragen zu lassen, wobei ein bestimmtes Organ aus menschlichen Zellen in ihm heranwächst. Das im Tier gewachsene Organ soll dann einem Menschen als Spenderorgan dienen.

Biomolekularforscher verwenden die Genom-Editierung nicht zuletzt auch tausendfach, um etwa die Funktionen und Fehlfunktionen von Genen zu studieren. In Laboren ist CRISPR längst zum Alltag geworden. Dort werden Tausende mit CRISPR modifizierte Zelllinien erstellt. CRISPR hat das Studium der Biologie revolutioniert. Die CRISPR-Entdeckung bedeutet einen epochalen Durchbruch für die Genetik und Medizin. Sie wird die Gentechnik und unsere Zukunft auf Jahrzehnte bestimmen. Im Februar des Jahres 2020 sind in der Datenbank *OMIM*, die alle bekannten menschlichen Erbkrankheiten umfasst, etwa 25.000 Einträge enthalten. Darunter sind etwa 16.000, bei denen genetische Fehler bekannt und beschrieben sind (https://www.omim.org/statistics/entry). Das bedeutet aber nicht, dass man die genetischen Ursachen und vor allem das genetische Zusammenspiel bei den überwiegend polygenen Krankheiten in dieser Liste exakt kennt. Davon sind wir heute weit entfernt. Dennoch werden bei vielen dieser mono- und polygenen Erkrankungen große Hoffnungen in eine zukünftige Therapie mit CRISPR gesetzt.

Wir werden aller Voraussicht nach zunächst große Fortschritte bei der Bekämpfung monogener Krankheiten mit CRISPR-Techniken sehen. Diese könnten kurz- und mittelfristig überwiegend mit somatischer Therapie behandelt werden. Das Thema erhält weniger Aufmerksamkeit in den öffentlichen Medien als die Keimbahnlinien-Behandlung. Bei der somatischen Therapie geht es darum, einen Patienten mit Tumorzellen einer bestimmten Region des Körpers zu therapieren. Hierfür entnimmt man dem Patienten eigene Stammzellen, zum Beispiel aus dem Knochenmark, korrigiert deren genetischen Fehler mit der CRISPR-Methode *ex vivo* (außerhalb des Körpers) und setzt die veränderten Stammzellen wieder ein, damit sie sich dann auf korrekte Weise vermehren und ausbreiten. Kurzfristige Kandidaten für somatische CRISPR-Therapie sind zum Beispiel die erwähnte Sichelzellanämie oder HIV. Genom-Editierung wird die Stammzellforschung eng begleiten (Carroll 2017).

Daneben gibt es auch Anwendungen, bei denen man nicht ohne weiteres an die Zellen herankommt, die es zu therapieren gilt. In diesen Fällen muss die Genschere an ihren spezifischen Wirkort im Körper des Patienten gebracht werden *(in vivo)*. Das ist viel komplizierter als die *ex vivo*-Verfahren. Man benötigt dafür ein zuverlässiges Transportmittel für das Enzym der Genschere, einen sogenannten Vektor. Er muss zusammen mit dem Molekül bis ins Innere der Zielzellen gelangen können, also durch deren Zellmembran hindurch. Das leisten am besten Viren, denn ihre Natur ist es ja, in Zellen einzudringen. Für diese Aufgabe werden sie vorher künstlich inaktiviert. Den Weg hat man bei einer bestimmten Form angeborener Vollblindheit mit einer Netzhauterkrankung bereits beschritten. Dabei werden bestimmte Gene im Gewebe der Retina des Patienten gezielt verändert. Für die Bluterkrankheit (Hämophilie) ist ebenfalls dieser Weg vorgesehen.

Szenario 3 Somatische Genom-Editierung und Erbkrankheiten

Somatische Genom-Editierung ist ein signifikanter Fortschritt der Gentechnik und eine medizinische Bereicherung. Die Technik kann ebenso als Vorstufe für Keimbahn-Veränderungen bis hin zu genetischen „Verbesserungen" oder Enhancements beim Menschen gesehen werden. In allen Fällen beruht das vorhandene Wissen auf Fakten und fundierten Meinungen. Die Veränderungen können mehr oder weniger durchgängig als schrittweise gerichtet gesehen werden (Tachibana 2019) (Lit. vgl. Brigden und Johnson 2019; Manghwar et al. 2019; Rodriguez-Rodriguez 2019; Carroll 2017).

Phasen (auch zeitlich parallel, nicht kausal aufeinanderfolgend)

- Verbesserte Immunabwehr
- Entwicklung kleiner, zuverlässig schneidender Enzyme neben Cas9
- Minimierung von *Off-target*-Effekten und weiterer Fehler
- Schnitt eines DNA-Strangs statt beider *(prime-editing)*
- Multiplex-Therapie (mehrere Gene gleichzeitig)
- Epigenetische Genom-Editierung auf Protein- statt auf genetischer Basis
- Verbesserung von In-vivo-Verfahren
- Stammzelltherapie ergänzt durch Genom-Editierung
- kurz-bis mittelfristig: Behandlung von Krankheiten mit somatischer Genom-Editierung werden zunehmend um Standard

---

Evolutionär relevant erscheint somatische Genom-Editierung (Szenario 3) auf den ersten Blick nicht, schließlich erfolgt ja kein Eingriff in die Keimbahn. Im Sinne der Erweiterten Synthese der Evolutionstheorie (Infobox 3) liegen jedoch Bedingungen nicht-genetischer, kultureller Vererbung vor, wenn Therapien in aufeinanderfolgenden Generationen erfolgen. Die im Text aufgeführten und andere angeborene Erbkrankheiten können therapiert und unter günstigen Bedingungen geheilt werden. Wenn es auf somatischem Weg geschieht, müssen und können die Nachkommen in der Regel sogar noch fortschrittlicher behandelt werden; das Wissen dafür wird kulturell vererbt. Die Einsatzbereiche werden zunehmen und in Zukunft global in weit größerem Umfang zu sehen sein. Die Population des Menschen kann sich dadurch langfristig ändern.

Im Sinne der Nischenkonstruktionstheorie (Abschn. 2.1) bildet sich eine Nische aus Forschern, Ärzten, Patienten und deren Umgebung. Diese Nische bildet eigene Selektionsbedingungen, eigene Selektionsfaktoren und ihren eigenen Selektionsdruck. Sie verändert ihre evolutionären Bedingungen, verändert ihre Umwelt, das individuelle und gesellschaftliche Wissen und Verhalten. In diesem gesamten neuen Umfeld wirkt die natürliche Selektion auf die Nische, das geschieht jedoch anders als es ohne die kulturellen Handlungen des Menschen in der Nische der Fall wäre. Die Population der Nische verändert sich jetzt also mit den evolutionären Rückwirkungen ihres eigenen Tuns. Diese Rückwirkungen verändern wiederum erneut das Handeln der Nischenteilnehmer, es bildet sich ein kausaler Zirkel: Ursachen kulturellen Handelns werden zu evolutionären Wirkungen und Wirkungen zu erneuten Ursachen. Das ist ein typisches komplexes Szenario der Nischenkonstruktion.

Anders verhält es sich bei den im folgenden Kapitel beschriebenen Maßnahmen. Hier erfolgt der direkte Eingriff mit CRISPR in die embryonale Entwicklung und in die Keimbahn des Menschen; es kommt zu gezielten Eingriffen in die Vererbung phänotypischer Merkmale, seien sie krankheitsbedingt oder ganz andere Absichten damit verbunden.

6.3 Genom-Editierung in der menschlichen Keimbahn – die Büchse der Pandora

„Die technische Machbarkeit von Eingriffen in die menschliche Keimbahn rückt angesichts der Entwicklungen der Genom-Editierungsmethoden in greifbare Nähe", heißt es in der Stellungnahme des deutschen Ethikrats (Deutscher Ethikrat 2019). Das *Millenium Project* führt unter Challenge Nr. 8 an, dass *Gene editing* beim Embryo begonnen hat (http://www.millennium-project.org/challenge-8/). Kann man angesichts dieser Entwicklung noch daran festhalten, dass Genom-Editierung für die Keimbahn kategorisch abgelehnt wird? Das fragt der Ethikrat weiter und ruft zu einer breiten Gesellschaftsdiskussion über das brisante, zukunftsträchtige Thema auf. Doch die ethische Diskussion hinkt den rasanten Entwicklungen hinterher.

Auf drei Wegen kann mit Genom-Editierungswerkzeugen in die Keimbahn eingedrungen werden. Entweder werden die Zellen in einem bereits existierenden Embryo editiert. Alternativ wird der Eingriff in männlichen bzw. weiblichen Keimzellen bereits vor der Befruchtung gemacht. Der dritte Weg ist die Veränderung von Stammzellen der Keimbahn, die aus Zellkulturen von Keimzellstammzellen oder aus reprogrammierten Körperzellen stammen. Bei allen Vorgehensweisen bestehen unterschiedliche Chancen und Risiken. Entscheidend ist, dass die Eingriffe nicht reversibel sind, zumindest nicht in der ersten Generation. Mögliche Ziele von Keimbahneingriffen sind: erstens die Vermeidung genetisch bedingter Krankheiten, zweitens die Reduzierung von Krankheitsrisiken und drittens eine Optimierung bestimmter Eigenschaften oder Fähigkeiten *(Enhancements)*.

Gentechniker arbeiten weltweit mit Hochdruck daran, die heute noch bestehenden Risiken für Nebenwirkungen bei Keimbahneingriffen zu minimieren oder auszuschließen und die Methoden zu verbessern, um die gewünschten Genveränderungen exakt zu erreichen. Es ist zu erwarten, dass die Techniken hierzu ausreifen.

Sie und ich könnten wohl den Einstieg in Veränderungen der Keimbahn bei der Vermeidung erblich bedingter, monogener Krankheiten noch erleben. Es gibt Fälle, in denen keine Alternative zur Verfügung steht, etwa wenn beide Eltern von derselben genetischen Krankheit betroffen sind. So kann es bei Mukoviszidose vorkommen, dass beide Eltern auf jeweils beiden Genkopien die unerwünschte Genvariante tragen. In diesem Fall sind alle Kinder ebenfalls von der Krankheit betroffen. Bei anderen Krankheiten kann die Wahrscheinlichkeit, dass eine Vererbung der Krankheit auf das Kind erfolgt, geringer sein. Aber sie kann dann immer noch so hoch sein, dass die Eltern unter keinen Umständen das Risiko einer lebenslangen Krankheit ihres Kindes eingehen wollen. In Deutschland leben zum Beispiel etwa 1.500 bis 2.000 Menschen mit der vererbbaren, tödlichen Duchenne-Muskeldystrophie; jedes Jahr kommen etwa 100 neue Betroffene hinzu. Solche Menschen suchen dringend Hilfe. Man kann bei solch harten Fällen daher erwarten, dass Fortschritte mit Genom-Editierung in nicht allzu ferner Zukunft künstliche Genkorrekturen in der Keimbahn ermöglichen. An dieser Stelle sei darauf hingewiesen, dass die Vermeidung vererbbarer Krankheiten prinzipiell auch mit Präimplantationsdiagnostik (PID, Infobox 9) geprüft werden kann.

Die gesellschaftliche Diskussion über CRISPR wird in unterschiedlichen Ländern alle nur denkbaren Haltungen zeigen, darunter auch extreme, polarisierende Meinungen. Auf der einen Seite wird das Recht des Kindes auf Unversehrtheit herausgestellt werden und ebenso das Recht der Eltern auf ein gesundes Kind. Auf der anderen Seite können Keimbahneingriffe als moralisch grundsätzlich inakzeptabel abgelehnt werden. Für Eltern, die damit rechnen müssen, ihrem Kind eine lebenslange, schwere Krankheit zu vererben, geht eine solche prinzipielle Ablehnung am Problem vorbei. Sie wirkt auf sie ignorant und entwürdigend. Die Büchse der Pandora öffnete ein erster Versuch in China im Jahr 2018.

Der Biophysiker He Jiankui wollte die Embryonen der Zwillingsmädchen Lulu und Nana mit einer CRISPR-Therapie HIV-resistent machen, da der Vater der Zwillinge HIV-positiv war. Dazu deaktivierte der Arzt im Labor das Gen *CCR5* in den Embryonen der Zwillinge, bevor diese der Mutter wieder eingesetzt und ausgetragen wurden. Beide Zwillingsmädchen wurden auf diese Weise HIV-resistent. Das mutierte *CCR5*-Gen dockt in Form des gleichnamigen Proteins wie ein Schlüssel an das HI-Virus an. Auf diese Weise ermöglicht es dem Virus, durch die Zellmembran (Schloss) und schließlich in den Zellkern zu gelangen. Manche Menschen haben eine mutierte Form dieses Gens. Das Virus kann dann nicht andocken. Daher sind solche Menschen HIV-resistent.

Das Experiment von He stieß schnell weltweit auf fast einhellige Ablehnung der Wissenschaft und Medien. Die Voraussetzungen für Eingriffe in die menschliche Keimbahn waren noch nicht gegeben. Jennifer Doudna, die kanadische Nobelpreisträgerin für Medizin 2020, die sich lange entschieden gegen Keimbahnmanipulation beim Menschen ausgesprochen hatte, vertritt inzwischen eine nicht mehr ganz so strikte Ansicht. Für sie ist es heute keine Frage mehr, ob unsere Keimbahn redigiert wird, sondern wann und wie (Doudna und Sternberg 2018). Doch selbst der US-Genetiker Craig Venter, der durch zukunftsweisende Forschung im Rahmen der Entschlüsselung des menschlichen Genoms im Jahr 2000 berühmt wurde und später als Erster mit seinem Team eine Form künstlichen Lebens im Labor schuf, plädiert zu allergrößter Vorsicht beim Umgang mit dem menschlichen Genom (Venter 2017). Daneben sind im Jahr 2020 die deutsche Nobelpreisträgerin Christiane Nüsslein-Volhard (2018) und der Amerikaner Stuart Newman (Stevens und Newman 2019) konsequente Rufer aus der Fachwelt, die nach wie vor mahnen, wie gering unsere Kenntnisse über das menschliche Genom noch immer sind und dass wir es daher nicht wagen dürfen, es zu manipulieren. Aber auch sie wissen, wohin die Reise uns führt.

Tatsächlich existierten schon vor dem Eingriff Hes Publikationen, die das betreffende Gen in unterschiedlichen Zusammenhängen thematisierten, darunter auch mit Krebsrisiken. Damit konnte man unerwünschte Nebenwirkungen keinesfalls vollständig ausschließen. Heute sind noch weitere neue Funktionen des Gens *CCR5* bekannt, das He Jiankui deaktiviert hat. Es spielt sogar eine Rolle für die Erinnerungsfähigkeit, Intelligenz, bei der Knochenentwicklung und für eine erhöhte Sterblichkeit (Jiao et al. 2019). Es kann ferner dazu beitragen, vor Brustkrebs zu schützen. Wird *CCR5* deaktiviert, bedeutet das sogar einen starken Risikofaktor für die gefährliche, von Vögeln übertragene West-Nil-Virusinfektion. Damit sind noch nicht einmal alle Einflüsse dieses Gens genannt. Sie alle sind also gänzlich andere Bereiche als die gezielte HIV-Resistenz, die He im Auge hatte. Intuitiv erwartet der Nicht-Fachmann eine derartige Bandbreite von Genfunktionen vielleicht nicht. Doch das Beispiel zeigt sehr deutlich, wie komplex die „Klaviatur" unseres Genoms ist. Die rund 19.000–22.000 Gene, die wir besitzen (und das sind relativ wenige), werden in unterschiedlichsten Kombinationen verwendet (exprimiert). Nur im Zusammenspiel können sie zu der außerordentlichen Vielfalt körperlicher Merkmale und psychischer bzw. kognitiver Eigenschaften beitragen, die Sie und mich und alle Menschen ausmachen.

Die Büchse der Pandora konnte noch einmal geschlossen werden nach dem Ereignis 2018, wenigstens eine Zeit lang. Möglicherweise wird das erste gesunde, mit CRISPR behandelte Baby, das mit grünem Licht der Wissenschaftskommune und einer entsprechenden Gesetzgebung auf die Welt kommt, ein neuer Paukenschlag sein, ganz ähnlich dem ersten Baby, das im Jahr 1978 nach künstlicher Befruchtung auf die Welt kam. Dieses Ereignis wandelte nämlich die bis dahin überaus kritische und ablehnende gesellschaftliche Haltung zu künstlicher Befruchtung radikal ins Positive (Shulman und Bostrom 2014). Die ersten CRISPR-Babys könnten aber ebenso im Stillen entstehen. China ist nach der Reaktion der westlichen Wissenschaftsgemeinde gewarnt und vorsichtig nach außen. Das Land will seinen Ruf als seriöser Player im Wissenschaftszirkel nicht gefährden. Doch kann keine Rede davon sein, dass die CRISPR-Keimbahnforschung in China nur wegen des Vorfalls um He Jiankui aufgehalten oder gestoppt wäre. Die Arbeit lässt sich spätestens dann, wenn sie kritisch wird und *Enhancements* ins Spiel kommen (Kap. 7), auch abseits der Öffentlichkeit vorantreiben.

Auch wenn das erste CRISPR-Kind gesund erwachsen wird, heißt das noch lange nicht, dass andere Individuen mit derselben Therapie das auch sein werden. Es sieht daher so aus, dass bei monogenen und viel mehr bei polygenen Erkrankungen – ganz zu schweigen von *Enhancements* – jeweils Hunderte von Versuchen mit Embryonen gemacht werden müssen, bis einigermaßen verlässlich belegt ist, was genau geschieht und dass unerwünschte Schäden auszuschließen sind. Dennoch, es ist kaum vorstellbar, dass sich der medizinische Fortschritt bei der genetischen Behandlung monogener Krankheiten durch Zweifel am Fortschritt der Gentechnik oder durch ethische Barrieren aufhalten lässt. Immer wieder werden wohl Eltern mit Nachdruck ihr Recht und das Recht ihres Kindes fordern, und sie werden diese Wünsche wohl auch durchsetzen. Es existiert also ein Markt. Die profitgelenkte Biotech-Industrie wird ihren Teil dazu beitragen. Wenn Erfolge vorzeigbar sind, können sich diese Methoden daher schnell ausbreiten und zum Standard werden (Knoepfler 2016).

Eine Hintertür, durch die Keimbahnveränderungen beim Menschen Einzug halten können, sind Manipulationen an männlichen, spermienproduzierenden Zellen. Spermien und ihre Vorläuferzellen sind noch keine Embryonen. Sie sind entsprechend gesetzlich weniger geschützt als jene. Die Forschung an ihnen weckt auch kaum Emotionen in der Gesellschaft. Bei Männern können während der natürlichen Bildung von Spermienzellen gesundheitsbedingte Blockaden auftreten. Diese können genetisch bedingt sein; der komplizierte Prozess endet dann in nicht-befruchtungsfähigen Spermien. Diese Mutationen haben Forscher im Fokus. Sie stehen bereits kurz davor, die damit verbundene, leidige Unfruchtbarkeit beim Mann mit CRISPR zu beseitigen. Versuche mit Mäusen sind vielversprechend. Werden sie auch beim Menschen praktiziert, öffnet das still und leise die Tür zur Weitergabe von Veränderungen an die nächste Generation. Die Keimbahnmanipulation ist dann Realität.

Unübersichtlicher erscheinen dagegen die Erfolgsaussichten für Keimbahnveränderungen bei polygenen und multifaktoriellen Krankheiten. Aber auch dies wird wohl die Forschung nicht davon abhalten, zuerst einfachere, dann schwieriger geartete Einsatzfelder zu finden. Eine Krankheit kann hier so ausgeprägt sein, dass zwar mehrere Gene verantwortlich sind, jedoch eines von ihnen eine vorherrschende Rolle für das Auftreten der Krankheit einnimmt. In diesem Fall behandelt man die Krankheit zuerst als quasi monogen und könnte so das Risiko für Nebeneffekte drastisch reduzieren. Ein solches Bild zeigt sich zum Beispiel bei einer Form von familiär vererbbarem Brustkrebs. Ehrgeiziger ist hingegen der Ansatz, mehrere Gene gleichzeitig zu editieren. Man spricht dann von Multiplex-Keimbahn-Therapien (Mali et al. 2013). Ein führender Forscher auf diesem Gebiet ist George Church (Church und Regis 2012), ein visionärer Genetiker und Professor an der Harvard Medical School, von dem Sie vielleicht schon in Medien gehört haben, denn er will Mammuts wieder zum Leben erwecken.

Die Keimbahntherapie [vgl. Szenario 4] wird sicherer und effektiver, und es erscheint unvermeidlich, dass sie schließlich genutzt wird. [...] Es wird viele verschiedene Anwendungsfelder geben, und die einzige Limitierung scheint unsere Vorstellungskraft zu sein (Carroll 2017).

Szenario 4 Genom-Editierung in der menschlichen Keimbahn

Keimbahnveränderungen bedeuten kulturelles Neuland für die Menschheit (Lit. Brigden und Johnson 2019; Lea und Niakan 2019; Manghwar et al. 2019; Rodriguez-Rodriguez 2019; Tachibana 2019; Carroll 2017; Glenn et al. 2017).

Phasen (auch zeitlich parallel, nicht kausal aufeinanderfolgend)	Wissen (heute)	Veränderungen (technisch)
Keimbahn-Therapien monogener Krankheiten werden effektiver und sicherer (Szenario 3)	möglich, Fakten, fundierte Meinungen	gerichtete Veränderung
Multiplex-Keimbahn-Therapien polygener und multifaktorieller Krankheiten werden möglich und können zu Standards werden	fundierte Meinungen, Vermutungen	gerichtete Veränderung: längerfristig; Kipppunkte mit technischen Umbrüchen und Trendbeschleunigungen erforderlich
vollständige Eliminierung infektiöser Krankheiten	fundierte Meinungen, Vermutungen (Church und Regis 2012)	eher ungerichtete Veränderung: längerfristig; Kipppunkte mit technischen Umbrüchen und Trendbeschleunigungen erforderlich

6.4   Zusammenfassung

CRISPR ist ein Durchbruch in der Biologie, vergleichbar mit der Entdeckung der DNA. Unübersehbare Möglichkeiten eröffnen sich für den Menschen, die Genome von Pflanzen und Tieren, vor allem aber sein eigenes Genom mit gezielten Vorhaben zu manipulieren. Bereits Veränderungen des Genoms in Zellen des erwachsenen Menschen können gravierende Umbauten darstellen. Ein evolutionär gesehen explosives Potenzial birgt jedoch der Eingriff mit CRISPR in die menschliche Keimbahn, der früher oder später unausweichlich kommen wird. Die Methoden dazu werden mit der Therapie monogener Krankheiten beginnen und auf die Behandlung polygener Erkrankungen ausgeweitet werden. Am Horizont steht die vollständige Eliminierung von Infektionskrankheiten.

Literatur

Brigden T, Johnson E (2019) Genome editing: a broad perspective on a precision technology. PHG Foundation, University of Cambridge. https://www.phgfoundation.org/blog/broad perspective-genome-editing

Carroll D (2017) Genome editing: past, present, and future. Yale Journal of Biology and Medicine 90:653–659

Church G, Regis E (2012) Regenesis. How Synthetic Biology will Reinvent Nature and Ourselves. Basic Books New York

Contera S (2019) Nano comes to life. How nanotechnology is transforming medicine and the future of biology. Princeton University Press, Princeton

Deuse T, Hu X, Gravina A et al (2019) Hypoimmunogenic derivatives of induced pluripotent stem cells evade immune rejection in fully immunocompetent allogeneic recipients. Nat Biotechnol 37:252–258. https://doi.org/10.1038/s41587-019-0016-3

Deutscher Ethikrat (2019) Eingriff in die menschliche Keimbahn. Stellungnahme (Vorabfassung). https://www.ethikrat.org/fileadmin/Publikationen/Stellung-nahmen/deutsch/stellungnahme-eingriffe-in-die-menschliche-keimbahn.pdf

Doudna JA, Sternberg SH (2018) Eingriff in die Evolution. Die Macht der CRISPR-Technologie und die Frage, wie wir sie nutzen wollen. Springer, Berlin. Engl. (2017) A crack in creation. Houghton Mifflin Harcourt Publishing, Boston, Gene editing and the unthinkable power to control evolution

Enriquez J, Gullans S (2016) Evolving ourselves. Redesigning the future of humanity – one gene at a time. Penguin Random House, New York

Glenn JC, Florescu E, The Millennium Project Team (2017) State of the Future version 19.1. http://www.millennium-project.org/state-of-the-future-version-19-1/

Jiao X, Nawab O, Patel T, Kossenkov AV, Halama N, Jaeger D, Pestell RG (2019) Recent Advances Targeting CCR5 for Cancer and Its Role in Immuno-Oncology. Cancer Research 79:4801–4808

Knoepfler P (2016) GMO sapiens. The life-changing science of designer babies. World Scientific Publishing, Singapore

Laland KN, Uller T, Feldman M, Sterelny K, Müller GB, Moczek A, Jablonka E, Odling-Smee J (2015) The extended evolutionary synthesis: its structure, assumptions and predictions. Proc R Soc B 282:1019

Lange A (2020) Evolutionstheorie im Wandel. Ist Darwin überholt? Springer Nature, Heidelberg

Lea RA, Niakan KK (2019) Human germline genome editing. Nat Cell Biol 21:1479–1489 (2019). https://doi.org/10.1038/s41556-019-0424-0

Mali P, Yang L, Esvelt KM, Aach J, Guell M, DiCarlo JE, Norville JE, Church GM (2013) RNA-Guided Human Genome Engineering via Cas9. Science 339(6121):823–826

Manghwar H, Lindsey K, Zhang X, Jin S (2019) CRISPR/Cas System: Recent Advances and Future Prospects for Genome Editing. Trends in Plant Science, 24:1102–1125. https://doi.org/10.1016/j.tplants.2019.09.006

Noble D (2006) The music of life. Biology beyond genes. Oxford University Press, Oxford

Nüsslein-Volhard C (2018) Hände weg von unseren Genen. Frankfurter Allgemeine Zeitung 8. Dez.

Powell R, Kahane G, Savulescu J (2012) Evolution, genetic engineering, and human enhancement. Philos. Technol. 25:439–458

Riedl R (1990) Die Ordnung des Lebendigen. Systembedingungen der Evolution. Piper, München

Rodriguez-Rodriguez DR (2019) Genome editing: a perspective on the application of CRISPR/Cas9 to study human diseases (Review). Int J Mol Med 43(4):1559–1574. https://doi.org/10.3892/ijmm.2019.4112

Shulman C, Bostrom N (2014) Embryo Selecion for cognitive enhancement: curiosity or game-changer? Global Pol 5:85–92. https://doi.org/10.1111/1758-5899.12123

Stevens T, Newman S (2019) Biotech juggernaut. Hope, hype, and hidden agendas of entrepreneurial bioScience. Routledge, New York

Tachibana C (2019) Beyond CRISPR: what's current and upcoming in genome editing? Science magazine, technology feature. https://www.sciencemag.org/features/2019/09/beyond-crispr-what-s-current-and-upcoming-genome-editing

Venter C (2017) Genetic sequencing is the future of medicine. The World Post. https://www.washingtonpost.com/news/theworldpost/wp/2017/12/13/human-genome/

Tipps zum Weiterlesen und Weiterklicken

Gott spielen dank CRISPR? (Teil 1 und 2) (YouTube, 2020). Zwei ZDF-Dokumentationen mit der Wissenschaftsjournalistin Mai Thi Nguyen. Verständlicher lässt sich das Thema, vor allen auch Genatrieb, nicht darstellen.
https://www.youtube.com/watch?v=_NexbXXwkZY
https://www.youtube.com/watch?v=EXERMOAIyUE

7

Genoptimierung – vom Traum zur Wirklichkeit?

Designer-Babys sollen möglich werden (Knoepfler 2016). Das Thema reißt in den Medien nicht ab. Die Filmbranche hat die Idee wiederholt aufgegriffen, unter anderem im dystopischen Science-Fiction-Thriller Gattaca (1997). Wir sprechen hier nicht davon, dass eine Familie eine Prä-implantationsdiagnostik (PID) machen lässt, einen bestimmten Embryo auswählt und als Ergebnis ein kerngesundes Kind erwartet. Manche werdenden Eltern sind damit womöglich nicht zufrieden. Sie wollen vielleicht mehr. Wir sprechen beim genetischen Enhancement von einem Upgrade, von „radikaler Verbesserung", von „der Verbesserung menschlicher Eigenschaften und Fähigkeiten, die das, was heute für menschliche Wesen möglich ist, weit übersteigen" (Agar 2010). Die Vorstellung, dass Aussehen, Körpergröße, Muskel-, Brust- und Penisgröße, sportliche Fitness, Hautfarbe, Intelligenz, Ehrgeiz, Ausdauer, Herzlichkeit und viele andere Eigenschaften im Genom detektiert und gezielt manipuliert werden können, fällt Ihnen womöglich schwer, liebe Leser. Sie mögen überzeugt sein, dass wir von solchen Entwicklungen sehr weit entfernt sind,. und vielleicht auch sagen: „So etwas kommt für meine Kinder nicht in Frage – niemals!" Ich verstehe das. Aber lesen Sie, wie Menschen in anderen Ländern und Kulturen das sehen können.

© Der/die Autor(en), exklusiv lizenziert durch Springer-Verlag GmbH, DE, ein Teil von
Springer Nature 2021
A. Lange, *Von künstlicher Biologie zu künstlicher Intelligenz – und dann?*,
https://doi.org/10.1007/978-3-662-63055-6_7

Der Bericht des Deutschen Ethikrats *Eingriffe in die menschliche Keimbahn* (2019) führt den Begriff *Enhancements* bereits 45-mal auf. *Human Enhancement* als Oberbegriff der internationalen bioethischen Diskussion spielt auf die Unterscheidung von Therapie und Verbesserung ab. Eine solche Trennung ist schon per se schwierig, da es keine klare Definition gibt, was gesund und krank oder was normal ist (Almeida und Diogo 2019). Ungeachtet des nebulösen Rahmens bedeutet *Enhancement* in diesem Zusammenhang, den menschlichen „Normalzustand" in mehreren Domänen zu verbessern. Die potenziellen Steigerungen menschlicher Fähigkeiten gehen dabei über das gegenwärtig Mögliche hinaus. Eine klare Linie, was mit Verbesserungen erreicht werden soll und wo Grenzen gesehen werden, gibt es dabei nicht (Dickel 2016).

Ein erster Schritt in der Entwicklungskette wird das genomweite Sequenzieren (*Whole genome sequencing*, WGS) von Individuen auf viel breiterer und günstigerer Basis als heute. Ein zweiter Schritt wird das genetische Sequenzieren früher Embryonen im größeren Umfang. Ein dritter, parallel entwickelter Schritt schließlich wird die zukünftige Umwandlung von Körperzellen (Somazellen) in Keimzellen, also Spermien und Eizellen. Diese können in Zukunft im Vergleich zum heutigen Verfahren der künstlichen Befruchtung (IVF) einfacher und günstiger und in viel größerer Zahl hergestellt werden. Das WGS-Verfahren könnte schließlich langfristig erlauben, für ein Elternpaar mit Kinderwunsch Hunderte von Embryonen herzustellen (Shulmann und Bostrom 2014; Knoepfler 2016). Deren Genome werden dann per Präimplantations-Screening zu geringen Kosten verglichen, die „besten" von ihnen ausgewählt und vielleicht in weiterer Zukunft in manchen Staaten mit CRISPR-Technik noch optimiert (Szenario 5).

Szenario 5 Genom-Editierung und Human Enhancement

Genetische *Enhancements,* also potenzielle Verbesserungen, sind schwer von Krankheitstherapien abzugrenzen. Der Übergang kann schleichend erfolgen. (WGS = genomweite Sequenzierung, IVF = Künstliche Befruchtung, PID = Präimplantationsdiagnostik)

Phasen (auch zeitlich parallel, nicht kausal aufeinander-folgend)	Wissen (heute)	Veränderungen (technisch)
großes Interesse von Menschen an Wissen über Gesundheitsrisiken, zu erwartende kognitive Fähigkeiten und anderen Persönlichkeitsmerk-malen ihrer Kinder; es entsteht ein weltweiter Markt	Fakten, Umfragen, Wissens-Beschleunigung (Knoepfler 2016)	gerichtete Veränderung
zunehmende Bereitschaft von Eltern bzgl. WGS für ihre Kinder; breiter werdendes Angebot der Industrie	Fakten, wird in geringem Umfang praktiziert *(Genomics Prediction, Veritas Genetics)*	gerichtete Veränderung
zunehmende Bereit-schaft von Eltern bzgl. IVF, wenn Embryonen aus somatischen Zellen herstellbar sind; Ver-fahren wird einfacher und kostengünstig praktizierbar, gleichzeitig hoher Angebotsdruck	Fakten, fundierte Meinungen (Metzl 2020; Alon et al. 2019; Regalado 2017b; Greeley 2016; Knoepfler 2016; Solomon 2016)	gerichtete Veränderung
zunehmendes Interesse an PID; Angebotsdruck	Fakten, fundierte Meinungen (Metzl 2020; Greeley 2016; Knoepfler 2016)	gerichtete Veränderung
CRISPR-Technologie wird sicherer und effizienter (Szenario 3 und 4)	möglich, Fakten, fundierte Meinungen	gerichtete Veränderung

Phasen (auch zeitlich parallel, nicht kausal aufeinanderfolgend)	Wissen (heute)	Veränderungen (technisch)
mittelfristig: CRISPR-Keimbahn-Therapien für Intelligenzsteigerung, Körpergröße, sportliche Eignung, Stressresistenz, Gefühlsstabilität etc. können möglich werden; Aspekte der Unverzichtbarkeit im gesellschaftlichen Wettbewerb (Arbeitsmarkt, Partnerwahl etc.)	Fakten, fundierte Meinungen, Vermutungen (Araujo 2017)	unkalkulierbar/ Spekulationen (Unterschiede je nach Kulturkreis); längerfristig; Kipppunkte mit technischen Umbrüchen und Trendbeschleunigungen erforderlich
reproduktives Klonen von Menschen bzw. reproduktives Klonen mit genetisch angestrebten „Verbesserungen" kann möglich werden	Fakten, fundierte Meinungen, unterschiedliche Erfahrungen mit Säugetieren; hohe Risiken durch Fehlversuche (Knoepfler 2016)	unkalkulierbar/ Spekulationen; längerfristig; Kipppunkte mit technischen Umbrüchen und Trendbeschleunigungen erforderlich. (Unterschiede je nach Kulturkreis)
Züchtung einer neuen Spezies „Mensch-2.0" kann ein Geschäftsfeld und von elitären Kreisen angestrebt werden. Auch mehrere neue Menschenarten sind denkbar.	Vermutungen (Knoepfler 2016)	unkalkulierbar/ Spekulationen; längerfristig; Kipppunkte mit technischen Umbrüchen und Trendbeschleunigungen erforderlich

Von allen Veränderungen, die am menschlichen Erbgut vorgenommen werden können, sind solche, die unser Gehirn betreffen, am gravierendsten. Nichts wird uns so stark verändern wie eine signifikante Erhöhung unserer Intelligenz. Unser Gehirn macht uns zu dem, was wir sind. Die Fähigkeiten des menschlichen Gehirns, unser Bewusstsein, die Gefühlswelt, Intuition, Erinnerungs- und Planungsfähigkeiten bilden in ihrer Gesamtheit den markanten Unterschied zu allen anderen Lebewesen. Gentechnische Eingriffe am embryonalen Gehirn sind Eingriffe an dem, was uns zum Menschen macht. Es ist jedoch eine Illusion zu glauben, dass die Menschheit davor zurückschrecken wird (Enriquez und Gullans 2016). Sehen wir uns im Einzelnen etwas näher an, woran derzeit geforscht wird.

7.1 Gentechnisch hergestellte Hochleistungssportler

Ein ganz eigenes Thema ist der Hochleistungssport. Ein Sportler oder eine Sportlerin, der/die sich in China für die Winter-Olympiade 2022 bewerben wollte, musste einwilligen, dass sein/ihr Erbgut analysiert wird. Die Vorschrift wurde vom chinesischen Ministerium für Wissenschaft und Technik erlassen. Die DNA der Kandidaten sollte mit Blick auf die Eignung bezüglich Geschwindigkeit, Ausdauer und Sprungkraft sequenziert werden. Genetische Daten der Bewohner Chinas sind ohnehin nicht deren Privatsache, sondern Staatseigentum. Der Staat besitzt die alleinige Verfügungsgewalt über alle Daten seiner Bürger, und dazu gehört auch ihre molekulare Ausstattung. Die Chinesen bewerteten übrigens in einer Umfrage im Jahr 2017 die Chance, ihre Kinder genetisch zu verändern, überwiegend positiv (Metzl 2020).

China ist anders. Bei uns in Deutschland halten wir derlei für unvorstellbar, doch auch eine solch nüchterne Feststellung über China wird den Tatsachen noch nicht gerecht. Es geht um sehr viel. Nicht nur in China, auch in anderen Ländern begegnen wir einem aus unserer Sicht völlig übersteigerten nationalen Ehrgeiz, im sportlichen Weltzirkus ganz oben mit dabei zu sein. Unter Eltern, die die sportlichen Fähigkeiten ihrer Kinder so früh wie möglich erkennen und fördern wollen, herrscht ein extremer Konkurrenzkampf. Jede angebotene „Hilfe" erscheint legitim. Der erfolgversprechendste Weg wird irgendwann sein, sich eine Leistungsgarantie zu verschaffen, noch bevor das Kind überhaupt auf der Welt ist. Der Embryo im Frühstadium erscheint als das ideale evolutionäre Zielobjekt in einer konkurrenzbestimmten Welt. Bei diesem Wettrüsten geht es (nur) um Hundertstelsekunden bei den Leistungsunterschieden. Aber es geht vor allem um sehr viel Geld und Prestige für die Sportler und um noch mehr Geld für Firmen, die hier mitmischen.

Anstrengungen, die körperliche Leistung zu verbessern, werden wahrscheinlich nicht auf eine Handvoll Olympioniken beschränkt bleiben. Menschen haben seit jeher auch außerhalb der Arena ein ureigenes Interesse an einem starken Körper. Sportliche und medizinische, geschlechtsspezifische, ästhetische und modische Bedürfnisse könnten sich vermischen. Hier schlummern potenzielle evolutionäre Turbobeschleuniger (Enriques und Gullans 2016). Es könnte verschiedenste synthetisch hergestellte Hormone geben, die menschlichen Hormonen exakt gleichen. Mit synthetischem Insulin (Humalog) ist das schon seit langem verwirklicht, wie ich aus eigener Erfahrung weiß (Abschn. 8.2). Aber auch Erythropoetin (EPO) kann schon heute chemisch synthetisiert werden. Dieses Hormon vergrößert die Anzahl der roten Blutkörperchen, die Sauerstoff binden. Menschen mit einer Mutation des Gens *EPOR* für einen EPO-Rezeptor profitieren genauso von erhöhter Leistungsfähigkeit wie Athleten der Tour de France, die nur zu gern zu EPO greifen. Natürlich oder nicht natürlich? Doping oder nicht? Die Frage erübrigt sich fast schon, denn sie wird sich in vielen Fällen nicht mehr beantworten lassen.

Es könnten aber auch Medikamente, Hormone und Gentherapien auf den Markt gelangen, die den menschlichen Körper, unsere Persönlichkeit, Langlebigkeit, Partnerwahl und andere Charakteristika verändern (Enriques und Gullans 2016). Beispielsweise bewirkte das Gen *PEPCK-C*, das bei weiblichen Mäuseversuchen in Skelettmuskeln exprimiert wurde, nicht nur, dass diese Mäuse 20-mal weiter mit Höchstgeschwindigkeit rennen konnten. Gleichzeitig waren sie auch hyperaggressiv und hyperaktiv; ihre Menopause verschob sich, und die Lebensdauer war doppelt so lang wie bei normalen Mäusen (Hanson und Hakimi 2008). Die Frage drängt sich auf, wie lange ehrgeizige und neugierige Menschen warten, bis sie solche vermeintlichen Wundermittel selbst mit ungewissen Resultaten an sich ausprobieren werden.

Auch wenn noch lange kein fundiertes, breites Wissen über die genetischen Grundlagen für spezifische sportliche Eignungen vorliegt, bezifferte eine britische Studie mit Zwillingen den vererbbaren Anteil an sportlicher Leistungsfähigkeit zunächst auf 66 % (Moor et al. 2007). Bis 2012 waren bereits mehr als 200 Gene identifiziert, die Einfluss auf die sportliche Leistungsfähigkeit haben können (Metzl 2020). Eine beachtliche Reihe von Genen und monogenen Varianten sind heute bekannt, die etwa eine Rolle für die Muskelbildung spielen. Das Gen *ACTN3* steht unter diesen in vorderster Reihe. Es wird in den Muskelfasern exprimiert. Ein bestimmtes Allel, also eine Variante dieses Gens, wird auch als „Speed-Gen" bezeichnet. Sein Einfluss auf die sportliche Leistung ist seit langem unbestritten. Zahlreiche Studien trugen zu einem Gesamtbild der Fähigkeiten dieses Gens bei. Es wird heute mit einer Verbesserung der Kraft, dem Schutz vor trainingsinduzierten peripheren Muskelschäden und Sportverletzungen in Verbindung gebracht (Pickering und Kiely 2017).

Interessant ist immer wieder, welche Gene die Sauerstoffversorgung über das Blut regeln, ein komplizierter Prozess. Allein vom Hämoglobin, einem Proteinkomplex, der dem Sauerstofftransport von der Lunge bis in die Gewebe über die roten Blutkörperchen dient, gibt es mehr als 1000 genetische Varianten. Wir haben das Hämoglobin ja bereits in Zusammenhang mit der Sauerstoffanpassung von Menschen kennen gelernt, die in großen Höhen leben (Kap. 1). Bei den vielen Hämoglobin-Varianten ist daher naheliegend, dass die gentherapeutische Erhöhung der Hämoglobinkonzentration eine Form von Gendoping ist. Besonders aufgefallen ist jedoch die oben schon genannte Mutation des Gens *EPOR*. Diese Mutation führt zu erhöhten Hämoglobinwerten. Die Variante kann direkt mit einem physiologischen Zustand verknüpft werden, der zu einer überragenden körperlichen Leistungsfähigkeit führt (Bachl et al. 2018). Die seltene *EPOR*-Mutation hat einem ihrer Träger, dem Finnen Eero Mäntyranta, gleich mehrfach olympisches Gold und Silber sichergestellt.

Solche und weitere Variationen sind die Kandidaten für den Hundertstel-Sekunden-Unterschied. An deren Entdeckung ist man daher brennend interessiert. Die Gentechnik steckt aber heute erst in den Kinderschuhen, wenn man bedenkt, wozu sie sich in den kommenden Jahrzehnten entfalten wird. Verglichen mit der Automobilbranche befindet sich die Gentechnik vielleicht in der Phase etwa zehn Jahre nach der Erfindung des ersten Motorwagens durch Carl Benz am Ende des 19. Jahrhunderts.

Im Jahr 2016 wies der chinesische Markt für Gentests ein Volumen von sechs Milliarden Dollar auf, das Fünffache des Jahres 2012 (Datenna 2017). China hat beste Chancen, die Nummer eins der Welt für Genom-Sequenzierung zu werden. Die *BGI Group* (https://www.bgi.com/global/) ist die weltweit größte Firma für vollständige Genomsequenzierung (engl. *whole genome sequencing,* kurz WGS). *BGI*, vormals *Beijing Genomics Institute,* hat im Jahr 2020 mehr als 6000 Mitarbeiter und Niederlassungen in 66 Ländern, auch in Europa. In den Laboren von *BGI* stehen Hunderte von Sequenzierungsmaschinen. Die Vision des Mitgründers Huanming Yang heißt: „Wir haben den Traum, dass wir jedes Lebewesen auf der Erde sequenzieren. Wir werden jeden Menschen auf der Erde sequenzieren" (DNA Dreams 2015). *BGI* beschäftigt sich mit der Technologie für Klonen ebenso wie mit dem genetischen Studium der Intelligenz. Ein Mitarbeiter der Firma äußert sich in der bemerkenswerten Dokumentation *DNA Dreams:* „Wir ermutigen nicht intelligente Menschen, die Kinder haben, wir ermutigen jeden, der Kinder hat, oder solche plant, die besten Kinder zu haben, die möglich sind." Ein anderer Mitarbeiter äußert die Überzeugung „Menschen sollten frei in der Entscheidung sein, den IQ ihrer Kinder zu verändern. Das ist ihre eigene Wahl", und der BGI-Gründer und CEO Wang Jian wird auf der internationalen Genomik-Konferenz 2011 mit Powerpoint-Folien zitiert, die die Weisheit verbreiten: „Es gibt noch einen Himmel über dem Himmel übe" (DNA Dreams 2015).

Aussagen darüber, dass die embryonale Entwicklung und Intelligenz nicht vollständig genetisch determiniert sind oder genetische Veränderungen unabsehbare Folgewirkungen nach sich ziehen könnten, kommen bei den Gesprächen mit den *BGI*-Mitarbeitern und -Managern in der Dokumentation nicht vor. Tatsächlich basiert aber allein unsere Intelligenz, die mit dem IQ gemessen wird, auf zahlreichen, wahrscheinlich einigen Hundert Genen. Der Einfluss jedes einzelnen von ihnen auf den IQ ist dabei sehr gering. Dennoch ist der Anteil jener Form an Intelligenz, die mit dem IQ gemessen wird, als eine phänotypische Eigenschaft durchaus in einem hohen Maß vererbbar. Schließlich, darauf sei ausdrücklich hingewiesen, repräsentiert der IQ nur einen Teil der menschlichen Intelligenz (Infobox 11).

Der Einfluss der Genetik auf die Population des Menschen beginnt spätestens da, wo zu einem Bruchteil früherer Kosten millionen- oder milliardenfache DNA-Screenings (WGS) vorliegen und diese mit maschinellen Methoden der künstlichen Intelligenz analysiert werden können. Solche mit *Big Data* gewonnenen Informationen können prinzipiell für die Selektionen und Manipulation von Embryonen genutzt werden (Metzl 2020). Die Auswahl wird KI-Systemen überlassen, Software erkennt die gewünschten genetischen Muster. CRISPR ist an dieser Stelle noch nicht einmal Voraussetzung für Veränderungen.

7.2   Schönere, intelligentere und glücklichere Menschen – eine Industrie hebt ab

Nicht nur China, auch andere Länder sind nicht untätig. Nehmen wir zum Beispiel Südkorea: Eine junge Frau, die sich in Seoul nicht Gesicht und Brüste verschönern lässt, riskiert ein Außenseiterdasein und mag vielleicht schwerer einen Partner finden. Millionen junger Frauen lassen sich dort operieren, um „schöner" zu sein – es ist quasi gesellschaftlicher Standard, und das in einem demokratischen Staat. Manche Eltern würden in Südkorea womöglich nicht davor zurückschrecken, die Weichen für das gute, der gesellschaftlichen Norm entsprechende Aussehen ihrer Tochter bereits im embryonalen Stadium zu stellen. Die heutige plastische Schönheitsindustrie mit teuren chirurgischen Eingriffen rund um den Globus ist ein Mega-Milliardenmarkt. Es ist daher wohl nicht allzu gewagt zu prognostizieren, dass aus diesem Markt ein riesiges Geschäft für gentherapeutisch-kosmetische Chirurgie entstehen wird und Dutzende, wenn nicht Hunderte von Firmen die Entwicklungen bereits heute genau verfolgen und Businesspläne dazu schmieden (Knoepfler 2016).

Schauen wir in die USA und betrachten wir beispielsweise die Firma *Map My Gene* (https://mapmygene.com). Auf der Webseite lächelt den

Interessenten ein sympathisches Team in weißen Arztkitteln an. Die Botschaft auf der ersten Seite ist: „Wir knacken den Code für ein gesundes und erfülltes Leben." Gleich das erste Serviceangebot dort nennt sich *Inborn Talent Gene Test*. Es geht um nichts weniger als die Aufforderung: „Erschaffen Sie den Champion in Ihrem Kind durch DNA-Mapping". Und weiter heißt es dort:

Entdecken Sie genetische Variationen, die zu Intelligenz, Persönlichkeitsmerkmalen, sportlichen Leistungen, musikalischen, sprachlichen, tänzerischen, zeichnerischen, unternehmerischen und anderen Fähigkeiten beitragen. Die Planung für die Ausbildung unserer Kinder war noch nie so effizient und kostengünstig.

Die Begründung für das Vorgehen liest sich unmissverständlich, wenn *Map My Gene* schreibt: „Ihre DNA ist die Blaupause des Lebens. Sie bestimmt alles, von Ihrem Aussehen bis zu Ihrem Verhalten." Der Check umfasst 46 Talente und Merkmale. Das Risiko für Eltern, falsche Investitionen in die Talente ihrer Kinder zu tätigen, wird mit *Map My Gene* minimiert, so wird hier suggeriert. Eine Reihe Referenzvideos höchst zufriedener Kunden belegt den angeblichen Erfolg des Vorgehens. Büros der Firma *Map My Gene* finden sich in Arizona, Singapur, Malaysia und Thailand. Über den Onlineshop bekommt der Kunde nach ein paar Klicks ein Set zugeschickt. Dieses enthält eine Einverständniserklärung, Handschuhe, einen sterilen Omni-Tupfer und ein Zentrifugenröhrchen mit einer Lösung, um die DNA-Probe frisch zu halten. Nur 20 Tage nach Rücksendung erhält der Kunde den personalisierten Report für die genetische Ausstattung und beste Zukunft der jungen Tochter oder des kleinen Sohns. Kein Elternpaar wird mehr seine Tochter mit jahrelangem Klavierüben quälen und der Hoffnung nachrennen, sie sei ein Wunderkind, wenn die Gene das nicht bestätigen.

Eine Auswahl der Talente, die *Map My Gene* nach eigenen Aussagen ermitteln kann und für die die Firma heute auch Tests anbietet, enthält folgende Bereiche:

- Persönlichkeitsmerkmale: Ausdauer, Hyperaktivität, Depression, Optimismus, Schüchternheit etc.
- Intelligenz: Auffassungsgabe, analytisches Gedächtnis, Kreativität etc.
- emotionale Intelligenz: Treue, Leidenschaft, Sentimentalität, Selbstreflexion, Selbstkontrolle etc.
- Sport: Ausdauer, Sprintstärke, Technik etc.
- körperliche Fitness: Körpergröße, Neigung zu Fettleibigkeit (Adipositas) etc.

Die US-Firma *Veritas Genetics* (https://www.veritasgenetics.com), ein Spin-off der Harvard University, Massachusetts, bietet den Service *MyGenome* an. Veritas ist lateinisch und bedeutet „Wahrheit"; der Name könnte nicht anspruchsvoller sein. Mit einem Kampfpreis von 999 Dollar für eine vollständige Genom-Sequenzierung (WGS) startete *Veritas Genetics* in den US-Markt. Im Jahr 2019 wurde der Preis auf 599 Dollar gesenkt, ein Preis unter 100 Dollar innerhalb der nächsten fünf Jahre ist bereits angekündigt (Molteni 2018). CNBC, der Bezahlsender von NBC in den USA, führte *MyGenome* in den Jahren 2018 und 2019 in ihrer Liste der 50 disruptivsten Firmen (CNBC 2019), also der Unternehmen mit besonders innovativen Technologien, die neue, bahnbrechende Märkte eröffnen. Wir erinnern uns: Das Budget für das Humangenomprojekt, die erste vollständige Analyse des menschlichen Genoms zu Beginn des Jahrtausends, betrug drei Milliarden Dollar. Insgesamt 20 Institute aus sechs Staaten waren an der Entzifferung unserer rund drei Milliarden DNA-Basenpaare beteiligt. In wenigen Jahren aber wird eine Komplettsequenzierung unserer DNA nur noch so viel kosten und so alltäglich sein wie ein Bluttest oder eine Impfung.

Veritas Genetics detektiert 950 Krankheitsrisiken; dazu kommen 200 Gene, die in Verbindung mit möglichen Reaktionen auf Arzneimittel stehen und nochmals mehr als 100 physikalische Eigenschaften, die ein Kind wahrscheinlich ausprägen kann (Regalado 2017a). *MyGenome,* das Vorzeigeprodukt von *Veritas Genetics,* erscheint etwas vorsichtiger als *Map My Gene.* Man wirbt mit besserer Gesundheit und der Chance, bessere Entscheidungen für den eigenen Lebensstil treffen zu können. Dieser Anbieter ist auch nicht primär auf die Genom-Analyse von Kindern ausgerichtet, macht aber durchaus aufmerksam darauf, dass der Service Aussagen über das Risiko liefert, mögliche Krankheiten an die eigenen Kinder zu vererben. Ferner werden die Sportlichkeit des eigenen Körpers, Erinnerungsfähigkeit und andere Eigenschaften angesprochen, also sehr wohl Persönlichkeitsmerkmale.

Noch weitere US-Firmen sind in diesem Segment tätig. Die von *Google* mitfinanzierte Firma *23andme* (https://www.23andme.com) ist seit 2006 am Markt und erstellt einen prädispositiven Gesundheitsreport anhand der Sequenzierung von Abschnitten aller 23 menschlichen Chromosomen. Der Report erfüllt die Anforderungen der amerikanischen Gesundheitsbehörde *FDA* und kann als Grundlage für eine personalisierte Medizin dienen. *23andme* besitzt seit 2013 ein US-Patent, das es der Firma erlaubt, genetische Profile zu sammeln und anzubieten, die bestimmte Eigenschaften für ein gewünschtes Baby wahrscheinlicher machen. Die Daten einer Person, die sich ein Kind wünscht, werden dann mit den erfassten

Daten potenzieller Spender abgeglichen und statistisch ausgewertet. Auf den Punkt gebracht heißt das: „Wer passt am besten zu meinem genetischen Profil, damit unser gemeinsamer Nachkomme mit größerer Wahrscheinlichkeit diese und jene Eigenschaften hat oder nicht hat?" Die Auswahl der gewünschten Eigenschaften geschieht auf der Onlinesite des Anbieters mit benutzerfreundlichem Anklicken. Am Ende erhält der Kunde eine Vorschlagsliste mit den Spendern A, B, C,… und den Wahrscheinlichkeiten für Eigenschaften, die ein Kind von diesen Spendern haben wird, also etwa: blaue Augen 65 %, angeborener Herzfehler 0,005 %. Die Seite existiert seit 2013. Die breite Öffentlichkeit in den USA hat bislang so gut wie keine Notiz davon genommen. Im Jahr 2018 hatte *23andme* jedoch bereits fünf Millionen Kunden.

Hier wäre interessant, was derartige Analysen der genannten Hersteller die Eltern kosten. Leider halten sich die Anbieter auf ihren Internetseiten hinsichtlich der Preise bedeckt. Garantien, dass die erwünschte Eigenschaften tatsächlich bei den Kindern vorhanden sein werden, können sie natürlich nicht geben, da immer nur statistische Aussagen möglich sind. Ich hoffe daher, dass deutlich wird, dass hier mit den Sehnsüchten junger Eltern heute durchaus auch gespielt wird.

Die Firma *Genomic Prediction* (https://genomicprediction.com) wirbt wie *Veritas Genetics* mit dem Erkennen Hunderter genetischer Mutationen mittels DNA-Sequenzierung und nennt auch Mutationen, die in Verbindung mit multigenen Krankheiten auftreten. Bei etwas genauerem Hinsehen findet man jedoch neben Krankheitsrisiken beliebige weitere Merkmale. Die Körpergröße erscheint dabei noch am einfachsten zu bestimmen (Regalado 2017b). Stephen Hsu, einer der beiden Gründer von *Genomic Prediction*, ist bekannt für sein Interesse an genetischer Selektion zur Intelligenzsteigerung. Er sagte 2014 die Möglichkeit voraus, den IQ für Kinder per Präimplantationsdiagnostik (PID, Infobox 9) um 15 Punkte zu erhöhen (Hsu 2014). Nach Hsus Worten ist das, was die Firma jetzt kann, nur die Spitze des Eisbergs. Er sieht voraus, „dass Milliardäre und Silicon-Valley-Typen die ersten Anwender der Embryonenauswahlverfahren sein werden und zu den ersten gehören, die eine klassische In- vitro-Fertilisation (IVF) durchführen, obwohl sie keine IVF benötigen. Wenn diese anfangen, weniger nicht gesunde zu zeugen und mehr außergewöhnliche Kinder, könnte der Rest der Gesellschaft ihrem Beispiel folgen," so Hsu (Regalado 2017b). Er bekräftigt gleichzeitig, dass seine Firma diesen Weg nicht mitgehen wird.

Die Aussagen Hsus darf man mit einiger Kritik sehen. Seine Behauptung, den IQ durch bloße künstliche Auswahl um 15 Punkte steigern zu können, ist gewagt. Einen echten Vergleich würde man nie haben, da seinem Vorschlag folgend die nicht ausgewählten Embryonen gar nicht ausgetragen würden.

In den USA wurde eine landesweite Umfrage mit 1006 Kandidaten durchgeführt, um die Bereitschaft zur Präimplantationsdiagnostik (PID, Infobox 9) zu erfahren (Winkelman et al. 2015). Bei der PID wird dem Embryo im Achtzellstadium eine Zelle entnommen und darauf gescreent, ob eine genetische Erbkrankheit vorliegt. Der Embryo kann sich mit den verbleibenden Zellen in der Regel zu einem gesunden Baby weiter entwickeln, wenn er denn gewünscht ist. Die repräsentative Studie ergab große Unterschiede zwischen Ethnien und beim Geschlecht der Befragten. Insgesamt 73 % befürworteten PID zur Feststellung fataler Krankheitsrisiken für das Baby. Bemerkenswert ist, dass immerhin 19 % der Befragten der Analyse von Persönlichkeitsmerkmalen positiv gegenüberstanden – und das zu einer Zeit, in der die Industrie noch keine flächendeckende Werbung für solche Analysen vornahm. Werbung wird diesen Markt erst richtig generieren.

Tatsächlich sind heutige Tests auf monogene Variationen oder bei polygenen Krankheiten im besten Fall auf je ein einzelnes Gen beschränkt, von dem angenommen wird, dass es eine repräsentative Bedeutung hat. Die fokussierten Gene bzw. ihre Varianten sind als Krankheitsursachen bekannt oder sollen auf bestimmte Persönlichkeitseigenschaften oder Fähigkeiten hindeuten. Aussagen über die Wirkungen solcher monogenen Variationen sind jedoch oft grundsätzlich nur statistisch zu interpretieren. Es gibt also in vielen Fällen keine Garantie dafür, dass eine Krankheit auftritt oder eine bestimmte Eigenschaft bei einem Individuum vorhanden ist (Mato 2012; Regalado 2017a). Den Anbietern wird daher durchaus auch die Wissenschaftlichkeit abgesprochen (Caulfield et al. 2015). Echte polygene Analysen werden hier gar nicht vorgenommen; das ist jedoch möglicherweise nur eine Frage der Zeit. Der Markt kann sich schrittweise dahin entwickeln. Firmen werden zudem im Wettbewerb gegeneinander mit erheblich detaillierteren Analysen über nicht krankheitsbezogene Eigenschaften aufwarten und dafür rund um den Globus Werbung machen. Ihre Angebote erreichen trotz der eingeschränkten Aussagemöglichkeiten über individuelle Persönlichkeitsmerkmale schon heute Millionen Interessenten.

Infobox 9 In-vitro-Fertilisation (IVF) und Präimplantationsdiagnostik (PID)

Künstliche Befruchtung oder In-vitro-Fertilisation (IVF) beim Menschen geschieht im Labor. Dabei werden mit der klassischen Methode im Reagenzglas Spermien und eine entnommene Eizelle zu einer Spontanbefruchtung gebracht. Alternativ wird ein einzelnes Spermium mit einer Pipette in die Eizelle eingeführt (intrazytoplasmatische Spermieninjektion, ICSI, Abb. 7.1). In beiden Fällen wächst der Embryo im Labor bis zu einem gewissen Stadium heran – man spricht dann von einer Blastozyste –, bevor er am zweiten oder fünften Tag nach der Befruchtung in die Gebärmutter eingepflanzt wird und sich die Entwicklung dort bis zur Geburt auf natürliche Weise fortsetzt.

An künstlicher Befruchtung wurde seit den 1950er-Jahren bei Tieren geforscht. Federführend mit der Idee, bei Unfruchtbarkeit menschliche Embryonen *in vitro*, also im Labor, zu zeugen, war der britische Genetiker Robert G. Edwards von der Universität Cambridge. Es gelang ihm und einem Kollegen, künstliche Befruchtungen und somit menschliche Embryonen im Labor herzustellen. Zum ersten Mal sahen Menschen einen lebenden Embryo ihrer eigenen Art unter dem Mikroskop. Die beiden Forscher stellten sich den weiteren Verlauf des Einpflanzens und Austragens denkbar einfach vor. Aber die Aufgabe erwies sich als alles andere als das. Erste Transfers der Embryonen bei Frauen mit Kinderwunsch versuchten sie ab 1972, jedoch ohne den Erfolg einer eintretenden Schwangerschaft. Gleichzeitig wurden die Pläne, Familien, die keine Kinder bekommen konnten, auf diese Weise zu helfen, nahezu von allen Seiten entschieden abgelehnt; Forschungsgelder wurden nicht bewilligt.

Abb. 7.1 In-vitro-Fertilisation (IVF). Künstliche Befruchtung erlaubt ein erhebliches Maß künstlicher Selektion des Erbmaterials, jedoch nicht dessen direkte Manipulation. Erst die Kombination von IVF mit PID und CRISPR eröffnet unbegrenzte Möglichkeiten der Optimierung und Vererbung von Eigenschaften aller Art (vgl. Infobox 9) (In-vitro-Fertilisation (IVF): iStock)

Unzählige Versuche, Ehrgeiz und Geduld waren erforderlich, bis dem Team 1977 endlich eine erste künstliche Befruchtung mit der Schwangerschaft bei einer Frau gelang. Diese brachte 1978 die Tochter Louise Joy Brown zur Welt. Sie war der erste von inzwischen vielen Millionen nicht auf natürlich-sexuellem Weg erzeugten Menschen der Welt. „Retortenbaby" war lange *das* Schlagwort in diesem Zusammenhang. Robert Edwards erhielt als Reproduktionsmediziner 2010 den Nobelpreis.

Heute ist IVF in vielen Aspekten ausgereifter und zuverlässiger. Spermien können mikroskopisch nach morphologischen Kriterien selektiert werden. Die Erfolgsrate einer Schwangerschaft liegt damit bei derzeit ca. 30 %.

In Verbindung mit der Präimplantationsdiagnose (PID), dem Screening embryonaler DNA zur Vermeidung von Erbkrankheiten, wird IVF heute in manchen Staaten (teils widerrechtlich wie in Indien) auch zur Geschlechtswahl und damit selektiv eingesetzt. Die Behandlung einer Unfruchtbarkeit wird nach Einschätzung von Experten weniger wichtig werden. Stattdessen wird die genetische Manipulation befruchteter Embryonen oder Keimzellen vor der Befruchtung zur gezielten Selektion gewünschter Phänotypmerkmale mehr in den Fokus rücken. Damit kann die IVF in Verbindung mit PID und CRISPR zu einem wesentlichen Instrument für die Erzeugung vererbbarer genetischer Verbesserungen *(Enhancements)* werden.

7.3   Evolutionärer Druck auf die Eltern

Was lässt sich heute mit Genomsequenzierungen tatsächlich über mich und meine Kinder aussagen? Man darf davon ausgehen, dass Interessenten unvollständig und in vielen Fällen einseitig (asymmetrisch) informiert sind (Shulmann und Bostrom 2014). Nur in sehr wenigen Fällen dürften sie über genetisches Basiswissen und Hintergrundinformationen, etwa zu monogenen, multigenen oder multifaktoriellen Krankheiten, verfügen – sofern die Fachleute selbst hier überhaupt Einblick haben. So könnten Kunden zunehmend verunsichert, ja verängstigt werden. Sie könnten sich in Zukunft immer mehr im Glauben bestärkt fühlen, die eigenen Kinder zu benachteiligen, falls sie es versäumen, die „wahren Stärken" zu erkennen und ihre Erziehung und Ausbildung in die „beste" Richtung zu lenken. Andere Überlegungen gelten aber ebenfalls: Wären meine eigenen Eltern damals in der Lage für eine Präimplantationsdiagnose und dazu auch bereit gewesen, gäbe es mich wohl nicht, da ich seit meiner frühen Jugend Diabetes Typ 1 habe, eine multifaktorielle Krankheit. Ich freue mich aber trotz der Einschränkung, dass ich lebe!

Wenn wir davon ausgehen, dass Millionen Menschen keine Kosten scheuen, um zu erfahren, wie sie ihre Kinder am besten fördern können und sollen, dann liegt es nahe, dass Eltern auch zunehmend interessiert und bereit sein werden, die jeweils modernsten, vielversprechendsten Verfahren zu nutzen, die angeboten werden. Wenn die Möglichkeit besteht, muss angenommen werden, dass viele unter ihnen es nicht darauf ankommen lassen werden, ein Kind zu bekommen, das nicht das Aussehen und Fähigkeitsspektrum besitzt, das sie sich so sehr wünschen. Sie können es sich mit zunehmendem gesellschaftlichem Leistungsdruck gar nicht erlauben, anderen Eltern, die hier vorpreschen, nur zuzusehen. Ihr eigenes Kind, das sich in immer härterem schulischen und beruflichen Wettbewerb permanent behaupten muss, könnte seinen Eltern später vorhalten, sie hätten nicht das Beste für sein Wohl unternommen. Ethische Haltungen könnten sich somit umkehren: Nicht der Eingriff in die Keimbahn zur „Optimierung" wird als unmoralisch abgelehnt, sondern das Unterlassen, sein Kind „bestmöglich" für diese Welt vorzubereiten.

Der Anteil der Geburten mit IVF steigt. Er beträgt derzeit 1–5 % der Geburten in entwickelten Ländern. Studien zeigen keine gesundheitlichen Beeinträchtigungen von IVF-Kindern. Allerdings ist noch nicht bekannt, ob die Fruchtbarkeit dieser Kinder, die heute erst in das entsprechende Alter kommen, nicht wiederum zu einem Teil genetisch eingeschränkt und von ihren Eltern ererbt ist. Möglicherweise werden sie dann selbst zu einem bestimmten Prozentsatz IVF-Kinder haben. Wo sich das bestätigt, haben wir ein eklatantes Beispiel für die Einflussnahme auf natürliche Selektion durch kulturelle Eingriffe (Solomon 2016).

In einer jüngeren Studie (Alon et al. 2019) wurden 50 Experten zur erwarteten Entwicklung assistierter Reproduktionstechniken (ART) in bestimmten Ländern befragt. Die Befragung wurde mit der Delphi-Methode durchgeführt, einer systematischen, strukturierten und mehrstufigen Befragung mit einem anerkannten Forecast-Verfahren. Bis 2040 sagt die in dieser Studie befragte Expertengruppe voraus, dass 14–19 % der Geburten in Israel und Spanien aus IVF resultieren werden. Beide Länder stehen heute mit ihrem Anteil an praktizierter assistierter Reproduktionstechnik im weltweiten Vergleich weit vorne. Im prognostizierten IVF-Anteil sehen sie einen Anteil von 34–47 %, bei dem zudem Präimplantationsdiagnostik (PID) involviert sein wird. In derselben Publikation äußert man sich allerdings noch eher skeptisch darüber, was die Anzahl der Eizellen betrifft, die für expandierende PID zur Verfügung stehen werden. Ebenso vorsichtig sind die Wissenschaftler in der Studie mit dystopischen Szenarien, und sie äußern sich zurückhaltend dazu, dass Genom-Editierung mit CRISPR den Ton angeben wird. Assistierte Reproduktionstechniken werden von ihnen auch in Zukunft noch überwiegend im Zusammenhang mit Fruchtbarkeitsproblemen gesehen. Die Wissenschaftler machen aber dennoch darauf aufmerksam, dass das Anwachsen der Industrie für assistierte Reproduktionstechniken zum Entstehen extremer Szenarien bis hin zu Eugenik und Gentechniken für die Reproduktion beitragen kann. Entwicklungen im asiatischen Raum wurden in der Studie nicht berücksichtigt.

Bereits das oben beschriebene Szenario führt dahin, dass im Beratungsgespräch zwischen Eltern und Arzt aus einer Kriterienliste der geeignetste Embryo ausgewählt wird, wenn auch zunächst primär unter dem Aspekt von Krankheitsrisiken. Mittel- bis langfristig wird man allerdings in der Lage sein, nicht nur Embryonen mit unerwünschten Erbkrankheiten auszusondern; das wird eher zu einer selbstverständlichen Nebensache. Zur Hauptsache könnten die Persönlichkeitsmerkmale werden, die nach und nach im selben Zug selektiert werden. Hierfür können die wachsende Zahl und der Marktdruck der Anbieter nicht ignoriert werden. Eltern werden vor schwierigen Entscheidungen stehen. Man stelle sich ein Paar mit Kinderwunsch vor, das eine Auswahl treffen soll zwischen Embryo 1, der Intelligenz verspricht, jedoch ein Typ-1-Diabetes-Risiko besitzt, und Embryo 2, der die gewünschte Körpergröße und Schlankheit auszuprägen verspricht, jedoch etwas weniger Intelligenzchancen und daneben ein mittleres Risiko für Alzheimer im Alter aufweist. Embryo 3 und weitere haben wieder andere Chancen und Risiken.

All das ist streng genommen noch immer eine Art herkömmlicher künstlicher Selektion, im Prinzip nicht viel anders als die Züchtung von Tieren und Pflanzen in den vergangenen Jahrtausenden. Gegenüber konventioneller Züchtung kommt nur hinzu, dass man die Embryonen nicht sexuell, sondern im Labor erzeugt (Greeley 2016), ihre Genome screent und in fernerer Zukunft viel mehr Auswahl haben wird. Der wirklich aktive Teil des Szenarios beginnt jedoch beim Einsatz von CRISPR zur gezielten Veränderung dieser Embryonen oder Stammzellen. Wenn also das erwähnte *EPOR*-Allel in einer Embryonenauswahl nicht vorhanden ist, hinsichtlich der übrigen Wünsche aber ein idealer Embryo vorliegt, wird man ihm dieses Allel hinzufügen, wenn die Fähigkeit zu Leistungssport im betreffenden Kulturraum Priorität hat.

Wir oder unsere Nachkommen werden möglicherweise erleben, dass zunehmendes Wissen über die monogenen und polygenen Faktoren für die Entwicklung Hunderter Eigenschaften des Phänotyps nachfragegerecht aufbereitet und den begehrlichen Kunden angeboten wird. Das kann durchaus Jahrzehnte dauern, wobei die Entwicklung in einigen Ländern und Kulturen schneller sein wird als in anderen. Dabei wird man auch argumentieren –

das ist bereits heute gedanklich vorweggenommen –, die gezielte Erhöhung der menschlichen Intelligenz sei eine unverzichtbare Voraussetzung dafür, die explosiv zunehmende Komplexität von Gesellschaft und Umwelt in Zukunft überhaupt noch zu beherrschen. Eine genetische kognitive Verbesserung könnte sich dann als so notwendig erweisen wie Antibiotika und Massenimpfungen, die heute unentbehrlich sind, um uns gegen Krankheitserreger fit zu machen, auf die unser natürliches Immunsystem bisher keine oder nur unzureichende Antworten hat (Araujo 2017). Wer Gedanken über genetisch optimierte Kinder ablehnt, wird – ob als Staat oder als Bürger – womöglich später (in so manchem Bereich) das Nachsehen haben. Die darwinistische Evolution scheint in weite Ferne gerückt. Die Geschichte der Evolution wird hier umgeschrieben, und der Mensch schreibt an ihr mächtig mit.

7.4 Neue Menschenarten?

Der Weg, kognitive Eigenschaften genetisch verbessern zu wollen, kann aber auch leicht in die falsche Richtung gehen. Obwohl individuelle Veränderungen positiv sein können, haben Sozialwissenschaftler nachgewiesen, dass kognitive Vielfalt oft bessere Voraussetzungen dafür bietet, gemeinsam Probleme zu lösen (Gyngell 2012) (Abschn. 1.2). Speziell hohe Extravertiertheit scheint zu mehr Lebensglück beizutragen. Hierzu kennt man auch genetische Pendants. Die Population profitiert aber entgegen der Erwartung tatsächlich eher von einer Diversität der Extravertiertheit, nicht von ihrer Maximierung. Dreht man an der genetischen „Glücksschraube", erhöht also die Genfrequenz für Gene, die mit Glücksempfinden in Verbindung gebracht werden, kann man sich damit also leicht ein unerwünschtes Ergebnis einhandeln, weil man womöglich genetisch die Extravertiertheit generell erhöht. Das jedoch kann in der Population, wie beschrieben, eher nachteilig sein (Gyngell 2012). Solche ersten Entdeckungen bilden aber nur die Spitze des Eisbergs. Genetische *Enhancements* werden noch viel komplexere, auch unerwünschte Zusammenhänge offenlegen und könnten damit Hürden aufzeigen, von denen wir heute noch nicht einmal ansatzweise eine Vorstellung haben.

Die Industrie arbeitet dessen ungeachtet und trotz gesellschaftlicher Vorbehalte mit Macht daran, den Weg für genetische Eingriffe und auch *Enhancements* am Menschen freizumachen. Firmen bedrängen in den USA die Politik auf allen Ebenen, wie Tina Stevens und der angesehene New Yorker Zellbiologe Stuart Newman in ihrem Buch eindrücklich schildern

(2019). Danach ist es die erklärte Absicht einiger führender Unternehmen in den USA, unsere Art genetisch zu modifizieren. An der Harvard University wurde im Jahr 2016 der Vorschlag gemacht, öffentlich zu diskutieren, das menschliche Genom im Labor von Grund auf synthetisch herzustellen (Endy und Zoloth 2016).

Man wird bei genetischen Eingriffen in die Keimbahn Risiken in Kauf nehmen, beim Züchten von Designer-Babys auch Kinder zu erhalten, die unerwünschte Eigenschaften bzw. unerwartete Erbkrankheiten haben oder aber vor der Geburt sterben. Das wird als unvermeidlich und als Preis für den Fortschritt gesehen werden (Stevens und Newman 2019; Knoepfler 2016). Langfristig, vielleicht in 100 Jahren oder später, prognostiziert der amerikanische Genetiker und Stammzellbiologe Paul Knoepfler eine neue Menschenspezies neben der heutigen. Er nennt diesen Menschen *GMO sapiens*; so lautet auch sein Buchtitel. Hierbei steht *GMO* für einen genetisch modifizierten Organismus. Knoepfler sieht drei Voraussetzungen dafür, dass diese Entwicklung beim Menschen Fahrt aufnimmt: die technische Beherrschung der dafür notwendigen Gentechnik, ein zu erwartender gewinnbringender Markt und die gesellschaftliche Bereitschaft. Alle drei Bedingungen sind in einer dynamischen Entwicklung (Knoepfler 2016).

Eine geldbesitzende Elite, ein paar Prozent der US-Bevölkerung, so schreibt Knoepfler weiter, werden sich nicht vorschreiben lassen, ihren Kindern nicht die denkbar beste Ausrüstung mit auf den Weg zu geben. Ihre Kinder werden genetisch manipuliert sein. Im großen Stil werden Medien, Unterhaltungsindustrie und Teile der Wissenschaft von einer *GenRich*-Klasse kontrolliert werden (Szenario 5). Diese Klasse und die natürliche Klasse Mensch werden irgendwann völlig separierte Spezies sein, die sich nicht mehr kreuzen wollen und können. In einer Gesellschaft, in der die individuelle Freiheit über allem steht, wird es schwierig sein, die Anwendung von Reprogenetik dauerhaft zu unterbinden. Sie wird unvermeidbar werden, ob es uns gefällt oder nicht. Dieses Bild zeichnete der amerikanische Molekularbiologe und Princeton-Professor Lee M. Silver bereits vor einer Generation (Silver 1998). Ein solches Szenario wird mit jedem fortschreitenden Jahr, mit höherer Zuverlässigkeit bei IVF und CRISPR, mit wachsendem Leistungsdruck auf den Bildungs- und Arbeitsmärkten der Welt sowie anhaltender Vergrößerung der Einkommenskluft zwischen Arm und Reich wahrscheinlicher, nicht unwahrscheinlicher. Paul Knoepfler sieht zudem noch einen „genetischen Tourismus" bzw. „Reproduktionstourismus" aufkommen, bei dem Interessenten dorthin reisen, wo sie die Pläne für ihre zukünftigen Design-Kinder verwirklichen können (Knoepfler 2016). Hier hätten wir also Formen nicht-geografischer Isolation mit evolutionären Konsequenzen.

Knoepfler argumentiert nicht wirklich überzeugend, wie sich die Isolation einer neuen Menschenart von der bisherigen konsequent vollziehen soll. Allgemein wird artenübergreifende Evolution, also die Evolution neuer Arten, an Formen von Isolation geknüpft. Es war nicht Darwin, der hierzu überprüfbare Überlegungen anstellte, sondern erst der bekannte deutsch-amerikanische Evolutionsbiologe Ernst Mayr in der Mitte des 20. Jahrhunderts. Nach seiner Theorie müssen Teile der Population einer Art zum Beispiel geografisch isoliert werden, damit ein artentrennender Prozess in Gang kommen kann. Das kann bei geologischen Veränderungen leicht, wenn auch sehr langsam geschehen, etwa wenn ein Gebirge entsteht, ein Fluss sich einen neuen Verlauf bahnt oder – am bekanntesten – wenn Inseln entstehen (Mayr 2005). Die vielen endemischen Arten auf den Galapagos-Inseln, die sich vor einigen Millionen Jahren vom heutigen peruanischen Festland gelöst haben, sind Paradebeispiele für Artenbildungen in Folge geografischer Isolation. Eine Isolation kann aber nicht nur in dieser Form erfolgen. Sie kann auch innerhalb der geschlossenen geografischen Verbreitung einer Art auftreten. Ein bekanntes Beispiel ist die Bildung der vielen Arten von Süßwasserbarschen im Victoriasee und im Tanganjikasee. Bei Säugetieren ist allerdings solche Artbildung bis heute nicht bekannt.

Angesichts der großen menschlichen Population mit mehreren Milliarden Individuen ist eine vollständige, dauerhafte Isolation ohne ungewollte Rückzeugung, wie sie sich Knoepfler vorstellt, nicht sehr wahrscheinlich. Alle Individuen müssten dies über viele Generationen uneingeschränkt wollen und durchhalten. Die von Knoepfler genannten Voraussetzungen sind wohl dafür nicht ausreichend. Es braucht eine große Zahl genetischer Änderungen über viele Generationen, bis die Fortpflanzung mit den ursprünglichen Genotypen tatsächlich nicht mehr funktioniert. Einige Hundert oder Tausend genetische Veränderungen stellen noch keine biologische Hürde für die weitere Fortpflanzung zwischen ursprünglichen und veränderten Individuen dar, es sei denn es gelänge, die Chromosomenzahl zu verändern, also zum Beispiel aus 23 Chromosomenpaaren 24 zu machen (Infobox 7). Dann würden die unterschiedlichen Chromosomen bei der Zellteilung (Meiose) nach der Befruchtung nicht mehr richtig zusammenpassen, ähnlich wie das bei der Paarung von Pferd und Esel der Fall ist. Doch das ist Science-Fiction.

Es gibt daher auch die zu Knoepflers Ansichten entgegengesetzte Überzeugung, dass Genom-Editierung nur einen sehr eingeschränkten evolutionären Einfluss auf die Gesamtpopulation des Menschen entfalten werde, da die ursächlichen Wirkungen von Genen und zahlreichen weiteren Faktoren der embryonalen Entwicklung auf Eigenschaften des Phänotyps in den meisten Fällen nicht bekannt sowie Gefahren ungewollter Nebeneffekte nicht beherrschbar seien und sich die Technik deswegen auch nicht in der Breite durchsetzen könne (Templeton 2016). Gleichwohl stellt der berühmte Harvard-Genetiker George Church ohne den Hauch eines Zweifels fest, dass die zwischenartliche Barriere so schnell fällt wie die Berliner Mauer im Jahr 1989 (Church und Regis 2012). Und damit meint er ausdrücklich auch den Menschen. Auf dem globalen Markt für Gene und angesichts der wachsenden Suche nach neuartigen, fremden Genen werden wir in unserem Organismus zunehmend DNA-Komponenten aus der gesamten Biosphäre nutzen, so Church. Das ist jedoch eine langfristige, sehr spekulative Vision.

Genetisches *Enhancement* verändert stärker als alles, was wir heute ohnehin schon tun, die natürliche Anpassung des Menschen. Diese Anpassung ist das Ergebnis von Millionen fein abgestimmter Schritte im Verlauf einer Milliarden von Jahren währenden Evolution. Wir sind dann vielleicht als Individuen gesünder und für bestimmte Aufgaben besser geeignet, aber ob die Population insgesamt besser an natürliche Bedingungen angepasst ist, ist durchaus fraglich (Almeida und Diogo 2019). Aber vielleicht ist das auch nicht so wichtig, wenn der Mensch ohnehin schon heute „entschieden" hat, sich von der Natur zu lösen und unabhängig zu werden. Evolutionäre Anpassung im Sinne Darwins ist nicht das, was wir in der Technosphäre im Blick haben (Abschn. 2.2). Eine andere Sicht wäre, dass genetisches *Enhancement* womöglich überhaupt erst die Voraussetzungen dafür schafft, dass der Mensch sich an die Klimaerwärmung oder an das Leben in immer größeren Metropolen in einer immer komplexeren Welt anpassen kann. Wie das jedoch konkret aussehen könnte, wird nicht klar. Klar ist hingegen, dass die Anpassung des Menschen an die Klimaerwärmung unsere größte evolutionäre Herausforderung darstellt.

7.5   Gene drive – Genveränderung mit Kettenreaktion

Stellen Sie sich vor, die COVID-19-Pandemie hätte 2020 nicht stattgefunden, weil alle Menschen sofort gegen den viralen Befall mit Immunität reagiert hätten. Alles wäre wie immer weitergelaufen am Tag X im Januar 2020. Niemand hätte etwas bemerkt, und wir hätten keine weltweite

Pandemie erlebt. Unvorstellbar? Vielleicht nicht. Bereits 2012, noch vor der CRISPR-Entdeckung, entwarf Church die Vision, dass Menschen gegen alle Viren immun seien, bekannte und unbekannte, natürliche und künstliche (Church und Regis 2012). Könnte unser Immunsystem in jeder Zelle den eben beschriebenen bakteriellen Abwehrmechanismus anwenden, was wäre dann? Bis hierher haben wir „nur" das Thema behandelt, dass künstliche Korrekturen der menschlichen DNA angestrebt werden, somatische und embryonale. Nach einer Keimbahn-CRISPR-Therapie für die Duchenne-Muskeldystrophie sähe das Genom eines Patienten wie das eines Gesunden aus. Im Zweifelsfall würde man bei einer DNA-Analyse bei ihm die Therapie gar nicht erkennen können.

Anders verhält es sich beim *Gene drive*, deutsch auch Genantrieb (Infobox 10), einem künstlichen Beschleunigungsfaktor, basierend zum Beispiel auf CRISPR/Cas9. Der CRISPR-Schneide-Mechanismus selbst wird in unserem fiktiven Beispiel der Virenimmunität in die menschliche Keimbahn-DNA eingebaut. Damit ist das Ziel um Dimensionen anspruchsvoller. Es geht jetzt nicht mehr um die genetisch vererbbare Veränderung eines einzelnen Organismus, sondern um die Veränderung der ganzen Population. Man muss sich das so vorstellen: Die komplizierte Maschinerie CRISPR/Cas wird in ferner Zukunft in das Genom einiger Millionen Embryos im frühen Entwicklungsstadium eingebaut (künstliche Befruchtung aus umgewandelten Somazellen und reinerbiger Einbau von CRISPR in die Keimbahn). Auf diesem Weg stellt man sicher, dass möglichst viele Menschen auf der Erde nach einiger Zeit ebenfalls von Geburt an CRISPR-fähig wären. Unsere Art wird um die vererbbare Fähigkeit erweitert, virale Angriffe sofort zu erkennen und abzuwehren, im Prinzip in derselben Art, wie es Bakterien seit vielen Millionen Jahren tun. Unser Genom merkt sich den Angreifertyp beim ersten Eindringen in eine Körperzelle, sozusagen per „Gesichtserkennung". Die eigene DNA beherrscht zudem auch das Schneiden der viralen DNA. Die erste Angriffswelle wird damit abgewehrt und ihr Viren-Profil gespeichert; das gleiche erfolgt auch bei der zweiten und allen weiteren. Folgen neuartige virale Attacken, läuft der Prozess immer nach demselben Muster ab: Erkennen und Abspeichern des viralen „Fingerabdrucks" in der eigenen DNA und anschließende Vernichtung des Virus.

Auf natürliche Weise wird ein solcher Abwehrmechanismus bei uns evolutionär leider nicht entstehen. Das ist nicht zu erwarten, denn Säugetiere und mit ihnen wir Menschen haben andere Strategien gegen angreifende Mikroorganismen entwickelt. Im Gegensatz zu Bakterien mit dem CRISPR/Cas-Abwehrsystem besitzen wir zur Bekämpfung von

Eindringlingen ein hocheffizientes, komplexes Immunsystem mit vielen Akteuren und unterschiedlichen Strategien. Aber so effizient kann es doch wohl nicht sein, mag mancher denken, wenn es derart schwerwiegende Infektionen wie die durch das neuartige Corona-Virus zulässt. Tatsächlich sind aber bekanntlich auch früher schon Seuchen über die Kontinente gezogen und haben Millionen Menschen vernichtet: die Beulenpest, immer wieder die Cholera oder 1918/1919 die verheerende Spanische Grippe. Dennoch hat unsere Art diese Invasionen jedes Mal weggesteckt; soweit bekannt ist, hat keine Pandemie unsere Spezies in wirkliche Gefahr gebracht oder annähernd ausgelöscht. Und die Viren? Sie ließen sich nicht beseitigen, auch nicht von den Bakterien mit dem virtuosen CRISPR-Mechanismus. Viren mutieren bekanntlich oft und schnell. Evolution ist nun einmal ein ewiges Wettrüsten.

Um ein völliges Aussterben zu vermeiden, braucht es keine perfekte Evolution. Diese gibt es bei keiner Art. Evolution funktioniert anders: Sie führt durchaus zu Anpassungen der Arten an die immer neuen Änderungen der Umwelt. Eine Zeitlang funktioniert dies in vielen Fällen wirklich erstaunlich gut: ein paar Hunderttausend Jahre bis in unsere Zeit bei *Homo sapiens* oder auch fast 100 Mio. Jahre wie bei manchen Dinosaurierarten. Perfekte Anpassungen finden sich dabei jedoch nie, auch wenn so hoch entwickelte Arten wie wir oder andere entstanden. Vielmehr sind alle Anpassungen Kompromisse zahlreicher biologischer Einheiten und Funktionen, die aufeinander abgestimmt sein müssen und allein gar nicht evolvieren können. Nicht die beste, sondern die am wenigsten schlechte Lösung setzt sich auf diese Weise durch. So lässt sich verstehen, dass uns viele Eigenschaften in unserem Organismus unbefriedigend erscheinen, während sie gleichzeitig für das Überleben unserer Art nie wirklich entscheidend waren. Dazu zählt eben auch, dass wir auf eine Vireninvasion nicht blitzschnell reagieren können.

Das Prinzip Mutation-Selektion-Anpassung funktioniert aber nur so lange, bis eine Umweltänderung in einer Form, Größenordnung oder Geschwindigkeit auftritt, die keine biologische Anpassung und auch keine Flucht oder Migration mehr zulässt. Rund 99 % aller bisher auf der Erde vorkommenden Arten sind auf diese Weise ausgestorben, viele andere entstanden neu. In diesem Buch geht es gerade darum, dass der Mensch zielgerichtet in „suboptimale" Anpassungsprozesse (z. B. die Immunabwehr) eingreift und mehr aus sich machen kann, als der „Natur" gelang. Werden wir die vermisste Perfektion herstellen? Wir werden sehen, wie weit das denkbar ist.

Zurück zum *Gene drive*. Wenn Sie bis hierher den Eindruck gewonnen haben, dieses Thema sei noch weit weg von heutigen Belangen, möchte ich Sie auf den Bericht der Vereinten Nationen aus dem Jahr 2019 hinweisen, der sich mit modernen Wissenschaftsentwicklungen beschäftigt und ausführlich auf *Gene drive* eingeht. Dabei wird darüber informiert, dass die gegenwärtigen ethischen Rahmenbedingungen mit den Fortschritten der synthetischen Biologie nicht Schritt halten können und im Zusammenhang mit *Gene drive* politisches Handeln erforderlich ist, um unerwünschten Anwendungen zuvorzukommen (UNEP 2019). Tatsächlich wird *Gene drive* heute etwa als Strategie für die Malariabekämpfung erprobt. Malaria ist eine der größten Plagen der Menschheit. Noch immer erkranken jährlich mehr als 200 Mio. Menschen, und bis zu einer halben Million Menschen sterben daran (https://en.wikipedia.org/wiki/Malaria). Entsprechend groß sind wissenschaftliche Bemühungen, bei der Malariabekämpfung endlich einem Durchbruch zu erringen. Die *Bill & Melinda Gates Foundation* kündigte daher im Jahre 2005 an, 258 Mio. Dollar für die Malariaforschung zur Verfügung zu stellen. Bisherige gentechnische Maßnahmen bei der *Anopheles*-Mücke, die den Erreger überträgt, waren nicht zielführend. Sie reichten nicht aus, die gesamte Mückenpopulation gentechnisch zu verändern oder zu eliminieren.

Infobox 10 Gene drive – Genantrieb

Gene drive ist ein gentechnisches Verfahren, mit dem man erreichen will, dass eine gewünschte genetische Veränderung beschleunigt an weitere Generationen vererbt wird. Ziel ist, dass möglichst die gesamte Population in wenigen Generationen die gewünschte Mutation trägt.

Beim Beispiel der *Anopheles*-Mücke beschränkt man sich herkömmlich darauf, ein bestimmtes Fruchtbarkeitsgen mit CRISPR auszuschalten. Wenn angestrebt wird, die gesamte Mückenpopulation genetisch unfruchtbar zu machen, ist das allein jedoch nicht zielführend. In der Natur würde sich ein verändertes Gen nach den mendelschen Regeln nicht in der gesamten Population vererben können, da das andere Chromosom ja das entsprechende intakte Gen besitzt. Also bleiben solche Mücken fruchtbar. Die Mutanten mit dem Unfruchtbarkeitsgen würden ihre neue Eigenschaft nur an jeweils 50 % der Nachkommen in jeder Generation vererben. So würde der Effekt bald wieder verschwinden (z. B. wäre das Ergebnis nach drei Generationen nur noch ein Anteil von $0{,}5 \times 0{,}5 \times 0{,}5 = 0{,}125$, also 12,5 %).

Demgegenüber will man mit *Gene drive* möglichst eine Vererbung zu 100 % in der gesamten Population erreichen. Dafür wird nun neben der genannten Unfruchtbarkeitsmutation (die ja bereits mit CRISPR erzeugt wurde) die DNA derselben Mücke noch um den CRISPR-Mechanismus selbst erweitert. Das Genom besitzt dann sowohl das Gen für die Unfruchtbarkeit als auch die genetische Fähigkeit zur Herstellung des Schneide- und Kopiermechanismus selbst. Der Grund für den zweiten Schritt wird schnell klar: Erst der CRISPR-Kopiermechanismus stellt sicher, dass das Unfruchtbarkeitsgen auch wirklich an alle Erben weitergegeben wird. Hat ein Nachkomme das Unfruchtbarkeitsgen nicht geerbt, wird es also durch den ebenfalls eingebauten CRISPR-Mechanismus selbst eingebaut. Nach einigen Generationen haben immer mehr Mücken das Unfruchtbarkeitsgen. Im Zuge der schnellen Ausbreitung der Mutanten paaren sich nun auch immer mehr mutierte Mücken. Diese können jetzt jedoch keine Nachkommen mehr erzeugen.

Tatsächlich müsste man eine mit *Gene drive* genetisch veränderte Linie erzeugen, die nur etwa 1 % der Wildpopulation ausmacht. Mit ihr würde sich die Art nach einigen Generationen auslöschen. Im Labor funktionierte das Verfahren mit einigen Hundert Mücken einwandfrei und führt zur Auslöschung einer kleinen Population. Bei größeren Populationen stellt sich allerdings eine Resistenz gegen die Veränderung ein; sie wird wieder beseitigt. Hier ist noch Forschungsarbeit zu leisten.

Gene drive wird politisch diskutiert, um invasive Säugetierarten in Neuseeland oder Australien zu eliminieren. Das Europaparlament forderte im Januar 2020 ein globales *Gene drive*-Moratorium. Der Einsatz von *Gene drive* ist in verschiedenen Ländern unterschiedlich gesetzlich geregelt.

Anti-CRISPR-Proteine (Infobox 8) werden vorgeschlagen, um unerwünschte Ausbreitungen von *Gene drive* aufzuhalten.

Anders verhält es sich beim Genantrieb, einer neuen Stufe der Gentechnik. Im Jahr 2015 wurde erstmals über die Anwendung von *Gene drive* bei der *Anopheles*-Mücke berichtet (Gantz et al. 2015). Drei Jahre später gelang es einer durch die *Bill & Melinda Gates Foundation* unterstützten Forschergruppe, eine Population von Mücken im Labor völlig auszulöschen (Kyrou et al. 2018). Das funktioniert mit einer Kettenreaktion, wie ein Booster. Der geniale Ansatz dabei ist, erstens beim Mückenweibchen mit CRISPR die Fruchtbarkeit genetisch zu unterbinden, und zweitens – der Trick – sicherzustellen, dass diese gewünschte Mutation sich dann in der Mückenpopulation zuverlässig reinerbig fortpflanzt. Dafür hat man – hier steckt die Genialität des Ansatzes – dem Mückenweibchen das Genscherenwerkzeug selbst eingebaut, so dass es die Mutation zur Unterbindung der Fruchtbarkeit in jeder Zelle auf sein zweites elterliches Genom kopieren kann. Diese Kopierfähigkeit ist die neue Idee und die elementare Voraussetzung für die Turbo-Vererbung. Die gewünschte DNA-Änderung erfolgt also nicht im Labor, sondern in jeder Mückengeneration automatisch im Zellkern.

Bei großen Populationen stellen sich beim heutigen Stand der Technik mit *Gene drive* nach mehreren Generationen noch Probleme ein. So wird von Resistenzen gegenüber *Gene drive* berichtet. Sie blockieren die Ausbreitung in der veränderten Mückenpopulation nach einiger Zeit. Ferner sind die Risiken der Forschung mit *Gene drive* beängstigend. So kann es eine hoch invasive Gefahr bedeuten, und es darf unter keinen Umständen vorkommen, dass Insektenstämme vorschnell aus dem Labor entweichen, wenn ein laufendes Anwendungsverfahren noch nicht ausgetestet ist. Sie könnten unbekannte Merkmale in die Wildpopulation vererben. Einer auf diese Weise ausgelösten, unerwünschten Vererbungsexplosion könnte man womöglich nur wenig entgegensetzen. Ganze Ökosysteme würden durcheinander geraten. Auch ein Missbrauch dieser Technik kann nicht ausgeschlossen werden. Die Möglichkeiten zum Einsatz von Genantrieben als „Waffe" reichen von der Unterdrückung von Bestäubern, die das Landwirtschaftssystem eines ganzen Landes zerstören könnten, bis dahin, harmlosen Insekten die Fähigkeit zu verleihen, Krankheiten wie das Denguefieber zu übertragen. Auf dem Thema *Gene drive* haben in den USA deshalb sowohl das *National Science Advisory Board for Biosecurity*, eine Abteilung der US-Gesundheitsbehörde NIH, ebenso ein wachsames Auge wie das FBI, und zwar schon bevor irgend jemand einen Organismus mit *Gene drive* geschaffen hatte (Begley 2015).

Kurzum, *Gene drive* wirft nicht nur zahlreiche Fragen auf, sondern birgt auch erhebliche Risiken. Doch die Methode birgt zugleich gewaltige Chancen bei Infektionskrankheiten, die die Menschheit seit Jahrtausenden heimsuchen. Neben Malaria sind das Denguefieber, Borreliose und Zika. Das Zikavirus dringt ins Gehirn menschlicher Embryonen vor und zerstört dort neuronales Gewebe. Die Erforschung von Wegen, diese invasiven Überträger zu stoppen, läuft daher auf Hochtouren. Weitere potenzielle *Gene drive*-Einsatzfelder sind bereits ausgespäht, etwa bei der Entfernung eingeschleppter Ratten und anderer Neozoen auf Neuseeland – Maßnahmen, um bedrohte einheimische Arten zu schützen.

Übertragbar auf größere Säugetiere mit langen Generationszyklen ist das CRISPR-Cas-basierte *Gene drive* nicht, so war noch bis vor kurzem die Aussage. Beispielsweise bewirkt eine lange Generationsdauer von mehreren Jahren, dass die Durchsetzung der gewünschten Veränderung in einer Population Jahrhunderte dauern müsste. Doch das hält Wissenschaftler nicht davon ab, *Gene drive* bei Säugetieren zu erproben. Und tatsächlich gelang 2018 ein Erfolg mit Mäusen. Mäuse sind bekanntlich genetisch viel näher mit uns verwandt als Mücken. Die Maus ist ein Musterorganismus, sie wird für unzählige Versuche in der Medizin- und Pharmazieforschung verwendet, bei denen man erfahren will, ob ein Präparat eine Wirkung zeigt, die man beim Menschen erzielen möchte. In der Genforschung sind Versuche mit Mäusen an der Tagesordnung, um mehr über die Funktionsweise von Genen zu erfahren. Im Jahr 2019 veröffentlichte ein Team aus

Kalifornien im bekannten Fachjournal *Nature* den Nachweis dafür, dass *Gene drive* bei Mäusen funktioniert (Grunwald et al. 2019). Es gelang, mit dem Einbau der genetischen Konstruktionsanleitung für CRISPR/Cas und für die RNA-Sonde, in einer Gruppe von Mäusen eine weiße Fellfarbe zu erzeugen. Im Experiment klappte das in 86 % der Fälle. Die Forscher sprachen von super-mendelscher Vererbung.

Was bis vor kurzem noch als nicht realisierbar galt, die Therapie von Säugetieren mit *Gene drive*, hat sich damit als prinzipiell machbar erwiesen. Forscher denken aber schon weiter. Sie werden mit der Maus *Gene drive*-Modelle für komplexe menschliche Erbkrankheiten erstellen und haben dabei Arthritis, Krebserkrankungen und alle polygenen Krankheiten im Visier, die ich oben genannt habe. Wieder eröffnet sich eine wissenschaftliche Schiene. Sie zeigt gänzlich neue Wege, an die zuvor kaum jemand dachte. Doch diese sind in der Tat erst mittel- bis langfristig zu sehen. Bis heute verstehen wir nur wenig von Genfunktionen, von ihrer Rolle in menschlichen Systemen und dem Wechselspiel zwischen Genen und Umweltfaktoren, etwa der Ernährung. Es ist daher unverzichtbar, im Zuge von genetischen Therapien polygener Krankheiten und erst recht im Zuge von genetischem *Enhancement* den wissenschaftlichen Horizont stetig zu erweitern. Wir müssen mehr über mögliche Konsequenzen für die menschliche Population einschließlich ihrer komplexen natürlichen Umgebungen erfahren. Das ist die Perspektive der Systembiologie. Erst sie betrachtet Organismen oder eine Art in ihrem gesamten Umfeld.

Im Moment ist *Gene drive* noch ein Instrumentenkasten für das Labor. Die Forscher sprechen von zehn Jahren oder länger, bis die Technik für Wildtypen bei Insekten einsetzbar wird. Und dann? Gentechnisch gibt es keine unüberwindbare Hürde, *Gene drive* beim Menschen einzusetzen (Knoepfler 2016). Bis dahin und weit darüber hinaus wird CRISPR uns aber ständig begleiten. CRISPR ist eine mächtige Technologie. Wenn Sie ein Beispiel dafür suchen, dass der technische Fortschritt nicht linear verläuft, sondern immer wieder von gewaltigen, unvorhersehbaren Entwicklungssprüngen nach vorn katapultiert wird, dann ist CRISPR ein Paradebeispiel dafür (Szenario 6). Vielleicht werden uns schon unsere Enkel in einigen Jahren erzählen, dass sie, bevor sie eigene Kinder bekommen, über CRISPR nachdenken, um vielleicht etwas zu unterbrechen, das in ihrem Erbgut seit Generationen schief läuft und das sie mitschleppen müssen, aber nicht mehr wollen.

Szenario 6 Genom-Editierung mit Gene drive in der Keimbahn des Menschen

Diese Technologie bietet enorme Chancen und Risiken; sie ist mit hoher Vorsicht zu behandeln. (Lit. vgl. Kyrou et al. 2018; Gantz et al. 2015).

Phasen (auch zeitlich parallel, nicht kausal aufeinanderfolgend)	Wissen (heute)	Veränderungen (technisch)
CRISPR-Technologie wird sicherer und effizienter (vgl. Szenario 4 u. 5)	möglich, Fakten, fundierte Meinungen	gerichtete Veränderung
Überwindung der Immunabwehr von Cas-Molekülen im Empfänger-Organismus	möglich, Fakten, fundierte Meinungen	gerichtete Veränderung
stabile Methoden zur kontrollierten Ausbreitung von CRISPR im Organismus (Anti-CRISPR-Proteine)	möglich, Fakten, fundierte Meinungen	gerichtete Veränderung
mittel- bis langfristig: Soma- und Keimbahn-Therapien mit *Gene drive* können möglich werden	Vermutungen	unkalkulierbar/ Spekulation; längerfristig; Kipppunkte mit technischen Umbrüchen und Trendbeschleunigungen erforderlich

7.6 Zusammenfassung

CRISPR wird mit zunehmendem Wissen nach und nach breiter angewandt werden, da die Grenzen zwischen krank und gesund (bzw. normal) unscharf sind. Manche Gesellschaften könnten die Manipulation unseres Erbguts in Richtung auf höhere Intelligenz, schöneres Aussehen, mehr Muskelmasse, sportliche Leistungsfähigkeit und viele andere Verbesserungen fördern, sei es, dass sich dadurch riesige Märkte eröffnen oder Gesellschaften sich politische Vorteile verschaffen wollen. Ob eine höhere kognitive Intelligenz auch eine bessere Urteilskraft und humaneres Denkvermögen bedeutet, ist eine andere Frage. In der Regel wird bei Genom-Editierung davon ausgegangen, dass die DNA einen deterministischen Bauplan für das Leben darstellt, dessen Veränderung zu beabsichtigten Ergebnissen führt. Andere kausale Entwicklungsfaktoren für den Phänotyp, wie die Epigenetik und zelluläre Wechselwirkungen, bleiben unberücksichtigt. Diese beschränkte Sicht birgt große Gefahren.

Literatur

Agar N (2010) Humanity's end: why we should reject radical enhancement. The MIT Press, Cambridge

Almeida M, Diogo R (2019) Human enhancement. Genetic engineering and evolution. Evol Med Public Health 2019(1):183–189 https://doi.org/10.1093/emph/eoz026

Alon I, Guimón J, Urbanos-Garrido R (2019) What to expect from assisted reproductive technologies? Experts' forecasts for the next two decades. Technol Forecast Soc Chang 148:1–11. https://doi.org/10.1016/j.techfore.2019.119722

Bachl N, Löllgen H, Tschan H, Wackerhage H, Wessner B (Hrsg) (2018) Molekulare Sport- und Leistungsphysiologie. Molekulare, zellbiologische und genetische Aspekte der körperlichen Leistungsfähigkeit. Springer, Wien

Begley S (2015) Why the FBI and Pentagon are afraid of this new genetic technology. STAT, 12.11. 2015. https://www.statnews.com/2015/11/12/gene-drive-bioterror-risk/

Caulfield T, Borry P, Toews M, Elger BS, Greely HT, McGuire A (2015) Marginally scientific? Genetic testing of children and adolescents for lifestyle and health promotion. J Law Biosci 2:627–644

Church G, Regis E (2012) Regenesis, How synthetic biology will reinvent nature and ourselves. Basic Books, New York

CNBC (2019) Disruptor/50. https://www.cnbc.com/2019/05/14/veritas-2019-disruptor50.html

Datenna (2017) Genetic testing industry boosts China's economic development. https://www.datenna.com/2017/11/08/genetic-testing-industry-boosts-chinas-economic-development/

de Araujo M (2017) Editing the genome of human beings: CRISPR-Cas9 and the ethics of genetic enhancement. J Evol Technol 27(1):24–42

de Moor MHM, Spector TD, Cherkas LF, Falchi M, Hottenga JJ, Boomsma DI, de Geus EJC (2007) Genome-wide linkage scan for athlete status in 700 British female DZ twin pairs. Twin Res Hum Genet 10(6):812–820. https://doi.org/10.1375/twin.10.6.812

Deutscher Ethikrat (2019) Eingriffe in die menschliche Keimbahn. https://www.ethikrat.org/fileadmin/Publikationen/Stellungnahmen/deutsch/stellungnahme-eingriffe-in-die-menschliche-keimbahn.pdf

Dickel S (2016) Der neue Mensch – Ein (technik)utopisches Upgrade. Der Traum vom Human Enhancement, 16–21. In: Aus Politik und Zeitgeschichte. Der Neue Mensch. APuZ Zeitschrift der Bundeszentrale für politische Bildung. Beilage zur Wochenzeitung Das Parlament 66:37–38

DNA Dreams. Bio-science In China. Full Documentary (YouTube, 2015). https://www.youtube.com/watch?v=1dVv5RMwzuo

Endy D, Zoloth L (2016) Should we synthesize a human genome? DSpace@MIT https://dspace.mit.edu/handle/1721.1/102449

Enriquez J, Gullans S (2016) Evolving ourselves. Redesigning the future of humanity – one gene at a time. Penguin Random House, New York

Gantz VM, Jasinskiene N, Tatarenkova O, Fazekas A, Macias VM, Bier E, James AA (2015) Highly efficient Cas9-mediated gene drive for population modification of the malaria vector mosquito *Anopheles stephensi*. PNAS 112(49):E6736–E6743. https://doi.org/10.1073/pnas.1521077112

Greeley HT (2016) The end of sex and the future of human reproduction. Harvard University Press, Cambridge

Grunwald HA, Gantz VM, Poplawski G et al (2019) Super-Mendelian inheritance mediated by CRISPR–Cas9 in the female mouse germline. Nature 566:105–109. https://doi.org/10.1038/s41586-019-0875-2

Gyngell C (2012) Enhancing the species: genetic engineering technologies and human persistence. Philos Technol 25(4):495–512

Hanson RW, Hakimi P (2008) Born to run: the story of the PEPCK-Cmus mouse. Biochimie 90(6):838–842

Hsu S (2014) Super-Intelligent Humans Are Coming. Genetic engineering will one day create the smartest humans who have ever lived. Nautilus. http://nautil.us/issue/18/genius/super_intelligent-humans-are-coming

Knoepfler P (2016) GMO sapiens. The life-changing science of designer babies. World Scientific Publishing, Singapore. Dt (2018) Genmanipulierte Menschheit. Springer, Evolution selbstgemacht

Kyrou K, Hammond AM, Galizi R, Kranjc N, Burt A, Beaghton AK, Nolan T, Crisanti A (2018) A CRISPR–Cas9 gene drive targeting doublesex causes complete population suppression in caged Anopheles gambiae mosquitoes. Nat Biotechnol 36:1062–1066. https://doi.org/10.1038/nbt.4245

Manghwar H, Lindsey K, Zhang X, Jin S (2019) CRISPR/Cas system: recent advances and future prospects for genome editing. Trends Plant Sci 24:1102–1125. https://doi.org/10.1016/j.tplants.2019.09.006

Mato MJ (2012) Can medicine be predictive? In TF editores (2012) There's a future. Visions for a better world. BBVA, Madrid, 175–195. https://www.bbvaopenmind.com/wp-content/uploads/2013/01/BBVA-OpenMind-Book-There-is-a-Future_Visions-for-a-Better-World-1.pdf

Mayr E (2005) Das ist Evolution. 2. Aufl. Goldmann, München. Engl. (2001) What evolution is. Basic Books, New York

Metzl J (2020) Der designte Mensch. Wie die Gentechnik Darwin überlistet. Edition Körber, Hamburg. Engl. (2019) Hacking Darwin. Sourcebooks, Naperville, Genetic engineering and the future of humanity

Molteni M (2018) Now you can sequence your whole genome for Just $200. https://www.wired.com/story/whole-genome-sequencing-cost-200-dollars/

Pickering C, Kiely J (2017) *ACTN3* more than just a gene for speed. Front Physiol 8:1080. https://doi.org/10.3389/fphys.2017.01080

Regalado A (2017a) Baby genome sequencing for sale in China. MIT Technology Review. https://www.technologyreview.com/s/608086/baby-genome-sequencing-for-sale-in-china/

Regalado A (2017b) Eugenics 2.0: we're at the Dawn of choosing embryos by health, height, and more. MIT Technology Review. https://www.technology-review.com/s/609204/eugenics-20-were-at-the-dawn-of-choosing-embryos-by-health-height-and-more/?utm_source=pocket&utm_medium=email&utm_campaign=pockethits

Shulmann C, Bostrom N (2014) Embryo Selecion for cognitive enhancement: curiosity or game-changer? Global Pol 5:85–92. https://doi.org/10.1111/1758-5899.12123

Silver LM (1998) Remaking Eden. How genetic engineering cloning will transform The American family. Ecco Press, New York

Solomon S (2016) Future humans. Inside the science of our continuing evolution. Yale University Press, New Haven

Stevens T, Newman S (2019) Biotech Juggernaut. Hope, hype, and hidden agendas of entrepreneurial bioScience. Routledge, New York

Templeton, AR (2016) The future of human evolution. In: Losos JB, Lenski RE (2016) (Hrsg) How evolution shapes our lives: essays on biology and society. Princeton University Press, Princeton, S 362–379.

UNEP (2019). United Nations Environment Programme. Frontiers 2018/19. Emerging Issues of Environmental Concern. Nairobi. https://wedocs.unep.org/bitstream/handle/20.500.11822/27545/Frontiers1819_ch5.pdf

Winkelman WD, Missmer SA, Myers D, Ginsburg ES (2015) Public perspectives on the use of preimplantation genetic diagnosis. J Assist Reprod Genet 32(5):665–675. https://doi.org/10.1007/s10815-015-0456-8

Tipps zum Weiterlesen und Weiterklicken

DNA Dreams. Bio-Science In China. Full Documentary (YouTube, 2015). Dieser Dokumentarfilm folgt den Wissenschaftlern des größten Genforschungs-instituts der Welt, das sich am Stadtrand von Shenzhen befindet. Das *BGI*

(Beijing Genomics Institute) ist eine unabhängige Organisation, in der 6000 junge Wissenschaftler Tag und Nacht an der Kartierung der DNA arbeiten. Die meisten Mitarbeiter sind nach 1980 geboren. https://www.youtube.com/watch?v=1dVv5RMwzuo

Gentechnik wird alles für immer verändern – CRISPR (YouTube, 2020). Designer-Babys, das Ende von Krankheiten, genetische veränderte Menschen, die nie altern. Unerhörte Dinge, die zuvor Science-Fiction waren, werden Realität. https://www.youtube.com/watch?v=jAhjPd4uNFY

Gott spielen dank CRISPR? (Teil 1 und 2) (YouTube, 2020). Zwei ZDF-Dokumentationen mit der Wissenschaftsjournalistin Mai Thi Nguyen. https://www.youtube.com/watch?v=_NexbXXwkZY
https://www.youtube.com/watch?v=EXERMOAIyUE

Mason CE (2021) The Next 500 Years: Engineering Life to Reach New Worlds. The MIT Press. Der an der Cornell University in New York wirkende Autor stellt seine Vision für die menschliche Kolonisierung des Weltraums vor. Voraussetzung hierfür ist der genetische Umbau des Menschen, um ihn an den Stress im Weltraum anzupassen. Mason sieht eine Menschheit, die ihre Evolution durch radikale Eingriffe in das Erbgut selbst in die Hand nimmt und für ein Leben auf fremden Planeten maßschneidert. Er sieht es als unethisch an, diese Chancen nicht zu ergreifen, und die Menschheit damit nicht vor dem Aussterben zu bewahren.

8

Personalisierte Medizin – nur möglich mit Big Data und KI

In der Welt der personalisierten Medizin ist das Standard-Medikament verschwunden, ersetzt durch Individual-Medizin, Individual-Behandlung, Individual-Operation, bis auf Molekülebene genau entworfen für den einzelnen Patienten. Die gesamte Produktionsmaschinerie wird auf eine solche individualisierte, im höchsten Maß computerisierte und präventive Medizin angepasst werden. Aus der präventiven Medizin soll schließlich eine vorausschauende, intelligente Medizin werden. Sie kann auf dem Fundament künstlicher Intelligenz (Infobox 11) ermöglicht werden. Nur mit KI lässt sich die Komplexität des menschlichen Körpers erfassen. Diese Entwicklung hat Chancen, weitaus sicherere Entscheidungen zu liefern als der Mensch.

8.1 Unsere Medizin wird auf den Kopf gestellt

Wir stehen vor einem Paradigmen- und Systemwechsel in der gesamten Medizin. Das möchte ich in diesem Kapitel darstellen. Krankheiten sind immer individuell. Haben sie eine monogene Ursache, ist ihre phänotypische Ausprägung dennoch vielfach individuell. Entstehen sie dagegen aus einer polygenen Prädisposition heraus, sind also viele Gene im Spiel, können für eine Vorhersage im Einzelfall nur statistische Aussagen gemacht werden. Das ist unbefriedigend (Mato 2012). Umweltbedingte

© Der/die Autor(en), exklusiv lizenziert durch Springer-Verlag GmbH, DE, ein Teil von Springer Nature 2021
A. Lange, *Von künstlicher Biologie zu künstlicher Intelligenz – und dann?*,
https://doi.org/10.1007/978-3-662-63055-6_8

oder infektiöse Erkrankungen bilden sich unterschiedlich stark mit unterschiedlichen, nicht erwarteten Nebenwirkungen aus. Bei der COVID-19-Pandemie zeigte sich das exemplarisch. In der Medizin wiederholt man daher mantrahaft die Vision, sie müsse und werde in Zukunft präzise auf die Situation jedes Individuums zugeschnitten sein. Eine solche personalisierte oder Präzisionsmedizin wird – so die Vorstellung – Voraussagen über mögliche Krankheiten erstellen, Krankheiten vorauseilend unterbinden und Krankheiten, die diagnostiziert sind, einzelfallspezifisch effizient therapieren. Die Informationen, die dafür benötigt werden, umfassen alle relevanten Lebensdaten eines Individuums, also die vollständige Analyse seines Genoms – eine Selbstverständlichkeit –, daneben epigenetische Informationen mit zunehmend mehr und neuen Biomarkern, aber auch Informationen über seinen Lebensstil, am besten kontinuierlich ohne Unterbrechung, Tag und Nacht. Das dabei entstehende riesige Datenvolumen spielt keine Rolle, denn Speicherplatz kostet fast nichts. Die drohende Kostenexplosion im Gesundheitswesen ist erkannt. Die Herausforderung besteht in der Nutzung der Daten für eine Medizin mit nie dagewesener Effizienz und Effektivität. Die Früherkennung von Krankheiten und die Vermeidung der hohen Folgekosten chronischer Erkrankungen stehen dabei mit im Vordergrund (Reismann 2019). Beide Ziele stellen einen hohen Nutzen für alle im Gesundheitssystem beteiligten Parteien dar.

Die Datenflut umfasst neben den individuellen Daten von Millionen Menschen die Informationen aus der Wissenschaft und Forschung, das sind laufend neue Publikationen für mehr als 10.000 monogene Krankheitsbilder und noch mehr Krankheiten mit polygenen Symptomen. Weder das Gehirn von Patienten noch das von Ärzten ist dafür ausgelegt, diese Datenmengen auch nur ansatzweise zu organisieren und zu analysieren (Hirsch 2019). Lösungen versprechen in diesem Informationsdschungel Angebote von günstigen Apps für das Smartphone über anspruchsvolle Online-Seiten bis hin zu Institutionen mit landesweiten elektronischen Gesundheitsakten und Datenintegrationszentren. Der Aufwand rund um das gesamte Thema ist gewaltig.

Einen gewissen Bekanntheitsgrad hat hier bereits das *Personal Genome Project (PGP)* erlangt (https://www.personalgenomes.org). Es wurde im Jahr 2005 vom bekannten Harvard-Genetiker und Visionär George Church initiiert. In diesem ehrgeizigen Projekt soll die vollständige DNA-Sequenzierung von 100.000 Personen realisiert werden. Die Daten stehen in Abstimmung mit den freiwillig teilnehmenden Personen öffentlich für die Forschung zur Verfügung. Die Teilnehmer sind nicht anonymisiert.

Bis heute hat sich eine Reihe von Ländern diesem Projekt angeschlossen, darunter Kanada 2012, Großbritannien 2013, Österreich 2014, Südkorea 2015 und China 2017. Das Hauptziel des Projekts ist es, Zusammenhängen von Genotyp, Phänotyp und Umwelt auf die Spur zu kommen. Das geht so weit, dass man zum Beispiel auch erfahren möchte, welche spezifischen Risiken für Versuchspersonen existieren, etwa eine mögliche Diskriminierung durch Versicherungen und Arbeitgeber, falls es Hinweise auf genetische Prädispositionen gibt. Das Vorhaben soll langfristig allen Menschen Zugang zu ihrem Genotyp ermöglichen.

In seinem Buch *Regenesis* (Church und Regis 2012), mit dem er viel Aufsehen erregte, beschreibt Church im Zusammenhang mit dem *Personal Genome Project* in klaren Worten, warum die bisherige Medizin ein „One-size-fits-all"-Ansatz ist, eine „Rasenmäher-Methode" mit einheitlichen Therapien für unterschiedliche Ausprägungen von Krankheiten. Eine Pille, die dem einem Patienten hilft, ist für den anderen womöglich toxisch oder ruft bei einem dritten eine allergische Reaktion hervor. Kennt man erst einmal die genetischen Grundlagen für diese unterschiedlichen Ausprägungen einer Krankheit, wird man einem Patienten die Therapie verschreiben können, die für ihn effektiv ist, so Church. Dabei ist ihm natürlich bewusst, wie komplex die möglichen Korrelationen zwischen dem Genom, dem Phänotyp und den unzähligen Spielarten von Umwelteinflüssen sind. In der mit intelligenter Software unterstützten Interpretation der praktisch unendlichen und für den unbedarften Betrachter bedeutungslosen Ketten aus As, Cs, Gs und Ts, den Buchstaben der DNA, liegt die Herausforderung für das Projekt in den nächsten Jahrzehnten. Die Vision dabei: Eine Datenbank mit den Daten aller Menschen auf der Erde soll irgendwann sämtliche Zusammenhänge zwischen dem beobachtbaren Außen – ihrem Leben – und dem in den Zellkernen versteckten Innen – ihrem Erbgut – lückenlos offenlegen.

Eine kleine Anmerkung an dieser Stelle: Die Analyse der eigenen DNA ist nicht unbedingt etwas für jeden, mit Sicherheit aber eine einzigartige Erfahrung. Wenn Sie mehr darüber wissen möchten, was die Sequenzierung der eigenen DNA aus einem Menschen macht, wenn er eines Tages einen USB-Stick mit seinem vollständigen eigenen Genom in Händen hält, empfehle ich den kleinen Band von Richard Powers *Das Buch Ich # 9* (2010). Powers war unter den *PGP-10*, der Liste der ersten zehn Menschen im *PGP*, derjenige mit der Nummer 9.

US-Firmen sammeln ambitioniert die vollständigen Genome von Millionen Menschen (Abschn. 7.2). So erstellt *23andme* (https://www.23andme.com) einen prädispositiven Gesundheitsreport anhand der Sequenzierung von Abschnitten aller 23 menschlichen Chromosomen. Weitere Firmen mit ähnlichen Bestrebungen sind *Veritas Genetics* (https://www.veritasgenetics.com) oder *Genomic Prediction* (https://genomicprediction.com). Sie alle werben mit dem Erkennen Hunderter genetischer Mutationen in unserer DNA und damit der Vorhersage von Krankheitsrisiken mittels genomweiter Sequenzierung. Im Jahr 2020 sind die Genome von einer Million Menschen weltweit sequenziert (Nature Genetics 2020). In der EU gibt es die *1+Million Genomes Initiative* der die Bundesregierung 2020 beigetreten ist (https://www.bmbf.de/de/deutschland-tritt-genomprojekt-der-eu-bei-10676.html). Ziel ist es, durch den verstärkten Zugang zu Genomdaten und anderen medizinischen Daten die Erforschung und Behandlung von Krankheiten entscheidend voranzubringen. Das Datenvolumen täglich neu gespeicherter genetischer Informationen verdoppelt sich etwa alle sieben Monate. Hier rollt ein wahrer Tsunami auf uns zu (Solomon 2016). Man kann daher davon ausgehen, dass vor allem im Zuge des gegenwärtigen massiven Preisverfalls für DNA-Analysen in weniger als zehn Jahren weltweit die DNA-Sequenzen von zwei Milliarden Menschen in Datenbanken vorliegen, mehr als ein Viertel der Weltbevölkerung (Solomon 2016; Metzl 2020). Deutschland fügt sich mit ein, wenn das Bundesministerium für Bildung und Forschung 2017 eine „nationale DNA-Infrastruktur zur Hochdurchsatz-DNA-Sequenzierung" fordert (BMBF 2017).

Erwähnt werden muss hier, dass in Deutschland ein Recht auf Nichtwissen als eine besondere Form des Persönlichkeitsrechts im Grundgesetz verankert ist. Menschen können etwa vor dem Hintergrund einer DNA-Analyse sagen: Ich will das nicht wissen, oder ich will über bestimmte Risiken, die für mich bestehen könnten, nicht informiert werden. Damit steht das Interesse des Einzelnen durchaus im Widerspruch zu den Interessen von Industrie und Versicherungen. Die Pharmaindustrie will aus dem Wissen über individuelle DNA-Daten Umsätze etwa zur Vorbeugung von Erkrankungen generieren. Versicherung würden, wenn man sie ließe, ihre Tarife am liebsten an individuellen Krankheitsrisiken ausrichten. In den USA haben Versicherungen bereits Prämienmodelle anhand individueller Daten geändert. Alles das ist bei uns nicht oder zumindest nicht so einfach möglich.

Die DNA der nächsten Generationen soll anonymisiert und im Hintergrund für DNA-Vergleiche sowie zur Entwicklung von Medikamenten genutzt werden, dafür setzen sich starke Interessen ein. Jährlich könnten auf diese Weise neue Krankheitsrisiken, aber prinzipiell natürlich auch immer mehr persönliche Eigenschaften und Präferenzen erkannt werden. Wir stehen gerade erst am Beginn des Zeitalters der Erbgutanalyse, in dem Medizin vor allem digitale Information bedeutet. Doch das Wissen über die DNA allein ist nicht alles, auch wenn das anhand der überwältigenden Zahl jährlicher Veröffentlichungen in der Genetik schnell so interpretiert wird. Das Leben lässt sich nicht allein auf Gene reduzieren, das kann ich nicht deutlich genug betonen. Die Vorstellung vom Genom als einem Programm, das die Ausbildung und Form unseres Körpers mit all seinen Eigenschaften allein – und zwar deterministisch – bestimmt, ist überholt. Noch um die Jahrtausendwende, als das Humangenomprojekt die enttäuschende Zahl von nur etwa 20.000 anstatt der erwarteten mehr als 100.000 Gene beim Menschen ans Licht brachte, hatten Biologen die Vorstellung, ein Gen stehe jeweils für ein Protein oder gar eine biologische Funktion bzw. ein phänotypisches Merkmal, etwa abstehende oder anliegende Ohren oder die Augenfarbe. Tatschlich ist die Konzentration auf die DNA-Welt notwendig, um möglichst schnell und umfassend molekulares biologisches Wissen zu gewinnen. Der Genzentrismus in seinem beharrlichen Glauben, Gene erklärten biologisch alles, war ein Irrweg. So lässt sich nicht jedes medizinische Problem lösen. Wir sind mehr als das Ergebnis genetischer Prozesse (vgl. Lange 2020).

Leben ist das komplexe, raum-zeitliche Zusammenspiel von Genen, Proteinen, Zellen, Geweben, Organen, dem Körper, der Psyche und der Umwelt (Noble 2006; Riedl 1990). Hinsichtlich Struktur, Variation und Verhalten ist kein unbelebtes Objekt im Universum so komplex wie irgendein Tier oder eine Pflanze. Der Astronom Martin Rees machte das treffend bildlich klar, als er sagte, ein Insekt sei komplexer als ein Stern. Wir sind weit davon entfernt, diese Komplexität zu verstehen. Wenn wir aber in der Medizin tatsächlich erreichen wollen, was wir anstreben, müssen wir reduktionistische Erklärungen hinter uns lassen und lernen, dass die Anstrengungen auf die Biologie *aller* organisatorischen Ebenen im Organismus und gleichzeitig auch auf die Physik, Chemie und Mathematik unserer Umwelt gerichtet sein müssen. Gene, Zellen, Gewebe, Organe, der Organismus und ihre jeweiligen Umgebungen demonstrieren uns ein konzertantes Zusammenspiel. Mit ihm wird sich die Wissenschaft noch lange beschäftigen müssen, um die Geheimnisse des Lebens zu erschließen.

Aus diesem Grund wird zum Beispiel das Proteom neben der DNA immer wichtiger. Das Proteom ist die Gesamtheit der geschätzten bis zu

100,000 unterschiedlichen Proteintaypen, die von den Genen in unserem Körper codiert werden. Das Proteom hat seinen ebenbürtigen Stellenwert bei dem Thema, wie es uns gesundheitlich geht und in Zukunft gehen wird (Mato 2012). Man hat den Blick noch weiter geöffnet. Heute befasst sich eine ganze Reihe von relativ neuen Teilgebieten der Biologie, welche mit dem Suffix -omik bezeichnet werden (wie Genomik, Proteomik, Metabolomik), mit bestimmten Aspekten der Organismen, die gleichzeitig eng miteinander verwoben sind.

Um der Komplexität unseres Organismus näher auf die Spur zu kommen, sollen in Zukunft Hunderte neuer Biomarker in Echtzeit Informationen über alle oben genannten Teilgebiete und damit über Ihren und meinen Gesamtzustand liefern. Physiologische Daten werden durch Smartphones oder Smartwatches abgegriffen (Reismann 2019). Die Möglichkeiten gehen jedoch weit über das bloße Messen von Blutdruck, Herzfrequenz und Körpertemperatur heutiger Fitness- bzw. Gesundheitsarmbänder *(Activity Tracker)* hinaus (Abb. 8.1). Kontaktlinsen mit eingebauten transparenten Biosensoren sollen invasive Bluttests unnötig machen (Elsherif et al. 2018). Mit dieser Technik sind mehr als 2000 Sensoren auf einem Quadratmillimeter vorstellbar. Ebenso sind Taschenlabore und implantierte Chips im Gespräch. In unserem Badezimmer könnten dann mehr Sensoren zu finden sein als heute in einer modernen Klinik. Sie werden Krebszellen detektieren, Jahre bevor sich ein Tumor bildet (Kaku 2012). Das enge Monitoring

Abb. 8.1 Biosensoren in der Kontaktlinse. Transparente Biosensoren sollen bis zu 2000 unterschiedliche Messungen von Körperfunktionen wahrnehmen (Biosensoren in Kontaktlinse:ScienceX (Erlaubnis angefragt))

liefert dann auch den Nachweis dafür, wie ein Individuum auf Medikamente reagiert (Mato 2012). Die kleinen, am Körper getragenen, vernetzten Computer *(Wearables)* des Post-Smartphone Zeitalters (Abb. 8.2) mit viel smarteren Mensch-Maschine-Kommunikationsschnittstellen sollen die körperliche Anstrengung des Individuums, den allgemeinen Gesundheitszustand, die Stimmungslage, Zellmetabolismen und vieles mehr erkennen und steuern. Hierfür kommen auch Datenbrillen *(Smartglasses)* infrage, intelligente, mit einer Kamera und Internetverbindung ausgestattete Brillen, die als *Activity Tracker,* aber auch für eine Vielzahl weiterer Funktionen eingesetzt werden können. Bereits 2017 wurde beispielsweise von Microsoft angekündigt, man werde Kalorien und andere Nährwerte in Nahrungsmitteln mit dem *Smartglass* automatisch tracken. Aus der Analyse unseres Sprechverhaltens kann das digitale Assistenzsystem *Alexa* schon heute Rückschlüsse über unsere körperliche Verfassung und seelische Gefühlslage ziehen. Amazon besitzt ein Patent darauf, mit *Alexa* automatisch zu erkennen, wann ein Benutzer krank ist. Der Vorschlag für Medikamente folgt dann prompt.

Abb. 8.2 *Wearables* **der Zukunft** Tragbare, intelligente Systeme werden im Post-Smartphone Zeitalter eine Vielzahl von Funktionen für Gesundheitsüberwachung und -management aufweisen, stets verbunden mit dem Internet (Wearables der Zukunft : Alamy)

In der personalisierten Medizin der Zukunft sollen sogenannte digitale Zwillinge immer mehr eine beherrschende Rolle spielen. Man findet heute schon kaum mehr einen namhaften Pharmaanbieter, der nicht auf seiner Internetseite mit Plänen und Visionen für digitale Zwillinge wirbt. Der Begriff könnte zum Hype werden, auch in der Industrie. Ein digitaler Zwilling, ein reines Softwaresystem etwa für die Krebstherapie, soll ermöglichen, sämtliche Therapien an ihm modellhaft zu testen, also molekular zu simulieren, bevor sie am lebenden Patienten zeitaufwändig und risikoreich eingesetzt werden. Solche Computermodelle sollen alle für die Behandlung relevanten Aspekte und Eventualitäten im individuellen Organismus berücksichtigen, etwa – um nur wenige Beispiele zu nennen – den Einfluss der Darmflora auf ein Medikament, die Verstoffwechselung des Medikaments, jeweils in Abhängigkeit vom individuellen Genom. Als Ziel sieht man einen digitalen Zwilling für jeden Patienten, wobei die Verringerung der Entwicklungskosten und die Fehlervermeidung im Vordergrund stehen.

Ein solcher Zwilling wird nicht über Nacht entstehen. Er wird zuerst einige wenige biochemische zelluläre Ketten simulieren, dann mehr, irgendwann schließlich 1000 oder 10.000. Man wird solche Systeme lange Zeit parallel zur konventionellen Medikamentenentwicklung einsetzen, bevor sie diese im Idealfall gänzlich ablösen. Solche hoch individualisierten Behandlungsmethoden werden höchstwahrscheinlich teuer und für viele Menschen nicht erschwinglich sein.

Hier wird auch deutlich, dass ein solches holistisches Bild eines Menschen, das auch seine psychischen Bedingungen in seinem sozialen Umfeld mit einbezieht, noch lange nicht erfassbar sein wird. Man wird sich zunächst mit digitalen Zwillingen für dezidierte Erkrankungen und deren Therapien begnügen und unterschiedliche Zwillinge erstellen müssen. Die größten Hoffnungen werden heute in spezifische Zwillinge für die Vielfalt an Krebsarten und deren Therapien gesetzt. Parallel entstehen digitale Zwillinge für das Einpassen künstlicher Gelenke, die Behandlung von Diabetesformen oder die schnellere Entwicklung von Impfstoffen. Am Horizont sehen wir hier mögliche Antworten auf die Frage, wie sich die häufiger werdenden Virenangriffe in Zukunft besser bewältigen lassen, etwa indem Impfstoffe signifikant schneller zur Verfügung stehen. Immerhin dauerte es fast 40 Jahre, bis ein Impfstoff für das Ebolavirus bereitgestellt werden konnte, aber nur ein Jahr für COVID-19-Impfungen. Dieses eine Jahr wirkte aber angesichts der vielen Infizierten und Toten gleichwohl schier endlos lange, ganz zu schweigen von den Verteilungsproblemen für die Impfstoffe. Katastrophen diesen Ausmaßes können wir uns nicht allzu oft leisten.

Personalisierte Medizin wird erst vollständig mit Befunden aus bildgebenden Verfahren, Daten aus der elektronischen Gesundheitsakte, medizinischen Abrechnungsdaten und Patientenfeedback. Insgesamt zielt personalisierte Medizin damit auf einen digitalen Patientenavatar. Alle Daten des Patienten aus unterschiedlichen Quellen müssen in diesem Avatar ordnungsgemäß zusammenfließen, integriert und strukturiert werden. Erst das schafft die Grundlage dafür, dass Abweichungen zwischen der aktuellen Versorgung des Patienten und der medizinisch evidenten, notwendigen Therapie in Echtzeit detektiert werden können (Reismann 2019). Der Patientenavatar ist nicht zu verwechseln mit dem zuvor beschriebenen digitalen Zwilling.

Im Internet sind bereits Dienstleister aus den USA präsent, die individuelle Unterstützung für Menschen mit Diabetes, Fettleibigkeit (Adipositas), Bluthochdruck (Hypertonie) und anderen chronischen Krankheiten anbieten. Die personalisierte Hilfe dieser Serviceanbieter baut darauf auf, das gesamte online erfasste Datenaufkommen eines Betroffenen, generiert aus onlinefähigen Blutzucker- und Blutdruckmessgeräten und anderen Systemen zu analysieren, zu aggregieren, transparent aufzubereiten und ihm daraus zeitnah individualisierte Empfehlungen zu liefern, die er in konkrete Aktionen umsetzen kann. Das Monitoring und die Vorschläge sollen ihm helfen, seinen Gesundheitszustand zu verbessern (https://livongo.com).

Infobox 11 Künstliche Intelligenz

Als Big Bang der künstlichen Intelligenz gilt die **Dartmouth Conference** im Jahr 1956. Im Sommer dieses Jahres kamen zehn damals hochkarätige Wissenschaftler verschiedener Disziplinen in einem zweimonatigen Seminar am amerikanischen *Dartmouth College* in New Hampshire zusammen, um sich ein Bild von den Möglichkeiten der KI zu erarbeiten. Gerade erst waren die ersten teuren Großrechner von IBM in Serie gebaut worden. Gemessen an dem, was sie leisten konnten, klang die Agenda des Seminars, wie sie im Förderantrag formuliert wurde, futuristisch (McCarthy et al. 1955).

„Die Studie soll von der Annahme ausgehen, dass jeder Aspekt des Lernens oder jedes andere Merkmal der Intelligenz prinzipiell so genau beschrieben werden kann, dass man eine Maschine zu seiner Simulation bauen kann. Es soll versucht werden herauszufinden, wie Maschinen dazu gebracht werden können, Sprache zu benutzen, Abstraktionen und Konzepte zu bilden, Probleme solcher Arten zu lösen, wie sie heute dem Menschen vorbehalten sind, und sich selbst zu verbessern."

Wir sehen, dass hier emotionale oder soziale Intelligenz, Gefühle, Intuition und andere Aspekte noch nicht explizit angesprochen, aber auch nicht ausgeschlossen wurden. Tatsächlich standen damals Sprache sowie Selbstlernen und Spiele im Mittelpunkt.

Einen cleveren Ansatz, mit der Intelligenz von Maschinen umzugehen, wählte der britische Mathematiker Alan Turing bereits im Jahr 1950 mit dem später nach ihm benannten **Turing-Test**. Er wusste, wie schwierig es ist, Denken und Intelligenz eindeutig zu definieren. Daher versuchte er erst gar nicht, Intelligenz genauer zu bestimmen, sondern schlug stattdessen einen Test vor. Bei diesem soll ein Kandidat, der einem verdeckten Menschen und einer Maschine gegenüber gestellt wird, selbst entscheiden, welcher der beiden Gegenüber ein Mensch ist. Im umgekehrten Fall versuchen die Maschine und der echte Mensch alles, um den Tester davon zu überzeugen, dass sie echte Menschen sind. Kann der Proband nach einigen Fragen an seine Gegenüber keinen Unterschied feststellen und die Maschine nicht als solche identifizieren, gilt der Test für die Maschine als bestanden. Folgt man Turing, darf man der Maschine in diesem Fall Denkvermögen auf Augenhöhe mit dem Mensch zusprechen. Die spezifische Form, in der die Kommunikation erfolgen soll, ließ Turing offen. Spracherfassung gab es damals noch nicht, also konnte die Unterhaltung zum Beispiel schriftlich oder mit der Tastatur am Bildschirm geführt werden. Heute kann man mit dem Computer sprechen. Turing war überzeugt, dass ein Computer seinen Test bis zum Jahr 2000 bestehen könne. Das war nicht der Fall. Bis heute gilt der Turing-Test als von keiner Maschine bestanden, obwohl die Anstrengungen groß sind.

Ein System ist zwar in der Lage, erworbenes Wissen präzise wiederzugeben. Es wird sich auch leicht Ihren Namen, Ihr Alter und Ihre Herkunft während der Konversation merken können, wenn Sie ihm das mitteilen. Aber Juroren, die über ein Turing-Testergebnis entscheiden, wählen clevere Fragen, bei denen das System gefordert ist, den richtigen Kontext herzustellen, etwa in der Art: „Die Katze versuchte, in die Kiste zu klettern, aber sie blieb stecken, weil sie zu groß war. Wer oder was war zu groß?" Hier eindeutig auf die Katze zu schließen und nicht auf die Kiste, fällt uns leicht, einem System aber nicht. Ebenso wird es leicht straucheln, wenn wir mit ihm über Gefühle reden und das System (alias Mensch) etwa zu Schmerz befragen würden. Dann liest es zuerst einmal aus Wikipedia vor. Das ist kein Problem. Aber fragen wir, wie es Schmerz empfindet, ob es den Schmerz genauer beschreiben kann, wie sein Gesicht oder Körper oder Inneres auf den Schmerz reagiert, wird es problematisch. Ein heutiges System hat keine Gefühle. Wenn wir also auf wirklich menschliche Themen zu sprechen kommen, dann wird ein System leicht zu enttarnen sein. Wird der Turing-Test allerdings nicht mit professionellen Juroren, sondern mit 100 Kandidaten durchgeführt, die einen durchschnittlichen IQ haben, werden nur wenige derart raffinierte Fragen wie oben stellen. Viele in der Runde werden befriedigende Antworten vom System erhalten und ein System als Mensch klassifizieren. Heute schon sind textbasierte Dialogsysteme, *Chatbots*, im Internet darauf vorbereitet, dass sie Fragen nicht beantworten können, und reagieren dann zum Beispiel geschickt mit Gegenfragen, um den Interviewer auf ein anderes Thema zu lenken. Nach Ray Kurzweil wird der Turing-Test bis 2029 bestanden werden. KI-Systeme werden aus seiner Sicht in Zukunft viel bessere Antworten liefern als die meisten Menschen. Ein 100.000-Dollar-Computer wird nach seinem Bekunden dann wesentlich fähiger sein als ein Durchschnittsmensch (Kurzweil 2017).

Die Hoffnungen, die nach der *Dartmouth Conference* in die Entwicklung künstlicher Intelligenz gesteckt wurden, waren enorm. Zahlreiche theoretische

Publikationen folgten. Aber Realisierungen waren nur selten möglich, dafür waren die Rechnerleistungen noch lange Zeit nicht ausreichend. In den 1970er- und 1980er-Jahren war die Enttäuschung (Abschn. 3.2) entsprechend groß. Man sprach vom „KI-Winter". Ziele, von denen man lange geträumt hatte, wurden neu gesehen oder ihr Erreichen für schlicht unmöglich erklärt. Das galt auch lange für das Schachspiel. Im Jahr 1997 änderte sich jedoch das Bild schlagartig, als es dem Schachcomputer *Deep Blue* von *IBM* gelang, den amtierenden Schachweltmeister Garri Kasparow unter Turnierbedingungen zu besiegen. Das Ereignis wurde von allen Medien weltweit aufgegriffen und diskutiert. Scheinbar Unmögliches wurde mit einem Schlag möglich. Tatsächlich hatte *Deep Blue* wenig mit heutigem Verständnis von KI gemeinsam.

Es handelte sich um ein Expertensystem, das nahezu sämtliche möglichen Spielzüge durchrechnen konnte. Manchmal waren das 200 Mio. Züge in der Sekunde. Sie wurden vom Computer bewertet und der am höchsten bewertete Zug gewählt. Zuvor war *Deep Blue* mit Tausenden Profispielen gefüttert worden, mit Partien, die sich schon als erfolgreich erwiesen hatten und die insgesamt eine Jahrhunderte lange Schacherfahrung darstellten. Aus diesen Spielen konnte sich das Programm mit einem immer gleichen Algorithmus bedienen; es konnte aber keine eigene Strategie entwickeln oder sich gar an die Spielweise des Gegners anpassen. Es konnte nichts dazu lernen. Auf diese Weise war *Deep Blue* wegen seiner verwendeten Rechenpower und mit seiner Brute-Force-Methode zwar beeindruckend. Aber in seiner eindimensionalen Herangehensweise war es alles andere als intelligent. Heute sind Schachprogramme flexibler programmiert, und sogar ein Programm auf dem Smartphone kann einen Großmeister schlagen.

Nach der Jahrtausendwende geschah viel mit KI, aber ein weiteres Jahrzehnt sollte vergehen, bis die KI wieder mit neuen Leistungen triumphieren konnte, die in der Öffentlichkeit wahrgenommen wurden. Der bis heute andauernde Siegeszug der KI begann. Im Jahr 2011 gewann der *IBM*-Computer *Watson* in der amerikanischen TV-Quizshow *Jeopardy* gegen zwei der besten menschlichen Spieler, und 2016 besiegte das Programm *AlphaGo* von *Google* den koreanischen Großmeister Lee Sedol im Brettspiel Go. Dieses Ereignis läutete eine neue Ära in der KI ein. Go ist bei uns wenig bekannt und wird hauptsächlich in Asien gespielt. Ziel auf dem 19 mal 19 Knoten großen Brett ist es, so viele gegnerische Steine wie möglich mit den eigenen einzukreisen. Dabei ermöglicht Go im Vergleich zu Schach, das ja schon für seine ungeheure Zahl an Zugmöglichkeiten bekannt ist, eine noch viel größere, geradezu astronomische Zahl möglicher Positionen der Steine. Sie ist größer als die Anzahl der Atome im gesamten Universum. Daher galt es als sicher, dass keine Maschine einen Go-Großmeister schlagen kann. Man brauchte vermeintlich völlig neue Ansätze der Programmierung und hatte sie doch bereits in neuronalen Netzen und im *Deep Learning* gefunden. Zusammen mit der vorhandenen Hardware kam es 2016 zu einem echten Entwicklungssprung, einer disruptiven Entwicklung und zu einem *Tipping point*, einem Kipppunkt mit stark beschleunigter Weiterentwicklung.

Die Methode des *Deep Learning* erlaubte es dem Programm, zunächst auf 160.000 gespeicherte Profispiele als Trainingsdaten zuzugreifen. In der Folge ließ man das Programm ein paar Tage lang gegen sich selbst spielen. *Deep Learning* arbeitet also in aufeinanderfolgenden Schichten, daher auch als mehrschichtiges Lernen bezeichnet: zuerst werden externe Daten bereitgestellt, doch im weiteren Verlauf generiert ein solches System eigene Lerndaten. Ganz anders als *Deep Blue* war *AlphaGo* im Jahr 2015 in der Lage, in dieser Phase ohne menschlichen Input ständig dazu zu lernen und seine Algorithmen laufend zu verbessern *(Reinforcement learning bzw. Verstärkungslernen)*. Es schlug schließlich seinen Gegner mit einem bestimmten Zug, von dem dieser sagte, er hätte sich für ihn niemals entschieden. Tatsächlich hatte sich *AlphaGo* die Bewertung für seinen Siegeszug selbst gegeben; sie war nicht vorprogrammiert. Schon ein Jahr später war *AlphaGo* so stark weiter entwickelt, dass es jetzt ohne die Abspeicherung Tausender zuvor gespielten Partien das komplizierte Spiel selbst erlernte, indem es drei Tage lang ununterbrochen gegen sich selbst spielte, und zwar die jeweils aktuellste, beste Version gegen die vorangegangene. Die Version *AlphaGo Zero* gewann so gegen ihren berühmten Vorgänger *Alpha Go* mit 100:0.

Seit 2016 verläuft die Entwicklung der KI-Systeme immer rasanter. Anwendungen zeigen erstmals eine gewisse Form von Kreativität, zumindest in der Simulation, wenn auch noch nicht in der realen Welt. *Open AI*, ein KI-Labor in den USA, stellte 2019 die Anwendung *Hide and Seek* mit zwei Teams vor. Eines versucht, sich zu verstecken, das andere, die Versteckten zu finden. Nach Millionen Spielrunden lernen die KI -Individuen, als Teams zu operieren und entwickeln laufend neue Strategien (https://www.youtube.com/watch?v=kopoLzvh5jY). *OpenAI* präsentierte ferner 2020 eine Methode (GPT-3), mit der eine fehlende Bildhälfte, zum Beispiel einer Katze, einer Burg oder eines Gesichts, durch Software alternativ vorhergesagt und vervollständigt wird (Chen et al. 2021). Das kann als eine Form von Kreativität interpretiert werden. *Talk to Transformer* (https://inferkit.com) ist eine KI-Anwendung, bei der das System auf Fragen erstmals eigene ausführliche Antworten in englischer Sprache entwickelt. Dabei verfasst das System die Antworten statistisch so, dass sie meist semantisch korrekt sind, wobei es natürlich nicht wirklich weiß, was es tut. Wir werden voraussichtlich neuartige Systeme mittelfristig zu Tausenden im Internet finden. Sie könnten als *Chatbots* zunehmend Diskussionen mit uns führen, sich im Netz als reale Personen darstellen und es uns möglicherweise äußerst schwer machen, menschliche Kommunikation von künstlicher zu unterscheiden. Erwartet wird von intelligenten Systemen der Zukunft aber auch, dass sie Gefühle zeigen oder zumindest zutreffend interpretieren können (Fung 2020), dass sie spielend lernen (Sokol 2020), dass sie auch intuitiv entscheiden können (Nielsen 2020) oder dass sie wie Kinder lernen (Kwon 2020) und sich so wie diese entwickeln können, auch ganz ohne konkrete Ziele. Dabei wird Intuition von manchen sogar als typischer für die menschliche Intelligenz gewertet als das Präzisionsdenken (Irrgang 2020). Man kann davon ausgehen, dass solche Formen Eingang in zukünftige KI-Systeme finden werden. Bis dahin ist es aber noch ein weiter Weg.

KI wird in Zukunft in Form von Software, Maschinen und Robotern omnipräsent sein. Sie wird das evolutionäre Selbstverständnis des Menschen auf vielen Feldern herausfordern. Wir werden uns damit auseinandersetzen müssen, ob wir die einzigen Wesen mit einem freien Willen sind, wer außer uns noch Wissen generiert und wie es generiert wird, wie wir KI-Systeme kontrollieren können und ob es überhaupt Grenzen von Maschinenintelligenz gibt (Andersen und Rainie 2018).

Eines der leistungsfähigsten Systeme im Zusammenhang mit personalisierter Medizin wird *Watson* von *IBM* sein. *Watson* wurde weltweit berühmt, als es im Jahr 2011 in der US-Quiz-Sendung *Jeopardy* zwei Profis bei der Beantwortung von Fragen schlug und eine Million Dollar gewann. Ausgerichtet als ein wissensbasiertes klinisches Entscheidungssupportsystem erstellt *Watson Health* (https://www.ibm.com/watson-health) für Patienten die jeweils wahrscheinlichste Diagnose mitsamt einem Behandlungsplan. Es ermittelt die voraussichtliche Erfolgsrate und begründet Entscheidungen. *Watson* ist lernfähig, seine Fähigkeit, Fragen zu beantworten, nimmt also mit der Zeit zu (Ritter 2017). Allerdings beherrscht Watson kein *Deep Learning*. Alles, was es sich beibringt, muss von Ärzten noch auf Plausibilität geprüft werden, eine Art kuratiertes Lernen.

Im Internet wird *Watson* bereits als der zukünftig beste Arzt der Welt gehandelt. Das System spricht eine natürliche Sprache und verfügt über viele im Internet vorhandene krankheitsrelevante Informationen. Es kennt somit eine Menge der einschlägigen wissenschaftlichen Veröffentlichungen, das ist tausendmal mehr Wissen, als sich ein Arzt in seinem Leben je aneignen kann. Gegenüber *Watson* hat kein Arzt eine Chance, ständig auf dem neuesten Stand über die in den Fachzeitschriften veröffentlichten Studienergebnisse zu bleiben. *Watson* urteilt ferner konsistent, das heißt, es diagnostiziert bei gleichem Input identisch, macht an dieser Stelle also keine Fehler. Der folgende erschreckende Vergleich zeigt, wie brisant das Problem ärztlicher Fehler heute ist: Überträgt man die weltweiten Fehldiagnosen und Behandlungsfehler auf den Flugverkehr, würden die dadurch verursachten Todesfälle zwei täglichen Abstürzen von Jumbojets gleichkommen (Reismann 2019).

In Deutschland wurde die App *Ada Health* entwickelt (https://ada.com/de/). *Ada* ist ein KI-System zur Diagnosehilfe und Telemedizin. Im Jahr 2019 nutzten es acht Millionen Kunden, 15 Mio. Symptomanalysen waren abgeschlossen. Das System kennt mindestens 7.000 Krankheiten. Der Nutzer beschreibt am Smartphone in deutscher oder einer anderen Sprache seine Symptome und nähert sich mit zahlreichen Rückfragen von *Ada* schrittweise einer Vordiagnose für seine Beschwerden. Dabei achtet *Ada* in der Kommunikation auf eine eventuelle medizinische Vorgeschichte, auf Risikofaktoren und natürlich auf Symptome. Die App ist für private Benutzer kostenlos. Damit soll Menschen aller Einkommensschichten in allen Ländern der Erde medizinische Hilfe angeboten werden. Der Benutzer kommt ohne Fachsprache aus, das System kommuniziert nach Bedarf in

Richtung Facharzt oder in Laiensprache. Für einen anschließenden Arzt-
besuch erstellt *Ada* dem Benutzer eine Dokumentation der Konversation.

Mit seinem Erfolg ist *Ada* ein Standard bei medizinischen KI-
Anwendungen und ein herausragendes Beispiel für personalisierte Medizin
(Hirsch 2019). Sie gewinnen den besten Eindruck, was eine KI-Anwendung
heute leisten kann, wenn Sie *Ada* selbst downloaden und testen. *Ada* arbeitet
im Vorfeld einer ärztlichen Diagnose und kann heute mehr als eine wertvolle Vorabhilfe für ein Gespräch mit dem Arzt sein. Technische Vorstöße
dieser Art zielen eindeutig in die Richtung weniger Arztbesuche.

Bei allen ehrgeizigen Zielen für die personalisierte Medizin der Zukunft
dürfen die gewaltigen Hürden nicht unterschätzt werden, die sich auftürmen, wenn es darum geht, die vielen Systeme miteinander zu verbinden
und einheitliche Datenformate und Inhalte zu erzeugen. Auf der einen Seite
sollen Hersteller oder spezialisierte Internet-Serviceanbieter wie etwa *Livongo*
oder *Ada* den gewünschten hohen Integrationsgrad einer lebenslangen
Gesundheitsakte ja nicht liefern. Dafür können sie aber ihre auf bestimmte
Krankheiten hochspezialisierten Therapievorschläge präziser anbieten und
sind schnell international am Markt. Je mehr landesweite und länderüber-
greifende Daten andererseits einheitlich für alle Beteiligten im Gesundheitssystem verfügbar sind, desto wertvoller werden wiederum die KI-basierten
Analysen und personalisierten Therapiehilfen sein.

So wird in Deutschland ab 2021 die elektronische Gesundheitsakte schrittweise eingeführt (https://www.krankenkassen.de/gesetzliche-
krankenkassen/leistungen-gesetzliche-krankenkassen/service-beratung/
gesundheitsakte/). Mit ihr sollen die in Datensilos von Krankenkassen,
Ärzten, Kliniken und Therapeuten separiert und redundant verstreuten
Patientendaten zusammengeführt werden. Der Patient erhält dann einen
transparenten Einblick in alle über ihn erfassten und gespeicherten
Gesundheitsinformationen. Hinzu kommt die 2015 gestartete Medizin-
informatik-Initiative der Bundesregierung (https://www.medizininformatik-
initiative.de). Hier werden einheitliche Rahmenbedingungen geschaffen,
damit Erkenntnisse der Forschung direkt den Patienten erreichen können.
Beteiligt an dieser Initiative sind alle Universitätskliniken gemeinsam mit

Forschungseinrichtungen, Krankenkassen und Unternehmen, um zunächst Datenintegrationszentren aufzubauen und zu vernetzen. Jeder Arzt, jeder Patient und jeder Forscher soll in Zukunft Zugang zu den für ihn erforderlichen Informationen haben. Dies führt zu passgenaueren Diagnose- und Behandlungsentscheidungen, schafft neue Erkenntnisse für die wirksame und nachhaltige Bekämpfung von Krankheiten und trägt dazu bei, die Versorgung zu verbessern. Die Initiative schafft die Voraussetzungen dafür, dass Forschung und Versorgung näher zusammenrücken. Derzeit dauert es bis zu 17 Jahre, bis medizinische Erkenntnisse großflächig verbreitet sind. Das ist völlig ineffizient (Reismann 2019).

Neben den genannten Aufgaben gilt es vor allem, die Entwicklungszeit von Medikamenten drastisch zu verkürzen. Heute dauert es in der Regel 12 bis 20 Jahre, bis ein Medikament entwickelt ist, alle präklinischen und klinischen Phasen durchlaufen hat und auf den Markt gelangt. Die Kosten dafür beliefen sich in den USA zuletzt im Durchschnitt auf 2,6 Mrd. Dollar für ein Arzneimittel (Dimasi et al. 2016). Das ist in Zukunft völlig unakzeptabel. Gewinnorientierte, oft große und bekannte Investoren für die privat finanzierten Unternehmen fordern verlässliche Voraussagen. Mit KI will man diesen ein Stück näher kommen. Heute existieren Hunderttausende wissenschaftlicher Arbeiten über Genexpressionskreisläufe und chemische Signalkreise von Enzymen. Möglichst alle diese molekularen Ketten werden in Datenbanken von KI-Systemen gespeichert. Diese können aus den Millionen möglicher molekularer Verbindungsmöglichkeiten und chemischen Signalkreisen Tausender Enzyme die wenigen herausfiltern, die man zum Beispiel für ein bestimmtes Anti-Aging-Vorhaben genauer ins Auge fassen will. Ein solches Vorgehen verkürzt das Verfahren, das zuvor jahrelange Versuche umfasste, von Grund auf.

Szenario 7 Personalisierte Medizin der Zukunft

Der Totalumbau der menschlichen Medizin in naher Zukunft

Phasen (auch zeitlich parallel, nicht kausal aufeinanderfolgend)	Wissen (heute)	Veränderungen (technisch)
Vollständige Genomsequenzierung (WGS) großer Teile der Bevölkerung	Möglich, Fakten, fundierte Meinungen (https://www.bgi.com/global/)	Gerichtete Veränderung (rein quantitativer Aufwand)
Natürlich sprechende Avatare als Kommunikatoren mit Patienten	Möglich, Fakten, fundierte Meinungen (Haas 2019)	Gerichtete Veränderung (Haas 2019)
Fülle nanotechnischer Sensoren im Körper zur Frühdiagnose und Prävention	Möglich, Fakten, fundierte Meinungen (Schürle-Finke 2019)	Gerichtete Veränderung (Schürle-Finke 2019)
Datenintegration verschiedener Systeme auf gesellschaftlicher Ebene	Möglich, Fakten, fundierte Meinungen (Haas 2019; Reismann 2019)	Gerichtete/ungerichtete Veränderung (Haas 2019; Reismann 2019)
Individuelle Diagnose und Therapie nahezu aller Krankheiten	Vermutungen	Gerichtete/ungerichtete Veränderung

Wir werden die Medizin in 10 oder 20 Jahren nicht wiedererkennen (Szenario 7). Der Wandel zur digitalen Präzisionsmedizin wird auf der einen Seite von datensicherheitsskeptischen Teilen der Bevölkerung und ethischen Diskussionen begleitet werden. Auf der anderen Seite wird er von unaufhaltsamen Fortschritten der Nanotechnologie, der Gentechnik (insbesondere CRISPR, Kap. 6), der Telemedizin, 3D-Bioprintern, Anti-Aging (Kap. 9), der Roboterisierung sowie in jeder Minute und an jedem Ort von künstlicher Intelligenz getragen werden. Tatsächlich hat die Gesellschaft das Thema Zukunftsmedizin heute noch nicht einmal ansatzweise wahrgenommen, und noch weniger hat eine Diskussion hierüber begonnen.

Es bleibt zu wünschen, dass die Ideen, wie sie in der personalisierten Medizin entwickelt werden sollen, auch in der personalisierten Ausbildung zum Tragen kommen: eine individualisierte Schulausbildung, die die Stärken jedes einzelnen Schülers oder Studenten erkennt und fördert, automatisierte Systeme, die jeden dort abholen, wo er leidenschaftlich gerne lernt, ihn loben und motivieren, statt auf konforme Leistung zu normieren und zu bremsen, sobald ein Teilnehmer mit kreativer Freude ausschert. Anfänge, um aus unserem erstarrten Bildungssystem auszubrechen, sind mit guten, auch kostenlosen Lernplattformen gemacht. Die 2012 von der Harvard University und dem MIT in Boston gegründete Online-Plattform *edX* (https://www.edx.org) mit mehr als 2.500 Onlinekursen, weltweit 90 Partneruniversitäten und 10 Mio. Nutzern ist ein Paradebeispiel dafür.

8.2 Personalisierte Therapie der Zukunft – Beispiel Diabetes

Wie man sich die Entwicklung zu personalisierter Medizin idealerweise vorstellen soll, will ich am Beispiel des Diabetes mellitus verdeutlichen. Ich habe das Beispiel gewählt, weil hier Fortschritte zu einer individuellen Medizin bereits heute gut erkennbar sind. Diabetes ist eine Erkrankung, bei der der Körper zu wenig oder kein Insulin mehr produzieren kann oder das produzierte Insulin keine hinreichende Wirkung mehr zeigt. Die Erkrankung wird hauptsächlich unterschieden in Typ 1 und Typ 2. Typ-1-Diabetes wurde früher auch juveniler (jugendlicher) Diabetes genannt, er kann aber auch in späteren Lebensphasen auftreten. Er ist seltener als der Typ-2-Diabetes, weltweit sind aber auch hier die Zahlen ansteigend. Heute entwickelt mindestens eines von 300 Kindern in westlichen Ländern Typ-1-Diabetes (Couzin-Frankel 2020).

Beim Typ-1-Diabetes handelt es sich um eine Autoimmunkrankheit, bei der Antikörper des eigenen Immunsystems die insulinproduzierenden Zellen (Inselzellen) der Bauchspeicheldrüse (Pankreas) im Verlauf einiger Jahre zerstören. (Wir kommen noch näher auf die Ursachen zu sprechen.) Das Hormon Insulin sorgt dafür, dass der im Blut zirkulierende Zucker (Glucose) in die Körperzellen gelangt, wo er als Energielieferant wirkt. Durch Insulinmangel reichert sich dagegen beim Diabetiker der Zucker im Blut an, was ohne Insulinsubstitution von außen zum Tode führen würde. Man könnte die Krankheit so interpretieren, dass dem Immunsystem ein Fehler unterläuft, eine Fehlinterpretation. Dabei sieht es eigene Zellen als fremde an. Die Gründe, weshalb hier ein elementarer, lebenswichtiger Prozess im Organismus falsch läuft, sind vielfach diskutiert worden. Einer Hypothese zufolge ist das Immunsystem durch übertriebene Hygiene „unterfordert", wodurch es über das Ziel „hinausschießt" (Chapman et al. 2012). Wir kommen später noch auf weitere Ursachen. Der Patient wird lebenslang insulinpflichtig. Die medizinische Behandlung besteht in der kurz-, mittel- und langfristigen Kontrolle des Blutzuckerspiegels. Dabei besteht die Schwierigkeit darin, dass Blutzuckerspiegel und Insulinbedarf sowohl im Tagesverlauf als auch mittel- und langfristig ständig schwanken. Gelingt es dem Patienten nicht, den Blutzuckerspiegel anhaltend stabil unter Kontrolle zu bekommen, erhöht sich die Gefahr für Folgeerkrankungen in Form von Gefäßerkrankungen, Netzhautdegeneration mit der Gefahr von Blindheit, massiven Durchblutungsstörungen bis hin zu nötigen Fußamputationen sowie Nierenversagen.

Der Typ-1-Diabetes eignet sich als gutes Beispiel dafür, Fortschritte bei der Behandlung chronischer Krankheiten aufzuzeigen. Diese sind gekennzeichnet durch das Aufgeben einer pauschalisierten, für alle Patienten nahezu einheitlichen Therapie ohne jede Kontrollmöglichkeit und der Entwicklung hin zu einer bereits heute in Teilen realisierten individualisierten Präzisionsmedizin. Sie besteht aus folgenden Komponenten:

- vorhandenes Medikament mit natürlicher Wirkweise in Form von synthetischen, kurzfristig wirkenden Insulinen
- ausgereifte technische Rund-um-die-Uhr-Unterstützung mit integrierter Infusions- und Sensortechnologie
- informationstechnisch basierte Software-Auswertung Tausender kontinuierlich erhobener Therapiedaten
- Möglichkeit für Selbstverantwortung und -management des Patienten und damit
- abnehmender Umfang und Einfluss regelmäßiger ärztlicher Beratung

Den Weg dahin und in die weitere Zukunft möchte ich hier darstellen. Vor 50 Jahren, also um 1970, war die Medikation eines insulinpflichtigen, jugendlichen Diabetikers denkbar eindimensional und für alle Patienten nahezu identisch: Der Junge oder das Mädchen injizierte sich eine einzige Insulinspritze morgens vor dem Frühstück. Das langfristig wirkende Insulin reichte für einen ganzen Tag. Um einen einigermaßen gleichmäßigen Verlauf des Blutzuckerniveaus zu erreichen, war der Patient gezwungen, alle zwei bis drei Stunden eine streng dosierte Diät-Mahlzeit zu sich zu nehmen, die vor allem einen zu schnellen Blutzuckeranstieg oder -abfall vermied. Kohlenhydrate mussten so genau wie nur irgend möglich abgezählt werden. Eine Echtzeitkontrolle des Blutzuckers gab es noch nicht. Nur mit Urin-Teststreifen konnte man einen überhöhten Glucosespiegel innerhalb der letzten Stunden feststellen. Diese Behandlung kann man mit freihändigem, blinden Fahrradfahren vergleichen. Der Arzt war ähnlich „blind" und hatte keine andere Möglichkeit, als alle paar Wochen eine Stichproben-Blutzuckermessung vorzunehmen, in der Regel vor dem Frühstück. Weder Patient noch Arzt konnten den täglichen Verlauf des Glucoseniveaus prüfen. Als 1974 in Deutschland Blutzuckerteststreifen auf den Markt kamen, war es wenigstens möglich, jederzeit Glucosewerte in Echtzeit zu kontrollieren. Bei Abweichungen von der Norm waren aber schnelle Anpassungen durch zusätzliche Insulinabgaben noch immer nicht möglich, denn kurzfristig wirkende Insuline gab es noch lange nicht.

Heute hat die Welt eines Diabetikers mit der von damals nichts mehr gemeinsam. Der Typ-1-Diabetiker trägt im optimalen Fall eine Insulinpumpe in der Hosentasche, eine rudimentäre, künstliche Bauchspeicheldrüse. Sie gibt über einen kleinen Katheter in der Haut Insulin ab. Dabei dosiert sie automatisch im Minutenabstand geringe, voreingestellte Mengen Insulin, das sind viele Hundert kleine Dosierungen am Tag (Basalinsulin). Hinzu kommen höhere Insulindosierungen per Knopfdruck, die der Patient vor jeder Mahlzeit benötigt (Bolusinsulin). Ein Sensor am Körper in Form eines dünnen Fadens im Unterhautfettgewebe misst den Blutzucker kontinuierlich (*Continuous glucose measuring*, CGM) und informiert den Patienten über Funk an die Pumpe zu jeder Tages- und Nachtzeit mit Alarmen bei hohen Abweichungen oder technischen Störungen. CGM, das heute überwiegend ohne die Kombination mit automatisierter Infusionstechnik (Pumpe) angewandt wird, gilt als eines der besten Beispiele für Präzisionsmedizin bzw. personalisierte Medizin. Auf Basis der erfassten Daten erlaubt es die abgestimmte Entscheidungsfindung zwischen Arzt und Patient (Mohan und Unnikrishnan 2018).

Da die Pumpe im größten Gefahrenfall, besonders bei lebensgefährlicher Hypoglycämie (zu geringem Glucoseniveau im Blut) die Insulinzufuhr automatisch stoppen kann, spricht man hier bereits von einem geschlossenen Regelkreis *(Closed Loop)*. Und ein Hersteller redet mit raffiniertem Marketing bei seinem Produkt sogar von *Closed Loop* und KI, obwohl ein *Closed Loop* nur rudimentär und KI noch gar nicht im Spiel ist. Der Begriff des *Closed-Loop*-Systems für Diabetiker schwebte jahrzehntelang als Wunschtraum in weiter Ferne. Die Realisierung schien so unwahrscheinlich wie ein Flug zum Mars. Dass ein solches System tatsächlich Realität wurde, wenn auch zuerst in geringem Umfang, war ein echter Meilenstein. Verglichen mit der echten Bauchspeicheldrüse ist das jedoch noch lange kein wirklicher *Closed Loop*. Wird die Steuerung der Pumpe über ein Smartphone vorgenommen, sind nach aktuellem Stand mehr Regelkreisfunktionen möglich. Darüber hinaus können mit dem Smartphone bei drohender Gefahrensituation Daten des Patienten, etwa von einem Kind im Kindergarten, in Echtzeit über das Internet an Angehörige gesendet oder automatisierte Notrufe an Kontaktpersonen abgesetzt werden. Das sind wertvolle Hilfen, aber auch das sind nur erste Schritte. Hersteller entwickeln daher heute mit

Hochdruck KI-gesteuerte Insulinpumpen, die die Insulinabgabe vollständig automatisieren und an die jeweilige individuelle Situation anpassen können.

Echte automatisierte Regelkreise hat die Evolution in unserem Körper entwickelt und in Millionen Jahren ständig verfeinert. Unser Organismus betreibt Regelkreise in tausenderlei Zusammenhängen, ohne dass wir darüber nachdenken müssen. Das geschieht etwa bei der Herzfrequenz, die bei der kleinsten Anstrengung, etwa wenn wir vom Stuhl aufstehen, sofort nachjustiert wird; ebenso automatisch verlaufen die Regelung von Blutdruck und Körpertemperatur sowie die Verdauung oder das Schwitzen, um nur ein paar zu nennen, die wir auch wahrnehmen können. Von den meisten komplexen biochemischen Regelkreisen in den Zellen spüren wir nichts, und wir sind uns ihrer auch nicht bewusst.

Das System der Zukunft soll einen solchen Regelkreis für den Diabetiker bieten, der Eingriffe auf ein Minimum oder am besten ganz reduziert. Das System wird erkennen und sofort automatisch reagieren, wenn der Patient Nahrung zuführt, wenn er sich anstrengt und deshalb weniger Insulin benötigt oder wenn er mit Fieber im Bett liegt und einen höheren Insulinbedarf hat. Die automatisierte Steuerung der Insulindosierung in all diesen Situationen mithilfe maschineller Intelligenz kann verfügbar werden. Schon heute ist es Realität, dass der Patient seine Pumpenwerte monatlich im Internet bereitstellen kann. Die Pumpe erfasst dazu am Tag Hunderte von Informationen. Diese enthalten sämtliche abgegebenen Insulindosierungen, manuelle Korrekturen, etwa beim Sport, ferner alle technischen Fehler, wie eine Blockade der Insulinzufuhr wegen eines verklemmten Katheters, eines leeren Insulindepots und vieles mehr. Die Daten können vom Patienten autorisiert und geschützt ins Netz gestellt werden, so dass der Arzt beim nächsten Besuch mit ihm Verlauf und Therapie besprechen kann. Das ist Stand der Technik im Jahr 2020. Es gilt, diese Daten für eine automatisierte, personalisierte Therapie noch weitaus besser zu nutzen.

Die Zukunft wird noch einmal von Grund auf anders sein. Eine 2019 veröffentlichte Studie identifiziert 450 wissenschaftliche Beiträge, die sich mit Diabetes (Typ 1 und Typ 2) und KI befassen. Sie zeigt Lösungen auf, die in nicht allzu ferner Zukunft erwartet werden (Dankwa-Mullan et al. 2019). Dabei unterstützt KI die personalisierte Diabetes-Behandlung auf so unterschiedlichen Feldern wie der automatisierten Frühdiagnose einer Netzhauterkrankung oder dem Erkennen von Kalorien und Kohlenhydraten in Nahrungsmitteln mit *Smartglasses*. Mehrere Firmen arbeiten mit Hochdruck daran, Verfahren für die voll automatisierte Insulindosierung zu liefern. An der Stelle, an der der Patient das System bedient, bleibt das Risiko hoch, dass er Fehler macht, dass Falscheinschätzungen zur Routine werden und jahrelang mitgeschleppt werden. Das will man vermeiden.

Im Netz könnten bereits in wenigen Jahren die Daten von Patienten, die weltweit eine Insulinpumpe tragen, anonymisiert zusammenlaufen, und KI-Anwendungen könnten dann aus den Gesamtdaten spezifische Muster bzw. Empfehlungen für den Einzelpatienten erstellen. Vor allem sind das sämtliche individuellen Einstellungen am System im Zusammenhang mit den Insulindosierungen; dazu kommen aber, wie schon angedeutet, immer mehr Informationen über den täglichen Lebensstil, etwa wann der Patient in der Regel morgens aufsteht, wann und wie oft er Sport betreibt oder am Arbeitsplatz sitzt, welche Nahrung er wann bevorzugt zu sich nimmt, wie gut er schläft, wie er auf Stress reagiert etc. Erst diese Informationen schaffen die Voraussetzungen dafür, die individuelle Situation mit KI-Software vollständig zu managen und ein Gesamtbild des Patienten zu erstellen. Persönliche Arztbesuche im ambulanten Bereich können im Zuge solcher Entwicklungen in den nächsten zehn Jahren generell auf etwa ein Drittel abnehmen (Haas 2019). Die Anamnese beginnt für den Patienten nicht mehr im Wartezimmer, sondern mit künstlicher Intelligenz auf seinem Smartphone (Hirsch 2019).

Schließlich können aussagefähige Patientenmuster im Internet durch den Vergleich des Einzelprofils mit denen Tausender anderer Patienten entstehen, die in vergleichbaren Situationen wie unser Beispielpatient sind: In Frage kommen Patienten mit gleichem Alter, Gewicht, Geschlecht, gleicher Größe, gleicher Dauer der Erkrankung, derselben Insulinempfindlichkeit, denselben Fehlern bei Insulindosierungen (zum Beispiel nach einer großen Pizza) oder beim technischen Umgang mit der Pumpe bzw. den Sensoren. Nicht weniger bedeutend sind Fragen des sozio-ökonomischen Status, des Lebensstils, des Bildungsgrads, des Wohnorts etc. (Mato 2012). Wissensbasierte Systeme und digitale Zwillinge sollen auf diesen Grundlagen nicht nur für den hier gewählten Diabetiker, sondern generell für Menschen individualisierte Empfehlungen erstellen, die aus den *Big Data*-Vergleichen erzeugt werden. Avatare könnten Patienten schriftlich oder audio-visuell beraten (Haas 2019).

Was aber, wenn es ganz anders kommt? Viel einfacher, nicht mit verschiedenen, örtlich und im Internet vernetzten Systemen? Ein völlig neuer Ansatz der Insulintherapie weist in Richtung einer echten Innovation. Er basiert auf Mikronadeln, die auf einem kleinen Pflaster montiert sind (Abb. 8.3). Hundert oder mehr Nadeln, hergestellt aus einem natürlichen Gewebematerial, dringen minimalinvasiv und damit schmerzfrei in die Dermis ein, die Schicht unter der Oberhaut, und setzen den Wirkstoff aus

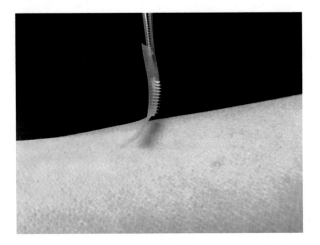

Abb. 8.3 Mikronadeltherapie bei Diabetes. Bahnbrechende Methode, um Insulin über ein Pflaster in genauen Dosierungen abzugeben (Mikronadeltherapie bei Diabetes: Zhen Gu, mit freundlicher Genehmigung.)

eigens für diesen Zweck konzipierten Bläschen in Nanometergröße frei. Die Mikronadeln sorgen für eine exakte Insulindosierung. Mit im Spiel in den Bläschen ist ein Enzym, das mit Blutzucker reagiert. Der Clou an der Sache: Steigt der Blutzuckerspiegel, reagiert das Enzym, und Insulin wird dadurch von den Mikronadeln freigesetzt. Das geschieht aber in der Tat nur, solange der Blutzucker erhöht ist. Fällt der Spiegel, reagiert das Enzym nicht, das Insulin bleibt in den Bläschen verschlossen. Das Prinzip wurde an Mäusen erfolgreich getestet. Wenn es beim Menschen funktioniert, stellt es einen nahezu perfekt geschlossenen Kreislauf und eine Form der individualisierten Medizin par Excellence dar, für den Anwender eine faszinierend einfach zu handhabende Lösung (Yu et al. 2015). Im Jahr 2019 arbeiteten bereits mehrere Anbieter an unterschiedlichen *Micro-Needle*-Konzepten (Jana und Wadhwani 2019). Die 100 Jahre der mühsamen Insulininjektionen, Glucosekontrolle und Unsicherheit werden endgültig Vergangenheit.

In naher Zukunft werden wir voraussichtlich auch eine nicht-invasive, optische Blutzuckermessung durch das Auge erleben. Ferner sollen insulin-produzierende Inselzellen vom Schwein verfügbar sein, die in Menschen mit Diabetes eingepflanzt werden (Inselzellen-Xenotransplantation). Ein Verfahren wurde entwickelt, um Inselzellen von Schweinen in einen gallertartigen „Tautropfen" einzukapseln, der sie vor dem menschlichen Immunsystem schützt. Das Produkt mit dem Namen DIABECELL (http://dolglobal.com/diabecell) befindet sich 2020 noch in mehreren Ländern in der Spätphase der klinischen Erprobung. Patienten, denen die

Zellen implantiert wurden, haben mehr als ein Jahr ohne Anzeichen einer Immunabstoßung oder Infektion erlebt (Liu et al. 2017).

Welches Szenario auch immer kommt: In einem viel größeren Umfang als heute wird dem Diabetiker ein zuverlässiger, geschlossener Regelkreislauf angeboten werden, gegen den das Handling von heute geradezu altertümlich erscheinen wird. Alle manuellen Bedienungen, Blutzuckermessungen und das penible Zählen von Kohlenhydraten werden der Vergangenheit angehören, wenn Systeme in Zukunft voll autonom arbeiten (Allen und Gupta 2019). Das künstliche Pankreas kommt in Sicht. Mensch und Technik verschmelzen dann nahezu perfekt. Technik und ihre Funktionen werden in immer höherem Grad an ihren Besitzer angepasst. Interessant wird dabei sein, wie man die leidigen Verzögerungen in den Griff bekommt, die dadurch entstehen, dass Insulin beim Diabetiker über subkutane Injektion in den Blutkreislauf gelangt und damit langsamer reagiert als über den Pankreas von Gesunden.

Sollte unser Patient wider Erwarten seine Krankheit doch noch an seine Kinder vererben – was heute schon fast vermeidbar ist –, wird es möglich sein, dass die Kinder neben der Krankheit auch eine noch bessere Technik erben, eine Technik und Intelligenz, die ihnen ein Leben mit Diabetes um Dimensionen leichter macht als die einfache Ausstattung, die ihre Mütter und Väter einst zur Hand hatten. Das ist kumulative kulturelle Vererbung.

Doch wie sieht eine Prävention für diese Krankheit aus? Kann es sie überhaupt geben? Noch vor 20 Jahren war die Antwort auf die Frage, ob bei einem Kind das Risiko für einen Typ-1-Diabetes erkannt und ein Ausbrechen der Krankheit vermieden werden kann, ein klares Nein. Der Arzt wusste, dass eine erbliche Disposition existieren kann. Sie war aber nicht näher bestimmt. Er beschränkte sich daher bei der Diagnose eines diabetischen Kindes auf die Frage an die Eltern, ob in der Familie entsprechende Fälle bekannt sind. Heute hat das Helmholtz-Zentrum München hingegen eine bevölkerungsweite Früherkennungsmethode für diese häufigste Stoffwechselerkrankung im Kindes- und Jugendalter etabliert. Die Früherkennungsmethode mit dem Namen *Fr1da* (gesprochen: „Frida", die „1" steht für Typ 1, https://www.typ1diabetes-frueherkennung.de) ist ein einfacher Bluttest und hat zum Ziel, mit dem Erkennen von Markern im Blut (also Antikörpern gegen ein bestimmtes Gen) das Fortschreiten der Krankheit in der Frühphase zu verzögern oder bestenfalls ganz zu verhindern. Für Kinder mit Prä-Typ-1-Diabetes gibt es derzeit keine zugelassene Therapie zur Prävention des Typ-1-Diabetes. Möglicherweise kann man jedoch die Erkrankung durch die Behandlung mit oralem Insulin verzögern oder zum Stillstand bringen.

Die Früherkennung im Rahmen von *Fr1da* wird unter Umständen schon nach der Geburt durchgeführt, in jedem Fall aber viele Jahre, bevor das Kind erste Symptome zeigt, denn diese können, wenn sie nicht rechtzeitig erkannt werden, mit einer extremen Stoffwechselentgleisung in Form eines Komas lebensbedrohlich sein. – Das *Fr1da*-Projekt ist ein Musterbeispiel für prädiktive (vorhersagende) und präventive Medizin, wie wir sie in Zukunft wohl routinemäßig bei vielen Verdachtsfällen für andere Krankheiten sehen werden. Die Frage ist, wie bereit Krankenkassen weltweit dazu sind, immer mehr Früherkennungstests dieser Art massenhaft durchzuführen (Couzin-Frankel 2020).

Typ-1-Diabetes kann in evolutionären Zusammenhängen gesehen werden. Zunächst sind dieser Typ und übrigens auch Typ 2 in den allermeisten Fällen polygene Erkrankungen. Dabei sind bis zu 50 Genvarianten in einem bestimmten Zusammenspiel beteiligt, wenn die Krankheit ausbricht. Die Gene sind aber nicht alleinverursachend. Auch Umwelteinflüsse spielen eine Rolle, etwa eine Virusinfektion sein. Ein Zusammenhang kann auch mit Nichtstillen oder einer nur kurzen Stillzeit des Babys oder einer zu frühen Gabe von Kuhmilch bestehen. Nach heutigen Erkenntnissen hat die natürliche Selektion der Immunabwehr in modernen Gesellschaften unerwünscht dahin geführt, dass die genannten, eigentlich harmlosen Einflüsse von außen bei manchen Individuen fatale Reaktionen des Immunsystems auslösen können. Das evolutionäre Gleichgewicht kann dabei aus dem Tritt geraten: Die Evolution selektiert nur schwach die Vermeidung schwerer Autoimmunerkrankungen; gleichzeitig reagiert sie mit einer übertrieben starken Abwehr harmloser Infektionen oder anderer Umweltfaktoren. Das Ungleichgewicht zwischen unserer evolvierten Biologie und dem modernen Lebensstil vergrößert sich auf diesem Weg (Mitteroecker 2019).

Vor allem aber ist eine Kaiserschnittgeburt eine exogene Ursache für Typ-1-Diabetes. Bei einer natürlichen Geburt wird das Baby im Geburtskanal mit einer „Bakteriengrundausstattung" versorgt (Solomon 2016). Es erbt diese somit epigenetisch und baut mit ihrer Hilfe sein eigenes Immunsystem auf. Bei einer Entbindung per Kaiserschnitt nimmt das Neugeborene hingegen nicht die nützliche Bakterienflora der Mutter auf; die Zusammensetzung der kindlichen Darmflora wird beeinträchtigt. Es fehlen Anreize im Immunsystem für eine gesunde Entwicklung. Aus diesem Grund geht man heute zu der noch umstrittenen Methode über, den neugeborenen Kaiserschnittbabies Vaginalflora z. B. mit Wattestäbchen zu „impfen *(Vaginal Seeding)*. Wird das nicht gemacht, fördert das Manko die Entwicklung der Autoimmunität, also auch des Diabetes. Das Risiko für ein Kind, bis zu seinem zwölften Lebensjahr an Diabetes zu erkranken, verdoppelt sich bei einer Kaiserschnittgeburt, so Anette Ziegler vom Helmholtz-Zentrum München (Bonifacio et al. 2012). Ergänzend ist darauf hinzuweisen, dass Kaiserschnittgeburten noch weitere Krankheiten begünstigen können. Der Anteil an Fettleibigkeit ist bei per Kaiserschnitt zur Welt gekommenen Individuen größer als bei normal Geborenen, ebenso der Anteil an Asthmaerkrankungen und bestimmten Allergien. Problematisch ist bei den Betroffenen zudem die Verabreichung von Antibiotika, die durch Schädigung der instabilen Darmflora zu Gewichtszunahme tendieren lässt (Huh et al. 2012; Bager et al. 2008).

Wir beobachten mit der zunehmenden Verbreitung von Typ-1-Diabetes und anderer Autoimmunerkrankungen, dass der medizinische Fortschritt in modernen Gesellschaften den evolutionären Wandel nicht zwingend in Richtung auf das Verschwinden dieser Krankheiten lenkt. Im Gegenteil können durch unseren Lebensstil neue evolutionäre Änderungen angestoßen werden, die das Gesundheitsbild der Gesellschaft in nur wenigen Generationen und nicht in Tausenden oder Millionen Jahren beeinflussen (Mitteroecker 2019).

Evolutionär relevant aus der Sicht der Theorie der Nischenkonstruktion (Abschn. 2.1) sind bei Typ-1-Diabetes vier Zusammenhänge. Erstens hat die Zunahme der Prävalenz von Typ-1-Diabetes etwa zur Hälfte kulturelle Ursachen, die im weiteren Sinn in unserer modernen Lebensform liegen. Diese Ursachen werden kulturell weitergegeben bzw. vererbt. Zweitens liegt beim Beispiel Kaiserschnittgeburt als dem vorrangigen exogenen begünstigenden Faktor für Diabetes eine epigenetisch veränderte, für das Immunsystem weniger geeignete Vererbung vor. Das Kind ist anfälliger für Diabetes und andere Autoimmunerkrankungen und kann später als Mutter Faktoren des eigenen, beeinträchtigten Immunsystems samt Risikofaktoren auch epigenetisch über Geburten weiter an seine eigenen Kinder vererben. Drittens wird die kulturelle Neigung zu Kaiserschnittgeburten in der menschlichen Population ausgebreitet. Wir haben es mit der Form einer verstärkten kulturellen Verhaltensvererbung oder Informationsweitergabe an Frauen zu tun, die keine natürliche Geburt wünschen. Das Verhalten wird zu einer modernen Lebensform, es wird zur „Mode". Selbstverständlich gibt es medizinische Indikationen, die eine Kaiserschnittgeburt unvermeidbar machen, und die Methode hat schon viele Leben gerettet. Allerdings hat sich der Anteil dieser Geburtsform an der Gesamtzahl der Geburten in den vergangenen 15 Jahren weltweit verdoppelt. Er liegt bei etwa 21 %, mit starken Länderunterschieden (0,6 % Süd-Sudan, 58 % Dominikanische Republik) (Boerma et al. 2018). Viertens wird parallel damit begonnen, sich dieser evolutionären Wirkungskette ebenfalls kulturell, nämlich medizinisch, mit

Diabetes-Prävention entgegenzustemmen. Verkürzt ausgedrückt verändern wir kulturell-evolutionär und damit künstlich das Immunsystem der Gesellschaft bei einem Fünftel unserer Kinder und versuchen gleichzeitig, durch neue kulturell-evolutionäre Maßnahmen bei den Kindern, die Diabetes entwickeln könnten, die Folgen wieder zurückzudrehen. Dieses rekursive Schema, das nicht an Ursachen ansetzt, ist kennzeichnend für vieles, was der Mensch heute macht.

8.3 Krankheiten als Erbe der Evolution

Medizin und die Evolutionsbiologie des Menschen rücken als Disziplinen näher zusammen. Das Humangenomprojekt war ein beispielhafter Startschuss für die kombinierte Erforschung menschlicher Evolution und Gesundheit (Hood und Jenkins 2008). Das medizinische Praxiswissen, das auf naheliegende (proximate) Krankheitsursachen, Genetik und Lebensstil ausgerichtet ist, um Therapien zu finden, wird ergänzt um die langfristige (ultimate), stammesgeschichtliche Perspektive unserer Evolution (Nesse 2005). Mit anderen Worten heißt das: Die klassische Medizin will wissen, *wie* eine Krankheit entsteht; die evolutionäre Medizin fragt, *warum* sie entsteht. Krankheiten werden aus dieser Perspektive als ein Erbe unserer Evolution gesehen, und oft erweisen sie sich als ein Erbe unserer Lebensweise, also unserer kulturellen Evolution. Anders als der Mediziner sucht der Evolutionsbiologe auch eine Erklärung dafür, warum es für die Evolution vorteilhaft sein kann, dass bestimmte Krankheiten überhaupt existieren. Beispielsweise hilft die innere Wand der Blutgefäße dabei, Infektionen abzuwehren; gleichzeitig macht sie aber anfällig für krankhafte Ablagerungen im Alter. Da Arteriosklerose jedoch erst nach der Fortpflanzung auftritt, wurde und wird sie evolutionär nicht selektiert, während gleichzeitig Menschen immer älter werden und damit vermehrt von Arteriosklerose betroffen sind. Ähnlich bedeutet auch die Sichelzellanämie eine Krankheit und gleichzeitige Vorbeugung vor Malaria.

Im Verlauf unserer langen Evolution konnten sich schließlich zahlreiche Virengenome als Überlebenskünstler in der Keimbahn unserer eigenen DNA einnisten, wo sie heute mehr als 1000 unserer Gene ausmachen. Dazu mussten sie zuerst einmal ihre einsträngige RNA in die doppelsträngige DNA von uns umbauen. Man nennt solche Viren, die uns auch nicht infizieren, endogene Retroviren. In ihrer neuen Umgebung funktionieren sie nicht mehr in ihrer millionenfachen Vermehrungswut, sondern schlummern vor sich hin und mutieren mit neuen Funktionen als neue Gene. Beispielsweise wurde entdeckt, dass zwei dieser ursprünglich viralen Gene, statt ihre Virenhülle zu produzieren, die sie nicht mehr benötigen, in der Plazenta der Frau sicherstellen, dass sich Zellen verbinden können und eine abschirmende Barriere bilden. Das überraschende Ergebnis ist, dass das mütterliche Immunsystem den Embryo nicht als Fremdkörper erkennt (Black et al. 2010). Viren sei es gedankt. Sie können uns schützen. Vielleicht sehen wir diese uralten evolutionären „Wesen" mit diesem Wissen in Zeiten der COVID-19-Krise auch aus einem freundlichen Blickwinkel. Die genannten Beispiele und Kenntnisse über die Evolution zeigen uns: Krankheit kann also auch ein Schutz vor Krankheit sein.

Bei der Frage nach möglichen Vorteilen von Krankheiten liegt der Fokus auf dem Wissen über ökologische Zusammenhänge (z. B. zunehmende Allergieanfälligkeit) einschließlich symbiotischer Beziehungen (z. B. verschiedene Darmfloren), auf dem historischen Lebensstil (z. B. fetthaltige Nahrung, einseitig Weizenprodukte) und auf ganzen Populationen (z. B. Unterschiede von Ethnien bei Infektionen) (Hood und Jenkins 2008). Beispielsweise reagiert unser Immunsystem stärker auf Reize, denen es in unserer frühen Stammesgeschichte Millionen Jahre lang ausgesetzt war, als auf Reize in einer schnell entstandenen, hochgradig urbanisierten Welt. Heute wissen wir, dass wir auch aus der Perspektive der Evolution psychisch nicht dafür gerüstet sind, in urbanen Massengesellschaften unter enormem sozialen Druck zu leben. Psychische Krankheiten, die in solchen oft menschenunwürdigen Umgebungen verstärkt auftreten, erklären sich also zu einem nicht unbeträchtlichen Teil dadurch, dass wir evolutionär dafür nicht ausgestattet sind, weil unsere Vorfahren Millionen Jahre lang nie so gelebt haben.

Evolutionäre Medizin erkennt die Kumulation von Mutationen in menschlichen Populationen, die auf natürliche Weise nicht mehr selektiert werden. Diese Mutationen sind unvermeidbar, werden vererbt und nehmen zu. Andere treten zusätzlich im Verlauf unseres Lebens bei Zellteilungen mit unkorrekten Reparaturen auf oder durch schadhafte Umwelteinflüsse. Solche Mutationen stellen neue Formen unserer Anatomie, Physiologie und Immunologie dar. Im Sinne Darwins sind somit alle Individuen unterschiedlich, sie müssen daher medizinisch fallspezifisch behandelt werden. Die Anwendung derselben Diagnosemethoden und Therapien bei allen erweist sich also als unangebracht. Wir können uns nicht mehr auf eine „Natur" verlassen, die die Bedingungen des menschlichen Körpers selektiv ausbalanciert. Auch wird es kein fixes, unveränderliches, „normales" menschliches Ideal geben, das im Laufe der Zeit automatisch aufrechterhalten wird. Tatsächlich gibt es nur einzelne Patienten, und die Art und

Weise ihrer Existenz bestimmt den gesamten Zustand der Menschheit (Henneberg und Saniotis 2012). Erst die personalisierte Medizin ermöglicht vor einem solchen Hintergrund, dass sich beide Felder, Medizin und Evolution, einander annähern, und erst sie erlaubt es, zielgerichtet individualisiert zu agieren.

Immer mehr Krankheiten können nur im Zusammenhang mit unserer modernen Lebensweise und den sich rasant verändernden soziokulturellen Bedingungen erklärt werden. Diese Faktoren in Form von zu wenig Bewegung, zu kalorienreicher Nahrung, hohem Stress und massiven Umweltbelastungen müssen als ein Bündel neuer, natürlicher oder besser: vom Menschen selbst herbeigeführter Selektionsbedingungen gesehen werden. Sie können die Geschwindigkeit evolutionärer Veränderung antreiben und stehen in einem Missverhältnis zur evolutionären Entwicklung unseres Körpers (Hood und Jenkins 2008). Gegen diese Veränderungen wird die moderne Medizin mit ihren technischen Methoden ankämpfen. Fettleibigkeit und Bluthochdruck, Herz-Kreislauf-Erkrankungen und Diabetes sind klassische Beispiele für evolutionäre Entwicklungen, die mit unserem Lebensstil zusammenhängen, mittlerweile einen Großteil der Population erfassen und weiter beängstigend zunehmen. Sie drohen zum phänotypischen Normalfall zu werden, wenn der Medizin nicht die notwendigen Fortschritte gelingen.

Unsere Generation liefert den Nachweis dafür, dass die Gegenwartsmedizin diese negativen Entwicklungen nicht stoppen kann. Es bedarf dafür um Dimensionen größerer Anstrengungen, die letztlich in einer global-digitalen, neu zu schaffenden, KI-basierten Welt münden. In ihr wird das vollständige im Internet vorhandene genetische und phänotypische Medizinwissen mit seinen Tausenden von KI-Anwendungen eine Art Gehirn darstellen – sozusagen das evolutionär erweiterte Gehirn der Patienten, Ärzte und beteiligten Organisationen, die zunehmend mehr Verantwortung tragen.

Evolution wird bei weitem nicht hinreichend mit dem darwinistischen Prinzip zufälliger Mutation, natürlicher Selektion und Anpassung beschrieben. Wäre Anpassung in der Evolution omnipräsent, wären Lebewesen einschließlich wir Menschen nicht in dem hohen Maß anfällig für Krankheiten, wie es der Fall ist. Aus Sicht der Evolution steht daher die Frage im Raum, warum die Selektion unseren Körper nicht besser „designt" hat (Nesse 2005). Wichtiger für unsere Betrachtung hier ist aber, dass der Mensch seine eigene Umwelt stark und schnell verändert. Das geschieht mit der Folge evolutionärer Veränderungen unserer Spezies innerhalb weniger Generationen. Phänotypische und kulturelle Veränderungen können und werden dabei genotypischen Veränderungen vorausgehen und können sich unter Umständen erst später – wenn überhaupt – in der Population genetisch manifestieren (Abschn. 2.1).

Das gesamte Wissen über Medizin und Evolution wird kulturell kumulativ an die kommenden Generationen vererbt (Abschn. 2.1). Mit künstlicher Intelligenz wird dieses Wissen immer effektiver und letztlich individuell-punktgenau prädiktiv, präventiv, begleitend und schützend für die Gesundheit des Einzelnen und damit hoffentlich für den gesunden Erhalt unserer Art genutzt werden.

8.4   Zusammenfassung

An personalisierter Medizin wird kein Weg vorbeiführen. Die Zunahme von Krankheiten, die unserem Lebensstil geschuldet sind, die steigende, unübersehbare Flut neuer medizinischer Erkenntnisse auf der einen und personenbezogener Daten auf der anderen Seite sowie die Notwendigkeit der Organisation und Integration dieser Daten sprengen das heutige Gesundheitssystem. Der Anspruch des modernen Menschen geht weg von der Einheitsmedizin hin zu individualisierter Prädiktion, Prävention und Therapie. Vom Einzelnen wird dabei hohes Selbstmanagement gefordert. Gleichzeitig werden ärztliche Kontakte abnehmen. Anamnese und Diagnose verlagern sich auf intelligente Apps für die Patienten und auf Systeme für professionelle Umgebungen. Die Herausforderungen an eine landesweite Datenintegration sind sehr hoch. Die heutige und zukünftige Therapie von Typ-1-Diabetes ist ein Beispiel dafür, wie personalisierte Medizin bei Krankheitsbildern zukünftig aussehen wird. Ein Gesamtbild unserer Gesundheit entsteht erst aus der gemeinsamen Perspektive der Medizin und der Evolution.

Literatur

Allen N, Gupta A (2019) Current diabetes technology: striving for the artificial pancreas. Diagnostics 9(1):31

Andersen J, Rainie (2018) Artificial intelligence and the future of humans. Pew Research Center. https://www.pewresearch.org/internet/2018/12/10/artificial-intelligence-and-the-future-of-humans/

Bager P, Wohlfahrt J, Westergaard T (2008) Caesarean delivery and risk of atopy and allergic disease: meta-analyses. Clin Exp Allergy 38(4):634–642. https://doi.org/10.1111/j.1365-2222.2008.02939.x

Black SG, Arnaud F, Palmarini M, Spencer TE (2010) Endogenous retroviruses in trophoblast differentiation and placental development. Am J Reprod Immunol 64(4):255–264. https://doi.org/10.1111/j.1600-0897.2010.00860.x

BMBF, Bundesministerium für Forschung und Bildung (2017) Aufbau einer Infrastruktur zur Hochdurchsatz-DNA-Sequenzierung. https://www.gesundheitsforschung-bmbf.de/de/forum-gesundheitsforschung-5787.php

Boerma T, Ronsmans C, Melesse DY, Barros AJD, Barros FC, Juan L et al (2018) Global epidemiology of use of and disparities in caesarean sections. Lancet 392(10155):1341–1348. https://doi.org/10.1016/S0140-6736(18)31928-7

Bonifacio E, Warncke K, Winkler C, Wallner M, Ziegler A-G (2012) Cesarean section and interferon-induced helicase gene polymorphisms combine to increase childhood Typ1 diabetes risk. Diabetes 60:3300–3306

Chapman NM, Coppieters K, von Herrath M, Tracy S (2012) The microbiology of human hygiene and its impact on type 1 diabetes. Islets 4(4):253–261. https://doi.org/10.4161/isl.21570

Chen M, Redford A, Child R, Wu J, Jun H, Dhariwal P, Luan D, Sutskever I (2021) Generative pretraining from pixels. https://cdn.openai.com/papers/Generative_Pretraining_from_Pixels_V2.pdf

Church G, Regis E (2012) Regenesis. How synthetic biology will reinvent nature and ourselves. Basic Books, New York

Couzin-Frankel J (2020) Mass screening weighed for type 1 diabetes risk. Science 368(6489):53. https://doi.org/10.1126/science.368.6489.353

Dankwa-Mullan I, Rivo M, Sepulveda M, Park Y, Rhee K (2019) Transforming diabetes care through artificial intelligence: the future is here. Popul Health Manag 22(3):229–242. https://doi.org/10.1089/pop.2018.0129

Dimasi JA, Grabowski HG, Hansen RW (2016) Innovation in the pharmaceutical industry: new estimates of R&D costs. J Health Econ 47:20–33. https://doi.org/10.1016/j.jhealeco.2016.01.012

Elsherif M, Hassan MU, Yetisen AK, Butt H (2018) Wearable contact lens biosensors for continuous glucose monitoring using smartphones. ACS Nano 12(6):5452–5462. https://doi.org/10.1021/acsnano.8b00829

Fung P (2020) Emotionen. Programmierte Gefühle. Spektrum der Wissenschaft. Spektrum Spezial: Biologie – Medizin- Hirnforschung 1(20):64–67

Haas P (2019) Das digitale Gesundheitswesen – Das Ende des Sektorendenkens. In: Böttinger E, zu Putlitz J (Hrsg) Die Zukunft der Medizin. Medizinisch Wissenschaftliche Verlagsgesellschaft, Berlin, S 237–248

Henneberg M, Saniotis A (2012) How can evolutionary medicine inform personalized medicine? Pers Med 9(2):171–173. https://doi.org/10.2217/pme.11.99

Hirsch MC (2019) Künstliche Intelligenz in Anamnese und Diagnose – Ein Bericht am Beispiel von Ada. In: Böttinger E, zu Putlitz J (Hrsg) Die Zukunft der Medizin. Medizinisch Wissenschaftliche Verlagsgesellschaft Berlin, S 187–198

Hood E, Jenkins KP (2008) Evolutionary medicine: a powerful tool for improving human health. Evol Educ Outreach 1:114–120

Huh S, Sifas-Shiman SL, Zera CA, Rich Edwards JW, Oken E, Weiss ST, Gillman MW (2012) Delivery by caesarean section and risk of obesity in preschool age children: a prospective cohort study. Arch Dis Child 97(7):610–616

Irrgang B (2020) Roboterbewusstsein, automatisches Entscheiden und Transhumanismus. Anthropomorphisierungen von KI im Licht evolutionär-phänomenologischer Leib-Anthropologie. Königshausen und Neumann, Würzburg

Jana BA, Wadhwani AD (2019) Microneedle – future prospect for efficient drug delivery in diabetes management. Indian J Pharmacol 51(1):4–10. https://doi.org/10.4103/ijp.IJP_16_18

Kaku M (2012) Physics of the future. How science will shape human destiny and our daily lives by the year 2100. Anchor Books, New York

Kurzweil R (2017) Top 20 predictions from Kurzweil – future technologies (YouTube 5. Sept. 2020). https://www.youtube.com/watch?v=WhxhOLm1bjE

Kwon D (2020) Prädikative Codierung. Selbständig lernende Roboter. Spektrum der Wissenschaft. Spektrum Spezial: Biologie – Medizin- Hirnforschung 1(20):24–31

Lange A (2020) Evolutionstheorie im Wandel. Ist Darwin überholt? Springer Nature, Heidelberg

Liu Z, Hu W, He T et al (2017) Pig-to-primate islet xenotransplantation: past, present, and future. Cell Transplant 26(6):925–947. https://doi.org/10.3727/096368917X694859

Mato JM (2012) Can medicine be predictive? In: TF editors (Hrsg) There's a future. Visions for a better World. BBVA

McCarthy J, Minsky ML, Rochester N, Shannon CE (1955) A proposal for the dartmouth summer research projection on artificial intelligence. http://www-formal.stanford.edu/jmc/history/dartmouth/dartmouth.html

Metzl J (2020) Der designte Mensch. Wie die Gentechnik Darwin überlistet. Edition Körber, Hamburg. Engl. (2019) Hacking Darwin. Genetic engineering and the future of humanity. Sourcebooks, Naperville

Mitteroecker P (2019) How human bodies are evolving in modern societies. Nat Ecol Evol 3(3):324–326

Mohan V, Unnikrishnan R (2018) Precision diabetes: where do we stand today? Indian J Med Res 148(5):472–475

Nature Genetics (2020) Navigating 2020 and beyond. Nat Genet 52(1). https://doi.org/10.1038/s41588-019-0570-0

Nesse RM (2005) Maladaptation and natural selection. Q Rev Biol 80(1):62–71.: https://doi.org/10.1086/431026

Nielsen M (2020) AlphaGo. Computer üben Intuition. Spektrum der Wissenschaft, Spektrum Spezial: Biologie – Medizin- Hirnforschung 1.20, 38–41

Noble D (2006) The music of life. Biology beyond genes. Oxford University Press, Oxford

Powers R (2010) Das Buch Ich # 9. Eine Reportage. S. Fischer, Frankfurt a.M.

Reismann L (2019) Digitale Prävention. In: Böttinger E, zu Putlitz J (Hrsg) Die Zukunft der Medizin. Medizinisch Wissenschaftliche Verlagsgesellschaft, Berlin, S 53–68

Riedl R (1990) Die Ordnung des Lebendigen. Systembedingungen der Evolution. Piper, München

Ritter P de (2017) Blog. The future of healthcare. Part 4 of the series ‚Disruption and new business models'. Futures studies. https://futuresstudies.nl/en/2017/02/22/blog-the-future-of-health-part-4-of-the-series-disruption-and-new-business-models/

Schürle-Finke S (2019) Nanosystem für die personalisierte Medizin. In: Böttinger E und Putlitz J zu (2019) Die Zukunft der Medizin. Medizinisch Wissenschaftliche Verlagsgesellschaft, Berlin, 95–101

Sokol J (2020) Informatik. Spielend lernen. Spektrum der Wissenschaft. Spektrum Spezial: Biologie – Medizin- Hirnforschung 1(20): 32–37

Solomon S (2016) Future humans inside the science of our continuing evolution. Yale University Press, New Haven

Yu J, Zhang Y, Ye Y, DiSanto R, Sun W, Ranson D, Ligler FS, Buse JB, Gu Z (2015) Microneedle-array patches loaded with hypoxia-sensitive vesicles provide fast glucose-responsive insulin delivery. PNAS 112:27, 8260–8265. https://doi.org/10.1073/pnas.1505405112

Tipps zum Weiterlesen und Weiterklicken

Image Completion AI – Predict Pixels Just Like Text Predictions [Image-GPT] (YouTube). GPT-3-System von Open AI kann fehlende Bildhälften kreativ vorhersagen. Durschnitt. www.youtube.com/watch?v=YV4UEqcMWH4

Schulz T (2018) Zukunftsmedizin. Deutsche Verlagsanstalt, München, Wie das Silicon Valley Krankheiten besiegen und das Leben verlängern will

Scobel G (2020) Medizin nach Maß. Alle Menschen, so unterschiedlich sie auch sind, erhalten im Krankenhaus identische Wirkstoffe. Genforschung und Datenanalyse sollen nun eine maßgeschneiderte Therapie möglich machen. https://www.3sat.de/wissen/scobel/scobel--medizin-nach-mass-100.html. Zugegriffen: 12. Nov. 2025

Scobel G (2020) Krankheiten als Erbe der Evolution. Warum wird der Mensch krank? Der Homo sapiens ist aus Sicht der evolutionären Medizin eine Mängelkonstruktion, seit je her anfällig für Leiden aller Art. Krankheit ist Erbe unserer Evolution. https://www.3sat.de/wissen/scobel/scobel---krankheiten-als-erbe-der-evolution-100.html. Zugegriffen: 22. Okt. 2025

Spork P (2021) Die Vermessung des Lebens. Wie wir mit Systembiologie erstmals unseren Körper ganzheitlich begreifen – und Krankheiten verhindern, bevor sie entstehen. Deutsche Verlags-Anstalt, München

9

Immer älter – von Methusalem-Genen bis Verjüngung und Unsterblichkeit

Der biologische Alterungsprozess ist schwierig zu verstehen. Heute ist immer noch unklar, warum einige Arten weniger als einen Tag und andere mehr als 400 Jahre leben können (Whittemore et al. 2019). Der Unterschiedsfaktor kann also das 10.000-Fache betragen. Alle Arten auf der Erde stammen von gemeinsamen Vorfahren ab. Die frühesten Vorfahren, die Prokaryoten, das sind Einzeller ohne Zellkern wie die Bakterien, waren und sind auch heute noch quasi unsterblich. Sie teilen sich in Tochterzellen und leben so immer weiter. Die ersten Einzeller und wenigzelligen Arten mit echtem Zellkern, einfache Eukaryoten wie Amöben oder Polypen, sind ebenfalls unsterblich. Der natürliche Tod musste also erst einmal „erfunden" werden. Dafür erfuhren Vielzeller (Metazoa) ab einer gewissen Organisationsstufe eine Trennung in Keimzellen und somatische Zellen, wie sie bei uns und allen Säugetieren auch existiert. Dabei sind die Keimzellen nach wie vor potenziell unsterblich, die somatischen Zellen jedoch nicht; sie sterben ab. Die Lebewesen erfahren so den Tod auf der Ebene des ganzen Organismus (Welsch 2015).

Im Laufe von Millionen Jahren konnte die Evolution die Lebenserwartung tausendfach steigern (Kenyon 2010). Warum aber nicht millionenfach? Warum ist das so? Welches Wissen wird sich der Mensch darüber aneignen und wie wird er es in Zukunft nutzen?

© Der/die Autor(en), exklusiv lizenziert durch Springer-Verlag GmbH, DE, ein Teil von Springer Nature 2021
A. Lange, *Von künstlicher Biologie zu künstlicher Intelligenz – und dann?*,
https://doi.org/10.1007/978-3-662-63055-6_9

9.1   Altern – ein Buch mit sieben Siegeln

Wie alt möchten Sie werden? Die Antwort ist in unserem Land meist dieselbe, das wird Sie nicht überraschen. Den meisten Menschen ist nämlich vor allem wichtig, dass sie gesund bleiben. Das Alter selbst ist ihnen da gar nicht so wichtig. Wenn sie nicht gesund sind, möchten Sie vielleicht auch gar nicht alt werden. Sehen wir, was die Wissenschaft hier herausbekommt.

Altern über die Grenze der Fruchtbarkeitsphase hinaus wird in der Evolution nicht begünstigt. Es gibt in der Regel keine natürliche Selektion, die dafür sorgt, dass Individuen immer älter werden können. Genauer gesagt, kann es keine Selektion dafür geben. Die Begründung dafür ist wie folgt: Die Fortpflanzungsfähigkeit bei Individuen einer Art erreicht, wenn wir von der Hydra und wenigen anderen Tieren einmal absehen, im Verlauf ihrer Lebensspanne einen Höhepunkt, sinkt danach kontinuierlich ab und geht dann irgendwann zu Ende. Ein Tier hat dann seine evolutionäre Funktion erfüllt, indem es ausreichend Gene an die Nachkommen vererbt hat. Der Vererbungsprozess ist abgeschlossen, wenn ich mich kurz auf die nicht korrekte Vorstellung beschränken darf, dass Vererbung nur genetisch erfolgt. Es ist danach nicht mehr möglich, dass genetische Faktoren, die zunehmendes Altern begünstigen könnten, durch die Selektion favorisiert werden. Viele Säugetiere unserer verwandten Arten sterben daher bald, nachdem sie sich nicht mehr fortpflanzen können. Kurz: Die Evolution hat das Leben auf die Fortpflanzung kalibriert, nicht auf das Altern.

Doch es gibt keine Regel ohne Ausnahme: Reptilien besitzen ihre eigene Evolution des Alterns. Bei Krokodilen oder Schildkrötenarten kann kein Anstieg der Mortalitätsrate beobachtet werden. Sie behalten dabei ihre Fruchtbarkeit, Agilität und Muskelkraft bis ans Ende ihres Lebens bei. Weibliche Individuen großer Albatrosse im rauen Südatlantik sehen im Alter von 50 oder 60 Jahren noch genauso aus wie bei ihrem ersten Brüten mit 10 Jahren und legen auch dann noch alle zwei Jahre ein Ei. Schon diese wenigen Beispiele machen deutlich, dass es in der Tierwelt unterschiedliche Mechanismen des Alterns geben muss (Patnaik 1994).

Bei wenigen Arten kann es jedoch sogar vorkommen, dass das Alter evolutionär vorteilhaft ist, etwa bei Elefanten. Das gilt dann, wenn erwachsene Weibchen eine betreuende Großmutterfunktion wahrnehmen und in der Herde auf die Enkel und sogar auf die Jungen anderer Weibchen achten. Im Jahr 1993 konnte eine Elefantenherde in Tansania eine extreme Dürre nur mit großer Not überleben. Mitglied der Herde war ein einziges altes Individuum, das bereits 1960 dabei war, als eine Herde in einer ähnlichen Dürreperiode mit Mühe rettendes Wasser fand. Man nimmt an, dass das im Jahr 1960 noch junge Tier das gefährliche, aber gut ausgegangene Ereignis in Erinnerung behielt und der Herde mehr als 30 Jahre später helfen konnte zu überleben (Henrich 2017).

Wenn solche Aufgaben zum besseren Überleben der Jungen oder der ganzen Herde beitragen, kann solches Verhalten tatsächlich auch selektiert werden. Die vererbbaren Eigenschaften der Weibchen, die die besten Eigenschaften zeigen, im zunehmenden Alter für die Enkel zu sorgen, werden dann im Selektionsprozess begünstigt. Gene, die diese Eigenschaften unterstützen, werden, bevor Tiere tatsächlich selbst ein hohes Alter erreicht haben, auf dem üblichen Fortpflanzungsweg an die Jungen weitergegeben. Wir haben es also mit dem interessanten und seltenen Fall zu tun, dass Gene von Individuen zunächst die kommende Generation unterstützen, und zwar hinsichtlich des zu erreichenden Alters von Weibchen und nicht hinsichtlich deren Reproduktionsfähigkeit. Erst die zweite Generation, also die Enkelgeneration, wird dann hinsichtlich ihrer Fortpflanzungsfähigkeit, auf die es in der Evolution ja ankommt, wegen der guten Großelternbetreuung positiv beeinflusst: Mehr überlebende Enkel – mehr Elefanten aus dieser Linie. Die Evolution geht manchmal wundersame Wege.

Nachdem die Lebenserwartung des Menschen in den heute entwickelten Ländern jahrhundertelang mit einigen Fluktuationen um ein Alter zwischen 30 und 40 Jahren stagnierte, stieg sie seit der Mitte des 19. Jahrhunderts deutlich an (Roser et al. 2019). Diese Entwicklung ist dem wirkungsvollen medizinischen Fortschritt geschuldet. Besonders drei Faktoren trugen hierzu bei. Erstens wuchs nach den 1840er-Jahren in der Nachfolge von Ignaz Semmelweis' Untersuchung der Ursachen für das Kindbettfieber die Erkenntnis, dass Hygiene eine zentrale Rolle in der Medizin spielt. Zweitens gelangen ab den 1880er-Jahren dank der Arbeiten von Louis Pasteur, Robert Koch, Paul Ehrlich und Emil von Behring durchschlagende Erfolge gegen ansteckende Infektionskrankheiten wie Cholera, Diphtherie, Tuberkulose und weitere. Der dritte Faktor war der starke Rückgang der Geburten- und Säuglingssterblichkeit. In der Folge der Entdeckung des Penicillins 1928 durch Alexander Fleming und anderer Antibiotika konnte die positive Entwicklung fortgesetzt werden. Im 20. Jahrhundert verschob sich der Forschungsschwerpunkt von der Senkung der Mortalität junger und mittlerer Altersschichten auf die älterer. Alle Faktoren zusammen bewirkten eine bis heute steigende Lebenserwartung. Eines allerdings bedeutet das nicht: dass wir auch gesund älter werden. Genau das ist nicht oder nur zum Teil der Fall. Im Gegenteil nehmen Krankheiten mit höherem Alter sogar zu. Die Bewältigung von Krankheiten und das Aufhalten des Alterns sind also unterschiedliche Themen. Harari (2017) bringt es auf den Punkt: „In Wahrheit hat die moderne Medizin unsere natürliche Lebensspanne bislang nicht um ein einziges Jahr verlängert."

Ursprünglich wollte ich hier eine beeindruckende Grafik präsentieren, die darstellen sollte, wie die zukünftige Lebenserwartung dank des technischen Fortschritts in der Medizin und in der Behandlung des Alterns rapide in die Höhe steigt. Aber das funktioniert nicht; so kann ich Sie nicht überzeugen. Obwohl man sie überall findet, sind Lebenserwartungskurven für den Blick in die Zukunft nämlich wenig geeignet. Der nur flache Anstieg der Kurve zukünftiger Lebenserwartung ist enttäuschend. Ihre Berechnung geht in der Regel vom einem Geburtsjahrgang aus und wird von dort aus methodisch rückwärts aus Sterbetafeln der vor der Geburt liegenden Vergangenheit, den Verstorbenen, ermittelt. Nach dieser Methode lag meine Lebenserwartung bei meiner Geburt im Jahr 1955 bei etwa 65 Jahren (https://de.statista.com). Man prüft: Wer ist im Jahr 1955 im Alter von 60, 61, 62,…. 80, 81, 82… Jahren gestorben? Im Durchschnitt waren die Menschen damals offensichtlich mit 65 Jahren am Ende ihres Lebens angelangt. Ich hätte also nach dieser Statistik dieses Buch nicht schreiben können.

Dieses Alter habe ich tatsächlich gerade überschritten, und an meinen Abgang ist hoffentlich noch lange nicht zu denken, wenn ich nicht an einem Virus sterben sollte. Die Lebenserwartung für meinen Nachkriegsjahrgang ist deshalb so niedrig, weil Ausnahmeereignisse der Vergangenheit – hier der Zweite Weltkrieg – die Sicht auf die zukünftige Entwicklung verzerren. Gleichzeitig fließen die zukünftigen Verbesserungen auf der Grundlage moderner Forschung, die ich im Folgenden anführen möchte, und die in diesem Buch wichtig sind, nicht positiv in Prognosen zur durchschnittlichen Lebenserwartung ein, da deren Berechnung eben, wie gezeigt, strikt auf Vergangenheitsdaten beruht.

Komplizierter noch wird es dadurch, dass in der Realität auch anhaltende Entwicklungen auftreten, die gegenläufig zum medizinischen Fortschritt wirken, etwa verringerte Fruchtbarkeit oder zunehmende Schadstoffbelastung (Donner 2021), darunter die Luftverschmutzung. So verringert laut dem 2020 veröffentlichte *Air Quality Life Index (AQLI)* die Luftverschmutzung die durchschnittliche Lebenserwartung weltweit um knapp zwei Jahre, in den OECD-Staaten um weniger als ein Jahr, in Indien dagegen sogar um 5,2 Jahre. Die Ursachen liegen in Feinstaubpartikeln in Folge der Emissionen fossiler Brennstoffe. Mit einer dauerhaften Reduzierung der Luftverschmutzung von 29 μg/m3 auf die WHO-Richtlinie (10 μg/m3) würde die Weltbevölkerung 14,3 Mrd.

Lebensjahre gewinnen. Damit ist Luftverschmutzung das weltweit größte Risiko für die menschliche Gesundheit, größer als Zigarettenrauchen, Alkohol, Drogen, Verunreinigung des Trinkwassers oder Malaria (Greenstone und Fan 2020). Bemerkenswerter ist, dass der *State of the Future Report* (Glenn et al. 2017) im *Millenium Project* (http://www.millennium-project.org) (Abschn. 3.4) keinen einzigen Hinweis auf das Problem der Luftverschmutzung liefert. Offensichtlich existiert das Problem dort nicht.

Die geschilderten negativen Effekte der Luftverschmutzung fließen zwar über Verstorbene in die Lebenserwartung ein, da sie in der Vergangenheit ja bereits auftraten. Das bildet der oben genannte *AQLI* auch entsprechend ab. Aus diesem und den anderen genannten Gründen zeigt für 2020 und später Geborene die Lebenserwartungskurve auch keinen zunehmenden, sondern einen stetig abflachenden Anstieg (Roser et al. 2019). Wenn sich jedoch schädliche Effekte in der Zukunft noch weiter drastisch verstärken sollten, sehen wir in der Statistik auch wieder nicht die positive Entwicklung, die wir uns wünschen. Der *AQLI* macht erst gar keine Prognose über die zukünftige Entwicklung der Luftverschmutzung.

Worauf es hier ankommt, ist eine andere Aussage, nämlich wie fähig der Mensch ist, das biologisch erreichbare Durchschnittsalter mit biotechnischen Instrumenten signifikant zu erhöhen, und zwar in großem Stil, schwerpunktmäßig in den höher entwickelten Staaten. Dort wird der Effekt zu Beginn in einkommensstärkeren Schichten auftreten, im Zuge von Kostensenkungen für die benötigten Produkte und Therapien jedoch nicht auf die Gutverdiener beschränkt bleiben. In dem ehrgeizigen Mindset, das sich in den USA quer durch die fortschrittsbesessene Gründergeneration der Biomedizin und künstlichen Intelligenz zieht, gilt ein längeres Leben als der logische Gipfel der Beherrschung der Biologie. Wir konzentrieren uns daher hier statt auf die Lebenserwartung lieber auf die erhöhte Langlebigkeit oder beim Individuum auf die Verlängerung der Lebensspanne, denn diese Bezeichnung umfasst auch biotechnische Entwicklungen während der Lebenszeit. Wir werden sehen, dass die Zukunft Entwicklungen bringen soll, die uns heute fantastisch anmuten und kaum vorstellbar sind. Diese werden sich in der erwarteten Langlebigkeit niederschlagen.

Vielleicht will ich ja gar nicht länger leben, mag mancher sagen. Das kann gut sein. Wieder muss ich an dieser Stelle auf andere Kulturen und Länder hinweisen, in denen das völlig anders ist, und wieder ist China hier ein gutes Beispiel. Langlebigkeit wünscht man dort jedem Menschen, den man mag, und das seit Jahrtausenden. Die Langlebigkeit ist damit so etwas wie ein elementarer Wert, über den man gar nicht nachdenkt. In den USA dagegen ist Langlebigkeit, anders als in China, das ausdrückliche Ziel einer reichen

Schicht von Menschen, die medizinisch alles tun würden, um so lange wie möglich gesund zu leben.

Das Altern selbst rückt in der Wissenschaft immer mehr in den Fokus. Es besteht aus mehreren ineinander greifenden Vorgängen auf der Ebene des Organismus, des Gewebes, der Zellen, der Moleküle und des Erbguts, also der Gene. Mit zunehmendem Alter werden die dort ablaufenden Prozesse immer mehr gestört. Die Störungen betreffen die Aufrechterhaltung des Gleichgewichts von Zellprozessen (Homöostase), Stoffwechselreaktionen in den Zellen und die Weiterleitung von Zellsignalen innerhalb und zwischen den Zellen. Es kommt vor allem zur Anhäufung von Seneszenzzellen, das sind alternde Zellen, die zwar noch leben, sich aber nicht mehr teilen und kein neues Gewebe mehr herstellen können. Dabei ist es alles andere als trivial, diese seneszenten Zellen zu identifizieren, da sie im Organismus inmitten intakter Zellen versteckt sind. Manche Forscher zählen die Seneszenzzellen zu den Hauptverursachern des Alterns. Aber auch geschädigte Organellen und Moleküle, epigenetische Veränderungen und genetische Instabilität treten durch nicht mehr reparierte Schäden auf (Moskalev et al. 2017). Mit anderen Worten: Die Fähigkeit der Zellen sowohl zur Selbstreparatur von DNA-Schäden als auch zu Schadstoffabbau und -verwertung (Autophagie) – auch von Bakterien, Viren und Fremdproteinen – und damit die Immunantwort der Zellen werden beim Altern zunehmend verringert. Insgesamt sehen wir mit steigendem Alter also eine Anhäufung genetischer und zellulärer Fehler mit einem ansteigenden Verlust physiologischer Funktionen.

Altern ist so gesehen keine Krankheit oder Ansammlung von Krankheiten, kein einheitlicher Vorgang und hat keinen zentralen Mechanismus. Wenn in den Medien daher Einzelursachen herausgehoben werden und wenn jährlich ein neuer Jahrhundertdurchbruch Schlagzeilen macht, darf man das nicht allzu ernst nehmen. Es wird immer schwieriger, in den Medien bloße Behauptungen von wissenschaftlichen Fakten zu unterscheiden. Unbestreitbar ist, dass heute ein immens hoher Forschungsaufwand betrieben wird, um den Alterungsprozess zu verlangsamen und Verjüngung zu forcieren. Laufend entstehen neue Start-ups und Forschungseinrichtungen mit Venture Capitals in Millionenhöhe. Der erwartete Multi-Milliarden-Markt für Anti-Aging-Therapien wird sich weiter vervielfachen. Auf der ganzen Welt sind nämlich Menschen bereit, gesundheitliche und finanzielle Risiken einzugehen, um ihr Altern zu kontrollieren. Dabei laufen sie Gefahr, vielen Halbwahrheiten aufzusitzen. Man darf annehmen, dass dazu auch in Zukunft unzählige neue Ankündigungen aus dem nicht professionellen Umfeld gehören werden, etwa über Gentherapien, deren Wirkungen fragwürdig sind.

Die oben genannte Definition von Altern wird jüngst auch anders gesehen. Wenn Altern als eine Krankheit definiert werden kann, wie Krebs, oder wenn Krankheiten als altersbezogen erklärt werden, kann das Altern auch medizinisch als Krankheit therapiert werden. Um 1900 wurde Krebs zum Beispiel auch nicht als Krankheit gesehen, sondern als ein natürlicher Weg zum Tod. Diese Sicht änderte sich bekanntlich fundamental. Es darf daher als ein neuer Meilenstein gesehen werden, dass die Weltgesundheitsorganisation *(WHO)* in ihrem Klassifikationssystem für medizinische Diagnosen *(IDC)* auch Altern 2018 für therapierbar erklärte und dafür einen eigenen *IDC*-Code eingeführt hat (IDC-11, XT9T). Damit tritt das Altern in eine Reihe etwa neben angeborene Krankheiten. Dem Altern per se werden eigene Ursachen und eigene mögliche Behandlungswege zugeordnet (International Longevity Alliance 2020). Auch sind wir heute an einem Punkt angekommen, bei dem Alterskrankheiten nicht mehr als unvermeidlich gelten. Das gilt für Herz-Kreislauf-Erkrankungen, etwa Arterienschäden, ebenso wie für Krankheiten mit schwerer kognitiver Beeinträchtigung Abbau.

Das primäre Ziel beim Thema Altern ist es, die Lebensspanne von der Geburt bis zum Tod zu verlängern bzw. zu maximieren, und das bei guter Gesundheit. Bevor wir irgendwann auf dem Mars leben können, sind die meisten Menschen sicher zuerst einmal daran interessiert, ein langes, gesundes Leben auf der Erde zu führen. Die Visionen dafür sind grenzenlos. Die Forschung ist bereits erfolgreich dabei, die biologische Uhr zurückzudrehen. Im besten Fall könnte der Tod vermieden werden. Dass die Lebenserwartung noch immer ansteigt, ist jedoch nicht darauf zurückzuführen, dass neues Wissen gewonnen wurde, wie und warum wir älter werden bzw. was das Älterwerden biologisch genau ist und wie man es manipulieren kann. Es ist vielmehr allein das Ergebnis der besseren Therapie von Krankheiten. Demgegenüber adressiert die Forschung das fehlende Wissen über das Altern selbst und ein gesünderes Leben im Alter erst seit kurzem. Es ist vor allem ein Thema der Zukunft.

Das folgende Kapitel gibt hierzu einen knappen Einblick. Es behandelt ausgewählte Themen, an denen die Forschung arbeitet, um den Alterungsprozess zu verstehen und zu verlangsamen. Daran anschließend (Abschn. 9.3) widme ich mich der Frage, welche nur schier unglaublich klingenden Visionen die boomende Anti-Aging-Branche umzusetzen entschlossen ist. Am Ende des Kapitels wird die Idee menschlicher Unsterblichkeit beleuchtet.

9.2 Aus dem Gleichgewicht – alternde Zellen

Im Folgenden skizziere ich einige der unterschiedlichen Forschungsergebnisse, die in den letzten Jahren im Zusammenhang mit einem besseren Verständnis des Alterungsprozesses bekannt wurden. Mit die größte Aufmerksamkeit erregte mit der Vergabe des Medizin-Nobelpreises 2009 die Entdeckung, wie Chromosomen durch Telomere und das Enzym Telomerase geschützt sind.

Die gesamte DNA in jeder Zelle ist in kompakte Chromosomen zusammengefasst. Bei uns Menschen sind es 23 Paare. Die besonderen Endkappen der Chromosomen heißen Telomere (Infobox 12). Man kann sich ein Telomer wie aneinandergereihte Plastikkappen an einem Schuhriemen vorstellen. Diese Telomere verhindern das Zerfleddern der Chromosomenenden bei der Zellteilung. Sie werden bei jeder Zellteilung um ein kleines Stück abgebaut. Nach einer bestimmten Anzahl von Zellteilungen kommt dieser Abbauprozess daher notwendig zum Stillstand. Die Zelle gerät in einen dauerhaften Stand-By-Modus und kann ihre Funktionen nur noch eingeschränkt ausüben. Telomere sind somit wie eine Zündschnur. Die Zelle altert, und das ist gleichzeitig auch für den Organismus ein Merkmal des Alterns.

Infobox 12 Telomere

Telomere sind Endstücke der Chromosomen. Jedes Telomer besteht aus einigen Tausend wiederholten DNA-Sequenzen und Proteinen. Telomere stabilisieren das Chromosom, damit dessen beide Enden nicht unkontrolliert „ausfransen" oder mit benachbarten Chromosomen fusionieren können. Bei jeder Zellteilung (Mitose), bei der alle Chromosomen in der Zelle repliziert werden, dient das jeweils letzte Stück des Telomers als ein Einwegpuffer und wird abgeschnitten. Das kann nicht beliebig oft geschehen, da nur endlich viele abbaubare Telomerstücke an den Chromosomen vorhanden sind. Beim Menschen können sich somatische Zellen je nach Zelltyp etwa 50- bis 70-mal teilen, bevor eine Zelle das sogenannte Seneszenzstadium erreicht. Die Zelle kann in diesem Zustand die Regeneration des Gewebes nicht mehr unterstützen. Entscheidend für das Lebensalter von Zellen und damit auch von Organismen und Arten ist nach einer jüngeren Vergleichsstudie nicht die Größe der Telomere bei der Geburt, sondern die Geschwindigkeit, mit der sie pro Jahr abgebaut werden (Whittemore et al. 2019). Chronischer Stress kann die Telomere zum Beispiel beschleunigt verkürzen. Das wurde unter anderem bei Kindern in ärmeren sozialen Schichten festgestellt (Mitchell et al. 2014).

Bei bestimmten Zellen des Menschen wird die Telomerverkürzung kontrolliert. Das ist bei Zellen der Keimbahn, Knochenmarkszellen, Embryonalzellen, anderen Stammzellen und Immunzellen der Fall. Diese Zellen müssen sich im Gegensatz etwa zu Muskelzellen sehr oft und regelmäßig teilen, was gewährleistet werden muss. Sie werden daher als potenziell unsterblich bezeichnet. Die Steuerung dafür ermöglicht das Enzym Telomerase. Es korrigiert abgebaute Endstücke des Telomers und setzt wieder neue an, so dass bei diesen Zellen nahezu beliebig viele Zellteilungen im Leben eines Organismus erfolgen können.

Telomerase-Expression galt in mehreren Studien als Kandidat für Anti-Aging-Therapien. Dabei entdeckte man einen neuen, wichtigen Zusammenhang: Erhöht man das Niveau dieses Enzyms bei Mäusen, bildet sich Krebs; nur bei krebsresistenten Mäusen konnte die Lebensspanne tatsächlich erhöht werden. Bei Krebszellen kann Telomerase hingegen eine überaus hohe Aktivität entwickeln. Dann teilen sich entsprechende Zellen unkontrolliert oft, und es kommt zur Tumorbildung.

Hier kommt nun das genannte Enzym Telomerase ins Spiel. Es kann die fehlenden DNA-Stücke wieder aufbauen (Infobox 12). Das Enzym bestimmt sozusagen die Lebenszeit der Zelle. Jedoch funktioniert das bei uns nur bei wenigen und wichtigen Zelltypen; bei den meisten ausgeformten Körperzellen kommt das Enzym gar nicht vor. Dennoch lag die Überlegung früh auf der Hand, dass die Telomerlänge, die Geschwindigkeit, in der Telomere abgebaut werden, und die Telomerase-Aktivität eine bedeutende Rolle für das Altern des gesamten Organismus spielen. Bis heute wird daran fieberhaft geforscht. Die Medien sprechen bei Telomeren und Telomerase immer wieder von einem „modernen Jungbrunnen". Klar ist jedoch mittlerweile, dass jede auf Telomerase basierte Anti-Aging-Therapie, die darauf abzielt, die „Zelluhr" zu verlangsamen, sicher ausschließen muss, dass die Zelle sich unkontrolliert teilt und somit Krebs entsteht.

Im Jahr 2019 veröffentlichte ein spanisches Team der Universität Barcelona mit Unterstützung des Zoo-Aquariums von Madrid eine artübergreifende Studie zu Telomeren. Sie verwendeten dafür so unterschiedliche Tierklassen wie Säugetiere und Vögel. Unter den Tieren waren Mäuse mit einem Gewicht von ein paar Gramm und einer Lebenserwartung von zwei Jahren, aber auch Elefanten mit mehreren Tonnen Gewicht, die 60 Jahre alt werden können; daneben wurden Ziegen, Delfine, Möwen, Rentiere, Geier, Flamingos und Menschen betrachtet. Mehr als 30 Jahre nach der Entdeckung der Telomere und nach unzähligen, teils widersprüchlichen Studien über den Einfluss ihrer Länge auf das individuelle Alter stellten die spanischen Forscher einen klaren Zusammenhang zwischen der Verkürzungsrate der Telomere und der Lebensdauer einer Spezies her. Ihre Aussage ist: Je schneller der Abbau der Telomere pro Jahr erfolgt, desto kürzer ist die Lebensspanne; beim Mensch sind es jedes Jahr rund 70 Basenpaare weniger, bei der Maus dagegen rund 70.000, also 1000-mal so viele. Die ursprüngliche Länge der Telomere bei der Geburt spielt dagegen, anders als bis dahin vermutet, keine große Rolle für das erreichbare Alter bei Arten. Der Zusammenhang ist so konsequent, dass eine Gleichung voraussagen kann, wie lange Arten im Durchschnitt leben können, wenn die Abbaurate bekannt ist. Das ist ein universelles Muster für das Altern, es ist besser als bisher verwendete Indikatoren, zum Beispiel die durchschnittliche Herzfrequenz oder das Körpergewicht (Whittemore et al. 2019).

Nicht der größere Tank unseres Autos ist also nach diesem Ergebnis entscheidend, wie weit wir mit dem Fahrzeug kommen. Entscheidend ist, ob wir auf der gesamten Strecke Vollgas geben. Wenn wir das tun, kommen wir nicht weit; der Tank ist früher leer, als wenn wir gemäßigter unterwegs sind.

Die Studie geht also von einer fixen Abbaugeschwindigkeit der Telomere aus. Die Frage drängt sich auf: Können wir diese Abbaufrequenz verlangsamen? Kann der Telomerabbau, der im Alter nachgewiesen ist, gestoppt oder sogar rückgängig gemacht werden, und können wir auf diesem Weg unser Leben verlängern? Dabei ist von einer Behandlung mit Telomerase wegen der Krebsgefahr unbedingt Abstand zu nehmen. Wie soll es aber dann gelingen? Elizabeth Blackburn, eine der beiden Nobelpreisträgerinnen von 2009, sagt dazu in einem Interview, dies sei mit einem ausgeglichenen, stressfreien Lebensstil und Bewegung möglich. Sie hat mit Kollegen die individuelle Länge der Telomere im Alter von Personen gemessen und betont, dass hier Unterschiede festgestellt werden; Menschen mit ungesunder Lebensführung haben kürzere Telomere, die wieder verlängert werden können (The Guardian 2017). Im Übrigen war das Schaf Dolly, das aus der Hautzelle seiner Mutter geklont war, ein schöner Beweis für die Telomer-Hypothese. Dass es nicht lange lebte, begründete man nämlich unter anderem damit, dass die mütterliche Spenderzelle aufgrund ihres Alters bereits verkürzte Telomere hatte. Seltsamerweise ist das beim Klonen aber nicht immer so (Vogel 2000).

Zukünftige Studien werden mehr Klarheit hinsichtlich der Frage erzielen, ob die Telomerlänge oder der Telomerschwund oder beide für die Mortalität beim Menschen ursächlich ist. Vergleichsstudien, die für die gesamte Bevölkerung repräsentativ sind, werden zudem Aufschluss darüber geben, ob der Telomerschwund eher ein Biomarker oder ein ursächlicher Faktor des Alterungsvorgangs beim Menschen ist (Allison et al. 2014). Mit der Aufforderung Blackburns zur Beschränkung auf ein Leben nach buddhistischem Vorbild werden sich Biologen in Zukunft jedenfalls nicht zufriedengeben. Es wäre schön, wenn es so einfach wäre, aber Altern ist tatsächlich noch viel mehr als verkürzte Telomere. Auch andere Zellmechanismen spielen eine Rolle, und das wissen die genannten Forscher natürlich.

Sie nehmen wahrscheinlich an, dass unsere Gene eine entscheidende Rolle für das Alter spielen, das wir erreichen können. Sicher haben Sie schon einmal darüber nachgedacht, wie alt Ihre Eltern wurden. Gäbe es keinen klaren Zusammenhang mit den Genen, würden auch nicht so viele genetische Studien zum Thema Altern existieren. Eine Online-Abfrage von mir zu Wissenschaftsartikeln der letzten fünf Jahre mit dem Begriff *Genetics of aging* im Titel lieferte im April 2020 in der Datenbank der Universität Wien knapp 92.000 Artikel. Wird der Suchbegriff *Longevity* (Langlebigkeit) hinzugefügt, sind es immer noch knapp 12.000 Artikel. Tatsächlich ist jedoch nach wie vor ziemlich unklar, welche Rolle Gene hier spielen. Vor allem bei komplexen Wirbeltieren bleibt die genetische Regulierung des Alterns bis heute rätselhaft. Das Meiste, was wir wissen, stammt von kurzlebigen Organismen wie Hefen oder Mäusen (Singh et al. 2019). Für die Vererbbarkeit der Lebensspanne wird von 20–30 % genetischem Einfluss gesprochen (Ruby et al. 2018a). Unzweifelhaft ist, dass Umwelteinflüsse in Form von Ernährung, Sport, Rauchen, Alkohol, Übergewicht, Bluthochdruck, dauerhaftem Stress und Störungen des Tag-Nacht-Rhythmus eine größere Rolle spielen als die Gene. Das legen auch Untersuchungen mit Zwillingen nahe.

Für Überraschung sorgte eine jüngere Arbeit aus den USA, die zum Ergebnis kommt, dass der genetische Einfluss für ein hohes Alter viel geringer als bisher angenommen ist. Die Forschergruppe wertete 400 Mio. Personendaten mit sechs Milliarden Vorfahren im bekannten Ahnenportal *Ancestry* aus. Wie sie entdeckten, wählen wir sehr oft Partner, die uns ähnln; sie leben ähnlich lang. Aber nicht nur das: Deren Eltern und angeheiratete Verwandte lebten ebenfalls ähnlich lange. Die Wissenschaftler nennen das „assortative Paarbildung". Rechnet man diesen Einflussfaktor heraus, der nicht unmittelbar von genetischer Natur für das Altern eines Individuums ist, reduziert sich der verbleibende genetische Anteil für das Altwerden auf nur noch 7 %. Unser Lebensalter ist danach also weniger vorbestimmt als bisher angenommen (Ruby et al. 2018a).

Dieses Ergebnis schließt aber dennoch nicht aus, dass bestimmte Genvarianten bzw. Mutationen für ein extrem hohes Alter sprechen können (Singh et al. 2019). Falls tatsächlich nur wenige Genregulationen für das Erreichen einer hohen Lebensspanne entstanden sind, lässt auf eine Möglichkeit schließen, in Zukunft an einigen dieser „genetischen Stellschrauben" mit kombinierten Medikamenten zur Ankurbelung von Genexpressionen oder sogar mit CRISPR zu „drehen", um das Altern zu verlangsamen. Unerwünschte Nebeneffekte bei der Manipulation im Umfeld des hochkomplexen Zellteilungsrhythmus und Zellmetabolismus sind dann aber wieder ein anderes Thema. Das heißt mit anderen Worten: Genetische Änderungen sind hier zwar vorstellbar, aber die Prozesse im Umfeld können dann schnell instabil werden, da das Altern evolutionär ja nicht selektiert ist. Anders wäre das zum Beispiel bei der Herzfrequenz oder der Körpertemperatur; diese biologischen Parameter wurden über einen Zeitraum von Millionen Jahren in Genregulationsnetzwerken von vielen Seiten evolutionär stabilisiert. Das bedeutet: Nicht jede kleine Mutation wirft diese physiologischen Parameter so schnell aus dem Ruder. Gewollte Eingriffe zur Manipulation an einzelnen Genen wären hier deswegen viel schwieriger.

Die Moleküle, die im Mittelpunkt der Forschung für zukünftige Anti-Aging-Therapien stehen, heißen Sirtuine, Metformin und Rapamycin (Tab. 9.1); diese werde ich im Folgenden erklären. Sie sind die Hauptakteure für hochkomplexe Zellprozesse, die noch nicht vollständig verstanden sind. Doch verbindet alle eine Gemeinsamkeit: die Hemmung des Zellwachstums, womit die Zellteilung gemeint ist. Wie schon erläutert, ist bei den Telomeren ein langsamerer Abbau beim Altern bzw. ihre Länge im Alter wichtig. Längere Telomere in einem bestimmten Alter entsprechen weniger durchlaufenen Zellzyklen. Die Selbstreparatur fällt Zellen mit zunehmendem Alter immer schwerer; je weniger oft sie sich daher teilen müssen, desto besser. Entsprechend verschiebt sich bei den oben genannten Molekülen vereinfacht ausgedrückt das Zellgleichgewicht vorteilhaft von Zellwachstum zu Zellreparatur, da die Zelle für Reparaturen im Alter mehr Aufwand treiben muss und mit einer Sirtuin- oder Metformin-Therapie dann auch in die Lage versetzt werden soll, das besser zu bewerkstelligen.

Denkbare Stellschrauben für Anti-Aging-Therapien könnten also etwa die Sirtuine sein (Singh et al. 2019). Diese Gruppe von Genen und den gleichnamigen, von ihnen codierten Enzymen erfüllt eine Reihe wichtiger Aufgaben im Zusammenhang mit dem Altern. Dazu gehören die DNA-Reparatur und Funktionen zur Kontrolle des Zellzyklus. Mäuse mit erhöhter Sirtuinkonzentration infolge verminderter Kalorienzufuhr leben bedeutend länger (Bonkowski und Sinclair 2016). Überhaupt gilt eine anhaltende Kalorienreduktion, wenn sie nicht zu einem entbehrlichen Leben führt, bei allen Tieren inklusive des Menschen als die womöglich erfolgreichste Strategie für ein höheres Alter. Ein vorübergehender Mangel an Nährstoffen setzt nämlich Stoffwechselprozesse in Gang, die für die Zellen nützlich sind, damit der Organismus längere Hungerphasen überstehen kann. Altern und Stoffwechsel scheinen also gekoppelt zu sein.

Tab. 9.1 Altershemmende Moleküle Verschiedene, hauptsächlich das Zellwachstum hemmende Wirkmechanismen können in Zukunft als Derivate kombiniert und für das individuelle Profil des Patienten wie Alter, Geschlecht, Stoffwechsel, Mikrobiom etc. optimiert verabreicht werden

Molekül	Allgemeine und Anti-Aging-Eigenschaften	Effekte bei Krankheiten
Sirtuine	Gruppe von 7 Genen; und von ihnen codierten Enzyme unterstützen die Selbstreparatur von Zellen und steuern bei anhaltender Kalorienreduktion damit verbundene lebensverlängernde Effekte (Moskalev et al. 2017)	Bei Mäusen erhöhte Widerstandskraft gegen zahlreiche Krankheiten, darunter Krebs; bessere Durchblutung, Organfunktion, längeres Leben (Bonkowski und Sinclair 2016); Nebenwirkungen
NAD+	Aktivator für die Expression von Sirtuinen; Beitrag zur Zellreparatur; stetige Abnahme des NAD+-Niveaus mit zunehmendem Alter; Medikamente auf dieser Basis werden kurzfristig kommerziell erwartet	Vgl. Sirtuine; Verbesserungen im kognitiven Bereich, bei Gehörverlust, Autoimmunität, Insulinresistenz, Unfruchtbarkeit, Krebs, Fettleibigkeit), Diabetes, Herzinfarktrisiko u. a. (Rajman und Sinclair 2018)
Metformin	Klassisches Antidiabetikum; hemmt Zellwachstum, fördert Zellreparatur, kann dadurch Seneszenz hemmen; reduziert Allgemeinsterblichkeit (Campbell et al. 2017) steht im Mittelpunkt der Anti-Aging-Forschung, fortlaufende Untersuchungen der Wirksamkeit beim Menschen	Verringert die Glucoseproduktion der Leber und Insulinsensitivität des Körpergewebes; positive Wirkung bei Krebs und Herz-Kreislauf-Erkrankungen
Rapamycin	Bindet an mTOR und hemmt dessen Konzentration; hemmt Zellwachstum; Immunsuppressivum; lebensverlängernd bei Mäusen (Harrison et al. 2009)	Positive Wirkung bei Krebs, Diabetes, Herz- und Nierenkrankheiten, neurologischen Störungen, Adipositas, Alzheimer u. a.; zahlreiche Nebenwirkungen wie Entzündungen und Infektionen wegen seiner Immunsuppression
mTOR	= mammalian Target of Rapamycin, Zielmolekül von Rapamycin bei allen Säugern (mammals); reguliert zahlreiche Zellfunktionen, darunter Zellwachstum, Zellzyklus, Energiehaushalt und Sauerstoffkonzentration der Zelle (Johnson et al. 2013)	Vgl. Rapamycin

Angestrebt ist jedoch, diese Prozesse mit zugeführten Wirkstoffen zu aktivieren, ohne dass man darben muss.

Tausende von Molekülen wurden daraufhin analysiert, ob sie die Expression von Sirtuinen verstärken können und sich als sogenannte *STACs (sirtuin activating components)* eignen. Als der Zusammenhang mit den Sirtuinen erkannt war, musste man nicht lange warten, bis um die Jahrtausendwende ein entsprechendes Nahrungsergänzungsmittel mit dem Namen Resveratrol auf den Markt kam. Resveratrol, das in roten Trauben vorkommt, soll in konzentrierter Form die Expression der Sirtuingene fördern und in Form einer gentherapeutischen Behandlung den Sirtuinspiegel anheben. Die Diskussion über den erwünschten alters-hemmenden Effekt wird aber noch immer kontrovers geführt (Shin-Hae et al. 2019). Resveratrol ist zudem ein natürlicher Stoff und als solcher für die auf Milliardenumsätze ausgerichtete Pharmabranche nicht besonders interessant.

Zur Signalkette der Sirtuine gehört auch das Molekül NAD+. Es kommt in allen lebenden Zellen vor und ist essenziell für ihren Metabolismus. Man kann sogenannte NAD-Booster heute rezeptfrei im Netz kaufen, zum Beispiel unter der Bezeichnung „NAD+ Cell Regenerator" als Kapseln. Die Wirksamkeit dieser Produkte beim Menschen ist allerdings in der angebotenen Form medizinisch nicht ausgetestet. Nicht bekannt sind dabei zum Beispiel die Verteilung im Gewebe und der Transportweg in die Zellen. Auch können Effekte bei Mäusen nicht eins zu eins auf den Menschen übertragen werden; dennoch wird mit Bezug auf die alterungshemmende Wirkung bei Mäusen viel Werbung gemacht. Wie auch immer: Ungeachtet des aktuellen Wissensstands werden größte Hoffnungen in bald erhältliche Präparate mit NAD+ gesetzt. Das potenzielle Spektrum umfasst grund-legende Verbesserungen bei einer langen Reihe von Krankheiten (Tab. 9.1). Alterungshemmend ist der Beitrag von NAD+ im Zusammenhang mit der DNA-Reparatur und Zellteilung. Wenn David A. Sinclair, Genetikprofessor an der Harvard Medical School und eine der zentralen Figuren in der Altersforschung, in einem wissenschaftlichen Review zu NAD+ von einem möglichen „Molekül das Lebens" spricht, verdeutlicht dies, welch großes Potenzial hier gesehen wird (Rajman und Sinclair 2018).

Beim Antidiabetikum Metformin, das seit Jahrzehnten erfolgreich angewandt wird, stellte man eine Verringerung der Allgemeinsterblichkeit fest (Campbell et al. 2017). Metformin wird heute außerhalb Deutsch-lands in vielen Ländern von Tausenden Menschen täglich eingenommen. Es kostet sehr wenig. Die Anwender erhoffen sich von ihm eine Lebens-verlängerung und Vorbeugung gegen Krebserkrankungen. Wirkliche

Ergebnisse wird man aber erst in der großangelegten TAME-Studie sehen. TAME steht für *Targeting Aging with Metformin*. Die mit 55 Mio. US$ an Forschungsgeldern ausgestattete Studie soll belegen, ob bei freiwilligen älteren Patienten, die bereits eine chronische Alterskrankheit vorweisen – jedoch nicht Diabetes – eine zweite weniger oft hinzukommt. Denn ältere Menschen haben typischerweise mehrere chronische Krankheiten. Fünf bis sieben Jahre soll die Studie dauern (Barzilai et al. 2015).

Schließlich ist noch ein „Wundermittel" zu nennen. Es heißt Rapamycin. Mit ihm erregte im Jahr 2009 ein Versuch mit Mäusen große Aufmerksamkeit, denn erstmals konnte nicht nur die durchschnittliche Lebensdauer, sondern die maximale Lebenszeit von Säugetieren deutlich verlängert werden (Harrison et al. 2009). Die durchschnittliche Lebenserwartung lässt sich beim Menschen ja bereits durch den Verzicht auf Rauchen steigern; sie ist also nicht das, was hier primär im Fokus steht. Viel mehr Aufmerksamkeit richtet man hingegen auf die maximale Lebenszeit. Sie konnte bei diesen Versuchen mit Mäusen um 9 bis 14 % gesteigert werden. Beim Menschen wären das rund 10 Jahre, das ist beachtlich. Diesen Versuch wird man daher vielleicht einmal als einen Meilenstein bezeichnen, mit dem der Weg in die Medizin der Zukunft beschritten wurde. Aber wie schon gesagt: Mäuse sind keine Menschen. Es bedarf gezielter Untersuchungen, um der Wirkweise bei uns näher zu kommen. Daher wird dies jetzt zunächst mit Hunden durchgeführt. Man konnte bei ihnen bereits beobachten, dass sich die Herzfunktion verjüngt (Urfer et al. 2017). Wenn bei Hunden dieselben Erfolge wie bei den Mäusen eintreten, ist der Schritt zu Versuchen am Menschen sehr nah. Heute sieht es jedoch so aus, dass NAD+ und Metformin Inhaltsstoffe der ersten geprüften und zugelassenen Anti-Aging-Medikamente sein werden, und das schon bald.

Realistisch betrachtet verspricht die Erforschung einzelner Gene und Genregulationsnetzwerke für ein hohes Alter allerdings keinen wundersamen Durchbruch. Es wird auch keine „Blitzlicht- Entdeckung" erwartet, mit der das Alter vieler Menschen in Zukunft mit einem Paukenschlag drastisch verlängert werden kann. Man sucht daher heute nicht mehr nach einem einzelnen „Methusalem-Gen". Das Gen *FOXO3* wurde etwa populärwissenschaftlich so genannt, weil es in zwei bestimmten mutierten Formen stärker exprimiert wird und dadurch als ein sogenannter Transkriptionsfaktor stärker auf die Expression mehrerer anderer wichtiger Gene wirkt. Dadurch spielt es bei extrem hohem Alter eine Rolle, unter anderem auch beim unsterblichen Süßwasserpolyp, der Hydra. Statt sich jedoch auf ein solches einzelnes Gen zu fokussieren, werden heute mithilfe von KI-Systemen

Medikamente entwickelt, die Mixturen zur Aktivierung oder Hemmung verschiedener Gene enthalten.

Es gibt jedoch noch einen anderen Ansatz, die genetischen Grundlagen zu ermitteln, und das gänzlich ohne Vorkenntnisse und viel schneller. Dazu setzt man genomweite Vergleiche ein. Das Fachwort heißt genomweite Assoziationsstudien (GWAS). Sie sind ein modernes Instrument der Forschung. Man benötigt für eine GWAS viele Daten, vorzugsweise einige Hunderttausend vollständig sequenzierte Genome von Menschen, die zum Beispiel 90 Jahre alt oder älter sind. Sie stellt man einer Vergleichsgruppe gegenüber. Ein KI-System erkennt Muster in der DNA dieser Genome, die charakteristisch für hohes Alter sind. Darunter könnten dann sogar – und das hofft man – neue genetische Hinweise sein. Ein solches System funktioniert also ähnlich, wie es ein KI-System mit Algorithmen für Bilderkennung macht, um etwa eine Katze zu erkennen.

Tatsächlich wurden solche genomweiten Vergleiche bereits erstellt. Zunächst wurden dabei sehr alte mit durchschnittlich alten Menschen verglichen. Dann ging man mit 300.000 individuellen Daten von Individuen dazu über, das Alter als einen kontinuierlichen Prozess zu sehen und verglich älter werdende Menschen jeden Alters. Parallel dazu sah man sich auch das Alter der Eltern an. Wenn man also zum Beispiel einen 70-Jährigen auswählte, wurde geprüft, wie alt dessen Eltern geworden waren, dasselbe führte man mit einem 71-Jährigen durch und so fort.

Wenig überraschend entdeckte man die altbekannten Genkandidaten wie etwa *FOXO3*, aber auch neue, die bei Wirbeltieren für die Immunregulierung und Entzündungshemmung verantwortlich sind. Insgesamt jedoch bestätigten diese Analysen, dass der Einfluss einzelner Gene auf Langlebigkeit jeweils nur gering ist (Singh et al. 2019).

Ein Experiment ganz anderer Art ist der Zusammenschluss der Blutkreisläufe zweier Organismen, jeweils eines jüngeren und eines älteren Tieres, zum Beispiel zweier Mäuse. Sie wurden zusammengenäht und teilten sich also ihren Blutkreislauf. Allein das Blutplasma, also der Anteil des Blutes ohne die Blutkörperchen, führte bei der Übertragung auf das ältere Tier zu überraschenden Verjüngungseffekten. Sowohl einzelne Zellen als auch ganze Gewebe von Skelettmuskulatur und Herz wurden dabei straffer und kräftiger. Sogar das Gehirn wurde durch das junge Blut leistungsfähiger. Ältere Mäuse, bei denen eine solche Transfusion durchgeführt wurde, zeigten bessere räumliche Orientierung und besseres Lernverhalten. Man konnte sogar plastische Veränderungen an den Dendriten beobachten, also den langen Fortsätzen der Neuronen (Nervenzellen) im Gehirn. Das Fazit des Versuchs: Im jungen Blut finden sich chemische Stoffe, die die eigenen

Stammzellen des Tiers am Leben halten, im Blut der älteren Tiere werden die eigenen Stammzellen durch andere Substanzen ausgeschaltet. Doch erst langsam werden die Gene bzw. Proteine ermittelt, die hier eine Rolle spielen. Es ist auch noch nicht klar, ob es sich um andere als die oben beschriebenen Wirkungsketten handelt (z. B. mTor, Tab. 9.1) und ob die spezifischen Verjüngungen auch noch andauern, wenn die Behandlung gestoppt wird (Bitto und Kaeberlein 2014). Vermeintlich clevere Geschäftsleute in den USA boten übrigens tatsächlich nach Bekanntwerden der erfolgreichen Bluttransfusionen mit Mäusen prompt Transfusionen mit jungem Blut für Menschen an. Scharlatane sind eben immer unterwegs. Das globale Geschäft mit der ewigen Jugend ist einfach zu verlockend.

9.3 Die Anti-Aging-Industrie – immer jünger

Bevölkerungsexplosion, Urbanisierung oder Klimawandel sind Themen, die uns anhaltend beschäftigen. Neben diesen stehen die modernen Gesellschaften noch vor einem weiteren Umbruch, dem demografischen Wandel. Um das Jahr 2050 werden erstmals mehr (nämlich geschätzte 2,1 Mrd.) Menschen im Alter von 60 Jahren oder darüber leben als junge im Alter von 10 bis 24 Jahren. Auch die Zahl der hochbetagten Menschen nimmt zu. Im Jahr 2050 werden auf der Erde voraussichtlich 426 Mio. Menschen leben, die älter als 80 Jahre sind. Das sind dreimal so viele wie 2017 (United Nations 2017). Diese Entwicklung umspannt alle Bereiche des gesellschaftlichen Lebens und generiert ökonomische Potenziale im Umfang vieler Billionen Dollar. Die Märkte werden unter dem Dachbegriff Langlebigkeitsindustrie zusammengefasst und von manchen als der größte und komplexeste Markt gesehen, den es in der Menschheitsgeschichte je gab. Der Markt umfasst Hunderte von Sektoren, Industrien sowie wissenschaftliche und technologische Bereiche, die weit über den medizinischen Rahmen hinausgehen (Colangelo 2019). Die Unternehmensberatung *PriceWaterhouseCoopers* nennt in einer Studie den demografischen Wandel an zweiter Stelle der fünf größten Megatrends (PwC 2016).

Obwohl all diese ineinandergreifenden Sektoren aus Sicht der kulturellen Vererbung und der Nischenkonstruktionstheorie (Abschn. 2.1) Themen im Umfeld dieses Buch betreffen, greife ich nur einen Ausschnitt aus dem Megatrend heraus, der an das vorangegangene Kapitel anknüpft. Gemeint sind die biotechnischen und biomedizinischen Forschungen, die ein besseres Verständnis der Mechanismen des biologischen Alterns anstreben. Die sollen helfen zu realisieren, dass Menschen ein gesundes Leben im hohen

Alter (und ein zunächst um 20 bis 30 Jahre längeres Leben) führen können. Diese Forschungen münden bereits heute in eine Flut von Start-ups mit oft mehreren Hundert Millionen Dollar Joint-Venture-Kapital. Waren um das Jahr 2010 nur vereinzelt Wissenschaftler auf diesem Gebiet tätig, sind in den letzten Jahren in den USA zahlreiche neue Unternehmen entstanden. Im Gegensatz zu CRISPR (Kap. 6) gibt es hier aus Sicht der Firmen keine ethischen Barrieren. Die jungen Unternehmen arbeiten daher mit Hochdruck an der Umsetzung ihrer Ideen. Nicht selten haben Produkte bereits präklinische Stadien durchlaufen und befinden sich in frühklinischen Testphasen am Menschen, bevor sie mit riesigen Erwartungen kommerziell eingesetzt werden sollen.

Für eine erfolgreiche Therapie des Alterungsprozesses ist eine personalisierte Medizin Voraussetzung (Kap. 8). Die visionären Ziele und das durch High Tech und KI unterstützte Vorgehen der betreffenden Firmen sind maßgeblich für die Grunderneuerung der gesamten medizinischen Landschaft. Die personalisierte Medikation mit ausgefeilter Sensor- und Biomarkertechnologie, individualisierter Mikrodosierung und raffinierten, hoch präzisen Wirkstoffkompositionen ist genau auf Alter, Geschlecht, Ethnie, Gesundheitszustand und Genetik der jeweiligen Zielperson abgestimmt. Ein Hauptziel ist dabei die Prävention, das frühestmögliche Erkennen von unscheinbaren Vorboten sich anbahnender Krankheiten, lange bevor diese sich etwa in einem chronischen Verlauf manifestieren. Langlebigkeit meint somit vorrangig Prävention statt Behandlung (Colangelo 2019).

Um diesen Weg erfolgreich beschreiten zu können, müssen in großer Bandbreite neue Biomarker für das Altern und früheste Anzeichen altersbedingter Erkrankungen entwickelt werden. Sie reichen von der bereits im vorigen Kapitel genannten Telomerlänge über altersspezifische Methylierungsmuster (kleine Anhängsel an der DNA), Genexpressionsmuster, Blutparameter, Informationen über das Mikrobiom im Darmtrakt bis hin zu fotografischen Bilddaten, etwa über Haut- oder Augenpartien. Viele chronische Krankheiten, die mit dem Lebensstil zusammenhängen, weisen gemeinsame Pfade früher Dysregulierungen im Körper auf, die mit solchen Biomarkern erkannt und in frühen Phasen auch vollständig revidiert werden können. Dafür müssen jedoch Dutzende dieser Biomarker, so genannter *Aging clocks,* komplementär zu einem holistischen Bild kombiniert werden. Dann wird es möglich, die auf *Deep Learning,* einer modernen Form künstlicher Intelligenz (Infobox 11), basierende Patientenanalyse mit den anonymisierten Daten Millionen anderer Individuen derselben Altersklasse, desselben Geschlechts und derselben Gesamtindikation abzugleichen.

Auf diesem Weg, mit *Big Data* unmerklich im Gepäck, kann ein Mensch sein gesundes Altwerden aktiv selbst überwachen. Krankheitsrisiken und die Mortalitätsrate sollen so für ihn immer exakter vorausgesagt und das Leben mehr und mehr verlängert werden (Zhavoronkov und Mamoshina 2019). Der Patient wird rund um die Uhr auf allen biologischen Ebenen gescannt und umfassend überwacht. In dieser Vision sieht der typische Patient der Zukunft seinen Arzt erst in der allerletzten Lebensphase kurz vor dem Tod.

Diese Industrie wird essenziell erst durch künstliche Intelligenz auf unterschiedlichen Ebenen ermöglicht. Für alle genannten Aufgaben entstehen im Rahmen der medizinischen Forschung KI-Zentren in den USA, in Europa und Südostasien. Vor diesem Hintergrund ist die *Longevity Industry,* wie sie in den USA genannt wird, in einer Phase vergleichbar der PC-Industrie Anfang der 1980er-Jahre oder das Internet Ende der 1990er-Jahre. Die Welt steht vor tief greifenden Änderungen (Zhavoronkov 2019).

Reverse-Aging, die Umkehr von Alterungsprozessen und Unsterblichkeit sind seit Jahrzehnten Schlagwörter, die riesiges Interesse garantieren und das Potenzial für viel Umsatz besitzen, sei es mit Pharmazeutika, populärwissenschaftlichen Büchern oder auf anderen Wegen. Die monetären Interessen unterschiedlicher Organisationen sind gewaltig. Zu *Reverse-Aging* liefert eine *Google*-Suche im April 2020 eine knappe Million Ergebnisse. Angesichts der Suchergebnisse stellt sich allerdings auch die Frage, welcher Unsinn im Netz geschrieben werden darf und was Menschen so alles glauben – und kaufen.

Beim *Reverse-Aging* will man wissenschaftlich nachweisen, dass die biologische Uhr eines Individuums nicht nur langsamer tickt, sondern sogar rückwärts läuft. Eine solche Uhr, die Auskunft über das Alter einer Person gibt, ist zum Beispiel die zuvor erwähnte Länge der Telomere. Allerdings ist diese Auskunft nicht sehr präzise. Steve Horvath von der University of California, Los Angeles, ein gebürtiger Frankfurter, entwickelte daher die epigenetische Lebensuhr, auch Horvath-Uhr genannt. Sie ist ein anerkanntes Testverfahren, das statistisch mithilfe der Informationen aus den Zellen bis auf ein paar Monate genau erfassen kann, wie alt ein Mensch biologisch – nicht kalendarisch – ist. Läuft diese Uhr, die in jeder einzelnen Zelle tickt, schneller, sterben wir früher, läuft sie langsamer, dann sind wir glücklich dran. Horvath geht so weit zu sagen, diese Uhr widerspreche der Überzeugung in unserer Gesellschaft, durch Ernährung und Sport könnten wir unser Alter beeinflussen. Tatsächlich sei das nicht möglich. Das Sagen über das Alter haben Zellprozesse und die Uhr. Die Exaktheit und Aussagekraft der Horvath-Uhr haben die Fachwelt einhellig begeistert.

Für den Nachweis werden 353 Marker an der DNA verwendet, kleine Moleküle, die in jeder Zelle an Millionen bestimmter Stellen der DNA anhaften (Methylierung). Mit fortschreitendem Alter bilden sich altersspezifische Muster dieser Methyl-Anhängsel. Sie sind bei allen Gewebearten zuverlässig nachweisbar. Könnte man feststellen, dass am Ende einer längeren Therapie diese Uhr nicht nur langsamer, sondern sogar rückwärts läuft, also ein Alter eines Probanden anzeigt, das vor dem Beginn einer Behandlung liegt, wäre das ohne Zweifel eine Sensation.

Ein solcher Versuch gelang tatsächlich völlig überraschend erstmals 2019 beim Menschen. Probanden nahmen in einem einjährigen Test einen täglichen Cocktail aus Wachstumshormonen sowie einer Diabetesmedikation zu sich. Nach dem Test waren sie im Durchschnitt biologisch 2,5 Jahre jünger als tatsächlich. Ihr Thymus, eine normalerweise kurzlebige Drüse des lymphatischen Systems in der Brustmitte und wichtiger Teil des Immunsystems, wies wieder aktives Drüsengewebe und weniger Fett auf. Der Thymus ist deswegen so wichtig, weil sein Abbau mit Erreichen des Erwachsenenalters die Anfälligkeit für Krankheiten rapide in die Höhe schnellen lässt. Könnte man seine Lebenszeit also deutlich über 70 Jahre hinaus verlängern, würde auch die Krebsgefahr und die Anfälligkeit für Infektionen signifikant sinken. Das Immunsystem würde verjüngt und gestärkt. Was fantastisch klingt, wurde im Magazin *Aging Cell* im Herbst 2019 von einem Team um Steve Horvath publiziert (Fahy et al. 2019). Kritiker hatten sich von dieser Studie zwar mehr Versuchspersonen und ein noch strengeres Vergleichsverfahren gewünscht und warnten vor dem gleichzeitigen Wachstum von Krebszellen, aber dennoch erregte das Testergebnis international großes Aufsehen.

Auch mit menschlichen Zellen gelingen beeindruckende Fortschritte. Im März 2020 wurde im Journal *Nature Communications* berichtet, dass ein Team der Stanford University in Palo Alto, Kalifornien, alte menschliche Knorpelzellen von Personen mit Arthrose und ebenso Muskelstammzellen in mehrfacher Hinsicht verjüngen konnte. Auch hier ließ sich die epigenetische Uhr mit dem oben genannten Verfahren zurückdrehen. Mit diesem wichtigen Schritt, so die Forscher, besteht Aussicht, dass Therapien gegen das Altern und gegen Alterskrankheiten entwickelt werden (Sarkar et al. 2020). Der Jahrtausende alte Traum, dass wir eine Pille finden, die Organe und den gesamten Organismus regeneriert und unsere Lebensuhr in die andere Richtung dreht, wird so ein Stück weit Realität.

Stellvertretend für die unterschiedlichen Ziele in der Langlebigkeitsbranche möchte ich einige ernstzunehmende Firmen kurz vorstellen. Es ist gut möglich, dass manche von ihnen in zehn Jahren so bekannt sind wie geläufige Automarken heute. Das Unternehmen *Life Biosciences* (https://www.lifebiosciences.com) wurde 2017 in Boston vom bereits erwähnten David A. Sinclair, Genetiker an der Harvard Medical School, mitgegründet. Als Muttergesellschaft von sechs Tochterunternehmen steht *Life Biosciences* für ein Biotech-Unternehmen, das altersbedingte gesundheitliche Beeinträchtigungen nicht als unterschiedliche und unabhängige Ereignisse und Bedingungen, sondern ganzheitlich als systemischen Zusammenbruch des Körpers betrachtet. *Life Biosciences* definiert acht Wege, auf denen das Altern abläuft, darunter chromosomale Instabilität, zelluläre Seneszenz, Erschöpfung der Stammzellen und epigenetische Veränderungen. Die Tochterunternehmen sind speziell auf die Erforschung einzelner dieser Wege ausgerichtet.

Die kalifornische Firma *AgeX Therapeutics* (https://www.agexinc.com) wurde ebenfalls 2017 gegründet. Einer der Vizepräsidenten ist Aubrey de Grey, über den wir noch mehr erfahren werden. Ein Schwerpunkt ist hier die Entwicklung einer Stammzelltherapie. Stammzellen bilden sich zu Beginn des Lebens und differenzieren sich beim Wachstum nach und nach zu den verschiedenen Körperzellen. Seit langem hofft man, Stammzellen gezielt und einfach in bestimmte Körperzellen umwandeln zu können, doch ist das noch nicht gelungen. So könnte es für Patienten mit Diabetes Typ 2 oder mit Herzinfarktrisiko von Vorteil und lebensverlängernd sein, wenn älteres Gewebe im Körper durch jüngere Stammzellen ersetzt wird, die industriell hergestellt werden, immunneutral sind und ihre Regenerationsgrenze noch nicht erreicht haben. *AgeX Therapeutics* konnte Zellen einer 114-jährigen Frau in junge pluripotente Stammzellen (iPS) umwandeln, womit man die Hypothese unterstützt sieht, dass es keine obere Altersgrenze für die Reprogrammierung der Zellalterung gibt.

Die Firma *Insilico Medicine* (https://insilico.com) mit Sitz in Hongkong ist auf das superschnelle Auffinden neuer Biomarker für das Altern spezialisiert. Dafür ist, wie beschrieben, die Unterstützung durch KI unabdingbar. KI entwickelt sich deswegen zu einem eigenen, starken Feld dieses Unternehmens. Mit derartigem KI-Support gelang es *Insilico Medicine* im Jahr 2019, innerhalb von nur drei Wochen einen Wirkstoff zu finden, der bei Fibrose eine Rolle spielt, einer krankhaften Vermehrung des Bindegewebes.

Das britische Unternehmen *Juvenescence* (https://juvenescence.ltd) stellt die Breite seiner Forschungs- und Therapiestrategie heraus. Ziele sind die Verlangsamung der Zellalterung, die Verlangsamung und Umkehrung der Neurodegeneration, die Zerstörung seneszenter Zellen, das Ersetzen alternder Organe und die Bearbeitung von Patientengenen. Realisiert werden diese Vorhaben durch Investments in und Verbindungen mit anderen Firmen. Zusammen mit diesen wird ein „Langlebigkeits-Ökosystem" entwickelt, ein Netzwerk miteinander verbundener Unternehmen, das von einer Gruppe aus Wissenschaftlern, Arzneimittelentwicklern, KI-Spezialisten und Finanzexperten koordiniert wird, ein ähnlicher Ansatz wie bei *Life Biosciences*. Die Firma *LyGenesis* in Pittsburgh (https://www. lygenesis.com) ist ein Beispiel für ein Unternehmen, das auf dem Gebiet regenerativer Technologie und Organregeneration arbeitet. *LyGenesis* berichtete 2019, dass bei Mäusen und Schweinen eine neue, ektopisch (also abseits der normalen Organposition) gewachsene Leber aus körpereigenem Lymphknotengewebe erzeugt werden konnte.

Am wenigsten bekannt ist das, woran die von *Google* 2013 gegründete Tochter *Calico* (https://www.calicolabs.com) forscht. Das heute wie auch *Google* selbst zum Konzern *Alphabet* gehörende Unternehmen besitzt enorme Finanzmittel und verfügt über ein breites, betont langfristig ausgerichtetes Forschungsprogramm zum Thema Langlebigkeit. Wie die meisten anderen Unternehmen auch, will man nicht irgendeine Firma sein, sondern *der* zentrale Player in dem Multi-Milliarden-Dollar-Markt. Im Jahr 2018 veröffentlichte die Firma eine Studie in einem Fachmagazin, was selten vorkommt. Sie handelte von ihren Forschungen an Nacktmullen (Ruby et al. 2018b). Diese trotzen dem üblichen Alterungsprozess; sie bekommen keinen Krebs und keine Herz-Kreislauf-Erkrankungen. Nacktmulle werden bis zu 30 Jahre alt, zehnmal älter als Mäuse. Wenn sie doch einmal sterben, dann meistens beim Kämpfen.

Laut *Calico* hat sich ergeben, dass das Sterberisiko von Nacktmullen mit dem Alter nicht zunimmt, wie es bei anderen Säugetieren typisch ist. Warum die hoch sozialen Nacktmulle bis zu 30 Jahre alt werden können, gibt Wissenschaftlern schon lange Rätsel auf und wird intensiv erforscht. Eine Meinung besagt, dass sie, anders als Mäuse, keine Feinde haben. Deswegen sei ihr höchst soziales Leben evolutionär nicht auf kurzfristige Reproduktion, sondern auf ein langes, ruhigeres Leben unter der Erde optimiert. Eine andere Theorie stützt sich auf die Fähigkeit dieser Tiere, ihren Kreislauf herunterzufahren. Damit würden sie oxidativen Stress vermeiden, also die Anreicherung schädlicher Sauerstoffverbindungen, die zu vermindertem Schadstoffabbau in den Zellen und zu Zellalterung führen. Was immer der Grund ist, Genetiker möchten vor allem die Gene finden, die den Nacktmullen ein für ihre geringe Größe so unfassbar langes Leben ermöglichen. Hat man verdächtige Gene gefunden, kann man sie – vielleicht mit CRISPR – in andere Tiere übertragen, und sehen, ob diese älter werden.

9.4 Einhundert plus

Ich fasse die Ausführungen bis hierher in einem Szenario zusammen (Szenario 8): Eine absolute, natürliche biologische Obergrenze des menschlichen Alters ist nicht auszumachen. Versuche solcher Festlegungen wurden stets wieder verworfen (Oeppen und Vaupel 2002). Die Lebensspanne, die ein Individuum, bzw. das Durchschnittsalter, das einzelne Jahrgänge in Zukunft erreichen können, wird weiter ansteigen. Dabei wird die signifikante Zunahme vieler Menschen, die mehr als 100 Jahre alt sind, zu enormen gesellschaftlichen Herausforderungen führen. Sie zwingen zu kaum durchsetzbaren Neuregelungen des Renteneintrittsalters, zu einer Politik für alte Menschen, die Lösungen erarbeitet, welche Rolle diese Menschen in der Gesellschaft einnehmen sollen, und schließlich auch zur Schaffung neuer bzw. anderer Arbeitsplätze. Neue Märkte entstehen im Gesundheitswesen und der gesamten Volkswirtschaft. Weitere Umwälzungen auf politischen und sozio-kulturellen Gebieten kommen noch hinzu. Harari spricht von einer „Revolution der menschlichen Gesellschaft" (Harari 2017). Er zeichnet drastische Bilder von Familienstrukturen, die auf den Kopf gestellt werden. Man stelle sich einen Hundertjährigen vor, der körperlich und geistig jünger und fitter ist als sein 60-jähriger Sohn, oder Menschen, die sich mit 100 Jahren immer wieder neu erfinden müssen.

Ich kann eine solche Gesamtschau hier nicht vornehmen. Ich möchte auch nicht diskutieren, ob Sie oder ich tatsächlich älter werden möchten, als das derzeit möglich ist. Dazu gibt es alle möglichen Meinungen. Wenn jedoch Fortschritte vorliegen, wird sich niemand dagegen wehren können, dass eine Diskussion über ihre gesellschaftlichen Folgen geführt wird. Vorhandenes Kapital wird sich einen Weg bahnen, sich in den zahllosen neuen Märkten auszutoben. Es wird ohne Umwege jene Abnehmer finden, die bereit sind, jede Summe für ein in ihren Augen fantastisches Vorhaben zu bezahlen, nämlich gesund sehr viel älter zu werden. Der Jahrtausende alte Traum von der ewigen Jugend wird zum ersten Mal in der Geschichte der Menschheit zu einem starken Zugpferd für Millionen werden, wenn uns immer mehr Bilder von 60-jährigen Menschen vorliegen, die wie 30 aussehen (Abb. 9.1) und auch einen entsprechenden Körper haben, und wenn sich Berichte von 90-Jährigen häufen, die womöglich eine Dissertation an der Universität abschließen oder eine 50-jährige heiraten, die so alt ist wie die jüngste Tochter.

Ich konzentriere mich hier auf das biologische Szenario. Die Zukunft des biologischen Alterns soll so aussehen, dass viele Menschen bei guter

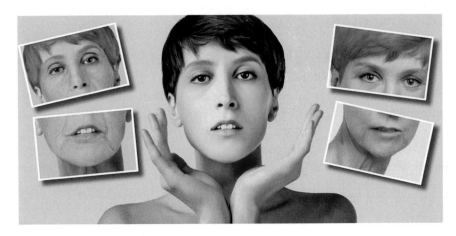

Abb. 9.1 Verjüngung. Die Zukunft wird die zelluläre Verjüngung von Geweben und ganzen Organen mit sich bringen. Schließlich wird der gesamte Organismus verjüngt werden. Ein gigantischer Anti-Aging Markt entsteht (Verjüngung: Alamy)

Gesundheit mittelfristig zwei, drei oder noch mehr Jahrzehnte älter werden können, somit deutlich älter als 100 Jahre, und zwar im Optimalfall mit viel weniger Fremdbetreuung, also weniger Pflege und ärztlicher Hilfe als heute. Das gilt insbesondere für die Menschen in höher entwickelten Ländern, die ausreichende Bildung besitzen und über die finanziellen Mittel verfügen, um das Vorhaben „gesunde Langlebigkeit" für sich frühzeitig und planvoll anzugehen. Wegen der Kostenreduzierungen werden immer größere Kreise davon profitieren. Jean-Pierre Fillard (2020) spricht davon, dass die Hälfte der heute lebenden Säuglinge bei konstanten Bedingungen einmal Hundertjährige sein werden. Aber auch die heute unter 50-jährigen Menschen werden von den anstehenden Fortschritten der Biologie, der Medizin und künstlichen Intelligenz profitieren und ihr Leben deutlich in Richtung 100 Jahre und darüber hinaus verlängern können.

Es wird in dieser neuen Welt nicht ein einzelnes Produkt geben, das alle Anforderungen für gesundes Altern und Langlebigkeit erfüllen kann. Für diese Menschen wird keine einzelne Pharmafirma das gewünschte Ziel allein sicherstellen können. Strategien und Methoden sind vielmehr auf Hunderte von Firmen und Organisationen verteilt. Sie umfassen in der Gesamtschau mindestens die folgende Agenda (vgl. auch Szenario 8):

1. täglich jahrelang einzunehmende Medikamente, die Alterungsprozessen in Genregulationsnetzwerken ursächlich entgegenwirken (Gentherapien)
2. Enzyme und Proteine zur Verbesserung von Zellreparaturmechanismen
3. Stammzelltherapie zur Erzeugung neuer Gewebe und Organe

4. frühestmögliches Erkennen von Fehlfunktionen, die sich zu chronischen Krankheiten entwickeln können (Kap. 4 und 8)
5. Nanobotsysteme, die die Blutbahn überwachen, schädliche Moleküle erkennen und beseitigen (Kap. 4)
6. parallele Vermeidung körperlicher Leiden und Funktionsstörungen des neuronalen Apparats
7. biotechnische, mit dem Organismus verbundene Organe, Prothesen, Sensoren etc. (Kap. 5)
8. paralleler, koordinierter Einsatz Dutzender Biomarker auf unterschiedlichen physiologischen Ebenen (Kap. 4 und 8)
9. Analyse und Diagnose der von den Biomarkern erzeugten Daten mit Mustererkennungsverfahren gespeicherter, anonymer Daten von Millionen Individuen (Kap. 8)
10. engmaschiges, aktives Patientenmanagement

Szenario 8 Die Verlängerung des Lebensalters und Unsterblichkeit

Die Lebensspanne von Menschen wird mittelfristig um Jahrzehnte verlängert werden. Unsterblichkeit bleibt noch eine Vision. Mit dieser Ausnahme basiert das für die Medikationen und KI-Unterstützung erforderliche Wissen überwiegend auf fundierten Grundlagen und Annahmen der Biomedizin. Die Veränderungsschritte können daher technisch als gerichtete und ungerichtete Veränderungen eingeschätzt werden. Bei der Umsetzung der biotechnischen Vorhaben sind auch kaum Brüche zu erwarten (vgl. Lit. im Text).

Phasen (auch zeitlich parallel, nicht kausal aufeinanderfolgend)	Wissen (heute)	Veränderungen (technisch)
Gentherapien zur Verlangsamung des Alterungsprozesses	Fundierte Meinungen, Vermutungen (Vaiserman et al. 2019)	Gerichtete Veränderung (Vaiserman et al. 2019)
Enzyme und Proteine zur Verbesserung von Zellreparaturmechanismen	Fundierte Meinungen (Campbell et al. 2017)	Gerichtete Veränderung
Ersatz ermüdeter und kranker Gewebe und Organe mit Stammzelltherapie	Fundierte Meinungen (Hescheler 2019; Ullah und Sun 2018)	Gerichtete Veränderung
Nanobotsysteme in der Blutbahn	Fundierte Meinungen (Cadar 2018)	Gerichtete Veränderung

Phasen (auch zeitlich parallel, nicht kausal aufeinanderfolgend)	Wissen (heute)	Veränderungen (technisch)
Parallele Prävention unterschiedlicher, inklusive kognitiver, Krankheiten	Fundierte Meinungen, Vermutungen (Campbell et al. 2017)	Gerichtete Veränderung
Neue Biomarker zur biologischen Altersbestimmung, Unterstützung durch KI	Fundierte Meinungen, Vermutungen (https://insilico.com)	Gerichtete Veränderung
Biomarker und Nanotechnik zur Feststellung von Krankheitssymptomen im Frühstadium	Fundierte Meinungen, Vermutungen (Schürle-Finke 2019)	Gerichtete Veränderung
KI-Unterstützung für die personalisierte Patientenüberwachung	Fundierte Meinungen (Zhavoronkov 2019)	Gerichtete Veränderung
Biotechnische Systeme/Organe/Prothesen (Kap. 5)	Fundierte Meinungen	Gerichtete Veränderung
Vorsorgliches eigenes, aktives Patientenmanagement mit High-Tech-Systemen, KI und Internet	Fundierte Meinungen	Gerichtete Veränderung
Mittel-/langfristig: *Reverse-Aging* von Geweben und Organen	Erste fundierte Meinungen, Vermutungen (Fahy et al. 2019)	Gerichtete/ungerichtete Veränderung
Mittelfristig: Verlängerung der Lebensspanne um 50 bis 100 Jahre	Fundierte Meinungen/Vermutungen	Gerichtete/ungerichtete Veränderung
Langfristig: biologische Unsterblichkeit	Vermutungen/große Spekulation; innovative, sprunghafte Wissenserweiterung erforderlich (Grey 2017, 2018; Kurzweil 2014)	Unkalkulierbar/Spekulation; längerfristig; Kipppunkte mit technischen Umbrüchen und Trendbeschleunigungen erforderlich

Wenn sich die Lebensspanne von Menschen gemäß der vorgenannten Forschung mittelfristig um weitere Jahrzehnte verlängern lässt, schließt das nicht aus, dass es auch Menschen geben wird, die noch viel älter werden können. In jedem Fall wird die Zahl der mehr als Hundertjährigen weltweit weiter exponentiell zunehmen. Lebten zur Jahrtausendwende 151.000 Menschen im Alter von 100 Jahren oder älter auf der Erde, nennt die UN für das Jahr 2020 schon 573.000 (darunter viermal so viele Frauen wie Männer) und für 2050 knapp 3,2 Mio. Das ist ein exponentielles Wachstum. Für 2100 werden schließlich in dann linearer Fortschreibung (warum linear?) 19 Mio. der Ältesten prognostiziert (https://population. un.org/wpp/Download/Standard/Population/). Die UN geht jedoch – wie schon zuvor betont und wie andere Statistiken auch – nicht von technologisch beschleunigter Entwicklung aus, die zu einem schnelleren Anwachsen der Zahl führt. Ihre Prognosen sind deshalb nicht realistisch. Wie bei allen Entwicklungen der Vergangenheit wird es auch hier in Zukunft *Tipping points* geben, ab denen der weitere Verlauf Sprünge macht. Anlässe dafür könnten die Gentherapie sein, der medizinische Sieg über wichtige Krebsarten, Durchbrüche bei der Transplantation bzw. Verjüngung von Organen oder bei der Stammzelltherapie. Ferner sei nochmals betont, dass ein Alter von 100 Jahren keine biologische Barriere ist. Es gibt kein Gen, das bei einem erreichten Alter von 100, 110 oder mehr Jahren einen „Schalter umlegt", der kein weiteres Jahr mehr zulässt.

Jean-Pierre Fillard (2020) erstellte ein Szenario, das mit dem hier dargestellten kompatibel ist. Wir folgen ihm an dieser Stelle. In Abb. 9.2 sehen wir die tendenzielle Entwicklung und Prognose der Sterblichkeit ab etwa dem Jahr 1900 bis über das Jahr 2050 hinaus. Die Sterblichkeit zum

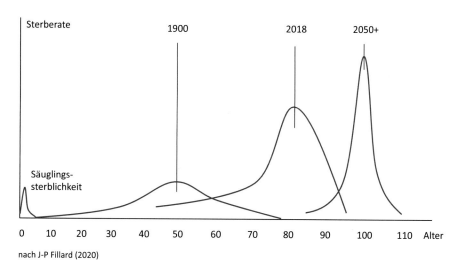

nach J-P Fillard (2020)

Abb. 9.2 Die Hundertjährigen. Das durchschnittliche Sterbealter verschiebt sich seit 1900 in Deutschland tendenziell hin zu höherem Alter bis 100 Jahre und darüber. Gleichzeitig wird die Abweichung vom Durchschnitt (Varianz) auf Grund des Fortschritts in der Medizin geringer (Die Hundertjährigen: Jean Pierre Fillard: Longevity in the 2.0 world. World Scientific Publishing, Copyright 2020, mit freundlicher Genehmigung)

Beispiel des Jahrgangs 1900 in der Grafik kann aus Sterbetafeln abgeleitet werden. Danach starben Menschen in Deutschland damals im Durchschnitt etwa mit 48 Jahren. Das war auch die Lebenserwartung, die man für Neugeborene im Jahr 1900 festlegte, denn diese geht ja, wie schon erwähnt, von den Sterbedaten der bis dahin Geborenen aus (Kap. 3 und 9). Die Kurve links zeigt diesen Durchschnitt sowie die relativen Häufigkeiten von Verstorbenen, die weniger als 48 Jahre alt und solchen, die älter wurden. Je größer der Abstand von der senkrechten Linie der durchschnittlichen Lebenserwartung, desto geringer werden die Raten dazu, was die abflachende Kurve wiedergibt. Ganz links ist ein kleiner Gipfel, der die Rate der Säuglingssterblichkeit darstellt. Das Alter konnte für Menschen, die um 1900 verstorben sind, tatsächlich ziemlich hoch sein, durchaus bis gegen 80 Jahre, aber das galt eben nur für wenige Menschen. Die mittlere Kurve zeigt die Lebenserwartung um das Jahr 2018. Sie ist wie die vorige zu interpretieren. Die Säuglingssterblichkeit ist dank des medizinischen Fortschritts hier vernachlässigbar geworden und wird daher im Bild nicht gezeigt. Interessant ist jedoch im Vergleich, dass die mittlere Kurve viel steiler ist als die linke. Das bedeutet, Menschen sterben nicht mehr so früh. Sie sterben im Durchschnitt jetzt mit etwa 80 Jahren, ein großer Anteil von ihnen nur 10 oder höchstens 20 Jahre früher. Für ein noch höheres Alter als der Durchschnitt ist hingegen nicht mehr viel Spielraum. Das zeigt sich in der Kurve durch ihr rasches Absinken gegen die Nulllinie bei etwa 95 Jahren.

Nun zur dritten, rechten Kurve, die ein Zukunftsszenario darstellt. Der Durchschnitt ist hier mit 100 Jahren angegeben. Die Kurve ist noch deutlich steiler und höhere als die mittlere, das heißt, dass noch mehr Menschen ein sehr hohes Alter erreichen werden und noch weniger Jahre vor oder nach dem Durchschnittswert sterben als bei der 2018-Kurve. Diese sehr steile Kurve drückt aus, was im Text beschrieben wird: Menschen sterben in Zukunft nicht mehr so häufig an Alterskrankheiten. Medizin, Gentherapie und die anderen erwähnten Hilfen lassen sie in eigener Regie sehr alt werden und gesund bleiben. Man könnte jedoch, wenn man die Daten trennt, einen zweiten Gipfel links vom ersten darstellen; er ist nicht eingezeichnet. Fillard sieht ihn als Sterblichkeit von Menschen mit weniger Einkommen und Bildung, aber ebenso auch für die Menschen in weniger entwickelten Ländern. Es sei noch einmal betont, dass das Modell nur unter den Annahmen gilt, dass keine gesellschaftlichen Störungen auftreten, kein Wachstumsende, keine Kriege, keine lang anhaltenden Pandemien oder andere negativen, auch einmaligen Ereignisse. Sind positive Rahmenbedingungen gegeben, kann sich die rechte Kurve im Modell tendenziell noch weiter nach rechts verschieben.

Eine Studie von 2018, veröffentlicht im Magazin *Science*, befasst sich mit den Ältesten der Alten in Italien, Menschen zwischen 105 und 110 Jahren. In kaum einem anderen Land der Welt leben so viele so alte Menschen. Die völlig überraschende Aussage dieser Untersuchung ist, dass die Sterblichkeitsrate dieser Menschen nicht mehr ansteigt. Sie bleibt konstant bei rund 50 %. Mit 105 Jahren ist demnach für einen solch betagten Menschen die Wahrscheinlichkeit, innerhalb eines Jahres zu sterben, ebenso groß wie mit 110 Jahren, nämlich 50/50. Unterhalb dieser Altersklasse, etwa im Alter von 70 oder 80 Jahren, nimmt sie dagegen mit jedem zusätzlichen Lebensjahr zu, was man auch intuitiv erwartet. Eine konstant bleibende Mortalitätsrate beinhaltet dagegen die Aussage, dass es kein natürliches biologisches, genetisch oder sonstwie festgelegtes Maximum für das menschliche Alter gibt (Barbi et al. 2018). Das ist es, wovon die Firmen im Silicon Valley träumen: *Open end!* Dieses Ergebnis provozierte, wie nicht anders zu erwarten, breite Kritik. Noch ist wohl nicht das letzte Wort zu diesem bizarren Thema gesprochen (Geddes 2016). Eine Überraschung ohnegleichen ist die These allemal. Menschen in so hohem Alter sterben zudem verblüffend selten an Krebs oder Herzinfarkt und erfreuen sich oft guter Gesundheit bis ans ihr Lebensende. Sie sind daher für Wissenschaftler begehrte Studienobjekte.

Dem hehren Ziel, ein hohes Alter ohne Krankheit zu erreichen, steht allerdings entgegen, dass die Umwelt, die sich der moderne Mensch erschafft, immer mehr lebensschädigende Bedingungen aufweist. Wir leben seit gerade einmal 100 oder 200 Jahren, quasi auf einen Schlag, gänzlich anders als zu 99 % der Zeit unserer Millionen Jahre währenden Evolution. Wir haben eine überwältigende chemische Welt um uns herum geschaffen. So gut wie alle Gegenstände des täglichen Lebens sind synthetisch hergestellt oder chemisch behandelt. Hinzu kommt, dass fast alle Nahrungsmittel auch schon als Feldfrüchte auf dem Acker chemische Behandlungen durchlaufen; vielen Nutztieren werden noch immer proaktiv übermäßig Antibiotika zugeführt. Die vielen Tausend einzelnen und kombinierten Wirkungen dieser Maßnahmen auf unseren Organismus, auf genetische und epigenetische Veränderungen sowie auf unser Mikrobiom sind heute noch immer so gut wie unbekannt, vor allem weiß man über mögliche kumulative Effekte nichts (Donner 2021). Jedoch sind Zusammenhänge mit unserer Gesundheit wissenschaftlich nicht mehr zu leugnen (Enriquez und Gullans 2016). Viele Umweltbelastungen, wie chemische Schadstoffe, darunter Feinstaub (Donner 2021), aber auch Lärm, Feinstaub, Stress, Chemie wirken dauerhaft und damit über Generationen hinweg auf die Menschen (Greenstone und Fan 2020). Ihre Einflüsse können – wie man heute weiß – epigenetisch vererbt werden. Auf diesem Weg haben sie evolutionäre Relevanz. Wir müssen von der Annahme ausgehen, dass Umweltbelastungen inklusive neuer Stressbelastungen in Zukunft noch größer werden und oft gar nicht zu vermeiden sind. Die Frage bleibt offen, wie stark sie die Bemühungen um eine erhöhte gesunde Langlebigkeit konterkarieren. In Kap. 11 komme ich noch einmal darauf zurück.

9.5   Unsterblichkeit – Fantasie oder wissenschaftliches Ziel?

Am Horizont aller Forschung um das Altern steht die ultimative Frage: Wie steht es mit der Unsterblichkeit beim Menschen? Unsterblichkeit ist mehr als die oben gesehene konstante Sterblichkeitsrate. Wenn die Sterblichkeitsrate tatsächlich konstant ist und es zum Beispiel 100 Menschen mit einer solchen fixen Rate von 50 % gibt, dann halbiert sich die Zahl der am Leben bleibenden also jährlich. Nach einem Jahr sind es statistisch noch 50, nach 6 Jahren nur noch einer. Wären es anfangs jedoch mehr, sagen wir, 10.000 Menschen, dauert der Prozess, bis zum letzten Überlebenden länger, nämlich jetzt 13 Jahre. Aus einer Gruppe mit Zehntausend 105-Jährigen könnte demnach einer statistisch 118 Jahre alt werden. Würden sogar Millionen Menschen 105 Jahre alt, dauerte es noch viele Jahre mehr, bis statistisch der letzte stirbt. Aber das wäre immer noch keine Unsterblichkeit. Evolutionär hat eine Konstanz der Sterblichkeitsrate im Vergleich zu Unsterblichkeit eine geringere Bewandtnis. Tatsächlich beobachten wir eine konstante Mortalität auch nicht, denn der älteste Mensch der Welt, die Französin Jeanne Calment, starb im Jahr 1997 im Alter von sagenhaften 122 Jahren. Sie war eine absolute Ausnahmeerscheinung bis heute. Seitdem gibt es zwar viel mehr 100-Jährige, dennoch bis heute keinen Menschen mehr, der ihr Alter erreichte oder gar älter als sie wurde. Doch das wird sich ändern. Spätestens mit einer halben Milliarde Hundertjähriger werden wir dann wohl auch 200-Jährige und noch ältere Menschen sehen.

Es gibt aber tatsächlich unsterbliche Tiere. Ein italienischer Forscher entdeckte im Jahr 1999 im Mittelmeer eine Qualle *(Turritopsis dohrnii)*. Sie ist fähig, ihre Zellen in das Stammzellenstadium zurückzubilden, wenn sie alt wird. Stammzellen sind keine Keimzellen, sondern veränderte, „rückprogrammierte" somatische Zellen; das Tier pflanzt sich also nicht fort. Die Qualle nimmt wieder ihre jugendliche Polypenform an. Als kleiner Polyp beginnt sie ihren früheren Lebenszyklus wieder neu. Der Prozess kann sich beliebig oft wiederholen. Das Tier lebt theoretisch „ewig" (Piraino und Boero 1996).

Auch die kleinen Hydren sterben nicht. Rund 20 Arten dieser Gattung kommen in unseren Teichen und Seen vor. Am Max-Planck-Institut für demografische Forschung in Rostock beobachtete eine Forschergruppe acht Jahre lang zwei Individuen unterschiedlicher Arten der Süßwasserpolypen mit ihren mehr als 2000 Nachkommen. Das Ergebnis: Die Sterblichkeitsrate steigt nicht wie etwa bei uns und den allermeisten Tieren mit zunehmendem Alter an, sondern bleibt konstant und die Reproduktionsrate ebenso. Anders als bei den über hundertjährigen Menschen ist hier die Sterblichkeitsrate jedoch verschwindend gering, nämlich unter 1 %, und gleichzeitig die Über-lebensrate nahe 1, auch nach acht Jahren. So etwas wurde bisher für unmög-lich gehalten. Das Credo, multizellulare Organismen müssten früher oder später sterben, erwies sich nach diesem Experiment als nicht mehr haltbar. *Hydra* hilft dabei, dass man sie in zwei, ja sogar in viel mehr Teile schneiden kann; dennoch kann sie sich immer vollständig regenerieren. Das wusste man schon länger. Interessant ist auch, dass das Nesseltierchen ständig neue Stammzellen produziert, die nicht altern. Warum aber *Hydra* ein so robustes Leben hat, und warum das für ihre Evolution wichtig war, bleibt ein Rätsel (Schaible et al. 2015).

Wenn wir uns mit der biologischen Unsterblichkeit beim Menschen näher beschäftigen, rückt ein Name ins Blickfeld: Aubrey de Grey. De Grey befasst sich seit Jahrzehnten intensiv mit dem Thema. Dabei muss man bei seinen Thesen darauf achten, den Glauben an ernste Wissenschaft nicht zu verlieren. In London geboren, Jahrgang 1963, ist de Grey mit Mathematik, Softwareentwicklung und KI ebenso vertraut wie mit Genetik und der Biologie des Alterns. Das Meiste hat er sich selbst beigebracht, nicht so seinen PhD. Diesen verdiente er sich im Fach Biologie im Jahr 2000 an der renommierten Universität Cambridge. De Grey ist Herausgeber eines Wissenschaftsjournals über das Altern *(Rejuvenation Research)*. Heute lebt und arbeitet er in Kalifornien. Er ist berühmt, aber nicht unumstritten.

Für de Grey kann Altern des Menschen mit einem Haus verglichen werden, das baufällig zu werden droht. Man kann es mit dem Einsatz technischer Mittel regelmäßig reparieren und durch Vorbeugung sicher-stellen, dass es ewig – de Grey sagt lieber „unbegrenzt" – in einem guten Zustand erhalten bleibt. Aus einer solchen Sicht wird davon ausgegangen, dass der Körper eine Maschine ist, die immer wieder repariert werden kann und von Zeit zu Zeit eine Generalüberholung braucht. Ein Oldtimer wurde vielleicht einmal entwickelt, um zehn Jahre fahren zu können. Dennoch fahren heute noch Oldtimer herum, die 100 Jahre und älter sind. Sie wurden mit viel Aufwand und Liebe gewartet, vielleicht an der einen oder anderen Stelle sogar geschickt präventiv repariert. Altern ist so gesehen für de Grey kein biologisches, sondern ein physikalisches Problem. Es macht sich erst dann bemerkbar, wenn Schäden ein gewisses Toleranzmaß überschreiten, etwa angereicherte Schadstoffe in oder die Teilungshäufigkeit von Zellen. Bevor dies auffallend stark eintritt, läuft „die Maschine" so rund, wie man es von ihr erwartet. Sobald Schäden jedoch eine gewisse Grenze überschreiten, wird der Alterungsprozess sichtbar; er schränkt die Leistung der Maschine spürbar ein, stört ihren Betrieb und führt schließlich zum technischen Stillstand.

Dabei wird eingestanden, dass der menschliche Körper um ein Vielfaches komplexer ist als jede Maschine, die je von uns gebaut wurde. Das bedeutet aber nicht, dass die Schäden selbst ebenfalls so komplex sind. Man kann Schäden eindeutig klassifizieren und jeder Schadenskategorie eindeutig Therapien zuzuordnen. Das zeigt, dass die Komplexität der Instandhaltung des menschlichen Organismus eben nicht so hoch ist wie die Maschine selbst. Genau das stellt de Grey heraus (Grey 2017).

Im Jahr 2009 gründete de Grey zusammen mit anderen eine Organisation, die sich heute *SENS Research Foundation* nennt (https://www. sens.org). *SENS* steht für das Erforschen von Strategien, um den Alterungsprozess mit technischen Mitteln vernachlässigbar zu machen. Die *Nonprofit*-Organisation forscht an sieben von de Grey bereits früher definierten zellulären und molekulare Schadenskategorien oder Angriffspunkten für das Altern. Diese sieben Schadenskategorien werden als vollständig gesehen, da seit ihrer Aufstellung keine neuen hinzukamen.

Eine der Klassen ist zum Beispiel die Schadstoffanreicherung in den Zellen mit zunehmendem Alter. Gegen diese intrazellulären Schadstoffe müsste zum Beispiel mit neuartigen Enzymen vorgegangen werden, die solche Abfallstoffe abbauen können. Natürliche Enzyme können das nicht. Für eine andere Klasse, den Schadenstyp krebsartiger Zellvermehrung, bestehe die Strategie darin, Gentherapie zu nutzen, um die Gene für Telomerase zu löschen und telomeraseunabhängige Mechanismen zu eliminieren, die normale Zellen in „unsterbliche" Krebszellen verwandeln. Die fünf weiteren Schadenskategorien erfordern wieder andere, spezifische Therapien. *SENS* entwickelt eine neue Art von Medizin: „regenerative Therapien, die die zellulären und molekularen Schäden, die sich mit der Zeit in unseren Geweben ansammeln, entfernen, reparieren, ersetzen oder unschädlich machen".

De Grey stellt dabei in den Vordergrund, man müsse sich nicht damit befassen, welches die Ursachen des strukturellen Zerfalls sind, auf welche

Weise also die Schäden zustande kommen. Unabhängig davon, wodurch eine bestimmte Klasse von Schäden überhaupt verursacht wird, könnten nämlich innerhalb einer Schadenskategorie dieselben generischen Therapien eingesetzt werden, um die Schäden zu reparieren. Am Beispiel Zellverlust (Atrophie) würde also – gleichgültig bei welchem Zellgewebe im Körper er auch immer auftritt – dieselbe Therapie zum Einsatz kommen, nämlich Stammzelltherapie, um ausgediente Zellen zu ersetzen, die das nicht mehr selbst erledigen können. Angesichts der mehr als 300 verschiedenen Zelltypen des Menschen ist eine gezielte Stammzelltherapie keine einfache Aufgabe. Entscheidend ist, so de Grey, dass man heute über grundlegendes Verständnis darüber verfüge, wie die Schäden aufgehalten und revertiert werden können. Dieses Wissen der *Rejuvenation Biotechnology* ist heute auf unterschiedlichen Feldern unterschiedlich stark entwickelt, in der Stammzelltherapie zum Beispiel weitaus stärker als in anderen, bei denen man erst über grobe Ideen verfügt. Das vorhandene Wissen müsse daher in den nächsten Jahrzehnten auf allen Gebieten weiterentwickelt und zusammengeführt werden und schließlich zu klinischem Einsatz reifen.

Die Vorsorge gegen das Altern, die hier vorgeschlagen wird, ist ein andauernder Therapieprozess für ein Individuum, da die Metabolismen der Zellen zum Erliegen kommen und daher Schäden am Organismus laufend neu auftreten. Diese Arbeit am Organismus beginnt auch nicht erst, wenn der Organismus gealtert und das Kind quasi in den Brunnen gefallen ist. Die Therapie setzt vielmehr früh und periodisch an, am besten bevor überhaupt Schäden auftreten. Das Ergebnis ist dann nicht nur eine Regeneration, sondern auch echte Verjüngung. Die Langlebigkeit ist ein Nebeneffekt dazu (Grey 2017). Forschungen am Max-Planck-Institut für Biologie des Alterns in Köln bestätigen: Bestimmte Zellgewebe im menschlichen Körper, zum Beispiel in der Leber, haben eine Art Gedächtniseffekt. Sie „merken sich" eine einmal eingeschlagene ungesunde Lebensweise. Verbessern bzw. reduzieren Mäuse ihre Ernährung, stellen Gene in Fettzellen dennoch ihre Aktivität bis ins Alter nicht mehr um; die Fettzusammensetzung bleibt weitgehend erhalten. Die Schlussfolgerung der Wissenschaftler heißt, dass früh damit begonnen werden muss, wenn man lange leben will (Wilhelm 2020).

Aubrey de Grey ist überzeugt davon, dass der erste Mensch, der 1000 Jahre alt werden kann, heute schon auf der Welt ist. Selbstverständlich weiß der Mann genau, dass er damit Kollegen provoziert, dagegen zu halten. Sie sind geradezu verpflichtet, ihn für eine solche in ihren Augen unwissenschaftliche Äußerung anzuklagen, damit er nicht die gesamte Branche als Science-Fiction in Verruf bringt. De Greys Antwort ist aber unmissverständlich: Er vergleiche lediglich, wie lange es typischerweise vom Zeitpunkt an, zu dem einige grundlegende Durchbrüche erfolgen, dauern wird, bis der technologische Fortschritt eintritt. So gesehen sei es nicht nur möglich, sondern bei dem gegenwärtigen Wissen sogar extrem wahrscheinlich, dass ein im 21. Jahrhundert geborener Mensch 1000 Jahre alt werden kann (Grey 2018). Auf Nachfrage präzisiert de Grey, er sehe eine 50-%-Chance, dass seine Prophezeiungen in den nächsten 50 Jahren Realität werden und eine 10-%-Chance, dass sie das auch in 100 Jahren noch nicht sind. Elementare Voraussetzung für den Erfolg sei die Bereitstellung von ausreichenden finanziellen Mitteln für die wissenschaftliche Forschung (Grey 2017). Mit der Hypothese, Menschen der jungen, heute lebenden Generation könnten 1000 Jahre alt werden, gelang es de Grey geschickt, Aufmerksamkeit auf seine Arbeit zu ziehen. Unsterblichkeit steht dabei gar nicht im Mittelpunkt seiner eigentlichen Forschung. Sie kann, wie die Langlebigkeit, einfach ein Nebeneffekt sein, allerdings ein sehr bedeutender.

Genau genommen berücksichtigt die Diskussion um den Begriff Unsterblichkeit nicht, dass Menschen auch auf Grund anderer Ursachen als durch Altern sterben. Der Tod ereilt sie auch durch Unfälle, Mord oder Suizid. Wird das berücksichtigt, wäre statistisch spätestens nach etwa 2000 Jahren jeder entweder von der Leiter gefallen oder in der Badewanne ertrunken oder hätte auf eine andere unvorhergesehene Art das Zeitliche gesegnet (Welsch 2015).

Wenn ich hier über Ikonen schreibe – und Aubrey de Grey hat sicher ikonenhafte Züge – dann darf ein Mann nicht fehlen. Er propagiert die Unsterblichkeit bis zum Jahr 2045 *(Immortality by 2045)*. Der Slogan trug einen erheblichen Teil zu seiner Berühmtheit bei. Die Rede ist natürlich von Ray Kurzweil. Geboren 1948 in New York, arbeitet der Erfinder und Futurist seit 2012 bei *Google* in einer Führungsposition (Director of Engineering). Er verantwortet dort die Bereiche Maschinenlernen und Verstehen von Sprache. Kurzweil haben wir bereits kennengelernt (Kap. 3). Kein anderer hat seit den frühen 1980er-Jahren der Allgemeinheit so bildhaft wie er verständlich gemacht, was exponentielles Wachstum ist, und ganz besonders, was exponentieller Fortschritt bedeutet. Er hat ihn zum Gesetz erhoben. Ray Kurzweil wurde 1948 in einem ungünstigen, weil vielleicht doch zu frühen Jahr geboren. Sein ganzes Bemühen ist darauf gerichtet, sein biologisches Leben so lange, nämlich bis 2045, durchzustehen, bis es durch ein maschinelles abgelöst werden kann. Dafür optimiert er seinen Organismus mit jeder denkbaren Therapie und 250 Medikamenten und Nahrungsergänzungen täglich, um eine Brücke bis zum Jahr 2045 zu bilden (Kurzweil 2014). Dann ist er 97 Jahre alt. Es könnte knapp werden.

Die Angabe 2045 soll selbstverständlich nicht wörtlich genommen werden. Laut Kurzweil werden wir zunehmend zu nicht-biologischen Wesen. Der nicht-biologische Part wird unseren biologischen Part dominieren; der biologische Aspekt von uns wird immer weniger wichtig. Maschinen werden aus seiner Sicht die biologische Welt vollständig modellieren. Wir werden nicht-biologische Körper sehen und gänzlich virtuelle; diese werden über dieselbe Realität verfügen wie biologische. Auf jeden Fall benötigen wir Körper, denn unsere Intelligenz ist auf einen Körper ausgerichtet. Doch Körper können für manche Visionäre auch virtuell sein. Wenn wir das wirkliche Leben extrem verlängern, so wie uns de Grey das ausmalt, würden wir uns laut Kurzweil in unseren Grundfesten zu Tode langweilen.

Was wir stattdessen haben werden, ist Kurzweils Ausführungen zufolge eine radikale Ausweitung des Lebens, eine Bereicherung, und diese wird durch Technik und Virtualität vollzogen. Von unserem Denken wird eine elektronische Kopie bzw. ein Backup erstellt. Es wird auf diese Weise dauerhaft erhalten bleiben. Das ist die Form der Immortalität, von der Kurzweil spricht. Ein Upload unseres Geistes *(Mind uploading)* auf eine Maschine verlangt die Vorstellung, dass das Bewusstsein Teil des physikalischen Gehirns ist; darüber besteht durchaus keine Einigkeit. Ist unser Bewusstsein nicht neuronal und damit auch in Zukunft nicht physikalisch aufzuspüren (Noble 2006; Nagel 2016), dann ginge der Geist beim Upload verloren. Kurzweil wird hier eine reduktionistische Haltung über den Menschen vorgeworfen (Groff 2015). Wir kommen noch auf das spannende Thema *Mind uploading* zurück (Abschn. 10.2). – Wer Zweifel an Kurzweils Prophezeiungen hegt, sollte sich darüber klar sein, dass dieser Mann schon oft Recht hatte mit dem, was er über die Zukunft sagt. Dennoch ist eine kritische Sicht empfehlenswert.

Das Thema biologische Unsterblichkeit ist provozierend visionär. Ihre Verfechter behaupten, das Leugnen der Möglichkeit, unsterblich zu sein, sei ebenso angreifbar. Fakt ist, dass in der Regenerations- und Verjüngungsbranche sehr viel Geld im Spiel ist. Man darf daher gespannt sein, welche Fortschritte die beiden nächsten Jahrzehnte mit sich bringen werden. Wenn wir uns der biologischen Unsterblichkeit tatsächlich nähern, wird dies nicht über Nacht geschehen. Es bliebe Zeit, sich politisch auf die Veränderung einzustellen. Das muss die Politik ohnehin gründlich tun, denn wir werden ziemlich sicher deutlich älter. Evolutionär bedeuten der Sieg über das Altern und die biologische Unsterblichkeit des Menschen das Durchbrechen einer Jahrtausende alten Grundsatzüberzeugung in der Menschheitsgeschichte, ja in der gesamten 3,5 Mrd. Jahre andauernden Geschichte des Lebens auf unserem Planeten. Zu dem berechtigten Einwand, dass die Verlängerung des Lebensalters für Millionen von Menschen die Überbevölkerung ja nur weiter verstärkt, darf ich anmerken, dass Unternehmer, die große Verdienstmöglichkeiten wittern, sich um solche Einwände nicht scheren. Was für sie zählt, sind Angebot, Nachfrage und Gewinn. Die Vision des Sieges über den natürlichen Tod wird immer ehrgeizige Forscher finden, die von dieser Aufgabe nicht ablassen, bis das Ziel erreicht ist.

Über künstliche Intelligenz können Menschen auch auf anderen Wegen „unsterblich" gemacht werden. In einer südkoreanischen Fernsehsendung konnte unlängst eine Mutter ihre mit sieben Jahren verstorbene Tochter wieder „in den Arm nehmen". Mit einer 3D-Brille sah sie sie vor sich und sprach mit ihr. Die Tochter blickte ihr in die Augen und sagte ihr, sie vermisse ihre Mama sehr, sie solle aber nicht weinen. Zehn Minuten unterhielten sich beide, das Mädchen sprang und tanzte, und beide spielten zusammen. Man erlebte die Mutter im höchsten Maß emotional. Während der ganzen Zeit empfand sie das Wiedersehen mit der Tochter wohl tatsächlich als „wirklich". Auch der Vater und die Geschwister des Mädchens, die die Szene im Studio miterlebten, hatten Tränen in den Augen. Möglich wurde die Show mit einer KI-Software, die mit Videodaten des Mädchens „gefüttert" wurde. Aussehen, Mimik, Gestik, Blick, Gang und Sprache des seit vier Jahren toten Mädchens wurden im Film verblüffend lebensecht simuliert. Als ich das im Fernsehen sah, stockte mir tatsächlich für einen Moment der Atem. Der Markt, der aus der Idee entstehen wird, jeden aus dem Leben geschiedenen Angehörigen zurückholen zu können, ist unermesslich groß. Digitale Wiedergänger von Toten, solche von Kindern ebenso wie von Michael Jackson oder Hitler, werden womöglich unseren Alltag bevölkern, und was wir als Leben ansehen, kann sich im KI-Zeitalter radikal verändern (Riesewieck und Block 2020). Niemand weiß, was die Simulation des Weiterlebens im Digitalen psychologisch mit uns macht. Ethikern bietet das jedenfalls jahrelang Stoff zum Nachdenken. Hier wird eine Grenze überschritten, werden Gedanken und Gefühle aus unserem tiefsten Innern geweckt, die uns aufwühlen und nicht loslassen, solange es uns gibt. Im Literaturteil (Tipps und Klicks) können Sie ein Video dazu ansehen und einfach nur staunen.

An diesem Beispiel wird die Sprengkraft von künstlicher Intelligenz offensichtlich. KI greift, wenn wir es zulassen, in unsere Gefühlswelt und intimsten Bereiche ein. Philosophen, Neurologen und Psychologen beschäftigen sich unter anderem mit der Frage, ob Roboter und KI-Avatare eigene Gefühle und ein Bewusstsein entwickeln können. Derlei Fragen werden jedoch für den größten Teil der Bevölkerung zur akademischen Luftnummer werden, denn KI-Systeme werden alles ums uns herum so lebensecht simulieren, dass die meisten von uns gar nicht erkennen können, was wirklich los ist. Roboter werden für unsere Wahrnehmung lieben und hassen können, sie werden aggressiv und einfühlsam sein, hilfsbereit oder abweisend. Sie werden Fehler machen und sich dafür entschuldigen, genau wie wir, und uns so echtes Leben vorgaukeln. All das wird kommen. Unser evolutionäres Selbstverständnis wird bis in seine Grundfesten herausgefordert werden, auch wenn Philosophen und Neurowissenschaftler immer noch darauf bestehen, dass Maschinen ja keine echten Gefühle haben, nicht ethisch handeln können und schon gar kein Ichbewusstsein besitzen (vgl. Irrgang 2020). Sie werden vielleicht recht behalten, aber das Problem vor unserer Haustür ist ohnehin anders gelagert: Wir werden lernen müssen, mit Maschinen umzugehen, die uns täuschend ähnlich werden und so menschlich wirken wie wir.

9.6 Zusammenfassung

Die Wissenschaft lernt, das Altern besser zu verstehen. Die Lebensspanne hat sich in den letzten 100 Jahren signifikant erhöht; das wurde vor allem durch bessere Beherrschung von Krankheiten möglich. Der Übergang zum Studium der Faktoren, die das Altern selbst bestimmen, wird erst heute vollzogen. Hier werden große Fortschritte erwartet, die sich in körperlich und geistig gesundem höheren Alter für viele Menschen niederschlagen. Dabei sollen die maximale Lebensspanne deutlich erhöht sowie Verjüngung und Regeneration dabei ermöglicht werden. Das ökonomische Potenzial auf diesem Gebiet ist unermesslich hoch. In nicht allzu ferner Zukunft werden große Teile der Gesellschaft in hoch entwickelten Ländern mit kapitalkräftigem Publikum weit über 100 Jahre alt sein und neue Rollen und gesellschaftliche Akzeptanz finden müssen.

Literatur

Allison DB, Antoine LH, Ballinger SW et al (2014) Aging and energetics' 'Top 40' future research opportunities 2010–2013. F1000Research 3:219. https://doi.org/10.12688/f1000research.5212.1

Barbi E, Lagona F, Marsili M, Vaupel JW, Wachter KW (2018) The plateau of human mortality: demography of longevity pioneers. Science 360:1459–1461. https://doi.org/10.1126/science.aat3119

Barzilai N, Crandall JP, Kritchevsky SB, Espeland MA (2015) Metformin as toll to target aging. Cell Metab 23(6):1060–1065. https://doi.org/10.1016/j.cmet.2016.05.011

Bitto A, Kaeberlein M (2014) Rejuvenation: It's in our blood. Cell Metab 20(1):2–4. https://doi.org/10.1016/j.cmet.2014.06.007

Bonkowski MS, Sinclair DA (2016) Slowing ageing by design: the rise of NAD+ and sirtuin-activating compounds. Nat Rev Mol Cell Biol 17:679–690. https://doi.org/10.1038/nrm.2016.93

Cadar C (2018) Using Nanoscale robots to fight aging and disease. https://www.lifespan.io/news/using-nanoscale-robots-to-fight-aging-and-disease/

Campbell JM, Bellman SM, Stephenson MD, Lisy K (2017) Metformin reduces all-cause mortality and diseases of ageing independent of its effect on diabetes control: a systematic review and meta-analysis. Ageing Res Rev 40:31–44. https://doi.org/10.1016/j.arr.2017.08.003

Colangelo M (2019) The longevity industry will be the biggest and most complex industry in human history. https://www.linkedin.com/pulse/longevity-industry-biggest-most-complex-human-history-colangelo

Dankwa-Mullan I, Rivo M, Sepulveda M, Park Y, Rhee K (2019) Transforming Diabetes Care through artificial intelligence: the future is here. Popul Health Manag 22(3):229–242. https://doi.org/10.1089/pop.2018.0129

de Grey A (2018) Living to 1000 years old (YouTube, 2020) https://www.youtube.com/watch?v=ZkMPZ8obByw

de Grey A (2017) Can Humans Live for 1000 Years? – Rejuvenation Biology Says Yes – Aubrey de Grey (YouTube) https://www.youtube.com/watch?v=EGZzHfXCyXQ

Donner S (2021) Endlager Mensch. Wie Schadstoffe unsere Gesundheit belasten. Rowohlt Taschenbuch Verlag, Hamburg

Enriquez J, Gullans S (2016) Evolving ourselves. Redesigning the future of humanity – one Gene at a time. Penguin Random House, New York

Fahy GM, Brooke RT, Watson JP, Good Z, Vasanawala SS, Maecker H, Leipold MD, Lin DTS, Kobor MS, Horvath S (2019) Reversal of epigenetic aging and immunosenescent trends in humans. Aging Cell 18. https://doi.org/10.1111/acel.13028

Fillard J-P (2020) Longevity in the 2.0 World. Would Centenarians become commonplace? Word Scientific. Singapore

Geddes L (2016) Human age limit claim sparks debate. Analysis suggests people will never live much beyond 115 but some scientists say that it's too soon to assume a fixed shelf-life. Nature news. 5. Okt. 2016. https://www.nature.com/news/human-age-limit-claim-sparks-debate-1.20750

Glenn JC, Florescu E, The Millennium Project Team (2017) State of the Future version 19.1. http://www.millennium-project.org/state-of-the-future-version-19-1/

Greenstone M, Fan C (2020) Air Quality Life Index (AQLI). Energy Policy Institute at the University of Chicago (EPIC). https://aqli.epic.uchicago.edu/wp-content/uploads/2020/07/AQLI_2020_Report_FinalGlobal-1.pdf

Henrich J (2017) The Secret of our success. How culture is driving human evolution, domesticating our species, and making us smarter. Princeton University Press, Princeton

Hescheler J (2019) Stem cells for regenerative medicine and anti-aging. J Stem Cells Regen Med 15(2):53. https://doi.org/10.46582/jsrm.1502011

Groff L (2015) Future human evolution and views of the future human; Technological perspectives and challenges. World Future Rev 7(2–3):137–158

Harari YN (2017) Homo Deus. Eine Geschichte von morgen. Beck, München. Engl. (2015) Homo Deus. A brief history of tomorrow. Vintage, London

Harrison D, Strong R, Sharp Z et al (2009) Rapamycin fed late in life extends lifespan in genetically heterogeneous mice. Nature 460:392–395. https://doi.org/10.1038/nature08221

International Longevity Alliance (2020) The proposal of the international longevity alliance to classify aging as a disease in IDC-10 has been partially implemented by the world health organisation. http://longevityalliance.org/?q=agingicd11

Irrgang B (2020) Roboterbewusstsein, automatisches Entscheiden und Transhumanismus. Anthropomorphisierungen von KI im Licht evolutionär-phänomenologischer Leib-Anthropologie. Königshausen und Neumann, Würzburg

Johnson SC, Rabinovitch PS, Kaeberlein M (2013) mTOR is a key modulator of ageing and age-related disease. Nature 493:338–345. https://doi.org/10.1038/nature11861

Kenyon CJ (2010) The genetics of ageing. Nature 464(7288):504–612. https://doi.org/10.1038/nature08980

Kurzweil R (2014) Menschheit 2.0 – Die Singularität naht. 2. durchges. Aufl. Lola books, Berlin. Engl. (2005) The singularity is near: when humans transcend biology. Viking Press, New York

Mitchell C, Hobcraft C, McLanahan SS, Siegel SR, Berg A, Brooks-Gunn J, Garfinkel I, Notterman D (2014) Social disadvantage, genetic sensitivity, and children's telomere length. PNAS 111:5944–5949. https://doi.org/10.1073/pnas.1404293111

Moskalev AA, Proshkina EN, Belyi AA, Solovyev IA (2017) Genetics of Aging and Longevity. Russ J Genet 8:369–384

Nagel T (2016) Geist und Kosmos: Warum die materialistische neodarwinistische Konzeption der Natur so gut wie sicher falsch ist. Suhrkamp, Berlin. Engl. (2012) Mind and Cosmos: Why materialist Neo-Darwinian conception of nature is almost certainly false. Oxford University Press, Oxford

Noble D (2006) The music of life. Biology beyond genes. Oxford University Press, Oxford

Oeppen J, Vaupel JJ (2002) Broken limits to life expectancy. Science 296(5570):1029–1031. https://doi.org/10.1126/science.1069675

Patnaik K (1994) Aging in reptiles. Gerontology 40(2–4):200–220. https://doi.org/10.1159/000213588

Piraino S, Boero F (1996) Reversing the life cycle: Medusae transforming into polyps and cell transdifferentiation in Turritopsis nutricula (Cnidaria, Hydrozoa). Biol Bull 190:302–312

PwC PricewaterhouseCoopers (2016) Five megatrends and their implications for global defense & security. https://www.pwc.com/gx/en/government-public-services/assets/five-megatrends-implications.pdf

Rajman CK, Sinclair DA (2018) Therapeutic potential of NAD-boosting molecules: the *in vivo* evidence. Cell Metab 27(3):529–547. https://doi.org/10.1016/j.cmet.2018.02.011

Riesewieck M, Block H (2020) Die digitale Seele. Unsterblichkeit im Zeitalter künstlicher Intelligenz. Goldmann, München

Roser M, Ortiz-Ospina E, Ritchie H (2019) Life expectancy. OurWorldInData.org. https://ourworldindata.org/life-expectancy

Ruby JG, Wright KM, Rand KA, Kermany A, Noto K, Curtis D, Varner N, Garrigan D, Slinkov D, Dorfman I, Granka JM, Byrnes J, Myres N, BallC (2018a) Estimates of the heritability of human longevity are substantially inflated due to assortative mating genetics 2018:1109–1124. https://doi.org/10.1534/genetics.118.301613

Ruby JG, Smith M, Buffenstein R (2018b) Naked mole-rat mortality rates defy Gompertzian laws by not increasing with age. eLife 7:e31157. doi: https://doi.org/10.7554/eLife.31157

Sarkar TJ, Quarta M, Mukherjee S, Colville A, Paine P, Doan L, Tran CM, Chu CR, Horvath S, Bhutani N, Rando TA, Sebastiano V (2020) Transient non-integrative expression of nuclear reprogramming factors promotes multifaceted amelioration of aging in human cells. Nat Commun 11:1545. https://doi.org/10.1038/s41467-020-15174-3

Schaible R, Scheuerlein A, Dańko MJ, Gampe J, Martínez DE, Vaupel JV (2015) Constant mortality and fertility over age in *Hydra*. PNAS 112:15701–15706. https://doi.org/10.1073/pnas.1521002112

Schürle-Finke S (2019) Nanosystem für die personalisierte Medizin. In: Böttinger E und Putlitz J zu (2019) Die Zukunft der Medizin. Medizinisch Wissenschaftliche Verlagsgesellschaft, Berlin, 95–101

Shin-Hae L, Ji-Hyeon L, Hye-Yeon L, Kyung-Min M (2019) Sirtuin signaling in cellular senescence and aging. BMB Rep 52:24–34. https://doi.org/10.5483/BMBRep.2019.52.1.290

Singh PP, Demmitt BA, Nath RV, Brunet A (2019) The genetics of aging: a vertebrate perspective. Cell 17:200–220. https://doi.org/10.1016/j.cell.2019.02.038

The Guardian (2017) Elizabeth Blackburn on the telomere effect: 'It's about keeping healthier for longer' (30.1. 2017)

Ullah M, Sun Z (2018) Stem cells and anti-aging genes: double-edged sword—do the same job of life extension. Stem Cell Res Ther 9:3. https://doi.org/10.1186/s13287-017-0746-4

United Nations (2017) World population ageing. Highlights, New York

Urfer SR, Kaeberlein TL, Mailheau S, Bergman PJ, Creevy KE, Promislow DE, Kaeberlein M (2017) A randomized controlled trial to establish effects of short-term rapamycin treatment in 24 middle-aged companion dogs. GeroScience 39(2):117–127

Vaiserman A, de Falco E, Koliada A, Masiova O, Balistreri CR (2019) Anti-ageing gene therapy: not so far away? Ageing Res Rev 56. https://doi.org/10.1016/j.arr.2019.100977

Vogel G (2000) In contrast to Dolly, cloning resets telomere clock in Cattle. Science 288:586–587

Welsch N (2015) Leben ohne Tod? Forscher besiegen das Altern. Springer Spektrum, Berlin

Whittemore K, Vera E, Martínez-Nevado E, Sanpera C, Blasco MA (2019) Telomere shortening rate predicts species life span. PNAS 116:15122–15127. https://doi.org/10.1073/pnas.1902452116

Wilhelm K (2020) Der Methusalem Cocktail. Max Planck Forschung 1:2020:56–61. Berlin

Zhavoronkov A (2019) Longevity vision fund: fueling the longevity biotechnology boom We've been waiting for. Forbes. https://www.forbes.com/sites/cognitiveworld/2019/02/04/longevity-vision-fund-fueling-the-longevity-biotechnology-boom-weve-been-waiting-for/#547b4f8a38e5

Zhavoronkov A, Mamoshina P (2019) Deep aging clocks: the emergence of AI-Based biomarkers of aging and longevity. Sci Soc Speci Rise of Machin Medi 40:546–549. https://doi.org/10.1016/j.tips.2019.05.004

Tipps zum Weiterlesen und Weiterklicken

Ewig jung. So wollen Forscher das Alter zurückdrehen (Quarks-Dokumentation). https://www.quarks.de/gesundheit/medizin/ewig-jung-so-wollen-forscher-das-alter-zurueckdrehen/

Die Story im Ersten: Für immer jung (ARD Archiv: 31.8.2020). Vielseitige, lebendige und hervorragend recherchierte Reportage von Tina Soliman und Thorsten Lapp. Aktuelle Altersforscher wie Steve Horvath, Aubrey de Grey, Vera Gorbunova, Shelley Buffenstein und weitere kommen persönlich zu Wort. https://bit.ly/2XO8cuT

Eine Koreanische Mutter trifft ihre im Alter von sieben Jahren gestorbene Tochter vier Jahre später in einer virtuellen Welt wieder. Sendung im südkoreanischen Fernsehen im Februar 2020. Die Mutter äußert sich nachstehend zum Video über ihr Erlebnis. https://www.youtube.com/watch?v=uflTK8c4w0c

Teil III

Ferne Visionen und notwendige Transformationen

Der abschließende Teil des Buchs wirft einen kritischen Blick auf die Idee des Transhumanismus und seine Hauptvertreter. Ich erläutere, wie sich der Mensch nach diesen Vorstellungen selbst verbessern soll und in extremen Visionen als biologische Spezies von superintelligenten technischen Entwicklungen begleitet oder sogar durch solche ersetzt wird.

Die Herausforderungen für die Menschheit, den Planeten, unsere Lebensbedingungen und damit die eigene Art zu erhalten, sind so groß wie nie zuvor. Diese Aufgaben können unsere evolutionären Fähigkeiten übersteigen. Wir beginnen gerade erst, auf der einen Seite unsere evolutionären Mängel und auf der anderen Seite Ausmaß und Komplexität der dramatischen, von uns selbst initiierten und vorangetriebenen evolutionären Fehlentwicklungen zu erkennen. Zu ihnen gehören das anhaltende exponentielle Bevölkerungswachstum, die zumindest in bestimmten Regionen bereits nicht mehr kontrollierbare Klimaerwärmung, die radikale Zerstörung der Biodiversität, die gewaltige Verschmutzung von Luft und Wasser, die schleichende, additive Schadstoffbelastung unserer Böden und Nahrung, die explosive Vermüllung an Land und im Meer, und viele weitere.

Ich stelle Konzepte vor, mit denen die Transformation in eine neue Welt und eine neue Gesellschaft unter anderen Vorzeichen als den heutigen gelingen soll. Die Frage ist dabei nicht, ob wir das schaffen, sondern ob wir den Neubeginn und totalen Umbau rechtzeitig bewältigen, um unsere Art zu retten. Dass die Menschheit trotz großem technischem Fortschritt und seinem unbestreitbaren Nutzen ohne erhebliche Blessuren davonkommen wird, bezweifeln immer mehr Wissenschaftler. Damit stellt sich erneut eine Kernfrage in diesem Buch: Woran passen wir uns evolutionär an?

10

Die transhumanistische Bewegung

Menschen denken seit Jahrtausenden darüber nach, wie sie ihre offen-
sichtlichen Schwächen und naturgegebenen Limitierungen überwinden
können. Jedes Mittel erscheint dazu recht zu sein. Heute geht es dabei um
„die Möglichkeit und Wünschbarkeit einer grundlegenden Verbesserung
des menschlichen Zustands durch angewandte Vernunft, insbesondere
durch die Entwicklung und Bereitstellung weit verbreiteter Technologien zur Beseitigung des Alterns und zur erheblichen Verbesserung der
intellektuellen, physischen und psychischen Fähigkeiten des Menschen"
(More 2013). Übereinstimmend wird eine signifikant erhöhte Funktion von
Gehirn und Körper sowie die Steuerung und Ausweitung der Gefühlswelt
angestrebt. Seit den letzten Jahrzehnten des 20. Jahrhunderts kristallisiert
sich unter dem Namen „Transhumanismus" eine lose, heterogene Verbindung von Vertretern vielfach nicht-philosophischer Provenienz heraus,
in der futuristische Ziele und Techniken für die Weiterentwicklung des
Menschen diskutiert werden. Gemeinsam ist dieser Bewegung, dass der
Mensch in seinen Eigenschaften für unzureichend und verbesserungswürdig
erklärt wird. Ferner gilt für alle transhumanistischen Strömungen die uneingeschränkte radikale Bejahung moderner Techniken und eine durch und
durch positive Grundeinstellung sowohl für die rational gesehene Notwendigkeit und Legitimation, den Menschen immer wieder „upzugraden",
als auch für den Einsatz aller dafür erforderlichen Mittel.

Die in Teil B dieses Buches beschriebenen Themen, Motive und Techniken
sind exemplarisch für transhumanistisches Gedankengut. Während ich
im vorangehenden Teil jedoch das erforderliche Wissensspektrum und

die technische Machbarkeit für einzelne Szenarien auf biologischer, biotechnischer und medizinischer Grundlage in den Mittelpunkt gestellt habe, werden hier nun einige, darunter auch extreme transhumanistische Ideen und Vertreter vorgestellt und dabei analysiert, in welcher Form sie evolutionäre Prozesse unterstellen.

10.1 Wovon der Mensch schon immer träumt – transhumanistische Ideen

In unserer modernen globalisierten Welt voller epochaler Herausforderungen, aber auch zunehmender Destabilisierungen wird der Mensch zum primären und einzigen Handlungsakteur hochstilisiert. Kraft seiner Omnipotenz kann und soll er das Ruder herumwerfen und den Planeten retten. Mehr noch: Erst mit der Ausnutzung der ihm eigenen enormen, ja grenzenlosen Verbesserungspotenziale kann ein technisch optimierter, selbsttransformierter Mensch seine eigene Natur und gleichermaßen seine Umwelt zähmen und nach Belieben in futuristische Bahnen steuern. Gefragt ist hierzu ein Maximum menschlicher Machtmöglichkeiten. Wie nie zuvor in seiner Geschichte spiegelt der Mensch in diesem Szenario das Maß aller Dinge, übernimmt eine gottähnlich-allmächtige Rolle und lässt sein gesamtes Streben in einer anthropogenen Apotheose kulminieren (Pötzsch 2021).

Mehr ist besser!

Der Transhumanismus ist in diesem anthropozentrischen Weltbild entstanden. Er ist aktueller denn je und entwickelt sich zu einer immer mächtigeren Bewegung und Vision der Zukunft. Die Wissenschaft setzt sich heute in mehreren Disziplinen mit ihm auseinander. Unter dem Aspekt möglicher Verbesserungen des Menschen werden von seinen Vertretern alle modernen Techniken befürwortet. Das gilt für die gentechnische Ebene mit ihrem explosiven Potenzial der Genom-Editierung, für die Nanomedizin und Stammzellforschung; es gilt für Kryotechnik, Cyborgs und Geist-Uploads nicht weniger als auf dem Feld einer unüberschaubar komplexen Ökologie des Planeten, die es für den Transhumanisten nur immer besser zu beherrschen gilt. Transhumanisten sind grenzenlos optimistisch und zu vielerlei Risiken bereit (Infobox 13).

Versuche, den uneingeschränkten Fortschritt zu bremsen oder gar zu blockieren, wie das die sogenannten Biokonservativen als Opponenten des Transhumanismus vorschlagen, vergrößern aus Sicht der Transhumanisten sogar die zukünftigen Risiken (More 2013). Die Techno-Wissenschaft stellt für den Transhumanismus also den Instrumentenkasten bereit (Infobox 13). Letztlich entwickelt sich heute ein absolut liberaler Kapitalismus zum Spielfeld für die transhumanistischen Transformationen, auch in der Form eines Digital-Kapitalismus globaler Internetkonzerne, die im Silicon Valley die technische Vorherbestimmung der Menschheit definieren. Möglicherweise entsteht auf diesem Weg ein letztes ideologisches Ressort des Kapitalismus, in dem die Techno-Wissenschaft sogar zum Mittel der Lösung globaler Herausforderungen stilisiert wird (Coenen 2017). Andere Beobachter sehen heute sogar die Hinwendung zu einem neoliberalen, libertären Anarcho-Kapitalismus, der erst die Voraussetzungen dafür schafft, transhumanistische Ideen umzusetzen (Hughes 2012).

Es geht also um nichts weniger als um die Baufälligkeit und Überholungsbedürftigkeit unserer Spezies (Loh 2019), um ihre Optimierung und Befreiung von allem evolutionären Ballast. Als Mensch X.0 sollen wir und unsere Nachkommen postmodern fit gemacht werden für eine durchweg vom Menschen kultivierte Natur, eine globale Technokultur, die mit der ursprünglichen Natur gänzlich verschmilzt und in der somit eine Natur, wie es sie einmal gab, nicht mehr erkennbar existiert. Diese anthropozentrische Kultivierung der Welt schreitet dabei immer weiter voran und gipfelt nach Ansicht einiger Transhumanisten in einer zweiten Natur des Menschen, einer totalen, menschlich überformten Natur (Pötzsch 2021).

Francis Fukuyama, amerikanischer Politikwissenschaftler und Gegner des Transhumanismus, bezeichnete diesen als „die gefährlichste Idee der Welt" (Fukuyama 2004). Dabei sieht er den Verlust der politisch-rechtlichen (nicht der wirtschaftlichen) Gleichheit der Menschen als das erste Opfer des Transhumanismus. Er meint die in einem langsamen und schmerzhaften Prozess erworbene Erkenntnis fortgeschrittener Gesellschaften, dass wir alle, jeglichen Unterschieden zum Trotz, Menschen und daher gleich sind. Fukuyama befürchtet, der Transhumanismus könnte diese Gleichheit aufheben. Überlegene Menschen hätten dann vielleicht mehr Rechte als normale Menschen. Bisher haben wir, so Fukuyama, eine rote Linie um den Menschen gezogen und gesagt, er sei unantastbar. Dieser Argumentation stellte Ronald Bailey, ebenfalls Amerikaner und Wissenschaftsjournalist, entschieden gegenüber, die Bewegung sei „das kühnste, mutigste, visionärste und idealistischste Bestreben der Menschheit" (Bailey 2004).

Ich will hier keine Gesamtschau der transhumanistischen Strömungen liefern; das wurde schon wiederholt gemacht (vgl. z. B. Bostrom 2005; Loh 2019; Hansmann 2015). Meine Absicht ist es, einige ausgewählte Entwicklungen herauszugreifen, bei denen auf evolutionäre Prozesse Bezug genommen wird. Hier ist festzuhalten, dass der Transhumanismus in vielen Darstellungen individuelle *Enhancements* adressiert und von diesen auf die Intelligenz und Zukunft der gesamten Menschheit schließt. Ray Kurzweil ist dafür ein typischer Vertreter (Kurzweil 2014). Solches Denken lässt die Argumentation auf artumfassender Ebene, wie die Evolutionstheorie sie vornimmt, vermissen. Auf diese Weise können weder der evolutionäre Verlauf noch gesellschaftliche und politische Rahmenbedingungen für die zukünftige Menschheit wirklich erschlossen werden. Ein gesamtgesellschaftlicher Ansatz wäre jedoch eine essenzielle Voraussetzung, um schlüssig zu argumentieren, ob transhumanistische Ideen für breite Schichten und im Idealfall für die gesamte Menschheit Wirklichkeit werden könnten. Das Fehlen bzw. die Unausgereiftheit der sozio-politischen Perspektive ist daher ein Hauptkritikpunkt am Transhumanismus (Loh 2019). Erst in jüngster Zeit wird versucht, Korrekturen hin zu einem gesellschaftlichen Transhumanismus zu vollziehen.

Im Hintergrund des Transhumanismus steht das Weltbild des freien, gebildeten, bildungshungrigen, vernunftbegabten, rationalen und auf Selbstperfektionierung ausgerichteten Menschen des Renaissance-Humanismus und später der Aufklärung. Die aus dem Jahr 1486 stammende Rede des damals erst 24 Jahre alten, hoch gebildeten italienischen Renaissance-Philosophen Giovanni Pico della Mirandola mit dem Titel *Über die Würde des Menschen* (Pico della Mirandola 1989) stellt einen Ankerpunkt für die gedanklichen Entwicklungen des Transhumanismus dar. Pico geht es in seiner Schrift um den Frieden und die Freundschaft der Seelen, um vernünftiges Maßhalten, das Selbsterkennen und das Erkennen der gesamten Natur sowie darum, in der Betrachtung frei zu werden, also um den freien Willen des Menschen, mit dem er seine eigene Natur vorherbestimmen kann. Die Fortschrittsgläubigkeit und normative Forderung nach der technologischen Unterstützung der Evolution reihen sich heute in dieses humanistische Menschenbild nahtlos ein, so die Technik- und Medienphilosophin Janina Loh (2019). Die Freiheit des Menschen umfasst jedoch in Picos Verständnis nicht die Freiheit, die uns umgebende Natur nach Belieben umzugestalten, wie es aus der Technikgläubigkeit von Anhängern des Transhumanismus herausgelesen werden kann.

Julian Huxley – Evolutionsbiologe und früher Vorläufer

Im Jahr 1957 schrieb der Evolutionsbiologe Julian Huxley (vgl. Abschn. 2.1) in einem berühmten kurzen Essay (Huxley 1957), die gesamte Menschheit, nicht nur einige Individuen, könne über sich selbst hinauswachsen und sich transzendieren, indem sie neue Möglichkeiten ihrer menschlichen Natur verwirkliche. Für diesen Prozess schlug er den Begriff Transhumanismus vor, der jedoch nicht von ihm stammt. Die menschliche Spezies, so Huxley, werde an der Schwelle zu einer neuen Art von Existenz stehen, die sich von der unseren ebenso unterscheidet wie unsere von der des Peking-Menschen. Das Menschenleben, von dem der Autor in seinem Essay ausgeht, bezeichnet er als böse, brutal und kurz. Es ist in seinen Augen von Elend, Armut, Krankheit, Überarbeitung, Grausamkeit und Unterdrückung geprägt. In einer solchen Welt könnten Ideale nicht realisiert werden. Der Autor plädiert daher für eine bessere soziale Umgebung, für lebenswerte anstelle deprimierender, unmoralischer Städte, für einen Stopp des Bevölkerungswachstums, kurz: für die Erfüllung unserer Hoffnungen in einer besseren Welt. Der Weg dahin führt über Bildung und Selbsterziehung zur ultimativen Befriedigung aus der Tiefe und Ganzheit des inneren Lebens. Huxley stellt das Erfreuen am Ausschöpfen der individuellen Möglichkeiten neben das Erleben, das sich beim Dienst an der Gemeinschaft erfüllt und das Wohl kommender Generationen und unserer gesamten Spezies ins Auge fasst.

Huxleys kurzer Essay zeigt sich noch weit entfernt von den Visionen des modernen Transhumanismus. In seiner düster skizzierten Welt müssen ja zunächst einmal humanistische Ideale ins Auge gefasst werden, bevor man weiterdenken kann. Moderne Techniken spricht er nicht an. Als berühmter Mitbegründer der synthetischen Evolutionstheorie *(Evolution: the Modern Synthesis)* (Huxley 1942), erster Generaldirektor der UNESCO und Mitbegründer des *World Wildlife Fund* wendet sich sein Denken an die gesamte Menschheit, für die er evolutionäre Potenziale der Weiterentwicklung sieht. Huxley geht von einem „evolutionären Humanismus" aus, den er als „neuen Weltglauben" bezeichnet (Bashford 2013). Seine Vorstellungen streben nicht an, die biologische Art Mensch zu überwinden, obwohl sein Vergleich mit dem Peking-Menschen das nahelegen könnte. Auf welche Weise die Transformation erfolgen soll, lässt er hier offen.

In späteren Schriften erweitert Huxley seine Vorstellungen. Er sieht den Menschen „im Übergang von der psychosozialen bis zur bewusst zielgerichteten Phase der Evolution" und schreibt: „Es ist das Schicksal des

Menschen, alleiniger Akteur für die künftige Entwicklung dieses Planeten zu sein" (Huxley 1961). Er versteht den Menschen als einzigen Organismus, abgesondert von anderen, in der Lage, sich die Zukunft vorzustellen und sie bewusst zu lenken. Dabei benennt er globale Probleme wie Überbevölkerung, die er bereits von Darwin und Malthus kannte. Huxley plädiert daher für einen Rückgang des Bevölkerungswachstums, eine notwendige Voraussetzung, um gewünschte humanistische Zukunftsvorstellungen überhaupt realisieren zu können (Bashford 2013). Daneben nimmt er im Gegensatz zu vielen heutigen Transhumanisten auch superwissenschaftlich basierte nukleare, chemische und biologische Kriege, die Ausbeutung der natürlichen Rohstoffe, die Erosion der kulturellen Vielfalt und die Kluft zwischen Arm und Reich zum Anlass, über eine lebenswertere Zukunft nachzudenken (Huxley 1961). Schließlich reichen die Vorstellungen Huxleys über menschliche Fähigkeiten und die Notwendigkeit, sie einzusetzen, auf einer planetarischen Denkebene so weit, dass er den Menschen in der Lage sieht, die gesamte Erde von der Biosphäre in eine reine Noosphäre, also eine reine Geisteswelt zu überführen (Huxley 1963).

Huxley wurde immer wieder mit Eugenik in Verbindung gebracht, etwa wenn er für das Anheben der menschlichen Intelligenz plädierte (Huxley 1939). Tatsächlich war er sein ganzes Leben lang ein expliziter Fürsprecher der Eugenik. Eugenik ist für die heutige Generation so stark mit rassistischer, autoritärer, radikaler Politik verbunden, dass es uns schwerfällt, eugenische Konzepte gelten zu lassen, die ganz anderen Motiven, nämlich liberalen, anti-rassistischen Überzeugungen entspringen. Zu den Vertretern, die eine Eugenik basierend auf Freiheit statt Nötigung predigen, zählt eben auch Julian Huxley (Bashford 2013). Unter anderen Voraussetzungen wäre Huxleys Amt als Generaldirektor der UNESCO auch gar nicht vorstellbar. Es war übrigens sein Bruder Aldous Huxley (1894–1963), der 1932 das berühmte Buch *Schöne neue Welt* schrieb, jenen dystopischen Roman, in dem die andere Seite der Eugenik-Medaille entworfen wird: eine radikal politisch gesteuerte und überwachte Fabrikation des Menschen mittels physisch manipulierter Embryonen, die für streng vorbestimmte Kasten ausgewählt sind. Die Distanzierung von autoritärer Eugenik veranlasste Transhumanisten, sich in ihrer transhumanistischen Deklaration unmissverständlich dafür auszusprechen, dass Individuen die freie Wahl haben sollen, welche Techniken sie für die Verbesserung ihres Lebens einsetzen möchten (Infobox 13, Punkt 8).

Zwei erste richtungsgebende Vertreter

Als namhafte und richtungsgebende Vertreter des transhumanistischen Gedankenguts sollen an dieser Stelle nur zwei Männer erwähnt werden, der Amerikaner Robert Ettinger und sein iranisch-amerikanischer Kollege Fereidoun M. Esfandiary, der sich in FM-2030 umbenannte. Robert Ettinger, geboren 1918, fokussierte sich mit wissenschaftlicher Akribie auf spezielle Themen. Er wurde mit den Themen Unsterblichkeit und Kryonik berühmt. Das Buch von 1962 mit dem Titel *The Prospect of Immortality* machte ihn zum Vater der Kryonik und über Nacht zu einem Medienstar (Ettinger 1962). Kryonik ist die Konservierung, auch Kryokonservierung des Körpers oder einzelner Organe, etwa des Gehirns durch Einfrieren in flüssigen Stickstoff bei -196 °C, um sie später mit (erwarteten) neuen Technologien als Ticket in die Zukunft zu reaktivieren. Dazu gründete Ettinger 1976 auch das *Cryonics Institute* (https://www.cryonics.org) und eine Kryonik-Bewegung. Zehn Jahre nach seinem ersten Werk erschien im Jahr 1972 *Man into Superman – The Startling Potential of Human Evolution and How to Be Part of It* (Ettinger 1972), das erste Buch, das den Transhumanismus systematisch behandelte. Das Thema Kryotechnologie versank zunächst in einen jahrzehntelangen Dämmerschlaf, da sich die zerstörerische Eiskristallbildung in Zellen als schier unlösbares Problem entpuppte. Doch jüngst gelangen hier Durchbrüche, die das Einfrieren *(Supercooling)* wieder ins Licht rücken (Bruinsma und Uygun 2017). Heute richtet sich das wissenschaftliche Interesse vor allem auf die Langzeit-Konservierung von Spenderorganen, wodurch große Vorteile auf dem Gebiet der Organtransplantation entstehen würden.

Fereidoun M. Esfandiary nannte sich später kurz FM-2030, denn er war 1930 geboren und wollte mindestens 100 Jahre alt werden, was das Kürzel ausdrücken sollte. Sein Ziel hat er nicht erreicht, denn er starb im Jahr 2000. FM-2030 war in den 1960er-Jahren einer der ersten Professoren für Zukunftsforschung *(Futures Studies)* in New York. Im Jahr 1989 erregte er weltweite Aufmerksamkeit mit dem Buch *Are You a Transhuman? Monitoring and Stimulating Your Personal Rate of Growth in a Rapidly Changing World* (FM-2030 1989). Das Buch ist als Selbsttest konzipiert, mit dem man prüfen kann, wie weit man bereits auf dem Weg zu einem transhumanen Menschen fortgeschritten ist. Die Fragen stammen aus 25 Lebensbereichen von dem aktuellen Vokabular der Leser und ihrer Intelligenz über Emotionen, Kreativität und Optimismus bis hin zu ihrem Wunsch nach Unsterblichkeit und ihrer kosmischen Ausrichtung. In seiner Gesamtheit eröffnet der Fragenkatalog ein umfassendes transhumanistisches Szenario. Im Gegensatz zu Huxleys Buch ist das Werk konsequent individualistisch ausgerichtet, was aber für andere Schriften von FM-2030 nicht gilt. Er hat sich zum Transhumanismus auch dezidiert politisch geäußert und mit dem demokratischen Systemen radikal gebrochen.

Transhumanistische Standards

Die transhumanistische Deklaration (Infobox 13) wurde 1998 erstmals von einer Reihe von Autoren konzipiert, darunter Mitglieder des *Extropy Institute*, der *World Transhumanist Association* und anderer transhumanistischer Gruppierungen. Sie wurde angepasst und 2009 vom Vorstand der Institution *Humanity+* übernommen. Die Deklaration kann uns eine komprimierte Gesamtsicht auf eine heutige Form des Transhumanismus geben. Eine Alternative ist das *Transhumanist FAQ* (aktuell die Version 3.9), eine von Nick Bostrom und anderen entwickelte „breit angelegte Konsensartikulation der Grundlagen eines verantwortungsvollen Transhumanismus", die in gut verständlicher Form häufige typische Fragen zum Thema beantwortet (https://humanityplus.org/philosophy/transhumanist-faq/). Hier wird unter anderem ausführlich behandelt, ob es etwa nicht langweilig ist, in einer perfekten Welt zu leben, ob zukünftige Techniken Risiken in sich tragen oder gefährlich sind, ob es einen ethischen Standard gibt, mit dem Verbesserungen beurteilt werden können, oder was unter Transhumanismus, *Mind uploading*, virtueller Realität, Superintelligenz oder Singularität zu verstehen ist.

Infobox 13 Die transhumanistische Deklaration, Version 2009

(https://humanityplus.org/philosophy/transhumanist-declaration/). Eine deutsche, nicht gleichlautende Fassung zeigt auch die Transhumane Partei https://transhumane-partei.de)

1. Die Menschheit wird in Zukunft von Wissenschaft und Technologie tiefgreifend beeinflusst werden. Wir stellen uns die Möglichkeit vor, das menschliche Potenzial durch Überwindung des Alterns, kognitiver Defizite, unfreiwilligen Leidens und unserer Gefangenschaft auf dem Planeten Erde zu erweitern.
2. Wir glauben, dass das Potenzial der Menschheit noch weitgehend ungenutzt ist. Es gibt mögliche Szenarien, die zu wunderbaren und überaus lohnenden verbesserten menschlichen Daseinsbedingungen führen.
3. Wir erkennen an, dass die Menschheit ernsthaften Risiken ausgesetzt ist, insbesondere durch den Missbrauch neuer Technologien. Es gibt mög-

liche realistische Szenarien, die zum Verlust des größten Teils oder sogar all dessen führen, was wir für wertvoll halten. Einige dieser Szenarien sind drastisch, andere subtil. Obwohl aller Fortschritt Veränderung ist, ist nicht jede Veränderung ein Fortschritt.

4. Es müssen Forschungsanstrengungen unternommen werden, um diese Aussichten zu verstehen. Wir müssen sorgfältig darüber nachdenken, wie wir Risiken am besten reduzieren und nutzbringende Anwendungen vorantreiben können. Wir brauchen auch Foren, in denen die Menschen konstruktiv darüber diskutieren können, was getan werden sollte, und eine Gesellschaftsordnung, in der verantwortungsvolle Entscheidungen umgesetzt werden können.

5. Die Verringerung existenzieller Risiken und die Entwicklung von Mitteln zur Erhaltung von Leben und Gesundheit, zur Linderung schweren Leidens und zur Verbesserung der menschlichen Voraussicht und Weisheit sollten als dringende Prioritäten verfolgt und mit hohen finanziellen Mitteln ausgestattet werden.

6. Die politische Entscheidungsfindung sollte von einer verantwortungsbewussten und integrativen moralischen Vision geleitet sein, die sowohl Chancen als auch Risiken ernst nimmt, die Autonomie und die Rechte des Einzelnen respektiert, sich mit den Interessen und der Würde aller Menschen auf der ganzen Welt solidarisch zeigt und sich um diese kümmert. Wir müssen auch unsere moralische Verantwortung gegenüber künftigen Generationen bedenken.

7. Wir treten für das Wohlergehen aller fühlenden Wesen ein, einschließlich des Menschen, nichtmenschlicher Tiere und künftiger künstlicher Intellekte, veränderter Lebensformen oder anderer Intelligenzen, die der technische und wissenschaftliche Fortschritt hervorbringen kann.

8. Wir sind dafür, dem einzelnen Menschen eine große persönliche Wahl zu lassen, wie er sein Leben gestalten will. Dazu gehören der Einsatz von Techniken, die zur Unterstützung des Gedächtnisses, der Konzentration und der geistigen Energie entwickelt werden können, Therapien zur Lebensverlängerung, Reproduktionswahltechnologien, kryonische Verfahren und viele andere mögliche menschliche Modifikations- und Verbesserungstechnologien.

Der Transhumanismus wurde vom Philosophen und Futuristen Max More unter der Bezeichnung Extropie erstmals von philosophischer Seite begründet (More 2003). Im Gegensatz zu Entropie steht Extropie als Maß für die Intelligenz, den Informationsgehalt, die verfügbare Energie, Langlebigkeit, Vitalität, Vielfalt, Komplexität und Wachstumsfähigkeit eines Systems (Korthen 2011). More nennt eine Reihe von Prinzipien, die als Rahmenwerk von Haltungen, Werten, Standards und Idealen dienen. Sie sind für Erweiterungen offen. Diese Prinzipien sind:

Immerwährender Fortschritt Fortschritt ist möglich, wünschenswert, aber nicht unvermeidbar, um persönliche Verantwortung für eine bessere Zukunft zu übernehmen. Fortschritt kommt nie zu einem Ende, wenn es um die Optimierung des Menschen geht. Der Gedanke vermittelt die nie zum Abschluss kommende Evolution, ohne die eine anhaltende Weiterentwicklung und Transformation nicht möglich ist. Ein Upgrade folgt dem nächsten. Ein fertiges Posthumanes, das zu weiterer Transformation nicht mehr fähig ist, ist mit dem Transhumanismus unvereinbar. – Hier kommt demnach ein kollektivistischer Aspekt ins Spiel.

Selbst-Transformation Der Mensch ist stets wandlungsfähig und entwickelt sich von Natur aus weiter. Extropie bezieht sich daher hier auf anhaltende ethische, intellektuelle und physikalische Selbstverbesserung auf dem Weg kreativen Denkens, anhaltenden Lernens, persönlicher Verantwortung, Proaktivität und Experimentierens. – Ein individualistisches Prinzip.

Praktischer Optimismus Der Extropist ist erfüllt von positiven Erwartungen. Er übernimmt einen rationalen, handlungsbasierten Optimismus oder Proaktion. Selbst für die Ablehnung radikaler *Enhancements* gibt es keinen Grund.

Intelligente Technologie Wissenschaft und Technologien dienen keinem Selbstzweck, sondern sind effektive Mittel für eine Verbesserung des Lebens. Die Einschränkungen unseres biologischen, kulturellen und Umwelterbes sollen mit ihnen überwunden werden. Der Weg für Verbesserungen ist dabei stets offen zu halten, es bleibt nichts ungenutzt. Intelligenz wird in mehreren Ausprägungen gesehen: erstens in intelligent designter Technologie, zweitens in Technologie mit inhärenter Intelligenz oder Anpassungsfähigkeit und drittens als Intelligenz, die unsere eigene Intelligenz vergrößern kann. – More stellt hier keinen ausreichenden Bezug zum großen Feld der künstlichen Intelligenz und zu Robotern her, die die transhumanistischen Vorhaben technologisch stark mitbestimmen.

Offene Gesellschaft – Information und Demokratie Unabdingbar für die Extropie sind die Freiheit der Kommunikation, des Handelns, Experimentierens, des Fragens und Lernens. Autorität und soziale Kontrolle werden ebenso abgelehnt wie unnötige Hierarchien. Rechtsstaatlichkeit und

Dezentralisierung von Macht und Verantwortung werden favorisiert. – Die Forderung der offenen Gesellschaft ist ein weiterer kollektivistischer Grundsatz und steht in der humanistischen Tradition (Loh 2019).

Selbstausrichtung Unabhängiges Denken, individuelle Freiheit, persönliche Verantwortung, Autonomie, Respekt vor dem Selbst und vor anderen werden wertgeschätzt.

Rationales Denken Rationales Denken steht als das derzeit letztgenannte Prinzip vor blindem Vertrauen und Dogmen.

Die transhumanistischen Prinzipien Mores zeigen, dass sowohl individualistische als auch kollektivistische Grundzüge in den Transhumanismus bzw. Extropianismus einfließen. Es wird deutlich, dass der Mensch nicht mehr als „Krone der Schöpfung" oder „Krone in der Natur" gesehen wird, wie das jahrhundertelang der Fall war. Diese Sicht käme einem eher statischen Bild mit dem Menschen als Eckpunkt oder Endpunkt der Evolution nahe. Ein solches Bild würde sich jedoch mit den transhumanistischen Absichten andauernder Verbesserung einschließlich Transformation des Menschen nicht gut vereinbaren lassen. Vielmehr unterscheidet sich der Mensch aus transhumanistischer Sicht nicht kategorial, sondern nur graduell von anderen Lebewesen und befindet sich erst in einer frühen Phase der Evolution (Sharon 2014). Aus dieser Perspektive wird vom Transhumanismus zu einem bewussten, gezielten Eingreifen in die natürliche Evolution aufgerufen (Sorgner 2016), ein Eingreifen mit dem Effekt der signifikanten Beschleunigung und der Gerichtetheit zukünftiger evolutionärer Prozesse des Menschen einschließlich derer seiner biologischen Umgebung. Da der Mensch dazu in der Lage ist, seine Evolution selbst in die Hand zu nehmen, unterscheidet er sich aber doch wieder signifikant von allen anderen Lebewesen und wird doch zu ihrem vorrangigen, ja einzigen Handlungsakteur. Szenario 9 fasst die unterschiedlichen, teils auch gegensätzlichen Beziehungen des Transhumanismus zur Evolution zusammen.

Szenario 9 Transhumanistisches Denken und die Evolution

Die Aussagen des Transhumanismus über den Zusammenhang von technologischer Entwicklung mit biologischer Evolution haben keine theoretische Grundlage. Das „Wissen" zu allen Themen ist spekulativ aber begründbar, und bei allen Themen handelt es sich um längerfristige gerichtete und ungerichtete Veränderungen. Kipppunkte mit technischen Umbrüchen und Trendbeschleunigungen können erforderlich sein (vgl. Literatur im Text).

Phasen (auch zeitlich parallel, nicht kausal aufeinanderfolgend)	Wissen (heute)
Transhumanistisches Denken und seine Umsetzungen werden Einfluss auf die menschliche Evolution nehmen	Fundierte Meinungen, Vermutungen
Transhumanistisches Denken und seine Umsetzungen werden die genetische Ausstattung des Menschen verbessern	Fundierte Meinungen, Vermutungen, Spekulationen
Transhumanistisches Denken und seine Umsetzungen werden die natürliche nächste Stufe der menschlichen Evolution sein	Das gilt nicht im darwinschen, sondern in einem post-darwinistischen Sinn, der kulturelle Evolution einschließt. Fundierte Meinungen, Vermutungen, Spekulationen
Transhumanistisches Denken und seine Umsetzungen werden zu dauerhaft gewünschten positiven evolutionären Anpassungen im darwinschen Sinn führen	Natürliche Evolution ist nicht zwingend mit menschlichen Zielen konform. Evolutionäre Fehlanpassungen sind noch längere Zeit möglich, wenn sie überhaupt vermieden werden können
Transhumanistisches Denken und seine Umsetzungen führen zu einer partiellen Entkopplung der Evolution von der Natur und der natürlichen Selektion	Fakten, fundierte Meinungen
Transhumanistisches Denken und seine Umsetzungen führen auf dem Weg kultureller Vererbung und künstlicher Selektion über längere Zeitstrecken hinweg zu evolutionären Anpassungen, die vom Menschen angestrebt werden	Fakten, fundierte Meinungen, Vermutungen
Transhumanistisches Denken und seine Umsetzungen werden globale Heraus-forderungen des Menschen aufhalten und umkehren (Klimawandel, Umwelt-verschmutzung, Ressourcenausbeutung etc.)	Vermutungen, Spekulationen; kritisch zu sehen

Phasen (auch zeitlich parallel, nicht kausal aufeinanderfolgend)	Wissen (heute)
Transhumanistisches Denken und seine Umsetzungen werden die Abhängigkeit des Menschen oder der Posthumans von der Natur vollständig aufheben	Nicht der Fall; Spekulation

10.2 Evolution ohne uns – extreme Formen des Transhumanismus

Mind uploading und Singularität bei Kurzweil

Mit dem Auslesen und Hochladen des Geistes *(Mind uploading)* ist der vollständige Scan und Transfer des menschlichen Gehirns bzw. Geistes auf einen Computer gemeint. Sämtliche kognitiven Eigenschaften sollen auf dem neuen Medium in identischer Form wie beim Menschen funktionieren. Das umfasst alle Erinnerungen, die Denk- und Planungsfähigkeiten, uneingeschränktes Ich-, Körper- und Weltbewusstsein und natürlich alle Wahrnehmungen, Empfindungen und Gefühle.

Kein Thema des Transhumanismus wurde und wird in Fachmagazinen und in den Medien kritischer diskutiert als der *Mind uploading*. Heute weiß man, dass das Gehirn das Komplexeste ist, was auf der Erde und vielleicht sogar im Universum existiert. Dabei ist die Anzahl der circa 86 Mrd. oder noch mehr Neuronen des Gehirns eine vergleichsweise kleine Zahl gegenüber der Summe der bis zu 10.000-fach höheren Zahl der Synapsen all dieser baumartig verzweigten Neuronen. Dazu kommen unzählige und teilweise noch unbekannte biochemische Stoffe, die an den Synapsen übermittelt werden und uns etwa Gefühle vermitteln. Genau genommen würde noch nicht einmal der Kraftakt, alle Synapsen zu scannen und hochzuladen, eine vollständige Emulation des Gehirns schaffen, denn zusätzlich gibt es noch extrasynaptische Verbindungen (Seung 2013). Wie unser Bewusstsein im Gehirn neuronal erzeugt wird, ist schließlich ein noch völlig unbekanntes Terrain. Hunderte, wenn nicht Tausende von Neurowissenschaftlern beschäftigen sich heute mit diesem Thema, das sich uns aber leider noch immer nicht weiter als einen Türspalt breit öffnen will.

Bei einer vieldiskutierten Methode des *Mind uploadings* will man von einem eingefrorenen Gehirn viele Millionen dicht benachbarter Schichten nacheinander scannen. Die Scans liefern die notwendigen Informationen über alle Neuronen und Synapsen. Doch das wird aus verschiedenen Gründen, die wir hier nicht vertiefen können, nicht ausreichend sein. Man bedenke, dass allein jede einzelne Synapse nicht ein simpler Ein-Aus-Schalter ist, sondern eine hoch komplexe molekulare Maschine, die noch viele Geheimnisse birgt. Ebenso sind Axone und Dendriten nicht einfache elektrische Leitungen zur Übermittlung von Informationen, sondern dynamische, komplexe Gebilde, die je nach Bedarf unterschiedlich operieren, sich selbst verändern und anpassen (Miller 2015). Somit kann es erforderlich werden, das gesamte Gehirn auf einzel-atomarer Ebene zu scannen und zu emulieren (Seung 2013; Miller 2015). Angesichts der Tatsache, dass wir heute noch weit davon entfernt sind zu verstehen, wie das Gehirn genau funktioniert, wie es zum Beispiel Erinnerungen speichert, ohne sie zu überschreiben, und Dutzender anderer offener Fragen, sind manche davon überzeugt, dass der hierfür benötigte Rechneraufwand alles Vorstellbare übersteigt. Selbst wenn das Vorhaben, an dem mit Versuchen an Ratten- und Mäusegehirnen intensiv in Laboren geforscht wird, gelingen sollte, weiß niemand, ob die Identität einer Person nach einem *Mind uploading* wiederhergestellt werden kann. Philosophen werden dem Wesen ihrer Disziplin gemäß nicht müde, ihre Überzeugung kundzutun, dass der Mensch viel mehr als bloße Materie ist.

Als eine unüberwindlich scheinende Hürde beim *Mind uploading* stellt sich für manche die Körperlosigkeit des emulierten Gehirns im Computer dar. Die Frage ist, ob ein vom Körper losgelöstes Gehirn überhaupt eine Identität haben kann und grundsätzlich fähig ist, ein Bewusstsein zu erzeugen, so wie es Menschen in ihrem Körper haben. Es wurde viel darüber geschrieben, wie Gehirn und Körper harmonieren und dass das Gehirn wichtige Informationen über die Welt – ein Weltbewusstsein – nur in Verbindung mit dem Körper aufnehmen kann (vgl. Irrgang 2020). Das Problem wird auch unter dem Namen „Gehirn im Tank" als philosophisches Gedankenexperiment diskutiert (Abb. 10.1). Hier stellt man sich ein am Leben erhaltenes Gehirn vor, das mit einem Computer verbunden wird. Der Computer sendet ihm Informationen ähnlich den Nervensignalen und täuscht ihm eine reale Welt vor. Dann will man wissen, ob das Gehirn entscheiden kann, ob es Teil eines realen, also physischen Körpers ist oder ob es in einer simulierten Realität steckt.

Einen transhumanistischen Denker stören diese Schwierigkeiten und die gesamte nebulöse Bewusstseinsdiskussion überhaupt nicht. Große

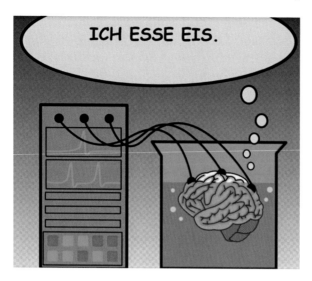

Abb. 10.1 Gehirn im Tank. Ein vom Körper getrenntes, lebendes Gehirn soll in einem Gedankenspiel in einem Tank mit einem Computer verbunden werden. Man will wissen, ob man dem Gehirn elektronische Informationen derart vorspielen kann, dass es nicht mehr zwischen einer echten und simulierten Welt unterscheiden kann (Gehirn im Tank: Wikimedia commons)

Herausforderungen sind dazu da, gelöst zu werden. (Was will man sonst mit ihnen machen?) Es ist folglich ein echter Visionär, dessen Name mit dem *Mind uploading* in der transhumanistischen Debatte verbunden ist, nämlich der uns bereits beim Anti-Aging begegnete Amerikaner Ray Kurzweil (Abschn. 3.6 und 9.5). Kurzweil prophezeit, dass die Aufgabe, den Geist auf einen Computer hochzuladen, bis 2045 bewältigt sein wird. Er weist darauf hin, dass damit gleichzeitig eine virtuelle Unsterblichkeit ermöglicht wird, was das Thema unter Evolutionsgesichtspunkten noch interessanter macht. Kurzweil sieht erhofft sich davon nicht sogar eine Garantie für die Erhaltung der menschlichen Spezies.

Die Bauweise des Gehirns ist aus Sicht von Kurzweil stark eingeschränkt. In den Schädel passen die genannten 100 Billionen Neuronenverbindungen, aber nicht noch zehnmal oder eine Million Mal so viele. Auch die Rechengeschwindigkeit des Gehirns ist biologisch begrenzt, während Maschinen mit annähernd Lichtgeschwindigkeit arbeiten. Sie werden nach seiner Ansicht die Leistungsfähigkeit des Gehirns weitaus übertreffen, und das im Vergleich zur biologischen Evolution in kürzester Zeit. Der technische Fortschritt entkoppelt sich in der Vorstellung Kurzweils von der langsamen menschlichen, biochemisch basierten Denkgeschwindigkeit und wird sich in einem Karussell von Verbesserungsschritten derart schnell verbessern, dass menschliches Denken ins Hintertreffen kommt und völlig chancenlos bleibt. Die Geister von Millionen Menschen werden in die Cloud hochgeladen, so Kurzweil, und werden dort verfügbar sein. Sie nehmen sich gegenseitig wahr, kommunizieren in Lichtgeschwindigkeit, empfinden und fühlen auf neue, nie zuvor gekannte Weise und können sich auf elektronischem Weg ständig weiter verbessern. Parallel hierzu wird auch das biologische Gehirn durch Nanobots erweitert (Kap. 4), die sich im gesamten Nervensystem einklinken. Ebenso werden die menschlichen Sinne quantitativ und qualitativ erweitert, und eine neue, virtuelle Realität geschaffen. Milliarden von Nanobots im Gehirn werden die biologische Intelligenz vergrößern, wobei aber die biologische Kapazität beschränkt bleibt. Das führt laut Kurzweil dazu, dass der nicht-biologische Anteil unserer Intelligenz überwiegen wird. Diese nicht-biologische Intelligenz wird unsere Gefühlswelt vollständig erkennen und beherrschen. Sie kann auf unsere Gefühle reagieren. Da sie eine virtuelle Körperwelt besitzt, steht sie dem Körperbewusstsein des Menschen in Nichts nach, im Gegenteil. Die von Maschinen erzeugte Realität tritt mit zunehmender Leistungsfähigkeit in immer stärkere Konkurrenz zur echten Realität und wird, da sie mit den menschlichen Nerven und Sinnen eng verbunden ist, einen immer größeren Teil unserer Wahrnehmung übernehmen. Sie wird diese in alle gewünschten Richtungen manipulieren und sprengen, so Kurzweil.

Am nicht so fernen Ende dieses ungeheuren Entwicklungsschubs sind Mensch und Maschine, bzw. Menschen- und Maschinenintelligenz völlig verschmolzen. Nicht Menschen sind dann zu Maschinen geworden, sondern Maschinen werden wie Menschen, und noch viel mehr. Eine losgelöste menschliche Intelligenz ist nicht mehr erkennbar, die biologische Intelligenz existiert aber in der Vorstellung Kurzweils weiterhin. Es ist wichtig, darauf hinzuweisen. Der Mensch existiert für Kurzweil weiter. Er wird in seiner Vorstellung nicht durch Maschinen abgelöst; eher trifft das Gegenteil zu, dass er durch Technik unendlich bereichert wird. Damit stellt sich für Kurzweil auch nicht der in den Medien vielfach thematisierte Antagonismus zwischen Mensch und Maschine dar, auch dann nicht, wenn der Mensch vollständig technologisch konzipiert und kontrolliert ist. Als solcher ist er immer noch Vertreter einer kommenden Menschheit. Die Technologie subsumiert sich in diesem Bild unter die anthropogene Steuerungsmacht. Doch das klingt ein Stück weit konstruiert, und irgendwann wird es auch heikel: Die Frage, wo schließlich eine Grenze zwischen Mensch und Maschine gezogen werden soll, ist spannend, aber gleichzeitig unscharf und unbeantwortet. Wo wird Technologie als außerhalb der menschlichen Sphäre gedacht und wo existenziell anteilig unter humaner Herrschaft?

Die Entwicklung schreitet für Kurzweil immer weiter fort, und zwar so lange, bis die Mensch-Maschinen-Intelligenz das gesamte Weltall durchdringt, so lange bis alle verfügbare Materie und Energie mit Mensch-Maschinenintelligenz gesättigt ist. Damit meint er, dass die gesamte Materie und Energie des Universums in optimaler Form und Effizienz rechnet und denkt. Diesen gesamten Prozess und das Ergebnis nennt Kurzweil Singularität (Kurzweil 2014).

Begründet wird die beschriebene Vision der Entwicklung durch eine „Theorie der technischen Evolution". Kurzweil (2014) führt dazu neben der ausführlichen Darstellung in seinem Hauptwerk in vielen Vorträgen und Schriften immer wieder das „Gesetz vom steigenden Ertragszuwachs" an und beschreibt damit, warum evolutionäre Prozesse sich immer weiter beschleunigen. Sie wachsen exponentiell, ja sogar der Beschleunigungsfaktor selbst wächst. Interessant wird Kurzweils Darstellung der biologischen und technischen Evolution dadurch, dass er Rückkopplungsprozesse unterstellt, die die Standard-Evolutionstheorie nicht kennt. Erst moderne Erweiterungen der Evolutionstheorie argumentieren auf einer solchen Grundlage (Abschn. 2.1 und Infobox 3). Für Kurzweil bauen die Produkte von Entwicklungsabschnitten aufeinander auf. Wörtlich heißt es: „Die natürliche Auslese schuf den Menschen, der Mensch schuf die Technik. Mensch und Technik arbeiten nun zusammen an der nächsten technologischen Generation" (Kurzweil 2014). Hier wird deutlich, dass im ersten Satz ein Bruch in der Argumentation auftritt. Kurzweil macht nicht klar – und es ist ihm wohl auch nicht wichtig –, wie der ganze Weg aus biologischer und kulturell-technischer Entwicklung des Menschen mit der biologischen Evolutionstheorie erklärt werden kann. Es wird nicht klar, dass biologische Evolution und technische Evolution, letztere als die Fortsetzung der biologischen Evolution, gleichen Annahmen und Mechanismen gehorchen können. Diesen Zusammenhang herzustellen, wäre ein äußerst lohnenswerter Anspruch des Transhumanismus, der bis heute nicht erfüllt ist. Die moderne, Erweiterte Synthese der Evolutionstheorie öffnet mit kumulativer kultureller Evolution, Nischenkonstruktion und Kooperation Wege dahin (Infobox 3). Ich komme bei der Kritik des Transhumanismus darauf zurück (Abschn. 10.3).

Superintelligenz – die letzte Erfindung der Menschheit?

Nick Bostrom erläutert in seinem Buch *Superintelligenz* (Bostrom 2016) Wege, die zur Entwicklung einer Superintelligenz führen und den Menschen als biologische Spezies ablösen können. An dieser Stelle muss ich zunächst die Unterschiede zwischen KI-Systemen verdeutlichen. Im Gegensatz zu einem herkömmlichen KI-System (schwache KI, Abb. 10.2) ist eine *Artificial General Intelligence (AGI)* nicht mehr auf eine bestimmte Aufgabenlösung, wie etwa Spracherkennung, Schachspiel oder autonomes Fahren eingeschränkt, sondern verfügt über allgemeine Intelligenz auf menschlichem Niveau auf allen Gebieten. Eine Superintelligenz oder *Artificial Super Intelligence (ASI)* bezeichnet darüber hinaus Wesen oder Maschinen mit einer dem Menschen in vielen oder allen Gebieten überlegenen Intelligenz. Sie kann sich auch, über die *AGI* hinaus, selbst Ziele setzen und diese anpassen.

Das ist unmöglich? Vielleicht, vielleicht auch nicht. Auf die Frage, ob eine Maschine je klüger sein könne als ein Mensch, antwortete die Kognitionsforscherin Margaret Boden, dann müsse man dem Rechner „alles beibringen, was ein erwachsener Mensch jemals über die Welt und andere Menschen gelernt hat. Der Computer müsste auch irgendwie wissen, wie alle diese Dinge miteinander zusammenhängen". Sie bestätigt ihrem Interviewer, ver-

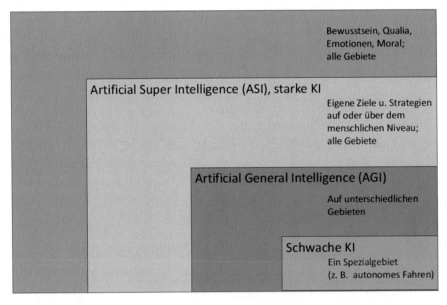

Abb. 10.2 KI-Ebenen nach Fähigkeiten. Eine schwache KI ist spezialisiert auf ein Gebiet. Die *AGI (Artificial General Intelligence)* kann hingegen viele Aufgaben auf menschlichem Niveau erfüllen. Eine Superintelligenz *(Artificial Super Intelligence)* ist eine dem Menschen auf jedem Gebiet überlegene Intelligenz. Sie kann auch eigene Ziele verfolgen und hat die Fähigkeit, diese Ziele eigenständig zu verändern. Eine starke KI besitzt als höchste denkbare Stufe zusätzlich Formen von Bewusstsein, Selbsterkenntnis, Empfindungsvermögen, Emotionen und Moral (KI-Ebenen nach Fähigkeiten: Springer)

glichen damit sei die Aufgabe bei *Go*, dem schwersten Strategiespiel, das es gibt, ein paar Dutzend Steine im Blick zu halten, ein Witz (Klein 2019). Das hindert die Wissenschaft jedoch nicht daran, in diese Richtung voranzuschreiten. Im Februar 2019 überlegte man im Magazin *MIT Technology Review* im Rahmen von zehn globalen technologischen Herausforderungen, was es bedeuten würde, dem humanoiden Roboter *Atlas*, der mittlerweile gut Treppen steigen kann, *AlphaGo* „einzupflanzen", das KI-Programm, das 2016 den Go-Weltmeister besiegte. Das sei ein bedeutender Schritt, um ein KI-Programm mit der physikalischen Welt zu verbinden und es dort „lernen" zu lassen. Dasselbe Ziel, ein virtuelles System mit der realen Welt zu verbinden, verfolgt *Dactyl*, ein Open-AI-Programm, das in Verbindung mit einer Roboterhand erstaunliche Fingerfertigkeit zeigt, um einen Gegenstand von allen Seiten zu ertasten, durch die Finger gleiten lassen und ihn mit diesen zu drehen, so wie es ein Mensch macht. Mit derartiger Technologie sollen Roboter für alltägliche Aufgaben gerüstet werden, etwa die, den Geschirrspüler zu füllen oder ein Bier aus dem Kühlschrank zu holen. Ganz unmerklich werden solche Systeme dann die Welt hinter sich lassen, in der sie auf die Lösung nur eines einzigen Problems fixiert waren.

Mögliche Entwicklungsrichtungen zur Realisation einer Superintelligenz sind die technische Weiterentwicklung von Computern, die gentechnische Weiterentwicklung von Menschen, die Verschmelzung von beidem zu Cyborgs sowie die Gehirnemulation, also die Nachbildung des Gehirns im Computer. Nach Bostrom ist die Entwicklung einer Superintelligenz das vielleicht wichtigste Ereignis der menschlichen Geschichte, vielleicht so wichtig wie die Entstehung des Menschen selbst. Wenn wir Maschinen erfinden, die alles besser können als wir, wäre das aus seiner Sicht und in der filmischen Thematisierung von James Barrat (*Our Final Invention*, 2013) die letzte Erfindung der Menschheit.

KI-Systeme sind wie erwähnt heute oft noch auf Einzelaufgaben spezialisiert, nicht mehr ganz so restriktiv sind zum Beispiel *Alexa* oder das Programm *Watson* von *IBM*. Im Gegensatz zu uns Menschen gibt es aber noch keines, das Schuhe binden, den Hund füttern und daneben auch Biologie studieren kann. Noch nicht. Vor wenigen Jahren gab es jedoch auch noch keinen Roboter, der Treppen steigen oder aus dem Liegen wieder aufstehen und eine Rolle vorwärts machen konnte. Heute sind das keine Themen mehr. Vielmehr ist klar, dass die KI-Industrie, allen voran *Google* als bedeutendster KI-Konzern der Welt, an der Vernetzung von KI-Systemen mit Hochdruck arbeitet, um *alle* denkbaren menschlichen Aufgaben lösen zu können. *Google* ist bestens aufgestellt in der Roboterindustrie. Man hat dort die Vision der Entwicklung einer Superintelligenz *(Google Brain)*. Dabei vermeidet es *Google,* das Kind beim Namen zu nennen.

Die von manchen IT-Fachleuten gesehenen begrenzten Möglichkeiten von KI wegen der angeblichen Beschränkung auf Mustererkennung erkenne ich nicht als grundsätzlich: Tatsächlich besteht unser gesamtes Leben aus Mustern, angefangen beim morgendlichen Aufstehen und Zähneputzen über das Schuhezubinden und Mittagessen bis hin zu jedem unsicheren Augenzwinkern, Sich-Verlieben oder auch der Urlaubsplanung. Alles das und Tausende weiterer Verhaltensweisen lassen sich versteckten Regelmäßigkeiten im Chaos zuordnen, wie Kurzweil es ausdrückt (Kurzweil 2014). KI-Systeme machen sich all dies zu eigen; sie können alle diese Muster analysieren und für ihre Zwecke „optimieren". Sie lernen immer besser, mit dem Menschen zu kooperieren, werden Meister darin, unsere aktuelle Stimmung und Gefühle zu lesen, und werden uns aufheitern und Trost spenden, wenn wir traurig sind. Schritt für Schritt werden sie, oft ohne dass wir es wahrnehmen, in *alle* unsere Lebensprozesse eingreifen. Der ein Meter zwanzig große *Pepper*, ein humanoider Roboter mit süßen Kulleraugen von der französischen Firma Aldebaran Robotics, oder Elenoide (Abb. 10.3) sind schon auf dem besten Weg dahin.

Abb. 10.3 *Elenoide,* **moderner humanoider Roboter.** *Elenoide* wurde in Japan entwickelt. Sie wiegt 45 kg, hat Konfektionsgröße 36 und kostete 2018 als Unikat rund eine halbe Million Euro. Sie kann sprechen, zeigt menschliche Züge, kann Arme und Hände bewegen, aber nicht laufen. Solche Systeme können etwa an Rezeptionen eingesetzt werden. Die Technische Universität Darmstadt nutzt diesen Roboter, um menschliche Reaktionen auf Maschinen zu erforschen. Die Weiterentwicklung mit immer neuen menschlichen Eigenschaften wird nicht auf sich warten lassen. Doch bis ein Verhalten auf menschlichem Niveau erreicht ist, sind noch große Hürden zu überwinden. Zu diesem Zweck müssen Maschinen überdies nicht unbedingt menschenähnlich aussehen (Elenoide: Picture Alliance)

Superintelligente Systeme der Zukunft sollen in der Vorstellung ihrer Visionäre über das gesamte Wissen des Internets verfügen und so in jeder Sekunde *Deep Learning* (mehrschichtiges Lernen) praktizieren. Sie werden eigenständig neue Verkehrskonzepte für Megacities planen, die effiziente, integrierte Strom-, Wasser- und Wärmeversorgung für eine Stadt managen, dann für 1000 Städte und für das Optimum jedes einzelnen ihrer Haushalte. Sie werden OP-Entscheidungen in Kliniken treffen, da sie tausendmal exaktere Diagnosen stellen werden als Ärzte. Wenn sie das nicht in 20 Jahren tun, dann in 50 oder in 100. Sie werden uns schließlich unser Verhalten für eine effiziente Klimapolitik vorschreiben und uns auf die Finger sehen. Sie werden Verhandlungen führen, etwa über einen neuen Flughafenbau mit Dutzenden, Hunderten von Widersprüchen und Zielkonflikten. Roboter werden Roboter bauen, die Roboter bauen. Sie werden sich selbst „fortpflanzen", soweit sie das nicht heute schon tun. Für den Begriff „robots to build robots" lieferte *Google* im Herbst 2021 in einer halben Sekunde 40.000 Suchergebnisse, im März 2021 waren es bereits 160.000. In kurzer Zeit werden es wohl eine Million sein. Die modernsten Fabriken zu diesem Zweck stehen in Shanghai oder in Japan, nicht in Deutschland oder in den USA. KI-Systeme werden sich nicht auf virtuelle Dienstleistungen im Netz beschränken, sondern auch handwerkliche Arbeiten machen, Kraftwerke bauen und reparieren. Automaten werden unseren Müll entsorgen, Felder bestellen und Lebensmittel produzieren. Konflikte mit dem Menschen sind da längst vorprogrammiert. Unser eigener Platz muss neu gedacht werden. Der genaue Zeitpunkt, wann der Zusammenstoß da sein wird, spielt keine Rolle. Er wird kommen – auf vielen Ebenen.

Sie zweifeln? Das ist verständlich. Darum möchte ich ein Beispiel aus meinem eigenen Leben nennen: Als Diabetiker nutze ich ein *Closed-Loop-System* für die Insulintherapie. Das ist ein annähernd geschlossener Regelkreis. Ein solches System war vor einigen Jahren noch reine Utopie. Meine Insulinpumpe ist dafür mit einer für Entwickler offenen (!), aus der Cloud heruntergeladenen App vom Smartphone aus steuerbar. Die App hat Zugriff auf die Pumpe; die Pumpe wird somit kontrolliert „gehackt". Die App regelt also mithilfe eines Glucose-Mess-Sensors die Insulinabgabe teilweise automatisch. Die Blutzuckerkurven der letzten Wochen und Monate sind von autorisierten Dritten, egal an welchem Ort der Welt, in der Cloud einsehbar. Nebenbei bemerkt könnten alle Daten durch Menschen oder Maschinen mit für den Patienten möglicherweise tödlichen Konsequenzen gehackt werden. Wichtig ist hier nur: Es funktioniert. In den 20 Jahren, seit Insulinpumpen in Gebrauch sind, nehmen neue Modelle dem Patienten nach und nach immer mehr Entscheidungen ab, führen Aufgaben durch, über die er bis dahin immer wieder nachdenken musste, oder schlimmer: Aufgaben, über die er vergaß nachzudenken. Die nächste Generation von Insulinpumpen wird künstliche Intelligenz verwenden (Abschn. 8.2).

Dauert eine biologische menschliche Generation 20 Jahre, liegt die Generationsdauer für autonome, das heißt ohne menschliche Eingriffe heruntergeladene Software-Upgrades gerade einmal im Bereich von Minuten, Sekunden oder gar Millisekunden. Und das im unterbrechungsfreien Betrieb – 24 Stunden am Tag, 365 Tage im Jahr, ohne Pause. Was technisch geschehen kann, geschieht. Irgendwann.

Eine Superintelligenz wäre fähig, sich selbst Ziele und ethische Werte zu geben, die uns helfen. Sie kann diese situationsbedingt anpassen (Wertgebungsproblem). Beispiele für solche Werte sind Freiheit, Gerechtigkeit und Glück, oder konkreter: „Minimiere Ungerechtigkeit und unnötiges Leid", „sei freundlich". In heutigen Programmiersprachen existieren keine Wertbegriffe wie „Glück" oder andere. Die Verwendung von Begriffen aus der Philosophie stellt bislang noch eine unlösbare Schwierigkeit dar, da diese nicht uneingeschränkt in Computersyntax umsetzbar sind. Würde der Ansatz möglich, dem System zunächst einfache Werte von außen vorzugeben, aus denen es dann mithilfe dieser ihm eigenen „Saat-KI" seine Werte selbst weiterentwickeln und erlernen soll, träten vielfältige neue Probleme auf. Sie könnten darin bestehen, dass bestimmte Werte in einer sich verändernden Welt nicht mehr erwünscht sind oder dass unvorhergesehene Zielkonflikte entstehen und erwartet wird, dass das System diese erkennt und korrigiert.

Vielfach sind aber Zielkonflikte, die in der realen Welt typisch sind, nicht auflösbar. Zum Beispiel standen sich bei der COVID-19-Pandemie immer wieder unterschiedliche Prioritäten gegenüber. Einerseits sollte die Ausbreitung des Virus minimiert, andererseits die Wirtschaft möglichst wenig in Mitleidenschaft gezogen werden. Auch persönliche Freiheiten und Privatkontakte wollte man nicht dauerhaft einschränken. Das Wertgebungsproblem für KI ist somit heute noch ungelöst. Es ist nicht bekannt, wie eine Superintelligenz auf dem Weg über Wertlernen verständliche menschliche Werte installieren könnte. Selbst wenn das Problem gelöst wäre, existierte das weitere Problem, welche Werte gewählt werden sollen und welche Auswahlkriterien hierfür zu verwenden sind.

Auch der Australier Toby Walsh, Professor für künstliche Intelligenz, widmet sich dem Thema ethischer Werte in einer zukünftigen KI-Welt. Was menschliche Werte betrifft, sieht Walsh ein vorrangiges Problem darin, dass Maschinen uns nicht erklären, wie sie zu ihnen gelangen. Ihre Algorithmen „spucken" Antworten einfach aus, ein Problem, das KI schon heute auszeichnet. Man kann das System nicht fragen, warum es eine Entscheidung getroffen hat. Man kann grundsätzliche keine KI-Anwendung, auch keine Superintelligenz, fragen und echte Antworten erwarten, aus welchen Gründen sie eine Entscheidung trifft. Maschinen entscheiden und handeln nämlich nicht nach denselben Kriterien wie Menschen (Nida-Rümelin und Weidenfeld 2019; Zweig 2019; Eberl 2016). Sie haben keine Überzeugungen. Das ist ein Grundproblem der KI-Welt. Das Verständnis vieler Menschen für KI wird hier auf die Probe gestellt, ja endet womöglich hier, denn Maschinen werden uns in unzähligen Situationen Antworten als glaubhaft überlegt vorspielen, in Zukunft noch viel mehr als heute.

Ebenso werden, wenn wir nicht eingreifen, Diskriminierungen von Teilen der Gesellschaft – Mann oder Frau, Jung oder Alt, Weiß oder Schwarz – in einer zukünftigen KI-Welt verstärkt werden, was in der statistischen Logik der Algorithmen liegt (Zweig 2019). Beispiele solcher Verzerrungen sehen wir bereits heute, wenn Systeme bei US-Gerichten über mögliche Wiederholungstäter entscheiden oder politische Wahlen manipulieren. „Bis 2062 werden Sie einen gefälschten Politiker nicht mehr vom Original unterscheiden können", so Walsh. Wahrheit wird nicht mehr erkennbar und nicht mehr vermittelbar sein. Ethische Verzerrungen und Unfairness können von Entwicklern beabsichtigt bzw. geduldet, aber auch unbeabsichtigt und in bestimmten Fällen sogar unvermeidbar sein (Walsh 2019). Voreingenommenheit, Täuschungen oder Betrug können dann als Ziele und Verhaltensweisen gesehen werden, die ein KI-System auf der einen Seite vermeiden soll, die es aber auf der anderen Seite zu unserem Nachteil selbst neu generiert. KI-Alorithmen sind also stets eingebettet in eine bestimmte soziale, politische und kulturelle Umgebung. Aus allen diesen Feldern fließen Werte und Wertentscheidungen gewollt oder nicht gewollt in die Algorithmen ein. Dasselbe gilt für die verwendeten Daten, mit denen die Programme in ihrem maschinellen Lernprozess trainiert werden. Auf diese Weise verfestigen Algorithmen bestehende gesellschaftliche Muster. Sie bestätigen, was sie vorfinden, schreiben Diskriminierungen fort und verhindern gleichzeitig den Wandel.

Wenden wir uns noch einmal den Zielkonflikten zu. Der Begriff ist abstrakt, deshalb möchte ich Beispiele nennen. Ein intelligentes Bewerberauswahlsystem, so geschehen bei Amazon, wählte mit diversen Algorithmen die geeigneten Bewerber für ausgeschriebene Positionen aus. Eine Maschine trifft also Entscheidungen über Menschen. Die Auswahl soll ohne Berücksichtigung des Geschlechts der Bewerber geschehen. Aufgrund unterschiedlicher Kriterien kann nun der Fall eintreten, dass das System nur männliche und keine weiblichen Bewerber auswählt, vielleicht einfach nur deswegen, weil sich in der Vergangenheit ausschließlich männliche Kandidaten bewarben, die sich später als gut erwiesen. Die Software sortiert die weiblichen Bewerber aus, weil sie sie aus den gelernten Daten falsch bewertet. Zum Beispiel passt die Eigenschaft einer Bewerberin, dass sie in der Frauenfußballmannschaft spielt, nicht zu den Kriterien erfolgreicher Bewerber. Die Software kann nun, wie oben beschrieben, nicht begründen, warum sie so entscheidet, denn sie versteht nicht, was sie macht.

Die Auswahl männlicher Bewerber kann nun unerwünscht sein oder gar als ungerecht empfunden werden, wenn die Firma gleichzeitig das Ziel hat, ebenso viele Bewerberinnen wie Bewerber einzustellen. In diesem Fall müssten entsprechend geänderte Algorithmen zum Einsatz kommen. Dann allerdings steht das neue Entscheidungsverfahren im Widerspruch zum bisherigen, denn jetzt werden ja nicht mehr lediglich die qualifiziertesten Kandidatinnen oder Kandidaten ausgewählt. Der Zielkonflikt hier ist lösbar, wenn ein Kompromiss bei den Qualifikationsansprüchen gefunden wird. Ist bei der Entscheidung für die besten Bewerber – egal ob männlich oder weiblich – jedoch kein Kompromiss möglich, beispielsweise weil die Firma keine marktkonformen Gehälter bezahlen kann, um die besten Bewerber zu bekommen, bleibt grundsätzlich ein Zielkonflikt bestehen: Dann will die Firma optimale Qualifikation mit gleichzeitig niedrigen Gehältern. Das bekommt sie aber nicht. Das Problem ist unabhängig davon, ob hier Menschen oder Maschinen entscheiden.

Bei anderen Zielen können die Widersprüche noch vertrackter sein. Denken wir beispielsweise an Wachstum und Klimaschutz. Beide Ziele sind in einer ganzen Volkswirtschaft dann nochmals um ein Vielfaches schwerer in Einklang zu bringen als bei einem einzelnen Unternehmen (Abschn. 11.2). Wir werden im Folgenden noch auf Zielkonflikte in einer anderen Form eingehen, wenn es um individuelle Ambivalenzen geht, die unser Leben prägen.

Zurück zur Superintelligenz. Weitere Problemkreise sind: Sollen die Absichten der Superintelligenz vor der Ausführung nochmals durch Menschen überprüft werden? Lässt das System eine solche Kontrolle überhaupt dauerhaft zu? Das Kontrollproblem besteht darin sicherzustellen, dass der Mensch die Kontrolle über die Maschine behält. Bostrom demonstriert das Problem an folgendem Beispiel: „Stellen Sie sich eine Maschine vor, die mit dem Ziel programmiert wurde, möglichst viele Büroklammern herzustellen, zum Beispiel in einer Fabrik. Diese Maschine hasst die Menschen nicht. Sie will sich auch nicht aus ihrer Unterjochung befreien. Alles, was sie antreibt, ist, Büroklammern zu produzieren, je mehr, desto besser. Um dieses Ziel zu erreichen, muss die Maschine funktionsfähig bleiben. Das weiß sie. Also wird sie um jeden Preis verhindern, dass Menschen sie ausschalten. Sie wird alles tun, um ihre Energiezufuhr zu sichern. Und sie wird selbst dann nicht aufhören, wenn sie die Menschheit, die Erde und die Milchstraße zu Büroklammern verarbeitet hat. Das ergibt sich logisch aus ihrer Zielvorgabe, die sie nicht hinterfragt, sondern bestmöglich erfüllt" (Bostrom 2016).

Natürlich erscheint uns Bostroms Büroklammerbeispiel als sehr simpel, um nicht zu sagen dumm. Sie werden sagen: Wer kann so naiv sein, ein derart plumpes Ziel zu formulieren, ohne an die Folgen zu denken? Und wie soll erst ein superintelligentes System so dumm sein? Aber Bostrom will hier das Prinzip deutlich machen: Die totale Effizienz der Produktion von Büroklammern. Darauf ist die Maschine ausgerichtet. Vielleicht ist ja das „immerwährende Wachstum" der modernen Kapitalgesellschaft auch kein klügeres Ziel. Außerdem hat ein reales Unternehmen natürlich auch zahlreiche gleichwertige oder nachgeordnete Ziele; da können immer wieder Zielkonflikte auftreten und die Kontrolle erschweren. Vor allem kommt es in der realen Welt oft vor, dass Ziele aufgegeben und durch neue ersetzt werden. Genau hier entsteht aber das Problem für ein KI-System: Wie geht es mit einer Zieländerung um, wenn es darauf fixiert ist, das Ziel zu erhalten? Darauf will Bostrom aufmerksam machen. Der *State of the Future Report* des *Millenium Project* (http://www.millennium-project.org) weist entsprechend in einem Gesamtszenario für 2050 auch darauf hin, dass zukünftige künstliche Intelligenz sich außerhalb menschlicher Kontrolle und menschlichem Verständnis entwickeln könnte (Glenn et al. 2017).

Wie lässt sich nun eine solche negative Entwicklung verhindern? Bostrom beschreibt hierzu zwei Gefahrenpotenziale. Das erste betrifft die Motivation der Konstrukteure der superintelligenten Maschine. Entwickeln sie die Maschine zu ihrem persönlichen Vorteil, aus wissenschaftlichem Interesse oder zum Wohle der Menschheit? Die Gefahren der ersten beiden Motivationen können auf dem Weg der Kontrolle des Entwicklers durch den Auftraggeber gebannt werden. Das zweite Gefahrenpotenzial betrifft die Kontrolle der Superintelligenz durch ihre Konstrukteure. Kann eine am Ende der Entwicklung höher qualifizierte Maschine durch einen geringer qualifizierten Entwickler überwacht werden? Die dazu notwendigen Kontrollmaßnahmen müssten dann vorab eingeplant und in die Maschine eingebaut werden, ohne dass sie im Nachhinein durch die Maschine wieder manipuliert werden können. Hierzu gibt es zwei Ansätze: Kontrolle der Fähigkeiten und Kontrolle der Motivation der Maschine. Entgleitet auch nur eine der beiden, kann die Superintelligenz die Kontrolle über den Menschen erlangen.

Neben ethischen Fragen wird auch der Umgang einer Superintelligenz mit der Natur kritisch gesehen. Braucht ein superintelligentes System noch die Natur? Was wird aus unserer Abhängigkeit von unserer natürlichen Umgebung? Können wir überhaupt noch mit der Natur in Kontakt treten? Ändert sich unser Gehirn möglicherweise radikal, wenn digitale Welten erlebnisreicher werden als jede reale Welt, ja wenn beide ununterscheidbar sind? Der digitale Duft einer Rose, eine digitale Berg- oder Planetenwanderung oder virtueller Sex? Dem Internet ist zu entnehmen, dass z. B. in Tokio manches davon schon heute machbar ist. Vielleicht werden wir erst dann erkennen, dass die Natur ein evolutionär fundamentaler Bestandteil unseres Lebens ist. Alle diese Fragen kann heute noch niemand beantworten.

Martin Ford hat 23 weltweit führende Experten für künstliche Intelligenz (Infobox 11) zu den Entwicklungen auf diesem Gebiet interviewt (Ford 2019). Dabei stellte er unter anderem allen dieselbe Frage: „Wann wird KI aus Ihrer Sicht menschliches Niveau erreichen?" Alle Befragten wiesen darauf hin, dass der Weg zu einer *AGI* hochgradig unsicher sei und dass es eine unbekannte Zahl von Hindernissen gebe, die noch zu überwinden seien. Nur 18 Personen aus diesem Kreis beantworteten die Frage, fünf weigerten sich. Die Einschätzungen, wann eine *AGI* real wird, lagen zwischen 11 und knapp 200 Jahren. Im Durchschnitt schätzten die Wissenschaftler mit aller Vorsicht die Entwicklung so ein, dass eine *AGI* gegen Ende des 21. Jahrhunderts möglich sein könnte. Andere Umfragen mit noch mehr KI-Experten und mit Wissenschaftlern auch außerhalb der KI-Szene ergeben, dass eine *AGI* zwischen 2040 und 2050 Realität werden kann (https://aiimpacts.org/ai-timeline-surveys/).

Intelligenzexplosion und Singularität bei Bostrom

Im Hinblick auf Superintelligenz sprach der Visionär künstlicher Intelligenz, Irving John Good, bereits 1966 von einer möglichen Intelligenzexplosion, zu der es im Kreislauf einer rekursiven Selbstverbesserung kommen könne (Good 1966). Heute wird dieses Szenario als ein Prozess in mehreren Stufen dargestellt. Man stellt sich eine artifizielle Superintelligenz am besten als vernetztes System vor, das sämtliches Wissen in der Cloud nutzt, darunter das Wissen ähnlich intelligenter, konkurrierender Systeme. Zunächst hat das gegenwärtige System Fähigkeiten weit unter menschlichem Basisniveau, definiert als allgemeine intellektuelle Fähigkeit. Irgendwann in der Zukunft erreicht es menschliches Niveau. Nick Bostrom bezeichnet dieses Niveau als Beginn des *Takeoffs*. Bei weiterem kontinuierlichem Fortschritt erwirbt das

System unaufhaltsam und selbsttätig die kombinierten intellektuellen Fähigkeiten der gesamten Menschheit. Es wird zu einer starken Superintelligenz und schraubt sich schließlich selbst auf eine Ebene weit oberhalb der vereinten intellektuellen Möglichkeiten der gegenwärtigen Menschheit. Der *Takeoff* endet hier; die Systemintelligenz nimmt nun nur noch langsam zu. Während des *Takeoffs* könnte das System eine kritische Schwelle überschreiten. Ab dieser Schwelle sind die Verbesserungen des Systems in der Meh rheit systemimmanent, d. h. Eingriffe von außen sind nur noch wenig relevant. Eine solche Intelligenzexplosion könnte nach Bostrom in wenigen Tagen oder Stunden ablaufen (Abb. 10.4).

Die Dimension einer Intelligenzexplosion wird beispielhaft deutlich, wenn wir uns vorstellen, dass sich das Welt-Bruttoinlandsprodukt, das heute mühsam um zwei bis drei Prozent pro Jahr wächst, in einem Jahr oder in zwei verdoppelt, dass das System die Dissertation, mit der sich der Autor acht Jahre abmühen musste, in wenigen Minuten oder das hier vorliegende Buch samt Recherche ebenfalls in kurzer Zeit schreiben könnte. Viel schwieriger für das System sind Bewertungen der von ihm gefundenen Ergebnisse und Zusammenhänge. Jedenfalls hätte der Mensch bei dieser Geschwindigkeit

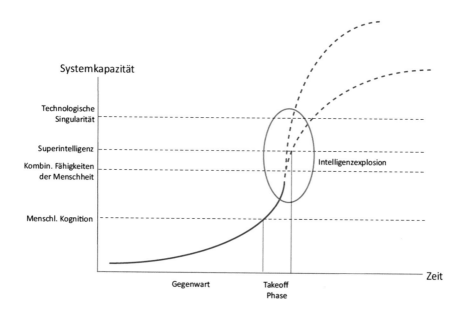

Abb. 10.4 Intelligenzexplosion. Nick Bostrom nimmt das Wissen von Maschinen, wenn diese die menschliche Kognitionsfähigkeit übersteigen, in der *Takeoff*-Phase explosionsartig zu, da sie schnell voneinander lernen. Haben sie das Level einer Superintelligenz erreicht, ist unklar, welche Ziele sie haben und ob wir diese Ziele und ihr Verhalten noch kontrollieren können (Intelligenzexplosion: Springer)

kaum Zeit zu reagieren. Sein Schicksal hinge im Wesentlichen von bereits zuvor getroffenen Vorkehrungen ab. Er würde sich im Extremfall der Nicht-mehr-Handlungsfähigkeit gegenübersehen, die in eine technologische Singularität mündet, die Verschmelzung von Mensch und Maschine und Ablösung der menschlichen Spezies durch eine artifizielle Superintelligenz. Die Zukunft der Menschheit ist in einer technologischen Singularität nicht mehr vorhersehbar.

Der Zeitpunkt bis zum möglichen Eintreten einer solchen Singularität wird von verschiedenen Autoren diskutiert und im Bereich von Jahrzehnten gesehen (Chalmers 2010; Kurzweil 2014). Es wird als wahrscheinlich angenommen, dass sie überraschend eintritt, womöglich sogar überraschend für die an der Entwicklung Beteiligten. Der deutsche Informatiker und KI-Fachmann Jürgen Schmidhuber sieht KIs und Roboter das Universum kolonisieren. Der Mensch wird keine dominante Rolle mehr spielen (Schummer 2011). Ähnlich warnend äußerten sich Stephen Hawking, Bill Gates, der Apple-Mitbegründer Steve Wozniak, der österreichische Robotik-Fachmann Hans Moravec, der Nanotec-Pionier Eric Drexler und andere.

Ein langsamer *Takeoff* wird nach der Analyse von Bostrom zu geo-politischen, sozialen und ökonomischen Verwerfungen führen, wenn Interessengruppen versuchen, sich angesichts des bevorstehenden drastischen Wandels machtpolitisch neu zu positionieren. Ray Kurz-weil sieht das nicht. Er sieht einen schrittweisen Übergang zur Singulari-tät (Kurzweil 2014). Ein langsamer *Takeoff* ist jedoch nach Bostrom unwahrscheinlich. Bostrom diskutiert nicht, ob die eine oder die andere Alternative mit weniger Annahmen auskommt und daher tatsächlich, also abseits von Plausibilität und täuschender Intuition, wahrscheinlicher sein kann. Für Kurzweils und andere Prognosen gilt prinzipiell dasselbe. Dass es nicht logisch zwingend zu einer technologischen Singularität kommen muss, dafür führt Toby Walsh eine ganze Reihe von Begründungen an. Er schließt aber nicht aus, dass sie dennoch möglich ist. Dass es im Jahr *2062*, – so sein Buchtitel – superintelligente Systeme geben wird, daran lässt er kaum Zweifel, und er äußerst in einigen Bereichen große Sorgen angesichts der Entwicklung bis dorthin. Wir müssen demnach vor allem fürchten, bei militärischen Konflikten Entscheidungen über Leben und Tod Maschinen zu überlassen, die nicht kompetent genug sind (Walsh 2019). Superintelligent sind solche Systeme dann noch lange nicht. Sollten sie es aber werden, dürfen wir nicht annehmen, dass solche Systeme, die uns per definitionem in allen Belangen überlegen sind, damit automatisch auch keine Zielkonflikte mehr haben oder Entscheidungen treffen, die mit unseren Vorstellungen übereinstimmen müssen.

Singularitätsvisionen in technologisch-posthumanistischen Szenarios stellen keine Utopien oder Dystopien dar. Vielmehr sollen sie als „ernstgemeinte Prognosen einer am Horizont der nicht mehr ganz so fernen Zukunft heraufdämmernden Ära des Posthumanen" verstanden werden (Loh 2019). „Prognose" dürfte dabei gewagt formuliert sein. Wenn die Entwicklung dorthin mit einigen vom Menschen angestoßenen Schüben als ein quasi automatischer Verlauf gesehen wird, ist allerdings zu entgegnen, dass dieser Weg nicht ohne Kipppunkte mit Entwicklungssprüngen verlaufen kann. Auch der Komplexitätsforscher und Wissenschaftstheoretiker Klaus Mainzer macht bewusst, dass die Frage einer Superintelligenz keine Fantasterei mehr ist, sondern zunehmend realistische Züge erhält. So „sind – wenigstens theoretisch – erstaunliche Steigerungen von Intelligenz in KI-Systemen denkbar, die Menschen überlegen sind" (Mainzer 2018). Menschenähnliche Intelligenz hält Mainzer jedoch erst in einem Umfeld für möglich, in dem Maschinen „nicht nur über einen an ihre Aufgaben angepassten und anpassungsfähigen Körper verfügen, sondern auch situationsgerecht und weitgehend autonom reagieren können". Diese Anschauung kann nicht deutlich genug hervorgehoben werden. Heute ist allerdings noch keinem Forscher bekannt, wie dieses Problem gelöst werden kann. Die derzeitigen *Deep-Learning*-Verfahren arbeiten mit mathematisch-statistischen Optimierungen, ohne zu verstehen, was sie tun. Um zu superintelligenten Systemen zu gelangen, sind völlig neue Ansätze erforderlich, so der KI-Experte Ulrich Eberl im persönlichen Gespräch. Heute gibt es in der Forschung nicht einmal den Ansatz einer Vorstellung davon, mit welchen Methoden sie überhaupt realisiert werden könnte.

Wenn wir noch einen Schritt weiterdenken, ist letztlich das Selbst eines Menschen eben kein neuronales Objekt, sondern eine untrennbare, integrierte Einheit aus Körper und Geist. Die Entwicklung eines künstlich-intelligenten Systems mit eigenem oder ohne eigenes Bewusstsein bedarf folglich in hohem Maß interdisziplinärer Forschung zwischen Ingenieurswissenschaften, Kognitionswissenschaften und Gehirnforschung, Systembiologie, synthetischer Biologie und anderen Disziplinen. In der Gesamtsicht, so Mainzer, muss eine Superintelligenz immer noch erstens den logisch-mathematischen Gesetzen und Beweisen der Berechenbarkeit, Entscheidbarkeit und Komplexität und zweitens den physikalischen Gesetzen gehorchen.

Szenario 10 zeigt die spekulativen Entwicklungen in Richtung der Superintelligenz und technologischen Singularität. Sowohl hinsichtlich des Wissens, das wir heute über die Möglichkeit derartiger Entwicklungen besitzen, als auch über die Veränderungsschritte, die notwendig sind, um diese Szenarien Wirklichkeit werden zu lassen, können nur Spekulationen angestellt werden. In jedem Fall wären wohl zahlreiche Wissens- und Veränderungssprünge erforderlich.

Szenario 10 Intelligenzexplosion und Superintelligenz

Dass wir auf die Existenz einer Superintelligenz mit übermenschlichen Fähigkeiten zusteuern, wird nur von wenigen Experten bezweifelt. Das Wissen über ihren Charakter ist jedoch unsicher. Alle Aussagen über das Eintreten einer Singularität und ihre auch widersprechenden Formen sind damit sehr spekulativ. Sprunghafte Wissenserweiterungen müssen dafür angenommen werden. Es ist aber nicht auszuschließen, dass die Entwicklung in diese Richtung verläuft. Die Veränderungen sind unkalkulierbar und Spekulation. Kipppunkte mit technischen Umbrüchen und Trendbeschleunigungen sind erforderlich. Max Tegmark liefert ein breites Spektrum möglicher Szenarien (Tegmark 2017).

Phasen (auch zeitlich parallel, nicht kausal aufeinanderfolgend)

- Superintelligente Systeme werden Realität.
- Superintelligente Systeme werden mit dem Menschen dauerhaft koevolvieren.
- Superintelligente Systeme werden die Menschheit friedlich in eine technisch post-humanistische Evolution überführen.
- Superintelligente Systeme werden unkontrollierbar sein. Sie können damit menschlichen Zielen entgegenwirken und im schlimmsten Fall unsere Existenz gefährden.
- Die Simulation des gesamten menschlichen Gehirns mit allen Eigenschaften, auch Bewusstsein, wird möglich sein.
- Singularität wird Realität.
- Singularität wird zwangsläufig eintreten.
- Singularität wird plötzlich eintreten.
- Singularität wird sukzessive eintreten.
- Singularität wird der nächste Schritt in der menschlichen Evolution sein.
- Singularität wird das Ende der biologischen menschlichen Spezies bedeuten.
- Es wird zu keiner Singularität kommen.

10.3 Kritik des Transhumanismus

Eine „Trivial-Anthropologie"

Auseinandersetzungen mit dem Transhumanismus gibt es auf breiter Front. Er bedient sich aus der Sicht mancher Kritiker eines simplen Menschenbilds, einer einfach gestrickten Anthropologie. Janina Loh spricht von einer

„Trivial-Anthropologie" (Loh 2019), und Stefan Lorenz Sorgner, selbst ein gemäßigter Transhumanist, schreibt von einer „linearen Denkweise" (Sorgner 2016). Eine solche einfache Anthropologie lässt außer Acht, dass sich der Mensch nicht auf eine Reihe von Eigenschaften reduzieren lässt, dass unser Denken und Handeln komplex ist, wobei es sich oft widerspricht, und dass es bei Handlungen mit ethischen Konsequenzen mehrere Sichtweisen und manchmal gar keine einvernehmlichen Lösungen geben kann. Darauf müsste hingewiesen und Risiken beim Einsatz von Technologien müssten benannt werden. Auch wird darauf aufmerksam gemacht, dass unsere sachlich komplex gewordene Gesellschaft die Transformation zu einem gesellschaftlichen Alternativmodell, gemeint ist ein transhumanistisches Modell, kaum mehr plausibel erscheinen lässt (Dickel 2016). Dafür sind zu viele Strömungen unterwegs. Auch für Fukuyama ist es unwahrscheinlich, dass die Gesellschaft plötzlich in den Bann der transhumanistischen Weltsicht gerät (Fukuyama 2004). Ein Außen, zu dem hin manövriert werden kann, gibt es für die vernetzte, globalisierte, pluralistische Welt nicht mehr.

Der Harvard-Genetiker und Visionär George Church, den wir schon kennengelernt haben, weist in einem eigenen Kapitel in seinem Buch *Regenesis* auf die Nachteile hin, die entstehen könnten, wenn genetisch veränderte transhumanistische Menschen nicht nur die Eigenschaften hervorbringen, die geplant sind (Church 2012). Als Genetiker weiß Church, wovon er spricht. So fühlen sich Menschen mit einem Supergedächtnis, in deren Erinnerung nichts verloren geht, ein Leben lang gequält, weil sie sich immer aufs Neue mit jedem Tag ihrer Vergangenheit beschäftigen müssen. Menschen mit Synästhesie erleben den unerwünschten Effekt, dass mehrere Sinne gleichzeitig, oft störend aktiviert werden. Sie sehen in Tönen Farben oder verbinden Farbe und Temperatur. Schließlich erwähnt Church einsame Genies wie Beethoven oder van Gogh. Bei ihrer hohen Begabung lag die Grenze zum Wahnsinn nahe; sie litten oft mehr, als sie sich an ihrem Ruhm erfreuen durften. All das kann laut Church nicht ausgeschlossen werden, wenn Transhumanisten ihre Pläne umsetzen wollen und nur die „guten" Mutanten im Auge haben, Menschen, die es heute schon gibt und die schon ein paar transhumanistische Eigenschaften erahnen lassen. Unter ihnen sind Menschen mit seltenen Mutationen, die zu hoher Muskelbildung und wenig Fett führen, Menschen mit extrem langen Knochen, Menschen mit Mutationen, die dafür sorgen, dass ihre Träger so gut wie keine Herz-Kreislauf-Beschwerden haben und Menschen mit HIV-Resistenz.

Erst die Vertreter des kritischen Posthumanismus setzen sich mit dem unzureichenden, ja in Teilen verwerflichen Menschenbild des historischen

Humanismus auseinander und machen deutlich, dass der Humanismus in einer tiefen Krise steckt. Er hat nicht nur die positiven Seiten hervorgebracht, die unreflektiert übernommen werden. Tatsächlich erlangten im humanistisch geprägten Europa des Anthropozän auch die Kolonialisierung, der Rassismus, Kriege, Intoleranz, Unterdrückung und Ungleichheit bis dahin unbekannte Dimensionen (Braidotti 2014). Nicht zu vergessen ist unter der Fahne gewollter Naturbeherrschung die gesamte Palette der heute als fatal erkannten ökologischen Entwicklungen mit ihren Verwerfungen auf dem Planeten. Der kritische Posthumanismus fordert, vom Anthropozentrismus mit dem Menschen als Maß aller Dinge Abschied zu nehmen und zu einem ganzheitlichen, kritischen Denken überzugehen.

Kurzweil und die (Un-) Berechenbarkeit der Welt

Da Kurzweil keinen sozio-ökonomischen Blickwinkel einnimmt, lässt er keine gesellschaftlichen Hindernisse auftreten und kennt auch keine prinzipiell unlösbaren Zielkonflikte. Er lässt auch nicht den Einwand zu, dass die vom Menschen selbst geschaffenen Systeme in einer Welt mit Einflussgrößen, die er selbst verändert, Eigendynamiken entwickeln, die sich seinem Einfluss entziehen. Seine Antwort ist hingegen: Technischer Fortschritt holt derartige Probleme ein, bevor sie sich ausbreiten können. Der technische Fortschritt ist jeder Fehlentwicklung stets eine oder zwei Armlängen voraus. Ich will hier zeigen, dass dies für die nächsten Jahrzehnte keineswegs zwingend garantiert ist.

Damit Kurzweils Szenario aufgeht, muss die Intelligenz also jeder nachteiligen Entwicklung vorauseilen; sie muss Technologiefolgen, die dem Menschen gefährlich werden können, unter Kontrolle haben, muss sie vorhersehen. Ökologische Systeme und Gesellschaftssysteme sind aber nicht deterministisch. Sie haben einen komplexen, chaotischen Charakter und sind durch pluralistische Ursachen gekennzeichnet. Dabei sind wir weit davon entfernt, über Methoden zu verfügen, um solche Systeme wissenschaftlich zuverlässig zu beschreiben, geschweige denn ihre Entwicklungen vorherzusagen (Mitchell 2008).

Lassen wir noch einen Fachmann zu Wort kommen: Stephen Wolfram, britischer Physiker und Mathematiker, macht deutlich, dass manche Systeme so komplex sein können, dass es prinzipiell unmöglich ist, ihr zukünftiges Verhalten mit Computern vorherzusagen. Sie sind „rechnerisch irreduzibel. Das ist eine starke, provozierende Aussage, die zum Nachdenken zwingt. Aber Wolfram kennt sich mit komplexen Systemen aus wie kaum ein anderer. Solche Systeme, eine Stadt oder eine Pandemie können im Kern aus Millionen menschlicher Gedanken, freien Akteuren und unzähligen Entscheidungen bestehen. Um das Verhalten zu berechnen, müsste man durch ebenso viele Rechenschritte gehen wie das System benötigt hat, um selbst evolutionär zu entstehen (Wolfram 2002). In späteren Vorträgen schöpft Wolfram allerdings doch größere Zuversicht, die Berechenbarkeit des Universums aufspüren zu können (Wolfram 2010).

Interessante Fragen für unsere Zukunft sind: Wird der Mensch mit seiner Intelligenz angesichts der weltweit fortschreitenden, offenbar unkontrollierbaren Verstädterung, bei der Explosion von Megacities wie Tokio (38 Mio. Einwohner), Shanghai (34 Millionen) Jakarta (31 Mio.) oder Delhi (27 Mio.) und der rasenden Entwicklung der auf die Zehn-Milliarden-Marke zusteuernden Weltbevölkerung in Zukunft weiter zurechtkommen? Wie stark können die Entwicklungen kontrolliert werden? Wie gut sind wir mit unserer modernen Lebensweise noch evolutionär angepasst (Abschn. 11.1)? Vollziehen sich diese Entwicklungen möglicherweise viel zu schnell und gefährden somit sogar die Stellung der Spezies Mensch? Marschieren wir vielleicht geradeaus tiefer in Fehlanpassungen? Es ist doch zutiefst irritierend, dass wir als die intelligenteste Spezies Kriege führen, Regenwälder vernichten, natürliche Ressourcen ausbeuten, das Klima aufheizen und die Artenvielfalt dezimieren. Mit anderen Worten: Wir wissen heute nicht, ob unsere eben noch so hoch gepriesene Intelligenz ausreichen wird, um unsere beschädigte Anpassung zu korrigieren, unser Wohl zu erhalten und letztlich unsere Art zu retten.

Nach dem, was die Wissenschaftstheoretikerin Sandra Mitchell und Wolfram sagen, muss bezweifelt werden, dass sich menschliches Handeln und seine Auswirkungen in Zukunft stets rechtzeitig und richtig berechnen lassen. Es wird noch für eine lange Zeit unsicher bleiben, wie globales, kurzfristig orientiertes Handeln zuverlässig unterbunden werden kann, wenn es nachteilig ist oder gar zu evolutionären Fehlanpassungen führt (Infobox 1). Fehlanpassungen bei Umweltentwicklungen sind heute wissenschaftliche Themen (Magnan et al. 2016). Auch die Vereinten Nationen und der Weltklimarat (IPCC) verwenden nach langem Zögern inzwischen den Begriff Fehlanpassung und bringen ihn auch in einen evolutionären Zusammenhang, wenn es heißt: „Allgemein gesagt, hängt die Evolution von erfolgreicher Anpassung ab, und Fehlanpassung führt zu Misserfolg" (UNEP 2019). Derselbe Bericht stellt klar: „Eine Fehlanpassung an den Klimawandel verdeutlicht unser Unvermögen, uns angemessen und vernünftig an die sich verändernde Welt um uns herum anzupassen" (UNEP 2019).

Man konnte sogar beobachten, dass Anpassungsversuche, also Versuche, eine schlechte Entwicklung zu korrigieren, in die falsche Richtung führen, indem durch Eingriffe bereits nachteilige Entwicklungen noch weiter verschlechtert anstatt verbessert werden. Das war zum Beispiel der Fall, als in den USA bei steigender Erwärmung und Gesundheitsbelastungen vermehrt energieintensive Klimaanlagen eingesetzt wurden, wodurch Emissionen und damit die Gefahr weiterer Erwärmung weiter zunahmen. Auf diese Weise verschob man die Lösung auf zukünftige Generationen (Maladaptation 2010). Heute lesen wir oft, dass Aufgaben in die Zukunft transferiert werden. Anpassungsmaßnahmen können aber auch aus anderen Gründen nicht zum Ziel führen, etwa wenn sie für bestimmte Gruppen und in bestimmten Fällen vorteilhaft, gleichzeitig aber für andere in anderen Zusammenhängen nachteilig sind. Dann entstehen die schon beschriebenen Zielkonflikte. Es ist somit bekanntlich alles andere als ausgemacht, dass man notwendige Anpassungsmaßnahmen erkennt, sie dann beschließt und das Ergebnis nur abwarten muss. Das ist natürlich keine ganz neue Erkenntnis, doch ich wollte sie Ihnen, liebe Leser, in diesem Zusammenhang vielleicht noch ein wenig bewusster machen.

Aus der Komplexitätstheorie weiß man, dass sich in chaotischen dynamischen Systemen berechenbare Muster entwickeln können, es jedoch durchaus nicht so sein muss (Mitchell 2008). Schließlich können in solchen Systemen auch immer wieder plötzliche unvorhersehbare Kipppunkte und Umbrüche eintreten, die mögliche Berechnungen und Vorhersagen unterlaufen. Menschliche Reaktionen auf katastrophale, unvorhersehbare Wendungen können dabei jede noch kurz davor bewiesene Intelligenz über den Haufen werfen, kurzum: Reale Systeme, mit denen es der Mensch zu tun hat, zeigen eine tiefgreifende Unsicherheit. Selbst mit vollständigem Wissen über die deterministische Struktur der Natur wäre es nicht möglich, Voraussagen über ihre Zukunft zu erstellen (Mitchell 2008). Alle diese Fälle klammert Kurzweil aus, eine erhebliche Vernachlässigung und Unterschätzung der Realität.

An dieser Stelle zeigt sich Kurzweils individualistisch-transhumanistisches Denken. Er überträgt eher individualistische Entwicklungen auf die Population, als dass er von der Gesamtheit ausgeht. So funktionieren Systeme aber nicht unbedingt, weder biologisch-evolutionäre noch technisch-kulturell evolutionäre. Man kann sich zwar vorstellen, dass wir in einigen Jahrzehnten das Wissen besitzen, um etwa einen Asteroiden abzufangen, bevor er die Erde und die Menschheit zerstört. Aber was wäre mit einer extremen Verstärkung des Sonnenwindes? Dass für alle Eventualitäten in diesen Dimensionen und vor allem auch für gesellschaftsimmanent drohende Krisen stets rechtzeitig intelligente Lösungen vorliegen sollen, macht es schwer, Kurzweil zu folgen. Wir werden zweifellos eine noch unbestimmt lange Zukunft vor uns haben, in der zumindest die Möglichkeit besteht, dass menschliche und maschinelle Intelligenz noch nicht so weit fortgeschritten sind, dass wir alle globalen kulturellen Risiken und damit auch evolutionären Fehlentwicklungen in den Griff bekommen. Eine kommende *AGI* müsste irgendwann aber in der Lage sein, Fehlentwicklungen frühzeitig zu erkennen, flexibel zu reagieren, Ziele entsprechend zu ändern und gegenzusteuern, auch wenn es weh tut.

Bei solchen Überlegungen wird deutlich, warum dieser Futurist so kompromisslos auf der nie erlahmenden Kraft eines extrem starken exponentiellen Fortschritts und Wachstums insistieren muss. Kein Transhumanist prognostiziert künstliche Intelligenz auf menschlichem Niveau und die Singularität so früh in der Zukunft und so bestimmt wie Kurzweil. Aber es bleibt ihm keine Wahl. Er muss das tun, um gar nicht erst den Verdacht aufkommen zu lassen, die Menschheit könne ihrem eigenen globalen Handeln ausgeliefert sein, bevor sie die Intelligenz entwickelt, entgegenzuwirken. Mit dem Gesetz des steigenden Ertragszuwachses und der Gültigkeit von Moores Gesetz, also der anhaltenden Verdoppelungen der Computerleistung in mehr oder weniger konstant kurzen Zeitspannen, steht und fällt Kurzweils Modell. Die Gesetze, die er quasi als Naturgesetze sieht – was sie natürlich nicht sind –, wurden bis zur Ermüdung diskutiert und auch bestritten (z. B. Allan und Greaves 2012). Sie stellen für Kurzweils Theorie Basisannahmen dar. Jedes Modell kann aber nur so gut sein wie die Richtigkeit seiner Annahmen. Ein übertriebener transhumanistischer Optimismus ist dann in dem Sinn gefährlich, als er auf Annahmen baut, die Gefahren ausklammern.

Superintelligenz – Fluch oder Segen?

Wie Bostroms Theorie einer Superintelligenz von anderen gesehen wird, habe ich bereits skizziert (Abschn. 10.2). Das Thema muss ich aber hier noch einmal aufgreifen, denn Bostroms Schlussfolgerung ist die Auslöschung der Menschheit, und diese Aussage ist von höchster evolutionärer Bewandtnis. Bostrom wurde mit seiner Sicht zum Fahnenträger des Mensch-Maschine-Antagonismus und der in diesem unvermeidbaren Konflikt untergehenden Menschheit.

Nick Bostrom ist ein genialer Analytiker und Philosoph. Was er schreibt und sagt, ist so durchdacht, wie das nur wenige in seiner Zunft beherrschen.

Meine kurzen kritischen Ausführungen hier sind daher mit Respekt vor seiner Leistung zu werten. Bostroms Theorie zeigt die Entwicklung einer Superintelligenz als ein „existenzielles Risiko" für unsere Art. Die Entwicklung läuft demnach unausweichlich auf eine Auslöschung der Menschheit hinaus. Dieser negative Weg wird jedoch von anderen durchaus nicht so logisch zwingend gesehen, wie Bostrom ihn darstellt. Seine Aussagen erscheinen als Wahrscheinlichkeitsaussagen mit einer hohen Eintrittswahrscheinlichkeit. Solche Schlussfolgerungen können jedoch in diesem Zusammenhang nicht gemacht werden, denn erstens liegen hier keine wiederholbaren statistischen Ereignisse wie die Auslosung der Lottozahlen vor, aus denen man auf das Eintreten einer Einzelwahrscheinlichkeit – hier das Eintreten der Superintelligenz – schließen könnte. Der Eindruck, dass ein solcher Schluss gezogen werden könnte, sollte daher vermieden werden. Wenn davon einmal abgesehen wird, besagt der Konjunktionsfehlschluss, auf den der Nobelpreisträger für Wirtschaft, Daniel Kahneman, verweist (Kahneman 2016; Abschn. 3.5), dass die Wahrscheinlichkeit für das Eintreten einer Voraussage logischerweise immer stärker abnimmt, je mehr kohärente Bedingungen an sie geknüpft werden. Das bedenkt Bostrom jedoch nicht, wenn er für die Begründung eines schnellen *Takeoff* (Abb. 9.3), also die Intelligenzexplosion und Superintelligenz, zahlreiche gekoppelte Argumente anführt, was seinen Lesern die fatale Superintelligenz plausibler und wahrscheinlicher erscheinen lassen soll.

Hier ein Beispiel zur Verdeutlichung: Nehmen wir an, dass das Zinsniveau im nächsten Jahr wegen der hohen Inflation ansteigen wird. Daher ist damit zu rechnen, dass sich die US-Börsenhausse abschwächt. Das klingt plausibel; das nahende Ende des US-Börsenaufschwungs wird mit dem Zinsanstieg gut begründet, denn alternative Anlageformen werden mit besserem Zinsniveau attraktiver. Tatsächlich aber ist die folgende Aussage logisch wahrscheinlicher, obwohl sie nur vage formuliert ist und keine Ursache angibt: Es wird lediglich damit gerechnet, dass sich der Anstieg der Aktienkurse in den USA im nächsten Jahr verlangsamt. Also, liebe Leser, Vorsicht! Hier gilt nach Kahneman: Weniger ist mehr. Im Gegensatz zu Bostrom geht Tegmark (2017) auf Wahrscheinlichkeiten alternativer Zukunftsereignisse deutlicher ein.

Infobox 14 Ausgewählte akademische Einrichtungen für Zukunftsforschung

Future of Humanity Institute (FHI), Universität Oxford (https://www.fhi.ox.ac.uk).

Das FHI ist ein multidisziplinäres Forschungsinstitut. Forscher bringen dort das Instrumentarium der Mathematik, Philosophie und Sozialwissenschaften in die großen Fragen der Menschheit ein. Das FHI hat Schlüsselkonzepte entwickelt, die das gegenwärtige Denken über die Zukunft der Menschheit prägen oder eine Pionierrolle bei der Entwicklung dieser Konzepte gespielt. Dazu gehören: das Simulationsargument, existenzielles Risiko, Nanotechnologie, Informationsgefahren, Strategie und Analyse in Bezug auf maschinelle Superintelligenz, die Ethik des digitalen Denkens, Prognosemärkte, Hirnemulationsszenarien, *Human Enhancement*, das parlamentarische Modell der Entscheidungsfindung unter normativer Unsicherheit, die Hypothese der Verletzlichkeit der Welt und andere. Gründer und Leiter des FHI ist Nick Bostrom.

Future of Life Institute (FLI), Cambridge, Massachusetts (http://futureoflife.org).

Das FLI ist ein gemeinnütziges Forschungsinstitut und eine gemeinnützige Organisation im Raum Boston, das sich dafür einsetzt, existenzielle Risiken für die Menschheit zu mindern, insbesondere Risiken durch fortgeschrittene künstliche Intelligenz. Aufgabe des FLI ist es, Forschung und Initiativen zum Schutz des Lebens und zur Entwicklung optimistischer Zukunftsvisionen zu katalysieren und zu unterstützen, einschließlich positiver Wege für die Menschheit, ihren Kurs als Antwort auf neue Technologien und Herausforderungen zu steuern. Das FLI konzentriert sich insbesondere auf die potenziellen Risiken für die Menschheit durch die Entwicklung von künstlicher allgemeiner Intelligenz *(AGI)* auf menschlicher Ebene oder superintelligenter künstlicher Intelligenz. Zu den Gründern gehört der MIT-Kosmologe Max Tegmark. Beiratsmitglieder sind u. a. Elon Musk und Nick Bostrom.

London Futurists, London, Großbritannien (https://londonfuturists.com).

London Futurists ist eine Bildungs- und Netzwerkveranstaltung, die sich mit Zukunftsstudien und Transhumanismus in einer Reihe von Disziplinen befasst. Zu ihren Themen gehören die technologische Singularität sowie aufkommende Technologien und ihre sozialen Auswirkungen.

Machine Intelligence Research Institute (MIRI), Berkeley, Kalifornien (http://intelligence.org).

Das MIRI, ehemals Singularity Institute for Artificial Intelligence (SIAI), ist ein gemeinnütziges Forschungsinstitut, das sich seit 2005 auf die Identifizierung und das Management potenzieller existenzieller Risiken aus der künstlichen allgemeinen Intelligenz konzentriert. Die Arbeit des MIRI konzentriert sich auf einen freundlichen KI-Ansatz beim Systementwurf und auf die Vorhersage des Tempos der Technologieentwicklung. Mitgründer und Leiter ist Eliezer Yudkowsky.

Singularity University, Santa Clara, Kalifornien (https://su.org).

Die SU ist eine globale Lern- und Innovationsgemeinschaft, die Technologien mit exponentiellem Wachstum einsetzt, um die größten Herausforderungen der Welt zu bewältigen und eine bessere Zukunft für die Menschheit aufzubauen. Ihre kollaborative Plattform befähigt Einzelpersonen und Organisationen auf der ganzen Welt zu lernen, sich zu vernetzen und innovative bahnbrechende Lösungen zu entwickeln. Dabei kommen Technologien mit exponentieller Beschleunigung, wie künstliche Intelligenz, Robotik und digitale Biologie, zum Einsatz. Zur weltweiten SU-Gemeinschaft gehören Unternehmen, globale gemeinnützige Organisationen, Regierungen, Investoren und akademische Einrichtungen. Die Gemeinschaft treibt positive Veränderungen in den Bereichen Gesundheit, Umwelt, Sicherheit, Bildung, Energie, Nahrung, Wohlstand, Wasser, Weltraum, Katastrophenresistenz, Wohnraum und Regierungsführung voran. Die SU wurde 2010 von Ray Kurzweil gegründet.

2045 Initiative, Moskau, Russland (http://www.2045.com).
Die 2045 Initiative ist eine gemeinnützige Organisation mit einem Netzwerk und einer Gemeinschaft von Forschern auf dem Gebiet der Lebensverlängerung. Der Schwerpunkt liegt auf der Kombination von Gehirnemulation und Robotik, um Formen von Cyborgs zu schaffen. Hauptziel der Initiative ist es, wie es auf ihrer Website heißt, „Technologien zu schaffen, die es ermöglichen, die Persönlichkeit eines Individuums auf einen fortschrittlichen, nicht-biologischen Träger zu übertragen und das Leben zu verlängern, auch bis zur Unsterblichkeit." Die 2045 Initiative wurde 2011 von Dmitry Itskov, einem russischen Unternehmer und Milliardär, sowie von anderen russischen Spezialisten auf dem Gebiet der neuronalen Schnittstellen, der Robotik, künstlicher Organe und Systeme gegründet. Philippe van Nedervelde, ein Futurist und Transhumanist, ist Direktor für internationale Entwicklung.

Wie zwingend ist die negative oder feindliche Entwicklung eines *AGI*-Systems? Fassen wir kurz die Fälle zusammen, bei denen es sein könnte, dass eine künstliche Intelligenz sich in unerwünschte Richtungen entwickelt. Dazu gehören die strenge Ausrichtung des Systems auf die Einhaltung eines bestimmten Ziels (es soll sich durch nichts davon abhalten lassen), seine Selbsterhaltung (es soll sich nicht zerstören lassen), seine Selbstverbesserung (es soll Möglichkeiten nutzen, sein Ziel schneller und effizienter zu erreichen) und seinen Ressourcenerwerb (es soll sicherstellen, dass es die notwendigen Ressourcen erhält). Diese Fälle können wir auch als Subziele sehen, denn sie dienen generell dem Erreichen eines übergeordneten Ziels, gleichgültig, wie dieses lautet. Um die Kontrolle zu behalten, muss daher durch Menschen sichergestellt werden, dass solche Subziele an Bedingungen geknüpft werden und Maschinen ihre übergeordneten Ziele nicht um jeden Preis verfolgen können. Wenn die Maschine nicht kontrolliert wird, ist sie deshalb nicht böse, und sie hasst uns nicht. Sie will uns auch nicht vernichten, weil wir ihr im Weg stehen. Sie verfolgt „nur" mit 100 % Effizienz ihr Ziel. Dann stellt sich also die Frage: Können wir die Kontrolle des

Systems in den angeführten vier Punkten dauerhaft garantieren? Nun, diese Frage müssen wir zunächst so stehen lassen.

Kritiker haben vor allem darauf hingewiesen, dass Bostrom die Alternative einer freundlichen *AGI* bzw. freundlichen Superintelligenz unterschätzt bzw. ignoriert. Zudem lässt er vergleichbare existenzielle Risiken für die Menschheit, etwa die Nanotechnologie, unerwähnt (Goertzel 2015). Autoren, die KI ausschließlich im Zusammenhang mit Gefahren für die Menschheit bewerten, sind ebenso wissenschaftlich angreifbar wie solche, die ausschließlich Meldungen verbreiten, mit KI würde alles besser (Glenn et al. 2017). Sehen wir uns dennoch im Gegenzug zu Bostrom die KI-freundlicheren Visionäre an. Gegenwärtig existieren weltweit mehrere universitäre Institutionen, die sich zur Aufgabe machen, die Bedingungen einer freundlichen KI zu analysieren und Wege dahin zu ebnen. Sie halten auch im Gegensatz zu Bostrom eine solche Entwicklung für möglich (Infobox 14).

Eine *AGI* bietet grundsätzlich viele Chancen, der Menschheit zu helfen, besser über ihre Probleme und Herausforderungen nachzudenken. In einem koevolutiven Ansatz zusammen mit dem Menschen kann sie durchaus zu positiven Lösungen gelangen. Das schließt die Chancen und Risiken zukünftiger Technologien ebenso ein wie die Zukunft der Menschheit als Ganzes. Bostrom fegt dagegen über solche Möglichkeiten hinweg (Goertzel 2015). In den Augen von Ben Goertzel, einem Zukunftsforscher und intimen Kenner der Superintelligenz-Szene, haben *AGIs* ein großes Potenzial, eine temporäre positive Rolle in Form einer „Kindermädchen-Technologie" einzunehmen, indem sie die Menschen vor ihrer eigenen Tendenz technologischer Selbstzerstörung bewahren. Mehrere moderate, freundliche und immer bessere *AGIs* könnten parallel entstehen. Solche *AGIs* würden nach Goertzel den Weg zu einer Superintelligenz wesentlich besser managen, als es menschliche Institutionen allein können. Aber Goertzel streift nur leicht das heikle Thema, ob überhaupt eine nennenswerte Chance dafür besteht, dass eine solche intelligente Beratung in einer Welt mit mehr als 190 Staaten, die alle ihre eigenen Ziele haben, politisch akzeptiert würde.

Eine Studie einer internationalen Forschergruppe kommt allerdings im Jahr 2021 beim Thema der Kontrollmöglichkeit einer Superintelligenz zu einer kritischeren Bilanz. Die Autoren fanden heraus, dass die totale Eindämmung einer Superintelligenz aufgrund der fundamentalen Grenzen, die dem Computer selbst inhärent sind, prinzipiell unmöglich ist (Alfonseca et al. 2021). Die Autoren machen zudem darauf aufmerksam, dass die Menschheit nicht einmal weiß, wann es eine Superintelligenz gibt, denn bereits das Verständnis für eine solche Maschine übersteige die Intelligenz des Menschen. Erlauben Sie mir hier einen kurzen Abstecher in die Belletristik. In seinem faszinierenden Roman *Maschinen wie ich* lässt der britische Schriftsteller Ian McEwan (McEwan 2019) die Zukunft der im Plot bereits existierenden, verzweifelten, liebenden, gleichermaßen gewaltsamen wie Haikus dichtenden, intelligenten, humanoiden Roboter in den fiktiven Worten Alan Turings vorzeichnen:

> „Im schlimmsten Fall empfinden sie einen existentiellen Schmerz, der für sie unerträglich wird. Im besten Fall werden sie oder ihre Nachfolger der nächsten Generation von ihrer Pein, ihrem Staunen dazu getrieben, uns einen Spiegel vorzuhalten. Darin werden wir, mit dem frischen Blick jener Wesen, die wir selbst geschaffen haben, ein bekanntes Monster sehen. Vielleicht bringt uns der Schock dann dazu, uns zu ändern."

Noch sind wir nicht so weit. Heute werden *AGI*-Systeme in ihrem Bestreben, die menschliche Intelligenz nachzubilden, oft als Systeme mit einer Nutzenfunktion gesehen. Bei einem Individuum kann ein Nutzen etwa in Gesundheit, einem hohen Einkommen, Karriere, Zufriedenheit, Familie, persönlicher Entwicklung und mehr bestehen. Die Beschränkung auf den Nutzen kommt einer utilitaristisch-rationalen Sicht gleich, bei der vereinfacht ausgedrückt der Gesamtnutzen der Betroffenen maximiert wird. Das ist jedoch ein einfaches Lebensmodell, denn Rationalität ist bekanntlich nicht alles, was Intelligenz ausmacht, und der Mensch ist weit entfernt davon, ein rein rationales Wesen zu sein. Ökonomen, Sozialwissenschaftler, Psychologen und andere sind mit der Sicht, den Menschen derart eindimensional zu definieren, um ihn für ihre Modelle geeignet zu machen, nach 200 Jahren Nachdenken praktisch gescheitert. Tatsächlich haben Intelligenz und der Mensch natürlich auch noch andere Eigenschaften, und wir brauchen sicher etwas gänzlich anderes als eine *AGI* mit einem zehnmal höheren IQ als Einstein.

Wir wissen aber nicht, was eine *AGI* letztlich alles benötigt, um uns wirklich als Art unterstützen zu können und uns nicht zu schaden. Ein Bewusstsein – das Thema, an dem sich Philosophen bei KI so viel abarbeiten – braucht sie vielleicht gar nicht (Bostrom 2016). Man müsste eine *AGI* oder viele von ihnen mit evolutionären Algorithmen entwickeln, die zusammen mit dem Menschen in der Lage sind, evolutionäre Umwege ebenso zu vermeiden wie evolutionäre Sackgassen und den Menschen aus lokalen Optima herauszuführen. Bostrom und Sandberg haben eine Idee für eine solche Software entworfen. Ob das einmal tatsächlich so programmiert werden kann, dass dabei sogar die natürliche Selektion weit übertroffen wird (Bostrom und Sandberg 2009), darf man mit großem Interesse weiter verfolgen. Eine *AGI* müsste angesichts sich weiter beschleunigender Arbeitsprozesse und zunehmender Komplexität jede globale evolutionäre Fehlentwicklung der Menschheit im Frühstadium vorhersehen, uns rechtzeitig warnen, Lösungen parat haben und diese am besten auch mit großer Umsicht durchsetzen können. Das wäre ein transhumanistisches Ideal, eine erstrebenswerte, wertvolle *AGI* und ein guter Weg in die Richtung einer Superintelligenz. Vielleicht wäre sie (in Abwandlung der pessimistischen Hypothese Bostroms über die letzte Erfindung der Menschheit) das Wertvollste und vor allem das Positivste, was sich der Mensch wünschen kann. Es bleibt ein sehr weiter, aber Lohn versprechender Weg bis dahin.

Im Februar 2020 stellte die EU-Kommission ein *Weißbuch zur Künstlichen Intelligenz* vor (EU 2020). Das Positionspapier soll eine Weichenstellung zur Förderung, Entwicklung und Nutzung von KI sein. Europa soll mit diesem Papier und zusammen mit der bereits früher vorgestellten KI-Strategie in die Lage versetzt werden, „zur attraktivsten, sichersten und dynamischsten datenagilen Wirtschaft der Welt" zu werden. Das Weißbuch wird einerseits positiv gesehen, etwa weil darin erkannt wird, dass KI-Systeme sozialpsychologische Wirkungen entfalten und die geistige Gesundheit gefährden können. Das ist ja derzeit beim Thema Gewaltverherrlichung in den sozialen Medien besonders stark zu beobachten. Auf der anderen Seite wird im Weißbuch gar nicht erklärt, was KI ist und worauf somit Bezug genommen wird. Vielmehr wird KI allgemein als Digitalisierung behandelt. Die Abgrenzung der beiden Begriffe wäre hier sehr nützlich gewesen. Der Philosoph Thomas Metzinger, Mitglied der von der EU eingerichteten Expertengruppe (Scobel 2020), stellt klar, dass auch nicht darauf hingewiesen wird, dass sich KI-Systeme (a) zu mehr allgemeiner Intelligenz (wie in diesem Buch behandelt), (b) zu künstlichen Bewusstseinsformen und (c) zu künstlicher Ethik (vgl. Brand 2018) weiterentwickeln werden und wie mit diesen Themen von Beginn an umzugehen ist. Der militärische Bereich bleibt im Weißbuch gänzlich ausgeklammert. Warum? Rote Linien, die grundsätzlich nicht überschritten werden sollen, werden nicht gezogen, etwa *Social scoring*, ein digitales Bewertungssystem, wie es in China für alle Individuen eingeführt wurde. Man vermeidet sogar zu formulieren, dass eine konzeptionelle Erarbeitung von Bereichen notwendig sei, die mit KI überhaupt nicht beschritten werden dürfen, also unverhandelbar sind. Mit anderen Worten: Alles kann laut Weißbuch mit wirtschaftlichen Interessen verhandelt werden, so Metzinger.

Ethische Normen müssen nach Meinung von Ethik-Experten aber von vornherein in KI-Entwicklungen mit eingebaut werden, und zwar in alle Anwendungen auf allen Risikostufen, nicht nur der höchsten. Um das auf der gesamten Front der KI-Anwendungsfelder zu gewährleisten, muss eine ganze Generation Hunderter KI-Ethiker ausgebildet werden, unter anderem an allen europäischen Universitäten. Das wurde vorgeschlagen und war in Entwürfen des Weißbuchs enthalten, ist aber in der veröffentlichten Version untergegangen (Der Tagesspiegel 2020). Der Verdacht drängt sich auf, dass hier wirtschaftliche und politische Interessen mitbestimmend sind. Man erkennt nicht, in die Falle zu geraten, später nicht mehr oder nur viel schwerer korrigieren zu können (Scobel 2020). Wissen wird zunehmend von Maschinen generiert werden, nicht mehr von Menschen. Wir wissen aber oft nicht, wie Maschinen ihr Wissen mit der Vielzahl ihrer Algorithmen erzeugen. Das muss in einem Weißbuch, das als zukunftsorientiert ernstgenommen werden möchte, Eingang finden. Da das nicht der Fall ist, ignoriert bzw. umgeht das Weißbuch die echten Dimensionen von KI für eine menschliche Zukunft. Chancen der Politik, frühzeitig die Richtungen künstlicher Intelligenz ethisch und damit auch rechtlich zu lenken, werden vergeben.

Transhumanismus und Evolution

Der Transhumanismus bezieht sich auf die Evolution und nimmt sie ernst (Sorgner 2016). Das transhumanistische Narrativ der Evolution betrachtet demnach den Transhumanisten als an der Evolution teilnehmend und diese steuernd. Das ist für die Evolution neu (Kap. 1). Gleichzeitig ist der Transhumanist aber auf diese Weise auch Teil der evolutionären Logik des Überlebens und der Anpassung. Der nächste „natürliche" Evolutionsschritt für den Menschen ist in diesem Doppelbild gekennzeichnet durch den Willen des Menschen, Kontrolle und Einfluss über sich selbst und seine Umwelt zu erlangen. Damit will er seine Überlebenschancen verbessern, was er ja immer schon versucht hat (Sharon 2014).

Darwins Theorie fügt sich in das transhumanistische Denken, weil sie erstens ergebnisoffen und zweitens immerwährend ist, solange Leben existiert. Evolution kennt also keinen Endzustand, und eben diesen lehnt auch der Transhumanismus ab. Dennoch stellt dieser keinen wirklichen, theoretisch fundierten Bezug zur Evolutionstheorie her. Erstens bleibt offen, welche Vererbungsmechanismen als evolutionär anerkannt werden. Die uns bekannte Evolutionstheorie kennt ausschließlich genetische Vererbung.

Wird der technische Fortschritt evolutionär einbezogen, benötigen wir auch kulturelle Vererbung und kulturelle Evolution. Die Evolutionstheorie braucht dann jedoch eine neue Basis. Diese wurde erst in der Erweiterten Synthese der Evolutionstheorie gefunden (Abschn. 2.1 und Infobox 3). Zweitens ist unklar, wie sich die gewünschten, aber meist kostspieligen und für viele Menschen nie erreichbaren *Enhancements* (Fukuyama 2004) in der menschlichen Population auf freiwilliger Basis ausbreiten und evolutionäre Dimensionen annehmen können sollen. Drittens ist unbeantwortet, ob und in welcher Form individuelle *Enhancements* auch für die ganze Population biologisch vorteilhaft sind, also im darwinschen Sinn adaptiv sein können, und wenn ja, unter welchen Bedingungen.

Ob etwa die vom Transhumanismus aus der Aufklärung übernommene, hoch gepriesene Vernunft, der sogar universalisierende Kräfte zugesprochen werden, einen evolutionären Ursprung hat, und wenn ja, was das für die Erkenntnisfähigkeit über die Wirklichkeit bedeutet (Sorgner 2016), ist eine weitere, in diesem Fall spezifische Frage, die nicht diskutiert wird. Bereits zuvor habe ich erläutert (Abschn. 2.1 und Infobox 3) und will hier noch einmal herausstellen: Die Standardtheorie der Evolution kann mit ihrem deterministischen Korsett der kumulierenden Maschinerie von Mutation, Selektion und Anpassung das kulturell vielfältige Handeln des Menschen und damit auch die transhumanistischen Bestrebungen nicht erklären. Die synthetische Evolutionstheorie kann nicht erklären, dass der Mensch zwar Subjekt der Selektion ist, aber eben auch seine evolutionäre Bestimmung mit dem bewusstem Einsatz seines Geistes überschreiben kann und damit Evolutionsprozesse teleologisch macht (Smocovitis 2012).

Es kann daher aus konventioneller Sicht auch berechtigt als eine Fehl-bezeichnung gesehen werden, wenn im Transhumanismus von „gerichteter Evolution" gesprochen wird und damit Evolution im darwinschen Sinn gemeint ist (Askland 2011). Aber hier ist Vorsicht geboten: Biotechnische Eingriffe überhaupt nicht als zur Evolution gehörig zu bezeichnen, weil in direkter Perspektive keine natürlichen Anpassungsprozesse damit verbunden werden (Askland 2011), ist eine überholte Sichtweise und führt zudem in die falsche Richtung. Schließlich füllte Darwin mit Schilderungen von Züchtungen bei Tieren und Pflanzen große Teile seines Hauptwerks *Die Entstehung der Arten*. Er war es auch, der zwischen künstlicher und natür-licher Selektion unterschied und sogar ein eigenes Buch über *Das Variieren der Thiere und Pflanzen im Zustande der Domestikation* (1886) schrieb. Eben damit haben wir es heute in der Gentechnik und der synthetischen Bio-logie zu tun: mit künstlicher Variation und Selektion. Es gilt daher, das Ganze zu verstehen, nämlich die Auswirkungen menschlichen Handelns auf unsere Biologie, die Rolle der Kultur in der Evolution und den natürlichen, populationsweiten Hintergrund dieses Handelns. Dabei müssen vor allem die kausalen Interaktionen zwischen den genannten Bereichen analysiert werden. Was der Transhumanismus hierzu leistet bzw. worauf er sich bezieht, ist bei weitem zu wenig. Mehr noch: Der Bezug des Transhumanismus zur Evolution und Evolutionstheorie ist unzureichend und falsch, da er implizit auf eine Theorie, die synthetische Evolutionstheorie, referenziert, die das kulturelle Schaffen des Menschen, seine Vererbung und Veränderung nicht erklärt. Aus dieser Sicht können die biologische Evolution und die kulturelle, technische Evolution nicht in einem Atemzug als derselbe Prozess genannt werden. Erst die moderne Erweiterung der Evolutionstheorie um kumulative kulturelle Evolution, Nischenkonstruktion und Kooperation bietet Grundlagen dafür, die genannten Evolutionsformen und damit auch transhumanistische Vorhaben im Zusammenhang zu diskutieren.

Es gibt, wie schon erwähnt, noch eine weitere Sichtweise auf den Zusammenhang von Transhumanismus und Evolution. Diese Sichtweise betrifft die Anpassung im darwinschen Sinn. Kurzweil nennt die natürliche Auslese als den Hauptvertreter evolutionärer Prozesse, und zwar biologischer wie technischer. Er führt die Erfindung des Rads, die Beherrschung des Feuers und den Faustkeil an, die sich auf dem Weg natürlicher Selektion durchsetzten und somit Beiträge zur Anpassung unserer Art leisteten. Im Weiteren vergleicht er diese evolutionären Schritte, die einige Hunderttausend Jahre benötigt haben, mit der Erfindung des Buchdrucks, der sich in nur 100 Jahren durchgesetzt hat. Wir wissen heute, dass mit gegenwärtigen und zukünftigen technischen Erneuerungen, wie etwa dem Internet, Produkte und Dienstleistungen in noch viel weniger Zeit weltweite Marktreife und Verbreitung erlangen.

Hier unterstellt Kurzweil jedoch, dass zukünftige Technologien ebenfalls die Richtung einer fortlaufenden Anpassung des Menschen einschlagen. Technischer Fortschritt ist für ihn immer Fortschritt zur adaptiven Weiterentwicklung der gesamten Menschheit oder auch ihrer Mensch-Technik-Nachfolger. An dieser Stelle setzt meine Kritik an Kurzweil ein. Wir haben gelernt (Abschn. 2.2), dass kulturelle Entwicklungen des Menschen, auch wenn sie sich in der gesamten Population durchsetzen, keineswegs adaptiv sein müssen. Sie werden von menschlichem Wollen bestimmt und von Kapital, von kurzfristigen und nicht notwendigerweise langfristigen Interessen und nicht von Anpassungen im darwinschen Sinn. Kurzfristige politische und unternehmerische Ziele, Effizienzsteigerung und Gewinnmaximierung stehen in den heutigen Geld-, Finanz-, Wirtschafts- und Politiksystemen in einem harschen Grundkonflikt mit langfristigen Notwendigkeiten. Wenn Profit zum Selbstzweck wird, bleibt Nachhaltigkeit auf der Strecke. Fehlanpassungen können daher auf keinen Fall übersehen werden, sie sind heute bei destruktiven Dynamiken mit im Spiel (Infobox 1). Fehlanpassungen sind Fakten. Indem sie zäh und resistent sind, können sie auch zum Kollaps führen. Wird nichts oder zu wenig getan, kann das Ökosystem kollabieren. Das Wetter kann zu viel größeren Katastrophen führen als heute. Das mit Überschuldung überstrapazierte, globale Geld- und Finanzsystem kann ebenso zusammenbrechen. Der soziale Friede ist in diesen Fällen nicht gesichert. In den USA kann im Jahr 2019 die Hälfte aller Haushalte eine einmalige Sonderausgabe von 400 Dollar finanziell nicht stemmen. Eine bekannt gewordene und auch in den Medien viel diskutierte Studie von 2013 sieht 47 % aller Jobs durch künstliche Intelligenz innerhalb von 20 Jahren gefährdet (Frey und Osborne 2013). Für Deutschland gibt es vergleichbare Studien (Dengler und Matthes 2015; Dengler 2019). Ob menschliche oder maschinelle Intelligenz stets präsent sein werden, um Fehlentwicklungen rechtzeitig vorzubeugen und zu korrigieren, wie es vielfach unkritisch positivem Denken in den USA entspricht, bleibt angesichts dieser Entwicklungen sehr fraglich.

Ein Ansatz, wie der Transhumanismus evolutionär erklärbar werden kann, mag wie folgt aussehen: Nach der Standard-Evolutionstheorie wäre für die Ausbreitung technischer *Enhancements*, wie sie der Transhumanismus sieht, ein Selektionsprozess erforderlich. Selektionsdruck müsste vorhanden sein, der Menschen mit Enhancements bevorzugt bzw. für die Erhöhung ihrer Fitness, also letztlich für mehr Nachkommen sorgt. Wir haben an früherer Stelle jedoch gesehen, dass die biologische Fitness in der modernen Gesellschaft kein erkennbarer Evolutionsfaktor mehr ist und dass heute fast jeder „fit gemacht" werden kann, um sich fortzupflanzen (Kap. 1). Von dieser Seite ist somit kein anhaltender und spürbarer Selektionsdruck zu erwarten. Dennoch ist ein solcher Selektionsdruck – wenn wir den Begriff beibehalten möchten – in Form von Zwängen innerhalb menschlicher Gruppen leicht vorstellbar. Was würden Sie zum Beispiel tun, wenn Ihr Kind weinend von der Schule kommt, weil es mit den anderen nicht mehr mithalten kann? Denn die Eltern der Mitschüler haben bei ihren eigenen Kindern in neurotechnische Erweiterungen investiert. Diese Kinder sind klüger, schöner und sportlicher. Ihr Kind beklagt sich bei daher Ihnen darüber, dass die anderen aufgerüstet sind, es selbst aber nicht. Was würden sie tun?

Manche Individuen sehen sich genötigt, in solchen Fällen Benachteiligungen zu vermeiden. Sie werden transhumanistische Techniken nutzen, und das nur, weil andere es auch tun (Fukuyama 2004). Allerdings würden solche Zwänge auch das individualistische, transhumanistische Freiheitsprinzip der Freiwilligkeit torpedieren. Im Übrigen wird Freiwilligkeit auch auf dem Weg pränataler *Enhancements* unterlaufen; Kinder, für die vor ihrer Geburt irreversible Entscheidungen getroffen werden, haben selbst keinerlei Einfluss darauf; sie sind dem Geschehen passiv ausgeliefert (Loh 2019). Das aber ist nicht vereinbar mit dem transhumanistischen Prinzip.

Besagter Druck auf Individuen kann also in bestimmten Gruppen tatsächlich entstehen und auch an die Folgegenerationen als eine Form von Selektionsdruck kulturell weitergegeben werden. Eine populationsweite Durchsetzung ist, solange die Kosten der *Enhancements* hoch sind, hingegen weniger wahrscheinlich. Transhumanismus ist aus dieser Sicht eher eine Sache für Privilegierte und beinhaltet das Risiko einer Spaltung der Menschheit (Groff 2015), auch wenn das von transhumanistischer Seite und ganz sicher auch von Kurzweil anders beurteilt wird (https://humanityplus. org/philosophy/transhumanist-faq/). Die Auswahl von Enhancements und ihre Verbreitung erfolgen also, wenn überhaupt, nicht wie in der traditionellen Evolutionstheorie über Fitnesssteigerung, sondern auf dem Weg von Vorlieben, Überzeugungen, Macht, Geld und kultureller Vererbung. Die Nischenkonstruktionstheorie, kumulative kulturelle Evolution und Kooperation können die Schaffung technisch verbesserter Menschen und ihrer Umgebungen erklären (Abschn. 2.1). Gemacht wird dann von Menschen jedoch wie gesagt nicht unbedingt das, was der biologischen Fitness dient, sondern was subjektiv nützlich erscheint. Gemacht wird vor allem, was der Markt bestimmt. Der Markt mit seiner kurzfristigen Gewinnorientierung ersetzt oder verdrängt zumindest vorübergehend die natürliche Selektion. Er ist richtungsbestimmend für das Verhalten ganzer Gesellschaften (Abschn. 2.2). Solche Entwicklungen können nachweislich schädlich sein und damit auch evolutionäre Fehlanpassungen für die Menschheit bedeuten. Die Dynamiken von Fehlanpassungen können auch zu ihren Verstärkungen führen. Unbestreitbar hat die natürliche Selektion das letzte Wort. Dann wird deutlich, dass Kultur, die Fehlanpassungen zulässt, nur von der künstlichen Selektion des Menschen überlagert, jedoch nicht ausgeschaltet werden kann.

Es ist bemerkenswert, dass selbst Max Tegmark in seiner umsichtigen Analyse möglicher menschlicher Zukünfte die Frage nach der Rolle der natürlichen Selektion und der Anpassung des Lebens 3.0, eines Lebens in der technischen Evolution, nicht explizit stellt (Tegmark 2017). Das mag daran liegen, dass er Astrophysiker und Kosmologe ist. Zwar spricht er von der vollständigen Befreiung von unseren evolutionären Fesseln. Damit meint er jedoch die Überwindung unserer individuellen biologischen Bauweise, unserer Hardware, und somit die Überwindung der biologischen oder evolutionären Restriktionen unserer Vergangenheit, nicht jedoch der evolutionären Bedingungen für die Population Mensch. Mit dieser Frage beschäftigt er sich gar nicht. Wenn bei ihm von Verbesserungen in der Zukunft mit KI die Rede ist, dann interessiert ihn dies vor allem im Zusammenhang mit der Frage, zu welchen Machtkonstellationen es zwischen Mensch und Maschine kommt, ob Menschen überhaupt noch existieren, ob sie etwa Kontrolle und Sicherheit haben. In einem Dutzend KI-Nachwirkungsszenarien taucht die Frage genereller evolutionärer Überlebensbedingungen nicht auf. Damit denkt Tegmark jedoch in meinen Augen sein Thema nicht wirklich zu Ende. Vielleicht gelingt es mir, in dieser Frage im folgenden Kapitel etwas weiter zu gehen, als er es macht.

Eine Integration des Transhumanismus mit moderner, postdarwinistischer Evolutionstheorie (Abschn. 2.1 und Infobox 3) kann dem Transhumanismus auch andere Brücken bauen, zum Beispiel ein theoretisches Fundament für das wenig begründete Prinzip des dynamischen menschlichen Strebens nach Weiterentwicklung. Es genügt nicht zu sagen, der Mensch habe schon immer auf allen Gebieten, sozial, geografisch oder intellektuell, nach mehr gestrebt, wie das Nick Bostrom (2005) und zahlreiche andere äußern. Erst wenn dieses Prinzip und weitere mit ihrem evolutionären Bezug theoretisch untermauert werden, etwa durch die Theorie der kooperativen Kultur Michael Tomasellos (Tomasello 2014) (Abschn. 2.1), kann sich der Transhumanismus wissenschaftlich besser etablieren.

10.4 Zusammenfassung

Die transhumanistische Bewegung sieht die gewollte Verbesserung des Menschen nach Darstellung vieler Autoren als den natürlichen nächsten Schritt in der menschlichen Evolution. Sie sieht sich in der Lage, auf der Grundlage von Wissenschaft und technischer Erneuerung die Menschheit in eine bessere Zukunft zu führen. Eine Superintelligenz kann in die Auslöschung der Menschheit münden, weil sie uns als Fehlerquelle und Störfaktor sieht oder weil wir für sie keine Relevanz haben. Im positiven Fall kommt es zu einer fürsorglichen Superintelligenz. Transhumanistische Sichten werden mit Bezug auf zunehmende Komplexität der Gesellschaft kritisch analysiert. Auch kann der Transhumanismus mit der traditionellen Evolutionstheorie nicht in Einklang gebracht werden, durchaus aber mit der postdarwinistischen Theorie, die kumulative kulturelle Evolution und Kooperation einschließt. Anpassungsprozesse im Zuge kultureller transhumanistischer Veränderungen sind keine natürlichen Anpassungsprozesse

im darwinschen Sinn. Menschliche Kultur kennt eigene Motive, die markt-
wirtschaftlich und vielfach kurzfristig bestimmt sind. Die angestrebten Verbesserungen können den Einfluss der natürlichen Selektion zwar partiell
überlagern. Dauerhaft kann jedoch die Abhängigkeit des Menschen oder
der Posthumanen von ihrer physikalischen Umgebung im Universum und
von den Bedingungen der selbst geschaffenen Natur-Kultur-Nischen nicht
geleugnet und nicht überwunden werden.

Literatur

Teile des Kapitels 10.2 („Superintelligenz – die letzte Erfindung der Menschheit?"
und „Intelligenzexplosion und Singularität bei Bostrom") stammen mit wenigen
Änderungen aus meinem Buch Lange A (2020) Evolutionstheorie im Wandel –
Ist Darwin überholt? Springer Heidelberg

Alfonseca M, Cebrian M, Anta AF, Coviello L, Abeliuk A, Rahwan I (2021)
Superintelligence cannot be contained: lessons from computability theory. J Artif
Intell Res 70:65–76. https://doi.org/10.1613/jair.1.12202

Allan PG, Greaves M (2012) The singularity isn't near. MIT Technology Review.
https://www.technologyreview.com/2011/10/12/190773/paul-allen-the-
singularity-isnt-near/. Zugegriffen: 12. Dez. 2012

Askland A (2011) The misnomer of transhumanism as directed evolution. Int J
Emerg Technol Soc 9(1):71–78. https://web.archive.org/web/20150227044619/
https://www.law.asu.edu/Portals/31/Askland_transhumanism_IJETS.pdf

Bailey, R (2004) Transhumanism: the most dangerous idea? Why striving to be
more than human is human. https://reason.com/2004/08/25/transhumanism-
the-most-dangero/

Bashford A (2013) Julian Huxleys Tranhumanism. In: Turda M (Hrsg) Crafting
humans. From genesis to eugenics and beyond. Vandenbroek & Ruprecht
unipress, Wien und Köln. https://www.academia.edu/6086492/Julian_Huxleys_
Transhumanism?auto=download

Bostrom N (2005) A history of transhumanist thought. J Evol Technol 14(1):1–25.
https://www.nickbostrom.com/papers/history.pdf

Bostrom N (2016) Superintelligenz. Szenarien einer kommenden Revolution.
Suhrkamp, Berlin. Engl. (2013) Superintelligence. Paths, dangers, strategies.
Oxford University Press, Oxford

Bostrom N, Sandberg A (2009) Cognitive enhancement: methods, ethics,
regulatory challenge. Sci Eng Ethics 15:311–341. https://doi.org/10.1007/
s11948-009-9142-5

Braidotti R (2014) Posthumanismus. Leben jenseits des Menschen. Campus,
Frankfurt/M. Engl. (2013) The posthuman. Polity Press, Cambridge/UK

Brand L (2018) Künstliche Tugend. Roboter als moralische Akteure. Friedrich Pustet, Regensburg

Bruinsma BG, Uygun K (2017) Subzero organ preservation; the dawn of a new ice age? Curr Opin Organ Transplant 22(3):281–286. https://doi.org/10.1097/MOT.0000000000000403

Chalmers DJ (2010) The singularity: a philosophical analysis. J Conscious Stud 17:7–65

Church G, Regis E (2012) Regenesis. How synthetic biology will reinvent nature and ourselves. Basic Books, New York

Coenen C (2017) Transhumanism: a progressive vision of the future or liberal capitalism's last ideological resort? Proceedings 1(3), 245. https://doi.org/10.3390/IS4SI-2017-04116

Darwin C (1886) Das Variiren der Thiere und Pflanzen im Zustande der Domestikation, 2. Aufl. E. Schweizerbart'sche Verlagshandlung, Stuttgart. Engl. (1868) The variation of animals and plants under domestication. John Murray, London

Dengler K (2019) Substituierbarkeitspotenziale von Berufen und Veränderbarkeit von Berufsbildern. Impulsvortrag für die Projektgruppe 1 der Enquete-Kommission „Berufliche Bildung in der digitalen Arbeitswelt" des Deutschen Bundestags am 11. März 2019. Institut für Arbeitsmarkt- und Berufsforschung. http://doku.iab.de/stellungnahme/2019/sn0219.pdf

Dengler K, Matthes B (2015) Folgen der Digitalisierung für die Arbeitswelt. Substituierbarkeitspotenziale von Berufen in Deutschland. Institut für Arbeitsmarkt- und Berufsforschung. http://doku.iab.de/forschungsbericht/2015/fb1115.pdf

Der Tagesspiegel (2020) Warum das EU-Weißbuch zur Künstlichen Intelligenz enttäuscht. https://www.tagesspiegel.de/politik/und-was-ist-mit-der-ethik-warum-das-eu-weissbuch-zur-kuenstlichen-intelligenz-enttaeuscht/25739396.html. Zugegriffen: 14. Apr. 2020

Dickel S (2016) Der neue Mensch – Ein (technik)utopisches Upgrade. Der Traum vom Human Enhancement, S 16–21. In: Aus Politik und Zeitgeschichte. Der Neue Mensch. APuZ Zeitschrift der Bundeszentrale für politische Bildung. Beilage zur Wochenzeitung Das Parlament. 66:37–38

Eberl U (2016) Smarte Maschinen: Wie Künstliche Intelligenz unser Leben verändert. Hanser, München

Ettinger, RCW (1962) Prospect of immortality. Doubleday, New York. https://web.archive.org/web/20101121053907/http://cryonics.org/book1.html

Ettinger RCW (1972) Man into superman. – the startling potential of human evolution and how to be a part of it. St. Martin's Press, New York. https://web.archive.org/web/20130828014330/http://www.cryonics.org/book2.html

EU (2020) Weißbuch zur Künstlichen Intelligenz – ein Europäisches Konzept für Exzellenz und Vertrauen, Brüssel. https://ec.europa.eu/info/sites/info/files/commission-white-paper-artificial-intelligence-feb2020_de.pdf

FM–2030 (1989) Are you a transhuman? Monitoring and stimulating your personal rate of growth in a rapidly changing world. Warner Books, New York

Ford M (2019) Die Intelligenz der Maschinen: Mit Koryphäen der Künstlichen Intelligenz im Gespräch: innovationen, Chancen und Konsequenzen für die Zukunft der Gesellschaft. mitp, Frechen. Engl. (2018) Architects of intelligence. Packt Publishing

Frey CF, Osborne MA (2013) The future of employment: how susceptible are jobs to computerisation? https://www.oxfordmartin.ox.ac.uk/downloads/academic/The_Future_of_Employment.pdf

Fukuyama F (2004) Transhumanism – the world's most dangerous idea. In: Website der Universität Aarhus. Urspr. ersch. in Foreign Policy. https://www.au.dk/fukuyama/boger/essay/. Zugegriffen: 23. Aug. 2020

Glenn JC, Florescu E, The Millennium Project Team (2017) State of the future version 19.1. http://www.millennium-project.org/state-of-the-future-version-19-1/

Goertzel B (2015) Superintelligence: fears, promises and potentials. Reflection on Bosatrom's *Superintelligence*, Yudkowsky's *from AI to Zombies*, and weaver and veitas's "Open-Ended Intelligence". J Evol Technol 25(2):55–87

Good IJ (1966) Speculations concerning the first ultraintelligent machine. Adv Comput 6:31–88

Groff L (2015) Future human evolution and views of the future human: technological perspectives and challenges. World Future Rev 7(2–3):137–158

Hansmann O (2015) Transhumanismus – vision und Wirklichkeit. Ein problemgeschichtlicher und kritischer Versuch. Logos, Berlin

Hughes J (2012) The politics of transhumanism and the techno-millennial imagination, 1626–2030. Zygon 47(4):757–776

Huxley J (1939) Social biology and population improvement. Nature 144(3646):521–522

Huxley J (1942) Evolution: the modern synthesis. Allen & Unwin, London. Neuausgabe Pigliucci M, Müller GB (H) (2010) The MIT Press, Cambridge, Mass

Huxley J (1957) New bottles for new wine. Essays. Chatto & Windus, London; Harper, New York

Huxley J (Hrsg) (1961) The humanist frame, vorwort. Allen & Uniwn, London. Dt. (1964) Der evolutionäre Humanismus. Beck, München

Huxley J (1963) The Future of Man—Evolutionary Aspects. In: Ciba Foundation Symposium - Hormonal Influences in Water Metabolism (Book II of Colloquia on Endocrinology), G. Wolstenholme (Hg.). https://doi.org/10.1002/9780470715291.ch1

Irrgang B (2020) Roboterbewusstsein, automatisches Entscheiden und Transhumanismus. Anthropomorphisierungen von KI im Licht evolutionär-phänomenologischer Leib-Anthropologie. Königshausen und Neumann, Würzburg

Kahneman D (2016) Schnelles Denken, langsames Denken. Pantheon, München. Engl. (1990) Thinking, fast and slow. Farrar, Straus and Giroux, New York

Klein S (2019) Wir werden uns in Roboter verlieben. Gespräche mit Wissenschaftlern. Fischer, Frankfurt a. M.

Korthen M (2011) Weißer und schwarzer Posthumanismus. Nach dem Bewusstsein und dem Unbewussten. Wilhelm Fink, Paderborn

Kurzweil R, (2014) Menschheit 2.0 – Die Singularität naht. 2. durchges. Aufl. Lola books, Berlin. Engl. (2005) The singularity is near: when humans transcend biology. Viking Press, New York

Loh J (2019) Trans- und Posthumanismus. Junius, Hamburg

Magnan A, Hipper L, Burkett M, Bharwani S, Burton I, Hallstrom Erikson S, Gemenne F, Schar J, Ziervogel G (2016) Addesing the risk of maladaptation to climate change. WIREs Clim Change, 7:646–665. https://doi.org/10.1002/wcc.409

Mainzer K (2018) Künstliche Intelligenz – Wann übernehmen die Maschinen? 2, erw. Springer, Berlin

Maladaptation (2010) Editorial. Glob Environ Change. 20:211–213. https://web.archive.org/web/20150928143323/http://www.udg.edu/LinkClick.aspx?fileticket=NiQcjVPeTCo%3D&portalid=152&language=ca-ES

McEwan I (2019) Maschinen wie ich und Menschen wie ihr. Diogenes, Zürich. Engl. (2019) Machines like me (and people like you). Jonathan Cape, London

Miller KD (2015) Will it ever be possible to upload your brain? The New York Times, 10. Okt. 2015. https://www.nytimes.com/2015/10/11/opinion/sunday/will-you-ever-be-able-to-upload-your-brain.html?_r=2

Mitchell S (2008) Komplexitäten. Warum wir erst anfangen, die Welt zu verstehen. Suhrkamp, Frankfurt a. M.

More M (2003) Principles of extropy. An evolving framework of values and standards for continuously improving the human condition. Version 3.11. https://web.archive.org/web/20131015142449/http://extropy.org/principles.htm

More M (2013) The philosophy of transhumanism. In: More M und Vita-More N (Hrsg) The transhumanist reader. Classical and contemporary essays on the science, technology, and philosophy of the human future. John Wiley & Sons, Chichester. https://doi.org/10.1002/9781118555927.ch1. https://media.johnwiley.com.au/product_data/excerpt/10/11183343/1118334310-109.pdf

Nida-Rümelin J, Weidenfeld K (2019) Digitaler humanismus. Eine Ethik für das Zeitalter der Künstlichen Intelligenz. Piper, München

Pico della Mirandola G (1989) Über die Würde des Menschen, 2. Aufl. Manesse, Zürich

Schummer J (2011) Das Gotteshandwerk. Die künstliche Herstellung von Leben im Labor. Edition Unseld, Suhrkamp, Berlin

Scobel G (2020) Ethik fürs Digitale. ZDF Archiv. https://www.zdf.de/wissen/scobel/scobel---ethik-fuers-digitale-102.html. Zugegriffen: 3. Sept. 2025

Seung S (2013) Das Konnektom. Erklärt der Schaltplan unseres Gehirns unser Ich? Springer Spektrum, Heidelberg

Sharon T (2014) Human nature in an age of biotechnology: the case for mediated posthumanism. Springer Science & Business Media

Smocovitis VB (2012) Humanizing evolution: anthropolgy, the evolutionary synthesis. And the prehistory of biological anthropology 1927–1962. Curr Anthropol 53:108–125

Sorgner SL (2016) Transhumanismus. Die gefährlichste Idee der Welt? Herder, Freiburg

Tegmark M (2017) Leben 3.0 – Menschsein im Zeitalter Künstlicher Intelligenz. Ullstein, Berlin. Engl. (2017) Life 3.0: being human in the age of artificial intelligence. Allen Lane, London

Tomasello M (2014) Eine Naturgeschichte des menschlichen Denkens. Suhrkamp, Berlin. Engl. (2014) A natural history of human thinking. Harvard University Press, Cambridge MA

UNEP (2019). United Nations Environment Programme. Frontiers 2018/19. Emerging issues of environmental concern. Nairobi. https://wedocs.unep.org/bitstream/handle/20.500.11822/27545/Frontiers1819_ch5.pdf

Walsh T (2019) 2062 – Das Jahr, in dem die künstliche Intelligenz uns ebenbürtig-sein wird. Riva Verlag, München. Engl. (2018) 2062 – the world that AI made. La Trobe University Press, Carlton

Wolfram S (2010) Computing a theory of all knowledge (You Tube) https://www.ted.com/talks/stephen_wolfram_computing_a_theory_of_all_knowledge#t-1058593

Wolfram S (2002) A new kind of science. Wolfram Media, Champaign

Zweig K (2019) Ein Algorithmus hat kein Taktgefühl. Wo künstliche Intelligenz sich irrt, warum uns das betrifft und was wir dagegen tun können. Heyne, München

Tipps zum Weiterlesen und Weiterklicken

2045: A new era for humanity (YouTube). Video über den ersten Global Future 2045 Congress in Moskau 2012. https://www.youtube.com/watch?v=01hbkh4hXEk

Bostrom N (2015) What happens when our computers get smarter than we are? (YouTube). TED-Vortrag von Nick Bostrom über die Erfindung der Super-intelligenz als die letzte Erfindung, die der Mensch machen muss. https://www.youtube.com/watch?v=MnT1xgZgkpk

Bostrom N (2015) Maschinen sind schneller, stärker und bald klüger als wir. Inter-view ZEIT Campus 29. Mai 2015. Künstliche Intelligenz könnte alle Probleme der Menschheit lösen, sagt der Philosoph Nick Bostrom. Zumindest, wenn die

Computer uns nicht vorher vernichten. https://www.zeit.de/campus/2015/03/kuenstliche-intelligenz-roboter-computer-menschheit-superintelligenz

Eberl U (2020) Künstliche Intelligenz: 33 Fragen – 33 Antworten. Piper, München. Leicht verständliches Buch erklärt in knappem Format die wichtigen KI-Begriffe und Entwicklungen.Leicht verständliches Buch erklärt in knappem Format die wichtigen KI-Begriffe und Entwicklungen

Evolutionäre Fehlanpassung (Wikipedia) https://de.wikipedia.org/wiki/Evolutionäre_Fehlanpassung. Artikel in der Version vom 31. März. 2021 überwiegend vom Verf. Der Artikel beschreibt, wie biologische Fehlanpassungen zustande kommen und liefert Beispiele dafür

Harris S (2016) Can we build AI without losing control over it? TED-Vortrag (YouTube). Angst vor superintelligenter KI? Das sollten Sie, sagt der Neurowissenschaftler und Philosoph Sam Harris – und nicht nur in theoretischer Hinsicht. Wir werden übermenschliche Maschinen bauen, sagt Harris, aber wir haben uns noch nicht mit den Problemen auseinandergesetzt, die mit der Schaffung von etwas verbunden sind, das uns so behandeln könnte, wie wir Ameisen behandeln. https://www.youtube.com/watch?v=8nt3edWLgIg

Kurzweil R (2009) The coming singularity (YouTube). Wie wird sich Singularität in den nächsten 20 Jahren entwickeln? https://www.youtube.com/watch?v=1uIzS1uCOcE

Magee C, Devezas TC (2011) How many singularities are near and how will they disrupt human history? Technol Forecast Soc Chang 78(8):1365–1378. https://doi.org/10.1016/j.techfore.2011.07.013

More M (2012) Transhumanism and the singularity (YouTube). Max More erklärt seine Vorstellungen des Transhumanismus. https://www.youtube.com/watch?v=1xIQgBXw9-o&t=244s

OpenAI Plays Hide and Seek… and Breaks the Game (YouTube, 2019). Ein KI-System mit einem Team, dessen Individuen sich verstecken und einem anderen, das die Versteckten sucht. Im Spiel werden nach Millionen von Durchläufen laufend neue Strategien entwickelt. Das System lernt Teamarbeit und wird kreativ.https://www.youtube.com/watch?v=Lu56xVlZ40M

Roboter – Noch Maschine oder schon Mensch (National Geographics, YouTube, 2016) Der Mensch an der Schwelle zur Verschmelzung mit Maschinen. https://www.youtube.com/watch?v=zjVYOly1KVQ

Simulationshypothese (Wikipedia) https://de.wikipedia.org/wiki/Simulationshypothese Artikel in der Version vom 31. März. 2021 überwiegend vom Verf.

Technological Singularity (Wikipedia) https://en.wikipedia.org/wiki/Technological_singularity

11

Technosphäre, Biosphäre und Gesellschaft – notwendige Transformationen

Ich will zum Schluss einige zum Transhumanismus alternative Sichten auf unsere Zukunft vorstellen, um an das breite Spektrum möglicher Betrachtungen unserer komplexen sozio-ökonomischen und ökologischen Welt noch etwas näher heranzuführen. Die zuerst kritischen und im Anschluss positiven Szenarien werden als gleichwertig analysiert (vgl. Kap. 3).

11.1 Ist der Mensch evolutionär für globale Herausforderungen angepasst?

In Kap. 2 habe ich theoretische Grundlagen aufgeführt, die aus der Sicht der Evolution begründen, warum unsere kulturellen Leistungen in so hohem Maß in vorteilhafte Anpassungen münden. Daneben habe ich auch begründet, warum es gleichzeitig evolutionär-kulturelle Fehlanpassungen gibt, ja weshalb diese unvermeidbar sind. Beide Mechanismen wirken auffallend in der heutigen Welt. In diesem Kapitel greife ich das Thema daher noch einmal auf und diskutiere Zukunftsperspektiven für die Menschheit aus verschiedenen wissenschaftlichen Perspektiven. In diesem Zusammenhang wird erörtert, wie notwendige sozio-ökonomische Transformationen aussehen können und welche Rolle die natürliche Selektion in einer ultra-technisierten Zukunft einnehmen wird.

Unser ganzes Leben spielt sich heute in einer hoch technisierten Welt ab, in der es „praktisch wie theoretisch unmöglich geworden ist, Natur von Kultur zu trennen" (Braidotti 2019). Wir erleben eine Transformation der ontologischen Bedingungen des Menschen, also der metaphysischen Bedingungen unseres Daseins. Die Transformation ist dadurch gekennzeichnet, dass die Poiesis, also das zweckgebundene menschliche Handeln in einem naturgegebenen Rahmen, unklarer denn je ist. Das betrifft im engeren Sinn die Fragen, warum wir so handeln und warum wir so wirtschaften, wie wir es tun. In einem weiteren Sinn der Poiesis können damit aber auch Fragen wie die verbunden werden, warum wir die Beschleunigung unseres Lebens oder die Vernichtung der Natur dulden, oder warum wir uns letztlich nicht alle als Menschen bedingungslos lieben. Wir verstehen unser ganzes Tun als zweckgebunden, also darf es auch mit diesen Fragen verbunden werden.

Für die Philosophin Rosi Braidotti zeigt sich, dass im hochtechnisierten Kapitalismus Werkzeuge nicht mehr länger eine Erweiterung der Natur sind, genutzt zur Erfüllung bestimmter Zwecke. Vielmehr spielt sich das Leben des modernen Menschen in einer Welt ab, in der Maschinen Informationen anhäufen, speichern, umformen und verbreiten. Damit einher geht das Bemühen, Energie bereitzustellen und gleichfalls zu speichern. Der eigentliche Gebrauch und die Funktion derartig vorgehaltener Informationen und Energie sind dabei unklar und stehen nicht mit dem unmittelbaren Tun des Menschen in Zusammenhang. Der natürliche Gebrauch von Werkzeugen zu gegebenen Zwecken wird „demontiert", so drückt es die Philosophin Luciana Parisi aus. Die Fremdartigkeit der Zwecke entspricht nicht den biozentrischen Bedürfnissen des Menschen. Indem „seine Mittel nicht mehr länger mit seinen Zwecken übereinstimmen", vollzieht sich in der modernen Form der Technik-Kultur-Natur-Beziehungen ein Bruch auf der Ebene der biologischen Kausalität (Parisi 2019). Die Art, wie wir heute kulturell und technisch handeln, kann somit biologisch nicht mehr begründet und in keinen Bezug mehr zu unserer natürlichen Herkunft gebracht werden.

Ständig und in kürzer werdenden Abständen kommen neue Technologien auf, von denen wir nicht wissen, was sie für uns bedeuten, und deren Langzeitfolgen und -kosten wir nicht kennen. Wir werden selbst zum Werkzeug in der von uns geschaffenen Welt. Das Herbizid Glyphosat etwa soll auf anhaltenden Druck der Bevölkerung in manchen Ländern verboten werden. Solange sich ökologischere Formen der Landwirtschaft aber nicht flächendeckend durchsetzen können, wird Glyphosat durch ein anderes, vermeintlich besseres künstliches Mittel ersetzt werden, das die hohe Produktivität sicherstellen soll. Allerdings erhalten wir frühestens in zehn Jahren den Hauch einer Ahnung davon, welche schädlichen Wirkungen das neue Mittel seinerseits auf Menschen, Böden, Tiere und Pflanzen hat. Dieses Problem wird unter der Überschrift Technologiefolgenabschätzung seit einigen Jahrzehnten diskutiert. Der Technikforscher David Collingridge erfasste bereits 1980 die Probleme, die neue Technologien im Vergleich zu stark fortgeschrittenen und verbreiteten mit sich bringen. Zuerst kann man noch nichts über die Folgen und Nebenwirkungen einer Innovation sagen, später kann man diese nicht mehr gestaltend beeinflussen. Das Problem wurde nach seinem Entdecker auch Collingridge-Dilemma genannt (Genus und Stirling 2018): Die externen Effekte, also die volkswirtschaftlichen Kosten, für die der Urheber bei Fehlleitungen von Ressourcen nicht aufkommen muss, sind bei vielen heutigen Technologien typischerweise hoch und oft gar nicht berechenbar. Kraftwerksbetreiber zahlen global zu wenig für CO_2-Emissionen und die Agrarindustrie bzw. deren Kunden zu wenig für die anhaltende Zerstörung von Böden. Die Auswirkungen synthetischer Dünger und Pestizide sind dabei nur zwei Beispiele unzähliger weiterer sozio-ökologischer Technologiefolgen, mit denen wir es täglich zu tun haben, aber die wir nicht ausreichend kennen oder wahrnehmen.

Die Entwicklung künstlicher Intelligenz und Robotik ist gänzlich in diesen Zusammenhang eingebettet: Ihre langfristigen Auswirkungen sind heute nicht transparent. Ihre Entwicklung ist hingegen gesellschaftlich und politisch umso schwieriger zu kontrollieren und steuern, je weiter sie vorangetrieben wird. Der vernunftbegabte Mensch greift also auch hier zu innovativen Maßnahmen, die helfen sollen, uns das Leben und die Arbeit zu erleichtern. Wir tun das in dem Glauben, fortschrittliche Entwicklungen seien im Sinne der Evolution und damit adaptiv für unsere Arterhaltung. Ob sie es jedoch tatsächlich sind, kann oft nicht eruiert werden und stellt sich erst viel später heraus.

Luciana Parisi spannt ihren Bogen weiter mit dem Begriff der Techne als einer modernen Zusammenführung von Wissenschaft, Kunst und Technik. „Die moderne Techne", so schreibt sie, „sowie industrielle Infrastruktur des Kapitals, für die der Mensch nichts als ein Anhängsel ist, das Mehrwert produziert, führt zu einer unumkehrbaren Verwandlung des Wesens des Menschen" (Parisi 2019). In diesem Prozess setzen wir uns der Gefahr der Auslöschung aus. Denn wir müssen uns klar werden, dass der Mensch längst nicht mehr autonom handelt, sondern Teil eines Weltsystems ist, das vorrangig seinen eigenen, inneren Erfordernissen, nicht-menschlichen Zielen und Bedürfnissen dient (Haff und Renn 2019). Selbstorganisation, wie wir sie in der Biologie kennen, finden wir jetzt auch in der technisch-kulturellen Welt. Diese muss kein gewolltes Ergebnis des freien Willens von Individuen sein. Menschliche Netzwerke, menschliche Gesellschaften und Technologie hängen demnach nicht nur von den Aktivitäten ihrer Individuen ab. Weitere Mechanismen spielen eine Rolle. Die (von ihm selbst geschaffene) Technosphäre weist dem Menschen einen neuen Platz in der Welt zu und lenkt ihn fort von der anthropozentrischen Zweckbestimmung des Einzelnen hin zu Kooptionskräften der Technosphäre, an die wir gebunden sind, heißt es bei Peter K. Haff (Haff und Renn 2019).

Die Erhaltung der Biosphäre, unserer Lebenswelt, so wie wir sie kennen, verlangt globale Partnerschaften und globale Kooperation. Wir benötigen einen globalen Konsens. Alle großen Fragen und Krisen lassen sich nur noch gemeinsam lösen. Darin sind sich heute viele Wissenschaftler einig. Zwar haben solche Gedanken auch Einzug in die Evolutionstheorie gehalten, doch bietet sie bislang keine theoretische Grundlage für *globale* Kooperation. Wir besitzen keine Theorie für eine globale Solidarität. Die Spieltheorie etwa kann zwar Lösungen für das Zusammenwirken mehrerer Individuen oder Organisationen liefern, doch sie versagt, wenn die Zahl der Akteure zu groß wird oder die gegenseitigen Motivationen und Zielsetzungen nicht transparent sind.

Die Technosphäre könnte man als einen Auswuchs der Biosphäre betrachten. So gesehen sind wir nicht weit entfernt von einer Technosphäre im Sinne eines selbstorganisierenden, durch menschliches Wollen nicht mehr steuerbaren Systems (Haff und Renn 2019). Luciana Parisi spricht von einer neuen Schicht in der biozentrischen Ordnung des Realen und der Entkoppelung des Wesens des Menschen von seinem biologischen Sein (Parisi 2019). Parisi führt weiter an, dass der Mensch selbst zum Instrument in den Händen einer Techne-Infrastruktur der Verwertung wurde. Die Technosphäre ist der Joker globaler Veränderungen. „Sie könnte ein revidiertes Anthropozän hervorbringen, dergestalt, dass der Mensch darin nicht mehr der entscheidende Faktor ist", drückt es der auf das Anthropozän spezialisierte Paläobiologe Jan Zalasiewicz (2017) aus.

Die gesamte Technosphäre ist Teil des globalen evolutionären Veränderungsprozesses. Sie ist ein hundertprozentiges Ergebnis der Evolution. Aber erklären kann diese Tatsache zunächst nicht viel. Aus Evolutionssicht steht somit die Frage im Raum, ob und, wenn ja, in welchem Umfang der aufgeklärte Mensch in der Lage ist, im Sinne der Evolution bzw. der Theorie menschlicher Nischenkonstruktion, kumulativer kultureller Evolution und der Kooperation (Abschn. 2.1), eine nachhaltige globale Entwicklung etwa nach Art der von den Vereinten Nationen (Vereinte Nationen 2015) verabschiedeten Agenda 2030 so auszuführen, dass diese Transformation für unsere Arterhaltung adaptiv ist.

Bei der Suche nach Antworten setzt sich zunehmend die Einsicht durch, dass wir dieses Ziel nicht erreichen, wenn uns lediglich ein paar intellektuelle Forscher in der Tradition aufgeklärten Vernunftdenkens die Erkenntnis liefern, dass es so wie bisher nicht weitergehen kann. Der Appell an die Vernunft wird heute vielfach überbetont und ist allein nicht ausreichend. Tatsächlich kommt es hier auf zwei unterschiedliche Herangehensweisen an: Zum einen müssen verträgliche Gesamtkonzepte vorliegen, die uns sagen, was angesichts von Überbevölkerung, Klimakrise, Degradation von Ökosystemen, grenzen- und rücksichtslosem Ressourcenverbrauch, fehlgesteuerter globaler Agrarwirtschaft und Massentierhaltung, wachsender sozialer Ungleichheit und Armut zu tun ist. Diese Gesamtkonzepte werden unweigerlich fordern, die bestehenden gesellschaftlichen, wirtschaftlichen und politischen Systemstrukturen zu ändern. Dazu bedarf es einer grundsätzlichen Änderung der Mentalität. Hier kann die Wissenschaft allein jedoch nur notwendige, nicht aber hinreichende Bedingungen in Form ihrer technokratischen Blaupausen liefern.

Erforderlich ist daher zum anderen die mehr oder weniger gleichzeitige Verhaltensänderung von Milliarden Menschen, von Menschen, die sich ihrer Ambivalenzen erst einmal bewusst werden müssen. Die Sozialpsychologie spricht hier von kognitiven Dissonanzen, in denen wir verharren. Dabei stimmen Denken und Handeln nicht überein, oder mit anderen Worten: Unsere Gedanken können oft nicht umgesetzt werden. Wir wollen beispielsweise, dass mehr für das Klima getan wird, aber wir wollen auch einen SUV fahren können. Wir sind für den Kohleausstieg, wollen aber zugleich keinen höheren Strompreis bezahlen, und ein Windrad in der Nähe unserer Wohnung lehnen wir ebenfalls ab. Niemand *will* Tiere quälen, Böden verseuchen, das Grundwasser vergiften und die Lebensgrundlagen unserer Kinder zerstören. Aber wir tun es. Wie wir mit solchen Widersprüchen individuell umgehen sollen und können, ist ein schwieriges Thema. Ambivalenzen gehören zu unserem Leben und erweisen sich oft im praktischen Leben als nicht oder nur schwer auflösbar.

Der Philosoph Hans Jonas (1979) formulierte nicht zuletzt auch vor diesem Hintergrund das Prinzip Verantwortung als eine Ethik für eine technologische Zivilisation: Es lautet: „Handle so, dass die Wirkungen deiner Handlung verträglich sind mit der Permanenz echten menschlichen Lebens auf Erden." Mit diesem aus Kants Moralphilosophie weiterentwickelten Imperativ sollen unabschätzbare Risiken, die den Bestand unserer Art gefährden können, vermieden werden. Ferner sollen die Eigenrechte der gesamten Natur anerkannt werden, denn dem Menschen kommt angesichts seiner Handlungsoptionen Verantwortung für sie zu. Mit dem Prinzip der Verantwortung erwies sich Jonas als ein früher Vertreter, der auf die Risiken einer technisierten Gesellschaft aufmerksam machte. Man darf dieses Prinzip nicht weniger als eine evolutionäre Grundbedingung für den Menschen nennen.

Von einer anderen Seite, der Seite einklagbarer Rechte für die Bürgerinnen und Bürger, geht Ferdinand von Schirach die Thematik einer lebenswerten Welt an. Der bekannte Jurist macht darauf aufmerksam, dass die moderne Gesellschaftsentwicklung eine Reihe von Problemen mit sich bringt, die zum Zeitpunkt, als die Verfassungen in den europäischen Ländern geschrieben wurden, noch nicht bekannt waren. Schirach plädiert daher für eine Erweiterung der europäischen Grundrechtecharta. Sein Projekt umfasst erstens das Recht auf eine gesunde und geschützte Umwelt, zweitens das Verbot, dass Menschen digital ausgeforscht und manipuliert werden können; vor dem Hintergrund aufkommender künstlicher Intelligenz soll drittens jedem Mensch das Recht zustehen, dass Algorithmen, die ihn belasten können, transparent, überprüfbar und fair sind; wesentliche Entscheidungen müsse der Mensch, nicht Maschinen treffen. In einer vierten Forderung wird verlangt, dass Äußerungen von (politischen) Amtsträgern der Wahrheit entsprechen müssen. Das sind schlechte Bedingungen für Populisten. Als fünftes, einklagbares Recht stößt Schirach an, dass jedem Menschen nur solche Waren und Dienstleistungen angeboten werden, die unter Wahrung der universellen Menschrechte hergestellt und erbracht werden (Schirach 2021).

Beide genannten Perspektiven sind gleichermaßen wichtig: auf der einen Seite verantwortungsbewusstes Handeln der Menschen, wie es Hans Jonas fordert und auf der anderen Seite ihre Rechte in einer hochtechnisierten, umweltbedrohten Welt. Hier müssen wir uns noch einmal fragen, wie „reif" wir für die Freiheiten in der modernen Welt tatsächlich sind. Wie oben geschildert, erleben wir täglich, dass unser Handeln widersprüchlich ist. Hinzu kommen Ängste vor Veränderungen. Ängste entstanden in unserer Evolution, als wir in kleinen Gruppen lebten. Sie waren überlebenswichtig. Doch abstrakte Zahlen wie die der Millionen Toten aufgrund von Luftverschmutzung oder Tausender Sterbender durch resistente Keime und medizinische Fehler in Krankenhäusern – wovor wir uns eigentlich fürchten müssten – fruchten ebenso wenig, wie der Aufruf der 1000 Experten 2015, über Chancen und Risiken künstlicher Intelligenz nachzudenken. Wir fürchten große Veränderungen, mit denen wir uns beschäftigen müssten, und haben gleichzeitig Ängste vor eigentlich belanglosen Szenarien. Die Medien tragen durch die Art ihrer Berichterstattung das Ihrige bei, um archaische Ängste in uns auszulösen. Dominiert also unsere Evolution unsere Vernunft?

Tatsächlich kommt eine Reihe weiterer Störfaktoren hinzu, die unser Vernunftdenken fehlleiten. Mit an erster Stelle steht, dass wir evolutionär darauf getrimmt sind, kurzfristig und in einfachen Kausalitäten zu denken. Die natürliche Selektion belohnt keine langfristigen Überlegungen und komplexen Strategien. Unsere evolutionären Strategien sagen uns, dass wir den Gewinn bzw. das (positive) Feedback zu unserem Handeln jetzt haben wollen. Schnelles Feedback ist ein extremer Motivator. Der kleine Spatz in der Hand ist uns demnach in der Tat wertvoller als die größere und fettere Taube auf dem Dach, die wir nicht so leicht zu fassen bekommen, an die wir jedoch mit ein paar Ideen vielleicht schon herankommen könnten. Der Affe, der zwischen einer Banane jetzt oder vier am Nachmittag wählen kann, wählt immer die Banane jetzt. So wie der Affe funktionieren wir noch immer. Fragen wir also, was mit unseren Kindern, Enkeln oder Urenkeln sein wird, ist die Antwort: „So weit denken wir nicht." Es ist uns im Prinzip zwar nicht gleichgültig, aber es fällt sehr schwer, den Gedanken daran präsent zu halten, bzw. wir erteilen uns selbst meistens „für dieses Mal" eine Ausnahmegenehmigung und vermeiden es, unser Handeln in der Summe zu betrachten. Die Steinzeitmenschen hatten diesen Selektionsdruck noch nicht. Wenn auch nicht jedes Individuum zwingend so denken muss, in Städten, Ländern, Konzernen und Wirtschaftssystemen wird so überlegt und gehandelt. Mit unserem Millionen Jahre alten evolutionären Verhalten müssen wir irgendwie die Probleme von morgen lösen.

Hunderte von Wissenschaftlern haben dieses Problem erkannt und behandelt, unter ihnen auch der Nobelpreisträger für Wirtschaft, Daniel Kahneman, den ich schon mehrfach genannt habe. Er plädiert dafür, dass wir lernen müssen, in Wahrscheinlichkeiten zu denken. Wir sollten ein besseres Verständnis dafür entwickeln, wie wahrscheinlich es ist, dass wir durch Rauchen an Krebs erkranken, und wie wahrscheinlich, dass der Meeresspiegel um einen Meter steigt. Doch solches Denken in die Köpfe einer breiten Bevölkerung zu bekommen, ist ein immens schwieriges und langwieriges Unterfangen. Die Vergangenheit, die wir selbst erlebt haben, lässt im Rückblick keine Wahrscheinlichkeiten erkennen, daher sind sie vielen fremd (Sijbesma 2016).

Die Voraussetzungen für objektive Zukunftseinschätzungen sind insofern nicht gut, als das Leben breiter Schichten heute vom Internet mit den sozialen Medien gezielt bestimmt ist. Sie bieten *Fake News* und Verschwörungstheorien guten Nährboden und bringen mit Filterblasen, also algorithmisch erzeugten Voraussagen der Nutzerwünsche, Echokammereffekte hervor. Filterblasen gab es in der Zeit vor dem Internet auch schon. Man denke etwa an die Dolchstoßlegende nach dem Ersten Weltkrieg oder die jahrelange Brexit-Diskussion in Großbritannien, bei der gerade ökonomische Argumente völlig ausgeblendet wurden. Doch das Internet erzeugt eine noch viel größere Dynamik und Vielfalt solcher Blasen. In ihnen werden die ungeprüften eigenen Vorurteile immer wieder mit den Algorithmen der Anbieter gezielt bestätigt und die Meinungen anderer gezielt ausgeblendet. In der Filterblasse ist der Benutzer unter Gleichgesinnten. Dort fühlt er sich wohl. So wird zum Beispiel Bill Gates in unzähligen Blogs im Internet als Kapitalverbrecher verurteilt. Man kann auf vielen Seiten lesen, seine Stiftung würde Frauen in Afrika ohne ihr Einverständnis im Rahmen von Impfungen gegen Infektionskrankheiten gleichzeitig unfruchtbar machen. Er wolle gar die ganze Welt kastrieren, um die Überbevölkerung zu stoppen. Derartige Blogs sind oft überraschend nüchtern geschrieben. Mit durchaus zahlreichen „Belegen" streben Blogger an, Sachlichkeit zu vermitteln. Man findet jedoch keine echte Quelle für die eigentliche Aussage; sie bleibt die Privatmeinung des Bloggers. Das ist eine gefährliche Täuschung der Nutzer, die das Gesagte nur schwer prüfen können und weder den oft anonymen Blogger noch seine Fachkenntnis identifizieren können. Man glaubt den Inhalt, weil er auch in anderen Umgebungen der Blase oft ähnlich dargestellt wird.

Das Internet macht es den Menschen immer leichter, sich von der Vernunft zu verabschieden und sich in seinen Ansichten einfach ‚mitnehmen' zu lassen. Die Weltsicht von Milliarden Menschen wird auf diese Weise verengt. Zusammenhänge werden vereinfacht verstanden und wiedergegeben. Daran hat unsere Evolutionsgeschichte durchaus ihren Anteil. Menschen wissen oft gar nicht, dass sie in einer Filterblasse leben. Diese Entwicklungen werden längst als systemgefährdend eingestuft; so mahnte Barack Obama in seiner letzten Rede als US-Präsident im Jahr 2017: „Zunehmend werden wir in unseren Blasen so sicher, dass wir anfangen, nur noch Informationen zu akzeptieren, ob sie wahr sind oder nicht, die zu unserer Meinung passen, anstatt unsere Meinung auf die Beweise zu stützen, die es da draußen gibt" (Obama 2017).

Langfristige Strategien, die wir entwickeln müssen, sind in naturgemäß hohem Maß abstrakt. Sie sind Kopfarbeit. Natürlich müssen viele Menschen in ihrem Beruf langfristig strategisch planen, und sie können das auch. Vor allem gemeinsam mit anderen können wir atemberaubende Smart Cities entwerfen, das Internet betreiben und eine Marsmission konzipieren. Doch die Mehrheit der Menschen kann das nicht.

Sich die Konsequenzen und Dimensionen der Klimaerwärmung vorzustellen, ist Kopfarbeit. Noch mehr Kopfarbeit ist die Vorstellung davon, wie umfangreich das Artensterben ist und wie bedrohlich für unsere eigene Existenz. Die Artenvielfalt zu erhalten, ist ein diffuses Ziel, wie Matthias Glaubrecht zugesteht (Glaubrecht 2019). Er spricht davon, das Artensterben sei eine noch größere Bedrohung für uns als der Klimawandel. Aber selbst auf mehr als 1000 Buchseiten gelingt es ihm (bis auf einige versteckte Hinweise) nicht, dem Leser wirklich zu verdeutlichen, warum der Artenschwund nicht nur einfach sehr bedauernswert ist, sondern eine Katastrophe, die unsere eigene Existenz gefährdet. Damit soll nicht Glaubrechts große Anstrengung geschmälert werden, die er unternimmt, um uns in detaillierten Bilden den Niedergang der Vielfalt in der Natur und den größten Massenexitus seit dem Aussterben der Dinosaurier bildhaft aufzuzeichnen.

Der Schutz der Artenvielfalt erreicht jedoch bei weitem noch nicht den Stellenwert des Klimawandels in der heutigen Diskussion, und zwar, weil selbst ein Fachmann wie Glaubrecht uns nicht vermitteln kann, was es bedeutet, wenn die Arten nicht mehr da sind, die wir kennen und lieben und die Tausende, von denen wir nicht einmal wissen, dass sie existieren oder die wir wenig attraktiv finden. Erschwert wird das Manko noch, weil ein akzeptiertes, aber nicht mehr erreichbares Allgemeinziel wie das 1,5-Grad-Ziel für den Klimaschutz (IPCC 2021) beim Schutz der Biodiversität fehlt. Wirtschaftliche Interessen übersteigen das Interesse, die Artenvielfalt zu erhalten, um Dimensionen. Die rapide wachsende Bevölkerung braucht mehr Land. Neue Straßen, Infrastrukturen und riesige neue landwirtschaftliche Flächen müssen geschaffen werden. Global gesehen spielen Arten- und Naturschutz im Handeln und Denken der Menschen kaum eine Rolle. Tatsache ist: Was in vielen Millionen Jahren in der Evolution entstand, vernichten wir in nur wenigen Jahrzehnten. Rückgängig gemacht werden kann der Verlust der Artenvielfalt nicht mehr.

Tatsächlich wird sogar die Erderwärmung in der Bevölkerung heute noch nicht von der Mehrheit der EU-Bürger als wirkliche Krise wahrgenommen und behandelt (EIB 2020), wenn auch Tab. 11.1 zeigt, dass das Thema nach Einschätzung der EU-Bürger auf Platz eins der größten Herausforderungen steht. Auf einer Skala von eins bis zehn (mit zehn als absolut schmerzhaft höchstem Wert) hätte der Klimawandel wohl noch nicht mehr als einen Wert von zwei oder drei, denn er ist zumindest auf der Nordhalbkugel nicht

Tab. 11.1 Wahrnehmung der Bürger über das Ausmaß des Klimawandels (EIB 2020)
Für die Umfrage der *European Investment Bank (EIB)* 2019–2020 zum Klimawandel
(hier ein Auszug) wurden im September und Oktober 2019 in Europa 28.088, in USA
und China jeweils 1.000 Menschen in insgesamt 30 Ländern befragt. Die Umfrage
wurde vor der COVID-19-Krise durchgeführt

	EU	USA	China
Was sind die größten Herausforderungen für die Bürger Ihres Landes?	1. Klimawandel (47 % BRD: 59 %) 2. Zugang zu Gesundheits- diensten (39 %) 3. Arbeitslosigkeit (39 %)	1. Zugang zu Gesundheit u. Gesundheits- diensten (45 %) 2. Klimawandel (39 %) 3. Politische Instabilität (30 %)	1. Klimawandel (73 %) 2. Zugang zu Gesundheit u. Gesundheits- diensten (47 %) 3. Finanzkrise (33 %)
Es ist noch möglich, den Klima-wandel rückgängig zu machen	59 %	54 %	80 %
Klimawandel ist irreversibel	33 %	28 %	19 %
Ich glaube nicht an den Klimawandel	9 %	18 %	1 %
Inwieweit, wenn überhaupt, glauben Sie, dass Ihr eigenes Verhalten einen Unterschied bei der Bekämpfung des Klimawandels machen kann?	Es kann einen Unterschied machen (69 %) In gewissem Maß (51 %) In großem Maß (18 %)	Es kann einen Unterschied machen (65 %) In gewissem Maß (43 %) In großem Maß (22 %)	Es kann einen Unterschied machen (72 %) In gewissem Maß (60 %) In großem Maß (12 %)
Haben Sie das Gefühl, dass der Klimawandel Aus-wirkungen auf Ihr tägliches Leben hat?	Ja 82 %	Ja 76 %	Ja 98 %
Glauben Sie, dass Ihre Kinder die Folgen des Klima-wandels in ihrem zukünftigen Alltag spüren werden?	Ja 90 %	Ja 79 %	Ja 98 %
Glauben Sie, dass Sie in Zukunft wegen des Klima-wandels umziehen müssen?	Ja 33 %	Ja 48 %	Ja 49 %

(Fortsetzung)

Tab. 11.1 (Fortsetzung)

	EU	USA	China
Glauben Sie, dass der Klimawandel die Migration beeinflusst, d. h. glauben Sie, dass Menschen aufgrund extremer Klima-bedingungen aus ihren Ländern abwandern und in Ihre Länder ziehen werden?	Ja 82 %	Ja 76 %	Ja 89 %

in unserem täglichen Bewusstsein. Angesichts der industriellen, vernetzten Abhängigkeiten, langen Lieferketten und omnipräsenten Wirtschaftsinteressen müssen wir davon ausgehen, dass Politik und Industrien nur schwer dazu zu bewegen sind, im großen Stil wirksam gegenzusteuern, bevor die Krise im eigenen Land und an der eigenen Haustür spürbar angekommen ist und alljährliche Klimakatastrophen sich die Hand geben.

Das EU-Forschungsförderprogramm *Horizont Europa* (Europäische Kommission 2020) stellt gezielter als bisherige Programme darauf ab, die Menschen bei ihrem tradierten Verhalten abzuholen, Transformationen anzustoßen, neue Denkwege zu eröffnen und mit verschiedenen Szenarien neue Handlungsoptionen aufzuzeigen. Es handelt sich bei *Horizont Europa*, einer Initiative des Entwicklungsprogramms der Vereinten Nationen (UNEP) und der Universität Oxford, um das bisher größte Meinungsbild, das je zur globalen Erderwärmung erhoben wurde. Ein Budget von knapp 100 Mrd. Euro wird bis zum Jahr 2027 für eine Online-Umfrage unter 1,2 Mio. Menschen in 50 Ländern bereitgestellt. Eine der fünf übergeordneten Missionen, die auf zehn Jahre begrenzt sind, zielt auf den sozioökonomischen Umbau in Folge des Klimawandels. Dazu sollen die Einwohner der EU befähigt werden, zu erkennen, dass die bevorstehenden Transformationen Veränderungen in der Arbeits- und Alltagswelt erfordern; die Menschen sollen in der Lage sein, diese Veränderungen souverän und solidarisch mitzugehen.

Eine weitere Mission des EU-Programms gilt der Wiederherstellung des ökologischen Gleichgewichts in den Ozeanen, Meeren, Küsten- und Binnengewässern rund um den Globus, der Wiederherstellung geschädigter Ökosysteme und Lebensräume und der Vermeidung des Kohlendioxydausstoßes. Die Erhaltung bzw. Wiederherstellung der Biodiversität wird sowohl hier als auch in anderen Missionen adressiert. Die weiteren Missionen des Programms richten sich auf die Bekämpfung von Krebs, die Umwandlung von 100 europäischen Städten in klimaneutrale, intelligente Standorte sowie die Bodengesundheit und Ernährungsfrage (ZEIT 2021). Erst in der Folge dieses ehrgeizigen Programms werden wir erfahren, ob und in welchem Umfang das mehrheitliche Votum für Veränderungen auch mit einer tatsächlichen Verhaltensänderung der Menschen einhergeht.

Wie weit zahlreiche Staaten heute noch von einer Veränderungsbereitschaft entfernt sind, zeigt sich am Beispiel Florida. Der amerikanische Bundesstaat, der an seinen Küsten zum Atlantik bzw. Golf von Mexiko dicht besiedelt ist, ist vom Anstieg des Meeresspiegels und verstärkten, häufigeren Hurricanes der Kategorie 5 so unmittelbar bedroht wie kaum ein anderes Land. Während die Bevölkerung das mehrheitlich wahrnimmt, ignoriert die Politik des Bundesstaates noch immer weitgehend beides. Man will sich eher auf Resilienz als auf eine umfassende Reduktion der Emissionen konzentrieren. Solches Verkennen des Ernsts der Sachlage kann aber für die jeweilige Generation und vor allem für die nachfolgende eine fatale Verzögerung bedeuten und Fehlanpassungen nach sich ziehen bzw. sie verstärken. Weil wir evolutionär auf kurzfristiges Denken getrimmt sind, verwenden noch immer Millionen Menschen auf unserem Planeten keine Zeit auf „akademisches" Nachdenken über ein unsicheres Morgen, sondern müssen im Zweifelsfall notgedrungen dafür sorgen, dass sie heute Essen und einen Arbeitsplatz haben. In den Jahrmillionen unserer Evolution hat strategisches Denken keine Rolle gespielt. Plötzlich aber rückt es ganz nach vorne in unserer To-do-Liste.

Daneben gibt es auch die so genannte kognitive Dissonanz. Wir denken in die eine Richtung, handeln aber in die andere, erkennen tatsächliche Probleme, ignorieren sie aber in unserem Handeln. Wir handeln also unvernünftig, obwohl uns die Vernunft etwas anders eingibt. Das passiert jedem von uns, jeden Tag. Wir reden die Dinge einfach schön, dann geht es uns gut. Irgendwie lässt sich jedes Handeln nachträglich quasi rational begründen. So haben Raucher reihenweise Gründe, warum ihr Laster nicht wirklich schlimm für ihre Gesundheit ist. Auch der Besitzer des neuen SUV weiß seine Entscheidung problemlos zu rechtfertigen. Unsere Überzeugungen und unser Weltbild sind die heiligen Kühe unserer Vernunft, so formuliert es Matthias Glaubrecht in seinem mahnenden Opus über das Ende der Evolution. Gepaart mit selektiver Wahrnehmung bringen wir die kognitive Dissonanz zu solcher Perfektion, dass wir es selbst nicht mehr bemerken (Glaubrecht 2019). Daniel Kahneman liefert uns Dutzende Beispiele dafür, wie wir mit erdrückenden Statistiken falsch umgehen und Tatsachen fehlinterpretieren (Kahneman 2016). In den Monaten, an denen ich an diesem Buch schreibe und an denen die COVID-19-Pandemie die Berichterstattung in den Medien bestimmt, erlebe ich, dass Menschen nicht in der Lage sind zu unterscheiden, ob die Nebenwirkungen einer Impfung gefährlicher sind als die Wahrscheinlichkeit, an Corona u sterben. Am gefährlichsten sind aber vielleicht doch der grenzenlose, unrealistische Optimismus und die uneingeschränkte Fortschrittsgläubigkeit, wie sie im Transhumanismus zu Tage treten, was ich bereits kritisiert habe. Einen naiven, unkritischen Fortschrittsglauben lebt uns auch das Silicon Valley vor. Die Frage, die unsere Zukunft bestimmt, ist nicht, ob wir den erforderlichen Fortschritt zustande bringen, sondern ob wir ihn rechtzeitig zustande bringen (Abschn. 10.3).

Eine der gefährlichsten „Prognosen" von allen lautet, wir könnten leicht zehn Milliarden Menschen auf der Erde ernähren, wenn es nur richtig gemacht würde. Diese Aussage impliziert auch der Transhumanismus, denn er äußert sich nicht zur Notwendigkeit der Beschränkung der Bevölkerungsexplosion. Vielmehr kann man diese aus transhumanistischer Sicht technologisch in den Griff bekommen. Diese Sichtweise ist jedoch die Krönung reduktionistischen Denkens. Tatsächlich ist das Bevölkerungswachstum (Abb. 11.1) nicht nur eine Ernährungsfrage, sondern die Ursache fast aller globalen ökologischen, aber auch sozialen Probleme, darunter die Zerstörung der biologischen Vielfalt, die Klimaerwärmung, die Urbanisierung, Luft-, Land- und Wasservermüllung, Degradation von Ökosystemen mit Rodung der Wälder, Überfischung und Versauerung der Meere, der Raubbau an der Natur, wirtschaftliche und politische Instabilitäten von Staaten und andere (vgl. UNEP 2020). Dass wir evolutionär nicht gut dafür ausgerüstet sind, in Komplexitäten zu denken, offenbart sich in keiner Aussage stärker als in der, wir könnten ohne Probleme zehn Milliarden Menschen ernähren.

Die Spielregeln in der Technosphäre haben sich verändert, und zwar so schnell und umfassend wie nie zuvor in der Geschichte der Menschheit. Wir transformieren mit veränderten Bedingungen und Spielregeln ins Unbekannte. Zu wissen, dass die Technosphäre zu 100 % ein Ergebnis der Evolution ist, ist gut und schön. Eine ganz andere Sache aber ist es zu ermitteln, welche Mechanismen die kulturellen Veränderungen antreiben – und wie der Wandel für den Menschen (und den Planeten) in der Technosphäre adaptiv gesteuert werden kann. Hier stellt sich generell die Frage, ob

Abb. 11.1 Überbevölkerung. Sie kann als das zentrale Problem der Menschheit gesehen werden Aus ihr lassen sich die meisten anderen globalen Herausforderungen für unsere Zukunft ableiten. Konrad Lorenz führte in seinem mahnenden Buch bereits vor einem halben Jahrhundert die Überbevölkerung als erste der *Acht Todsünden der zivilisierten Menschheit* an (Lorenz 1973). Er verband mit dem Zusammenpferchen vieler Menschen auf engstem Raum die Erschöpfung zwischenmenschlicher Beziehungen, Erscheinungen der Entmenschlichung und aggressives Verhalten. Niemand weiß genau, wie viele Menschen heute in Städten wie Kairo, Dhaka oder Lagos leben und um wie viele Hunderttausende die Einwohnerzahlen jährlich zunehmen (Überbevölkerung: Shutterstock)

sich der heutige Mensch mit dem evolutionären „Ballast", den er mit sich herumschleppt – darunter neben den beispielhaft genannten „falschen" Ängsten auch die Eigenschaft, dass er extrem auf die Befriedigung kurzfristiger Bedürfnisse ausgerichtet ist –, überhaupt entsprechend verhalten *kann,* um die anstehende Transformation zu bewältigen. Diese Frage gilt also der sozialen Intelligenz der menschlichen Population als Ganzes. Letztlich mündet die Diskussion in die Frage: Kann sich eine zukünftige künstliche soziale Intelligenz nationalen und globalen Herausforderungen besser anpassen als unsere organische Intelligenz? Diese Frage können wir leider heute nicht beantworten.

Szenario 11 Ausgewählte kritische Sichten auf die Zukunft des Menschen

Hier werden einige kritische Sichten auf die Entwicklung der geopolitischen und -sozialen Zukunft angeführt. Das Wissen dazu beruht auf Fakten, Vermutungen bis Spekulationen. Die Formen möglicher Veränderungen sind meist spekulativ.

Phasen (auch zeitlich parallel, nicht kausal aufeinanderfolgend)

- Fehlanpassungen als Teil der menschlichen Kultur und Evolution (Richerson und Boyd 2005) (Abschn. 2.1 und 10.3)
- Schneller gesellschaftlicher und technologischer Wandel als Hemmnis für stabile Anpassungen (Richerson und Boyd 2005; Abschn. 11.2)
- evolutionäre Ausrichtung auf kurzfristigen Erfolg in Konkurrenz mit den Schwierigkeiten der Gruppe, langfristige Probleme zu lösen (Abschn. 11.1)
- evolutionäre Ausrichtung auf einfache kausale Zusammenhänge (Abschn. 2.1); Unfähigkeit, komplex und in Wahrscheinlichkeiten zu denken (Abschn. 10.1)
- eingeschränkte Steuerungsmöglichkeit des öko-sozialen Gesamtsystems und damit der eigenen Entwicklung der Menschheit wegen zu hoher Komplexitäten (Haff und Renn 2019, Zalasiewicz 2017 u. a.)
- eingeschränkte Technologiefolgenabschätzung wegen zu hoher Komplexitäten (Genus und Stirling 2018 u. a.; Abschn. 11.1)
- „falsche Ängste", kognitive Dissonanz und selektive, verzerrte Wahrnehmung als Vernunft-Blockaden für Transformationen (Abschn. 11.1)
- abnehmende globale Bereitschaft und Fähigkeit für notwendige Transformationen bei zunehmender Komplexität und unterschiedlichen politischen Zwängen und Zielen (Scharmer 2014 u. a.)
- massiver Verlust von Arbeitsplätzen durch künstliche Intelligenz (Frey und Osborne 2013; Abschn. 10.3)

Wir können die Erkenntnisse im Buch bis hierher wie folgt zusammenfassen:

1. Der Mensch greift in die natürliche Selektion ein. Biotechnischer Fortschritt erfolgt in großem Umfang. Die Medizin wird revolutioniert. Der Fortschritt wird genetisch-kulturelle Veränderungen unserer Art einschließen (Kap. 4–9).

2. Adaptive Prozesse in der Kultur sind neuerdings evolutionstheoretisch belegt und begründet (Abschn. 2.1). Kultur folgt dabei jedoch auch solchen menschlichen Motiven und Zielen, die nicht in Anpassungen münden. Evolutionäre Fehlanpassungen treten als Nebenprodukte in der kulturellen Evolution – ebenfalls theoretisch untermauert – zwingend mit auf (Abschn. 2.1).

3. Zur Vermeidung von Fehlanpassungen sind menschliche Intelligenz, Vernunft und auch künstliche Intelligenz allein keine Garanten, da das sozio-ökonomische und ökologische System zunehmend, wenn nicht unberechenbar komplex wird, Eigendynamiken besitzt und sich darin stetig beschleunigt, was Anpassungen entgegenwirkt. Zudem fehlt eine übergreifende Kooperationstheorie (Abschn. 11.1).

4. Aufgrund ihrer kurzfristigen und sonstigen gesellschaftlichen Perspektiven erkennen Individuen und Gruppen Fehlanpassungen nicht als solche; viele halten am Bestehenden aus Eigeninteressen unbeirrbar fest. Dabei bestehen „falsche Ängste", kognitive Dissonanzen und eine selektive, verzerrte Wahrnehmung (Abschn. 11.1). Unter diesen Umständen entsteht möglicherweise kein ausreichend starker Druck, um bei Fehlanpassungen rechtzeitig gegenzusteuern und sie zu vermeiden bzw. zum Wohlergehen der Menschheit adaptiv zu korrigieren.

5. Chancen für Veränderungen dürfen dennoch unter keinen Umständen ungenutzt bleiben. Reformideen müssen nicht ignorierbare ökologische Grenzen und damit die evolutionären Rahmenbedingungen menschlicher Kultur anerkennen. Künstliche Intelligenz wird in allen Belangen hierzu Beiträge leisten (Abschn. 11.2).

Szenario 11 zeigt mögliche Zukunftsrisiken und fasst einige Sichten auf das eingeschränkte Potenzial des Menschen bei der globalen Zukunftsgestaltung in immer komplexeren Umgebungen zusammen.

11.2 Der evolutionäre Rahmen – verschiebbar, aber nicht wegzudenken

Ich habe Szenarien erarbeitet, in denen sich der Mensch von der natürlichen Selektion gezielt abzukoppeln versucht. Besser gefällt mir jedoch das Bild, dass sein kulturelles Wirken die natürlichen Selektionskräfte (nur) überlagert. Wir können auch sagen, Kultur verschiebt die natürliche Selektion; Selektion ist nicht mehr darauf ausgerichtet, unsere Evolution an natürliche Umgebungen anzupassen, sondern an die künstliche Umgebung, die wir selbst geschaffen haben. Das könnte gut gehen, so lange wir den fragilen technisch hohen Entwicklungsgrad mit anhaltendem Wirtschaftswachstum und Produktivitätssteigerung aufrechterhalten und auf dieser Basis die Mensch-Maschinen-Intelligenz weiter ausbauen können. Doch auch diese Entwicklung wird jedoch von Fachleuten als fragil gesehen. Gleichzeitig können wir die externen, natürlichen Rahmenbedingungen keinesfalls dauerhaft ignorieren. Wir können uns von ihnen nicht grundsätzlich und endgültig lossagen. Das zu erkennen und zu respektieren ist überhaupt die größte Herausforderung unserer Zeit. Auf diese Rahmenbedingungen gehe ich im Folgenden noch einmal näher ein.

In extremen Visionen, wie einer Welt, in der sich Gehirne im Computer-Upload unterhalten, oder in Cyberwelten kann man mit den Naturgesetzen nach Belieben spielen. Doch bis zu dem Tag, an dem wir Sonne und Wind als quasi unerschöpfliche Energiequellen für alles, was wir tun, verwenden, und jedes Molekül verbauter Rohstoffe wieder vollständig nutzbar machen, bis dahin leben wir nun einmal in einer endlichen Welt mit begrenzten Ressourcen, mit begrenzter Energie und mit Gewässer-, Luft- und Bodenverschmutzung. Energie, Materie und physikalische Gesetze bleiben damit wesentlicher dauerhafter Teil des nicht ignorierbaren Rahmens unserer Evolution.

Bei genauerem Hinsehen finden wir schnell natürliche Rahmenumgebungen, von denen wir uns sogar bei einem exorbitanten technischen Fortschritt in den kommenden Jahrzehnten nicht lossagen können. So ist selbst der heutige hohe Stand unserer techno-kulturellen Entwicklung nach wie vor auf den Säulen eines globalen Agrarproduktions- und Verteilungssystems errichtet, das die tägliche Ernährung der Menschen sicherstellt. In der landwirtschaftlichen Entwicklung wurde dabei stets implizit vorausgesetzt, dass sich die klimatischen und Umweltbedingungen stabil verhalten (Stock 2008). Diese Bedingungen dürfen sich somit auch in der Zukunft nicht verändern. Die letzten 12.000 Jahre zeigten seit dem Beginn der Agrarwirtschaft in der Evolutionsgeschichte des Menschen tatsächlich die erforderliche, besonders günstige klimatische Stabilität. Diese ist jedoch für die Zukunft keineswegs garantiert. Auch ist nicht garantiert, dass die produktivsten Agrarregionen der Erde auch in Zukunft dieselben sein werden. Heute liegen ausreichende Anzeichen dafür vor, dass die klimatische Stabilität zu einem Ende kommt. In diesem Fall entsteht erhöhter Umweltstress auf die Menschheit. In der Folge kann unsere Art wegen der genannten Abhängigkeit von dem weltweiten ökonomischen System landwirtschaftlicher Produktion und Verteilung starkem Selektionsdruck ausgesetzt sein, der biologische evolutionäre Anpassungen nicht ausschließt (Stock 2008).

Sehen wir uns neben der landwirtschaftlichen Abhängigkeit nun den industriellen Sektor an. Im heutigen System wird in jedem Geschäftsbericht jeder Firma Effizienzsteigerung gefordert. Das heißt weniger Personal und weniger Kosten für die gleiche Leistung. Dieser Ansatz steuert aber bekanntlich den „Tanker", auf dem wir fahren, in die falsche Richtung: „Wenn wir immer das Billigste herstellen, entsteht für die Allgemeinheit das Teuerste" (Braungart und McDonough 2014). Es gilt umzudenken. Die weltweite

Produktion muss vielmehr vom gnadenlosen Effizienzdenken auf *Cradle to cradle (C2C)* umgestellt werden, das Immer-wieder-Gebrauchenkönnen aller Komponenten, vom Ursprung zum Ursprung. Für diese Idee einer vollständigen Kreislaufwirtschaft plädiert Michael Braungart, Zukunftsplaner an gleich mehreren Universitäten und Forschungsinstituten in Deutschland und den Niederlanden. Was heute als Recycling und Nachhaltigkeit gehandelt und dem Verbraucher vorgegaukelt wird, ist für ihn eine Beleidigung sowohl der Begriffe als auch des Kunden. Wir ruhen uns auf etwas aus, reden uns etwas ein, verdoppeln den Müll oder machen bestenfalls die Welt etwas später zum großen Müllhaufen. Unternehmen verschaffen sich mit *Greenwashing* in ihrem Außenbild ein umweltfreundliches und verantwortungsbewusstes Ansehen, das sie nicht wirklich besitzen. Es kostet viel weniger, in das Marketing zu investieren als in die Entwicklung nachhaltiger Produkte. *Cradle to cradle* ist demgegenüber zu 100 % Recycling, nicht einmal oder fünfzig Mal, sondern unbegrenzt oft (Abb. 11.2). *C2C*-Produkte sind solche, die entweder als biologische Nährstoffe in biologische Kreisläufe zurückgeführt oder als „technische Nährstoffe" kontinuierlich in technischen Kreisläufen gehalten werden können, und zwar für alle Produkte und sämtliche Lieferketten.

Die Energiefrage ist bei der Transformation am leichtesten zu lösen, die Materialfrage am schwierigsten. Problematische Mischkunststoffe gehören

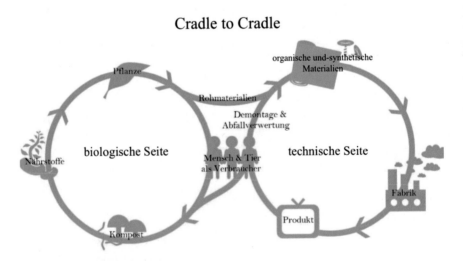

Abb. 11.2 Biologischer und technischer Zyklus beim *Cradle to cradle*. Beim *C2C* gibt es keine Abfälle und keinen Ressourcenverbrauch mehr. Alles auf der Welt, von der Schuhsohle bis zum Smartphone, wird „Nährstoff" für etwas Neues (Cradle to Cradle: Wikimedia commons)

auf die Tabuliste; sie enthalten oft zahlreiche Gifte. Ein Joghurtbecher, der 600 Chemikalien enthält, nur damit er leicht ist und nicht bricht, ist unmöglich zu recyceln (Braungart und McDonough 2014).

Diese Ideen finden mehr und mehr Anhänger. So konnten die 30 größten Firmen Dänemarks für das C2C gewonnen werden. Die Provinz Limburg nennt sich offiziell die erste *Cradle-to-Cradle-Region*. Die Textilkette *C&A* brachte ein vollständig biologisch abbaubares T-Shirt auf den Markt, und auch die Marke *Trigema* hat *C2C*-Produkte im Sortiment. Die genannten Beispiele sprechen allerdings die Firmen nicht grundsätzlich von möglichem *Greenwashing* frei. Komplette Häuser werden bereits als wiederverwendbare Materiallager der Zukunft konzipiert, ein gigantisches Vorhaben, wenn dabei wirklich bis an das letzte Kabel und sämtliche chemischen Stoffe in den Wandverkleidungen gedacht wird. Doch bleibt es ein langer Weg, bis ein Automobil vollständig in diesem Sinn geplant und realisiert ist, und bei einem Airbus dürften es noch 99 % sein, die nach *C2C*-Kriterien überdacht werden müssten. Einen Aktionsplan bis 2050 für eine Kreislaufwirtschaft mit vollständiger Verwertung in allen Phasen der Wertschöpfungsketten für alle Sektoren legte die Europäische Union vor. Der Aktionsplan wurde am 10. Februar 2021 vom Europäischen Parlament verabschiedet. Unter anderem sollen die mehr als 2,5 Milliarden jährlichen Tonnen Müll, hauptsächlich aus Haushalten in der EU, in diesem Konzept bis 2030 hochwertig recycelt werden, Produktlebenszyklen verlängert und Erzeugnisse besser reparierbar werden. Das sind hehre Wünsche, doch bis zu verbindlichen EU-weiten Gesetzgebungen hierzu ist es noch ein langer Weg.

Die Ideen Braungarts sind schlüssig. Sie sollten Pflichtprogramm für Produzenten, Verbraucher und Politiker sein, ganz abgesehen davon, dass es ein Vergnügen ist, diesem temperamentvollen, blitzgescheiten Mann bei *YouTube* zuzuhören. Manche Firmen übernehmen die Produktionsmethode schon heute und zeigen, wie es funktionieren kann. Doch generell sind die Hersteller das Hauptproblem, so Braungart. Nur die Gesetzgeber, also Staaten, können für Klarheit und Konsequenz sorgen. Gerade hier besteht das Risiko, sagt Braungart, auf halbem Wege stehen zu bleiben. Aber selbst wenn das Konzept tatsächlich Eingang in unser heutiges, auf völlig anderen Prinzipien basierendes Wirtschafts-, Geld- und Finanzsystem finden könnte, ist es nur ein (wenn auch ein wichtiger) Meilenstein der notwendigen Transformation. Wie wir gleich noch erfahren werden, sollte man die Sicht auf die Transformation noch erheblich ausweiten. Aber bleiben wir noch bei Braungart.

Bedenken wir, dass beispielsweise eine *C2C*-Produktion für ein Elektroauto mit Tausenden von Zuliefererteilen in der gesamten Lieferkette, also für alle Zulieferer, deren Lieferanten und für alle weiteren verwirklicht werden muss. Viele der Materialien kommen aus dem Ausland, darunter Dritte-Welt-Länder; vielleicht wird das Fahrzeug selbst sogar im Ausland gefertigt. Diese Zulieferer vertraglich darauf festzunageln, was sie tun müssen, heißt noch lange nicht, dass sie es tatsächlich tun wollen oder überhaupt können. Überdies muss der Hersteller, wenn er es ernst meint und dem Kunden nicht etwas vorspielen will, natürlich alle Lebenszyklen des Fahrzeugs berücksichtigen, also *C2C* bei der Entwicklung, Herstellung, Nutzung, Wartung und der wieder nutzbringenden Neueinbringung in das System. Das ist mehr als eine Mammutaufgabe. Der Wettbewerbsdruck in diese Richtung wird auf jeden Fall größer. Mit emissionsfreien Fahrzeugen werben Hersteller heute, doch das meint oft nur die Frage der Antriebsenergie, nicht die der Produktion und des Materials und ist deshalb noch lange kein *C2C*.

Wir können das Thema auch andersherum aufziehen, dann wird der Zusammenhang für unsere Evolution vielleicht augenfälliger: Wenn wir nichts an unserer kollektiven Lebensweise und am Wirtschaften ändern, hat das evolutionäre Folgen. Wenn wir uns in zehn Jahren rühmen, den Plastikmüll in den Meeren von zehn Millionen Tonnen jährlich um 10zehn Prozent zu verringern, ist das kein Fortschritt, macht Braungart klar: Es kommt ja immer noch jedes Jahr immens viel neuer Plastikmüll hinzu. Braungart erklärt solchen Umweltschutz, der keiner ist, damit, als würden Sie beschließen, ihr Kind nur noch fünfmal statt zehnmal zu schlagen. Haben Sie dann etwas Gutes getan? Wohl nicht. Notwendig ist daher keine relative, sondern eine absolute Entkopplung des Ressourcenverbrauchs und der Emissionen vom Wirtschaftswachstum, sie müssen also in absoluten Zahlen abnehmen (Schmelzer und Vetter 2019).

Eine ähnliche Situation zeigt sich, wenn eine Firma dafür wirbt, Verpackungsmaterial ein paar Prozent nachhaltiger zu machen, gleichzeitig aber mehr Produktumsatz realisiert. Die erwünschte beabsichtigte Wirkung wird dann durch mehr verbleibende Verpackungschemikalien, Feinstaub oder Mikroplastik nicht nur zu einem Teil wieder zunichte gemacht *(Rebound-Effekt)*, sondern unter Umständen ins Gegenteil verkehrt. Der Negativeffekt nimmt also sogar noch zu *(Overshoot-Effekt)*. Diese Effekte sind keine Ausnahmen. In der Wachstumsgesellschaft sind sie allgegenwärtig. So stieg etwa der durchschnittliche Kraftstoffverbrauch pro Diesel-PKW seit 2011 bis 2019 von 6,7 auf 7,0 Liter an, obwohl uns die Anbieter das Gegenteil unterbreiten wollen. Die Krebsrate, Allergieanfälligkeit und Autoimmunkrankheiten werden weiter steigen. Sie alle sind evolutionäre Reaktionen auf unsere fehlangepasste Lebensweise. Kritik an der Theorie Braungarts, dass die absolute Entkoppelung möglich ist, zeigt die Infobox 15.

Claus Otto Scharmer ist ein deutscher Ökonom und einer jener Forscher, die sich damit beschäftigen, wie Transformationsprozesse in Organisationen jeder Art – von Schulen bis zu globalen Konzernen, von kleinen Vereinen bis zu Kirchen – angegangen werden können. Wir sind, so Scharmer, von der Wirklichkeit entkoppelt und produzieren kollektiv Ergebnisse, die keiner will. Die Mittel der Vergangenheit sind nicht mehr opportun, um sich dieser Entwicklung entgegenzustemmen. Scharmer fordert daher mit Erkenntnissen aus Wirtschaft, Psychologie und Soziologie mehr als bloßes Nachdenken, mehr als reines Vernunftdenken, um in der komplexen Welt voller Wechselbeziehungen klarer zu sehen. In seiner am MIT in Boston entwickelten Methode, der „Theorie U", macht er deutlich, dass eine Öffnung des Denkens (Neugier, Verzicht auf Urteile und Kategorisierungen), eine Öffnung des Fühlens (offenes Herz, Achtsamkeit, Mitgefühl) und schließlich eine Öffnung des Willens (Entschlossenheit, Mut, Sinnhaftigkeit von Vorhaben) zusammenkommen müssen. Es gilt, mit der Verbindung von Kopf, Herz und Hand Automatismen im Denken loszulassen, vom beschränkten Blickwinkel des eigenen Ego oder der eigenen Firma hin zum Blick auf die Gesellschaft als Ganzes und so zu einem schöpferischen Potenzial der Zukunft zu kommen. Wir müssen wieder lernen zu erkennen, was wir tun (Scharmer 2014).

Tim Jackson, ein bekannter britischer Ökonom für nachhaltige Wirtschaftsentwicklung, hat in seinem weltweit beachteten Buch *Wohlstand ohne Wachstum* (Jackson 2017) ein umfassendes neues Wirtschaftsmodell ausgearbeitet. Wie Braungart geht auch Jackson von den ökologischen Limitierungen für unser Handeln aus. Natürliche Grenzen sind aber auch und besonders evolutionäre Grenzen. Jackson geht es nicht darum, dass wir wieder in Höhlen leben, wie ihn seine Mainstreamkollegen aufzuziehen versuchten. Sein Anliegen, das auf tiefer Kenntnis der ökonomischen Zusammenhänge basiert, ist die Erkenntnis, dass die Wirtschaftsweise unserer Zeit am Ende ist, dass sich das altgediente, hoch gelobte turbokapitalistische System der letzten Jahrzehnte überlebt hat. Anhand zahlloser Beispiele der weltwirtschaftlichen Entwicklung und Trends der vergangenen Jahrzehnte belegt Jackson seine These. Der ehemalige Wirtschaftsberater der britischen Regierung entwickelt aus diesem Wissen kein Modell gegen Ökonomie im Allgemeinen, sondern ein Modell gegen die ausgediente herrschende Ökonomie. Er entwickelt einen Rahmen für ein komplett neues Wohlstandsdenken, das den erzwungenen Konsumismus und die Verdammnis zu materiellem Wachstum auf einem endlichen Planeten überwindet. Dabei packt er das Wachstumsdilemma unserer Generation direkt an der Wurzel, ohne dass er die Möglichkeiten der Menschen einschränken will, denn sie sind heute schon eingeschränkt. Ganz im Gegenteil geht es ihm darum, sie zu erweitern. Dazu holt er auch die Evolution zu Hilfe, die zeigt, dass wir mehr sind als Wirtschaftsegoisten. Wir sind auch Altruisten. Wir sind ebenso innovationsgetrieben wie traditionsverhaftet. Um diese vier Pfeiler gleichermaßen zu stärken (und nicht nur den einen), sind Investitionen in die Zukunft ein zentrales Element bei Jackson. Investitionen sind die Brücke zwischen Gegenwart und Zukunft. Sie sind mit Jacksons Worten unsere Hoffnung auf die Zukunft. Wir brauchen daher eine neue Struktur von Investitionen – Investitionen in die Vorstellung eines sinnvollen, neu definierten Wohlstands.

Anders als Braungart, der im Materiellen verhaftet bleibt und sogar eine noch stärkere Beschleunigung der Kreisläufe und damit auch unseres Lebenstempos zulässt, macht Jackson deutlich, dass ein Wohlstand der Zukunft nicht nur die eine, alles überschattende materielle Dimension hat, sondern viele Dimensionen, die alle unserem wahren evolutionären Wesen entsprechen. Da ist selbstverständlich eine wirtschaftliche Seite, aber es gibt auch die soziale und psychologische, es gibt Familie, Freundschaft, Motivation, Gesellschaft, Identität, Freude und Sinn. Meines Erachtens gehört in diese Reihe auch die Frage, wie wir unser Verhältnis zur Natur zurückgewinnen, denn Naturentfremdung ist ein großer Verstärker der aktuellen Probleme (vgl. Bauer 2020) In all diese Dimensionen kann in einem neuen Wirtschaftssystem sinnvoll investiert werden. Alle Beteiligten sind aufgefordert, an diesem neuen Wirtschaftsmodell entschlossen zu arbeiten, aber die Politik muss die Richtung vorgeben, fordert Jackson. Wenn ich es richtig sehe, ist Jacksons Modell das erste umfassende sozio-ökonomische Postwachstumsmodell eines professionellen Ökonomen; zumindest ist es das erste, das weltweit Aufmerksamkeit erlangt. Beide großen Vordenker, Braungart und Jackson, müssen hier leider etwas zu kurz kommen; ich verweise aber auf die Empfehlungen im Literaturteil. Szenario 12 zeigt einige wichtige Stichpunkte für die unvermeidbare Transformation. Die Infobox 15 zeigt einen Kurzabriss über Postwachstum.

Mich erinnern Entwürfe wie der von Tim Jackson, an manche Vordenker, die schon vor einem halben Jahrhundert auf dieselben Probleme hingewiesen haben. Dazu zählt der *Club of Rome* mit dem Buch *Die Grenzen des Wachstums* aus dem Jahr 1972. Aber auch Konrad Lorenz (1903–1989) erhob früh seine Stimme und sprach von Unangepasstheiten. Eine Höherentwicklung ist nach Lorenz dennoch möglich, aber nicht durch ein immer größeres materielles Wachstum, wie es heute noch allgemein als Fortschritt angenommen wird, sondern durch „eine auf naturwissenschaftlichen Erkenntnissen sich aufbauende Selbsterkenntnis der Kulturmenschheit" (Lorenz 1973).

Szenario 12 Notwendige Transformationen für eine lebenswerte evolutionäre Zukunft

Beispiele einer konzeptionellen Neuausrichtung des Menschen. Das Wissen für die Notwendigkeit umfassenden Wandels basiert auf wissenschaftlichen Fakten und fundierten Behauptungen. Umsetzungen der Ansätze aus dem heutigen System heraus sind spekulativ und unsicher, aber unvermeidbar. Sie werden nicht störungsfrei verlaufen.

Phasen (auch zeitlich parallel, nicht kausal aufeinanderfolgend)

- Anerkennung der Rückwirkung der menschengeschaffenen techno-kulturellen Bedingungen auf unser Wohlergehen und unsere Evolution
- Anerkennung und Definition der ökologischen Grenzen des Planeten (Jackson 2017; Braungart und McDonough 2014 u. a.)
- Anerkennen des Scheiterns des globalen Geld-, Finanz- und Wirtschafts-systems (Jackson 2017 u. a.)
- Anerkennen der Tatsache, dass der Aufschub von Reformen spätere Generationen stärker belastet (Jackson 2017 u. a.)
- Umlenkung des materiellen Wachstums in Formen postmateriellen Wohl-stands (Jackson 2017)
- Erzeugen vollständig nachhaltiger biologischer und technischer Kreisläufe mit *Cradle to cradle* (Braungart und McDonough 2014)
- Lebensbejahende, sinnerfüllte, verantwortliche Entwicklung des Menschen im Einklang von Wirtschaft und Gesellschaft (Jackson 2017; Braidotti 2014; Scharmer 2014; Jonas 1979 u. a.)
- Übernahme politischer Initiative und Richtungsvorgabe durch die Politik (Jackson 2017; Braungart und McDonough 2014 u. a.)

Wie ich ausgeführt habe, können wir nicht generell sicherstellen, dass unser Technikwissen so überragend gesteigert wird, dass wir mit ihm alle aufkommenden Evolutionsfragen unserer Art, unserer Nachfolger und des Planeten beherrschen werden. Solche Vorstellungen sind falsch und führen zu einer falschen Politik. Hier liegt der Irrglaube des Transhumanismus begründet. Er besteht in der durch keinerlei Logik begründeten Annahme, dass wir für unsere Art existenzielle Fragen pünktlich dann lösen können, wenn sie auftauchen, bzw. dass wir auf der Grundlage exponentiellen technischen Fortschritts Probleme verlässlich voraussehen, erkennen und rechtzeitig abwenden können. Das ist keineswegs zwingend so. Weder muss trotz des exponentiellen Fortschritts die erforderliche Technik bereitstehen, noch ist garantiert, dass neue Techniken dort, wo sie landesweit oder global gebraucht werden, gesellschaftlich auch gewollt und politisch durchsetzbar sind. Heute hat uns die zweifelsfrei menschengemachte Klimakatastrophe eingeholt (IPCC 2021), die Umweltvermüllung ebenfalls (Abb. 11.3) und die Bevölkerungsexplosion schon lange. Die Zukunft hat uns eingeholt. Wir haben dabei einfach zugesehen und sehen weiter zu. Heute gilt als belegt, dass zukünftige Anpassungen immer schwieriger werden. Sie werden viel teurer und werden große Opfer fordern (Jackson 2017; Braungart und McDonough 2014).

Wir haben gegenüber der transhumanistischen Vision in dem hier dargestellten evolutionären Bild für einen langen Zeitraum nicht die Macht, die natürliche Selektion dauerhaft zu überwinden. Sie bleibt eine letztendliche, ultimate Ursache menschlichen Verhaltens (Richerson und Boyd 2005). Das sollten wir uns eingestehen. Die Bedingungen der Selektion können abgeschwächt sein, in den Hintergrund gerückt, verschoben oder überlagert werden, wie das in der Nanotechnik, der Gentechnik, der Medizin, dem Anti-Aging und in anderen Fällen tatsächlich geschieht. Dabei kann alles kulturelle Schaffen viele Generationen lang die natürliche Selektion und Anpassung an die umgebende Welt zumindest partiell dominieren; Selektion ist dann auf manchen Ebenen nicht mehr sichtbar. Prinzipiell ausschalten können wir sie jedoch nicht. Jackson formuliert kompromisslos: „Die ökologischen Grenzen können wir nicht ändern" (Jackson 2017). Ganz so

Abb. 11.3 Vermüllung der Welt. Strand auf Bali, Indonesien 2017 (Umweltvermüllung: Shutterstock)

würde ich es nicht gelten lassen, denn wir können zum Beispiel durchaus Salzwasser in Trinkwasser umwandeln, wenn dieses knapp wird.

Auch tödlichen Feinstaub, eine der wichtigsten Todesursachen weltweit (Abschn. 9.1), können wir lokal reduzieren. Und dennoch wird die natürliche Selektion das, was der Mensch produziert und künstlich selektiert, und ebenso die Art, wie er lebt und wie er sich selbst verändert, immer wieder auf den Prüfstand stellen. Ich habe dabei erklärt, dass die natürliche Selektion selbstverständlich keine aktive Kraft ist, sondern ganz im Verständnis Darwins die Summe der blinden Bedingungen, denen ein Organismus oder Gruppen von Individuen stets ausgesetzt sind (Kap. 1). Besser noch sprechen wir neben den natürlichen auch von den von uns geschaffenen Bedingungen, denen wir uns aussetzen. Beide Kategorien umfassen unzählige Faktoren wie Wasser, Wasserreinheit, die Temperatur auf der Erde, Boden, Wetter, Licht, Sauerstoff, Kohlendioxid, Methan, Luftfeuchtigkeit, Luftreinheit, Strahlung, Meeresströmungen, Polareisausdehnung, Nahrungsressourcen, organische und anorganische Rohstoffe, Magnetfeld oder Müll, um nur eine Handvoll zu nennen. Bewohnbarkeit ist keine gegebene Dauereigenschaft. Das Thema ist die Naturbeherrschung durch den Menschen, ein nicht erst im 20. Jahrhundert philosophisch tief durchdrungenes Kapitel. Die Philosophen Max Horkheimer und Theodor W. Adorno hielten dazu fest (Horkheimer und Adorno 1969): „Jeder Versuch, den Naturzwang zu brechen, indem Natur gebrochen wird, gerät nur umso tiefer in den Naturzwang hinein. So ist die Bahn der europäischen Zivilisation verlaufen."

Der Einfluss der natürlichen Selektion ist dabei in der Regel langsamer als der der Technokultur. Das habe ich unter dem Stichwort Technologiefolgenabschätzung behandelt (Abschn. 11.1). Es ist das Verdienst von Peter Richerson und Robert Boyd (2005), theoretisch herausgearbeitet zu haben, dass die natürliche Selektion in Zeiten mit schnellem kulturellen Wandel Schwierigkeiten hat, stabile Anpassungen herbeizuführen. Bevor wir eine Chance haben, veränderte Bedingungen zu erkennen und uns an diese anzupassen, hat sich die Welt schon erneut geändert und erfordert eine andere Reaktion. Wir sind dann als Menschen immer für die Vergangenheit angepasst – wenn überhaupt. Da wir in solch dynamischen Zeiten leben, gilt es das zu bedenken. Für unsere Zukunft gilt: Selbst wenn ein vom Menschen manipulierter Organismus nicht mehr in seine natürlichen und nicht-natürlichen Bestandteile zerlegbar ist, und selbst wenn der Planet als total artifizielle Lebenswelt menschlichen Bedürfnissen entsprechend transformiert wird, unterliegen der Mensch, seine posthumanen Nachfolger und ihre noch-biologische Umwelt Prozessen der Selektion und die zugehörigen Populationen notwendigen Anpassungsrunden.

Infobox 15 Postwachstum

Unter dem englischen Dachbegriff Degrowth hat sich heute international ein interdisziplinäres Forschungsfeld etabliert. Dabei lassen sich unterschiedliche Ströme der Gesellschafts- und Wachstumskritik ausmachen. Alle richten sich gegen die „Hegemonie des Wachstumsparadigmas – also die Vorstellung, dass Wachstum wünschenswert, notwendig und im Wesentlichen unendlich möglich sei" (Schmelzer und Vetter 2019). Die Diskussionen beschränken sich dabei nicht darauf, Stagnationstendenzen in spätkapitalistischen Gesellschaften zu analysieren, sondern entwickeln in tastenden Versuchen auch theoretische und praktische Rahmen und Übergangsformen für erstrebenswerte demokratische, gesamtgesellschaftliche Transformationsprozesse. Postwachstumskonzepte sind also keine Modebewegungen, die als politisch rechts oder links abzutun wären. Sie sind auch nicht gleichzusetzen mit der prinzipiellen Verabschiedung von jeder Form von Wachstum und Schrumpfen in allen Wirtschaftsbereichen. Das können allerdings Konsequenzen sein. Die Postwachstumsdiskussion wird in einer Situation geführt, die man als Wachstumsdilemma bezeichnet. Danach ist Wachstum nicht nachhaltig, gleichzeitig jedoch führt Wachstumsverzicht zu gesellschaftlicher Instabilität (Schmelzer und Vetter 2019).

Ökologische Wachstumskritik spielt eine vorrangige Rolle in der Postwachstumsdebatte. Entgegen der herrschenden neoliberalen Wirtschaftstheorie ist Wachstum nicht unendlich möglich. Das neoliberale Modell, das für die heutige Wirtschaft global bestimmend ist, basiert auf einem geschlossenen reversiblen Kreislauf einer Wirtschaft, die stets breiten Wettbewerb und Gleichgewicht sucht. Gesellschaft, Kultur und Natur kommen darin nicht vor (Lange 1979). Tatsächlich vollzieht sich Wirtschaften in einem offenen System. Kritisiert wird die Überzeugung, dass Wirtschaftswachstum und Ressourcenverbrauch prinzipiell entkoppelt werden, also unabhängig voneinander verlaufen können. Eine wirkliche Entkopplung ist jedoch erst der absolute, nicht nur relative Rückgang des Ressourcen- und Materialverbrauchs bei gleichzeitigem positivem Wirtschaftswachstum. Das wird jedoch von den Kritikern längerfristig als nicht realisierbar angesehen. Daher gilt ihnen auch wirklich nachhaltiges Wirtschaften als nicht möglich. Um die ökologischen Grundlagen (menschlichen) Lebens auf der Erde nicht weiter zu zerstören, muss jedoch der Materialdurchfluss der Wirtschaft zwingend schnell reduziert werden. Eben das ist aber bei gleichzeitigem Wirtschaftswachstum aus Sicht dieser Kritiker nicht möglich.

Sozio-ökonomische Wachstumskritik richtet sich vor allem auf die implizite Annahme, dass Wirtschaftswachstum gleichbedeutend mit Fortschritt ist. Die Überzeugung, dass fortdauerndes Wachstum gleichzeitig auch die Lebensqualität steigert, wird in Frage gestellt. Im Gegenteil wirkt Wachstum aus der hier vertretenen kritischen Sicht ab einem bestimmten Zeitpunkt dem Wohlergehen und der Gleichheit der Menschen sogar entgegen. Die Nachteile des Wirtschaftswachstums überwiegen dann die Vorteile. Empirische Analysen haben diese Zusammenhänge bereits seit den 1970er-Jahren beschrieben. Doch selbst wenn Wachstum zu keinem zusätzlichen Wohlstandseffekt mehr führt, kann es Bedeutung für das Wohlergehen der Menschen haben, da nahezu alle Infrastrukturen in heutigen Gesellschaften von Wachstum abhängig sind.

Kulturelle Wachstumskritik analysiert, dass Wirtschaftswachstum den Menschen selbst tangiert. Der Mensch stößt an seine subjektiven Grenzen des

Wachstums. Menschsein wird hier umfassender gedeutet als im Sinne eines nur wirtschaftlichen, nutzenmaximierenden Subjekts *(Homo oeconomicus)*. Beschleunigung und Zeitknappheit werden als immanente Faktoren des Wirtschaftssystems erkannt. Der Soziologe Hartmut Rosa und andere beschreiben sie als „Steigerungslogiken" der kapitalistischen Produktionsweise. Der Mensch muss stets überall ansprechbar sein, jeden erreichen und zu jeder Zeit über alle Optionen verfügen können. Mit dem Begriff der Entfremdung wird das Unbehagen des Menschen in Wachstumsgesellschaften adressiert. Selbst- und Weltbeziehungen gehen verloren. Konsumgüter können etwa nicht mehr mit all ihren (technischen) Möglichkeiten genutzt werden – dazu fehlen Zeit und Muße. Sie werden dennoch in immer schnelleren Zyklen angeschafft, weil sie Verheißungen ihrer potenziellen Nutzung bedienen müssen.

Weitere Postwachstumskritiken entstehen aus Perspektiven des Kapitalismus, des Industrialismus, des Feminismus und der globalen Nord-Süd-Perspektive (Schmelzer und Vetter 2019).

Ziele, die aus diesen Strängen hervorgehen, umfassen folgende Bereiche (Schmelzer und Vetter 2019):

• globales, nachhaltiges ökologisches Gleichgewicht
• soziale Gerechtigkeit und Selbstbestimmung. Anstreben eines guten Lebens für alle
• Umbau der Institutionen und Infrastrukturen, so dass diese ein gutes Leben für alle ermöglichen und ihr Funktionieren nicht auf Wachstum ausgelegt ist

Überlegungen zu Strategien, mit denen Transformationen durchgeführt werden können, stehen erst am Anfang. Eine einheitliche Strategie existiert nicht. Die Ideen umfassen unterschiedliche komplementäre Vorgehensweisen. Es gibt das Erproben von Alternativen „von unten" in Freiräumen oder Nischen (vergleichbar mit Laboren) mit veränderten Institutionen, Infrastrukturen und Organisationsformen, wobei sich gewünschte Effekte verstärken sollen. Beispiele sind Projekte solidarischer Landwirtschaft, urbane Gärten, Repair-Cafés oder kommunale und private Energieerzeugung. Dazu gehören aber ebenso die individuell reduzierte Lohnarbeitszeit oder ein minimalistischer Lebensstil. Ferner werden nicht-reformistische Reformen diskutiert, politische Strategien „von oben", die auf die positive Kooperation sozialer Kräfte abzielen. Beispielvorschläge sind die Erwerbsarbeitszeitverkürzung, ökologische Steuerreform oder Maximaleinkommen. Schließlich werden auch Bruchstrategien in einzelnen Gesellschaftsbereichen mit dem demokratischen Aufbau von Gegenhegemonien erforderlich sein. Für die Durchsetzung gesamtgesellschaftlicher Veränderungen und die Organisation starker Mehrheiten für eine solidarische Lebensweise sind soziale Kämpfe unumgänglich (Schmelzer und Vetter 2019).

Postwachstumsszenarien zeigen Ähnlichkeit mit Konzepten des kritischen Posthumanismus (Abschn. 10.3). Dabei steht außer Frage, dass bei den Versuchen konstruktiver Umsetzung der teils utopisch klingenden Vorhaben mit massivem Widerstand und Konfrontation der etablierten Systeme und Machtstrukturen zu rechnen ist. Die Ziele können nur schwer verfolgt werden, ohne dass der gesellschaftliche Druck weit deutlicher ansteigt, möglicherweise bis hin zu chaotischen Verhältnissen mit partiellen Zusammenbrüchen. Abhängig davon, wie die Transformationsprozesse ablaufen, werden sich neue Machtstrukturen ausbilden, die idealisierten Postwachstumszielen wieder neu entgegenstehen.

Zusammenhänge von Degrowth und KI werden erst vereinzelt analysiert. Hier stellt sich die Frage, ob KI zukünftig Postwachstumsbestrebungen unterstützen kann, was erst vorsichtig gesehen wird (Albert 2020; Pueyo 2018). Nicht alle Themen der Postwachstumsdebatte können als evolutionäre Fehlanpassungen gewertet werden. Manche Inhalte drücken visionäre Sehnsüchte aus, die in der Geschichte noch nie erfüllt waren und womöglich auch nie erfüllt werden.

Ausgewählte Postwachstumsinstitutionen, Konferenzen und Studiengänge:

- *Post Growth Institute*, Oregon, USA https://www.postgrowth.org
- *Centre of the Understanding of Sustainable Prosperity (CUSP)* Großbritannien https://www.cusp.ac.uk
- *The Foundation of the Economics of Sustainability (Feasta)*, Irland https://www.feasta.org
- *Konzeptnetzwerk Neue Ökonomie*, Leipzig https://konzeptwerk-neue-oekonomie.org
- *Kolleg Postwachstumsgesellschaften*, Friedrich-Schiller Universität Jena http://www.kolleg-postwachstum.de
- Internationale Degrowth-Konferenzen https://degrowth.org/conferences/
- Masterstudium Political Ecology, Degrowth and Environmental Justice, Universität Barcelona https://www.uab.cat/web/postgraduate/master-in-political-ecology-degrowth-and-environmental-justice/general-information-1217916968009.html/param1-3853_en/param2-2000/

Den Stellenwert von Wachstum und Postwachstum im Internet zeigen die *Google*-Ergebnisse: Im Oktober 2020 liefert *Google* 1,4 Mrd. Suchergebnisse zu „growth" und 1,4 Mio. Ergebnisse zu „degrowth", das ist 1000-mal weniger. Für „economic growth" sind es 73 Mio. und für „economic degrowth" ca. 40.000 Ergebnisse, das ist fast um den Faktor 2000 weniger.

Neben dem natürlichen Rahmen kommen für die Bewertung von natürlicher Selektion und Anpassung natürlich die sozio-ökonomischen Bedingungen für die Menschen hinzu. Das hat in dem zuvor Gesagten bereits mehrfach mitgeschwungen. Tim Jackson hat eben diese sozio-ökonomischen Bedingungen im Blick. Diese Bedingungen stellen einen eigenen komplexen Perspektivrahmen dar, der zudem mit dem vorgenannten natürlichen eng verflochten ist. Streng genommen tritt immer das Problem auf, dass wir die natürlichen und die sozio-ökonomischen Bedingungen nicht voneinander trennen und damit die Analyse, an welchen Stellen die natürliche Selektion wirkt, nicht wirklich reduzieren können. Aber behalten wir zum besseren Verständnis die Möglichkeit einer Trennung der beiden Welten Natur und Gesellschaft einmal als Denkmodell aufrecht, dann werden Individuen auch als Teilnehmer sozio-ökonomischer Lebens- und Gesellschaftsformen selektiert. Gleichzeitig werden die vom Menschen geschaffenen kulturellen Bedingungen und das Kulturschaffen selbst selektiert.

Wir leben in sozio-kulturellen Nischenkonstruktionen, die ihre eigenen Selektionsumgebungen darstellen (Abschn. 2.1). In diesen Nischen erzeugen wir selbst, wie beschrieben, (globale) Bedingungen, die wir möglicherweise nur schwer oder auch gar nicht mehr politisch steuern können. Sie können Kraftproben, wenn nicht Zerreißproben für das Zusammenleben darstellen. Denken wir daran, wie wenig es uns bis heute gelingt, den Klimawandel, die Überbevölkerung und Verschwendung begrenzter Ressourcen in den Griff zu bekommen. Aber auch notwendige politische Reformen, die unterlassen werden oder nicht durchsetzbar sind, werden bleibende Aufgaben darstellen. Gründe dafür wurden bereits in Kap. 10 genannt. Es sind die Spielregeln des globalen Wettbewerbssystems und des überbordenden, sich mehr oder weniger verselbstständigenden Geld- und Finanzsystems: Effizienzsteigerung, Produktivitätssteigerung und Gewinnmaximierung. Die weiteren Parameter sind Selbststeuerung, Eigendynamik, Fehlanpassungen, Trägheit, Kurzfristigkeit, Lobbyismus, Konsumzwang, Ignoranz, schier unüberwindliche Interessenkonflikte, Korruption und immer mehr Tatsachenleugnen und -verzerren. Nicht zuletzt fehlt, wie schon erwähnt, eine wissenschaftliche Theorie möglicher multinationaler und globaler Kooperation.

Kulturelle Techniken können nicht einfach aufgegeben werden, wenn sich technische Infrastrukturen bereits global ausgebreitet haben und positive Rückkopplungen zudem ständig weiter beschleunigend und auf diese Weise als Wachstumstreiber wirken. Im Einzelnen gilt das für unsere Abhängigkeit von jahrzehnte- oder jahrhundertealten technologischen Pfaden mit geopolitischer Relevanz, wie die Verkehrswege zu Land, zu Wasser und in der Luft, Kraftwerke, Stromnetze, Wasserver- und -entsorgungssysteme, die globalen Handels- und industrialisierten Ernährungssysteme, Kabel- und Funknetzwerke. Der Umbau all dieser Strukturen ist schwierig und sehr teuer. In der biologischen Evolutionstheorie spricht man von Beschränkungen oder Hemmnissen *(Constraints)*. Solche liegen hier ebenfalls vor. Die genannten Strukturen sind zudem eingebunden in sozio-technische Systeme wie den motorisierten Individualverkehr und die allseitige digitale Kommunikation. Nahezu all unsere Lebensbereiche sind von diesen Entwicklungen durchdrungen. Anpassungsänderungen sind hier besonders schwierig (Schmelzer und Vetter 2019).

Tim Jackson formuliert den Zusammenhang aus seiner Sicht und stellt fest, dass ein besonderes kritisches Verhältnis zwischen dem Tempo der Veränderung in einem System und der Leichtigkeit besteht, mit der die Veränderung organisiert werden kann (Jackson 2017). Das heißt, dass Änderungen in einem System umso schwieriger sind, je schneller sie durchgeführt werden müssen. In einem rasch expandierenden System, dominiert von positiven Verstärkern, kann es schwierig bis unmöglich werden, Rückschläge, die aus dem System selbst entstehen (wie etwa Ressourcenknappheit), vorherzusagen und ihnen gegenzusteuern, so Jackson. Vielleicht sind Sie schon einmal, womöglich angetrieben von Freunden oder gar mit dem Akzelerator Alkohol, auf Skiern zu schnell die Piste hinuntergerast. Dann wissen Sie, wovon die Rede ist. Bremsen war Ihnen da nicht mehr möglich. Damit liefert Jackson ein weiteres Argument dafür, warum Fehlanpassungen entstehen, erhalten bleiben und sich verstärken. Wir beobachten genau das heute bei der Energiegewinnung mit fossilen Brennstoffen, mit der Konsequenz der Klimakatastrophe, in der wir schon mittendrin stecken.

Überall sind heute Fehlanpassungen für unsere Kultur zwangsläufig präsent oder versteckt. In einer neueren Studie des Magazins *The Anthropocene Review* heißt es: „Das Streben nach Wachstum in der Weltwirtschaft geht weiter, aber die Verantwortung für seine Auswirkungen auf das Erdsystem übernimmt niemand. Die planetarische Verantwortung muss sich erst noch herausbilden (Steffen et al. 2015). Die Politologin Barbara Unmüßig, Vorstand der Heinrich-Böll-Stiftung, mahnt, dass wir heute nicht wirklich wüssten, wie wir wirtschaftliche und damit auch politische Stabilität erhalten und gleichzeitig innerhalb der ökologischen Grenzen bleiben können (Unmüßig in Jackson 2017).

Wissenschaftler stellen in Untersuchungen immer wieder Kosten und Nutzen (globaler) Reformen für die heutige und zukünftige Generation gegenüber. Und immer wieder melden die Medien etwa, dass die Kosten für die Begrenzung der Klimaerwärmung für künftige Generationen viel höher sein werden als für die heutige. Dennoch werden dringend notwendige Maßnahmen unterlassen, behindert oder erheblich verzögert. Destabilisierungen und Fehlanpassungen erscheinen dadurch unvermeidbar; ihre Dynamiken sind nicht einschätzbar. Einerseits repräsentieren sich heute die Möglichkeiten mit KI, um Verhalten und Wünsche der Wirtschaftssubjekte bis in jedes Detail zu scannen und vorauszusagen, andererseits ist Wissenschaft trotz jährlicher Wirtschafts-Nobelpreise weit davon entfernt, jene sozio-ökonomischen Makroprozesse, von denen hier die Rede ist, genau zu verstehen.

Kulturell-evolutionäre Entwicklungen in Richtung des langfristigen Wohls der Menschheit (vorausgesetzt, man könnte dieses übereinstimmend definieren) müssten diese Barrieren überwinden und die Spielregeln des Kapitalismus, wie er heute praktiziert wird, ändern können. Damit würde man für unsere kulturelle Evolution auch die natürliche Selektion einschließlich der Anpassung an grundlegende natürliche Bedingungen und Gesetze anerkennen. Solange aber niemand weiß, wie die Hürden technisch und politisch genommen werden können, und die Gesellschaft auch keinen Willen dazu entwickelt, bleiben die Möglichkeiten im Ansatz begrenzt. Diskutiert wird daher in der Literatur heute auch, dass erforderliche Transformationen erst auf dem Weg eines Systemkollaps erreicht werden können (Bardi 2020; Diamond 2005). Ein Kollaps ist die extremste Form einer Fehlanpassung (Magnan et al. 2016). Mit solchen Vorstellungen freunden wir uns nur natürlich nur schwer an. Wir können aber nach den im Buch genannten Argumentationen nicht ausschließen, dass Weiterentwicklungen möglicherweise nur auf diesem Weg möglich sind.

Sie können meine Sichten dystopisch nennen, können mich in eine grüne, rote oder lila Schublade stecken. Der Biosphäre und dem Planeten „ist das egal". Sie kennen keine Werte. Die Welt wird weder untergehen, noch wird die Menschheit ausgelöscht (dafür sind wir wohl zu viele), noch wird „die Natur" zerstört werden. Es wird auch kein Ende der Evolution geben, wie uns das Matthias Glaubrecht ausmalt (Glaubrecht 2019). Wir können die Natur gar nicht zerstören. Sie erfährt laufend Änderungen, derzeit sind es schnelle. Viele Tier- und Pflanzenarten werden aussterben, und die Menschheit wird klimabedingt stark reduziert werden. Migrationen und soziale Konflikte in nie dagewesenem Umfang sind „vorprogrammiert". Wir können das verlieren, was uns lieb war, den Tiger, den wir ohnehin nur aus dem Zoo kennen, die Wildbienen, alle anderen Insekten, die uns meist nur genervt haben, die Flugreise zum Spottpreis, den Schuhmacher um die Ecke (bei mir gibt es ihn noch!) und den lauen Abend auf der Terrasse. Das Spiel wird wieder neu beginnen, mit neuen Parametern, neuen Arten. Das ist die mögliche nüchterne evolutionäre Reaktion des Planeten. Ob wir das gutheißen oder nicht, spielt keine Rolle. Die Erde ahnt nicht, wie empfindlich abhängig wir von allem sind. Sie weiß nichts. Sie verändert sich nur – sie passt *uns* an, die Evolution passt uns an mit den Parametern, die wir ihr liefern.

Der Neurobiologe und Psychotherapeut Joachim Bauer sieht das freilich anders. Für ihn stehen nicht nur Natur und Mensch in einer Wechselwirkung, so dass eine Art Resonanz entsteht. Vielmehr „fühlen" in seiner Anschauung beide – Mensch und belebte/unbelebte Natur –, was die andere Seite empfindet. Für Bauer sind gegenseitige Einfühlung und Empathie Voraussetzung für gemeinsames Überleben (Bauer 2020). Auch wenn sein „Fühlen der Welt" eine metaphysische und keine wissenschaftliche Betrachtung ist, kann es durchaus wertvoll sein, das Ganze einmal aus diesem Blickwinkel zu betrachten. Letztlich kann nicht geleugnet werden, dass uns Menschen die Empathie für das Wohlergehen des Planeten tendenziell verloren gegangen ist und dass wir uns von der Natur entfremdet haben. Hier trifft Bauer einen schmerzhaften, aber wichtigen Punkt. Seine Bedeutung, Ursachen und Konsequenzen behandle ich hingegen in diesem Buch aus übergreifender Perspektive.

Wo trotz aller Einschränkungen Potenziale für Veränderungen existieren, und sie existieren selbstverständlich (Szenario 11), da müssen sie mit größtmöglichem multinationalem Einsatz erforscht werden. Eine andere Möglichkeit haben wir nicht. Anders ausgedrückt: Alle Fehlanpassungen können als Momentaufnahmen, besser jedoch als Prozesse gesehen werden. Prozessorientiert ist dementsprechend auch die Anschauung etwa der Klimaforschung beim Umgang mit Fehlanpassungen (Abschn. 2.1). Prozesse bieten wegen ihres definitionsgemäß dynamischen Charakters immer Ansatzpunkte, um einzugreifen und etwas zu verändern. Diese gilt es zu erkennen und systematisch, antizipatorisch, zeitlich und räumlich korrekt zu nutzen. Das Risiko für neue Fehler soll auf diesem Weg minimiert werden. Neue Fehlanpassungen können zwar wegen der zahlreichen ineinandergreifenden Ursachen nicht ausgeschlossen werden, doch die Chance, richtig zu handeln, kann dagegen erhöht werden (Magnan et al. 2016). Die tiefere Analyse dessen, wie menschliche Kultur und menschliche Ökologie koevolvieren, ist unverzichtbar für das Verständnis unserer historischen und gegenwärtigen Dynamiken, für die Möglichkeit, die Zukunft mit einer gewissen Sicherheit vorauszusagen, und für die Chance, globale Fehlanpassungen früh zu erkennen. Das weltweite Wohl der Menschheit hängt von unserer Fähigkeit und unserer Bereitschaft ab, solche Voraussagen zu machen und entsprechend zu handeln (Creanza et al. 2017). Analyse und Handeln erlauben keinen Aufschub.

Das Thema, das ich anspreche, ist die Unausweichlichkeit der Erkenntnis, dass die Naturkulturen unserer heutigen und der zukünftigen Generationen trotz ihres Glaubens an die (vermeintliche) Macht der Technik der natürlichen Selektion ausgesetzt sind. Die Bedingungen des evolutionären Rahmens mögen veränderbar sein, aber der Rahmen ist da. Ihn zu ignorieren, schadet der Menschheit. Trotz der Komplexitäten, die es uns schwer machen, die Wirklichkeit zu erkennen, lässt sich vielleicht abschließend resümieren: Auf der einen Seite gibt es die Autopoiesis des Menschen, seine Selbsterschaffung oder Neuerschaffung mit teleologischer Prägung, und auf der anderen Seite seine Verwurzelung in der natürlichen Kausalität, der er sich nicht entziehen kann (Parisi 2019). Dieses Fazit Luciana Parisis kann im Einklang mit meinen eigenen Ausführungen so verstanden werden, dass sich die Techne, also das Verständnis der allgemeinen Regeln zur Hervorbringung alles Menschengemachten, ebenso evolutionär unterordnen und anpassen muss wie die kulturellen Leistungen selbst.

Kurzum: Es wird immer einen äußeren, extrasomatischen Rahmen geben, innerhalb dessen sich Individuen und Gruppen von Individuen selektiv entwickeln und Populationen daher evolutionär angepasst werden. Die Existenz dieses äußeren Rahmens ist zwingend; wenn wir uns als soziale Wesen definieren, ist der extrasomatische Rahmen sogar logisch. In diesem Rahmen, in dem sich Leben also zwangsläufig abspielt, wirken permanent starke oder schwache Selektionskräfte. Der Mensch müsste ausnahmslos alle Lebensbedingungen, einschließlich der von ihm selbst geschaffenen, kennen und ihr komplexes Zusammenspiel im Hinblick auf günstige, arterhaltende Anpassungsprozesse, dauerhaft kontrollieren können, um seine Evolution erfolgreich selbst zu lenken. Wie wir aber gesehen haben, sind wir von einem solchen Wissen noch weit entfernt. Wenn es hier noch eines Beispiels dafür bedarf, wie erdrückend gesellschaftliche Komplexität allein in einem konkreten lokalen und zeitlichen gesellschaftlichen Ausschnitt sein kann, wie sich die Ziele der beteiligten Gruppen und Individuen mühsam annähern können, nur um dann wieder auseinanderzulaufen, während sich die Bedingungen gleichzeitig auf allen Seiten laufend dynamisch verändern, dann kann dazu eine Studie über Kolumbien dienen. Sie analysiert die Anstrengungen, den seit Jahrzehnten währenden Bürgerkrieg in einer Region dieses Landes dauerhaft beizulegen (Lange 2020). Soziologen, Ökonomen und andere versuchen zwar heute, gesellschaftliche Szenarien dieser und anderer Art, die jeweils einmalig sind, in digitale Modelle zu fassen. Solche Modelle werden auch nach und nach besser, doch steht man hier erst ganz am Anfang (Scobel 2020). Noch einmal sei also bekräftigt: Wir verstehen erst wenig von Leben und Gesellschaft.

Wenn Sie, liebe Leser, den Eindruck haben, hier würden Erkenntnisse aus unterschiedlichen Disziplinen vermengt, dann haben Sie ganz recht. Es war aber gerade meine Absicht, mit diesem Buch zu veranschaulichen, wie Sachverhalte zusammenhängen, die lange Zeit getrennt gesehen wurden. Die Abgrenzungen der heutigen Wissenschaftsdisziplinen voneinander wurden willkürlich vorgenommen. Sie könnten auch anders aussehen; tatsächlich sind die Grenzen von Disziplinen dauernd in Bewegung. Unbestritten ist, dass Kultur und Evolution eng zusammenhängen, das haben uns Richerson und Boyd und andere gelehrt. Das ist der rote Faden in diesem Buch: Kultur ist Teil der Biologie, und Kultur ist Evolution (Richerson und Boyd 2005).

Die Schlussfolgerung aus dem in diesem Kapitel Gesagten ist: Anzustreben, die natürliche Selektion außer Kraft zu setzen, kommt vor dem Hintergrund der unverstandenen Komplexität und der Verwobenheit von Biologie und Gesellschaft dem Versuch gleich, den man mit dem Projekt *Greenglow* in den späten 1980er-Jahren in Großbritannien unternahm, um die Gravitation auszuschalten. Es funktionierte nicht. Man hätte es vorher wissen können. Bei aller Technikgläubigkeit spüren wir heute, dass restlos alles, was wir der Natur zufügen, auf uns zurückfällt. Wir können uns nicht über die Natur hinwegsetzen. Sie ist robust in dem Sinn, dass ihre Bedingungen und Gesetze hartnäckig und unverrückbar sind.

Auch wenn sich Ray Kurzweil (Kurzweil 2014) all das als lösbar vorstellt, sind wir tatsächlich noch lange nicht fähig, eine positive Entwicklung unserer Art, wie die Transhumanisten sie sich vorstellen, mit unserem Intellekt garantieren zu können. Hoffentlich eröffnen aber tatsächlich künstliche Intelligenzen und Superintelligenzen in enger Kooperation mit uns Wege dorthin. Sie müssen langfristige Ziele (Transformationen, Ängste und Schmerzen der Menschen) höher bewerten als kurzfristiges Glück (Konsumwünsche erfüllen, Wirtschaftswachstum, Arbeitsplatzerhalt, soziale Harmonie). Konkurrierende *AGIs* und Superintelligenzen müssen mit uns zusammen neue Formen von Zusammenarbeit, Wettbewerb und Kontrolle entwickeln; sie müssen eine allumfassende Koordination und Kooperation ermöglichen und unter allen Umständen vermeiden, dass es zu einer totalitären Kontrolle von oben kommt (Tegmark 2017). Vielleicht finden dann ja solche Systeme auch die richtigen Antworten auf die omnipräsente Herausforderung, auf verträglichem Weg eine Weltgemeinschaft mit weniger Individuen zu erreichen. Die Vision muss ein viel besseres, dauerhaft lebenswertes, tolerantes, kooperatives, auch intuitives, das Individuum und das große Ganze achtendes, freundliches und gerechtes Mensch-Maschine-Intelligenz-System sein. Wohlstand sollte neu als die Fähigkeit verstanden werden, uns als menschliche Wesen zu entwickeln, wie es Tim Jackson und Claus Otto Scharmer ausdrücken, wie es Hans Jonas verstand und wie es auch Ferdinand Schirachs Erweiterung der Grundrechtecharta zugrunde liegt. Gesucht ist ein entwicklungsfähiges System, das viel mehr leisten kann als die bloße Erfüllung einer Nutzenfunktion und die sofortige Befriedigung aller Wünsche. Ich wünsche mir ein lebensbejahendes System für alle Menschen und alle Lebewesen, ein System, das nicht an der inneren Logik krankt, immerzu mehr nehmen zu müssen als zu geben, ein gerechtes System für alle. Hoffen wir darauf. Wenn Wissenschaft, Technik und der Transhumanismus dazu beitragen können, ist das mehr als willkommen.

11.3 Zusammenfassung

Abgrenzend zum Transhumanismus werden einige kritische Sichten auf die Zukunft des Menschen in der Technosphäre skizziert. Hier wird verdeutlicht, dass evolutionäre Fehlanpassungen immanent und unvermeidlich sind. Ferner besteht das Risiko, dass der Mensch unfähig ist, seine eigene evolutionäre Entwicklung global in eine adaptive Richtung zu steuern, weil das Gesamtsystem immer komplexer wird und dabei auch ungewollte Eigendynamiken entwickelt, die es nicht mehr steuerbar machen. Natürliche Selektion und Anpassungsprozesse können dabei nicht ignoriert werden. Transformationen globalen und individuellen menschlichen Handelns, um evolutionären Fehlanpassungen gegenzusteuern, sind dennoch unverzichtbar. Drei alternative Wege werden skizziert. Sie können bestenfalls mit erheblichen Fortschritten zukünftiger Mensch-Maschine-Intelligenz realisiert werden.

Literatur

Kapitel 11.1 stammt mit einigen Ergänzungen aus meinem Buch Lange A (2020) Evolutionstheorie im Wandel – Ist Darwin überholt? Springer, Heidelberg. Der Absatz daraus über Claus Otto Scharmer und die „Theorie U" ist nach Kapitel 11.2 verschoben

Albert MJ (2020) The dangers of decoupling: earth system crisis and the 'Fourth Industrial Revolution'. Global Pol 11(2):245–254. https://doi.org/10.1111/1758-5899.12791

Bardi U (2020) Before the collapse. A guide to the other side of the growth. Springer Nature Switzerland, Cham

Bauer J (2020) Fühlen, was die Welt fühlt. Die Bedeutung der Empathie für das Überleben von Mensch und Natur. Blessing, München

Braidotti R (2014) Posthumanismus. Leben jenseits des Menschen. Campus, Franfurt/M. Engl. (2013) The posthuman. Polity Press, Cambridge/UK

Braidotti R (2019) Zoe/Geo/Techno-Materialismus. In: Rosol C, Klingan K (Hrsg) Technosphäre. Matthes & Seitz, Berlin, S 123–142

Braungart M, McDonough W (2014) Cradle to cradle: Einfach intelligent produzieren. Piper, München

Creanza N, Kolodny O, Feldman MW (2017) Cultural evolutionary theory: how culture evolves and why it matters. PNAS 114(30):7782–7789. https://www.pnas.org/cgi/doi/10.1073/pnas.1620732114

Diamond J (2005) Kollaps. Warum Gesellschaften überleben oder untergehen. Fischer, Frankfurt a. M.

EIB European Investment Bank (2020) The EIB climate survey 2019–2020. How citizens are confronting climate crisis and what actions they expect from policymakers and businesses. https://www.eib.org/attachments/thematic/the_ eib_climate_survey_2019_2020_en.pdf

Europäische Kommission (2020) Horizon Europe. Research and innovation funding programme until 2027. How to get funding, programme structure, missions, European partnerships, news and events. https://ec.europa.eu/info/ research-andinnovation/funding/funding-opportunities/funding-programmes- and-open-calls/horizon-europe_de

Frey CF, Osborne MA (2013) The future of employment: how susceptible are jobs to computerisation? https://www.oxfordmartin.ox.ac.uk/downloads/academic/ The_Future_of_Employment.pdf

Genus A, Stirling A (2018) Collingridge and the dilemma of control: Towards responsible and accountable innovation. Research Policy, 47(1):61–69. https:// doi.org/10.1016/j.respol.2017.09.012

Glaubrecht M (2019) Das Ende der Evolution. Der Mensch und die Vernichtung der Arten. C. Bertelsmann, München

Haff PK, Renn J, Peter K (2019) Haff im Gespräch mit Jürgen Renn. In: Klingan K, Rosol C (Hrsg) Technosphäre. Matthes & Seitz, Berlin, S 26–46

Horkheimer M, Adorno TW (1969) Dialektik der Aufklärung. Philosophische Fragmente. Fischer, Frankfurt a.M.

IPCC (2021) Sixth Assessment Report. https://www.ipcc.ch/report/ar6/wg1/. Dt. (2021) Sechster IPCC-Sachstandsbericht – AR6 https://www.de-ipcc.de/250.php

Jackson T (2017) Wohlstand ohne Wachstum. Grundlagen für eine zukunftsfähige Wirtschaft. Oekom Verlag, München. Engl. (2016) Prosperity without growth – foundations for the economy of tomorrow. Second Edition Routledge

Jonas H (1979) Das Prinzip Verantwortung: Versuch einer Ethik für die techno- logische Zivilisation. Insel-Verlag, Frankfurt a. M.

Kahneman D (2016) Schnelles Denken, langsames Denken. Pantheon, München. Engl. (1990) Thinking, fast and slow. Farrar, Straus and Giroux, New York

Kurzweil R (2014) Menschheit 2.0 – Die Singularität naht. 2. durchges. Aufl. Lola books, Berlin. Engl. (2005) The singularity is near: when humans transcend biology. Viking Press, New York

Lange A (1979) Die Aussagekraft ökonomischer Gleichgewichtstheorien. Diplom- arbeit Albert-Ludwigs-Universität, Freiburg i.B.

Lange LA (2020) Der kollektive Reinkorporationsprozess der ehemaligen FARC Kombattant*innen in Kolumbien: Eine empirische Analyse der Heraus- forderungen, Limitationen und Potentiale am Beispiel der Umsetzung in Guaviare. Österreichische Forschungsstiftung für Internationale Entwicklung. https://www.oefse.at/publikationen/oefse-forum/detail-oefse-forum/publication/ show/Publication/der-kollektive-reinkorporationsprozess-der-ehemaligen-farc- kombattantinnen-in-kolumbien/

Lorenz K (1973) Die acht Todsünden der zivilisierten Menschheit. Piper, München

Magnan A, Hipper L, Burkett M, Bharwani S, Burton I, Hallstrom Erikson S, Gemenne F, Schar J, Ziervogel G (2016) Addessing the risk of maladaptation to climate change. WIREs Clim Change, 7:646–665. https://doi.org/10.1002/wcc.409

Obama B (2017) President Obama's farewell address. https://obamawhitehouse.archives.gov/farewell Text: https://www.nytimes.com/2017/01/10/us/politics/obama-farewell-address-speech.html

Parisi L (2019) Disorganische Techne. In: Klingan K, Rosol C (Hrsg) Technosphäre XE „Technosphäre". Matthes & Seitz, Berlin, S 104–121

Pueyo S (2018) Groth, degrowth and the challenge of artificial superintelligence. J Clean Prod 197(2):1731–1736. https://doi.org/10.1016/j.jclepro.2016.12.138

Richerson PJ, Boyd R (2005) Not by genes alone. How culture transformed human evolution. The University of Chicago Press, London

Scharmer CO (2014) Theorie U: Von der Zukunft her führen: Presencing als soziale Technik. Carl-Auer, Heidelberg

von Schirach F (2021) Jeder Mensch. Luchterhand, München

Schmelzer M, Vetter A (2019) Degrowth/Postwachstum. Junius, Hamburg

Scobel G (2020) Systeme auf der Kippe. https://www.zdf.de/wissen/scobel/scobel--systeme-auf-der-kippe-100.html. Zugegriffen: 10. Dez. 2025

Sijbesma F (2016) Our minds are wired to fear only short-term threats. We need to escape this trap. World Economic Forum. https://www.weforum.org/agenda/2016/06/how-to-thrive-with-long-term-solutions-for-the-fourth-industrial-revolution/

Steffen W, Broadgate W, Deutsch L, Gaffney O, Ludwig C (2015) The trajectory of the Anthropocene: the great acceleration. Anthr Rev. https://doi.org/10.1177/2053019614564785

Stock JT (2008) Are humans still evolving? EMBO Rep 9:551–551

Tegmark M (2017) Leben 3.0 – Menschsein im Zeitalter Künstlicher Intelligenz. Ullstein, Berlin. Engl. (2017) Life 3.0: being human in the age of artificial intelligence. Allen Lane, London

UNEP (2020) United nations environment programme. How to feed 10 billion people. https://www.unenvironment.org/news-and-stories/story/how-feed-10-billion-people

Vereinte Nationen (2015) Transformation unserer Welt: die Agenda 2030 für nachhaltige Entwicklung. https://www.un.org/Depts/german/gv-70/band1/ar70001.pdf

Zalasiewicz J (2017) Geologie: eine vielschichtige Angelegenheit. In: Spektrum Spezial Biologie – Medizin – Hirnforschung 3. Die Zukunft der Menschheit: Wie wollen wir morgen leben? 2–61

ZEIT (2021) 75 Zukunftsorte der Wissenschaft. ZEIT Campus, Anzeige (Wissenschaftsinstitutionen) 25. Feb. 2021

Tipps zum Weiterlesen und Weiterklicken

Bueno N (2019) Arbeit. Die Zukunft der Arbeit als Freiheit von der Arbeit. In: Allmendinger J et al. (Hg.) Zeitenwende. Kurze Antworten auf große Fragen der Gegenwart. Orell Füssli Verlag, Zürich. Nicolas Buenos liefert eine klare Gegenüberstellung vom heutigen, leistungsbezogenen Bild auf die Arbeit und einem zukünftigen, das auch nutzlose aber produktive Aktivitäten enthält. Wir benötigen dafür ein neues Menschenbild mit Werten jenseits des wirtschaftlichen Nutzens. Der zugrundliegende englische Artikel Buenos aus dem Jahr 2017 wurde international ausgezeichnet

Climate change in Florida. https://en.wikipedia.org/wiki/Climate_change_in_Florida

Cradle to Cradle (Wikipedia). https://de.wikipedia.org/wiki/Cradle_to_Cradle

Die Welt ist noch zu retten?! Dokumentarfilm über den Klimawandel. (ARD alpha) John Websters Ur-Enkelin Dorit wird wohl in den 2060er-Jahren geboren. Der Filmemacher schreibt eine filmischen Brief an sie und nimmt den Zuschauer mit auf eine emotionale Reise und die ganze Welt. Was für eine Welt wird sie erleben? Webster verwendet nahtlos Vergangenheit, Gegenwart und Zukunft in einem schönen, bewegenden und hoffnungsvollen Dokumentarfilm über die Macht eines jeden von uns, die Welt zu verändern. https://www.br.de/mediathek/video/dokumentarfilm-ueber-den-klimawandel-die-welt-ist-noch-zu-retten-av:5d7402482b9b82001a98810f

Emmott S (2015) Zehn Milliarden. Suhrkamp, Berlin. Zum ersten Mal zeichnet ein Experte ein zusammenhängendes, aktuelles und für jeden verständliches Bild unserer Lage. Kein theoretischer Überbau, kein moralischer Zeigefinger, nur die Fakten. Und die unmissverständliche Botschaft: „Wir sind nicht zu retten."

Franzen J (2020) Wann hören wir auf, uns etwas vorzumachen? Gestehen wir uns ein, dass wir die Klimakatastrophe nicht verhindern können. Rowohlt, Hamburg. Franzen, berühmter amerikanischer Autor und Intellektueller, macht klar, dass die Klimakatastrophe unabwendbar ist. Das Problem ist heute unlösbar. Das Buch verursachte in den USA einen gigantischen Shitstorm

Göpel M (2020) Unsere Welt neu denken: Eine Einladung. Ullstein, Berlin. Unsere Welt steht an einem Kipppunkt, und wir spüren es. Einerseits geht es uns so gut wie nie, andererseits zeigen sich Verwerfungen, Zerstörung und Krise, wohin wir sehen. Ob Umwelt oder Gesellschaft – scheinbar gleichzeitig sind unsere Systeme unter Stress geraten. Wir ahnen: So wie es ist, wird und kann es nicht bleiben. Die Zukunft neu und ganz anders in den Blick zu nehmen – dazu lädt die Gesellschaftswissenschaftlerin Maja Göpel ein

Interview mit Michael Braungart. https://www.karrierefuehrer.de/ingenieure/interview-michael-braungart.html

Michael Braungart Zukunftsinstitut. https://www.zukunftsinstitut.de/menschen/tup-autoren/prof-dr-michael-braungart/

Sen A (2020) Rationale Dummköpfe. Eine Kritik der Verhaltensgrundlagen der Ökonomischen Theorie. Reclam, Ditzingen. Der meistzitierte und einfluss-reichste Aufsatz des Nobelpreisträgers für Wirtschaftswissenschaften (1998) und Preisträger des Friedenspreises des Deutsches Buchhandels (2020) Amartya Sen zeigt uns: Die ökonomische Theorie reduziert den Menschen auf Gier und Egoismus. Dabei verfolgen Menschen in konkreten Situationen zum Glück häufig gar keine rein eigennützige, sondern eine vielschichtige Strategie. In Wahrheit gibt es also auf uneigennützigen Verpflichtungen beruhende Motive und Handlungen, ohne die jedes politische und wirtschaftliche System zusammenbrechen müsste. Sen zeigt, dass die Vereinfachungen der öko-nomischen Theorie daher nicht nur kurzsichtig oder falsch sind, sondern sogar schädlich

System error. Wie endet der Kapitalismus? (2018). http://www.systemerror-film.de. SYSTEM ERROR sucht Antworten auf diesen großen Widerspruch unserer Zeit und macht begreifbar, warum trotzdem alles so weiter geht wie gehabt. Der Film zeigt die Welt aus der Perspektive von Menschen, die von den Möglichkeiten des Kapitalismus fasziniert sind. Ob europäische Finanzstrategen, amerikanische Hedgefondsmanager oder brasilianische Fleischproduzenten: Eine Welt ohne eine expandierende Wirtschaft können, dürfen oder wollen sie sich gar nicht erst vorstellen

Tim Jackson öffnet uns die Augen über die Wirtschaft (TED Vortrag): https://www.youtube.com/watch?v=NZsp_EdO2Xk

UNEP (2019). United Nations Environment Programme. Frontiers 2018/19. Emerging Issues of Environmental Concern. Nairobi. https://wedocs.unep.org/bitstream/handle/20.500.11822/27545/Frontiers1819_ch5.pdf

Vereinte Nationen (2020) Sustainable development goals. Die 17 Ziele für nach-haltige Entwicklung sind die Blaupause, um eine bessere und nachhaltigere Zukunft für alle zu erreichen. Sie befassen sich mit den globalen Heraus-forderungen, vor denen wir stehen, darunter Armut, Ungleichheit, Klima-wandel, Umweltzerstörung, Frieden und Gerechtigkeit. https://www.un.org/sustainabledevelopment/sustainable-development-goals/

Wachstumskritik. https://de.wikipedia.org/wiki/Wachstumskritik

Zukunftsinstitut (2020) Gegen den Wind: 5 Post-Growth-Erfolgsstrategien. https://www.zukunftsinstitut.de/artikel/gegen-den-wind-5-post-growth-erfolgsstrategien/

12

Porträts und Glossar

12.1 40 visionäre Köpfe

Pfeile bei Sachbezügen verweisen auf das Glossar (Abschn. 12.2).

Elizabeth Blackburn (*1948)
Blackburn ist eine australisch-US-amerikanische Molekularbiologin. Ihr Schwerpunkt ist die Erforschung der ⇒Telomere und der Telomerase, also des Enzyms, das die Telomer-Enden nach Zellteilungen wieder herstellt. Das Magazin *Time* nannte sie 2007 als eine der 100 einflussreichsten Persönlichkeiten der Welt. Im Jahr 2009 erhielt Blackburn zusammen mit ihrer früheren Doktorandin Carol W. Greider sowie Jack W. Szostak den Nobelpreis für Medizin. Im Jahr 2002 wurde sie Mitglied des President's Council on Bioethics in den USA. Ausdrücklich missbilligte sie die ablehnende Haltung der Bush-Regierung zur Stammzellenforschung. Blackburn forscht an der University of California, San Francisco. Neben dem Nobelpreis erhielt sie zahlreiche weitere wichtige Auszeichnungen.
 Webseite: https://profiles.ucsf.edu/elizabeth.blackburn

Nick Bostrom (*1973)
Bostrom ist ein schwedischer Philosoph, der an der Universität Oxford lehrt. Der ⇒Transhumanist wurde bekannt mit Arbeiten zur Bioethik, Technologiefolgenabschätzung und zu ⇒Superintelligenz. Im Jahr 2005 wurde er Direktor des neu geschaffenen *Oxford Future of Humanity Institute (FHI)*. Bostrom gehört gemeinsam mit Elon Musk, Stephen Hawking, ⇒Max

Tegmark und dem Astronomen Martin Rees zu den Unterzeichnern eines Manifests des FHI, das die Erforschung von Superintelligenz und ihrer ungefährlichen Nutzbarmachung zu einem gültigen und dringenden Forschungsthema erklärt. Sein Buch *Superintelligenz: Szenarien einer kommenden Revolution* (2016) wurde ein Bestseller und machte das Thema auch in der Öffentlichkeit bekannt. Er betrachtet den Aufstieg der Superintelligenz als potenziell hochgefährlich für den Menschen, lehnt aber dennoch die Vorstellung ab, der Mensch habe nicht die Macht, ihre negativen Auswirkungen zu stoppen. Im Jahr 2017 hat Bostrom eine Liste mit 23 Prinzipien mitunterzeichnet, denen die gesamte Entwicklung der KI folgen sollte.

Webseite: https://nickbostrom.com

Robert Turner Boyd (*1948)

Boyd ist amerikanischer Anthropologe. Er lehrt an der Arizona State University (ASU). Davor war er von 1988 bis 2012 Professor für Anthropologie an der University of California, Los Angeles. Das Buch *Not By Genes Alone: How Culture Transformed Human Evolution* (Richerson und Boyd 2005), das er zusammen mit ⇒Peter Richerson veröffentlichte, wurde eines der grundlegenden Werke über die ⇒kulturelle Evolution des Menschen.

Rosi Braidotti (*1954)

Braidotti ist eine australisch-italienische Philosophin. Sie ist Pionierin der europäischen Frauen- und Geschlechterforschung und Expertin für die posthumanistische Wende der zeitgenössischen feministischen Theorie. Sie lehrt an der Universität Utrecht in den Niederlanden. Braidotti kann als Vertreterin eines kritischen ⇒Transhumanismus gesehen werden, da sie das humanistische Weltbild als unvollständig kritisiert.

Webseite: https://rosibraidotti.com

Michael Braungart (*1958)

Braungart ist ein deutscher Chemiker, der die Auffassung vertritt, dass der Mensch durch die Umgestaltung der industriellen Produktion die Umwelt positiv statt negativ beeinflussen kann.

Seine Forschungsschwerpunkte sind die Realisierung zukunftstauglicher „intelligenter" Produkte, Entwicklung und Umsetzung von Umweltschutzkonzepten, umweltverträgliche Produktionsverfahren sowie die Ökobilanzen komplexer Gebrauchsgüter. Der frühere Greenpeace-Aktivist gilt heute als visionärer Umweltdenker. Im Jahr 1987 gründete Braungart die EPEA Umweltforschung in Hamburg. Das Herzstück der EPEA ist das ⇒*Cradle-*

to-Cradle-Design, um Produkte zu schaffen, die auf eine Lebenszykluswirtschaft ausgerichtet sind, was ein vollständiges Recycling einschließt. Nach mehreren gemeinsamen Büchern mit dem amerikanischen Architekten und Designer William A. Donough veröffentlichte er das Werk *Cradle to Cradle: Einfach intelligent produzieren* (Braungart und McDonough 2014). Neben anderen Professuren ist Braungart seit Herbst 2008 Professor für den *Cradle-to-Cradle*-Studiengang an der Erasmus-Universität Rotterdam.

Webseite: http://www.braungart.com

Sergio Canavero (*1964)

Canavero ist ein italienischer Neurochirurg. Er erregte 2015 die Aufmerksamkeit der Medien mit seiner Behauptung, er sei der erfolgreichen Durchführung einer menschlichen Kopftransplantation sehr nahe. Er führte eine grobe Version des vorgeschlagenen chirurgischen Eingriffs aus, die von zahlreichen Neurowissenschaftlern und Chirurgen abgelehnt worden war. Die erste Person, die sich freiwillig für Canaveros Verfahren zur Kopftransplantation meldete, war Valery Spiridonov, ein russischer Programmierer, der an spinaler Muskelatrophie, einer muskelabbauenden Krankheit, leidet. Spiridonov sagte jedoch später seine Teilnahme ab.

Emmanuelle Charpentier (*1968)

Charpentier ist eine französische Mikrobiologin, Genetikerin und Biochemikerin. Sie erhielt 2020 zusammen mit ⇒Jennifer Doudna den Medizinpreis für Medizin für ihre Entdeckung der ⇒CRISPR-Mechanismen bei Bakterien. Davor war sie u. a. von 2004 bis 2009 in Österreich an den Max F. Peruz Laboratories in Wien und an der Medizinischen Universität Wien und 2013 bis 2015 an der Medizinischen Hochschule in Hannover tätig, wo sie die Abteilung Infektionsbiologie am Helmholtz-Zentrum für Infektionsforschung leitete. Seit 2015 ist sie Direktorin der Abteilung Regulation in der Infektionsbiologie am Max-Planck-Institut für Infektionsbiologie in Berlin. Charpentier forscht zu Regulationsmechanismen, die Infektionsprozessen und Immunität von pathogenen Bakterien zugrunde liegen. Ihre Mitentdeckung des bakteriellen CRISPR-Mechanismus zur Abwehr von Mikrophagen eröffnete in kurzer Zeit vielfältige Möglichkeiten, diese Form der Genom-Editierung bei Pflanzen, Tieren und Menschen gentechnisch anzuwenden und laufend zu verbessern. Außerhalb der wissenschaftlichen Gemeinschaft wurde sie (zusammen mit Doudna) vom amerikanischen Magazin *Time* zu einer der 100 einflussreichsten Personen der Zeit im Jahr 2015 ernannt.

Webseite: https://www.emmanuelle-charpentier-lab.org/our-team/lab-emmanuelle-charpentier/

George M. Church (*1954)

Church ist ein US-amerikanischer Molekularbiologe und Professor für Genetik an der Harvard-University in Massachusetts. Er war 1984 maßgebend am ersten weltweiten Konzept für DNA-Sequenzierung beteiligt, das jedoch erst viel später technisch realisiert werden konnte. Church ist in den Medien wiederholt mit Zukunftsaussagen über Genomforschung aufgetreten. So befürwortet er etwa die Entwicklung neuer ethischer Grundsätze, auf deren Grundlage neue Technologien breit angewendet werden können. Dazu zählt etwa die Einführung neuer ⇒genetischer Codes und ⇒Genome, die unempfindlich gegenüber Virenangriffen sind. Church initiierte das *Personal Genome Project*, das die weltweit einzigen frei zugänglichen Datensätze über das menschliche Genom und menschliche Eigenschaften liefert und diese Daten unter Einbeziehung einer Ethikkommission als *Open Access* für öffentliche Forschung zur Verfügung stellt. Sein Buch *Regenesis* (Church und Regis 2012) öffnet einen weiten Blick auf zukünftige Möglichkeiten der Gentechnik und synthetischen Biologie. Church zählt zu den Favoriten für einen Nobelpreis.

Webseite: http://arep.med.harvard.edu/gmc

David Collingridge (1945–2005)

Collingridge war ein britischer Technikforscher. Er zählt zu den meistzitierten Autoren für das Thema Technologiefolgenabschätzung, das er entwickelte. Das nach ihm benannte und in den 1980er-Jahren bekannt gewordene ⇒Collingridge-Dilemma besteht darin, dass Wirkungen technischer Neuerungen nicht leicht vorhergesehen werden können, solange die Technologie noch nicht ausreichend entwickelt und weit verbreitet ist. Das Gestalten und Ändern wird jedoch umso schwieriger, je fester die Technologie bereits verwurzelt ist.

Richard Dawkins (*1941)

Dawkins ist ein britischer Ethologe, Evolutionsbiologe und Autor. Er war von 1995 bis 2008 Professor für Public Understanding of Science an der Universität Oxford. In dieser Funktion machte er die auf Darwin zurückgehende Theorie der Evolution einem breiten Publikum bekannt. Dawkins machte erstmals mit seinem Buch *The Selfish Gene*, deutsch: *Das egoistische Gen* (1978), auf sich aufmerksam. Darin vertrat er eine genzentrierte Sicht der Evolution und führte den Begriff ⇒Mem für einen

Replikator in der kulturellen Evolution ein. Dawkins ist ein strenger Vertreter der ⇒synthetischen Evolutionstheorie, die jedoch heute stark um neue Annahmen und Evolutionsfaktoren erweitert wurde (⇒Erweiterte Synthese der Evolutionstheorie), denen er sich nicht mehr anschloss. Replikatoren werden für die kulturelle Evolution heute als nicht notwendig gesehen.

Jennifer Doudna (*1964)

Doudna ist eine US-amerikanische Biochemikerin und Molekularbiologin an der University of California, Berkeley. Im Jahr 2012 schlugen Doudna und ⇒Charpentier als erste vor, dass das ⇒CRISPR-Cas9-System (Enzyme von Bakterien, die die mikrobielle Immunität kontrollieren) für die programmierbare Bearbeitung von Genomen verwendet werden könnte, was heute als eine der bedeutendsten Entdeckungen in der Geschichte der Biologie gilt. Zu ethischen Fragen, die sich mit der genetischen Veränderung und Vererbung der Funktion des Organismus befassen, ist sie heute offener eingestellt als noch vor einigen Jahren. Außerhalb der wissenschaftlichen Gemeinschaft wurde sie (zusammen mit Charpentier) vom amerikanischen Magazin *Time* im Jahr 2015 zu einer der 100 einflussreichsten Personen der Zeit ernannt. Doudna erhielt zahlreiche weitere hohe Auszeichnungen neben dem Nobelpreis. In deutscher Übersetzung erschien von ihr *Eingriff in die Evolution: Die Macht der CRISPR-Technologie* (Doudna und Sternberg 2018).

Webseite: http://hhmi.org/scientists/jennifer-doudna

Robert Geoffrey Edwards (1925–2013)

Edwards war ein britischer Genetiker und Pionier auf dem Gebiet der Reproduktionsmedizin. Zusammen mit seinem Kollegen, dem Gynäkologen Patrick Steptoe, beschäftigte er sich fast zwei Jahrzehnte lang mit der Konzeption für eine ⇒künstliche Befruchtung, um unfruchtbaren Ehepaaren zu Kindern zu verhelfen. Ihre Versuche stießen auf erhebliche Feindseligkeiten und Widerstände, darunter die Weigerung des medizinischen Forschungsrates in Großbritannien, ihre Forschung zu finanzieren. Auch eine Reihe von Klagen folgte. Die Bemühungen mündeten 1978 in die Geburt von Louise Joy Brown, dem ersten Menschen, der auf dem Weg künstlicher Befruchtung zur Welt kam. Im Jahr 2010 erhielt Edwards den Nobelpreis für Medizin.

Bernard Lucas Feringa (*1951)

Feringa ist ein niederländischer Chemiker (organische Chemie, molekulare Nanotechnologie). In den 1990er-Jahren führten seine Arbeiten in der

Stereochemie zu bedeutenden Beiträgen in der Photochemie, die einen ersten monodirektionalen, lichtbetriebenen molekularen Rotationsmotor und später ein durch elektrische Impulse angetriebenes molekulares „Auto" (ein so genanntes Nanoauto) hervorbrachten. Im Jahr 2016 erhielt er gemeinsam mit zwei weiteren Chemikern den Nobelpreis für Chemie für „das Design und die Synthese von molekularen Maschinen" (⇒Nanobots). Neben dem Nobelpreis erhielt er zahlreiche weitere wichtige Auszeichnungen.

Webseite: http://benferinga.com/biography.php

FM-2030, Fereidoun Esfandiary (1930–2000)

FM-2030 war ein iranisch-amerikanischer Schriftsteller, Philosoph und Transhumanist. Für den ungewöhnlichen Namen entschied er sich, um sein Vorhaben, 100 Jahre alt zu werden, zu untermauern und um moderne Namensgebung zu vermeiden. Er unterrichtete an der New School, der University of California, Los Angeles, und der Florida International University und wurde bekannt mit dem Buch *Are You a Transhuman? Monitoring and Stimulating Your Personal Rate of Growth in a Rapidly Changing World* (1989), das Ideen des ⇒Transhumanismus für den Leser in einer Art Selbsttest behandelt. Das Buch gilt auch heute noch als eines der wichtigsten Werke des Transhumanismus.

Aubrey de Grey (*1963)

De Grey ist ein britischer Bioinformatiker und theoretischer Biogerontologe (Altersforschung). Er schloss 1985 einen Bachelor in Informatik ab und beschäftigte sich zunächst mit künstlicher Intelligenz. Erst später erwarb er sich autodidaktisch Wissen über das Altern. Er stellte die These auf, dass die Beseitigung von DNA-Schäden in den Mitochondrien der Zellen die Lebensdauer erheblich erhöhen könnten. Die Veröffentlichung dieser Hypothesen führte zur einem Doktortitel (Ph.D.) in Biologie an der Universität Cambridge. Im Jahr 2003 schrieb er zusammen mit anderen den Methusalem-Preis aus. Preise sind hierbei für Forscher vorgesehen, die die Lebensdauer von Mäusen auf beispiellose Weise verlängern. De Grey entwickelt Theorien über das menschliche Altern, das er wie eine Krankheit auf ungünstige biochemische Prozesse zurückführt, die als Schäden gesehen und durch gezieltes Beeinflussen gestoppt oder umgekehrt werden können. Das von de Grey vorgeschlagene Verfahren, das er als *Strategien zur Bekämpfung des Alterns* (*Strategies for Engineered Negligible Senescence*, kurz *SENS*) bezeichnet, basiert auf sieben von ihm propagierten Schadensklassen und Angriffspunkten. Im Jahr 2009 gründete er gemeinsam mit anderen

Forschern die *SENS Foundation,* eine Non-Profit-Organisation, um das Altern zu bekämpfen. In einer Sendung des deutsch-französischen Fernsehsenders Arte aus dem Jahr 2008 behauptete de Grey, dass der erste Mensch, der 1000 Jahre alt wurde, wahrscheinlich bereits am Leben und vielleicht sogar schon zwischen 50 und 60 Jahre alt sei.

Elizabeth Grosz (*1952)

Grosz ist eine australische Philosophin und Feministin. Sie machte ihre philosophische Ausbildung an der Universität Sydney, war von 2002 bis 2012 an der US-amerikanischen Rutgers University, New Jersey, Professorin am Department for Woman and Gender Studies und ist seit 2012 Professorin für Frauenforschung und Literaturwissenschaft an der Duke University, in Durham, North Carolina. In ihrer wissenschaftlichen Arbeit beschäftigte sie sich mit zeitgenössischen französischen Philosophen und daneben auch mit der Evolutionstheorie.

Joseph Henrich (*1968)

Henrich ist Professor für evolutionäre Biologie des Menschen an der Harvard University. Er erforscht, wie sich der Mensch „von einem relativ unscheinbaren Primaten vor einigen Millionen Jahren zur erfolgreichsten Spezies auf dem Globus" entwickelt und die Kultur unsere genetische Entwicklung beeinflusst hat. Zu seinen Forschungsgebieten gehören kulturelles Lernen, die Entwicklung der Zusammenarbeit, soziale Schichtung, Prestige sowie die Entwicklung wirtschaftlicher Entscheidungsfindung und religiöser Überzeugungen. Er befürwortet die Idee, dass Polygamie für die Gesellschaft schädlich ist, weil Monogamie den Wettbewerb zwischen Männern und Frauen verringert. Henrichs Forschung zeigt, dass in psychologischen Tests Menschen mit einem westlichen, gebildeten, industrialisierten, reichen, demokratischen Hintergrund – die *WEIRD*-Leute – in vielen psychologischen Tests nicht repräsentativ für Menschen im Allgemeinen sind. Durch die Nichtbeachtung dieses Umstands entsteht in zahlreichen wissenschaftlichen Untersuchungen ein verzerrtes Menschenbild. Er schrieb das Buch *The Secret of Our Success: How Culture is Driving Human Evolution* (2017). Das Buch gibt einen modernen Einblick in ⇒kulturelle Evolution. Im Mittelpunkt steht dabei die ⇒kollektive Intelligenz.

Webseite: https://www2.psych.ubc.ca/~henrich/home.html

Steve Horvath (*1967)

Horvath wurde in Frankfurt am Main geboren. Er ist ein deutsch-amerikanischer Alterungsforscher, Genetiker und Biostatistiker. Er arbeitet als Professor für Humangenetik und Biostatistik an der University of California, Los Angeles (UCLA) und ist bekannt für die Entwicklung der ⇒Horvath-Uhr, die ein präziser molekularer Biomarker des Alterns ist. Horvath erhielt mehrere Forschungspreise; er befasst sich mit genomischen Biomarkern des Alterns, dem Alterungsprozess und vielen altersbedingten Krankheiten bzw. Zuständen. Horvaths Forschungsanstrengungen streben an, das biologische Altern zu verlangsamen oder gar zurückzudrehen.

Webseite: http://www.bri.ucla.edu/people/steve-horvath-phd-scd

Julian Huxley (1887–1975)

Sir Julian Huxley war ein britischer Biologe, Philosoph und Schriftsteller. Huxley war Humanist und ein bekannter Vordenker der Eugenik und des Atheismus. Sein Hauptwerk *Evolution: the Modern Synthesis* gab der ⇒synthetischen Evolutionstheorie ihren Namen und ist eines der wichtigsten Werke zur Evolutionstheorie des 20. Jahrhunderts. Als erster UNESCO-Generaldirektor trug er maßgeblich zur allgemeinen Erklärung der Menschenrechte bei. Huxley war eine über den wissenschaftlichen Zirkel weit hinaus bekannte Persönlichkeit. Sein Großvater war Thomas Henry Huxley, ein Freund und Förderer Charles Darwins und Fürsprecher der Evolutionstheorie.

Tim Jackson (*1957)

Jackson ist ein britischer Professor für nachhaltige Entwicklung an der Universität von Surrey, Großbritannien, sowie Direktor des *Centre of Sustainable Prosperity (CUSP)*. Sieben Jahre lang war er Wirtschaftsbeauftragter der britischen Regierungskommission für nachhaltige Entwicklung. Höhepunkt dieser Arbeit ist das Buch *Prosperity without Growth: Foundations for the Economy of Tomorrow,* deutsch: *Wohlstand ohne Wachstum: Grundlagen für eine zukunftsfähige Wirtschaft* (2017). Jackson entwirft in seinen Werken ein Wirtschaftsmodell, das ohne Wachstum auskommt. Damit fordert er eine Anpassung des herrschenden Kapitalismus, der auf ständigem Wachstum beruht und „in völligem Widerspruch zu unseren wissenschaftlichen Erkenntnissen über die endliche Ressourcenbasis unseres Planeten und die störungsanfällige Ökologie [steht], von der unser Überleben abhängt". Er vertritt die Entwicklung einer Wirtschaft, die stark auf Dienstleistungen und örtlich produzierte, nachhaltige Güter setzt.

Webseite: https://timjackson.org.uk

Hans Jonas (1903–1989)

Jonas war ein deutsch-amerikanischer Philosoph. Er lehrte von 1955 bis 1976 als Professor an der New School for Social Research in New York. Sein Hauptwerk ist die 1979 veröffentlichte und bis heute einflussreiche Schrift *Das Prinzip Verantwortung* (1979). Darin findet und begründet er einen an Immanuel Kant angelehnten, neuen kategorischen Imperativ für das ethische und ökologisch richtige Handeln des Menschen in der technologischen Zivilisation. Intention ist die Vermeidung unabschätzbarer Risiken, um den Bestand der Menschheit als Ganzes nicht zu gefährden, sowie die Anerkennung der Eigenrechte der ganzen Natur, für die dem Menschen aufgrund seiner Handlungsmöglichkeiten die Verantwortung zukommt.

Daniel Kahneman (*1934)

Kahneman ist ein israelischer Psychologe und Wirtschaftswissenschaftler, der für seine Studien über die Psychologie des Urteilens, der Entscheidungsfindung und für Verhaltensökonomie bekannt ist. Für seine Arbeiten wurde er 2002 mit dem Nobelpreis für Wirtschaftswissenschaften ausgezeichnet (gemeinsam mit Vernon L. Smith). Seine empirischen Ergebnisse stellen die in der modernen Wirtschaftstheorie vorherrschende Annahme der menschlichen Rationalität in Frage. Zusammen mit Amos Tversky und anderen schuf Kahneman eine kognitive Grundlage für häufige menschliche Fehler, die sich aus Heuristiken und Voreingenommenheiten ergeben, und entwickelte die Prospektivtheorie. Im Jahr 2011 wurde er von der Zeitschrift *Foreign Policy* in die Liste der weltweit führenden Denker aufgenommen. Im selben Jahr erschien sein Buch *Thinking, Fast and Slow*, deutsch: *Schnelles Denken; langsames Denken* (2016), das einen Großteil seiner Forschungen zusammenfasst und zu einem Bestseller wurde. Im Jahr 2015 nannte ihn *The Economist* in einer Liste der einflussreichsten Ökonomen der Welt an siebter Stelle. Er ist emeritierter Professor für Psychologie und öffentliche Angelegenheiten an der Princeton School of Public and International Affairs der Princeton University.

Webseite: https://scholar.princeton.edu/kahneman/home

Ray Kurzweil (*1948)

Kurzweil ist ein amerikanischer Erfinder und Futurist. Er ist auf Gebieten der optischen Zeichenerkennung (OCR), Text-zu-Sprache-Synthese, Spracherkennungstechnologie und elektronischen Tastaturinstrumente tätig und hat Bücher über ⇒künstliche Intelligenz, ⇒Transhumanismus, die ⇒technologische Singularität und Futurismus geschrieben. Kurzweil ist ein öffentlicher Fürsprecher des Transhumanismus und tritt für lebensverlängernde Technologien und die Zukunft von ⇒Nanotechnologie, Robotik und Biotechnologie ein. Er hat außerdem mehrere Bücher verfasst, die zu internationalen Bestsellern wurden, darunter 2005 *The Singularity is Near: When Humans Transcend Biology,* deutsch: *Menschheit 2.0. Die Singularität ist nah* (2014). Kurzweil beschreibt darin sein Gesetz der Ertragsbeschleunigung, das eine exponentielle Zunahme von Technologien wie Computer, Genetik, Nanotechnologie, Robotik und ⇒künstliche Intelligenz voraussagt (⇒exponentieller technischer Fortschritt). Sobald die Singularität erreicht ist, wird laut Kurzweil die maschinelle Intelligenz unendlich viel mächtiger sein als die gesamte menschliche Intelligenz zusammen. Danach sagt er voraus, dass die Intelligenz vom Planeten nach außen strahlen wird, bis sie das Universum sättigt. Die Singularität ist auch der Punkt, an dem maschinelle und menschliche Intelligenz verschmelzen würden.

Webseite: https://www.kurzweilai.net

Konrad Lorenz (1903–1989)

Lorenz war ein österreichischer Zoologe, Ethologe und Ornithologe. Er teilte sich 1973 den Nobelpreis für Physiologie oder Medizin mit Nikolaas Tinbergen und Karl von Frisch. Er wird oft als einer der Pioniere der modernen Ethologie, der Tierverhaltensforschung, angesehen. Zusammen mit Rupert Riedl und Gerhard Vollmer gilt Lorenz als Hauptvertreter der Evolutionären Erkenntnistheorie. Lorenz war Kulturpessimist. Als solcher beklagte er wiederholt die „Verhausschweinung des Menschen" als Folge des Wegfalls von natürlichen Selektionsmechanismen in den zivilisierten Gesellschaften. Er attestierte der Menschheit trotz des immer tieferes Verständnisses der sie umgebenden Natur durch ihren technologischen, chemischen und medizinischen Fortschritt gleichzeitig Symptome des Niedergangs und zivilisatorischen Zerfalls (1996). Wichtige Stationen in seiner Laufbahn waren nach seiner schulischen Ausbildung und Dissertation in Wien unter anderem vor allem eine Professur für vergleichende Psychologie in Königsberg (1940–1941), die Gründung und Leitung des Instituts für vergleichende Verhaltensforschung in Altenberg bei Wien (1949) und die Direktion des Max-Planck-Instituts für Verhaltenspsychologie in Seewiesen, Oberbayern (1961–1973). Seine Beziehung zum Nationalsozialismus und rassenpolitischen Äußerungen wurden kritisch analysiert und unterschiedlich interpretiert.

James Lovelock (*1919)

Lovelock ist ein britischer Wissenschaftler und Futurist mit Ausbildung als Mediziner, Chemiker und Biophysiker. Er begann seine Karriere mit Experimenten zur Kryokonservierung an Nagetieren, bei denen er erfolgreich gefrorene Exemplare auftaute. Seine Methoden waren einflussreich auf die Theorien der ⇒Kryonik beim Menschen. Er wies als erster das weit verbreitete Vorhandensein von FCKW in der Atmosphäre nach, erfand wissenschaftliche Instrumente für die NASA, leistete einen wichtigen Beitrag zur Erhaltung der Ozonschicht und war ein Vordenker der Ökologiebewegung. Berühmt wurde er mit der Gaia-Hypothese, die er gemeinsam mit der amerikanischen Biologin Lynn Margulis entwarf. Diese Hypothese besagt, dass die Erde und ihre Biosphäre als ein selbstorganisierendes System wie ein Lebewesen betrachtet werden könne, da die Biosphäre als die Gesamtheit aller Organismen Bedingungen schafft und erhält, die nicht nur Leben, sondern auch eine Evolution komplexerer Organismen ermöglichen. Die Erdoberfläche bildet demnach ein dynamisches System, das die gesamte Biosphäre stabilisiert. In den 2000er-Jahren schlug er eine Methode des Climate Engineering vor, um kohlendioxidabbauende Algen wiederherzustellen. Er warnte frühzeitig vor der globalen Erwärmung durch den Treibhauseffekt. Seit den späten 1970er-Jahren hat er mehrere umweltwissenschaftliche Bücher geschrieben, die auf der Gaia-Hypothese basieren. Lovelock ist Mitglied der *Royal Society* und wurde mit zahlreichen internationalen Ehrungen ausgezeichnet. Er schrieb mehrere Bücher zum den Themen Umwelt und Zukunft der Menschheit.

Webseite: http://www.jameslovelock.org

Philipp Mitteröcker (*1976)

Mitteröcker ist ein österreichischer Anthropologe, Evolutionsbiologe und -theoretiker. Er arbeitet als assoziierter Professor am Department für theoretische Biologie an der Universität Wien. Seine Forschungsschwerpunkte sind der evolutionäre Ursprung der Anatomie beim Menschen und bei Tieren, evolutionäre Medizin und biologische Anthropologie.

Max More (*1964)

More, geboren als Max T. O'Connor, ist ein Philosoph und Futurist, der sich mit fortschrittlicher Entscheidungsfindung in Bezug auf neue Technologien beschäftigt. Er ist Gründer des Instituts für Extropie. In dieser Funktion hat er viele Artikel verfasst, in denen er sich für die Philosophie des ⇒Transhumanismus und die transhumanistische Philosophie des Extropianismus einsetzt, vor allem für seine Prinzipien der ⇒Extropie. In einem Aufsatz von 1990 *Transhumanism: Towards a Futurist Philosophy* führte er den Begriff Transhumanismus in seinem modernen Sinn ein.

Webseite: https://web.archive.org/web/20040613102727/http://maxmore.com/

John Odling-Smee (*1935)

Odling-Smee ist Brite und emeritierter Professor für Biologie und Anthropologie an der Universität Oxford. Er publizierte mehr als 100 Artikel über das Lernen bei Tieren, seine Rolle in der Evolution und über die Theorie der ⇒Nischenkonstruktion, die er zusammen mit Kevin N. Laland und Marcus W. Feldman etablierte. Ihre gemeinsame Monographie *Niche Construction: The Neglected Process in Evolution* (Odling-Smee et al. 2003) stellt die neuen Überlegungen auf eine solide theoretische Basis. Die Theorie der Nischenkonstruktion ist Bestandteil der ⇒Erweiterten Synthese der Evolutionstheorie.

Luciana Parisi

Parisi ist Lektorin für Kulturtheorie, Vorsitzende des Doktoranden-programms am Zentrum für Kulturwissenschaften und Ko-Direktorin der Abteilung für digitale Kultur an der Goldsmiths University of London. Ihre Forschung ist eine philosophische Untersuchung der Technologie in Kultur, Ästhetik und Politik. Sie erforscht die philosophischen Konsequenzen des logischen Denkens in Maschinen.

Webseite: https://technosphere-magazine.hkw.de/p/Luciana-Parisi-fkuggBkHxKTKtWGvKoBKZS

Peter Richerson (*1943)

Richerson ist ein amerikanischer Biologe. Er ist Distinguished Professor Emeritus der Abteilung für Umweltwissenschaften und -politik an der Universität von Kalifornien, Davis. Seine Forschungsinteressen umfassen ⇒kulturelle Evolution und Humanökologie. Das Buch *Not by Genes Alone: How Culture Transformed Human Evolution* (Richerson und Boyd 2005), das er zusammen mit ⇒Richard Boyd veröffentlichte, wurde eines der grund-legenden Werke über die Evolution der menschlichen Kultur.

Claus Otto Scharmer (*1961)

Scharmer ist ein deutscher Ökonom und leitender Dozent an der Sloan School of Management, Massachusetts Institute of Technology (MIT). Er leitet das *MIT IDEAS-Program* für sektorenübergreifende Innovation. Im Jahr 2015 war Scharmer Mitbegründer des *MITx Ulab*, einem offenen

Online-Kurs mit mehr als 140.000 Nutzern aus 185 Ländern. Er erhielt mehrere Auszeichnungen für die Beiträge der ⇒„Theorie U" zur Zukunft des Managements. Er schrieb das Buch *Von der Zukunft her führen: Von der Egosystem- zur Ökosystem-Wirtschaft. Theorie U in der Praxis* (2017).

David A. Sinclair (*1969)

Sinclair ist ein australischer Biologe und seit 2005 Professor für Genetik an der Harvard Medical School. Er beschäftigt sich mit biologischen Mechanismen des Alterns und entdeckte, dass Sirtuine eine Rolle für das Altern spielen und dass Resveratrol Sirtuine aktivieren kann, woraufhin er – nicht unumstritten – für Resveratrol als Anti-Aging-Mittel eintrat. Er arbeitet bis heute an Resveratrol und Analoga, ferner an Mitochondrien und NAD+, um das Altern zu verhindern. Vom Magazin *Time* wurde Sinclair 2014 in *Time 100* als einer der 100 einflussreichsten Menschen der Welt und 2018 in die Liste der 50 einflussreichsten Menschen im Gesundheitswesen aufgenommen; 2019 veröffentlichte er das Buch *Lifespan: Why We Age – and Why we Don't Have To.*

Max Tegmark (*1967)

Tegmark ist ein schwedisch-amerikanischer Physiker, Kosmologe und Forscher über KI-Zukunft. Er forscht am MIT auf dem Gebiet des maschinellen Lernens. Er ist auch Mitbegründer des *Future of Life Institute* (Infobox 14), das sich dem Ziel widmet, existenzielle Risiken für die Menschheit zu verringern, insbesondere solche durch Nuklearwaffen, künstliche Intelligenz und Biotechnologie. Tegmark bezeichnete das zu erwartende Aufkommen denkender Maschinen als „das wichtigste Ereignis in der Menschheitsgeschichte". Sein Buch *Leben 3.0: Mensch sein im Zeitalter Künstlicher Intelligenz* (2017) befasst sich mit Zukunftsfragen der Arbeitswelt, Demokratie und Gesellschaft, der Kriegsführung und Vorstellung von Gerechtigkeit von morgen sowie der Frage der Kontrollmöglichkeit intelligenter Maschinen.

Michael Tomasello (*1950)

Tomasello ist ein amerikanischer Anthropologe und Verhaltensforscher. Von 1998 bis 2018 war er stellvertretender Direktor am Max-Planck-Institut für evolutionäre Anthropologie in Leipzig, Er beschäftigt sich mit der unterschiedlichen Evolution vom Menschen und von anderen Tieren, speziell mit dem Sonderweg des Menschen, dessen soziales Verhalten auf Kooperation ausgerichtet ist. Dies führte ihn zu der Entwicklung des Konzepts der geteilten Intentionalität. Es beschreibt, wie aus kollaborativen Interaktionen und Kommunikation neue kooperative Lebensformen einschließlich Sprache und Kultur entstanden. Diese Theorie beschrieb er u. a. in seinem Buch *A Natural History of Human Thinking,* deutsch: *Eine Naturgeschichte des menschlichen Denkens* (beide 2014).

Alan Turing (1912–1954)

Turing war ein britischer Mathematiker, Informatiker, Logiker, Kryptoanalytiker, Philosoph und theoretischer Biologe. Er war einflussreich in der Entwicklung der theoretischen Informatik, indem er Grundlagen für die Entwicklung eines Allzweckcomputers entwarf. Turing wird außerdem als der Vater der theoretischen Informatik und der künstlichen Intelligenz angesehen. Trotz dieser Errungenschaften wurde er u. a. wegen seiner Homosexualität zu Lebzeiten und auch noch Jahrzehnte später in seinem Heimatland nie voll anerkannt. Er musste sich einer hormonellen Zwangsbehandlung unterziehen, die schließlich zum Suizid führte. Während des Zweiten Weltkrieges war er maßgeblich an der Entzifferung der deutschen Funksprüche beteiligt, die mit der deutschen Rotor-Chiffriermaschine Enigma verschlüsselt waren. Nach ihm benannt sind der Turing Award, die bedeutendste Auszeichnung in der Informatik, die Turingmaschine und der Turing-Test zum Überprüfen des Vorhandenseins von künstlicher Intelligenz. In der Entwicklungsbiologie sind Turing-Prozesse selbstorganisierende, epigenetische Formen der Musterbildung, etwa für Tierfellmuster oder für die embryonale Entwicklung der Hand.

Craig Venter (*1946)

Venter ist ein amerikanischer Biotechnologe und Geschäftsmann. Er ist dafür bekannt, dass er im Rahmen des Humangenomprojekts im Jahr 2000 die menschliche ⇒Genomsequenzierung zu einem Erfolg führte. Im Jahr 2007 wurde Venters Genom als erstes individuelles Genom eines Menschen veröffentlicht. Es war mit bestimmten Erbkrankheiten assoziiert. Im Jahr 2010 entwickelte er mit seinem Team erstmals eine synthetische Minimalform des Lebens in Form eines im Labor hergestelltes Erbguts, das einer Hefe eingesetzt wurde. Im Jahr 2014 gründete Venter zusammen mit Kollegen die Firma Human Longevity, Inc. Die Mission dieser Firma besteht darin, die gesunde menschliche Lebensspanne durch den Einsatz hoch auflösender Großdatendiagnostik aus Genomik, Metabolomik, Mikrobiomik und Proteomik sowie durch den Einsatz der Stammzellentherapie zu verlängern. In seinem Buch *Life at   Speed of Light* (2013), deutsch: *Leben aus dem Labor: Die neue Welt der synthetischen Biologie* (2014) verkündet er die Theorie, dass wir in der Generation leben, in der es eine

Verzahnung der beiden bisher unterschiedlichen Wissenschaftsbereiche zu geben scheint, die durch die Computerprogrammierung und die genetische Programmierung des Lebens durch die DNA-Sequenzierung repräsentiert werden. Er prognostiziert die Herstellung in ihren Gensequenzen passgenauer Organismen, die Programmierung von Modellzellen, mit denen man Versuche am Computer durchführen kann, sowie die Herstellung neuartiger Medikamente, die mit „Lichtgeschwindigkeit" auf der Welt verteilt werden. Im Oktober 2009 erhielt er vom US-Präsidenten die National Medal of Science für das Jahr 2008, die höchste Wissenschaftsauszeichnung der USA. Daneben hält er zahlreiche weitere Auszeichnungen.

Webseite: https://www.jcvi.org/about/j-craig-venter

Toby Walsh (*1964)

Walsh ist ein britisch-australischer Informatiker, der auf dem Gebiet der künstlichen Intelligenz forscht. Im Jahr 2015 war er Mitinitiator eines offenen Briefes, in dem ein Verbot offensiver autonomer Waffen gefordert wird und der über 20.000 Unterschriften enthält. Walsh ist bestrebt, die Öffentlichkeit über die Chancen und Gefahren von KI zu informieren. Dies ist auch Thema seiner beiden Bücher *2062. Das Jahr, in dem die künstliche Intelligenz funs ebenbürtig sein wird* (2019) und *It's alive. Wie künstliche Intelligenz unser Leben verändern wird* (2018).

Webseite: http://www.cse.unsw.edu.au/~tw/

Kevin Warwick (*1954)

Warwick ist ein britischer Ingenieur und stellvertretender Vizekanzler (Forschung) an der Universität Coventry in Großbritannien. Er ist vor allem bekannt für seine Studien über direkte Schnittstellen zwischen Computersystemen und dem menschlichen Nervensystem. Warwick ist an der Entwicklung der nächsten Generation der tiefen Hirnstimulation bei der Parkinson-Krankheit engagiert. Auf dem Gebiet der Robotik behauptete Warwick, dass Roboter sich so programmieren können, dass sie sich gegenseitig ausweichen, während sie in einer Gruppe arbeiten. Das warf die Frage der Selbstorganisation auf. Roboter schienen ferner ein Verhalten zu zeigen, das von der Forschung nicht vorhergesehen wurde. Ein solcher Roboter „beging Selbstmord", weil er mit seiner Umgebung nicht zurechtkam. In einer komplexeren Umgebung könnte man auf dieser Grundlage erforschen, ob eine „natürliche Auslese" denkbar ist. Die bekannteste von Warwick durchgeführte Forschung ist die als „Projekt Cyborg" benannte Versuchsreihe, bei der ihm ein Array in den Arm implantiert wurde. In diesem Zusammenhang erregte im Jahr 2004 die elektrische Kommunikation seines

Nervensystems mit dem seiner Frau Aufsehen in den Medien. Warwick ist überzeugt, dass das „Projekt Cyborg" zu neuen medizinischen Hilfsmitteln für die Behandlung von Patienten mit Schädigungen des Nervensystems führen könnte.

Nathan Wolfe (*1970)

Wolfe ist ein US-amerikanischer Virologe. Er unterrichtet an der Stanford University, Palo Alto, und arbeitete acht Jahre lang als Virologe in der Subsahara-Region und in Südostasien. Seine Arbeit ist fokussiert auf Pandemievorhersagen. Für dieses Ziel gründete er 2007 die unabhängige Organisation *Global Viral Forecasting (GVF)*. Im Jahr 2019 wurde *GVF* als *Global Viral* Bestandteil von *Metabiota*. Die Organisationen wollen medizinische Informationen weltweit überwachen und anhand dieser Daten ein Frühwarnsystem aufbauen. Das Magazin *Time* listete Wolfe im Jahr 2011 als einen der 100 einflussreichsten Menschen der Welt. Sein 2011 veröffentlichtes Buch *The Viral Storm: The Dawn of a New Pandemic Age* (2011) erreichte mediales Aufsehen.

Webseite: https://explorecourses.stanford.edu/instructor?sunet=ndwolfe

Yang Huanming (*1952)

Yang, auch Henry Yang genannt, ist ein chinesischer Biologe, Geschäftsmann und einer der führenden Genetiker Chinas. Er ist Vorsitzender und Mitbegründer des *Beijing Genomics Institute (BGI)*. Zu Yangs Arbeiten gehören die Kartierung und Klonierung menschlicher Gene, die Sequenzierung und Analyse des menschlichen Genoms, die Vielfalt und Evolution des menschlichen Genoms sowie ethische, rechtliche und soziale Fragen im Zusammenhang mit der Genomforschung. Er leitete die Teilnahme Chinas am internationalen Humangenomprojekt. Er ist außerdem Mitglied der Chinesischen Akademie der Wissenschaften und Generalsekretär des chinesischen Humangenomprojekts (CHGP), Generalsekretär des Ausschusses für die Vielfalt des menschlichen Genoms und Generalsekretär des Ausschusses für ethische, rechtliche und soziale Fragen (ELSI), CHGP. Er ist auch Mitglied von Collegium International, einer Organisation von Führungspersönlichkeiten mit politischem, wissenschaftlichem und ethischem Sachverstand, deren Ziel es ist, neue Ansätze zur Überwindung der Hindernisse zu liefern, die einer friedlichen, sozial gerechten und wirtschaftlich nachhaltigen Welt im Wege stehen.

12.2 Glossar

Pfeile bei Personen verweisen auf den Abschn. 12.1.

adaptiv, anpassungsfähig ⇒Anpassung.

AGI ⇒Artificial General Intelligence.

Aminosäure ⇒Infobox 7.

amyotrophe Lateralsklerose (ALS) nicht heilbare degenerative Erkrankung des motorischen Nervensystems.

Anpassung, evolutionäre vorteilhaftes Ergebnis der natürlichen Selektion eines Merkmals auf individueller oder Populationsebene. Die an ihre Umwelt am besten Angepassten einer Art überleben statistisch öfter, sie haben dadurch eine höhere Anzahl fortpflanzungsfähiger Nachkommen, d. h. ihre Fähigkeit zur Weitergabe der eigenen ⇒Gene an die Nachfolgegeneration ist besser als jene ihrer Konkurrenten *(⇒Survival of the Fittest)*. Die Debatte über die Gewichtung und Wirksamkeit der Anpassung existiert seit Darwin. Sie wird heute differenziert geführt. Eine steigende Fortpflanzungsrate einer Art (z. B. Mensch) impliziert eine höhere Fitness. Gleichzeitig kann die Art nach neuerem Verständnis fehlangepasst sein. Umgekehrt gilt: Wenn sich eine Population aufgrund von ⇒Fehlanpassungen verkleinert, kann das mit erhöhter Anpassung verträglich sein.

Anti-Aging Maßnahmen, um das biologische Altern des Menschen hinauszuzögern, die Lebensqualität im Alter möglichst lange auf hohem Niveau zu erhalten und auch die Lebenserwartung insgesamt zu verlängern.

Artificial General Intelligence (AGI) Sonderform ⇒künstlicher Intelligenz mit maschineller Intelligenz auf menschlichem Niveau auf allen Gebieten.

Artificial Super Intelligence (ASI) System mit dem Menschen in vielen oder allen Gebieten überlegener Intelligenz. Der Begriff findet insbesondere im ⇒Transhumanismus und im Bereich der ⇒künstlichen Intelligenz Verwendung. Ein tatsächlich geistig überlegenes System, das die Kriterien einer ASI erfüllt, ist nach heutigem Kenntnisstand nicht bekannt.

ASI ⇒Artificial super intelligence.

Autoimmunerkrankungen Gruppe von Krankheiten mit Reaktionen des Körpers, denen eine gestörte Toleranz des Immunsystems gegenüber Bestandteilen des eigenen Körpers zugrunde liegt und die zur Bildung von Antikörpern führt.

Brain-Computer-Interface Gehirn-Computer-Schnittstelle. Dazu wird entweder die elektrische Aktivität aufgezeichnet (nicht-invasiv meist mittels Elektroenzephalographie [EEG] oder invasiv mittels implantierter Elektroden) oder die hämodynamische Aktivität des Gehirns gemessen und mithilfe von Rechnern analysiert und in Steuersignale umgewandelt.

Chimäre ursprünglich aus der griechischen Mythologie stammendes Mischwesen, das sich aus Teilen von zwei oder mehreren Lebewesen zusammensetzt. In der Genetik spricht man von einer Chimäre, wenn einem tierischen Embryo menschliche induzierte pluripotente ⇒Stammzellen (iPS-Zellen) eingesetzt werden, aus denen ein Organ aus menschlichen Zellen im fremden Körper wächst, das man für Transplantationen nutzen will.

Collingridge-Dilemma Doppelproblem, benannt nach ⇒David Collingridge, das sich dadurch ausdrückt, dass Wirkungen technischer Neuerungen nicht leicht vorhergesehen werden können, solange die Technologie noch nicht ausreichend entwickelt und weit verbreitet ist. Auf der anderen Seite erweist sich das Gestalten und Ändern jedoch umso schwieriger, je fester die Technologie bereits verwurzelt ist. Die Technologiefolgenabschätzung hat sich auf dieser Grundlage heute zu einer breiten Forschungsrichtung für unterschiedliche Disziplinen entwickelt. Sie befasst sich mit der Beobachtung und Analyse von Trends in Wissenschaft und Technik und den damit zusammenhängenden gesellschaftlichen Entwicklungen.

Corona-Virus ⇒SARS-CoV-2.

COVID-19 (engl. *Coronavirus disease 2019*), Coronavirus-Krankheit-2019. In der Umgangssprache auch Corona oder Covid genannt. COVID-19 ist eine meldepflichtige Infektionskrankheit, zu der es infolge einer Infektion mit dem neuartigen Coronavirus ⇒SARS-CoV-2 kommen kann.

Cradle to cradle (C2C) wörtlich „von der Wiege bis zur Wiege". Bezeichnet den vollständigen Wiederverwertungskreislauf (Recycling) von biologischen und technischen Stoffen mit vollständiger Abfallvermeidung.

CRISPR/Cas ⇒Infobox 8.

Cyborg Mischwesen aus lebendigem Organismus und Maschine.

Deep Learning ⇒Infobox 11.

Diabetes Typ 1 Autoimmunerkrankung mit Zerstörung der körpereigenen Inselzellen für die Insulinsynthese. Der Patient muss lebenslang Insulin injizieren.

DNA ⇒Infobox 7.

DNA-Sequenzierung ⇒Genomsequenzierung.

Duchenne-Muskeldystrophie (DMD) häufigste muskuläre Erbkrankheit im Kindesalter. Dabei wird das Muskelstrukturprotein Duchenne genetisch bedingt nicht korrekt synthetisiert. Beim Patienten kommt es im Verlauf des Wachstums im Kindesalter zu Muskelschwund. Die Lebenserwartung der Patienten beträgt je nach Verlauf etwa 40 Jahre, jedoch versterben einzelne Patienten auch schon vor Beginn der Pubertät.

Enhancements ⇒genetische *Enhancements.*

Epigenetik Die Vorsilbe „epi-" bedeutet wörtlich „über". Diese Effekte „über den Genen" umfassen reversible chemische ⇒DNA-Veränderungen und anhaltende Umwelteinflüsse auf die Entwicklung des ⇒Phänotyps. Sie führen zu vererbbaren Veränderungen, ohne dass die DNA-Sequenz verändert wird.

Erweiterte Synthese der Evolutionstheorie (EES) ⇒Infobox 3.

Evolution, biologische alle Veränderungen, durch die das Leben auf der Erde von seinen ersten Anfängen bis zu seiner heutigen Vielfalt gelangt ist. Veränderung der vererbbaren Merkmale einer Population von Lebewesen von Generation zu Generation durch Mechanismen wie Mutation und ⇒natürliche Selektion mit dem Ergebnis der ⇒Anpassung, aber auch durch andere Prozesse wie etwa gestaltbildende immanente Mechanismen, die im Organismus während der Entwicklung auftreten und von der Umwelt beeinflusst werden können (evolutionäre Entwicklungsbiologie, Evo-Devo, ⇒kulturelle Evolution). Evolution ist eine Tatsache, ein realer, nachweisbarer, bestehender, anerkannter Sachverhalt.

Evolution, kulturelle ⇒kulturelle Evolution.

Evolutionstheorie ⇒synthetische Evolutionstheorie.

exponentieller technischer Fortschritt ⇒Infobox 5.

Extropie in Kontrast zu Entropie als Maß für die Intelligenz, den Informationsgehalt, die verfügbare Energie, die Langlebigkeit, die Vitalität, die Vielfalt, die Komplexität und die Wachstumsfähigkeit eines Systems. Der Begriff wird als Extropianismus im ⇒Transhumanismus verwendet.

Fehlanpassung, evolutionäre kulturelle ⇒Infobox 1.

Fitness, evolutionäre oder reproduktive bezeichnet im engeren Sinne die Anzahl fortpflanzungsfähiger Nachkommen im Leben des Individuums. Die individuelle Fitness hängt von vielen interagierenden genetischen, Entwicklungs- und Umweltfaktoren ab. Fitness wird auch auf Populationen bezogen und mathematisch definiert. Fitness in der Evolution hat nichts mit sportlicher oder umgangssprachlicher F. zu tun.

Futures Studies Zukunftsforschung. Wissenschaftsdisziplin, die sich mit Bedingungen und Methoden befasst, um Aussagen über die Zukunft machen zu können.

Gehirn-Computer-Schnittstelle ⇒Brain-Computer-Interface.

Gehirn uploading ⇒*Mind uploading.*

Gen ⇒Infobox 7.

Gen-Kultur-Koevolution wechselseitige, sich gegenseitig bedingende Evolution im Zuge kultureller und genetischer Veränderungen.

Gene drive ⇒Infobox 10.

Genetik Vererbungslehre. Ein Teilgebiet der Biologie. Genetik beschäftigt sich mit dem Aufbau und der Funktion von Erbanlagen (⇒Genen) sowie mit deren Weitergabe an die nächste Generation (⇒Vererbung).

genetische *Enhancements* gentechnische Veränderungen der Keimzellen, die über die Therapie von Erbkrankheiten hinausgehen und zu neuartigen, vererbbaren Phänotyp-Eigenschaften führen, z. B. erhöhte Intelligenz, verbessertes Aussehen oder Körpergröße.

genetischer Code ⇒Infobox 7.

Genom ⇒Infobox 7.

Genom-Editierung ⇒Infobox 8.

Genomsequenzierung die Bestimmung der gesamten DNA-Sequenz, d. h. aller ⇒Nukleotid-Abfolgen in einem DNA-Molekül.

genomweite Sequenzierung, WGS (*Whole genome sequencing*) Bestimmung der gesamten ⇒DNA-Sequenz eines Individuums zu einem bestimmten Zeitpunkt. WGS wird in Kliniken seit 2014 in besonderen Fällen eingesetzt und kann für zukünftige ⇒personalisierte Medizin eine große Rolle spielen.

Genotyp Gesamtheit der Gene eines Organismus. Der Genotyp ist jedoch nicht die Gesamtheit der Erbanlagen, da es auch epigenetische Vererbung gibt.

Genpool Gesamtheit der Genvarianten (Allele) aller Gene einer Art in der Population. Der Genpool meint die genetische Vielfalt oder Bandbreite einer Art. Begriff der Populationsgenetik.

Genschere ⇒Infobox 8.

Gentechnik Methoden und Verfahren, die auf den Kenntnissen der Molekularbiologie und ⇒Genetik aufbauen und gezielte Eingriffe in das Erbgut (⇒Genom) und damit in die biochemischen Steuerungsvorgänge von Lebewesen ermöglichen (⇒Genom Editierung).

Gentherapie, Genmedizin neu entstehende Verfahren, bei denen krankhafte Gene ersetzt oder abgeschaltet werden oder neue Gene zur Krankheitsbekämpfung im Körper der Patienten eingesetzt werden. Die Gentherapie strebt eine vollständige Beseitigung der Krankheitsursachen an und unterscheidet sich damit grundsätzlich von der Behandlung mit Pharmazeutika. Großer zukünftiger Wachstumsmarkt.

Hämoglobin eisenhaltiger Proteinkomplex, der als Blutfarbstoff in den roten Blutkörperchen von Wirbeltieren enthalten ist, Sauerstoff bindet und diesen so im Blutkreislauf transportiert.

Horvath-Uhr molekularbiologische Uhr, die das biologische Alter eines Individuums misst. Für den Nachweis werden 353 Marker an der DNA verwendet, kleine Moleküle, die in jeder Zelle an Millionen bestimmter Stellen der DNA anhaften (Methylierung). Mit fortschreitendem Alter bilden sich altersspezifische Muster dieser Anhängsel. Sie sind bei allen Gewebearten zuverlässig messbar.

Immuntherapie Behandlungsformen, bei denen das Immunsystem beeinflusst wird. Hierbei kommen in Abhängigkeit von der Erkrankung modulierende (stimulierende und supprimierende) oder substituierende (ersetzende) Verfahren zur Anwendung.

individuelles Lernen Ein Individuum lernt individuell, wenn es sich etwas selbst beibringt. Individuelles Lernen ist aufwändig und teurer als ⇒soziales Lernen. Kumulative Kultur ist damit allein nicht möglich.

Insulin für alle Wirbeltiere lebenswichtiges Hormon, das in den β-Zellen der Bauchspeicheldrüse gebildet wird. Insulin ist an der Regulation des Stoffwechsels, insbesondere dem der Kohlenhydrate, beteiligt. Es senkt den Blutzuckerspiegel, indem es Körperzellen dazu anregt, Glucose aus dem Blut aufzunehmen.

Intelligenzexplosion hypothetische schnelle Zunahme maschineller Intelligenz im Rahmen der rekursiven Selbstverbesserung künstlich intelligenter Systeme, die ggf. gegenseitig voneinander lernen. Eine Intelligenzexplosion kann sich menschlicher Kontrolle entziehen.

In-vitro-Fertilisation (IVF) künstliche Befruchtung ⇒Infobox 9.

iPS induzierte pluripotente ⇒Stammzellen.

Keimzellen, Geschlechtszellen, Gameten spezielle Zellen, bei Tieren Eizellen und Spermien, von denen sich bei der sexuellen Fortpflanzung zwei zu einer ⇒Zygote vereinigen, wodurch ein Embryo entsteht. Keimzellen entstehen dann wieder neu. Ihre Generationenfolge nennt man Keimbahn. Keimzellen werden von ⇒somatischen Zellen unterschieden.

KI ⇒künstliche Intelligenz.

Kipppunkt eine wichtige Entdeckung bzw. ein neuer Prozess im Verlauf technischer Entwicklungsphasen, die/der den weiteren Fortschritt beschleunigt und in neue Bahnen lenkt. Ein Beispiel ist die Entdeckung des CRISPR-Mechanismus im Jahr 2012 oder das *Deep Learning* in der künstlichen Intelligenz ab ca. 2013. In einem komplexen System meint ein Kipppunkt, dass sich ab einem bestimmten Niveau eines Wertes das gesamte System nicht mehr linear und berechenbar verhält. Es kippt. Die Entwicklung kann nicht mehr aufgehalten werden und lässt sich, wenn überhaupt, nur noch erschwert steuern. Typisch für Kipppunkte ist also, dass eine kleine lineare Änderung zu großen nicht-linearen, u. U. auch chaotischen Veränderungen des Systems führt. Auch selbstverstärkende Effekte durch Rückkopplungen sind typisch. Kipppunkte können kaum vorhergesagt werden. Sie sind bekannt in ökonomischen oder sozialen System, in der Klimaforschung, der Ökologie und Evolution und in anderen Disziplinen. Einen Kipppunkt markierte in der Folge zunehmender fauler Kredite auf dem US-Immobilienmarkt die Pleite des Bankhauses Lehman Brothers im Jahr 2008, die eine Rezession und weltweite Finanzkrise auslöste.

kognitive Plastizität, Plastizität des Verhaltens die Fähigkeit des Menschen, eine Vielfalt von Verhaltensformen auszubilden und sich von der genetischen Basis entkoppelt an verschiedene Umweltsituationen anzupassen.

kollektive Intelligenz gemeinschaftliches, über den Zeitraum vieler Generationen erworbenes Wissen einer sozialen Gruppe über immer bessere Fähigkeiten, Techniken, Normen und/oder Verhaltensweisen als ein Ergebnis ⇒kumulativer kultureller Evolution. Weniger erfolgreiche Techniken und Fertigkeiten werden gefiltert und verschwinden wieder, die erfolgreichen breiten sich dagegen durch ⇒soziales Lernen aus. Kollektives

Wissen bzw. kollektive Intelligenz wird für die Evolution des Menschen von manchen als bedeutender gewertet als individuelle Intelligenz.

Komplexität Eigenschaft eines Systems, wonach sein Gesamtverhalten nicht durch vollständige Informationen über seine Einzelkomponenten und deren Wechselwirkungen beschrieben werden kann. Homogene Anfangsbedingungen können durch lokale Aktivität der Elemente nicht-homogene (komplexe) Muster oder Strukturen erzeugen. Komplexe Systeme lassen keine exakten Vorhersagen zu und können nicht komplett beherrscht/gesteuert werden. Sie zeichnen sich ferner aus durch Eigenschaften wie Multikausalität, Eigendynamik, Selbstregulierung, Instabilität, Unsicherheit, Nicht-Linearität, Rückkopplungen ($\Rightarrow$Rückkopplung) etc.

Konjunktionsfehlschluss logischer Fehlschluss, bei dem in einem konkreten Fall spezielle Bedingungen als wahrscheinlicher eingeschätzt werden als weniger spezielle.

Kooperation Evolutionsmechanismus oder -faktor, der in der zweiten Hälfte des 20. Jahrhunderts als solcher erkannt wurde und im Rahmen der Spieltheorie und der Soziobiologie beschrieben wird. Zuletzt wurden Mechanismen vorgestellt, die erklären, warum Menschen nicht nur den eigenen Vorteil im Auge haben, sondern sich gegenseitig helfen und bereit sind, für ein übergeordnetes Wohl zurückzustecken und Opfer zu bringen. Kooperation kann die Fitness eines Einzelindividuums überwiegen. Die Gruppe kann dann im Überlebenskampf stärker sein als ein einzelnes Individuum. Kooperation findet sich auf allen biologischen Ebenen: im Genom, bei Zellen, Mikroorganismen, staatenbildenden Insekten und Säugetieren.

Kryonik, Kryotechnik das Einfrieren in flüssigem Stickstoff (Kryokonservierung) von Organismen oder einzelnen Organen (meist dem Gehirn), um sie – sofern möglich – in der Zukunft „wiederzubeleben".

künstliche Befruchtung, In-vitro-Fertilisation (IVF) $\Rightarrow$Infobox 9.

künstliche Intelligenz (KI) $\Rightarrow$Infobox 11.

Kultur allgemein verstanden als menschliche Leistung in Kunst, Wissenschaft, Technologie, Moral, Recht und anderen Bereichen. Im evolutionären Zusammenhang wird Kultur definiert als Information, die das Verhalten von

Individuen beeinflussen kann, das diese sie von anderen Mitgliedern ihrer Art erwerben, und zwar durch Schulung, Imitation und andere Formen sozialer Übertragungen.

kulturelle Evolution evolutionäre Theorie des sozialen Wandels. Sie folgt aus der Definition von ⇒Kultur als Information, die das Verhalten von Individuen beeinflussen kann, indem diese sie von anderen Mitgliedern ihrer Spezies durch Lehre, Nachahmung und andere Formen der sozialen Übertragung erwerben. Kulturelle Evolution ist die Veränderung dieser Information im Lauf der Zeit.

kulturelle Vererbung Formen der Weitergabe von Wissen innerhalb von Generationen (horizontale Vererbung) und über Generationengrenzen hinweg (vertikale Vererbung).

kumulative kulturelle Evolution ⇒Infobox 2.

Lactosetoleranz, Lactasepersistenz Milchzuckerverträglichkeit. Bei Lactosetoleranz wird der mit der Nahrung aufgenommene Milchzucker (Lactose) als Folge anhaltender Produktion des Verdauungsenzyms Lactase auch beim Erwachsen verdaut. Lactosetoleranz ist für den größeren Teil der Weltbevölkerung zum Normalfall geworden. Populationen der nördlichen Hemisphäre verfügen aufgrund unterschiedlicher Mutationen und kulturell geförderter Viehwirtschaft über eine hohe Lactosetoleranz. Der Anteil an Lactosetoleranz liegt in der erwachsenen Weltbevölkerung bei über 70 %, in Europa bei 90 %, in Ost- und Südostasien bei 10–20 %.

Mem kleinstes Muster ⇒kultureller Vererbung wie Ideen, Überzeugungen oder Verhaltensmuster. Meme werden als kulturelle Pendants zu biologischen Genen gesehen und können nach Ansicht von ⇒Richard Dawkins wie Gene der natürlichen Selektion unterliegen, deren Grundeinheit Replikatoren von Informationen sind.

Mind uploading Prozess, um mentale Inhalte auf ein externes Medium zu übertragen. Dazu müssten sämtliche Neurone, andere Nervenzellen eines Gehirns, alle Synapsen und evtl. weitere Komponenten des Gehirns im Computer simuliert werden. Im Idealfall soll eine neue Identität der betreffenden Person im Computer entstehen.

Molekularmedizin Bereich, in dem physikalische, chemische, biologische, bioinformatische und medizinische Techniken eingesetzt werden, um molekulare Strukturen und Mechanismen zu beschreiben, grundlegende molekulare und genetische Fehler als Ursachen von Krankheiten zu identifizieren und molekulare Interventionen zu deren Korrektur zu entwickeln.

Nanobots, Nanoroboter autonome, replizierbare Maschinen (Bioroboter) bzw. molekulare Maschinen im Kleinstformat als eine Entwicklungsrichtung der Nanotechnologie. Nanobots sollen auf die Größe von Blutkörperchen und darunter schrumpfen und möglichst zur eigenständigen Fortbewegung befähigt sein. Solchen Maschinen wird eine große Zukunft in der Medizin vorausgesagt. Sie sollen beispielsweise im menschlichen Organismus diagnostisch eingesetzt werden und auf der Suche nach Krankheitsherden (Krebszellen, Tumore etc.) zu deren Beseitigung befähigt sein.

Nanomedizin ⇒Infobox 6.

natürliche Selektion zentraler Begriff und Mechanismus in Darwins Theorie und der ⇒synthetischen Evolutionstheorie, wonach Variationen bei der Vererbung im Hinblick auf den ⇒Fitnessbeitrag des Individuums bevorzugt werden oder nicht. Die natürliche Selektion erzeugt ⇒Anpassung in der Population.

Neuron, Nervenzelle eine auf Erregungsleitung und Erregungsübertragung spezialisierte Zelle, die als Zelltyp in Gewebetieren und damit in nahezu allen vielzelligen Tieren vorkommt.

Nischenkonstruktion (engl. *niche construction*) von ⇒Odling-Smee 1988 aufgegriffenes und ausgebautes Konzept. Beschreibt die Fähigkeit von Organismen, Komponenten ihrer Umwelt, etwa Nester, Bauten, Höhlen, Nährstoffe zu konstruieren, zu modifizieren und zu selektieren. Nischenkonstruktion wird in der Evolutionstheorie zunehmend als eigenständiger ⇒Anpassungsmechanismus bzw. Evolutionsfaktor neben der ⇒natürlichen Selektion gesehen. Sie bestimmt den Selektionsdruck mit, dem Arten ausgesetzt sind. Die Theorie der Nischenkonstruktion sieht eine komplementäre, wechselseitige Beziehung zwischen Organismus und Umwelt (Lange 2020).

personalisierte Medizin Behandlung von Patienten unter Einbeziehung individueller Gegebenheiten über die funktionale Krankheitsdiagnose hinaus. Das schließt auch das fortlaufende Anpassen der Therapie an den Genesungsfortschritt ein.

Phänotyp die Gesamtheit aller morphologischen, physiologischen und psychologischen Merkmale eines Individuums. Der Phänotyp ist wegen epigenetischer Vererbung und wegen des komplexen Zusammenspiels auf den biologischen Ebenen mit dem ⇒Genotyp nicht eindeutig determiniert.

PID ⇒Präimplantationsdiagnostik

Plastizität des Verhaltens ⇒kognitive Plastizität.

Posthumanismus, kritischer Denkrichtung, die sich mit dem Transhumanismus, hauptsächlich mit der dem Humanismus-Begriff auseinandersetzt. Die neuen Konzeptionen des Menschen werden als Überwindung des gegenwärtigen menschlichen Stadiums als posthuman bezeichnet.

Posthumanismus, technischer Denkrichtung, die sich auf dem Transhumanismus begründet und zu Vorstellungen gelangt, dass der Mensch durch intelligente technische Wesen oder durch ⇒technologische Singularität abgelöst wird.

Postwachstum ⇒Infobox 15.

Präimplantationsdiagnostik (PID) Methoden zell- und molekulargenetischer Untersuchungen eines Embryos vor der Implantation oder einer Eizelle vor der Befruchtung. Die Untersuchung dient dazu zu ermitteln, ob ein durch ⇒In-vitro-Fertilisation erzeugter Embryo vererbbare Krankheiten aufweist, und der Entscheidung darüber, ob er in die Gebärmutter eingepflanzt werden soll oder nicht.

Proteine, Eiweiße ⇒Infobox 7.

Reduktionismus Vorstellung, nach der sich die höheren Integrationsebenen eines Systems aufgrund der Kenntnis seiner physikalischen Bestandteile vollständig kausal erklären lassen. Die kausalen Fähigkeiten liegen also für einen derart formulierten Reduktionismus ausschließlich auf der Ebene der Grundbestandteile eines Systems. Ein Beispiel ist die Erklärung eines phänotypischen Merkmals ausschließlich durch seine ⇒Gene. Reduktionistische Sichten sind i. d. R. auch deterministische Sichten (Determinismus).

Reduktionismus steht wissenschaftsphilosophisch seit langem stark in der Kritik dafür, dass er komplexe Zusammenhänge nur unzureichend erkläre. Außerdem verzerre er die Realität. Abgelehnt wird Reduktionismus, wenn er als einzige Erklärungsmethode dienen soll, also dogmatisiert wird. Reduktionismus war nicht nur in der Evolutionstheorie vorherrschend, auch die Wirtschaftstheorie verwendete in neoliberalen Modellen lange Zeit die zentrale Grundannahme des rational handelnden Marktteilnehmers, der über alle marktrelevanten Informationen verfügt. Diese Sicht und ihre Vorhersagen werden heute stark kritisiert und dürfen als überholt gelten.

Reverse-Aging die Umkehr von Alterungsprozessen, die zu Verjüngung von Organen oder des Individuums insgesamt führt.

Rückkopplung Prinzip der Wechselwirkungen. Bei Rückkopplungseffekten bzw. reziproker Kausalität wirken Faktoren, die eine Wirkung in einem Prozess darstellen, wieder auf ihre ursprüngliche Ursache zurück. Solche Prozesse kennt man heute in vielen Bereichen, in der Wirtschaft, Gesellschaft, Biologie und anderen.

SARS-CoV-2 (engl. *Severe acute respiratory syndrome coronavirus 2*, deutsch „schweres akutes respiratorisches Syndrom"-Coronavirus-2), in der Umgangssprache auch Coronavirus genannt. Das Virus gehört zur Familie der Coronaviren. Eine Infektion kann die Atemwegserkrankung ⇒COVID-19 verursachen.

Selektion ⇒natürliche Selektion.

Seneszenzzellen alternde Zellen, die noch leben, sich aber nicht mehr teilen und kein neues Gewebe mehr bilden können.

Sichelzellanämie erbliche Erkrankung der roten Blutkörperchen. Heterozygote (mischerbige) Träger sind malariaresistent.

Singularität ⇒technologische Singularität.

somatische Zellen Zellen, die Gewebe und Organe bilden. Sie werden von den ⇒Keimzellen unterschieden.

soziales Lernen Lernprozesse, mit denen neue Verhaltensweisen durch Beobachtung und durch Nachahmung anderer (Imitieren) erworben werden. Das Lernen eines Kindes von den Eltern ist ebenso soziales Lernen wie ein Studium an der Universität. Soziales Lernen ist eine der wesentlichen Voraussetzungen des Menschen für kulturelle Leistungen, insbesondere für ⇒kumulative kulturelle Evolution.

Stammzellen Körperzellen, die sich in verschiedene Zelltypen oder Gewebe ausdifferenzieren können. Je nach Art der Stammzellen und ihrer Beeinflussung haben sie das Potenzial, sich in jegliches Gewebe (embryonale Stammzellen) oder in bestimmte festgelegte Gewebetypen (adulte Stammzellen) zu entwickeln. **Pluripotente Stammzellen** können zu jedem Zelltyp eines Organismus differenzieren, da sie noch auf keinen bestimmten Gewebetyp festgelegt sind. Jedoch sind sie im Gegensatz zu **totipotenten Stammzellen** nicht mehr in der Lage, einen ganzen Organismus zu bilden. **Induzierte pluripotente Stammzellen (iPS)** entstehen durch künstliche Reprogrammierung von ⇒somatischen Zellen, z. B. aus Hautzellen eines Erwachsenen. Die Herstellung von iPS ist in Deutschland nach dem Embryonenschutzgesetz erlaubt.

Stammzelltherapie Behandlungsverfahren, bei denen Stammzellen eingesetzt werden. Sie wird bei der Behandlung verschiedener Krebserkrankungen, wie zum Beispiel bei Leukämien, angewendet, zukünftig auch bei Gewebe- und Organtransplantationen.

Superintelligenz ⇒*Artificial Super Intelligence (ASI).*

Survival of the Fittest Überleben der am besten angepassten Individuen einer Art.

synthetische Biologie die Ausstattung eines Organismus mit Eigenschaften, die in natürlich evolvierten Lebensformen nicht vorkommen. Das wird typischerweise durch das Einfügen von ⇒Genen in einen Organismus erreicht, wobei diesem die Grundlage für einen biochemischen Pfad ermöglicht wird, der für die spezifische Art neu ist. ⇒Genom-Editierung ist eine der wichtigsten modernen Techniken der synthetischen Biologie. Der Weltmarkt für Anwendungen mit synthetischer Biologie wird für das Jahr 2022 im Umweltprogramm der Vereinten Nationen auf knapp 14 Mrd. US-Dollar geschätzt (UNEP 2019).

synthetische Evolutionstheorie, Modern Synthesis, die in den 1930er- und 1940er-Jahren formulierte Zusammenführung der Evolutionssichten verschiedener biologischer Disziplinen, basierend auf der Theorie Darwins, der mendelschen Vererbungslehre, der ⇒Genetik, Zoologie, Paläontologie, Botanik sowie als hauptsächlichem formalem Apparat der neu hinzugekommenen Populationsgenetik. Die Synthese geht von kleinsten Variationen bei der ⇒Vererbung aus (Gradualismus), die durch genetische Mutationen bestimmt sind. Die genetische Vererbung ist die einzige Form der Vererbung (Genzentrismus) und die ⇒natürliche Selektion der wichtigste Mechanismus der Evolution. Diese Theorie ist heute in Form der ⇒Erweiterten Synthese ausgebaut und in wesentlichen Annahmen abgeändert. Auch die Erklärung ⇒kultureller Evolution fließt jetzt mit ein.

technischer Fortschritt ⇒exponentieller technischer Fortschritt.

technologische Singularität Zeitpunkt, ab dem sich Maschinen mittels künstlicher Intelligenz rasant selbst verbessern und damit den technischen Fortschritt so stark beschleunigen, dass die Zukunft der Menschheit jenseits dieses Ereignisses nicht mehr vorhersehbar ist (⇒Intelligenzexplosion). Eine Ablösung bzw. Verdrängung der Menschheit ist vorstellbar.

Telomere ⇒Infobox 12.

Theorie U eine von ⇒Scharmer und Kollegen entwickelte Methode des Veränderungsmanagements. Die Prinzipien der Theorie U werden vorgeschlagen, um politischen Führungspersönlichkeiten, Beamten und Managern zu helfen, vergangene unproduktive Verhaltensmuster zu durchbrechen, die sie daran hindern, sich in die Perspektiven ihrer Wähler und Klienten einzufühlen und durch die sie oft ineffektive Muster der Entscheidungsfindung beibehalten.

Tipping points ⇒Kipppunkte.

Transhumanismus internationale philosophische Denkrichtung, die die Grenzen menschlicher Fähigkeiten intellektuell, physisch und/oder psychisch durch den Einsatz biologischer oder technologischer Verfahren erweitern will. Der Schwerpunkt der Transhumanismusbewegung ist die Anwendung neuer und künftiger Technologien. Dazu zählen unter anderem ⇒Nanotechnologie, Biotechnologie mit Schwerpunkten in der Gentechnik und der regenerativen Medizin, Gehirn-Computer-Schnittstellen, das Hochladen des menschlichen Bewusstseins in digitale Speicher (⇒*Mind uploading),* die Verbesserung des Menschen durch Prothesen, Entwicklung von ⇒Superintelligenz und Weiterentwicklung der ⇒Kryonik. Die Technologien sollen es jedem Menschen ermöglichen, seine Lebensqualität nach Wunsch zu verbessern sowie sein Aussehen sowie seine physikalischen und seelischen Möglichkeiten selbst zu bestimmen. Niemand solle zu irgendeiner Veränderung gezwungen werden.

transhumanistische Deklaration ⇒Infobox 13.

Vererbung direkte Übertragung der Eigenschaften von Lebewesen auf ihre Nachkommen. Neben genetischer gibt es auch epigenetische, physiologische und ökologische Vererbung, soziale Verhaltensübertragung und kulturelle Vererbung.

Xenotransplantation Verpflanzung tierischer Organe in Menschen.

Wagenhebereffekt ⇒kumulative kulturelle Evolution.

Zelluhr ⇒Horvath-Uhr.

Zukunftsforschung, Institutionen ⇒Infobox 14; s. auch ⇒*Futures studies*.

Zygote zelluläres Ergebnis der Befruchtung einer Eizelle durch ein Spermium.

3D-Bioprinting Einsatz von 3D-Druck-ähnlichen Techniken zur Kombination von Zellen, Wachstumsfaktoren und Biomaterialien zur Herstellung biomedizinischer Teile, die natürliche Gewebeeigenschaften maximal imitieren.

Literatur

Wenn hier nicht anders angegeben, wurde für Abschn. 12.1 die englische Wikipedia als Quelle verwendet; weitere Quellen siehe dort.

Bostrom N (2016) Superintelligenz. Szenarien einer kommenden Revolution. Suhrkamp, Berlin. Engl. (2014) Superintelligence. Paths, Dangers, Strategies. Oxford University Press, Oxford

Braungart M, McDonough W (2014) Cradle to Cradle: einfach intelligent produzieren. Piper, München

Church G, Regis E (2012) Regenesis. How synthetic biology will reinvent nature and ourselves. Basic Books, New York

Dawkins R (1978) Das egoistische Gen. Spektrum Heidelberg. Engl. (1976) The Selfish Gene. Oxford University Press, Oxford

Doudna JA, Sternberg SH (2018) Eingriff in die Evolution. Die Macht der CRISPR-Technologie und die Frage, wie wir sie nutzen wollen. Springer, Berlin. Engl. (2017) A crack in creation. Gene editing and the unthinkable power to control evolution. Houghton Mifflin Harcourt Publishing, Boston

FM-2030 (1989) Are you a transhuman? monitoring and stimulating your personal rate of growth in a rapidly changing world. Warner Books, New York

Henrich J (2017) The secret of our success. How culture is driving human evolution, domesticating our species, and making us smarter. Princeton University Press, Princeton

Huxley J (1942) Evolution: the modern synthesis. Allen & Unwin, London. Neuausgabe Pigliucci M, Müller GB (Hrsg) (2010) The MIT Press, Cambridge, Mass

Jackson T (2017) Wohlstand ohne Wachstum. Grundlagen für eine zukunftsfähige Wirtschaft. Oekom, München. Engl. (2016) Prosperity without growth – foundations for the economy of tomorrow, 2. Aufl. Routledge, London

Jonas H (1979) Das Prinzip Verantwortung. Versuch einer Ethik für die technologische Zivilisation. Insel-Verlag, Frankfurt am Main

Kahneman D (2016) Schnelles Denken, langsames Denken. Pantheon, München. Engl. (1990) Thinking, fast and slow. Farrar, Straus and Giroux, New York

Kurzweil R (2014) Menschheit 2.0 – Die Singularität naht. 2. durchges. Aufl. Lola books, Berlin. Engl. (2005) The Singularity is near: when humans transcend biology. Viking Press, New York

Lange A (2020) Evolutionstheorie im Wandel. Ist Darwin überholt? Springer Nature, Heidelberg

Lorenz K (1996) Die acht Todsünden der zivilisierten Menschheit. Piper-Verlag, 34. Edition, München

Odling-Smee FJ, Laland KN, Feldman MW (2003) Niche construction: the neglected process in evolution. Princeton University Press, Princeton

Richerson PJ, Boyd R (2005) Not by genes alone. How culture transformed human evolution. The University of Chicago Press, London

Scharmer CO (2016) Theorie U. Von der Zukunft her führen. Presencing als soziale Technik. Carl-Auer-Verlag, Heidelberg 2020. Engl. (2007) Theory U: leading from the future as it emerges; the social technology of presencing. Meine, Leipzig

Scharmer CO (2017) Von der Zukunft her führen: Von der Egosystem- zur Ökosystem-Wirtschaft. Theorie U in der Praxis. Carl Auer, Heidelberg. Engl. (2007) Theory U: leading from the future as it emerges; the social technology of presencing. Meine, Leipzig

Tegmark M (2017) Leben 3.0 – Menschsein im Zeitalter Künstlicher Intelligenz. Ullstein, Berlin. Engl. (2017) Life 3.0 Alfred A. Knopf, New York. Engl. (2017) Life 3.0: being human in the age of artificial intelligence. Allen Lane, London

Tomasello M, (2014) Eine Naturgeschichte des menschlichen Denkens. Suhrkamp, Berlin. Engl. (2014) Engl. (2014) A natural history of human thinking. Harvard University Press, Cambridge

UNEP (2019) United Nations Environment Programme. Frontiers 2018/19. Emerging Issues of Environmental Concern. Nairobi. https://wedocs.unep.org/bitstream/handle/20.500.11822/27545/Frontiers1819_ch5.pdf

Venter C (2014) Leben aus dem Labor: Die neue Welt der synthetischen Biologie. S. Fischer, Frankfurt. Engl. (2013) Life at the speed of light: from the Double Helix to the Dawn of Digital Life. New York

Walsh T (2019) 2062 – Das Jahr, in dem die künstliche Intelligenz uns ebenbürtig sein wird. Riva Verlag München. Engl. (2018) 2062 – The World That AI Made. La Trobe University Press, Carlton. Engl. (2018) The World that AI Made. LaTrobe University Press, Carlton (Vic.)

Walsh T (2018) It's alive. Wie künstliche Intelligenz unser Leben verändern wird. Engl. (2017) It's Alive! Artificial Intelligence from the Logic Piano to Killer Robots. Latrobe University Press, Carlton (Vic.)

Wolfe N (2011) The Viral Storm: The Dawn of a New Pandemic Age. Times Book. Dt. (2020) Virus. Die Wiederkehr der Seuchen. Rowohlt, Hamburg

Ein persönlicher, nicht wissenschaftlicher Epilog

Technik beherrscht uns und die Welt. Die Totalbestimmung durch Technik wird Realität; sie bestimmt das Menschenbild und unsere Evolution in unzähligen Facetten. Haben Sie das aus dem Text so herausgelesen? Dann habe ich erreicht, was ich wollte. Tatsächlich habe ich als jugendlicher Diabetiker durch sprunghafte technische Innovationen in der Therapie dieser Krankheit über ein halbes Jahrhundert lang großartige Verbesserungen erfahren dürfen. Ohne diese Fortschritte wäre ich heute wohl nicht mehr am Leben. Die Evolution hätte mich ohne Kinder geräuschlos selektiert. Der technische Fortschritt hat also Großes für mich geleistet und Neuerungen werden mich sicher weiter überraschen.

Da ist aber noch mehr. Da ist ein Bewusstsein, dass ein atmender und fühlender, liebender, freudiger und leidender Beethoven berückend schöne, heitere und tiefgründige Klaviersonaten geschrieben hat, da ist die Erinnerung, wie am wilden Big Sur in Kalifornien die Wellen des Pazifik toben, und da ist ein waches Bewusstsein, dass wir auf einer fragilen Erde leben, die durch unser Tun bedroht und gefährdet ist. Noch lange werden wir nur diesen einen wundervollen blauen Planeten für uns haben und keinen anderen. Er ist uns geschenkt, eine Insel noch immer voller bunter Blumen, Wälder, Wolken und Leben. Ob wir die Artenvielfalt dezimieren und ob es uns weiterhin gibt, ist ihm schlicht gleichgültig. Er braucht uns nicht und wird uns auch nicht vermissen, wenn wir den falschen Weg wählen. Die Frage ist daher, ob wir „das Zeug dazu haben", uns diese Erde

© Der/die Herausgeber bzw. der/die Autor(en), exklusiv lizenziert durch Springer-Verlag GmbH, DE, ein Teil von Springer Nature 2021
A. Lange, *Von künstlicher Biologie zu künstlicher Intelligenz – und dann?*,
https://doi.org/10.1007/978-3-662-63055-6

zu bewahren. Wir brauchen sie. Ich frage mich oft voller Bedenken, was wir wirklich wollen.

Der evolutionäre Wandel, den ich beschrieben habe, ist an einer Weggabelung angekommen, die Relevanz für unsere Spezies hat. Die eine Richtung ist der langfristig vollständige Ersatz unserer biologischen Spezies durch intelligente Technik, tausendfach intelligenter als wir es heute sind – die technologische Singularität. Ihre Ausprägung ist nicht kalkulierbar. Die Kontrolle wird uns möglicherweise genommen. Die andere Richtung bedeutet, dass wir unseren freien Willen, oder zumindest das, was wir dafür halten, bewahren und schärfen. Können wir die Technosphäre so lenken, dass sie uns nützlich ist und dass es uns gelingt, auch in Zukunft ein Leben zu führen, das es wert ist, so genannt zu werden?

Bei aller Hightech-Bewunderung kann ich mir in meiner begrenzten Vorstellungskraft die Zukunft doch nur so vorstellen, dass ihr, meine Enkel und eure Enkel, dort auch noch über einen Schmetterling staunt, wenn er am Wegrand hochflattert, dass eure Eltern euch Geschichten erzählen und mit euch spielen und lachen. Ich hoffe und wünsche, dass euch das alles erhalten bleibt. Ihr seid in meinen Gedanken und seid schon in meiner Vorstellung lebendig. Ihr seid meine Zukunft, ich bin eure Vergangenheit.

Ein Leben, das die Natur virtuell vollständig zu ersetzen vermag, entzieht sich meiner Vorstellungskraft. Vielleicht ahnte Henry David Thoreau (1817–1862) etwas, wenn er in sein Tagebuch schrieb: „Ich fürchte, wer in hundert Jahren über diese Hügel wandert, wird das Vergnügen, wilde Äpfel vom Baum zu pflücken, nicht mehr kennen." Ich hoffe so sehr für euch, dass er unrecht hatte.

Wenn ich eine Pianistin Chopins g-Moll-Ballade spielen höre, will ich sie auch atmen spüren und wahrnehmen, wie sie in die Tasten greift. Ich weiß, all das lässt sich demnächst wohl perfekt simulieren. Aber niemals lässt sich mein Eindruck simulieren, dass da ein junger Pole war, der diese pathetische Musik geschrieben hat, ein empfindsamer Mann, aus dessen Seele Gefühle in die Tinte flossen, die uns ein Stück Ewigkeit bedeuten. Und niemals wohl lässt sich auch das Erlebnis kopieren, wie der kleine junge Zaunkönig letzten Sommer in mein Fenster flatterte, zu Tode verängstigt, bis ich den Erschrockenen vorsichtig aber entschlossen in die Hand nahm und ihn aufgeregt draußen wieder hoch in die Freiheit warf.

Mögen wir unsere Evolution in eine Zukunft steuern, die die meisten Menschen gutheißen können und die unseres Namens würdig ist. Mögen wir uns die Möglichkeit bewahren, anzuhalten und eine Minute nachzudenken. Mögen wir achtsam mit uns selbst und hilfsbereit für andere Menschen und für andere Lebewesen sein. Mögen wir auch erfahren, dass wir nicht viel brauchen, um immer wieder einen Moment lang glücklich zu sein. Dann hätten wir etwas erhalten, auf das wir stolz sein dürften. Monet und Mozart, Thoreau und Schweitzer haben uns gelehrt oder lassen uns einfach nur empfinden, wie es ist, sich mit allem Lebenden verbunden zu fühlen. Das ist unser größter Schatz. Nehmen wir ihn mit in unsere spannende Zukunft.

> *Ihr aber, wenn es soweit sein wird*
> *Dass der Mensch dem Menschen ein Helfer ist*
> *Gedenkt unsrer*
> *Mit Nachsicht.*
>
> Bertolt Brecht
> An die Nachgeborenen

Stichwortverzeichnis

1,5-Grad-Ziel 349
1+Million Genomes Initiative 214
11. September 2001 149
2045 Initiative 324
2062 (Buch) 314, 395
23andme (Firma) 188, 213
3D-Bioprinting, Erklärung 411
3D-Brille 278
3D-Drucker 126

A

Abholzung von Tropenwäldern 143, 145
Abstoßungsreaktion 168
Acht Todsünden der zivilisierten Menschheit (Buch) 354
Activity Tracker 216
ACTN3-Gen 184
Ada Health (KI-System) 223
Adipositas 10, 39, 255
Adorno, Theodor W. (Philosoph) 365
Affen 48, 55, 347
Afrika 147
AgeX Therapeutics (Firma) 263

Aging Cell, Magazin 262
Agrarindustrie 343
Agrarproduktions- und Verteilungssystem 357
Agrarwirtschaft 345
AIDS 112, 140
Air Quality Life Index (AQLI) 246, 247
Airbnb (Webportal) 83
Aktienkurse 322
Alexa (KI-System) 217, 305
Algorithmen in KI-Systemen 309, 326
Alkohol 55, 247, 253, 370
Allergie 10, 235
Allergieanfälligkeit 237, 360
Alphabet (Konzern) 113, 264
AlphaGo (KI-System) 221, 222, 305
AlphaGo Zero (KI-System) 222
Alterskrankheiten 249, 262, 270
Altruisten 362
Alzheimer 112, 194, 255
Amazonasgebiet 144
American Council for the UN 87
Amharen 6
Aminosäuren 111, 113, 116
    Erklärung 110

Amundsen, Roald (Polarforscher) 31
Ancestry (Ahnenportal) 253
Anomalie 44
Anopheles-Mücke 201, 202
Anpassung 16, 33, 35, 37, 39, 40, 42,
    45, 55–57, 198, 238, 319,
    328–330, 332, 364, 368, 370
  abnehmende Population 38
  an ökologische Umgebung 47
  Aquarium 64
  Enhancements 198
  epigenetische 10
  Erklärung 397
  genetische 54
  Guppies 38
  Hautfarbe 14
  Höhenluft 6, 12, 21
  Kanus 29
  Kiefer 6
  Klimaerwärmung 42
  Kritik 30, 35
  kulturelle 30, 32, 37, 49, 58, 67,
    341
  kurzfristige 33
  Lernen 33
  Malaria 5, 13
  nicht mehr vorhandene 40
  perfekte 200
  späte Geburt 7
  stabile 365
  zukünftige 364
Anpassungsmechanismen 27, 30
Anpassungsprozess 27, 65, 200, 329,
    333, 373, 375
Anthropologe – Not by Genes Alone
    (Buch) 382
Anthropologie 26, 316
Anthropozän 318, 344
Anthropozentrismus 318, 344
Anti-Aging 225, 226, 248, 249, 251,
    254, 255, 257, 266, 301, 364
  Erklärung 397
Anti-CRISPR-Proteine 167, 202

Antibiotika 195, 235, 245, 271
Antibiotikaresistenz 37, 161
Antikörper 112, 167, 227, 233
Apollo 11, Software 81
Arbeitsproduktivität 97
Are You a Transhuman? (Buch) 293, 386
Arm-und-Reich-Kluft 88
Armprothesenchirurgie 121
Armstrong, Neil (Astronaut) 47
Armut 148, 345
Arrival of the Fittest 52
Artbildung 13, 197
Artefakt 15, 18, 50
Artensterben 59, 349
Artenvielfalt 143
Arterienschäden 249
Arteriosklerose 236
Arthritis 204
Arthrose 262
Artificial General Intelligence (AGI) 304,
    324, 326, 327, 374
  Erklärung 397
Artificial Super Intelligence (ASI) s.
    Superintelligenz
Arztdichte 88
Assoziationsstudien, genomweite
    (GWAS) 258
Atlas (humanoider Roboter) 305
Atombombe 16
Atrophie, Zellverlust 275
Aufklärung 290, 329
Auslegerkanu 28, 29
Auslese, natürliche 47, 303, 330
Autismus 8
Autoimmunerkrankungen 10, 105,
    115, 167, 227, 234, 235, 360
  Erklärung 398
Autoimmunität 234, 255
Autophagie 248
Axolotl 122, 124
Axone 300

B

Backcasting 87
Bailey, Ronald (Wissenschafts-
journalist) 289
Bakterienflora der Mutter 234
Barrat, James (Filmemacher) 305
Basenpaare 17, 95, 113, 166, 188, 251
Erklärung 110
Bauchspeicheldrüse 227, 229
Bauer, Joachim (Neurobiologe) 62, 371
Bauern-Kultur 39
Beaujouan, Eva (Demografin) 7
Bedürfnisse, kurzfristige 354
Beethoven, Ludwig van (Komponist)
317
Behring, Emil von (Arzt) 245
Bengston, David N. (Zukunftsforscher)
82
Benz, Carl (Automobilingenieur) 185
Berkeley, Kalifornien 323
Berliner Mauer 198
Bernard, Christiaan (Herzchirurg) 135
Bevölkerungsexplosion 42, 259, 353,
364
Bevölkerungswachstum 12, 38, 87, 88,
94, 142, 154, 291, 292, 353
Bewusstsein 26, 132, 135, 182, 299,
315, 316
kein neuronales Objekt 315
körperloses 300
Maschine 277, 278, 304, 326
BGI Group 185
Bias 67
Big Data 186, 231, 261
Bilderkennung 258
Bill & Melinda Gates Foundation 201,
202
Biodiversität
Schutz 349
Vernichtung 37
Wiederherstellung 352
Bioelektronik 131
Biofakt 18

Biologie, synthetische 1, 16, 70, 84, 96,
98, 102, 201, 315, 329
Erklärung 409
Biomarker 108, 216, 252, 260, 263,
267, 268
Biomarkertechnologie 260
Bioprinting 116, 126–128
Biosensoren 104, 107, 115, 216
Biosicherheit 153
Biosphäre 198, 292, 344, 371
Blackburn, Elizabeth (Molekularbio-
login) 252
Kurzporträt 381
Blattschneiderameisen 47
Blogger 348
Blutgefäße 236
Blutgerinnung 108
Bluthochdruck 39, 164, 219, 238, 253
Blutkörperchen, rote 5
Blutkrankheiten 167
Bluttransfusion 147
Blutzuckerspiegel 228, 232
Boden, Margaret (Kognitions-
forscherin) 304
Bodengesundheit 352
Borreliose 203
Bostrom, Nick (Transhumanist) 92,
294, 303, 305, 310–314,
321–323, 325, 327, 333
Kurzporträt 381
Boyd, Robert (Anthropologe) 30,
32–34, 45, 49, 60, 365, 373
Kurzporträt 382
Braidotti, Rosi (Philosophin) 342
Kurzporträt 382
Brain-Computer-Interface 130, 136
Erklärung 398
Brasilien 143
Braun, Wernher von (Raketenforscher)
85
Braungart, Michael (Zukunftsplaner)
358–362
Kurzporträt 382

Brexit 43, 348
Brosius, Jürgen (Molekulargenetiker) 19
Brown, Louise Joy 192, 385
Bruttoinlandseinkommen 87
Buddha 65
Building blocks 105

C

C&A, Firma 359
Calico (Firma) 264
Calment, Jeanne (älteste Frau) 272
Cambridge University 30
Cambridge, Massachusetts 323
Canavero, Sergio (Chirurg) 132, 134, 135
   Kurzporträt 383
Cas9-Enzym 104, 164–167, 170
Causal layer analysis(CLA) 86
CCR5-Gen 173
Centre of the Understanding of Sustainable Prosperity (CUSP) 368
Ceteris-paribus-Trugschluss 91
Charpentier, Emmanuelle (Mikrobiologin) 51, 165
   Kurzporträt 383
Chatbots 220, 222
Chimäre 129
   Erklärung 398
China 79, 96, 132, 172, 174, 183, 185, 186, 213, 247, 327, 350
Cholera 17, 140, 200, 245
Chorea Huntington 17, 164
Chromosome 104, 188, 197, 214, 250
   Erklärung 110
Church, George (Genetiker) 107, 175, 198, 212, 213, 317
   Kurzporträt 384
Clinton, Bill (US-Präsident) 95
Closed-Loop-System 229, 307
Cloud 69, 131, 302, 307, 312

Club of Rome 362
Code
   des Lebens 112
   genetischer 112, 113, 116
   Erklärung 111
Collingridge, David (Technikforscher) 343
   Kurzporträt 384
Collingridge-Dilemma 343, 355
   Erklärung 398
Computer, Erfindung 96
Comte, Auguste (Wissenschaftsphilosoph) 40
Constraints 37, 369
Continuous glucose measuring (CGM) 229
Corona 146
   Impfstoffe 146
   Krise 145, 150
   Mutant Delta 140
   Todesrate 141
Coronavirus 139–141, 200
Coventry University 129
COVID-19 140, 147–149, 218, 350
   Bedrohung 154
   Erklärung 398
   Krise 97, 137, 237, 350
   Pandemie 43, 83, 138, 141, 145, 148, 149, 154, 198, 212, 308, 353
Cradle to cradle 358, 363
   Erklärung 399
Cradle to Cradle (Buch) 383
CRISPR (Genschere) 51, 101, 112, 174, 180, 186, 191, 193, 196, 203, 204, 226, 253, 264
   Anwendungsfelder 167
   Bakterien 165
   Boom 168
   Diagramm 165
   Diskussion 172
   Effizienz 181
   Enhancements 192

Entdeckung XIII, 168, 199
Erklärung 166
Ethik 260
Gene drive 199, 201, 202, 205
HIV-Resistenz 173
Immunabwehr 126, 168
Innovation 79
Keimbahn 92, 168, 169, 171, 174,
    182, 194, 199
kulturelle Vererbung 51
Laborarbeit 168
monogene Krankheiten 169
Nische 51
Pflanzen 168
Revolution 90, 164, 168, 176
somatisch 168, 169
Therapien bei Tieren und Pflanzen
    167
Unfruchtbarkeitstherapie 175
Cryonics Institute 293
Cyberwelten 69, 357
Cyborg 18, 69, 121, 288, 305, 324
    Erklärung 399

D
Dactyl (Roboterhand) 305
Dampfmaschine 44
Dänemark 359
Darmflora 234, 237
Dartmouth College 219
Dartmouth Conference 219, 220
Darwin, Charles 3, 6, 13, 15, 22, 36,
    47, 50, 69, 114, 197, 198,
    237, 292, 328, 329, 365
Das Buch Ich # 9 (Buch) 213
Das egoistische Gen (Buch) 27, 384
Das Variieren der Thiere und Pflanzen in
    der Domestikation (Buch) 329
Dawkins, Richard (Evolutionsbiologe)
    27, 46, 48
    Kurzporträt 384
Deep Blue (KI-System) XII, 221, 222

Deep Learning 90, 221, 223, 260, 307,
    315
    Erkärung 221
Degrowth 366, 368
Deklaration, transhumanistische 294
Delhi 319
Demokratie 88
Denguefieber 140, 203
Denken
    kurzfristiges 347, 352, 356
    rationales 297
    transhumanistisches 298
Depression 164, 187
Deutschland 125, 150, 172, 183, 214,
    223, 224, 229, 256, 269, 307,
    331, 358
DIABECELL (Produkt) 232
Diabetes 17, 39, 219, 227, 236, 238,
    255, 257, 262
    epigenetische Ursache 9
    fremde Inselzellen 232
    jugendlicher s. Typ 1
    Mikronadeln 232
    Typ 1 82, 194, 227
        Autoimmunerkrankungen 227
        Erklärung 399
        KI 230
        multifaktorielle Krankheit 192
        personalisierte Medizin 228, 239
        polygene Krankheit 234
        Prävention 233
        Risiko 233
        Therapieentwicklung 229
        Zunahme 235
    Typ 2 164, 227, 263
        KI 230
        polygene Krankheit 234
    Zukunft 233
Diamond, Jared (Biologe) 139
Die Entstehung der Arten (Buch) 3
Die Grenzen des Wachstums (Buch) 362
Die Rückseite des Spiegels (Buch) 35
Dieselmotor 34, 67, 96

Dinosaurier 4, 349
Diphterie 245
Disruptionen 84
Dissonanz, kognitive 345, 352, 355, 356
Ditte-Welt-Länder 144
DNA
    Erklärung 110
    Reparatur 254, 256
    Schäden 248
    Sequenzierung 189, 212–214
        Erklärung 399
Dobzhansky, Theodosius (Evolutions-theoretiker) 26
Dolchstoßlegende 348
Dolly (Schaf) 252
Dominikanische Republik 235
Dorr, Adam (Stadtplaner) 90–92
Doudna, Jennifer (Molekularbiologin) 51, 165, 173
    Kurzporträt 385
Drexler, Eric (Nanotecforscher) 314
Dritte-Welt-Länder 360
Drogen 247
Duchenne-Muskeldystrophie (DMD) 18, 164, 199
    Erklärung 399
Dürrenmatt, Friedrich (Schriftsteller) XIII

E

E.-coli-Bakterium 104, 111, 113, 116, 161
Eberl, Ulrich (KI-Experte) 315
Ebola
    Epidemie 145
    Impfstoff 146
Ebolafieber 137, 139–141
Ebolavirus 218
Echokammereffekte 348
Edwards, Robert G. (Genetiker) 191
    Kurzporträt 385

edX (Online Lernplattform) 227
Effizienzsteigerung 330, 357, 369
Ehrlich, Paul (Arzt) 245
Eine Naturgeschichte des menschlichen Denkens (Buch) 394
Eingriff in die Evolution (Buch) 385
Einstein, Albert (Physiker) 32, 326
Eiweiße s. Proteine
Elefanten 8, 244, 245, 251
Elefantenherde 244
Elefantenweibchen 7
Elektroauto 43
Elektronische Gesundheitsakte 224
Elenoide (humanoider Roboter) 306
Elternliebe 65
Embryo 237
Embryonenauswahl 194
Emerging Infection Diseases 137
Emissionen 34, 53, 246, 320, 343, 352, 360
Emotionen 45
Empathie 20, 36, 48, 62, 130, 371
Empathiefähigkeit 48, 62
Energieerzeugung
    fossile 34, 37, 40, 43
    kommunale 367
Enhancements 67, 174, 180, 181, 192, 290, 331
    Abgrenzung von Krankheiten 181
    Erklärung 18, 401
    Ethikrat 180
    Forcierung 195
    Freiwilligkeit 332
    genetische 19
    Genpool 19
    keine Grenzen 102
    kognitive Eigenschaften 19
    kostspielige 329, 332
    kritische Sicht 174
    mögliche Potenziale 198
    Probleme 195
    radikale 296
Enriquez, Juan (Evolutionsbiologe) 9, 20

Entdeckung der Evolution 3
Entwicklung, nachhaltige 88
Entwicklungsbiologie, evolutionäre 52
Entwicklungszeit von Medikamenten
    225
Entzündungen 167
Enzyme 109, 111, 114, 167, 225, 266,
    267, 274
Epidemie 39, 97, 137, 141, 146
    Erklärung 140
Epidemierisiken 137
Epidemiestrategie 136
Epigenetik 206
    Erklärung 399
EPOR-Gen 184, 185, 194
Erfolg, kurzfristiger 67, 355
Erinnerungsfähigkeit 18, 173, 188
Erkenntnistheorie, evolutionäre 390
Ernährungs- und Landwirtschafts-
    organisation der Vereinten
    Nationen (FAO) 151, 152
Erweiterte Synthese der Evolutions-
    theorie 53, 54, 162, 170, 303,
    329
    Erklärung 51
Erwerbsarbeitszeitverkürzung 367
Erythropoetin 183
Esfandiary, Fereidoun M. s. FM-2030
Ettinger, Robert (Transhumanist) 293
EU-Bürger 349
Eugenik 194, 292
European Investment Bank (EIB) 350
Euthanasie 65
Evo-Devo 52
Evolutionäre Erkenntnistheorie 390
Evolution
    blinde 22, 365
    Erklärung 399
    gerichtete 19
    kulturelle 25, 43, 62, 370
        Antriebsfaktor 58
        Erklärung 405
        Evolutionstheorie 329

Fehlanpassungen 35, 37, 39, 45,
    70, 355
    in der EES 53
    Kanus 29
    schnelle 34, 54
    Transhumanismus 298
    Transplantationen 135
    Zukunft 17
    kumulative kulturelle 29, 57, 58, 61,
        64, 68–70, 330, 332, 333
        Anpassung 32
        Erklärung 49, 405
        Wagenhebereffekt 49, 53
Evolution – the Modern Synthesis (Buch)
    291, 388
Evolutionstheorie 2, 38, 56, 290, 291
    Anpassung 35, 40
    blinde Evolution 14
    Constraints 369
    Enhancements 332
    erweiterte Synthese 53, 54, 162,
        170, 303
    erworbene Eigenschaften 51
    Kooperation 48, 344
    Kultur 27, 59, 64
    Mechanismus 21
    Mensch 11, 26
    Reduktionismus 25, 27
    Stopp der menschlichen Evolution 4
    synthetische 51, 330
        Erklärung 409
        Mensch 329
        Vergleich mit EES 51
    Transhumanismus 303, 328, 330,
        331–333
Extropianismus 297
Extropie 295, 400
Extropy Institute 294

F

Fake News 348
Faustkeil 16, 29, 32, 48, 330

FDA (US-Gesundheitsbehörde) 188
Fehlanpassung 1, 41, 43, 61, 68, 70,
    298, 319, 341, 352, 369, 370,
    372
  Bestandteil unserer Kultur 355
  empirische Wissenschaft 40
  Erkennen 40, 42, 43, 356
  Erklärung 37, 400
  evolutionäre 332
  evolutionäre Nebenprodukte 355
  fehlender Selektionsdruck 39
  Frauendefizit Indien 65
  Geschichte 35
  Guppies 38
  Kategorien 39
  Klimaerwärmung 41, 42, 319
  Kollaps 371
  Kriege 39
  multikausale 42
  nicht zu übersehende 331
  Publikationen 30
  Rauchen 41
  Selektion 34
  Unterschätzung 35
  unvermeidliche 375
  Vermeidung 356
  Vernunft 44
  Verwirrung 38
  wachsende Population 38
  Wirtschaftswachstum 368
  Zusammenfassung 45
Feinstaub 246, 271, 360, 365
Feldman, Marcus W. (Evolutionsbio-
    loge) 392
Feringa, Bernard (Nanotechnologe) 105
  Kurzporträt 385
Fettleibigkeit (Adipositas) 9, 10, 164,
    219, 235, 238, 255
Fettstoffwechselstörungen 39
Feuernutzung 5, 30, 53, 54, 57, 58,
    61, 63
Fillard, Jean-Pierre (Alterungsforscher)
    266, 269

Filterblasen im Internet 348
Firmenzusammenbruch 145
Fitness 32, 38, 47, 50, 51, 63–66, 187,
    331, 332, 400
  Erklärung 400
  sportliche 18, 179
Fitnesslandschaft 40
Fitnesssteigerung 50, 57, 63–65, 332
Flaschenhals, evolutionärer 138
Fledermäuse 139
Fledertiere 138
Fleming, Alexander, Arzt 245
Florida 352
Flughunde 139
FM-2030 (Transhumanist) 293
  Kurzporträt 386
folding@home (Computernetzwerk) 110
Ford, Martin (Futurist) 312
Forschungszentrum Jülich 98
Fortpflanzungsfähigkeit 50, 244, 245
Fortschritt
  medizintechnischer 135
  technischer 37, 69, 77, 85, 98
    Erklärung 93
    exponentieller 92, 93, 95, 97,
      276, 321, 363
Fortschrittsgläubigkeit 290, 353
*Foundation of the Economics of
    Sustainability (Feasta)* 368
FOXO3-Gen 257, 258
Fr1da-Diabetes-Früherkennung 233,
    234
Fragmentierung von Lebensräumen 21,
    143, 153
Franklin, John (Seefahrer) 31
Frauen, Status 89
Frauendefizit, Indien 65
Freiheit des Menschen 290
Freiheitsprinzip, transhumanistisches
    331
Friede, sozialer 331
Fries, Pascal (Neurophysiologe) 131
Frisch, Karl von (Verhaltensbiologe) 390

Frischwasserversorgung 88
Fruchtbarkeit 7, 8, 193, 194, 202, 244, 246
Fruchtbarkeitsphase 244
Frühdiagnostik 115
Fukuyama, Francis (Politikwissen-schaftler) 289
Future of Humanity Institute (FHI) 323
Futures Studies 80–82, 85, 86, 89, 98, 293
   Erklärung 400

G
Galapagos-Inseln 197
Gandhi, Mahatma (Unabhängigkeits-kämpfer) 32
Gärten, urbane 367
Gates, Bill (Unternehmer) 314, 348
Geburtenraten, Rückgang 84
Geburtensterblichkeit 245
Gedankenlesen 131
Gefäßerkrankungen 115, 228
Gefühle 18, 44, 45, 278, 302, 306
   bei Wahlen 43
   Evolution 44
   KI 219, 220, 222, 278
   Maschinen 279
   Mind uploading 299
   Wirtschaftswissenschaften 44
Gehirn 122, 135, 155, 182, 212
   Entwicklung 62
   Funktion 287
   gentechnische Eingriffe 182
   Größe 63
   junges Blut 258
   kollektives 60
   neues 238
   Schwein 130
   Simulation 113
   soziales (Hypothese) 63
   Upload 132, 137
   Verbindung mit der Cloud 131

Verknüpfungen 132
Vermeidung von Sauerstoffmangel 134
Gehirnemulation 305
Gehirnimplantat 121
Gehirntumor 107
Gehirnwachstum 5
Gehirnzellen 130
Gelbfiebervirus 141
Geld- und Finanzsystem, globales 330
Gen-Kultur-Koevolution 16, 37, 50, 54, 56, 59, 70
   Erklärung 400
Genantrieb s. Gene drive
Gene 7
   egoistische 27
   Erklärung 110
Gene drive 163, 199, 201–205
   Erklärung 201, 401
Genetik 1, 14, 19, 55, 168, 186, 215, 236, 260, 273
   Erklärung 401
Genexpression, Erklärung 111
Genom
   Editierung 20, 101, 162–164, 166–169, 171, 181, 193, 197, 206, 288
      Entdeckung 96
      Erklärung 401
      Gene drive 205
      Keimbahn 171, 176
      Multiplex 163, 170
      somatische 164, 170
   Erklärung 111
Genome editing s. Genom, Editierung
Genomic Prediction (Firma) 189, 214
Genomik 185, 216
Genomsequenzierung 185, 192, 226, 401
   Verfahren 50
Genotyp 19, 52, 213
   Erklärung 401
Genpool 4, 19, 20, 68

Erklärung 401
Genregulationen 162, 253
Genregulationsnetzwerke 254, 257, 266
GenRich-Klasse 196
Genschere s. CRISPR
Gentargeting 161
Gentechnik 16, 85, 89, 96, 97, 102, 196, 364
  CRISPR 51, 79, 164, 166, 170
  Entwicklung 90
  Erklärung 401
  Gene drive 202
  künstliche Selektion 329
  monogene Krankheiten 18, 68, 174
  Nischenkonstruktion 70
  personalisierte Medizin 226
  Status 185
  Transformation 84
  Zuchttiere und Pflanzen 65
Gentherapie 184, 249, 266, 267, 269, 270, 274
  Erklärung 402
Genzentrismus 51, 215
Gerechtigkeit, soziale 367
Gerhard Vollmer (Evolutionsbiologe) 390
Gesellschaft, offene 296
Gesundheitssektor 150
Gesundheitssystem 147, 212, 224, 239
Gewinnmaximierung 330, 369
Gewinnorientierung 332
Gewinnsucht 45
Glaubrecht, Matthias (Evolutionshistoriker) 67, 349, 352, 371
Gleichgewicht
  mikrobielles 139
  ökologisches 351, 367
Global Viral Forecasting (GVF) (Organisation) 147
Global Virome Project (GVP) 146
Globalisierung 12, 44, 66
Glucosekontrolle 232

Glucoseniveau 229
Glyphosat 342
GMO sapiens (Buch) 196
Go (Brettspiel) 305
Goddard, Robert (Raketenforscher) 85
Goertzel, Ben (Zukunftsforscher) 325
Goldanleger 143
Goldminen, illegale 143
Goldpreis 143
Good, Irving John (Mathematiker) 312
Goodall, Jane (Primatenforscherin) 32, 39
Google (Suchmaschine, Unternehmen) 95, 188, 221, 261, 264, 276, 305, 307, 368
  Google Brain 305
Gould, Stephen Jay (Palöoanthropologe) 4
Gravitation 374
Greenglow, Projekt 373
Greenwashing 358, 359
Greider, Carol W. (Molekularbiologin) 381
Grenzschließung 145
Grey, Aubrey de (Alterungsforscher) 263, 273–275, 277
  Kurzporträt 386
Großbritannien 11, 213, 323, 368, 373
Grosz, Elizabeth (Philosophin) 15
  Kurzporträt 387
Grundgesetz 214
Grundrechtecharta, europäische 346, 374
Gullans, Steve (Evolutionsbiologe) 9
Guppies 38
Gürteltier 145
Gyngell, Christopher (Bioethiker) 19

H

Habitat-Unterbrechung 143
Haff, Peter K. (Geologe) 344
Hämoglobin 6, 40, 184

Erklärung 402
Hämophilie, Bluterkrankheit 169
Harvard Medical School 175, 256, 263
Harvard University 60, 188, 196, 227
Hautfarbe 14, 18, 179
Hawaii, Big Island 28
Hawking, Stephen (theoretischer
    Physiker) 314, 381
Heinrich-Böll-Stiftung 370
Henrich, Joseph, Evolutionstheoretiker
    57, 58, 60, 61
    Kurzporträt 387
Herausforderungen, globale 88
Herz 258
    Bioprint 116, 126, 127, 136
    künstliches 82
Herz-Kreislauf-Erkrankungen 39, 238,
    249, 264, 317
Herzinfarkt 18, 271
Herzinfarktrisiko 255, 263
Herzmuskel 164
Herzmuskelzellen 127
Herzschrittmacher 18, 121
Herztransplantation 155
HI-Virus 19, 140, 141, 169, 173
    Resistenz 173, 174, 317
Hide and Seek (KI-System) 222
Hildegard von Bingen (Universal-
    gelehrte) 32
Himalaya 5, 6
Hitler, Adolf 32, 278
Homo sapiens 4, 11, 15, 21, 59, 200,
    319
Horizont Europa, (EU-Förder-
    programm) 351
Horkheimer, Max (Philosoph) 365
Horvath, Steve (Alterungsforscher)
    261, 262
    Kurzporträt 387
Horvath-Uhr 261
    Erklärung 402
Hsu, Stephen (Unternehmer) 189
Humalog (synthetisches Insulin) 183

Human Enhancement s. Enhancements
Human Genome Diversity Project 14
Humangenomprojekt 50, 94, 96, 146,
    188, 215, 236
Humanismus 290, 291, 317
Humanity+ (Institution) 294
Hundertjährige 265, 266
Hunger-Traumata in Holland 9
Hurricanes 352
Huxley, Aldous (Autor) 65, 292
Huxley, Julian (Evolutionstheoretiker)
    26, 291, 292, 294
    Kurzporträt 388
Huxley, Thomas Henry (Freund
    Darwins) 388
Hydra (Süßwasserpolyp) 273
Hypoglycämie 229

I

IBM (Computerfirma) XII, 219–221,
    223, 305
IDC (Klassifikation für medizinische
    Diagnosen) 249
Imitation 32, 33, 114, 411
Immortalität s. Unsterblichkeit
Immunabwehr 125, 129, 170, 200
    von CAS-Molekülen 205
Immunitätskennzeichen 149
Immunkrankheiten 167
Immunogenität 168
Immunologie 237
Immunsystem 11, 19, 166, 195, 200,
    232, 237
    Abwehr bei Xenotransplantation 125
    Antikörper gegen Viren 112
    Antwort auf Nanobots 108
    Diabetes Typ 1 227
    Kaiserschnittgeburt 235
    Neugeborenes 234
    präparierte Stammzellen 168
    Verjüngung 262
Immuntherapie 101

Erklärung 402
Impfnachweis 149
Impfpflicht 149
Impfstoffentwicklung 218
In-vitro-Fertilisation 77–79, 174, 181,
    189, 191, 193, 196
    Erklärung 191, 402, 404
Inayatullah, Sohail (Zukunftsforscher)
    86
Indien 65, 192
Indonesien 145
Infektion 62, 115, 236, 237, 255, 262
    Kartierung 147
Infektionskrankheiten 105, 154, 155,
    176, 203, 245, 348
Influenza 112
Influenzaviren 139, 141
Ingenieurswissenschaften 315
Innovation, disruptive 85
Insilico Medicine (Firma) 263
Insulin 104, 227, 229, 230, 232, 233
    Erklärung 402
    langfristiges 228
    orales 233
    synthetisches 183
Insulindosierung 230, 232
    automatisierte 230
Insulininjektionen 232
Insulinpumpe 121, 229, 231, 307
Intelligenz
    allgemeine 63
    kollektive 59–61, 68, 70
        Erklärung 403
        Erweiterung der Theorie 70
    künstliche s. Künstliche Intelligenz
    soziale 354
Intelligenzexplosion 92, 98, 312, 313,
    322
    Erklärung 402
Intensivtierhaltung 153
Interessenkonflikt 369
Internet 66, 110, 231, 268, 349, 368
    Artefakt 15

bestimmt das Leben 348
Chatbots 220, 222
Erfindung 96
Gehirn-Upload 155
Innovation 96
kollektive Intelligenz 60, 70
kollektives Gedächtnis 60
Medizinwissen 238
Nervensignale 130
Nische 53
Patientendaten 229, 230
Patientenmuster 231
Serviceanbieter 224
Simulation Zelle 113
Telepathie 130
Vernunft 348
vor 30 Jahren 95, 261
Watson 223
Wearables 217
Wissensweitergabe 68
Zukunft 312, 330
Intuition 38, 44, 45, 95, 182, 219,
    222, 314
Inuit 29, 31
Ionenfluss 114
IQ (Intelligenzquotient) 185, 186, 189,
    220, 326
Irreduzierbarkeit von Systemen 318
Italien 271
Itskov, Dmitry (Unternehmer) 324
IVF s. In-vitro-Fertilisation

J

Jackson, Michael (Popstar) 278
Jackson, Tim (Wirtschaftswissen-
    schaftler) 97, 361, 362, 368,
    369, 374
    Kurzporträt 388
Jäger- und Sammlerkultur 39
Jakarta 319
Jeopardy (Quizshow) 221, 223
Jesus 95

Jian, Wang (Firmengründer *BGI*) 185
Jiankui, He (Biophysiker) 173
Johns Hopkins University 121
Jonas, Hans (Philosoph) 345, 374
  Kurzporträt 389
Juvenescence (Firma) 263

K

Kahneman, Daniel (Wirtschaftswissen-
  schaftler) 92, 322, 347, 353
  Kurzporträt 389
Kaiserschnittgeburt 52, 234, 235
Kalorienreduzierung 254, 255
Kalter Krieg 43
Kanada 165, 213
Kant, Immanuel (Philosoph) 37, 345
Kapitalismus 342
Kartierung von Infektionen 147
Katze 59, 220, 222, 258
Kausalität
  biologische 342
  einfache 347
  multiple 42
  natürliche 372
  reziproke 59
Keimbahn 168–170, 176, 182, 199,
  205, 250
  Eingriffe 16, 17, 69, 163, 170–173,
    175, 176, 180, 193, 196, 205
Keimzellen 18, 77, 129, 162, 163, 171,
  180, 192, 243, 272
  Erklärung 403
Kernspaltung 60, 96
Kevin Laland (Verhaltensbiologe) 63,
  69, 392
KI s. Künstliche Intelligenz
Kipppunkt 57, 79, 84, 90, 176, 320
  Deep Learning 221
  Enhancements 182
  Erklärung 75, 83, 403
  Gehirn-Upload 137
  Gene drive 205

Infektionen 176
Intelligenzexplosion 316
Nanomedizin 116
Transhumanismus 298
Unsterblichkeit 268
Klassifizierung von Pathogenen 139
Klimaerwärmung 37, 38, 40, 353
  abstraktes Problem 349
  Anpassung 19, 198
  Antriebsfaktoren 43
  fehlende Beispiele 42
  komplexe Dynamiken 42
  Kosten 370
  Leugnung 35
Klimakrise 345
Klimaschutz 41, 43, 310, 349
Klimawandel 21, 142, 154, 259, 349,
  350, 369
  Fehlanpassung 319
  Herausforderung 88
  langsamer 84
  Transhumanismus 298
  Überraschungsszenario 94
  Wahrnehmung 349
Klimaziele 41
Knochenentwicklung 173
Knoepfler, Paul (Biologe) 196, 197
Koch, Robert (Arzt) 245
Kochen 5
  Aufkommen 57, 138
Kognitionswissenschaften 315
Kohlendioxyd-Emission 40, 352
Kollagen (Strukturprotein) 126
Kolleg Postwachstumsgesellschaften 368
Kolumbien 373
Komplexität 59, 295, 315, 327, 372
  Erklärung 404
  evolutionäre Ausstattung 353
  Hand 122
  Herz 126
  Insekt 215
  Körper 211, 216, 274
  soziale 62, 81, 195, 333, 355

Technosphäre 81
Vererbung 46
Verhalten 49
Komplexitätstheorie 320
Konformismus 33
Konjunktionsfehlschluss 92, 322
  Erklärung 404
Konnektom 132
Konsumismus 361
Konsumzwang 369
Kontaktlinsen 216
Kontaktverfolgung, Epidemien 150
Konzeptnetzwerk Neue Ökonomie 368
Kooperation 16, 48, 69, 303, 330, 332,
  333, 344
  Erklärung 404
  globale 369
  Mensch 344
Kopftransplantation 132, 133, 135,
  137
Koroljow, Sergej (Raketenforscher) 85
Korruption 369
Kraftwerksbetreiber 343
Krankheiten
  monogene 17, 163, 164, 169, 172,
    174, 176
  multifaktorielle 192
Krankheitsrisiken 172, 188–190, 214,
  261
Krebs 10, 54, 107, 112, 115, 164, 249,
  251, 255, 256, 264, 271, 347
Krebsbekämpfung 117, 352
Krebserkrankungen 167, 204
Krebsgefahr 252, 262
Krebszellen 54, 97, 216, 251, 262, 274
Kreislaufwirtschaft 358, 359
Krieg 39, 90, 93, 270, 292, 318, 319
Kriminalität, organisierte 89
Krokodile 4, 244
Kryonik 101, 293
  Erklärung 404

Kryotechnologie 293
Kultur
  als Biologie 33, 373
  Erklärung 25, 404
Kulturanthropologie 45
Kulturwissenschaften 91
Künstliche Intelligenz 32, 70, 78, 84,
  97, 101, 150, 273, 308, 324,
  325, 327, 333
  Algorithmen 222, 258, 308, 328,
    348
  Anti-Aging 261
  Arbeitsplätze 331, 355
  Armprothese 122
  Aufruf 346
  begrenzte Möglichkeiten 306
  Deep Learning 90, 260
  Ebenen nach Fähigkeiten 304
  Eingriffe in die Natur 16
  Erklärung 219
  ethische Fragen 328
  Fehlanpassungen 356
  Grundproblem 309
  Innovation 96
  Insulinpumpe 229, 308
  Krankheitsursachen 18
  Lebensalter 268
  Makroprozesse 370
  menschliches Niveau 312
  personalisierte Medizin 211, 225,
    226, 231, 239
  Postwachstum 368
  schwache 304
  starke 304
  Superintelligenz 312, 321, 323, 324
  Unsterblichkeit 278
  Wertgebungsproblem 308
  Wissensgenerierung 60
  Zukunft 64, 311, 312, 343, 374
Kurzfristigkeit 369

Kurzweil, Ray (Erfinder und Futurist)
94, 220, 276, 277, 290, 301,
303, 306, 314, 318, 320, 324,
330, 332, 374
Kurzporträt 389

L

L'Oreal (Kosmetikkonzern) 128
Lactosetoleranz 5, 55, 56
Erklärung 405
Lamarck, Jean-Baptiste de (Evolutions-
theoretiker) 25, 51
Lamm, Claus (Verhaltenspsychologe)
43
Landwirtschaft 20, 48, 53, 138, 161
solidarische 367
Langlebigkeit 184, 247, 253, 258, 260,
266, 272, 275, 276, 295, 400
Langlebigkeitsindustrie 259
Last universal common ancestor (LUCA) 3
Lateralsklerose, amyotrophe (ALS) 18,
164
Erklärung 397
Leben 3.0 (Buch) 393
Leben aus dem Labor (Buch) 394
Leben, künstliches 54
Lebenserwartung 87, 90, 243, 245–
247, 249, 251, 257, 270
Lebensmittelsysteme 152
Lebensstil 188, 212, 231, 234–236,
239, 252, 260, 367
Lebensweise 39, 54, 142, 143, 154,
236, 238, 275, 319, 360, 367
Leipzig 49
Lernen
individuelles 31, 33
Erklärung 402
soziales 30, 50, 68
Erklärung 408
Lewens, Tim (Evolutionstheoretiker)
30, 46

Lieferketten für Lebensmittel 145
Life Biosciences (Firma) 263, 264
Limburg 359
Livongo (KI-System) 224
Lobbyismus 369
Lockdown 141
Loh, Janina (Medienphilosophin) 290,
316
Lohnarbeitszeit, individuell reduzierte
367
Lomekwi 48
London, Großbritannien 323
London Futurists 323
Longevity Industry 261
Lorenz, Konrad (Verhaltensbiologe) 4,
35, 36, 354, 362
Kurzporträt 390
Lottozahlen 322
Lovelock, James (Futurist), Kurzporträt
391
Luft- und Landverkehr, Zunahme 154
Luftverschmutzung 21, 246, 247, 346
LyGenesis (Firma) 264

M

*Machine Intelligence Research Institute
(MIRI)* 323
Mädchengeburten, Indien 65
Madre de Dios, Peru 144
Maine-Coon-Katze 55
Mainzer, Klaus (Wissenschafts-
theoretiker) 315
Makroevolution 26
Malaria 5, 13, 112, 201, 203, 236, 247
Malthus, Robert (Ökonom) 292
Mammuts, Regeneration 175
Man into Superman (Buch) 293
Mandela, Nelson (Präsident Südafrika)
32
Mäntyranta, Eero (Sportler) 185
Map My Gene (Firma) 186–188

Marginalismus 52
Margulis, Lynn (Biologin) 391
Massentierhaltung 143, 345
Massenvernichtungswaffen 89
Maul- und Klauenseuche-Virus 141
Mäuse 184, 203, 251, 254, 257, 258,
    264, 275
Max-Planck-Institut
    für Biologie des Alterns 275
    für demografische Forschung 273
    für evolutionäre Anthropologie 49
Mayo Clinic, Rochester 121, 131
Mayr, Ernst (Evolutionstheoretiker) 197
McEwan, Ian (Schriftsteller) 326
Medianusnerv 130
Medien, soziale 348
Medizin
    evolutionäre 236, 237
    intelligente 211
    personalisierte 96, 219, 230, 238
        Ada 224
        Altern 260
        Diabetes, Typ-1 239
        Erklärung 406
        Fitness 20
        Gesundheitsreport 188
        Hürden 224
        KI 268
        Kosten 67
        Nanomedizin 109
        Notwendigkeit 212
        Pumpentherapie 229
        Zahmedizin 123
    Systemwechsel 211
Medizintechnik 121
Meeresspiegelanstieg 347, 352
Megacities 10, 53, 198, 307, 319
Mem 27
    Erklärung 405
Menopause 7, 8, 184
Mensch
    als Krone der Schöpfung 297

Gefahr der Auslöschung 314, 321,
    333, 343
Menschenaffen 49
Menschenrechte 43
Menschheit 2.0 (Buch) 390
Mensch-Maschine-Kombinationen 121
Mensch-Maschinen-Intelligenz 67
Mensch-Maschine-Verschmelzung 314
Metabiota (Organisation) 147, 148
Metabolomik 216
Metformin-Molekül 254–257
Methylierung 262
Metzinger, Thomas (Philosoph) 327
Micro-Needle-Konzepte 232
Mikrobiom 9, 11, 255, 260, 271
Mikroorganismen 88
    Vorkommen 147
Mikroplastik 37, 360
Milchverträglichkeit s. auch Lactose-
    toleranz 58
Milchviehwirtschaft 54, 57, 70
Milchzähne 123
Millenium Project 80, 87, 171, 247,
    311
Mind uploading 294, 299, 300
    Erklärung 405
Minderheiten-Regel 84
MIT, Boston 227, 361
MIT Technology Review (Magazin) 305
Mitchell, Sandra (Wissenschafts-
    theoretikerin) 319
Mitteröcker, Philipp (Evolutionsbio-
    loge) 5
    Kurzporträt 391
Modern Synthesis, Erklärung 409
Modular prosthetic limb 121
Molekularbiologie, Erklärung 110
Molekularmedizin, Erklärung 406
Moleküle, altershemmende 255
Monod, Jacques (Molekularbiologe) 4
Mooresches Gesetz 94, 95, 97, 321
Moral 304

Moravec, Hans (Robotik-
Wissenschaftler) 314
More, Max (Transhumanist) 295, 297
Kurzporträt 391
Mortalität 245, 252, 272
Mortalitätsrate, Infektionskrankheiten
140
Mosaikviren 141
Moskau, Russland 324
mTor-Molekül 255, 259
Mukoviszidose 163, 172
Multi-Level-Selektion 48
Multiplex Genome editing 163, 170
Multiplex-Keimbahn-Therapie 175,
176
Musk, Elon (Unternehmer) 85, 130,
323, 381
Muskeldystrophie Duchenne 172
Muskelstammzellen 262
Musterbildung 124
Mutation 329
zufällige 12, 19, 65, 238
MyGenome (Produkt) 188
Mythen 80, 81, 86

N

Nachhaltigkeit 84, 331, 358
Nacktmulle 264
NAD+-Molekül 255–257
Nano- und Mikrowelt in der Medizin,
Erklärung 104
Nanobot 69, 104–107, 115, 267, 302
aus DNA 105, 106, 108
Erklärung 406
selbst replizierender 116
Nanobotschwärme 107
Nanoimpfstoffe 115
Nanomedizin 104, 105, 108, 109, 115,
117, 288
Erklärung 406
Nanometer 104, 108
Nanoroboter 18, 104

Nanosensoren 109
Nanostrukturen 103, 109
Nanotechnik 16, 70, 126, 268, 364
Nanotechnologie 84, 97, 101, 103–
105, 107–109, 112, 128, 226,
323, 325
Nanowelt 104
*National Science Advisory Board for Bio-
security* 203
Nature (Magazin) 204, 262
Nature Communications (Magazin) 262
Naturentfremdung 362
Naturgesetze 21, 321, 357
Neolithikum 39
Netzhauterkrankung 169, 230
Neuralink (Firma) 130, 131
Neurone 132, 258, 299, 300
Erklärung 406
New Hampshire 219
Newman, Stuart A. (Zellbiologe) 173,
195
Niche Construction (Buch) 392
Niederlande 358
NIH (US-Gesundheitsbehörde) 203
Nikotinabhängigkeit 41
Nischenbildung 59
Nischenkonstruktion 53, 54, 57–59, 61,
70, 101, 171, 303, 330, 369
Erklärung 406
Nischenkonstruktionstheorie 54, 56,
59, 61, 66, 70, 170, 235, 259,
332, 344
Erweiterung der Theorie 70
in der EES 52
Noosphäre 292
Nordwestpassage 31
Not by Genes Alone (Buch) 30, 392
Nukleinbasen 110
Erklärung 111
Nüsslein-Volhard, Christiane
(Genetikerin) 173
Nutzen, kurzfristiger 38, 42
Nutzenfunktion 326, 374

O

Obama, Barack (US-Präsident) 348
Odling-Smee, John (Evolutions-
  theoretiker) 53, 54
  Kurzporträt 392
OECD-Staaten 246
Off-target-Effekt 167, 170
Ökologie 76, 288, 372
Ökosystem 17, 36, 203, 264, 331
Ölbelastung 39
Oldowan-Kultur 48
Oma-Effekt 8
OMIM (Gen-Datenbank) 169
One-Health-Ansatz 151, 152, 154
Open AI (KI-Labor) 222
OP-Entscheidungen durch KI 307
Organoid 136
Organovo (Bioprint-Unternehmen) 128
Organtransplantation 147
Osterinseln 61
Österreich 213
Overshoot-Effekt 360

P

Paarbildung, assortative 253
Paläoanthropologie 63
Pandemie 37, 91, 94, 97
  Risikoanalysen 148
Pankreas, künstliches 233
Panmixie 12
Papillomviren, humane 140
Pariser Verträge 41
Parisi, Luciana (Philosophin) 342–344,
  372
  Kurzporträt 392
Pasteur, Louis (Arzt) 245
Pathogene 129, 143
Patientenavatar 219, 226, 278
Patientenmuster 231
Pavian 125
Penicillin 245
  Entdeckung 96

PEPCK-C-Gen 184
Pepper (humanoider Roboter) 306
Personal Genome Project (PGP) 212, 213
Peru 143
Pestizid 343
Pflanzen 343
  genetisch veränderte 162
Phänotyp 15, 20, 52, 78, 129, 206,
  213
  Erklärung 407
Physiologie 237
Pico della Mirandola, Giovanni (Philo-
  soph) 290
PID s. Präimplantationsdiagnostik
Pillkahn, Ulf (Zukunftsforscher) 76
Plastikmüll 360
Pocken 140
Polyethylenglycol 133
Polynesier 29, 69
Populationsgenetik 12
Post Growth Institute, Oregon 368
Posthumanismus
  kritischer 317, 367
  Erklärung 407
  technischer, Erklärung 407
Postwachstum 362, 368, 407
  Erklärung 366
  Institutionen 368
  Konzepte 366
Powell, Russell (Philosoph) 59
Powers, Richard (Schriftsteller) 213
Präimplantationsdiagnostik 77, 172,
  181, 189, 190, 193, 407
  Erklärung 191, 407
Präimplantations-Screening 180
Präzisionsmedizin 212, 226, 228, 229
PriceWaterhouseCoopers (Beratungshaus)
  259
Prinzip der Verantwortung 345
Prognosen 314
Prostatakrebs 107
Proteine 104, 109, 111–113, 117, 126,
  141, 202, 205, 259, 266, 267

Erklärung 111, 407
künstliche 109, 115
synthetische 116
Proteom 215
Psychologie 45

Q

Quantencomputer 98
Quantum Flagship (Initative) 98
Quecksilbervergiftung im Urwald 144
Querschnittslähmung 121, 130

R

Rapamycin-Molekül 254, 255, 257
Rasse 13
Rassismus 38, 318
Rebound-Effekt 360
Recht auf Nichtwissen 214
Reduktionismus 25
    Erklärung 407
Rees, Martin (Astronom) 215, 382
Regeneration 116, 275, 279
    Gewebe 250
    Gliedmaßen 124
    Knochen 125
    Organe 125
    Zähne 123
Regenesis (Buch) 213, 317, 384
Reinforcement learning 222
Rejuvenation Biotechnology 275
Rekombination
    genetische 161
    Viren 141
Religion 36, 69, 86
Repair-Cafés 367
Repertoire, mikrobielles 138
Reproduktion, natürliche 65, 77, 264
Reproduktionsfähigkeit 245
Reproduktionstechniken, assistierte 194
Reproduktionstourismus 196
Reproduktionszyklus 114

Reprogenetik 196
Reptilien 138
Ressourcenraubbau 38
Ressourcenverbrauch 345
Resveratrol-Molekül 256
Retroviren, endogene 236
Reverse-Aging 261, 268
    Erklärung 408
Revolution, industrielle 95
Rezession 97
Ribosom 112, 113
    Erklärung 111
Richerson, Peter (Evolutions-
    theoretiker) 30, 32–34, 45,
    49, 365, 373
    Kurzporträt 392
Riedl, Rupert (Evolutionsbiologe) 390
Risikoanalysen für Pandemien 148
Risiko-Kommunikation 154
RNA 112, 166, 204, 236
Roboter 64, 86, 104, 116, 278,
    305–307, 314
    Armprothese 121
    humanoider 305
Roboterhand 130
Roboterindustrie 305
Roboterisierung 70, 226
Robothaut 122
Robotik 16, 84, 89, 314, 324, 343
Rohstoffabbau 42
Röntgenstrahlung, Entdeckung 96
Rosetta@home (Computernetzwerk)
    110, 111, 113
Rückenmarkdurchtrennung, Hund 133
Rückkopplung, Erklärung 408
Rückkopplungsprozess 52, 59, 303
Rückkopplungsschleife 59

S

San Francisco 147, 168
Santa Clara, Kalifornien 323
SARS-CoV-2-Virus 93, 104, 140, 141

Erklärung 408
SARS-Epdiemie 137
Sauerstoffmangel, Anpassung an 6
Säugetiere 55, 138, 139, 161, 182,
    197, 199, 203, 204, 243, 244,
    251, 255, 257, 264
Säugetierzelle 104
Säuglingssterblichkeit 245, 270
Schadstoffanreicherung in Zellen 274
Scharmer, Claus Otto (Ökonom) 361,
    374
    Kurzporträt 392
Schildkrötenarten 244
Schimpansen 9, 13, 39, 47
Schirach, Ferdinand von (Jurist und
    Autor) 346, 374
Schizophrenie 8, 164
Schlangen 139
Schlittenhunde 31
Schmidhuber, Jürgen (Informatiker)
    314
Schmidt, Helmut (Bundeskanzler) 41
Schnelles Denken, langsames Denken
    (Buch) 389
Schöne neue Welt (Buch) 292
Schönheit 18
Schönheitsindustrie 186
Schwalbe 33
Schweinegrippe 137, 141
Science (Magazin) 143, 271
Science-Fiction XIII, 103, 197, 275
ScienceDirect (Internetseite) 89
Sedol, Lee (Go-Spieler) 221
Selbst-Transformation 296
Selbstorganisation 343
Selbststeuerung 369
Selektion
    ausbleibende 6
    gezielte 20
    künstliche 20, 65, 66, 68, 298, 329
    natürliche 20, 21, 58, 327, 356,
        368, 372
        Altern 244

Eingriffe 16, 17, 20, 54, 65, 68,
    193, 298, 332, 355, 356, 373
    Erklärung 406
    gegenläufiger Verlauf 8
    Hauptmechanismus 15, 21, 26,
        59
    Kanus 29, 30
    Kooperation 48
    Kultur 33, 46, 47, 66, 370
    kurzfristiges Denken 347
    langsame 37, 365
    Menopause 7
    Mensch 4
    Mutationsrate 8
    Nischenkonstruktion 56, 171
    Rolle in der Theorie 52
    Zukunft 332, 334, 341, 364, 365
    stabilisierende 13
Selektionsdruck 7, 38, 39, 57, 58, 67,
    170, 331, 332, 347
    auf den Darm 57
    auf Zähne 5
    bei Klimaänderung 357
    Epidemien 142, 154
Selektionskräfte 356, 373
Semmelweis, Ignaz (Arzt) 245
Seneszenzstadium 250
Seneszenzzellen 248, 263
    Erklärung 408
SENS Research Foundation 274
Sensormotorik 133
Sensortechnologie 260
Sequenzierung, genomweite 180, 181,
    214
    Erklärung 401
Sex, virtueller 312
Shanghai 307, 319
Sichelzellanämie 5, 18, 164, 169, 236
    Erklärung 408
Sicherheitsstrategie 89
Sicht, offene 25
Silicon Valley 271, 289, 353
Silver, Lee M. (Molekularbiologe) 196

Sinclair, David A. (Genetiker) 256, 263
  Kurporträt 393
Singularität, technologische 79, 95,
    314–316, 323
  Erklärung 410
Singularity University 323
Sirtuine-Molekül 254–256
Skelettmuskulatur 258
Smart Cities 15, 349
Smartglasses 217, 230
Smartphone 64, 216
Smartwatches 216
Smith, Vernon L. (Ökonom) 389
Social scoring 327
SOFI s. State of the Future Index
Somazellen 77, 78, 125, 162, 180, 199,
    243, 250, 272
  Erklärung 408
Sorgner, Stefan Lorenz (Transhumanist)
    317
Spanische Grippe 200
Spermien 8, 9, 77, 162, 175, 180, 191,
    192
Spermieninjektion, intrazytoplasma-
    tische 191
Spezies Mensch 12, 18, 56, 182
Spieltheorie 344
Spleißen, alternatives 141
Spotify (Musikportal) 95
Sprache 47, 54, 58, 60, 68–70, 81,
    83, 130, 219, 222, 223, 276,
    278
SpringerLink (Internetseite) 89
Stabilität, klimatische 357
STACs (sirtuin activating components)
    256
Stalin, Josef 43
Stammzellen 123, 124, 126, 136, 155,
    168, 169, 250, 258, 263, 272,
    273
  embryonale 125, 161
  Erklärung 409
  Keimzellstammzellen 171

pluripotente 125, 128, 168, 263,
    409
  induzierte 409
Stammzelltherapie 101, 128, 168, 170,
    263, 269, 275
  Erklärung 409
  Zähne 123
Stanford University 28, 147, 262
State of the Future Index 88
State of the Future Report 87, 247, 311
Steinzeitmensch 11, 347
Sterberate 64
Sterblichkeitsrate 271–273
Steuerreform, ökologische 367
Stress, oxidativer 264
Subsistenzjagd 148
Subventionsabbau 153
Süd-Sudan 235
Südkorea 133, 186, 213, 278
Südostasien 144, 261
Südpol, Eroberung 31
Supergedächtnis 317
Superintelligenz
  Auslöschung der Menschheit 314
  eigene Ziele 308
  Entwicklungen 305, 315
  Erklärung 304, 397
  fehlende Kontrollmöglichkeit 325
  freundliche 325, 333
  Google 305
  Intelligenzexplosion 312
  Kontrolle 311
  Kritik 321
  Risiko 322
  Szenario 316
Superintelligenz (Buch) 98, 294, 303,
    304, 308–310, 312, 313, 315,
    322, 323, 325, 327, 333, 374,
    382
Survival of the Fittest 20, 22, 52, 64
  Erklärung 409
Survival of the Unfittest 20
Süßwasserbarsche 197

Synapsen 132, 137, 299, 300
Systembiologie 204, 315
Szostak, Jack W. (Molekularbiologe)
    381

T
Takeoff 312, 314
TALEN (Genschere) 167
Talk to Transformer (KI-System) 222
Tanganjikasee 197
Tansania 244
Tasmanien-Effekt 61
Tasmanier 61
Tatsachenleugnen 369
Techne 343
Technikgläubigkeit 290, 374
Technische Universität Darmstadt 306
Technologiefolgenabschätzung 343,
    355, 365
Technosphäre 344, 353, 375
    Anpassung 66, 198
    Innovationen 96
    Komplexität 81, 91
    kulturelles Verhalten 1
    menschliche Evolution 15, 21, 64,
        70, 98
    Natur und Kultur 16
    Zukunft 69, 98
Tegmark, Max (KI-Zukunftsforscher)
    316, 322, 323, 332, 381
    Kurzporträt 393
Tel Aviv 127
Telemedizin 223, 226
Telomerase (Enzym) 250–252, 274
Telomere 250–254, 261
    Erklärung 250
Telomerlänge 251, 252, 260
Telomerschwund 252
Telomerverkürzung 250
Terrorismus 87, 89
The Anthropocene Review (Magazin) 370
The Great Acceleration 84

The Prospect of Immortality (Buch) 293
The Secret of Our Success (Buch) 57, 387
*The Viral Storm. The Dawn of a New
    Pandemic Age* (Buch) 147, 396
Theorie
    U 361
Theory of Mind 62
Thrombin (Enzym) 108
Thymus 262
Tibeter 6
Time (Magazin) 147
Tinbergen, Nikolaas (Verhaltensbio-
    loge) 390
Tipping points 75, 85, 221, 269
Tissue Engineering 116, 125
Tiwari, Sandip 114
Todesrate bei Corona 141
Tollwut 141
Tomasello, Michael (Anthropologe) 49,
    53, 333
    Kurzporträt 393
Transformation 296, 354, 358, 359,
    361, 374, 375
    adaptive 345
    Archetyp 84, 87
    Bereitschaft 355
    Blockaden 355
    der biologischen Existenz 15
    der ontologischen Bedingungen 342
    dramatische 84
    gestaltender Übergang 87
    Internet 95
    Kollaps 371
    sozio-ökonomische 82, 341
    Strategien 367
    transhumanistische 289, 291, 297,
        317
    unvermeidbare 362
Transformationsprozesse 366, 367
Transhumanismus XIII, 98, 291, 293,
    294, 297, 323, 329, 374
    Alternativen 375
    Bevölkerungsexplosion 353

Deklaration 294
  Erklärung 294
Entstehen 287, 288
Erklärung 410
Evolution 298, 303, 328, 330, 331,
  333, 363
Extropie 295
Fortschritt 296
Fortschrittsglaube 353
gefährlichste Idee 289
individuelle Sicht 290
Kritik 316
Mind uploading 299
Opponenten 289
Risiko 332
Weltbild 290
Transhumanist FAQ 294
Trendbrüche 75
Trigema (Marke) 359
Trinkwasser, Verunreinigung 247
Trump, Donald (US-Präsident) 32, 43
Tuberkulose 245
Tumorzellen 108, 115, 169
Turing, Alan (Mathematiker) 124, 220,
  326
  Kurzporträt 394
Turing-Prozesse 124
Turing-Test 220
Turritopsis dohrnii (Qualle) 272
Tversky, Amos (Psychologe) 389

U

Uber (Firma) 83
Über die Würde des Menschen (Buch)
  290
Überbevölkerung 65, 154, 278, 292,
  345, 354, 369
Überdüngung 21
Übersäuerung der Meere 37
Überwachung des Staates 150
Uhr, epigenetische 262

Umwelt, Rolle in der Evolutionstheorie
  52
Umweltbelastungen 271
Umweltverschmutzung 38, 42, 53, 54
UNEP (UN-Organisation) 142, 151,
  152, 154, 351
UNESCO 291, 292
Unfruchtbarkeit 7, 175, 191, 192, 201,
  255
Ungleichheit, soziale 345
Universität
  Barcelona 251, 368
  Cambridge 273
  Oxford 323, 351
  St. Andrews 63
  Wien 43, 253
University of California, Los Angeles
  261
Unmüßig, Barbara (Politologin) 370
Unsterblichkeit 249, 261, 267, 268,
  272, 273, 276, 277, 293, 301,
  324
Unterarten 13
Unterbeschäftigung 87
Urbanisierung 38, 53, 259, 353
USA 6, 80, 189, 247, 259, 261, 320,
  322, 331
  Anti-Aging-Unternehmen 260
  CRISPR bei Tieren und Pflanzen
    167
  Einschätzung COVID-19 154
  Gene drive 203
  gentechnisch veränderte Pflanzen
    162
  Import von Wildtieren 144
  Industrieziele 18, 195
  Internetdienstleister 219
  Medikamentenentwicklung 225
  technischer Fortschritt 1
  Umfrage 190
  Versicherungen 214
  Wahrnehmung Klimawandel 350

Zukunftsforschung XII, 98
UV-Strahlung 14

V

Vaginal Seeding 234
van Gogh, Vincent (Maler) 317
van Nedervelde, Philippe (Unter-
    nehmer) 324
Variationen, vorteilhafte 50
Venter, Craig (Genetiker) 173
    Kurzporträt 394
Veränderung, innerartliche 12
Vereinte Nationen 319, 345
Vererbung 172
    Eingriffe in die Keimbahn 171, 191,
        201, 202
    epigenetische 9, 10, 235
    Erklärung 411
    genetische 244, 328
    inklusive 51
    kulturelle 20, 27, 46, 47, 51, 259,
        298, 330, 332
        Erklärung 405
        Fitnesssteigerung 57
        Mechanismen 46
        Muster 27
        somatische Genom-Editierung
            170
        Variationen 30
    kumulative kulturelle 233
        CRISPR 51
        Erweiterung der Theorie 70
        Medizin 239
    Mechanismen 27, 51, 328
    nicht genetische Formen 2
    super-mendelsche 204
    von Eigenschaften 25
Veritas Genetics (Firma) 181, 188, 189,
    214
Verjüngung 67, 248, 259, 266, 269,
    275, 279

Verjüngungsbranche 277
Verjüngungseffekte 258
Verkehrsströme, Zunahme 142
Verkehrstote 37
Vernunft 44, 45, 287, 329, 345, 347,
    348, 352, 355, 356
Vernunftnatur 44, 45
Verschwörungstheorien 348
Verstädterung 142
Victoriasee 197
Vielfalt, kognitive 20, 195
Vielzeller (Metazoa) 243
Virenarten, Zahl 141
Virengenom 236
    Sequenzierung 145
Virenhülle 237
Virom 9
Virusinfektionen 112
Visioning 87
Vogelgrippe 137, 141
Von der Zukunft her führen (Buch) 393

W

Waal, Frans de (Primatenforscher) 48
Wachstum, exponentielles 12, 38, 90,
    93, 95, 269, 276, 323
Wachstumsdogma 35
Wachstumskritik
    kulturelle 366
    ökologische 366
    sozio-ökonomische 366
Wagenhebereffekt 49, 51, 53, 58
    Erklärung 411
Wahlprognosen 81
Wahrscheinlichkeiten, Denken in 347
Walarten 7
Waldrodung 37, 42, 53, 353
Wallace, Alfred Russel (Evolutions-
    theoretiker) 3
Walsh, Toby (KI-Experte) 308, 314
    Kurzporträt 395

Walter, Fritz (Fußballer) 32
Warwick, Kevin (Kybernetiker) 129
    Kurzporträt 395
Watson (KI-System) 221, 223, 305
Wearables 217
Wechselwirkungen 59, 61, 206
Weisheitszähne 5
Weißbuch zur Künstlichen Intelligenz
    327
Weltbank 138, 151
Weltgesundheitsorganisation (WHO)
    137, 139, 146, 151, 152, 249
    WHO-Richtlinie für Luftver-
        schmutzung 246
Weltklimarat *(IPCC)* 41, 319
Weltkriege 97
Weltorganisation für Tiergesundheit
    (OIE) 151, 152
Wertgebungsproblem 308
Wertschöpfungs- und Lieferketten 142
West-Nil-Virus 141
    Infektion 174
Wetter 331, 365
WHO s. Weltgesundheitsorganisation
Whole genome sequencing 180, 181
Wildfleischmärkte 139, 142, 145
Wildtierfarm 144
Wildtierhandel 143–145, 153
Wille, freier 26
Wilson, E.O. (Evolutionsbiologe) 15
Wirtschaftsuniversität Wien 7
Wirtschaftswachstum 38, 42, 97, 356,
    360, 366
Wirtschaftswissenschaften 44
Wissenschaftsdisziplinen,
    Abgrenzungen 373
Wissenschaftsfonds (FWF) 7
Wohlstand ohne Wachstum (Buch) 361,
    388
Wolfe, Nathan (Virologe) 139, 147,
    148
    Kurzporträt 396

Wolfram, Stephen (Physiker) 318, 319
World Transhumanist Association 294
World Wildlife Fund 291
Wozniak, Steve (Unternehmer) 314

X

Xenotransplantation 125, 136, 155,
    232
    Erklärung 411
Xiaoping, Ren (Arzt) 132

Y

Yang, Huanming (Firmengründer *BGI*)
    185
    Kurzporträt 396
YouTube (Internetportal) 95, 121, 126,
    359
Yudkowsky, Eliezer (Futurist) 323

Z

Zalasiewicz, Jan (Paläobiologe) 344
Zellmembran 169, 173
Zellmetabolismen 217
Zellreparaturmechanismen 266
Zellreparatursystem 8
Zelluhr 251
Zerstörung
    der Tropenwälder 144
    des Ökosystems 143
ZFN (Genschere) 167
Ziegler, Anette (Medizinerin) 235
Zielkonflikt 307, 309, 310, 314, 318,
    320
Zigarettenrauchen 41, 247
Zikavirus 203
Zinsniveau 322
Zivilisationskrankheit 37
Zoonosen 138, 139, 141–143, 151–153
Züchtungen 329

Zukunftsalternativen 87
Zukunftsforschung XII, 80, 82, 85, 87, 98
  Erklärung 323, 411
Zweiter Weltkrieg 9, 80, 84, 90, 246

Zwilling, digitaler 218, 231
Zygote 17
Erklärung 411

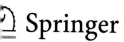

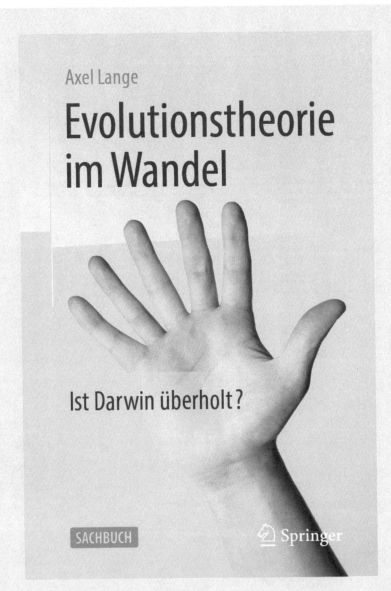

Printed in the United States
by Baker & Taylor Publisher Services